Algorithmische Geometrie

Rolf Klein · Anne Driemel · Herman Haverkort

Algorithmische Geometrie

Grundlagen, Methoden, Anwendungen

3., überarbeitete und aktualisierte Auflage

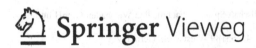

Rolf Klein
Institut für Informatik
Universität Bonn
Bonn, Deutschland

Anne Driemel
Institut für Informatik
Universität Bonn
Bonn, Deutschland

Herman Haverkort
Institut für Informatik
Universität Bonn
Bonn, Deutschland

ISBN 978-3-658-37710-6   ISBN 978-3-658-37711-3   (eBook)
https://doi.org/10.1007/978-3-658-37711-3

Die Deutsche Nationalbibliothek verzeichnet diese Publikation in der Deutschen Nationalbibliografie; detaillierte
bibliografische Daten sind im Internet über http://dnb.d-nb.de abrufbar.

Ursprünglich erschienen bei Addison-Wesley, 1997
© Springer Fachmedien Wiesbaden GmbH, ein Teil von Springer Nature 1997, 2005, 2022

Planung: Leonardo Milla
Springer Vieweg ist ein Imprint der eingetragenen Gesellschaft Springer Fachmedien Wiesbaden GmbH und ist
ein Teil von Springer Nature.
Die Anschrift der Gesellschaft ist: Abraham-Lincoln-Str. 46, 65189 Wiesbaden, Germany

Vorwort

Wie bestimmt man in einer Menge von Punkten am schnellsten zu jedem Punkt seinen nächsten Nachbarn? Wie läßt sich der Durchschnitt von zwei Polygonen effizient berechnen? Wie findet man ein Ziel in unbekannter Umgebung?

Mit diesen und vielen anderen Fragen befaßt sich die Algorithmische Geometrie, ein Teilgebiet der Informatik, dessen Entwicklung vor rund zwanzig Jahren begann und seitdem einen stürmischen Verlauf genommen hat. Aus gutem Grund: Zum einen ist die Beschäftigung mit geometrischen Problemen selbst sehr reizvoll. Oft gilt es, verborgene strukturelle Eigenschaften aufzudecken, bevor ein effizienter Algorithmus entwickelt werden kann. Zum anderen haben die untersuchten Fragen einen direkten Bezug zu realen Problemen in Anwendungsgebieten wie Computergraphik, Computervision, Geographische Informationssysteme oder Robotik.

Dieses Buch gibt eine Einführung in die Algorithmische Geometrie und demonstriert häufig verwendete Techniken an ausgesuchten Beispielen. Es wendet sich an Studierende, die über elementare algorithmische Grundkenntnisse verfügen, und an alle, die beruflich mit geometrischen Fragen zu tun haben oder sich für dieses Gebiet interessieren. Die Grundlage bildet ein Kurs der FernUniversität Hagen im Umfang einer Hauptstudiumvorlesung von vier Semesterwochenstunden; das Buch ist deshalb für ein Selbststudium konzipiert.

Viele Studentinnen, Mitarbeiter und Kolleginnen haben zur Entstehung dieses Buches beigetragen; ihnen allen gebührt mein Dank. Ganz besonders danke ich Anne Brüggemann-Klein, Christian Icking, Wilfried Lange, Elmar Langetepe und Ines Semrau für zahlreiche fruchtbare Diskussionen und die akribische Durchsicht des Manuskripts, Stefan Wohlfeil für die stilistische Gestaltung, Michael Fischer für die Anfertigung der Abbildungen, ohne die ein Kurs über Geometrie kaum denkbar wäre, Gabriele Goetz und Sigrid Timmerbeil für die Textgestaltung und die sorgfältige Erfassung des Manuskripts und Susanne Spitzer vom Verlag Addison-Wesley für die gute Zusammenarbeit!

Schließlich bitte ich Sie, die Leserinnen und Leser, mir Ihre Wünsche, Anregungen und Verbesserungsvorschläge mitzuteilen.

Hagen, im Oktober 1996   Rolf Klein

Vorwort zur zweiten Auflage

Seit dem Erscheinen der ersten Auflage dieses Buches über Algorithmische Geometrie im Verlag Addison Wesley Longman habe ich von vielen Leserinnen und Lesern, und seit meinem Wechsel an die Universität Bonn auch von vielen Hörerinnen und Hörern meiner Vorlesungen, Hinweise auf Fehler im Text und Vorschläge für mögliche Verbesserungen bekommen; ihnen allen gilt mein Dank. In der nun vorliegenden zweiten Auflage, die im Springer-Verlag erscheint, wurden alle bekanntgewordenen Fehler korrigiert, zahlreiche Abschnitte überarbeitet und dabei mehrere Beweise vereinfacht. Insgesamt wurde der Text an die rasch fortschreitende Entwicklung des Gebietes angepaßt, ohne seinen Charakter zu verändern: Nach wie vor ist das Buch zum Selbststudium geeignet. Dazu mögen auch die interaktiven Java-Applets beitragen, die auf unserem Server zur Verfügung stehen und es ermöglichen, mit komplizierten geometrischen Strukturen und Algorithmen selbst zu experimentieren.

Allen Studierenden und Mitarbeitern, die zu diesem Buch beigetragen haben, gebührt mein Dank. Ganz besonders danke ich Herrn Dipl.-Inform. Thomas Kamphans, der die zweite Auflage gesetzt und kritisch gelesen hat, sowie Herrn Dr. Frank Schmidt und Herrn Dr. Hermann Engesser vom Springer-Verlag für die gute Zusammenarbeit!

Sicher ist auch die zweite Auflage noch in mancherlei Hinsicht verbesserungsfähig. Deshalb bitte ich Sie, die Leserinnen und Leser, mir Ihre Wünsche, Anregungen und Vorschläge mitzuteilen.

Bonn, im Dezember 2004

Rolf Klein

Vorwort zur dritten Auflage

Seit dem Erscheinen der zweiten Auflage hat sich die Algorithmische Geometrie stürmisch weiterentwickelt. Interessante neue Forschungsrichtungen sind hinzugekommen, in zahlreichen nach wie vor aktuellen Gebieten haben sich zentrale Probleme herauskristallisiert, an denen intensiv gearbeitet wird, und einige ältere Bereiche gelten mittlerweile als abgeschlossen. Diese Dynamik wirkt sich auch auf die Lehre aus.

Die vorliegende dritte Ausgabe begegnet dieser Entwicklung auf zweierlei Art. Zum einen sind Anne Driemel und Herman Haverkort als Autorin und Autor hinzugekommen. Die Forschungsinteressen dieses verjüngten Autorenteams decken ein recht weites Spektrum in der Algorithmischen Geometrie ab. Wir hoffen deshalb, dass es uns gelungen ist, eine gute Auswahl an wichtigen Grundlagen und Methoden zu treffen, die in zahlreichen Anwendungen gebraucht werden und für das Fach typisch sind.

Zum anderen konnte die Darstellung vieler Inhalte im Laufe der Zeit immer weiter vereinfacht werden. So entstand Platz für neue und weiterführende Ergebnisse, die mit einem Stern gekennzeichnet sind. Sie bieten Dozentinnen die Möglichkeit, für Vorlesungen oder Seminare eine individuelle Stoffauswahl zu treffen. Dabei hat sich der Charakter des Buchs nicht verändert: Nach wie vor sind alle Teile zum Selbststudium geeignet.

Auf http://herman.haverkort.net/agbuch stellen wir für die Lesenden eine Sammlung mit Links zu zusätzlichen Materialien, wie interaktive Software, bereit. Falls wir in dieser Neuausgabe trotz sorgfältiger Prüfung einen Fehler übersehen haben, werden wir diesen auch dort erwähnen.

Wir danken herzlich allen Studierenden und Mitarbeiterinnen für zahlreiche Verbesserungsvorschläge und hilfreiche Kommentare!

Bonn, im März 2022

Anne Driemel   Herman Haverkort   Rolf Klein

Inhalt

1   **Grundlagen** 1
  1.1   Einführung 1
  1.2   Ein paar Grundbegriffe 6
       1.2.1   Topologie 6
       1.2.2   Graphentheorie 12
       1.2.3   Geometrie 21
       1.2.4   Komplexität von Algorithmen 29
       1.2.5   Suchbäume 36
       1.2.6   Untere Schranken 39
  Lösungen der Übungsaufgaben 49
  Literatur 57

2   **Das Sweep-Verfahren** 61
  2.1   Einführung 61
  2.2   Sweep im Eindimensionalen 62
       2.2.1   Das Maximum einer Menge von Objekten 62
       2.2.2   Das dichteste Paar einer Menge von Zahlen 63
       2.2.3   Die maximale Teilsumme 64
  2.3   Sweep in der Ebene 67
       2.3.1   Das dichteste Punktepaar in der Ebene 67
       2.3.2   Schnittpunkte von Strecken 74
       2.3.3   Die untere Kontur — das Minimum von Funktionen 89
       2.3.4   Der Durchschnitt von zwei Polygonen 99
  2.4   Sweep im Raum 103
       2.4.1   Das dichteste Punktepaar im Raum 103
  Lösungen der Übungsaufgaben 107
  Literatur 115

3   **Geometrische Datenstrukturen** 117
  3.1   Einführung 117
  3.2   Mehrdimensionale Suchbäume 120

     3.2.1   Der KD–Baum 121
     3.2.2   Symbolische Perturbation von Punkten in spezieller Lage . . . 127
     3.2.3   Der Bereichsbaum 131
     3.2.4   Der Prioritätssuchbaum 135
     3.2.5   KD–Bäume für höherdimensionale Daten* 141
  3.3   Dynamische Datenstrukturen 144
     3.3.1   Wegwerfdynamisierung 145
     3.3.2   Die logarithmische Methode* 148
     3.3.3   Anwendungen der logarithmischen Methode* 157
     3.3.4   Ausgewogene Suchbäume* 160
     3.3.5   Anwendungen ausgewogener Suchbäume* 166
Lösungen der Übungsaufgaben 169
Literatur 175

4 Durchschnitte, Zerlegungen und Sichtbarkeit 177
  4.1   Die konvexe Hülle ebener Punktmengen 177
     4.1.1   Präzisierung des Problems und untere Schranke 178
     4.1.2   Inkrementelle Verfahren 181
     4.1.3   Ein einfaches optimales Verfahren 189
     4.1.4   Der Durchschnitt von Halbebenen 192
  4.2   Triangulationen einfacher Polygone 197
  4.3   Die Trapezzerlegung geometrischer Graphen 204
     4.3.1   Das Problem der Punktlokalisierung 204
     4.3.2   Die Trapezzerlegung 206
     4.3.3   DAGs zur Punktlokalisierung 207
     4.3.4   Zu erwartende Kosten 212
     4.3.5   Kosten mit hoher Wahrscheinlichkeit* 214
     4.3.6   Schnelle Triangulierung einfacher Polygone* 218
  4.4   Das Sichtbarkeitspolygon 224
     4.4.1   Verschiedene Sichten im Inneren eines Polygons 225
     4.4.2   Das Kunstgalerie-Problem 227
     4.4.3   Die VC-Dimension einer Kunstgalerie* 230
  4.5   Der Kern eines einfachen Polygons 237
     4.5.1   Die Struktur des Problems 238
     4.5.2   Ein optimaler Algorithmus 244
Lösungen der Übungsaufgaben 247
Literatur 255

5 Voronoi-Diagramme 257
  5.1   Einführung 257
  5.2   Definition und Struktur des Voronoi-Diagramms 259
  5.3   Anwendungen 266
     5.3.1   Das Problem des nächsten Postamts 267
     5.3.2   Die Bestimmung aller nächsten Nachbarn 267
     5.3.3   Der minimale Spannbaum 269

        5.3.4   Der größte leere Kreis 272
   5.4 Die Delaunay-Triangulation 277
        5.4.1   Definition und elementare Eigenschaften 277
        5.4.2   Die Maximalität der kleinsten Winkel 280
   5.5 Zwei Variationen 284
        5.5.1   Die Manhattan-Metrik L_1 284
        5.5.2   Das Voronoi-Diagramm von Strecken 285
        5.5.3   Planung kollisionsfreier Bahnen für Roboter 291
   Lösungen der Übungsaufgaben 297
   Literatur 303

6 Berechnung des Voronoi-Diagramms 305
   6.1 Die untere Schranke 306
   6.2 Inkrementelle Konstruktion 308
        6.2.1   Aktualisierung der Delaunay-Triangulation 308
        6.2.2   Lokalisierung mit dem Delaunay-DAG 313
        6.2.3   Randomisierung 318
   6.3 Sweep 322
        6.3.1   Die Wellenfront 323
        6.3.2   Entwicklung der Wellenfront 326
        6.3.3   Der Sweep-Algorithmus für $V(S)$ 327
   6.4 Divide-and-Conquer 330
        6.4.1   Mischen von zwei Voronoi-Diagrammen 331
        6.4.2   Konstruktion von $B(L, R)$ 333
        6.4.3   Das Verfahren divide-and-conquer für $V(S)$ 338
   6.5 Geometrische Transformation 340
   Lösungen der Übungsaufgaben 345
   Literatur 351

7 Weiterführende Ergebnisse 353
   7.1 Nichteuklidische Abstandsmaße für Punkte 353
        7.1.1   Konvexe Distanzfunktionen 354
        7.1.2   Metriken ohne Translationsinvarianz 358
        7.1.3   Additive und multiplikative Gewichte 360
        7.1.4   Power-Diagramme 366
        7.1.5   Diagramme höherer Ordnung 367
        7.1.6   Die Drehdistanz 369
   7.2 Abstrakte Voronoi-Diagramme* 371
        7.2.1   Definitionen und Axiome 371
        7.2.2   V(S) als Punktmenge 373
        7.2.3   V(S) als Graph 378
        7.2.4   Konstruktion von V(S) 382
        7.2.5   Anwendungen und Variationen 384
   7.3 Approximative Suche mit dem LKD–Baum* 385
        7.3.1   Die Baumstruktur 386

    7.3.2   Bereichsanfragen mit Rechtecken und Quadraten   387
    7.3.3   Approximative Bereichsanfragen mit Kreisen   390
    7.3.4   Nächste-Nachbarn-Suche   392
    7.3.5   Dynamisierung   397
    7.3.6   Alternativen zum LKD–Baum   398
7.4 Flächenfüllende Kurven*   399
    7.4.1   Hüllkörperhierarchien   399
    7.4.2   Pólyas dreieckfüllende Kurve   400
    7.4.3   Dehnungskonstante   404
    7.4.4   Anfragen in der Hüllkörperhierarchie   406
    7.4.5   Approximation der kürzesten Rundreise   409
    7.4.6   Weitere Kurven und Anwendungen   411
7.5 Ähnlichkeitsberechnung von polygonalen Kurven in der Ebene   412
    7.5.1   Definitionen von Ähnlichkeit   413
    7.5.2   Fréchet-Abstand — das Entscheidungsproblem   416
    7.5.3   Fréchet-Abstand — das Optimierungsproblem*   420
    7.5.4   Hausdorff-Abstand*   425
7.6 Bewegungsplanung bei unvollständiger Information   428
    7.6.1   Ausweg aus einem Labyrinth   430
    7.6.2   Suchtiefenverdopplung — eine kompetitive Strategie   438
    7.6.3   Optimalität*   442
    7.6.4   Suchen in einfachen Polygonen   448
7.7 Inzidenzen   457
    7.7.1   Kreuzungszahl und Satz von Szemerédi-Trotter   458
    7.7.2   Satz von Sylvester   460
    7.7.3   Verbindungen von Geraden im Raum*   460
Lösungen der Übungsaufgaben   467
Literatur   485

Index   491

1

Grundlagen

1.1   Einführung

Bereits im Altertum haben sich Wissenschaftler wie Pythagoras
und Euklid mit geometrischen Problemen beschäftigt. Ihr Interesse galt der Entdeckung geometrischer Sachverhalte und deren
Beweis. Sie operierten ausschließlich mit geometrischen Figuren
(Punkten, Geraden, Kreisen etc.). Erst die Einführung von Koordinaten durch Descartes machte es möglich, geometrische Objekte
durch Zahlen zu beschreiben.

Heute gibt es in der Geometrie verschiedene Richtungen, deren
unterschiedliche Ziele man vielleicht an folgendem Beispiel ver-
deutlichen kann. Denken wir uns eine Fläche im Raum, etwa das
Paraboloid, das durch Rotation einer Parabel um seine Symme-
trieachse entsteht. In der *Differentialgeometrie* werden mit analytischen Methoden Eigenschaften wie die Krümmung der Fläche
an einem Punkt definiert und untersucht.

Die *Algebraische Geometrie* fasst das Paraboloid als Nullstellenmenge des Polynoms $p(X, Y, Z) = X^2 + Y^2 - Z$ auf; hier würde
man zum Beispiel den Durchschnitt mit einer anderen algebrai-
schen Menge, etwa dem senkrechten Zylinder $(X - x_0)^2 + (Y - y_0)^2 - r^2$, betrachten und sich fragen, durch welche Gleichungen
der Durchschnitt beschrieben wird.[1]

Die *Geometrische Topologie* stellt Methoden bereit, mit denen
sich das Paraboloid als Fläche präzise von dem dreidimensionalen
Objekt unterscheiden lässt, das aus allen Punkten (x, y, z) mit
$x^2 + y^2 \leq z$ besteht.

---

[1] Aus der elementaren Mathematikausbildung sind solche Fragestellungen
wohlvertraut: Die Analysis betrachtet Tangenten an Kurven und die Lineare
Algebra untersucht Durchschnitte von linearen Teilräumen.

© Springer Fachmedien Wiesbaden GmbH, ein Teil von Springer Nature 2022
R. Klein et al., *Algorithmische Geometrie*,
https://doi.org/10.1007/978-3-658-37711-3_1

Geschichte   Im Jahr 1975 erschien eine Arbeit von Shamos und Hoey [45] mit dem Titel *Closest-point problems*. Sie beginnt mit folgendem Problem: Gegeben sind n Punkte in der Ebene. Zu jedem Punkt soll sein nächster Nachbar bestimmt werden.

all nearest neighbors   Auf Englisch heißt dieses Problem *all nearest neighbors*. Abbildung 1.1 zeigt ein Beispiel mit 11 Punkten. Die Pfeile weisen jeweils zum nächsten Nachbarn.

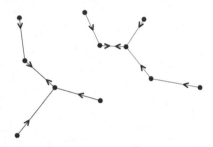

Abb. 1.1 Elf Punkte und ihre nächsten Nachbarn.

Eine mögliche Lösung liegt auf der Hand: Man könnte nacheinander jeden der n Punkte hernehmen und die Abstände zu allen übrigen $n-1$ Punkten bestimmen; ein Punkt mit dem kleinsten Abstand ist dann gesuchter nächster Nachbar des gerade betrachteten Punkts. Bei diesem Vorgehen werden mindestens $\frac{1}{2}n(n-1)$ Berechnungen durchgeführt, weil jedes Punktepaar einmal betrachtet wird.

Shamos und Hoey zeigten, wie sich der Zeitaufwand verringern lässt, indem man folgende strukturelle Eigenschaft ausnutzt, die Ausnutzen struktureller Eigenschaften das naive Verfahren ganz übersieht: Der nächste Nachbar eines Punktes muss in dessen näherer Umgebung zu finden sein; es sollte also nicht notwendig sein, die Entfernungen zu *allen* anderen Punkten — auch den weit entfernten — zu prüfen. So kamen sie mit größenordnungsmäßig $n \log n$ vielen Rechenschritten aus — ein erheblicher Vorteil, wie Abbildung 1.2 veranschaulicht.

Sie bewiesen auch, dass sich die Laufzeit nicht weiter verringern lässt: Kein Verfahren zur Lösung des Problems der nächsten Nachbarn kann mit weniger als größenordnungsmäßig $n \log n$ vielen Schritten auskommen. Durch diese *untere Schranke* und die untere Schranke +Algorithmus = algorithmische Komplexität Konstruktion eines *Algorithmus*, der diese Schranke nicht überschreitet, war die *algorithmische Komplexität* des Problems bestimmt.

Die Ergebnisse von Shamos und Hoey [45] und die in ihrer Arbeit verwendete geometrische Struktur wirkten so elegant und nützlich, dass ein neues Gebiet entstand, die *Algorithmische Geometrie*, von der unser Buch handelt. Ihre Forschungsfragen sind

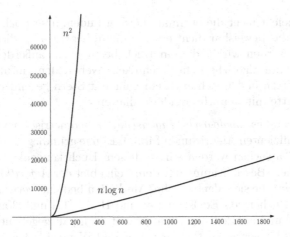

Abb. 1.2 Laufzeit n^2 im Vergleich zu $n \log n$.

meistens durch reale Anwendungsgebiete motiviert wie Datenana-
lyse, Bilderkennung, Geowissenschaften, Computergrafik, *computer aided geometric design* (CAGD) oder Robotik. Dabei entstehen immer wieder spannende Fragen, zum Beispiel, wie man ko-
stengünstig ein Gebäude mit WLAN-Routern ausstattet, wie man
anhand der Bewegungsdaten einer Herde das Leittier identifizieren
kann, oder wie man eine Landkarte beschriftet.

Daneben arbeitet die Algorithmische Geometrie aber auch an
kombinatorischen Problemen, die zunächst einmal für sich selbst
genommen interessant sind. Zum Beispiel: Wie viele Punkte kann
es im dreidimensionalen Raum geben, an denen sich mindestens
drei von n gegebenen Geraden kreuzen?

Beim Entwurf geometrischer Algorithmen können unterschied-
liche *Schwierigkeiten* auftreten. Zum einen kann das Problem   Schwierigkeiten
selbst so schwer sein, dass man keine effiziente Lösung findet, viel-
leicht auch keine erwarten kann. Das ist zum Beispiel bei dem Pro-   schweres Problem
blem der Fall, beim Umzug mit möglichst wenig Kartons auszu-
kommen. Oder man bekommt in hohen Dimensionen mit Phäno-   hohe Dimensionen
menen zu tun, die in der Ebene nicht auftreten. Auch extrem
große Datenmengen können Probleme bereiten. Schließlich kann   *big data*
es vorkommen, dass wichtige Informationen fehlen, die man für ei-
ne gute Lösung benötigen würde, zum Beispiel beim Entkommen   unvollständige
aus einem Labyrinth.   Information

Die Algorithmische Geometrie hat Methoden entwickelt, um
mit diesen Schwierigkeiten umzugehen: Randomisierung, Approximation, Dimensionsreduktion, Sampling und kompetititive Ana-
lyse. Oft ergeben sich mithilfe solcher *Paradigmen* Algorithmen,   Paradigmen

die vielleicht nicht die optimale Lösung finden, aber doch ein Ergebnis, das beweisbar dicht am Optimum liegt. Einige dieser Methoden werden wir in diesem Buch besprechen, außerdem viele
interessante algorithmische Techniken. Neben den einführenden
Abschnitten finden sich auch ein paar mit Stern gekennzeichnete
Abschnitte mit weiterführenden Inhalten.

Algorithmische
Topologie

Oft sind es *topologische Eigenschaften* geometrischer Objekte,
die zu effizienten Algorithmen führen. Einige grundlegende Begriffe und Tatsachen werden wir in diesem Buch kennenlernen. Für
eine nähere Beschäftigung mit dem Teilgebiet der *Algorithmischen
Topologie*, die sich algebraischer Methoden bedient, verweisen wir
auf die Bücher von Edelsbrunner und Harer [17] und Boissonnat
et al. [3] und auf den von Chambers et al. herausgegebenen Sam-
melband [7], sowie das Buch von Dey und Wang [13]. Diese Werke
wenden sich speziell an Leserinnen aus der Algorithmischen Geometrie. Wer sich für Flächen und ihr Geschlecht oder für andere
Themen der klassischen, geometrisch orientierten *Topologie* interessiert, sei auf Stillwell [46] verwiesen. Wissenswertes zur *Graphentheorie* findet man zum Beispiel in Bollobàs [5]. Schließlich
leistet eine Formelsammlung wie der Bronstein [6] hin und wieder
gute Dienste.

Mathematische Begriffe und Tatsachen, die in diesem Buch
häufiger benötigt werden, erklären wir in Abschnitt 1.2. Andere
erscheinen in den Abschnitten, in denen sie angewendet werden.

Übungsaufgaben

In jedem Kapitel gibt es eine Reihe von *Übungsaufgaben* und,
jeweils am Kapitelende, ihre Lösungen. Sie dienen zur Selbstkon-
trolle beim Lesen, zur Einübung des Stoffs und zu einem geringen
Teil auch zur Ergänzung. Wir möchten alle Leserinnen nachdrück-
lich ermutigen, sich mit den Aufgaben zu beschäftigen. Sie sind
mit einem Schwierigkeitsindex von 1 bis 5 versehen, der mit ne-
benstehendem Symbol angezeigt wird. Eine Aufgabe vom Grad 1
sollte (spätestens) nach der Lektüre des Kapitels sofort lösbar sein,
beim Grad 5 kann es schon etwas länger dauern, bis sich die richtige Idee einstellt.

Literatur:

Algorithmen und
Datenstrukturen

Ein paar elementare Kenntnisse im Bereich *Algorithmen und
Datenstrukturen*, (z. B. über Heaps, AVL-Bäume und Sortierverfahren mit Laufzeit $O(n \log n)$) setzen wir voraus. Informationen
finden sich in zahlreichen Textbüchern wie zum Beispiel Cormen
et al. [9], Güting und Dieker [24], Kleinberg und Tardos [27], Mehlhorn [32, 33, 34], Mehlhorn und Sanders [36], Nievergelt und Hinrichs [39], Ottmann und Widmayer [41] und Erickson [18] die zum
Teil auch Abschnitte über geometrische Algorithmen enthalten.

Ein Klassiker über *Algorithmische Geometrie* ist das Buch von
Preparata und Shamos [43], das aber an manchen Stellen nicht
mehr auf dem neuesten Stand ist. Moderner und sehr gut lesbar
sind die Lehrbücher von de Berg et al. [11] und von Boissonnat und
Yvinec [4]. Ein weiteres Lehrbuch mit vielen Programmierbeispie-
len stammt von O'Rourke [40]; etwas elementarer geht Laszlo [29]
vor. Auch das Buch von Aumann und Spitzmüller [2] behandelt im
ersten Teil Probleme der Algorithmischen Geometrie und wendet
sich danach eher differentialgeometrischen Fragestellungen zu.

Algorithmische
Geometrie

Edelsbrunners Klassiker [16] beschäftigt sich besonders mit
den kombinatorischen Aspekten der Algorithmischen Geometrie,
also mit der Struktur und Komplexität geometrischer Objekte.
Diese Fragen stehen auch in den Büchern von Matoušek [31] und
Pach und Agarwal [42] im Mittelpunkt. Daneben gibt es mehrere Werke, die sich mit speziellen Themen der Algorithmischen
Geometrie befassen. So geht es zum Beispiel im Buch von Mulmuley [37] hauptsächlich um randomisierte geometrische Algorithmen, während Chazelle [8] und Matoušek [30] Eigenschaften der
Verteilung geometrischer Objekte untersuchen. Ahmed et al. [1]
beschäftigen sich mit der automatischen Erzeugung von Landkarten aus Bewegungsdaten.

spezielle Themen

Für den Transfer theoretischer Ergebnisse in die Praxis wurde
eine Methodik entwickelt, die als *Algorithm Engineering* bezeichnet wird. Näheres findet man in den Sammelbänden von Müller-
Hannemann und Schirra [38] sowie Kliemann und Sanders [28].

Algorithm
Engineering

Einen *enzyklopädischen* Überblick über die Algorithmische
Geometrie vermitteln die beiden Handbücher, die von Sack und
Urrutia [44] sowie von Goodman und O'Rourke [22] herausgege-
ben wurden. Auch das Kapitel von Yao in [48] behandelt verschiedene Bereiche der Geometrie.

Enzyklopädien

Die einzelnen Kapitel dieses Buchs enthalten noch weitere Hinweise auf weiterführende Bücher zu den jeweils behandelten Themen. Die hier und in den folgenden Kapiteln zitierten Arbeiten
stellen aber nur einen kleinen Ausschnitt der bis heute erschiene-
nen Literatur zur Algorithmischen Geometrie dar.

Neue Ergebnisse werden meistens erst auf regelmäßig statt-
findenden Tagungen vorgestellt, bevor sie in Zeitschriften er-
scheinen. Die Tagungsbände (Proceedings) der entsprechenden
Konferenzen bilden also eine sehr aktuelle Informationsquelle.
Hierzu zählen: Symposium on Computational Geometry (SoCG),
Canadian Conference on Computational Geometry (CCCG),
IEEE Symposium on Foundations of Computer Science (FOCS),
Annual ACM Symposium on the Theory of Computing (STOC),
Annual ACM-SIAM Symposium on Discrete Algorithms (SODA),
International Colloquium on Automata, Languages and Program-

Tagungen

ming (ICALP), Annual Symposium on Theoretical Aspects of Computer Science (STACS), ferner International Symposium on Algorithms and Computation (ISAAC) und, im jährlichen Wechsel, Algorithms and Data Structures Symposium (WADS) und Scandianvian Workshop on Algorithm Theory (SWAT). Beim European Workshop on Computational Geometry (EuroCG) erscheinen keine Proceedings, aber viele wichtige Ergebnisse werden zuerst dort vorgestellt.

Viele Autorinnen veröffentlichen ihre Arbeiten in dem frei zu-

arXiv.org

gänglichen Archiv `arXiv.org`, bevor sie zu einer Tagung oder einer Zeitschrift eingereicht werden. Kennt man Schlüsselwörter aus dem Titel einer Arbeit oder den Namen einer Autorin, kann man hier oft die Arbeit finden. Andere Quellen sind die vom Leibniz-Zentrum Schloss Dagstuhl unterhaltene Datenbank `dblp` und die

dblp

Google Scholar

Suchmaschine *Google Scholar*. Kennt man eine grundlegende Arbeit zu einem bestimmten Thema, kann man dort unter dem Eintrag der Autorin nachschauen, wo diese Arbeit in jüngster Zeit zitiert wurde, und so jüngere Quellen finden. Autorinnen sind auch oft bereit, auf Anfrage eine Kopie ihrer Arbeit zu schicken.

1.2 Ein paar Grundbegriffe

1.2.1 Topologie

Meistens werden wir Objekte im zwei- oder dreidimensionalen euklidischen Raum betrachten; ein paar topologische Grundbegriffe lassen sich aber ebenso gut allgemein definieren.

metrischer Raum

Ein *metrischer Raum* ist eine Menge M zusammen mit einer Metrik d, die je zwei Elementen p und q aus M eine nicht-negative

Metrik

reelle Zahl $d(p,q)$ als *Abstand* zuordnet. Dabei müssen für alle p, q, r aus M folgende Regeln gelten:

$$d(p,q) \;=\; 0 \Longleftrightarrow p = q$$
$$d(p,q) \;=\; d(q,p)$$
$$d(p,r) \;\leq\; d(p,q) + d(q,r)$$

Dreiecksungleichung

Die letzte Bedingung wird *Dreiecksungleichung* genannt.

Wir werden uns meistens in $M = \mathbb{R}^2$ oder $M = \mathbb{R}^3$ bewegen. Für zwei Punkte $p = (p_1, \ldots, p_m)$ und $q = (q_1, \ldots, q_m)$ im $\mathbb{R}^m$ ist die *euklidische Metrik*

$$|pq| = \sqrt{\sum_{i=1}^{m}(p_i - q_i)^2}$$

definiert, die wir durch die Schreibweise $|pq|$ von anderen Metriken unterscheiden wollen.

Ist p ein Element (ein „Punkt") des metrischen Raums (M, d), und $\varepsilon > 0$ eine reelle Zahl, so heißt die Menge $U_\varepsilon^d(p) = \{q \in M; d(p,q) < \varepsilon\}$ die ε-*Umgebung* von p.[2] Ein Element a von einer Teilmenge A von M heißt ein *innerer Punkt* von A, wenn es ein $U_\varepsilon(a)$ gibt, das ganz in A enthalten ist. Die Menge der inneren Punkte heißt das *Innere* von A. Eine Teilmenge A von M heißt *offen* (in M), falls jeder ihrer Punkte ein innerer Punkt ist. Man nennt die Familie aller offenen Teilmengen auch die *Topologie* von M. Eine Teilmenge B von M heißt *abgeschlossen*, wenn ihr Komplement $B^c = M \setminus B$ offen ist.

offen

Topologie

abgeschlossen

Ist $a \in A$ kein innerer Punkt von A, so muss jede ε-Umgebung von a sowohl Elemente von A (zumindest a selbst) als auch Elemente von A^c enthalten. Allgemein nennt man Punkte mit dieser Eigenschaft *Randpunkte* von A, auch wenn sie selbst nicht zu A gehören. Der Rand von A wird mit ∂A bezeichnet. Die Menge $\overline{A} = A \cup \partial A$ ist immer abgeschlossen; sie heisst der *Abschluss* von A.

Randpunkt

Abschluss

Betrachten wir als Beispiel das Einheitsquadrat $Q = [-1, 1] \times [-1, 1]$ im $\mathbb{R}^2$; siehe Abbildung 1.3.

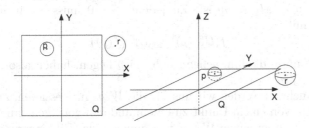

Abb. 1.3 Als Teilmenge des $\mathbb{R}^3$ enthält Q keine inneren Punkte.

Es ist abgeschlossen, sein Rand besteht aus der Menge $\{(x, y) \in \mathbb{R}^2; |x| \leq 1 \text{ und } |y| \leq 1 \text{ und } (|x| = 1 \text{ oder } |y| = 1)\}$, und das Produkt $(-1, 1) \times (-1, 1)$ der Intervalle ohne Endpunkte ist sein Inneres. Wenn wir die XY-Ebene als Teilmenge des $\mathbb{R}^3$ auffassen, so ist Q immer noch abgeschlossen. Als Teilmenge des $\mathbb{R}^3$ hat Q aber keine inneren Punkte, denn ganze ε-Kugelumgebungen haben in Q keinen Platz.

Trotzdem wollen wir auch dann über das Innere des Quadrats Q reden können, wenn es sich im $\mathbb{R}^3$ befindet. Allgemein geht man dazu so vor: Für eine Teilmenge N eines metrischen Raumes M sind die ε-Umgebungen von p in N definiert durch

$$U_\varepsilon^N(p) = \{q \in N; d(p,q) < \varepsilon\} = U_\varepsilon(p) \cap N.$$

---

[2]Der obere Index d kann fortgelassen werden, wenn klar ist, welche Metrik gemeint ist.

Die hierdurch auf N entstehende Topologie heißt die *von M induzierte* oder *Relativtopologie*. In unserem Beispiel erhalten wir als Schnitte der Kugelumgebungen des $\mathbb{R}^3$ mit der XY-Ebene gerade die ε-Kreisumgebungen des $\mathbb{R}^2$ zurück, also die gewöhnliche Topologie der Ebene. Die Punktmenge

$$\{(x, y, z) \in \mathbb{R}^3; |x| < 1 \text{ und } |y| < 1 \text{ und } z = 0\}$$

heißt dann das *relative Innere* von Q. Ebenso sagen wir, dass etwa der Mittelpunkt einer Seite des Quadrats bezüglich der euklidischen Topologie auf $\mathbb{R}$ im relativen Inneren dieser Strecke liegt.

beschränkt   Eine Teilmenge A von M heißt *beschränkt*, wenn es eine Zahl D gibt, so dass für alle Punkte a, b in A die Ungleichung $d(a, b) \leq$ Durchmesser D gilt. Das Infimum aller solcher $D \geq 0$ heißt der *Durchmesser* von A, wenn A nicht leer ist. Für nicht beschränkte Mengen ist der Durchmesser unendlich. Eine Teilmenge des $\mathbb{R}^d$ ist *kompakt*, kompakt   wenn sie beschränkt und abgeschlossen ist.

Mit Hilfe von ε-und δ-Umgebungen lässt sich in gewohnter Weise ausdrücken, wann eine Abbildung f von einem metrischen Raum (M_1, d_1) in einen metrischen Raum (M_2, d_2) an einem stetig   Punkt $p \in M_1$ *stetig* ist: Zu jedem $\varepsilon > 0$ muss es ein $\delta > 0$ geben mit

$$f(U_\delta^{d_1}(p)) \subseteq U_\varepsilon^{d_2}(f(p)).$$

Alle Punkte, die hinreichend nah bei p liegen, haben also Bilder nah bei $f(p)$.

Wege   Manchmal werden wir uns für die *Wege* interessieren, auf denen man von einem Punkt zu einem anderen gelangen kann. Wir verstehen unter einem Weg w von a nach b das Bild einer stetigen Abbildung

$$f : [0, 1] \to M \text{ mit } f(0) = a, f(1) = b$$

und nennen f eine *Parametrisierung* von w. Zum Beispiel wird durch $f(t) = (\cos 4\pi t, \sin 4\pi t, t)$ im $\mathbb{R}^3$ eine zylindrische Schraubenkurve mit zwei vollen Windungen parametrisiert, die von $a = (1, 0, 0)$ nach $b = (1, 0, 1)$ führt. Ein Bild einer stetigen Abbildung

$$f : (0, 1) \to \mathbb{R}^2 \text{ mit } |f(x)| \to \infty \text{ für } x \to 0 \text{ und } x \to 1$$

Kurve   nennen wir eine *Kurve*. [3]

Länge eines Weges   Man kann die *Länge eines Weges* durch Approximation von w mit Streckenzügen definieren. Für beliebige Stellen $0 = t_0 < t_1 < \ldots < t_n = 1$ bildet man die Summe über alle Abstände $d(f(t_i), f(t_{i+1}))$, wie in Abbildung 1.4 dargestellt.

---

[3]Manchmal werden allerdings auch Wege als Kurven bezeichnet.

Das Supremum dieser Summenwerte über alle möglichen Wahlen von n und von n konsekutiven Stellen im Intervall $[0, 1]$ bezeichnet man als die *Länge* des Weges w. Man nennt w *rektifizierbar*, wenn dieser Wert endlich ist.

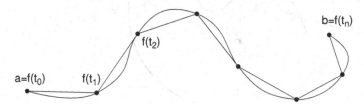

Abb. 1.4 Durch $\sum_{i=0}^{n-1} d(f(t_i), f(t_{i+1}))$ wird die Länge des Weges w von unten approximiert.

Für eine exakte Berechnung der Länge des Weges eignet sich diese Definition schlecht. Für Wege im $\mathbb{R}^3$, die durch $f(t) = (x(t), y(t), z(t))$ parametrisiert sind, kann man die *Integralformel für die Weglänge*

$$Länge(w) = \int_0^1 \sqrt{x'(t)^2 + y'(t)^2 + z'(t)^2} \, dt$$

verwenden, falls alle drei Koordinatenfunktionen stetig differenzierbar sind.

Eine andere Möglichkeit bietet die *Formel von Cauchy-Crofton* [10]. Sie lautet:

$$Länge(w) = \frac{1}{2} \int_0^{2\pi} \int_0^{\infty} m(\varphi, a) \, da \, d\varphi.$$

Hier wird für jede Gerade im $\mathbb{R}^2$ die Anzahl $m(\varphi, a)$ ihrer Schnittpunkte mit dem Weg w verwendet. In Bezug auf einen beliebigen Referenzpunkt p bedeutet dabei φ die Richtung des kürzesten Vektors von p zu der Geraden und a dessen Länge; siehe Abbildung 1.5. Die Formel wird zum Beispiel auch von Weyhaupt in `www.siue.edu/~aweyhau/project.html` illustriert und bewiesen.

Integralformel für die Weglänge

Cauchy-Crofton Formel

Übungsaufgabe 1.1 Gegeben sei eine zylindrische Schraubenfeder mit Radius 1 und Höhe 1, wie in Abbildung 1.6 dargestellt. Wenn man die Feder mit einem Gewicht belastet, ohne sie dabei zu überdehnen, nimmt dann ihr Radius ab?

Übungsaufgabe 1.2 Man verifiziere die Cauchy-Crofton-Formel für den Rand des Einheitskreises mit dem Nullpunkt als Referenzpunkt.

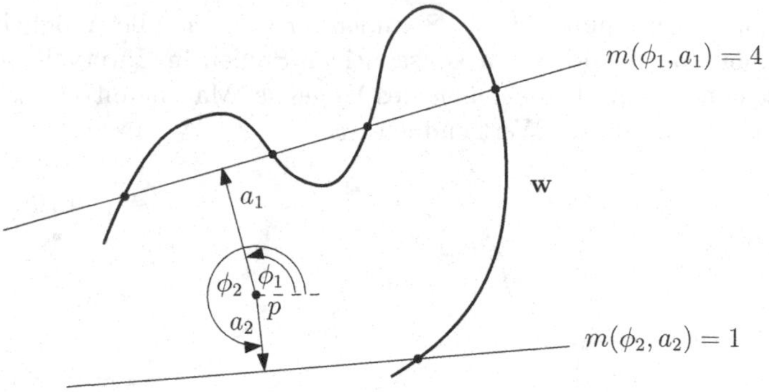

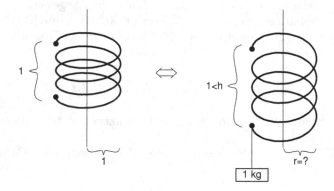

Abb. 1.5 Berechnung der Länge von w durch die Anzahl von Schnittpunkten mit Geraden.

Abb. 1.6 Eine Schraubenfeder in belastetem und unbelastetem Zustand.

wegzusammen-
hängend

Gebiet

Zusammenhangs-
komponente

Eine Teilmenge A von M heißt *wegzusammenhängend*, wenn je zwei Punkte von A durch einen Weg verbunden werden können, der ganz in A verläuft. Mengen im $\mathbb{R}^2$, die offen und wegzusammenhängend sind, werden *Gebiete* genannt. Im folgenden lassen wir das Präfix *weg* weg und reden einfach vom *Zusammenhang*.

Für jeden Punkt a von A können wir die *Zusammenhangskomponente*

$$Z(a) = \{b \in A; \text{ es gibt einen Weg von } a \text{ nach } b \text{ in } A\}$$

bilden. $Z(a)$ ist die größte zusammenhängende Teilmenge von A, die a enthält.

Die Zusammenhangskomponenten von zwei Punkten a, b von A sind entweder identisch oder disjunkt, wie die nachfolgende Übungsaufgabe 1.3 zeigt. Daher gibt es eine eindeutige Zerlegung

$$A = \bigcup_{i \in I} Z_i$$

in (möglicherweise unendlich viele) paarweise disjunkte Zusammenhangskomponenten $Z_i = Z(a_i)$.

Übungsaufgabe 1.3 Für zwei Punkte a, b aus einer Teilmenge A eines metrischen Raumes M definieren wir die Relation

$$a \sim b :\Longleftrightarrow \text{ es gibt einen Weg von } a \text{ nach } b,$$
$$\text{der ganz in } A \text{ verläuft.}$$

Man gebe einen formalen Beweis für folgende Behauptungen:

(i) Die Relation $\sim$ ist eine *Äquivalenzrelation* (d. h. sie ist reflexiv, symmetrisch und transitiv).

(ii) Für zwei Punkte $a, b \in A$ gilt entweder $Z(a) = Z(b)$ oder $Z(a)$ und $Z(b)$ sind disjunkt.

(iii) A besitzt eine eindeutige Zerlegung in Zusammenhangskomponenten.

Ist etwa M der $\mathbb{R}^2$ ohne die X- und Y-Achsen, so besteht M aus genau vier Zusammenhangskomponenten, nämlich den vier Quadranten ohne ihre Ränder.

Ein Weg w, der von a wieder zu a führt, heißt *geschlossen*; er wird durch eine Abbildung f mit $f(0) = a = f(1)$ parametrisiert. Man nennt solch ein w einen *einfachen Weg*, wenn er eine Parametrisierung besitzt, die auf dem Intervall $(0, 1)$ injektiv ist und den Punkt a genau zweimal besucht.

einfacher Weg

Für einen einfachen geschlossenen Weg w in der Ebene besagt der *Jordansche Kurvensatz*, dass $\mathbb{R}^2 \setminus w$ aus genau zwei Gebieten besteht, einem von w umschlossenen inneren und einem unbeschränkten äußeren Gebiet, dessen Rand ebenfalls gleich w ist. Dass dieser anschaulich „klare" Sachverhalt recht schwer zu beweisen ist, hat eine Ursache darin, dass die Familie aller Wege auch Mitglieder enthält, die man sich nur schwer vorstellen kann.

Jordanscher Kurvensatz

Wir nennen eine zusammenhängende Teilmenge A des $\mathbb{R}^2$ *einfach-zusammenhängend*, wenn für jeden ganz in A verlaufenden einfachen geschlossenen Weg sein inneres Gebiet ebenfalls in A enthalten ist. In Abbildung 1.7 ist A einfach-zusammenhängend, B aber nicht.

einfach-zusammenhängend

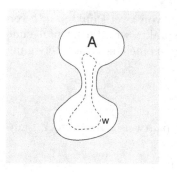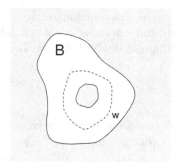

Abb. 1.7 A ist einfach-zusammenhängend, B nicht.

1.2.2   Graphentheorie

Graph

Ein *Graph* besteht aus einer endlichen Knotenmenge V und einem System E von Kanten, das aus Elementen von $V \times V$ besteht. Dabei bedeutet $(p, q) \in E$, dass p und q mit einer Kante verbunden sind. Bei *gerichteten* Graphen ist die Kante $e = (p, q)$ von p nach q orientiert. Fast immer werden unsere Graphen ungerichtet sein. Es ist nicht von vornherein verboten, dass ein Graph Kanten (p, p) von p nach p enthält, sogenannte Schlingen, oder mehrfache Kanten zwischen zwei Knoten. In diesem Fall ist E eine Multimenge, die mehrfache Elemente $(p, q), (q, p), (p, q), \ldots$ enthalten kann. Ein

schlicht

Graph, bei dem diese Phänomene nicht auftreten, heißt *schlicht*.

geometrische
Realisierung

Man kann einen Graphen $G = (V, E)$ im $\mathbb{R}^2$ oder auf einer anderen Fläche *geometrisch realisieren*, indem man seine Knoten auf paarweise verschiedene Punkte abbildet und seine Kanten auf einfache Wege, die die entsprechenden Punkte verbinden und unterwegs keine solchen Punkte besuchen (wir tun das jedes Mal, wenn wir einen Graphen zeichnen; einen Graphen „schön" zu zeichnen ist übrigens ein wichtiges und schwieriges Problem, zu dem es eine eigene Konferenzreihe (das *International Symposium on Graph Drawing and Network Visualization*) und viel Literatur gibt, z. B. Di Battista et al. [14], Formann et al. [21], Wagner und Kaufmann [26] und Gutwenger et al. [25]). Das Ergebnis nennt man

geometrischer
Graph

einen *geometrischen Graphen*.

In der Wahl der Punkte, auf die die Knoten abgebildet werden, und in der Festlegung der Wege steckt viel Freiheit. Wir nennen zwei Realisierungen eines Graphen auf derselben Fläche *äquivalent*, wenn sie durch stetige Verformung der Kantenwege und Verschiebung der Knoten ineinander überführt werden können, ohne dass jemals ein Kantenweg über einen Knoten „hinweggehoben"

Homotopie

wird. Diese Äquivalenzrelation wird *Homotopie* genannt.

In Abbildung 1.8 sieht man fünf verschiedene Realisierungen desselben Graphen. Nur (i) und (ii) sind in der Ebene äquivalent. Wir können uns aber auch vorstellen, dass dies geometrische Realisierungen auf der Oberfläche einer *Kugel* sind. Dort ist die bei der Realisierung in der Ebene unbeschränkte Fläche beschränkt, wie alle übrigen auch. Auf der Kugel sind die Realisierungen (ii) und (iii) äquivalent: Man kann ja die im Bild linke Kante über die Rückseite der Kugel nach rechts führen. Auch (iii) und (iv) sind auf der Kugel äquivalent, denn man kann r und s über die Kugelrückseite nach oben schieben. Realisierung (v) ist aber zu keiner der anderen äquivalent: Wenn wir den geschlossenen Weg (p, q, s, r, p) mit dieser Orientierung betrachten, liegt t in (i) bis (iv) auf der linken Seite, in (v) aber rechts. Eine Verschiebung von der linken zur rechten Seite ist durch erlaubtes Deformieren nicht zu erreichen.

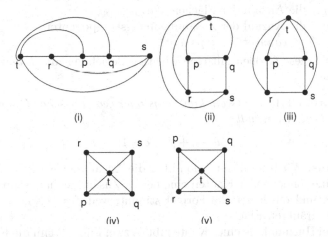

Abb. 1.8 Fünf Realisierungen desselben Graphen.

In diesem Buch interessieren wir uns besonders für solche geometrischen Graphen, bei denen sich keine Kanten kreuzen. Solch ein geometrischer Graph heißt *kreuzungsfrei*. Man nennt einen (abstrakten) Graphen *planar*, wenn er sich im $\mathbb{R}^2$ kreuzungsfrei geometrisch realisieren lässt. Sei nun G ein kreuzungsfreier geometrischer Graph in der Ebene. Wir können G als die Punktmenge ansehen, die aus den Knotenpunkten und den Kantenwegen besteht (im folgenden reden wir wieder von Knoten und Kanten wie bei abstrakten Graphen). Die Zusammenhangskomponenten der Menge $\mathbb{R}^2 \setminus G$ heißen die *Flächen des Graphen*. Sie sind Gebiete im $\mathbb{R}^2$. Weil der Graph beschränkt ist, ist genau eine Fläche unbeschränkt; siehe Abbildung 1.9. Ein zusammenhängender Graph heißt ein *Baum*, wenn er keine beschränkten Flächen hat.

kreuzungsfrei

Flächen des Graphen

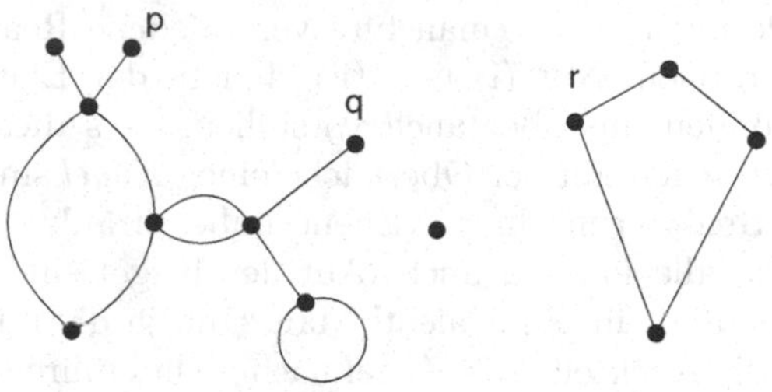

Abb. 1.9 Ein geometrischer Graph mit $v = 13$ Knoten, $e = 14$ Kanten, $f = 5$ Flächen und $c = 3$ Zusammenhangskomponenten.

Man bezeichnet mit

v die Anzahl der Knoten (*vertex*)

e die Anzahl der Kanten (*edge*)

f die Anzahl der Flächen (*face*)

c die Anzahl der Zusammenhangskomponenten
   (*connected component*).

Für diese Größen gilt eine wichtige Beziehung, die *Eulersche Formel*.

Theorem 1.1   *Sei G ein kreuzungsfreier geometrischer Graph in der Ebene. Dann gilt*

Eulersche Formel

$$v - e + f = c + 1.$$

Beweis. Wir führen Induktion über die Anzahl der Kanten. Gibt es keine, bildet jeder Knoten eine eigene Zusammenhangskomponente, und die Eulersche Formel stimmt, weil $f = 1$ wegen der unbeschränkten Fläche.

Bei Hinzunahme einer Kante gibt es zwei Fälle: Wenn die Kante zwei bisher disjunkte Zusammenhangskomponenten miteinander verbindet (z. B. die Kante (q, r) in Abbildung 1.9), wächst e um 1 und c fällt um 1; sonst bleibt alles unverändert. Wenn die neue Kante dagegen Knoten *derselben* Zusammenhangskomponente verbindet, etwa p und q, entsteht eine neue Fläche. Folglich wachsen dann e und f beide um 1, und die Formel gilt weiterhin.

□

Die Eulersche Formel hat viele Konsequenzen. Sie impliziert zum Beispiel, dass die Anzahl der Flächen nicht davon abhängt, *wie* man einen planaren Graphen kreuzungsfrei zeichnet; vgl. Abbildung 1.8. Wichtiger noch ist folgende Aussage, die wir später wiederholt anwenden werden: Bei „anständigen" kreuzungsfreien geometrischen Graphen sind die Anzahlen von Knoten, Kanten und Flächen einander in etwa gleich. Diese Behauptung soll im folgenden präzisiert werden.

Unter dem *Grad eines Knotens* versteht man die Anzahl der Kanten, die diesen Knoten zum Endpunkt haben (bei gerichteten Graphen kann man noch zwischen den ein- und den ausgehenden Kanten unterscheiden).

Korollar 1.2 *Sei G ein kreuzungsfreier geometrischer Graph, dessen Knoten alle mindestens den Grad 3 haben. Dann gilt*

$$v \;\le\; \tfrac{2}{3}e$$
$$v \;\le\; 2(f - c - 1) < 2f$$
$$e \;\le\; 3(f - c - 1) < 3f.$$

Ferner besteht der Rand einer Fläche im Mittel aus weniger als 6 Kanten.

Beweis. Von jedem Knoten gehen mindestens drei Kanten aus. Wenn wir die Anzahl der ausgehenden Kanten über alle Knoten aufsummieren, wird dabei jede Kante zweimal gezählt. Sei also d_i der Grad des i-ten Knoten, dann ist $2e = \sum_{i=1}^{v} d_i \ge 3v$. Damit ist die erste Behauptung bewiesen. Löst man diese Abschätzung nach e und nach v auf und setzt sie in die Eulersche Formel ein, $\quad v - e + f = c + 1$ ergeben sich sofort die nächsten beiden Aussagen.

Sei nun m_i die Anzahl der Kanten auf dem Rand der i-ten Fläche, für $1 \le i \le f$. Dabei werden Kanten doppelt gezählt, bei denen beide Seiten an dieselbe Fläche angrenzen, wie zum Beispiel die Kante mit Endpunkt q in Abbildung 1.9. Insgesamt hat die unbeschränkte Fläche dort 18 Randkanten. Wir erhalten also für die mittlere Kantenzahl

$$m = \frac{1}{f} \sum_{i=1}^{f} m_i$$

die Abschätzung

$$mf = \sum_{i=1}^{f} m_i = 2e < 6f,$$

da jede Kante zweimal vorkommt. □

Die Anzahl der Knoten und Kanten kann also die Anzahl der Flächen nicht wesentlich übersteigen. Für *schlichte* Graphen gilt auch eine Art Umkehrung.

Korollar 1.3 *Sei G kreuzungsfrei, nichtleer und schlicht, und alle Knoten haben mindestens den Grad 3. Dann ist $f \le \tfrac{2}{3}e$ und $f < 2v$.*

Der Beweis ist Gegenstand von Übungsaufgabe 1.7.

Übungsaufgabe 1.4 Unter K_5 versteht man den Graphen mit fünf Knoten, bei dem jeder Knoten mit jedem anderen durch genau eine ungerichtete Kante verbunden ist. Kann man K_5 kreuzungsfrei geometrisch realisieren:

(i) im $\mathbb{R}^2$?

(ii) auf der Oberfläche des Torus (Fahrradschlauch)?

Übungsaufgabe 1.5 Unter $K_{3,3}$ versteht man den Graphen mit sechs Knoten, die in zwei Teilmengen A, B zu je drei Knoten aufgeteilt sind. Jeder Knoten aus A ist mit jedem Knoten aus B durch eine Kante verbunden; andere Kanten gibt es nicht. Kann man $K_{3,3}$ kreuzungsfrei im $\mathbb{R}^2$ realisieren?

Wie die vorangegangenen Übungsaufgaben 1.4 und 1.5 zeigen, sind die beiden Graphen K_5 und $K_{3,3}$ nicht planar. Ein berühmtes Resultat von Kuratowski besagt, dass ein beliebiger Graph genau dann planar ist, wenn er keinen Teilgraphen enthält, der nach eventuellem Entfernen von Knoten vom Grad 2 mit K_5 oder $K_{3,3}$ übereinstimmt. Hieraus lassen sich Algorithmen zum
Planaritätstest   Planaritätstest gewinnen; siehe Diestel [15].

Der in Übungsaufgabe 1.4 (ii) angesprochene Torus ist topologisch nichts anderes als eine Kugel mit einem aufgesetzten Henkel. Offenbar kann man jeden Graphen kreuzungsfrei auf einer solchen Fläche realisieren, wenn man genügend viele Henkel verwendet.
Geschlecht   Die minimale Henkelzahl nennt man das *Geschlecht* des Graphen. Seine Bestimmung ist ein NP-vollständiges Problem; siehe Thomassen [47].

Die Aussagen von Theorem 1.1, Korollar 1.2 und Korollar 1.3 stimmen übrigens auch für kreuzungsfreie Graphen auf der Kugeloberfläche. Die Beweise sind identisch.

Übungsaufgabe 1.6 Sei S eine Menge von Punkten in der Ebene. Zwei Punkte aus S werden mit einer Strecke verbunden, wenn ein Punkt nächster Nachbar des anderen ist.

(i) Man zeige, dass der resultierende Graph G kreuzungsfrei ist.

(ii) Angenommen, jeder Punkt in S hat genau einen nächsten Nachbarn in S. Man beweise, dass es in G dann keinen geschlossenen Weg gibt und deshalb G aus endlich vielen Bäumen besteht.

(iii) Der in Abbildung 1.1 abgebildete Graph erfüllt die Voraussetzung von (ii). Bei ihm wurden die Kanten so orientiert, dass sie zum nächsten Nachbarn zeigen. Der Graph besteht aus zwei Bäumen und enthält zwei Kanten, die in beide Richtungen orientiert sind. Beruht diese Übereinstimmung zwischen den beiden Bäumen auf Zufall?

Ein wichtiges Prinzip ist das der *Dualität*. Sei G ein kreuzungs-   Dualität
freier, nichtleerer, zusammenhängender Graph auf der Kugeloberfläche. Wir konstruieren einen Graphen G^* folgendermaßen:

- Wähle einen Punkt p_F^* im Inneren jeder Fläche F von G.
  Diese Punkte sind die Knoten von G^*.

- Für jede Kante e von G mit angrenzenden Flächen F und
  F' verbinde p_F^* mit $p_{F'}^*$ mit einer Kante e^*, die nur e und
  sonst keine andere Kante kreuzt.

Abbildung 1.10 zeigt ein Beispiel. Der Graph G^* ist gestrichelt
gezeichnet. Er ist nach Definition kreuzungsfrei. Die duale Kante e^* von e ist eine Schleife am Knoten q^*, weil an e auf beiden
Seiten dieselbe Fläche angrenzt.

In Abbildung 1.10 hätten wir z. B. die unterste Kante (q^*, p^*)
ebenso gut „obenherum" führen können; insofern ist diese ebene Darstellung von G^* nicht eindeutig. Als geometrischer Graph
auf der Kugeloberfläche ist G^* durch unsere Konstruktionsvor-
schriften aber eindeutig bestimmt (natürlich nur bis auf Verfor-
mungsäquivalenz). Man nennt G^* den *dualen Graphen* von G. Die-   dualer Graph
se Bezeichnung ist berechtigt, denn $(G^*)^*$ ist wieder zu G äquivalent!

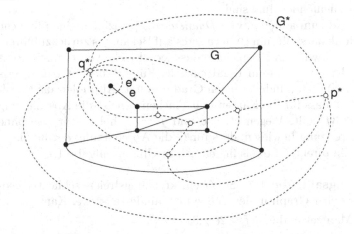

Abb. 1.10 Ein Graph und sein dualer Graph.

Ein geometrischer Graph G heißt *selbstdual*, wenn G und   selbstdual
sein dualer Graph G^* denselben Graphen realisieren. Abbildung 1.11 (i) zeigt einen selbstdualen Graphen mit fünf Knoten.

Die Graphen G_1 und G_2 in Abbildung 1.11 (ii) realisieren denselben Graphen. In G_1 gibt es eine Fläche mit sechs Kanten, in G_2
hat keine Fläche mehr als fünf. Folglich besitzt G_1^* einen Knoten

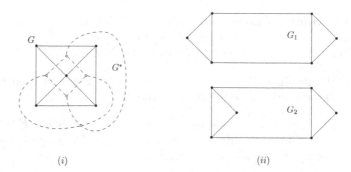

(i)   (ii)

Abb. 1.11 Graph G und sein dualer Graph G^* realisieren denselben Graphen (i). G_1 und G_2 realisieren denselben Graphen, ihre dualen Graphen aber nicht (ii).

vom Grad sechs, G_2^* aber nicht. Dieses Beispiel zeigt, dass unterschiedliche Realisierungen eines Graphen duale Graphen haben können, die *nicht* denselben Graphen realisieren.

Warum interessieren wir uns für duale Graphen? Zum einen, weil wir später auf zwei geometrische Graphen in der Ebene stoßen werden (*Voronoi-Diagramm* und *Delaunay-Triangulation*), die auf den ersten Blick ganz unterschiedlich definiert sind, in Wahrheit aber zueinander dual sind.

Dualisierung als Beweistechnik Und zum anderen, weil *Dualisierung* prinzipiell eine nützliche Technik darstellt, um Unbekanntes auf Bekanntes zurückzuführen. Nehmen wir zum Beispiel an, dass jede Fläche von G mindestens drei Kanten in ihrem Rand enthält. Für G^* bedeutet das, dass jeder Knoten mindestens den Grad drei hat. Also folgt aus Korollar 1.2, dass für die Kanten und Flächen von G^* die Abschätzung $e^* < 3f^*$ gilt. Wegen $e^* = e$ und $f^* = v$ haben wir also ohne Anstrengung bewiesen, dass für G die Abschätzung $e < 3v$ gilt.

Ein direkter Beweis findet sich in Übungsaufgabe 1.7.

Übungsaufgabe 1.7 Sei G ein kreuzungsfreier, schlichter geometrischer Graph in der Ebene mit mindestens zwei Kanten.

(i) Man zeige, dass $3f \leq 2e$ gilt.

(ii) Man beweise, dass $e < 3v$ und $f < 2v$ gelten.

(iii) Gilt eine dieser Behauptungen auch ohne die Voraussetzung der Schlichtheit?

Wir werden meistens mit solchen kreuzungsfreien geometrischen Graphen zu tun haben, deren Kanten geradlinig verlaufen. Solche Graphen sind immer schlicht. Zu ihrer Speicherung kann man außer der bekannten Adjazenzliste oder der Adjazenzmatrix eine Datenstruktur namens *doubly connected edge list* (*DCEL*) verwenden, die der geometrischen Struktur besser gerecht wird.

doubly connected edge list (DCEL)

Jede Kante mit Endpunkten p, q wird als zwei *Halbkanten* gespeichert: eine für die Richtung von p nach q und eine für die umgekehrte Richtung. Jede Halbkante wird als Teil des Randes der Fläche zu ihrer linken Seite angesehen, und wir betrachten den Rand jeder beschränkten Fläche entsprechend als gegen den Uhrzeigersinn gerichtet — der Rand der äußeren, unbeschränkten Fläche ist im Uhrzeigersinn gerichtet. Jede Halbkante hat ihren eigenen Speicherplatz, der in Abbildung 1.12 mit einer halben Donutform dargestellt ist. Er enthält Zeiger auf

- die *Zwillingskante* (die andere Halbkante);

- den Startknoten;

- die Vorgängerhalbkante am Rand der Fläche links;

- die Fläche zur linken Seite;

- die Nachfolgerhalbkante am Rand der Fläche links.

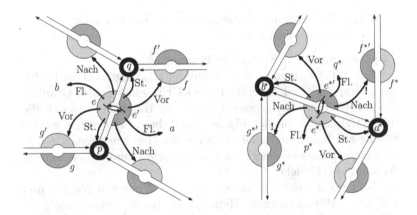

Abb. 1.12 Links: die Zeiger (fett), die für eine Kante (p, q) zwischen zwei Flächen a und b in einer DCEL gespeichert werden. Rechts: die Zeiger, die für die Duale des Halbkantenpaars e und e' gespeichert werden. Die Zeiger sind nahezu die gleichen wie im ursprünglichen Graphen: sie werden nur anders über die Halbkanten e^* und $e^{*\prime}$ verteilt, und die Nachfolgerzeiger zeigen jetzt auf die Zwillingshalbkanten von ihren ursprünglichen Zielhalbkanten.

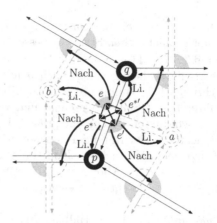

Abb. 1.13 Die Zeiger (fett), die für eine Kante (p,q) zwischen zwei Flächen a und b in einer QEDS gespeichert werden. Die QEDS speichert Zeiger auf die Nachfolger und die linksliegenden Flächen für die vier Halbkanten $e = (p,q)$, $e^* = (a,b)$, $e' = (q,p)$, und $e^{*'} = (b,a)$.

Unter Benutzung der Zeiger auf die Vorgänger-, Nachfolger-, und Zwillingshalbkanten kann man effizient

- im oder gegen den Uhrzeigersinn alle Kanten mit vorgegebenem Endpunkt und

- im oder gegen den Uhrzeigersinn alle Kanten auf dem Rand einer vorgegebenen Fläche

ausgeben, wenn eine Startkante bekannt ist.

Außerdem kann man, wie Abbildung 1.12 zeigt, aus der DCEL eines Graphen G relativ einfach die DCEL seines dualen Graphen G^* konstruieren. Dazu ersetzt man jede Halbkante e durch die duale Halbkante von der Fläche zur rechten Seite von e zu der Fläche zur linken Seite. Die Duale eines Halbkantenpaars e und e' speichern nahezu die gleichen Zeiger wie e und e', wie man in Abbildung 1.12 sieht.

Falls nötig, speichert man zusätzlich Zeiger von Knoten und Flächen auf angrenzende Halbkanten; damit kann man auch Flächen mit Löchern ermöglichen.

quad edge data structure (QEDS) Eine ähnliche Datenstruktur ist die *quad edge data structure (QEDS)*. Sie speichert die Halbkanten eines Graphen G *und* seines Dualen G^*. Somit werden für jede Kante in G vier Halbkanten gespeichert, die mit einander verbunden werden. Dabei werden bei jeder Kante die Zeiger auf den Startknoten und die Vorgängerhalbkante weggelassen: sie können mithilfe der dualen Halbkanten gefunden werden (siehe Abbildung 1.13). Für die Details verweisen wir auf Guibas und Stolfi [23].

1.2.3 Geometrie

Die einfachsten *geometrischen Objekte* sind *Punkte* $p = (p_1, \ldots, p_d)$ im $\mathbb{R}^d$ und *Strecken* $pq = \{p + a(q - p); \ 0 \le a \le 1\}$.[4]
Ein Weg w, der aus einer endlichen Folge von Strecken $pq, qr, \ldots, tu, uv$ besteht, heißt eine *polygonale Kette*. Ist w eine einfache, geschlossene polygonale Kette in der Ebene, so heißt das von w umschlossene innere Gebiet zusammen mit w ein *Polygon*, P. Sein Rand, ∂P, ist gerade w.[5] Die Strecken in w heißen die *Kanten* von P, ihre Endpunkte heißen *Ecken* von P (wir können P auch als kreuzungsfreien geometrischen Graphen auffassen und müssten die Ecken dann „Knoten" nennen; der Begriff „Ecke" ist aber gebräuchlicher).

geometrische Objekte

Polygon

Polygone treten unter anderem als Grundrisse von Räumen auf, in denen sich Menschen oder Roboter bewegen. Man interessiert sich zum Beispiel dafür, welcher Teil des Polygons P von einem Punkt $p \in P$ aus sichtbar ist. Hierbei heißt ein Punkt $q \in P$ von p aus *sichtbar*, wenn die Strecke pq ganz in P enthalten ist. Die Menge $vis(p)$ aller von p aus sichtbaren Punkte heißt das *Sichtbarkeitspolygon* von p in P. Es besteht aus (Teilen von) Kanten von P und aus künstlichen Kanten, die durch ins Innere von P hereinragende spitze Ecken (d. h. solche mit Innenwinkel $> \pi$) entstehen, welche die Sicht einschränken; siehe Abbildung 1.14.

Sichtbarkeits-polygon

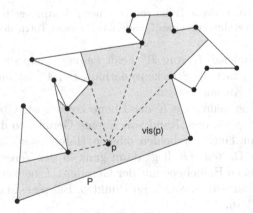

Abb. 1.14 Ein Polygon P und das Sichtbarkeitspolygon eines seiner Punkte p.

---

[4]Hierbei fassen wir Punkte als Ortsvektoren auf; die Multiplikation mit a erfolgt koordinatenweise.

[5]Manche Autoren sind beim Begriff *Polygon* liberaler und erlauben, dass der Rand von P Selbstschnitte aufweist oder nicht zusammenhängend ist, das Innere von P also Löcher hat. Um solche Fälle auszuschließen, nennt man P oft ein *einfaches Polygon*.

Polyeder

Das Gegenstück zum einfachen Polygon im $\mathbb{R}^3$ ist das einfache *Polyeder*. Sein Rand — die *Oberfläche* — besteht aus Polygonen. Jede Kante gehört dabei zu genau zwei Polygonen. Diese Oberfläche zerlegt den Raum in zwei Gebiete, ein beschränktes inneres und ein unbeschränktes äußeres Gebiet. So wie ein Polygon bis auf Deformation einem Kreis gleicht, lässt sich ein Polyeder zu einer Kugel „ausbeulen". Abbildung 1.15 (ii) zeigt ein Polyeder, das sich als Vereinigung eines Quaders mit einem Tetraeder ergibt (sowie dessen konvexe Hülle, siehe weiter unten).

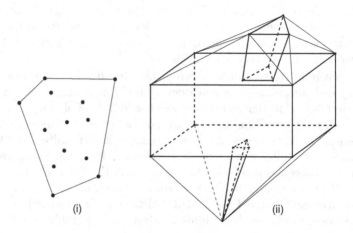

(i)   (ii)

Abb. 1.15 Die konvexe Hülle von (i) einer Punktmenge in der Ebene und (ii) der Vereinigung eines Quaders mit einem Tetraeder.

konvex

Eine Teilmenge K vom $\mathbb{R}^d$ heißt *konvex*, wenn sie zu je zwei Punkten p, q auch die Strecke pq enthält. Der $\mathbb{R}^d$ ist wie auch alle Quader und Kugeln konvex.

Wenn eine Teilmenge K der Ebene konvex ist, gibt es durch jeden Punkt p auf dem Rand von K eine Gerade, so dass K disjunkt ist von einer der beiden offenen Halbebenen, in die diese Gerade den $\mathbb{R}^2$ teilt (K liegt dann ganz in der Vereinigung der anderen offenen Halbebene mit der Geraden). Eine solche Gerade

Stützgerade

heißt eine *Stützgerade* von K im Punkt p. Beispiele finden sich in Abbildung 1.16.

Stützebene

Analog gibt es für konvexe Mengen K im $\mathbb{R}^3$ für jeden Punkt auf ihrem Rand eine *Stützebene*, die den $\mathbb{R}^3$ so in zwei offene Halbräume teilt, dass einer der beiden mit K einen leeren Durchschnitt hat. Das lässt sich auf höhere Dimensionen verallgemeinern.

Eine weitere nützliche Eigenschaft: Sind K_1 und K_2 zwei *disjunkte* konvexe Mengen, so existiert eine Hyperebene h mit Halbräumen H_1 und H_2, so dass $K_1 \subseteq h \cup H_1$ und $K_2 \subseteq h \cup H_2$ gelten. Die Hyperebene h *trennt* die beiden konvexen Mengen.

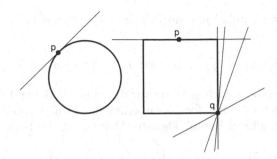

Abb. 1.16 Stützgeraden von Kreis und Rechteck.

Übungsaufgabe 1.8 Kann man zu zwei disjunkten konvexen Mengen in der Ebene stets eine Gerade finden, die die beiden Mengen trennt und mindestens eine von ihnen nicht berührt?

Übungsaufgabe 1.9 Sei P ein Polygon. Man zeige:

(i) P ist genau dann konvex, wenn von jedem Punkt $p \in P$ ganz P sichtbar ist.

(ii) Besteht der Rand von P aus n Kanten, so ist für jeden Punkt $p \in P$ auch $vis(p)$ durch höchstens n Kanten berandet.

Übungsaufgabe 1.10 Seien P und Q zwei einander schneidende konvexe Polygone mit m bzw. n Kanten. Wie viele Kanten kann das Polygon $P \cup Q$ höchstens besitzen?

Für eine beliebige Teilmenge A des $\mathbb{R}^d$ ist

$$ch(A) = \bigcap_{\substack{K \supseteq A \\ K \text{ konvex}}} K$$

die bezüglich der Inklusion kleinste konvexe Menge, die A enthält. Sie wird die *konvexe Hülle* von A genannt. In Abbildung 1.15 sind zwei Beispiele konvexer Hüllen abgebildet. Zur praktischen Berechnung von $ch(A)$ taugt diese Definition natürlich nicht. Wir werden aber später effiziente Algorithmen zur Konstruktion von konvexen Hüllen endlicher Punktmengen kennenlernen.

konvexe Hülle

Die Bedeutung der konvexen Hülle $ch(A)$ liegt unter anderem darin, dass sie die Originalmenge A umfasst und sich als konvexe Menge selbst schön von ihrer Umwelt „trennen" lässt.

Wir können konvexe Hüllen auch dazu verwenden, in jeder Dimension d die einfachste echt d-dimensionale Menge zu definieren.

Für zwei Punkte p, q im $\mathbb{R}^d$, die nicht identisch sind, ist die konvexe Hülle

$$ch\{p,q\} = pq = \{ap + bq\,;\, 0 \le a, b \text{ und } a + b = 1\}$$

die Strecke von p nach q. Wenn wir die Einschränkung $0 \le a, b$ an die Parameter a und b fortlassen, erhalten wir die *Gerade* durch p und q, den affinen Raum[6] kleinster Dimension, der beide Punkte enthält.

Für drei Punkte p, q, r, die nicht auf einer gemeinsamen Geraden liegen, ist die konvexe Hülle

$$
\begin{aligned}
ch\{p,q,r\} &= tria(p,q,r) \\
&= \{ap + bq + cr\,;\, 0 \le a, b, c \text{ und } a + b + c = 1\}
\end{aligned}
$$

das *Dreieck* mit den Ecken p, q und r. Durch $\{ap + bq + cr\,;\, a, b, c \in \mathbb{R}\}$ wird die *Ebene* durch p, q, r beschrieben. Analog ist für vier Punkte, die nicht auf einer gemeinsamen Ebene liegen,

$$ch\{p,q,r,s\} = \{ap + bq + cr + es\,;\, 0 \le a, b, c, e \text{ und } a + b + c + e = 1\}$$

das *Tetraeder* mit den Ecken p, q, r, s. Es liegt in dem eindeutig bestimmten affinen Teilraum des $\mathbb{R}^d$, der die vier Punkte enthält.

Diese Konstruktion kann man in höhere Dimensionen fortsetzen. Die konvexe Hülle von $n+1$ Punkten im $\mathbb{R}^d$, $n \le d$, die nicht in einem $(n-1)$-dimensionalen Teilraum liegen, nennt man das *Simplex* der Dimension n.

Simplex

Hin und wieder werden elementare Sätze aus der *Trigonometrie* benötigt. Wir werden im wesentlichen mit den folgenden Tatsachen auskommen.

Satz des Pythagoras

Nach dem *Satz des Pythagoras* gilt im rechtwinkligen Dreieck die Formel $a^2 + b^2 = c^2$ für die Längen der Kanten a, b, die den rechten Winkel einschließen, und die Länge c der gegenüberliegenden Kante, der Hypotenuse. Dieser Satz ist zur Aussage $\sin^2 \beta + \cos^2 \beta = 1$ äquivalent; siehe Abbildung 1.17 (i).

Kosinussatz

Eine Verallgemeinerung des Satzes von Pythagoras auf nichtrechtwinklige Dreiecke stellt der *Kosinussatz* dar, der in Abbildung 1.17 (ii) illustriert ist. Daneben gilt der *Sinussatz*.

Sinussatz

Skalarprodukt

Sind p und q zwei Punkte im $\mathbb{R}^d$, so gilt für ihr *Skalarprodukt* $p \cdot q$

$$\sum_{i=1}^{d} p_i q_i = p \cdot q = |p|\,|q| \cos \alpha,$$

---

[6]Ein *affiner Teilraum* des $\mathbb{R}^d$ ist eine Menge $p + V$, wobei V ein Untervektorraum des $\mathbb{R}^d$ ist und p ein d-dimensionaler Translationsvektor. Die Dimension des affinen Teilraums entspricht der von V.

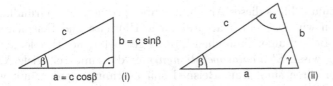

Abb. 1.17 In (i) gilt $a^2 + b^2 = c^2(\cos^2 \beta + \sin^2 \beta) = c^2$, der Satz des Pythagoras. In (ii) besagt der Kosinussatz $a^2 + b^2 - 2ab\cos\gamma = c^2$. Der Sinussatz lautet $a/\sin\alpha = b/\sin\beta = c/\sin\gamma$.

wobei α den Winkel zwischen ihren Ortsvektoren am Nullpunkt bezeichnet. Allgemein ist für die Winkelmessung (und für das Durchlaufen geschlossener Kurven in der Ebene) die positive Richtung *gegen* den Uhrzeigersinn; beim Skalarprodukt kommt es aber auf die Reihenfolge von p und q nicht an.   positive Richtung

Zwei Vektoren stehen genau dann *aufeinander senkrecht*, wenn ihr Skalarprodukt den Wert null hat.   orthogonal

Ist pq eine Sehne im Kreis K, so können wir an jedem Punkt r auf dem Kreisbogen von q nach p den Winkel zwischen rp und rq betrachten. Der *Satz des Thales* besagt, dass dieser Winkel   Satz des Thales für alle Punkte r aus demselben Kreisbogen gleich groß ist. Insbesondere: α ist $< \pi/2$ für Punkte r auf dem längeren Kreisbogenstück und $\beta > \pi/2$ für Punkte aus dem kürzeren Bogen; siehe Abbildung 1.18. Es gilt $\alpha + \beta = \pi$. Wenn wir den Sehnenendpunkt q festhalten und mit p auf dem Kreisrand nach rechts wandern, wird α größer, und β schrumpft um denselben Betrag. Wenn dann die Sehne pq durch den Mittelpunkt des Kreises geht, so ist $\alpha = \beta = \pi/2$.

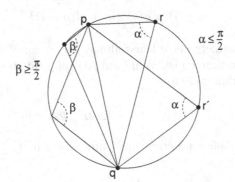

Abb. 1.18 An allen Punkten r aus demselben Kreisbogen ist der Winkel über der Sehne pq derselbe.

Zum Schluss dieses Abschnitts über geometrische Grundlagen wollen wir noch ein paar praktische Hinweise und Beispiele geben. Bei der algorithmischen Lösung geometrischer Probleme treten gewisse *Elementaroperationen* auf, die zum Teil viele Male auszuführen sind. Zum Beispiel soll bestimmt werden, auf welcher Seite einer Geraden im $\mathbb{R}^2$ ein gegebener Punkt liegt (siehe unten bei Halbebenentest). Obwohl man solche elementaren Aufgaben bei der Diskussion der Komplexität von Problemen gern als trivial ansieht, müssen sie in der Praxis doch implementiert werden. Hierbei kann man mehr oder weniger geschickt vorgehen. Eine allzu sorglose Implementierung kann sich nachteilig auf die Übersichtlichkeit, die Robustheit und die praktische Effizienz des Algorithmus auswirken.

Elementar-operationen

Eine ebenso simple wie wirkungsvolle Maßnahme besteht in der *Vermeidung unnötiger Berechnungen*. Bei der Bestimmung der nächsten Nachbarn für eine vorgegebene Punktmenge sind immer wieder Tests des Typs „Liegt p näher an q als an r?" auszuführen. Hierbei ist es nicht nötig, jeweils den echten euklidischen Abstand $|pq| = \sqrt{(p_1 - q_1)^2 + (p_2 - q_2)^2}$ auszurechnen. Man kann ebensogut die Quadrate $|pq|^2$ miteinander vergleichen und die Berechnung der Wurzeln vermeiden.

Vermeidung unnötiger Berechnungen

Angenommen, es soll zu zwei verschiedenen Punkten p, q in der Ebene die Mittelsenkrechte $B(p, q)$ auf dem Liniensegment pq berechnet werden. Diese Gerade wird für uns später von Interesse sein, weil sie aus genau den Punkten besteht, die zu p und q denselben Abstand haben. Man nennt $B(p, q)$ den *Bisektor* von p und q; siehe Abbildung 1.19 (i).

Bisektor

Die Gerade $B(p, q)$ muss durch den Mittelpunkt $m = \frac{1}{2}(p + q)$ von pq laufen; wir machen daher den Ansatz

$$B(p, q) = \{m + al; a \in \mathbb{R}\}$$

für die parametrisierte Darstellung, wobei der Vektor $l = (l_1, l_2)$ noch zu bestimmen ist. Weil l auf pq senkrecht steht, muss für das Skalarprodukt gelten

$$l_1(q_1 - p_1) + l_2(q_2 - p_2) = 0.$$

Es mag naheliegend erscheinen, nun $l_1 = 1$ und

$$l_2 = \frac{p_1 - q_1}{q_2 - p_2}$$

in die Darstellung von $B(p, q)$ einzusetzen. Für den Fall, dass pq waagerecht ist, würde diese Formel aber zu einer Division durch

null führen! Besser setzen wir $l_1 = (q_2 - p_2)$, $l_2 = (p_1 - q_1)$ und
erhalten

$$B(p, q) = \{\tfrac{1}{2}(p + q) + a(q_2 - p_2, p_1 - q_1); a \in \mathbb{R}\}$$

als Parameterdarstellung des Bisektors; diese Formel gilt in *jedem* möglichen Fall. Sie lässt sich leicht zur Geradengleichung umformen, indem man die Parameterdarstellungen der X- und Y-Koordinate nach a auflöst und gleichsetzt. Man erhält

$$X(p_1 - q_1) + Y(p_2 - q_2) + \frac{q_1^2 + q_2^2 - p_1^2 - p_2^2}{2} = 0.$$

In dem (durch unsere Annahme ausgeschlossenen) Fall $p = q$ ergibt die Parameterdarstellung den Punkt p, die Geradengleichung dagegen die ganze Ebene. Das zweite Ergebnis kann sinnvoller sein, wenn man wirklich an der Menge aller Punkte mit gleichem Abstand zu p und q interessiert ist.

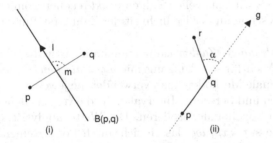

Abb. 1.19 (i) Der Bisektor von zwei Punkten. (ii) Ist der Winkel α positiv oder negativ?

Eine andere häufig auftretende Elementaroperation ist der *Halbebenentest*; siehe Abbildung 1.19 (ii). Gegeben sind drei Punkte p, q, r in der Ebene. Man will wissen, ob r links oder rechts von der Geraden g durch p, q liegt, die in Richtung von p nach q orientiert ist. Ebenso gut kann man fragen, ob die Strecke qr im Punkt q von pq nach links oder nach rechts abbiegt.

Halbebenentest

Ein möglicher Ansatz besteht darin, zunächst die Geradengleichung

$$
\begin{aligned}
G(X, Y) &= (q_2 - p_2)X + (p_1 - q_1)Y - p_1 q_2 + p_2 q_1 \\
&= (q_2 - p_2)(X - p_1) + (p_1 - q_1)(Y - p_2)
\end{aligned}
$$

für die Gerade g aufzustellen. Der Punkt $r = (r_1, r_2)$ liegt genau dann links von g, wenn $G(r_1, r_2) < 0$ ist.

Dreiecksfläche mit
Vorzeichen

Eine andere Möglichkeit ist die Verwendung der Formel für die *Dreiecksfläche mit Vorzeichen*. Danach ergibt

$$\frac{1}{2}\begin{vmatrix} p_1 & p_2 & 1 \\ q_1 & q_2 & 1 \\ r_1 & r_2 & 1 \end{vmatrix} = (r_1 - p_1)\frac{r_2 + p_2}{2} + (q_1 - r_1)\frac{q_2 + r_2}{2} + (p_1 - q_1)\frac{p_2 + q_2}{2}$$

den *positiven* Flächeninhalt des Dreiecks $tria(p, q, r)$, falls (p, q, r) die *positive* Folge der Dreiecksecken ist (d. h. die entgegen dem Uhrzeigersinn), sonst ergibt sich der *negative* Flächeninhalt. Hat daher die Determinante einen positiven Wert, so liegt r links von der orientierten Geraden g. Der Wert ist genau dann gleich 0, wenn r auf g liegt.

Übungsaufgabe 1.11 Man bestimme den Winkel α beim Halbebenentest, wie er in Abbildung 1.19 dargestellt ist.

numerische
Probleme

Bei diesen Überlegungen sind wir stillschweigend davon ausgegangen, dass wir mit reellen Zahlen *exakt* rechnen können, was in der Praxis schon an der Endlichkeit der Zahldarstellung scheitern muss.

Mit *rationalen Zahlen* kann man im Prinzip beliebig genau rechnen. Auch für den Umgang mit *algebraischen Zahlen* gibt es exakte formale Methoden; man verwendet die jeweiligen Polynomgleichungen und berechnet Intervalle, die die verschiedenen reellen Nullstellen voneinander isolieren. Die Werte analytischer Funktionen, wie *sin*, *exp*, *log*, lassen sich durch Potenzreihen beliebig genau approximieren. Alle diese Ansätze sind aber überaus rechenzeitintensiv und benötigen zum Teil auch enormen Speicherplatz, etwa für die Verwaltung langer Zähler und Nenner rationaler Zahlen.

Ein Ausweg liegt in einer geschickten Verbindung von unpräziser und präziser Arithmetik. Solange es geht, arbeitet man mit einer Zahldarstellung fester Länge und führt numerische *Fehlerintervalle* mit. Wenn irgendwann zum Beispiel das Vorzeichen einer Determinante bestimmt werden soll und die Genauigkeit dazu nicht mehr ausreicht, weil der berechnete Wert zu nahe bei null liegt, besinnt man sich auf die formale Definition der beteiligten Zahlen und rechnet präzise.

Diese Beispiele zeigen, dass auch die Implementierung geometrischer Algorithmen ein interessantes Gebiet darstellt, das für die Praxis natürlich besonders wichtig ist. Es gibt große Algorithmensysteme wie LEDA und die in einem europäisch-israelischen Verbundprojekt entstandene Bibliothek CGAL. Beide enthalten eine Vielzahl kombinatorischer und geometrischer Algorithmen und

LEDA

CGAL

sind sehr gut dokumentiert. Das System LEDA wird im Buch von Mehlhorn und Näher [35] beschrieben, Einzelheiten zu CGAL findet man unter der Adresse http://www.cgal.org und in Fabri et al. [20].

1.2.4 Komplexität von Algorithmen

Unterschiedliche Algorithmen zur Lösung desselben Problems lassen sich miteinander vergleichen, indem man feststellt, wie effizient sie von den Ressourcen *Rechenzeit* und *Speicherplatz* Gebrauch machen. Der Bedarf hängt meist von der Größe des Problems ab, das es zu lösen gilt, zum Beispiel von der Anzahl n der Punkte, für die ein nächster Nachbar bestimmt werden soll.

Rechenzeit
Speicherplatz

Im Prinzip gibt es zwei verschiedene Möglichkeiten, um konkurrierende Algorithmen A und B miteinander zu vergleichen. Für *Anwenderinnen* kann es durchaus attraktiv sein, beide Verfahren in ihrer Zielsprache auf ihrem Rechner zu implementieren und dann für solche Problemgrößen laufen zu lassen, die für sie von Interesse sind. Rechenzeit und Speicherplatz können dann direkt nachgemessen werden.

experimentelles Vorgehen

Entwicklerinnen von Algorithmen, und wer immer sich für die inhärente Komplexität eines Problems interessiert, werden von konkreten Programmiersprachen und Rechnern abstrahieren und analytisch vorgehen. Hierzu wird ein abstraktes Modell gebildet, in dem sich über die Komplexität von Algorithmen und Problemen reden lässt.

analytisches Vorgehen

Dieses Modell (RAM, O, Ω, Θ) wird im folgenden vorgestellt. Im Anschluss daran kommen wir auf die beiden Ansätze für die Beurteilung von Algorithmen — den experimentellen und den analytischen — zurück.

Beim analytischen Ansatz misst man nicht die Ausführungszeit auf einem konkreten Prozessor, sondern betrachtet die Anzahl der Schritte, die eine *idealisierte Maschine* bei Ausführung eines Algorithmus zur Lösung eines Problems der Größe n machen würde. Dieses Maschinenmodell sollte möglichst einfach sein, um die Analyse zu erleichtern.

idealisierte Maschine

In der Algorithmischen Geometrie wird als Modell oft die *real RAM* verwendet, eine *random access machine*, die mit reellen Zahlen rechnen kann. Sie verfügt über abzählbar unendlich viele Speicherzellen, die mit den natürlichen Zahlen adressiert werden. Jede Speicherzelle kann eine beliebige reelle oder ganze Zahl enthalten. Daneben stehen ein Akkumulator und endlich viele Hilfsregister zur Verfügung.

real RAM

Im Akkumulator können die Grundrechenarten $(+, -, \cdot)$ ausgeführt werden, zusätzlich die Division reeller Zahlen und die auch in vielen Programmiersprachen bekannten Operationen *div* und *mod* für ganze Zahlen. Außerdem kann getestet werden, ob der Inhalt des Akkumulators größer als Null ist. In Abhängigkeit vom Ergebnis kann das Programm verzweigen. Die Speicherzellen können direkt adressiert werden („Lade den Inhalt von Zelle i in den Akkumulator") oder indirekt („Lade den Inhalt derjenigen Zelle in den Akkumulator, deren Adresse in Zelle j steht"). Im letzten Fall muss der Inhalt von Zelle j eine natürliche Zahl sein.

Manchmal erlaubt man der *real RAM* zusätzliche Rechenoperationen, wie etwa $\sqrt{\ }$, *sin*, *cos* oder die Funktion *trunc*. Das sollte man dann explizit erwähnen, weil es einen Einfluss auf die prinzipielle Leistungsfähigkeit des Modells haben kann.

Die Ausführung eines jeden Befehls (Rechenoperation, Speicherzugriff oder Test mit Programmsprung) zählt als ein *Elementarschritt* der *real RAM*.

Elementarschritt

Dieses Modell ist einem realen Rechner ähnlich, soweit es die prinzipielle Funktionsweise des Prozessors und die Struktur des Hauptspeichers betrifft. Ein wesentlicher Unterschied besteht aber darin, dass in einer Zelle eines realen Hauptspeichers nur ein Wort fester Länge Platz hat und nicht eine beliebig große Zahl. Infolgedessen kann man „in einem Schritt" nur solche Zahlen verarbeiten, deren Darstellungen die Wortlänge nicht überschreiten. Anders gesagt: Das Modell der *real RAM* ist realistisch, solange man mit beschränkten Zahlen rechnet.[7]

wie real ist die RAM?

Sei nun Π ein Problem (z. B. *all nearest neighbors*), und sei $P \in \Pi$ ein Beispiel des Problems der Größe $|P| = n$ (also z. B. eine konkrete Menge von n Punkten in der Ebene). Ist dann A ein Algorithmus zur Lösung des Problems Π, in *RAM*-Anweisungen formuliert, so bezeichnet $T_A(P)$ die Anzahl der Schritte, die die *RAM* ausführt, um die Lösung für das Beispiel P zu berechnen. Mit

$$T_A(n) = \max_{P \in \Pi,\, |P|=n} T_A(P)$$

bezeichnen wir die Laufzeit von A im *worst case*. Entsprechend ist der Speicherverbrauch $S_A(n)$ die maximale Anzahl belegter Speicherzellen bei der Bearbeitung von Beispielen der Größe n.

worst case

Tatsächlich interessieren wir uns nicht so sehr für die genauen Werte von $T_A(n)$ und $S_A(n)$, sondern dafür, wie schnell

---

[7]Wer sich für eine präzise Definition einer realistischen real RAM interessiert und für eine genaue Beschreibung ihrer Leistungsfähigkeit, sei auf Erickson, Van der Hoog und Miltzow [19] verwiesen.

diese Größen für $n \to \infty$ wachsen. Zur Präzisierung dient die
O-Notation. Es bezeichnen f, g Funktionen von den natürlichen O-Notation
Zahlen in die nicht-negativen reellen Zahlen. Man definiert:

$$O(f) = \{\, g;\ \text{es gibt } n_0 \geq 0 \text{ und } C > 0,$$
$$\text{so dass } g(n) \leq C f(n) \text{ für alle } n \geq n_0 \text{ gilt} \,\},$$

und für ein $g \in O(f)$ sagt man: g „ist (in) groß O von f". Inhaltlich
bedeutet das, dass fast überall die Funktion g durch f nach oben
beschränkt ist — bis auf einen konstanten Faktor.

Man erlaubt endlich viele Ausnahmestellen $n < n_0$, damit man
auch solche Funktionen f als *obere Schranken* verwenden kann, die   obere Schranke
für kleine Werte von n den Wert Null annehmen. Die Aussagen

$$3n + 5 \in O(n), \quad \log_2(n+1) \in O(\lfloor \log_{256} n \rfloor)$$

wären sonst nicht korrekt. Hierbei bedeutet $\log_b(n)$ den *Logarith-
mus zur Basis b*, und $\lfloor x \rfloor$ gibt die *größte ganze Zahl $\leq x$* an; siehe
Übungsaufgabe 1.12 (ii) und (iii).

Zum Beispiel liefert für die Funktion

$$g(n) = 13n^3 - 19n^2 + 68n + 1 - \sin n$$

bereits die grobe Abschätzung

$$\begin{aligned} g(n) &\leq 13n^3 + 68n + 2 \\ &\leq (13 + 68 + 2)n^3 = 83n^3 \text{ für alle } n \geq 1 \end{aligned}$$

die Aussage $g \in O(n^3)$. Interessiert man sich auch für die *Kon-   Konstante C
stante C in O*, d. h. für den Faktor C, der oben in der Definition
von $O(f)$ vorkommt und für den Beweis der Aussage $g \in O(f)$
benötigt wird, so wird man etwas feiner abschätzen und

$$g(n) \leq 13n^3 \text{ für alle } n \geq 4$$

erhalten. Die Aussage $g \in O(n^4)$ ist erst recht richtig, aber
schwächer. Dagegen liegt g nicht in $O(n^2)$, denn wegen

$$\begin{aligned} g(n) &\geq 13n^3 - 19n^2 \\ &= 12n^3 + (n - 19)n^2 \\ &\geq 12n^3 \text{ für alle } n \geq 19 \end{aligned}$$

ist g von unten fast überall durch n^3 beschränkt, bis auf einen
konstanten Faktor. Die Aussage $g(n) \leq Cn^2$ ist dann falsch für
alle $n > \max(\frac{C}{12}, 18)$!

untere Schranke
Ω-Notation

Zur Bezeichnung von *unteren Schranken* dient die *Omega-Notation*. Man definiert

$$g \in \Omega(f) : \iff f \in O(g)$$
$$\iff \text{es gibt } n_0 \geq 0 \text{ und } c > 0,$$
$$\text{so dass } g(n) \geq cf(n) \text{ für alle } n \geq n_0 \text{ gilt.}$$

In unserem Beispiel ist $g \in \Omega(n^3)$, erst recht also $g \in \Omega(n^2)$. Schließlich verwendet man die *Theta-Notation*

Θ-Notation

$$g \in \Theta(f) : \iff g \in O(f) \text{ und } g \in \Omega(f),$$

um auszudrücken, dass g und f etwa gleich groß sind. Diese Beziehung ist offenbar eine Äquivalenzrelation. Für die Funktion g von oben gilt $g \in \Theta(n^3)$. Wir sagen, *g wächst wie n^3* oder *g hat die Größenordnung n^3*.

Übungsaufgabe 1.12   Wir betrachten Funktionen von den natürlichen Zahlen in die nicht-negativen reellen Zahlen.

(i) Welche Funktionen liegen in $\Theta(1)$?

(ii) Wann gilt $f(n) \in O(\lfloor f(n) \rfloor)$?

(iii) Seien a, b, c, reell mit $1 < b$, $1 \leq a,c$. Man zeige:

$$\log_b(an + c) \in \Theta(\log_2 n).$$

(iv) Seien $f_1, f_2, \ldots$ Funktionen in $O(g)$. Gilt dann

$$h(n) = \sum_{i=1}^{n} f_i(n) \in O(n \cdot g(n))?$$

Komplexität eines
Problems

Sei nun Π wieder ein Problem. Wenn ein Algorithmus A zu seiner Lösung existiert, für den $T_A(n) \in O(f)$ gilt, so sagen wir, Π *hat die Zeitkomplexität $O(f)$*. Können wir beweisen, dass für jeden Algorithmus A zur Lösung von Π die Aussage $T_A(n) \in \Omega(f)$ gelten muss, so sagen wir, Π *hat die Zeitkomplexität $\Omega(f)$*. Gilt beides, so können wir sagen, Π *hat die Zeitkomplexität $\Theta(f)$*. In diesem Fall haben wir durch die Bestimmung der genauen Zeitkomplexität von Π eine unserer Grundaufgaben gelöst. Entsprechendes gilt für die Speicherplatzkomplexität eines Problems.

mehrere
Größenparameter

Alle oben eingeführten Begriffe lassen sich direkt auf Situationen übertragen, bei denen die Größe des Problems durch mehr als einen Parameter gemessen wird (zum Beispiel wird bei Graphenalgorithmen häufig zwischen der Knotenzahl v und der Kantenzahl e unterschieden).

Müssen wir nun unsere Algorithmen in RAM-Befehlen formulieren? Zum Glück nicht! Durch die Beschränkung auf die Betrachtung der *Größenordnung* von $T_A(n)$ und $S_A(n)$ gewinnen wir Unabhängigkeit von den Details der Implementierung. So ist es zum Beispiel unerheblich, wie viele RAM-Befehle wir bei der Implementierung einer **for**-Schleife für das Erhöhen der Zählervariablen und den Vergleich mit der oberen Schranke exakt benötigen; die genaue Anzahl wirkt sich nur auf den jeweiligen konstanten Faktor aus. Unabhängigkeit
vom Detail

Was ist nun „besser": ein experimenteller Vergleich von zwei konkurrierenden Algorithmen A und B oder ein Vergleich der analytisch bestimmten Größenordnungen von T_A und T_B? Experiment vs.
Analyse

Ein Test in der endgültigen Zielumgebung ist sehr aussagekräftig, vorausgesetzt

- es werden vom Typ her solche Beispiele P des Problems Π als Eingabe verwendet, wie sie auch in der realen Anwendung auftreten, und

- es wird mit realistischen Problemgrößen gearbeitet.

Wird einer dieser Gesichtspunkte vernachlässigt, kann es später zu Überraschungen kommen. Wer etwa Sortieren durch Einfügen und Quicksort experimentell miteinander vergleicht und dabei nur Eingabefolgen verwendet, die schon teilweise vorsortiert sind, wird feststellen, dass Sortieren durch Einfügen besser abschneidet. Wenn in der Anwendung später beliebige Eingabefolgen zu sortieren sind, wäre Quicksort die bessere Wahl.

Oder angenommen, die beiden Algorithmen haben im *worst case* das Laufzeitverhalten

$$\begin{aligned} T_A(n) &= 64n\log_2 n \\ T_B(n) &= 2n^2, \end{aligned}$$

und die Anwendung ist so beschaffen, dass der schlimmste Fall bei beiden Algorithmen häufig eintritt. Werden beim Test nur Beispiele der Größe $n < 256$ verwendet, so schneidet Algorithmus B besser ab als A.

Mit steigender Problemgröße fällt B aber immer weiter zurück: Für $n = 2^{10}$ ist A dreimal so schnell, für $n = 2^{15}$ fast siebzigmal so schnell wie B; siehe Abbildung 1.20.

Die Erfahrung zeigt, dass die Größe der zu behandelnden Problembeispiele mit der Zeit immer weiter zunimmt. Andererseits steigt auch die Leistungsfähigkeit der Hardware. Die Frage nach dem „besseren" Algorithmus stellt sich dann aufs neue.

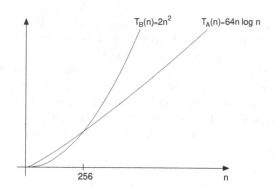

Abb. 1.20 Ab $n = 256$ ist Algorithmus A im *worst case* schneller als B.

Prognosen

Hier ist das analytische Vorgehen wertvoll, weil es uns verläss-
liche Prognosen ermöglicht. Zum Beispiel lässt sich bei Verwendung des „quadratischen" Algorithmus B durch Verdopplung der
Rechnerleistung nur ein Zuwachs der in derselben Zeit behandel-
baren Problemgröße um den Faktor $\sqrt{2} \approx 1{,}414$ erkaufen. Verwendet man statt dessen den Algorithmus A, so hat dieser Faktor
für $n = 2^{15}$ den Wert 1,885, für $n = 2^{18}$ ist er schon größer als 1,9.

Prognosen wie diese lassen sich übrigens auch ohne Kenntnis
der Konstanten C machen, die sich in der O-Notation verbirgt;
zur Abschätzung der absoluten Rechenzeit wird aber der Wert
von C (oder zumindest eine gute Näherung) benötigt.

optimal vs.
praktikabel

Die Frage nach der Komplexität eines Problems führt zuweilen zur Entdeckung eines Algorithmus, dessen Laufzeitverhalten
zwar größenordnungsmäßig optimal ist, der aber trotzdem nicht
praktikabel ist. Der Grund kann in der Schwierigkeit seiner Implementierung liegen, oder darin, dass die fragliche Konstante C
so groß ist, dass der Algorithmus seine Vorzüge bei gängigen Problemgrößen nicht ausspielen kann.

praktische
Konsequenzen

In der Algorithmischen Geometrie beruht die Entdeckung eines solchen optimalen Lösungsverfahrens oft auf einer neu gewon-
nenen Einsicht in die Struktur des Problems. Ist diese Einheit
erst vorhanden und richtig verarbeitet, so kann man im nächsten
Schritt oft auch einen Algorithmus entwickeln, der praktikabel
und optimal ist, oder zumindest nicht sehr weit vom Optimum
entfernt. Vor diesem Hintergrund wird klar, dass die Ermittlung
der genauen Komplexität eines Problems nicht Theorie um ihrer selbst willen ist, sondern zu konkreten Verbesserungen in der
Praxis führen kann.

Bei der Definition von $T_A(n)$ und $S_A(n)$ hatten wir den *worst case* vor Augen, der sich für die schlimmstmöglichen Problembeispiele der Größe n ergeben kann. In manchen Anwendungen treten solche schlimmen Fälle erfahrungsgemäß nur selten auf. Hat man eine Vorstellung davon, mit welcher Wahrscheinlichkeit jedes Beispiel P des Problems Π als mögliche Eingabe vorkommt, so kann man statt $T_A(n)$ die *zu erwartende Laufzeit* betrachten, die sich bei Mittelung über alle Beispiele ergibt.

mittlere Kosten

Bei geometrischen Problemen ist die Schätzung solcher Wahrscheinlichkeiten oft schwierig (wie sollten wir zum Beispiel ein „normales" einfaches Polygon mit n Ecken von einem „weniger normalen" unterscheiden)? Wir werden deshalb in diesem Buch keine Annahmen über die Wahrscheinlichkeit unserer Problembeispiele machen und nach wie vor mit $T_A(n)$ das Maximum aller $T_A(P)$ mit $|P| = n$ bezeichnen.

Wir können aber unserem Algorithmus gestatten, bei der Bearbeitung eines Beispiels P *Zufallsentscheidungen* zu treffen. Auch ein derartiger *randomisierter Algorithmus* berechnet für jedes P die korrekte Lösung. Er kann aber zwischen mehreren alternativen Vorgehensweisen wählen. Je nach der Beschaffenheit von P kann die eine oder die andere schneller zum Ziel führen. Wir interessieren uns für den *Mittelwert*.

randomisierter Algorithmus

Genauer: Wir erlauben dem Algorithmus A, bei der Bearbeitung eines Problembeispiels P der Größe n insgesamt $r(n)$ mal eine Münze zu werfen (und in Abhängigkeit vom Ergebnis intern zu verzweigen). Diese Münzwürfe liefern zusammen einen von $2^{r(n)}$ möglichen Zufallsvektoren der Länge $r(n)$. Für jeden solchen Zufallsvektor z ergibt sich eine Laufzeit $T_A(P, z)$. Wir definieren dann

$$T_A(P) = \frac{1}{2^{r(n)}} \sum_z T_A(P, z)$$

als die *zu erwartende* Schrittzahl von A bei Bearbeitung von P. An den übrigen Definitionen ändert sich nichts. Entsprechend wird der Speicherplatzbedarf definiert.

Wenn wir hervorheben wollen, dass ein Algorithmus nicht mit Randomisierung arbeitet, nennen wir ihn *deterministisch*. Randomisierte Algorithmen sind oft viel einfacher als ihre deterministischen Konkurrenten. Sie werden uns an mehreren Stellen begegnen.

deterministischer Algorithmus

In diesem Buch werden ausschließlich sequentielle Algorithmen betrachtet. Wer sich für parallele Verfahren in der Algorithmischen Geometrie interessiert, sei z. B. auf Dehne und Sack [12] verwiesen.

1.2.5   Suchbäume

Oft kommt es vor, dass Algorithmen Objekte speichern müssen, um später erneut darauf zuzugreifen. Das können Zwischenergebnisse sein oder auch Datenbestände, die über längere Zeit hinweg gepflegt werden sollen.

In Kapitel 3 werden wir uns ausführlich mit der Speicherung geometrischer Daten befassen. In diesem Abschnitt betrachten wir *binäre Suchbäume*, die eine Menge S von reellen Zahlen speichern. Wir werden diese Zahlen auch *Punkte* (im eindimensionalen Raum) oder allgemein *Schlüssel* nennen.

Die Punkte werden in den Blättern des Baumes gespeichert, ein Punkt pro Blatt. Somit stellen die Punkte die Blätter des Baumes dar. Wir bezeichnen den Teilbaum, dessen Wurzel der Knoten v ist, mit $T(v)$; das linke Kind von v heißt v_{links} und das rechte Kind v_{rechts}. Als *interner Knoten* gilt jeder Knoten, der kein Blatt ist. Jeder interne Knoten v speichert einen *Splitwert* $v°$.

Jeder Knoten v repräsentiert ein Intervall $[v^-, v^+)$, das nicht explizit gespeichert wird.

Das Intervall der Wurzel ist $[-\infty, \infty)$. Für jeden internen Knoten v gilt, dass sein linkes Kind das Intervall $[v^-, v°)$ repräsentiert, während das rechte Kind das Intervall $[v°, v^+)$ darstellt. Daher gilt für jede Tiefe[8] i im Baum, dass die Intervalle der Knoten auf Tiefe i disjunkt sind. Der Teilbaum mit Wurzel v speichert genau die Punkte von S, die in dem Intervall $[v^-, v^+)$ liegen.

Wenn wir die Punkte in einem beliebigen Intervall $[q^-, q^+]$ *suchen*, benutzen wir diesen Algorithmus:

Algorithmus SUCHE(q^-, q^+, v)
Eingabe: ein Intervall $[q^-, q^+]$ und die Wurzel v eines binären Suchbaums.
Ausgabe: alle Punkte in $[q^-, q^+]$, die in dem Baum gespeichert sind.

1. **if** v ist ein Blatt mit einem Punkt p
2. **then if** $q^- \leq p \leq q^+$
3.   **then** gebe p aus
4. **else if** $q^- < v°$ **then** SUCHE(q^-, q^+, v_{links})
5.   **if** $q^+ \geq v°$ **then** SUCHE(q^-, q^+, v_{rechts})

Die Aufgabe, alle Punkte im Intervall $[q^-, q^+]$ zu berichten, nennt man auch eine *Bereichsanfrage*, und die Menge der berichteten Punkte heißt die *Antwort*.

Margin notes:
binärer Suchbaum
Schlüssel
Splitwert
Suchen
Bereichsanfrage
Antwort

---

[8]Hierbei bezeichnet die *Tiefe eines Knotens* die Anzahl der Knoten auf dem Pfad von der Wurzel zu diesem Knoten minus eins, also die Gesamtzahl der von der Wurzel zu verfolgenden Zeiger.

Zum *Einfügen* eines Punktes p in einen nicht-leeren Such-   Einfügen
baum verfahren wir zuerst wie bei einer Suche mit dem Intervall
$[p] := [p,p]$. Wenn wir ein Blatt erreichen, ersetzen wir das Blatt
durch einen kleinen Teilbaum mit zwei Blättern: dem ursprünglichen Blatt, und einem neuen Blatt mit p. Die Wurzel des neuen
Teilbaums bekommt den größeren der beiden Punkte als Splitwert.

In Abbildung 1.21 ist ein Suchbaum dargestellt, der durch die
Einfügereihenfolge p_3, p_1, p_4, p_2, p_5 entstanden ist.

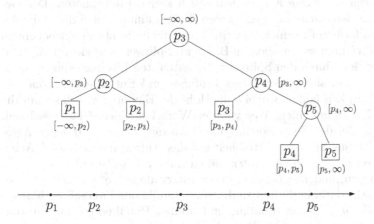

Abb. 1.21 Ein Suchbaum zur Einfügereihenfolge p_3, p_1, p_4, p_2, p_5 mit
Knotenintervallen.

Nach unserer Einfügeregel stimmt der Splitwert eines internen
Knoten v stets mit dem kleinsten Schlüssel in $T(v_{rechts})$ überein,
der also dort im am weitesten links anhängenden Blatt steht. Außerdem besteht das von einem Knoten v repräsentierte Intervall
aus genau den reellen Zahlen q, für die der Algorithmus SUCHE,
gestartet mit Eingabe $[q]$ an der Wurzel des Suchbaums, den Knoten v passiert.

Das gilt auch für die Blätter des Suchbaums, deren Intervalle
im wesentlichen genau den Intervallen auf dem Zahlenstrahl entsprechen, die durch die jeweiligen gespeicherten Punkte und ihre
rechten Nachbarn im Baum berandet werden.[9]

Wir können deshalb mit einem Suchbaum wie in Abbildung 1.21 und Algorithmus SUCHE nicht nur Bereichsanfragen
beantworten, sondern auch die umgekehrten *Aufspießanfragen*:   Aufspießanfrage
Gegeben n konsekutive Intervalle durch Angabe ihrer Endpunk-
te; bestimme für einen beliebigen Anfragepunkte q, in welchem
Intervall er liegt.

---

[9]Lediglich die beiden Intervalle $[-\infty, p_1)$ und $[p_1, p_2)$ ganz links sind zum
Blattintervall $[-\infty, p_2)$ zusammengefasst.

Dass die Intervalle in Abbildung 1.21 links abgeschlossen und rechts offen sind, liegt an den Zeilen 4 und 5 von Algorithmus SUCHE. Würde man in Zeile 5 die Bedingung $q^+ > v°$ verlangen, entstünden beiderseits offene Intervalle. Die Suche nach einem gespeicherten Schlüssel könnte dann an einem internen Knoten enden, der diesen Schlüssel als Splitwert enhält.

Entfernen   Zum *Entfernen* eines Punktes suchen wir zuerst das Blatt, das den Punkt enthält. Dann entfernen wir das Blatt und, wenn es nicht der letzte Knoten war, auch seinen Elternknoten. Der Geschwisterknoten des entfernten Blattes nimmt dabei die Stelle des entfernten Elternknotens ein. Wenn der entfernte Punkt bei einem Vorfahren weiter oben im Baum als Splitwert gespeichert ist, wird er dort durch den Splitwert des entfernten Elternknotens ersetzt.

Man sieht sofort, dass Einfüge- und Entferneoperationen in $O(h)$ Zeit laufen, wobei h die Höhe des Baumes ist, weil sie nur die Knoten auf einem Weg von der Wurzel zu einem Blatt passieren.

Bereichsanfrage   Bei der Beantwortung einer Anfrage $[q^-, q^+]$ besucht Algorithmus SUCHE im Hinblick auf das Anfrageintervall zwei Arten

Innenknoten   von Knoten: *Innenknoten*, deren Intervalle vollständig in $[q^-, q^+]$ liegen, und *Randknoten*, deren Intervalle $[q^-, q^+]$ schneiden aber nicht darin enthalten sind. Jedes Randknotenintervall enthält q^- oder q^+.[10] Jeder Randknoten hat einen Randknoten zum Elternknoten, bis hinauf zur Wurzel. Ein Innenknoten kann einen Innenknoten oder einen Randknoten als Elternknoten haben. Dadurch ist sichergestellt, dass Algorithmus SUCHE alle für die Beantwortung einer Anfrage relevanten Knoten im Baum besucht.

Die Innenknoten sind Wurzeln binärer Teilbäume, deren Blätter vollständig ausgegeben werden. Weil binäre Bäume weniger interne Knoten als Blätter haben, beträgt bei Ausgabegröße k die Anzahl von Innenknoten höchstens $2k - 1$.

Von den Randknoten gibt es $O(h)$ viele, weil auf jeder Tiefe im Baum die Intervalle der dort liegenden Knoten disjunkt sind und nur zwei von ihnen q^- oder q^+ enthalten können. Eine Suche läuft somit in $O(h + k)$ Zeit. Der Schlüssel zur effizienten Anwendung

Kleine Höhe durch Instandhaltung   von Suchbäumen ist also, dass wir die Höhe möglichst klein halten.

Dieses Ziel lässt sich durch unterschiedliche Instandhaltungsmaßnahmen erreichen. Bei den in vielen Büchern über Datenstrukturen vorgestellten AVL-Bäumen wird zum Beispiel durch Rotation von Teilbäumen dafür gesorgt, dass die Höhe h eines Suchbaums mit n Pukten stets in $O(\log n)$ liegt; solche Bäume werden *balancierter Binärbaum* oder *balancierter Suchbaum* genannt. Andere Techniken zur Instandhaltung von Suchbäumen werden wir in Kapitel 3 kennenlernen.

---

[10]Natürlich können sowohl interne Knoten als auch Blätter des Baums Innenknoten für eine Anfrage $[q^-, q^+]$ sein.

Bei der Betrachtung von Suchbäumen in diesem Abschnitt haben wir an keiner Stelle verwendet, dass es sich bei den gespeicherten Schlüsseln um reelle Zahlen handelt. Wir hätten ebenso gut Elemente aus einer beliebigen anderen vollständig geordneten[11] Menge S speichern können. Zu bedenken ist dann aber, wie und mit welchem Zeitaufwand der Vergleich von zwei Schlüsseln aus S auszuführen ist; bei der *real RAM* in Abschnitt 1.2.4 zählt ein Vergleich reeller Zahlen als Elementarschritt, der nur konstant viel Zeit benötigt.

1.2.6 Untere Schranken

Ein Problem hat die Zeitkomplexität $\Omega(f)$, wenn es für jeden Algorithmus eine Konstante $c > 0$ gibt, so dass sich für jedes hinreichend große n Beispiele der Größe n finden lassen, für deren Lösung der Algorithmus mindestens $cf(n)$ viele Schritte benötigt. Die Funktion f heißt dann eine *untere Schranke* für das Problem.

Manchmal lassen sich *triviale untere Schranken* f sehr leicht angeben. Um zum Beispiel in einer Menge von n Punkten in der Ebene einen am weitesten links gelegenen zu bestimmen, muss man zumindest jeden Punkt einmal inspizieren; also ist $f(n) = n$ eine untere Schranke für das Problem. Ebenso benötigt ein Verfahren zur Bestimmung der k Schnittpunkte einer Menge von n Geraden mindestens k Schritte, um die Schnittpunkte auszugeben. Hier ist also $f(n, k) = k$ eine untere Schranke.

Meist ist es aber schwierig, *dichte* untere Schranken f zu finden, d. h. solche, für die $\Theta(f)$ die genaue Komplexität des Problems ist. Ein prominentes Beispiel ist *Sortieren durch Vergleiche*.

Zu sortieren ist eine Folge von n paarweise verschiedenen Objekten $(q_1, \ldots, q_n)$ aus einer Menge Q, auf der eine vollständige Ordnung $<$ definiert ist. Wir stellen uns vor, dass die Objekte q_i in einem Array gespeichert sind, auf das wir keinen direkten Zugriff haben. Unsere Eingabe besteht aus der Objektanzahl n und einer Funktion K. Ein Aufruf $K(i, j)$ vergleicht die Objekte an den Positionen i und j im Array und liefert folgendes Ergebnis:

triviale untere Schranken

Sortieren durch Vergleiche

$$K(i, j) = \begin{cases} 1, \text{ falls } q_i < q_j \\ 0, \text{ falls } q_i > q_j. \end{cases}$$

---

[11]Wir nennen eine zweistellige Relation $<$ auf einer Menge S eine *vollständige Ordnung*, wenn für je zwei voneinander verschiedene Elemente $s \neq t$ von S entweder $s < t$ oder $t < s$ gilt, aber niemals $s < s$, und wenn aus $s < t$ und $t < u$ stets $s < u$ folgt (Transitivität).

Die Sortieraufgabe besteht in der Berechnung derjenigen Permutation $\pi = (\pi(1), \pi(2), \ldots, \pi(n))$, für die gilt:

$$q_{\pi(1)} < q_{\pi(2)} < \cdots < q_{\pi(n)}.$$

Theorem 1.4 *Sortieren durch Vergleiche hat die Komplexität* $\Omega(n \log n)$.

Beweis. Wir beschränken uns beim Beweis auf deterministische Algorithmen. Eine Verallgemeinerung auf randomisierte Algorithmen ist aber möglich.

Sei also A ein *deterministisches* Verfahren zur Lösung des Sortierproblems durch Vergleiche. Dann wird der erste Aufruf $K(i, j)$ der Vergleichsfunktion nach dem Start von A immer für dasselbe Indexpaar (i, j) ausgeführt, unabhängig von der Inputfolge $(q_1, \ldots, q_n)$, über die A ja noch keinerlei Information besitzt.

Wenn $K(i, j) = 1$ ist, das heißt für alle Eingaben, die der Menge

$$W(i, j) = \{(q_1, \ldots, q_n) \in Q^n; q_i < q_j\}$$

angehören, wird der zweite Funktionsaufruf *dasselbe* Indexpaar (k, l) als Parameter enthalten, denn A ist deterministisch und weiß zu diesem Zeitpunkt über die Inputfolge nur, dass $q_i < q_j$ gilt. Ebenso wird für alle Folgen aus $W(j, i)$ derselbe Funktionsaufruf als zweiter ausgeführt.

Entscheidungsbaum   Wenn wir mit dieser Überlegung fortfahren,[12] erhalten wir den vergleichsbasierten *Entscheidungsbaum* von Algorithmus A, einen binären Baum, dessen Knoten mit Vergleichen „$q_i < q_j$?" beschriftet sind. An den Kanten steht entweder 1 oder 0; siehe Abbildung 1.22.

Genau die Eingabetupel aus der Menge

$$W(i, j) \cap W(l, k) \cap W(j, l) = \{(q_1, \ldots, q_n) \in Q^n; q_i < q_j < q_l < q_k\}$$

führen zum Knoten v.

Weil A das Sortierproblem löst, gibt es zu jedem Blatt des Entscheidungsbaums eine Permutation π, so dass nur Inputfolgen mit

$$q_{\pi(1)} < q_{\pi(2)} < \cdots < q_{\pi(n)}$$

zu diesem Blatt führen.

---

[12]Wir interessieren uns nur für die Vergleiche und ignorieren alle „Nebenrechnungen" von A.

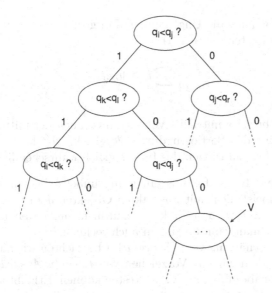

Abb. 1.22 Der Entscheidungsbaum eines vergleichsbasierten Sortier-verfahrens.

Für jede Permutation muss ein Blatt vorhanden sein. Der Ent-scheidungsbaum hat daher mindestens $n!$ Blätter, folglich minde-stens die Höhe

$$
\begin{aligned}
\log_2(n!) &\geq \log_2\left(\left(\frac{n}{2}\right)^{\frac{n}{2}}\right)\\
&\geq \frac{n}{2}\log_2\left(\frac{n}{2}\right)\\
&\geq \frac{1}{3}n\log_2 n \text{ für alle } n \geq 8.
\end{aligned}
$$

Es gibt also eine Permutation, für die das Verfahren A mindestens $\frac{1}{3}n\log_2 n$ viele Vergleiche ausführt. □

Weil man mit Heapsort oder Mergesort in Zeit $O(n\log n)$ sor-tieren kann, hat das Sortierproblem die Komplexität $\Theta(n\log n)$.

Übungsaufgabe 1.13 Sei T ein Binärbaum mit m Blättern, und seien $l_1,\ldots,l_m$ die Länge der Pfade von der Wurzel zu den Blättern.

(i) Man beweise die Aussage

$$
\sum_{i=1}^{m} 2^{-l_i} = 1.
$$

(ii) Man benutze die Ungleichung vom geometrischen und arithmetischen Mittel, um aus (i)

$$\frac{1}{m}\sum_{i=1}^{m} l_i \geq \log_2 m$$

zu folgern.

(iii) Man beweise mit Hilfe von (ii), dass auch der mittlere Zeitaufwand für das Sortieren durch Vergleiche $\Omega(n \log n)$ beträgt, wenn alle Permutationen des Inputs gleich wahrscheinlich sind.

Theorem 1.4 ist für uns ein wenig unbefriedigend, denn wir haben es meist nicht mit abstrakten Objekten q zu tun, sondern mit *reellen Zahlen*, und die kann man nicht nur miteinander vergleichen — man kann mit ihnen auch rechnen.

lineares Modell   Zur Verschärfung von Theorem 1.4 betrachten wir das *lineare Modell*, in dem wir das Vorzeichen von *linearen Ausdrücken* der reellen Eingabezahlen $x_1, \ldots, x_n$ testen können. Erlaubt sind jetzt also Tests der Art

$$h(x_1, \ldots, x_n) < 0?$$

für affin-lineare Abbildungen

$$h(X_1, \ldots, X_n) = c_1 X_1 + \ldots + c_n X_n + d.$$

Hierbei sind $c_1, \ldots, c_n, d$ reelle Koeffizienten, die nichts mit den Eingabewerten x_i zu tun haben. Durch $h(X_1, \ldots, X_n) = 0$ wird eine Hyperebene im $\mathbb{R}^n$ definiert, falls nicht alle c_i gleich Null sind. Der Test „$h(x_1, \ldots, x_n) < 0?$" entscheidet, in welchem der beiden offenen Teilräume, die von der Hyperebene getrennt werden, der Punkt $(x_1, \ldots, x_n)$ liegt. Vergleiche $x_i < x_j$ sind damit natürlich immer noch möglich. Als Hardwarebasis können wir uns eine *real RAM* vorstellen, die keinen direkten Zugriff auf die Zahlenfolge $(x_1, \ldots, x_n)$ hat. Sie kann lediglich auf beliebige Weise reelle Koeffizienten $(c_1, \ldots, c_n, d)$ bilden und in speziellen Speicherzellen ablegen. Nach Aufruf eines speziellen *Orakelbefehls* enthält der Orakel   Akkumulator den Wert 1 oder 0, je nach Ausgang des Vorzeichentests

$$c_1 x_1 + \ldots + c_n x_n + d < 0?$$

Hierfür wird nur ein Rechenschritt veranschlagt.

Folgender Satz erlaubt es, für verschiedene Probleme untere Schranken im linearen Modell anzugeben. Wir betrachten dazu zunächst einen neuen Problemtyp, den *Elementtest*. Gegeben[13] ist Elementtest   eine Menge W im $\mathbb{R}^n$. Es soll ein Verfahren angegeben werden, das für ein beliebiges $x \in \mathbb{R}^n$ entscheidet, ob x in W liegt.

---

[13] Bei den Anwendungen des folgenden Satzes wird die Menge W stets durch eine *endliche Beschreibung* gegeben sein.

Theorem 1.5 *Angenommen, die Menge W hat m Zusammenhangskomponenten. Dann benötigt jeder Algorithmus für den Elementtest für W im linearen Modell im schlimmsten Fall mindestens* $\log_2 m$ *viele Schritte.*

Beweis. Sei A ein Algorithmus für den Elementtest für W. Wie im Beweis von Theorem 1.4 betrachten wir den linearen *Entscheidungsbaum* E von A, dessen Knoten die Tests

$$h(x_1,\ldots,x_n) < 0$$

in allen möglichen Rechenabläufen von A darstellen.

Es genügt zu zeigen, dass der Entscheidungsbaum E mindestens so viele Blätter hat wie die Menge W Zusammenhangskomponenten. Für jedes Blatt b des Entscheidungsbaums E sei

$$A_b = \{x \in \mathbb{R}^n; \ A \text{ terminiert bei Eingabe von } x \text{ im Blatt } b\}$$

Diese Menge A_b ist — nach Definition des linearen Modells — Durchschnitt von offenen und abgeschlossenen affinen Teilräumen

$$\{(x_1,\ldots,x_n) \in \mathbb{R}^n; h(x_1,\ldots,x_n) < 0\}$$
$$\{(x_1,\ldots,x_n) \in \mathbb{R}^n; h(x_1,\ldots,x_n) \geq 0\}.$$

Weil diese Teilräume *konvex* sind, ist auch A_b konvex, insbesondere also *zusammenhängend*. Für alle Punkte x in A_b trifft Algorithmus A dieselbe Entscheidung; folglich gilt entweder $A_b \subset W$ oder $A_b \cap W = \emptyset$. Außerdem ist

$$\mathbb{R}^n = \bigcup_{b \text{ Blatt}} A_b,$$

da der Algorithmus ja für *jede* Eingabe x eine Entscheidung treffen muss. Daraus folgt:

$$\begin{aligned} W &= \mathbb{R}^n \cap W \\ &= \bigcup_{b \text{ Blatt}} A_b \cap W \\ &= \bigcup_{b \in B} A_b \end{aligned}$$

für eine bestimmte Teilmenge B aller Blätter des Entscheidungsbaums E. Die Anzahl der Zusammenhangskomponenten dieser Menge kann höchstens so groß sein wie die Anzahl $|B|$ der zusammenhängenden Teilmengen A_b, denn jedes A_b ist vollständig in einer Zusammenhangskomponente enthalten. Andererseits ist $|B|$ kleiner gleich der Anzahl *aller* Blätter von E.   □

Für $n = 1$ bedeutet Theorem 1.5, dass man $\log m$ viele Schritte benötigt um festzustellen, ob eine reelle Zahl in einem von m disjunkten Intervallen liegt; durch Anwendung von binärem Suchen lässt sich das Problem auch in dieser Zeit lösen.

Als erste Anwendung von Theorem 1.5 betrachten wir das Problem ε-*closeness*. Gegeben sind n reelle Zahlen $x_1, \ldots, x_n$ und ein $\varepsilon > 0$. Gefragt ist, ob es Indizes $i \neq j$ gibt, so dass $|x_i - x_j| < \varepsilon$ gilt.

ε-closeness

Hat man die n Zahlen erst ihrer Größe nach sortiert, kann man die Frage leicht in linearer Zeit beantworten: Es genügt, jeweils die Nachbarn in der aufsteigenden Folge

$$x_{\pi(1)} \leq x_{\pi(2)} \leq \ldots \leq x_{\pi(n)}$$

zu testen. Folglich hat ε-*closeness* die Zeitkomplexität $O(n \log n)$ im linearen Modell.[14]

Wir können nun zeigen, dass es keine schnellere Lösung gibt.

Korollar 1.6 *Das Problem ε-closeness hat im linearen Modell die Zeitkomplexität $\Theta(n \log n)$.*

Beweis. Offenbar ist ε-*closeness* ein Elementtestproblem für die Menge

$$W = \{(x_1, \ldots, x_n) \in \mathbb{R}^n; \text{ für alle } i \neq j \text{ ist } |x_i - x_j| \geq \varepsilon\}.$$

Wir zeigen, dass die Zusammenhangskomponenten von W genau die $n!$ vielen Mengen

$$W_\pi = \{(x_1, \ldots, x_n) \in W; x_{\pi(1)} < x_{\pi(2)} < \ldots < x_{\pi(n)}\}$$

sind, wobei π alle Permutationen der n Indizes durchläuft.

Seien $p, q \in W_\pi$, und gelte z. B. $p_i \geq p_j + \varepsilon$. Dann muss auch $q_i \geq q_j + \varepsilon$ sein, und für jeden Parameter $a \in [0, 1]$ folgt ebenfalls

$$
\begin{aligned}
(1-a)p_i + aq_i &\geq (1-a)(p_j + \varepsilon) + a(q_j + \varepsilon) \\
&= (1-a)p_j + aq_j + \varepsilon;
\end{aligned}
$$

deshalb liegt die ganze Strecke pq in W_π. Die Menge W_π ist also konvex und insbesondere zusammenhängend.

Für zwei verschiedene Permutationen $\pi \neq \sigma$ seien $p \in W_\pi$ und $q \in W_\sigma$. Dann muss es ein Indexpaar (i, j) geben mit

$$p_i < p_j \text{ und } q_i > q_j$$

---

[14]Sortieren, z. B. mit Heapsort, benötigt nur Vergleiche. Tests der Art $x_i - x_j - \varepsilon < 0$ sind im linearen Modell erlaubt.

Ist nun $f(a) = (f_1(a), \ldots, f_n(a))$ eine Parametrisierung eines Weges von p nach q, so muss es wegen

$$f_i(0) - f_j(0) = p_i - p_j < 0$$
$$f_i(1) - f_j(1) = q_i - q_j > 0$$

nach dem Zwischenwertsatz ein $a \in (0,1)$ geben mit $f_i(a) = f_j(a)$. Der Punkt

$$f(a) = (f_1(a), \ldots, f_i(a), \ldots, f_j(a), \ldots, f_n(a))$$

gehört dann aber nicht zur Menge W.

Also sind die Mengen W_π die paarweise disjunkten Zusammenhangskomponenten von W, und die Behauptung folgt aus Theorem 1.5. □

Ganz analog lässt sich ein ähnliches Problem behandeln, das den Namen *element uniqueness* trägt. Gegeben sind wieder n reelle Zahlen $x_1, \ldots, x_n$, gefragt ist, ob es Indizes $i \neq j$ mit $x_i = x_j$ gibt.

element uniqueness

Korollar 1.7 *Das Problem element uniqueness hat die Zeitkomplexität $\Theta(n \log n)$ im linearen Modell.*

Nun können wir auch die gewünschte Verschärfung von Theorem 1.4 beweisen:

Korollar 1.8 *Auch im linearen Modell hat Sortieren die Zeitkomplexität $\Theta(n \log n)$.*

Beweis. Könnten wir schneller sortieren, so könnten wir damit auch das Problem *ε-closeness* schneller lösen, was wegen Korollar 1.6 unmöglich ist. □

Hier haben wir ein Beispiel, wie man ein Problem auf ein anderes reduziert, um neue untere Schranken zu beweisen.

Prinzip der Reduktion

Im linearen Modell haben wir erlaubt, Linearkombinationen der reellen Eingabezahlen $x_1, \ldots, x_n$ auf ihr Vorzeichen zu testen, und gesehen, dass sich dadurch keine schnelleren Sortierverfahren für reelle Zahlen ergeben. Was passiert, wenn wir auch Multiplikation und Division der Eingabezahlen erlauben, damit also auch Tests der Art

$$h(x_1, \ldots, x_n) > 0?,$$

in denen $h(x_1, \ldots, x_n)$ ein *Polynom* vom Grad $d \geq 1$ ist? Wenn wir versuchen, den Beweis von Theorem 1.5 auf solche Tests zu verallgemeinern, stoßen wir auf ein Problem: Die Mengen A_b aller Punkte im $\mathbb{R}^n$, für die ein Algorithmus A in demselben Blatt b seines Entscheidungsbaums terminiert, ist nicht mehr Schnitt von linearen Halbräumen und auch nicht mehr ! Wir haben es vielmehr

Mannigfaltigkeit

algebraisches
Modell

nun mit *algebraischen (Pseudo-) Mannigfaltigkeiten* zu tun, einem klassischen Gegenstand der Algebraischen Geometrie.

Eine andere Beobachtung zeigt, dass wir in diesem *algebraischen Modell* die Kosten eines Tests $h(x_1, \ldots, x_n) > 0$? nicht länger mit nur *einem* Schritt veranschlagen dürfen. Sonst könnte nämlich das Problem *element uniqueness* plötzlich in Zeit $O(1)$ gelöst werden, durch den Test

$$\prod_{0 \leq i < j \leq n} (x_i - x_j)^2 > 0?$$

Vielmehr muss auch jede Ausführung einer Grundoperation $+, -, \cdot, /$ bei der Berechnung eines Polynomwertes $h(x_1 \ldots x_n)$ mit einer Kosteneinheit berechnet werden.

Unter Verwendung tiefer liegender Resultate aus der Algebraischen Geometrie lässt sich eine Verallgemeinerung von Theorem 1.5 für das algebraische Modell beweisen. Damit bleiben alle unsere Folgerungen auch in diesem Modell gültig.

Der Vollständigkeit halber sei bemerkt, dass die Hinzunahme der *trunc*-Funktion zum Befehlsvorrat der *real RAM* gestattet, n reelle Zahlen, die jeweils gleichverteilt im Intervall $[0, 1]$ gewählt wurden, *im Mittel* in Zeit $O(n)$ zu sortieren; im algebraischen Modell ist das nicht möglich. Man kann sich eine Vorstellung von der Macht der *trunc*-Funktion machen, wenn man das Elementtestproblem für die reellen Intervalle $[i, i + \varepsilon], 1 \leq i \leq n$, betrachtet. Wenn man zur nächsten ganzen Zahl i abrunden darf, lässt es sich in konstanter Zeit lösen — Theorem 1.5 verliert also seine Gültigkeit!

all nearest
neighbors

Zum Schluss dieses ersten Kapitels kommen wir noch einmal auf das Problem *all nearest neighbors* zurück, mit dem wir anfangs gestartet waren, und beweisen eine untere Schranke für die Zeitkomplexität.

nächster Nachbar

Korollar 1.9 *Für jeden Punkt einer n-elementigen Punktmenge $S \subset \mathbb{R}^d$ einen nächsten Nachbarn in S zu bestimmen, hat die Zeitkomplexität $\Omega(n \log n)$.*

Beweis. Könnten wir die nächsten Nachbarn schneller berechnen, hätten wir auch eine schnellere Lösung für das Problem *ε-closeness* (im Widerspruch zu Korollar 1.6). Sind nämlich n reelle Zahlen $x_1, \ldots, x_n$ und $\varepsilon > 0$ gegeben, so können wir die Punkte

$$p_i = (x_i, 0, \ldots, 0) \in \mathbb{R}^d$$

bilden und für jeden von ihnen einen nächsten Nachbarn bestimmen.

Unter diesen n Punktepaaren befindet sich auch ein *dichtestes*   dichtestes Paar
Paar (p_i, p_j) mit

$$|p_i p_j| = \min_{1 \leq k \neq l \leq n} |p_k p_l|,$$

und wir können dieses dichteste Paar in Zeit $O(n)$ finden. Nun
brauchen wir nur noch zu testen, ob $|x_i - x_j| < \varepsilon$ gilt.   □

Dabei haben wir folgendes Resultat gleich mitbewiesen:

Korollar 1.10   *Ein dichtestes Paar von n Punkten im $\mathbb{R}^d$ zu*   *closest pair*
finden, hat die Zeitkomplexität $\Omega(n \log n)$.

Später werden wir sehen, wie man im $\mathbb{R}^2$ diese Probleme in
Zeit $O(n \log n)$ lösen kann.

Lösungen der Übungsaufgaben

Übungsaufgabe 1.1 Ja! Angenommen, die Feder hat k Windungen, und nach der Belastung hat der Zylinder die Höhe h und den Radius r. Dann ist die Federkurve parametrisiert durch

$$f(t) = (r\cos 2k\pi t, r\sin 2k\pi t, ht), \quad 0 \leq t \leq 1.$$

Weil die Koordinatenfunktionen stetig differenzierbar sind, gilt nach der Integralformel für die Länge der Feder

$$
\begin{aligned}
L\ddot{a}nge &= \int_0^1 \sqrt{(r\cos 2k\pi t)'^2 + (r\sin 2k\pi t)'^2 + (ht)'^2}\, dt \\
&= \int_0^1 \sqrt{4k^2 r^2\pi^2(\sin^2 2k\pi t + \cos^2 2k\pi t) + h^2}\, dt \\
&= \int_0^1 \sqrt{4r^2 k^2\pi^2 + h^2}\, dt \\
&= \sqrt{4r^2 k^2\pi^2 + h^2}.
\end{aligned}
$$

Nun hat sich die Länge der Feder durch die Belastung nicht verändert, da der elastische Bereich nicht überschritten wurde. Also muss

$$\sqrt{4k^2\pi^2 + 1} = \sqrt{4r^2 k^2\pi^2 + h^2}$$

gelten, folglich

$$r^2 = 1 - \frac{h^2 - 1}{4k^2\pi^2} < 1.$$

Übungsaufgabe 1.2 Nur die Geraden mit Abstand $a \leq 1$ können den Rand vom Einheitskreis C schneiden, und für $a < 1$ gibt es stets zwei Schnittpunkte. Also gilt

$$
\begin{aligned}
L\ddot{a}nge(\partial C) &= \frac{1}{2}\int_0^{2\pi}\int_0^\infty m(\varphi, a)\, da\, d\varphi \\
&= \frac{1}{2}\int_0^{2\pi}\int_0^1 2\, da\, d\varphi \\
&= \frac{1}{2}\int_0^{2\pi} 2\, d\varphi = \frac{1}{2}(4\pi) = 2\pi.
\end{aligned}
$$

Übungsaufgabe 1.3
(i) Reflexivität: Für jedes $a \in A$ gilt $a \sim a$, weil sich a über den konstanten Weg mit Parametrisierung $f(t) = a$ mit a verbinden lässt.

Symmetrie: Aus $a \sim b$ folgt $b \sim a$, weil man die Durchlaufrichtung eines durch f parametrisierten Weges von a nach b durch die Parametrisierung $g(t) = f(1-t)$ umkehren kann.

Transitivität: Gelte $a \sim b$ und $b \sim c$ mit Wegen w und v, die durch

$$f : [0,1] \longrightarrow M, \quad f(0) = a, \quad f(1) = b$$
$$g : [0,1] \longrightarrow M, \quad g(0) = b, \quad g(1) = c$$

parametrisiert sind. Dann ist die Verkettung von w und v ein Weg von a nach c, der ganz in A verläuft. Er wird parametrisiert durch die stetige Abbildung

$$h(t) = \begin{cases} f(2t) & \text{für} \quad 0 \le t \le \frac{1}{2} \\ g(2t-1) & \text{für} \quad \frac{1}{2} \le t \le 1. \end{cases}$$

(ii) und (iii) Offenbar ist $Z(a)$ gerade die Äquivalenzklasse von a, d. h. die Menge der zu a bezüglich $\sim$ äquivalenten Elemente von A. Für Äquivalenzklassen sind die Behauptungen (ii) und (iii) immer richtig.

Übungsaufgabe 1.4

(i) Nein! Für eine kreuzungsfreie geometrische Einbettung von K_5 in der Ebene oder auf der Kugeloberfläche würde nach der Eulerschen Formel gelten

$$v - e + f = c + 1.$$

Nun ist $v = 5$ und $e = 10$, weil von jedem der 5 Knoten genau 4 Kanten ausgehen. Außerdem ist K_5 zusammenhängend, also $c = 1$. Daraus folgt $f = 7$. Weil K_5 außerdem schlicht ist, folgt $3f \le 2e$ aus Korollar 1.3, und wir erhalten den Widerspruch

$$20 = 2e \ge 3f = 21.$$

(ii) Ja, wie Abbildung 1.23 zeigt.

Übungsaufgabe 1.5 Nein! Für den Graphen $K_{3,3}$ gilt offenbar $v = 6, e = 9$ und $c = 1$. Wäre er planar, würde mit der Eulerschen Formel $f = 5$ folgen. Das ist aber noch kein Widerspruch, denn es gibt ja einen kreuzungsfreien Graphen mit diesen Werten: ein Quadrat mit zwei an gegenüberliegenden Kanten aufgesetzten Dreiecken, deren äußere Knoten miteinander verbunden sind, siehe Abbildung 1.24. Um zu einem Widerspruch zu gelangen, nutzen wir aus, dass der Graph $K_{3,3}$ schlicht ist und als bipartiter Graph keine Kreise ungerader Länge enthalten kann; denn wenn man von einem Knoten a der Menge A startet, muß man eine gerade Anzahl von Kanten besuchen, bevor man wieder in a ankommt.

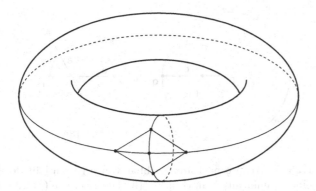

Abb. 1.23 Eine kreuzungsfreie Realisierung von K_5 auf dem Torus.

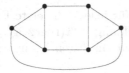

Abb. 1.24 Ein Graph mit $v = 6, e = 9, c = 1$ und $f = 5$.

Also folgt

$$20 = 4f \leq \sum_{i=1}^{f} m_i = 2e = 18,$$

ein Widerspruch!

Übungsaufgabe 1.6

(i) Sei e eine Kante von G, die den Punkt p mit seinem nächsten Nachbarn q verbindet; dann kann der Kreis durch q mit Mittelpunkt p keinen anderen Punkt von S im Innern enthalten, siehe Abbildung 1.25. Erst recht kann der Kreis $K(e)$ durch p und q mit Mittelpunkt im mittleren Punkt von e außer p und q keinen anderen Punkt im Innern oder auf dem Rand enthalten. Angenommen, e würde von einer anderen Kante e' von G gekreuzt, die zwei Punkte r, s miteinander verbindet. Dann lägen r und s außerhalb von $K(e)$, und ebenso lägen p und q außerhalb von $K(e')$. Das könnte nur gelten, wenn die beiden Kreise $K(e)$ und $K(e')$ sich (mindestens) viermal kreuzen. Zwei nicht zusammenfallende Kreise haben aber höchstens zwei Schnittpunkte!

(ii) Ein solcher geschlossener Weg würde eine Folge $p_0, p_1, \ldots p_{n-1}, p_n = p_0$ von Punkten aus S durchlaufen, bei der für jedes i, $0 \leq i \leq n - 1$, gilt:

p_{i+1} ist der nächste Nachbar von p_i oder
p_i ist der nächste Nachbar von p_{i+1}.

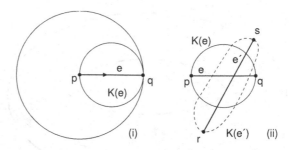

Abb. 1.25 (i) Wenn q nächster Nachbar von p ist, enthält der Kreis $K(e)$ keinen Punkt aus S im Innern. (ii) Die Kreise $K(e)$ und $K(e')$ können sich nicht viermal kreuzen!

Angenommen, es gilt für jedes i die erste Eigenschaft. Dann hat unser Weg die in Abbildung 1.26 (i) gezeigte Struktur; dabei weisen die Pfeile jeweils zum nächsten Nachbarn.

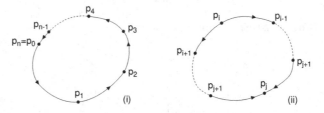

Abb. 1.26 Wenn in (i) stets $|p_i p_{i+1}| > |p_{i+1} p_{i+2}|$ gilt, kann nicht gleichzeitig $p_n = p_0$ sein. Wenn in (ii) ein Punkt existiert, zu dem beide Kanten hinführen, so gibt es auch einen, von dem aus beide Kanten wegführen.

Weil p_2 der nach Voraussetzung eindeutig bestimmte nächste Nachbar von p_1 ist, muss $|p_0 p_1| > |p_1 p_2|$ gelten, ebenso $|p_1 p_2| > |p_2 p_3|$ und so fort. Dann kann aber nicht außerdem $|p_{n-1} p_0| > |p_0 p_1|$ sein. Aus demselben Grund kann nicht für jedes i die zweite Bedingung gelten. Wenn aber nicht alle Kanten des geschlossenen Weges gleich orientiert sind, muss es einen Punkt p_i geben, von dem aus beide Kanten wegführen, wie in Abbildung 1.26 (ii) gezeigt. Dieser Punkt p_i hätte dann *zwei* nächste Nachbarn — ein Widerspruch zur Voraussetzung. Wenn also G keinen geschlossenen Weg enthält, so erst recht keine seiner Zusammenhangskomponenten. Jede von ihnen ist folglich ein Baum.

(iii) Nein. Wenn die nächsten Nachbarn eindeutig sind, besteht der Graph G wegen Teilaufgabe (ii) aus lauter Bäumen. Sei T einer dieser Bäume. Aus jedem seiner v Knoten führt genau eine Kante heraus; bei dieser Betrachtung werden genau die d Kanten doppelt erfasst, die in beide Richtungen orientiert sind. Also ist $e = v - d$, und durch Einsetzen dieser Gleichung und $f = 1$, $c = 1$ in die Eulersche Formel $v - e + f = c + 1$ ergibt sich $d = 1$. Jeder Teilbaum T von G enthält also genau eine doppelt orientierte Kante.

Übungsaufgabe 1.7

(i) Aus $f = 1$ folgt $3f \leq 2e$ wegen $e \geq 2$. Sei $f \geq 2$. Wie im Beweis von Korollar 1.2 bezeichne m_i die Anzahl der Kanten auf dem Rand der i-ten Fläche. Dann muss stets $m_i \geq 3$ gelten, weil G schlicht ist. Also folgt

$$3f \leq \sum_{i=1}^{f} m_i = 2e.$$

(ii) Aus (i) folgt $f \leq \frac{2}{3}e$, und eingesetzt in die Eulersche Formel $v - e + f = c + 1$ in Theorem 1.1 ergibt sich $v - \frac{1}{3}e \geq c + 1$, also $e \leq 3v - 3(c + 1) < 3v$. Die Aussage $f < 2v$ folgt jetzt sofort mit (i).

(iii) Nein! Der Graph in Abbildung 1.27 hat nur einen Knoten, aber e Kanten und $e + 1$ Flächen.

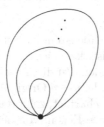

Abb. 1.27 Ein Graph, der nicht schlicht ist, kann viele Flächen und Kanten und wenige Knoten besitzen.

Übungsaufgabe 1.8 Nein! Gegenbeispiel:

$$K_1 = \{(x, y); x < 0 \text{ oder } (x = 0 \text{ und } y > 0)\}$$

$$K_2 = \{(x, y); x > 0 \text{ oder } (x = 0 \text{ und } y < 0)\}.$$

Übungsaufgabe 1.9

(i) Ist das Polygon P konvex, ist mit p und x stets auch die Strecke px in P enthalten. Wenn umgekehrt jeder Punkt in P jeden anderen sehen kann, können keine spitzen Ecken existieren. Also ist P konvex.

(ii) Jede Kante von P kann *höchstens eine* Kante zu $vis(p)$ beitragen. Sind nämlich die Punkte q und q' einer Kante e von P vom Punkt p aus sichtbar, muss das ganze Segment qq' von p aus sichtbar sein, denn ∂P kann weder pq noch pq' kreuzen, um die Sicht auf einen inneren Punkt von qq' zu stören; siehe Abbildung 1.28.

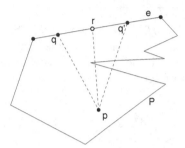

Abb. 1.28 Würde ∂P die Sicht von p auf r blockieren, wäre einer der Punkte q, q' von p aus ebenfalls nicht sichtbar.

Jede künstliche Kante von $vis(p)$ rührt von einer spitzen Ecke von P her; eine der beiden Kanten von P, die sich in dieser Ecke treffen, ist von p aus vollständig unsichtbar, kann also nicht zu $vis(p)$ beitragen. Insgesamt kann daher $vis(p)$ nicht mehr Kanten besitzen als P.

Übungsaufgabe 1.10 Höchstens $m + n + 2\min(m, n)$ viele. Sei $m \leq n$. Weil Q konvex ist, kann jede der m Kanten von P höchstens zweimal ∂Q schneiden. Zu diesen maximal $2m$ vielen Ecken kommen höchstens noch die $m+n$ Originalecken von P und Q hinzu. Dass diese Schranke scharf ist, zeigt das Beispiel von zwei konzentrischen regelmäßigen n-Ecken, von denen das eine gegenüber dem anderen um den Winkel π/n verdreht ist.

Übungsaufgabe 1.11 Zunächst wenden wir den Halbebenentest an und bestimmen, ob r auch auf der Geraden g liegt. Falls ja, stellen wir fest, ob r hinter oder vor dem Punkt q liegt; im ersten Fall ist $\alpha = 0$, im zweiten können wir nur $\alpha = \pm\pi$ berichten. Liegt aber r nicht auf der Geraden g, lässt sich der Betrag von α durch das Skalarprodukt bestimmen:

$$|\alpha| = \arccos \frac{(q - p) \cdot (r - q)}{|pq| \cdot |qr|}.$$

Übungsaufgabe 1.12
(i) In $O(1)$ liegen genau diejenigen Funktionen von den natürlichen in die nicht-negativen reellen Zahlen, die nach oben, also

insgesamt beschränkt sind. Die Klasse $\Omega(1)$ besteht aus denjenigen Funktionen mit $f(n) \geq c$ für alle $n \geq n_0$, bei geeigneter Wahl von $c > 0$ und n_0. Folglich besteht $\Theta(1)$ aus allen Funktionen f, für die Konstanten $0 < c \leq b$ existieren, so dass fast alle Werte von f in $[c, b]$ liegen.

(ii) Falls $f(n) \geq 1$ ist, gilt die Abschätzung

$$f(n) < \lfloor f(n) \rfloor + 1 \leq 2\lfloor f(n) \rfloor.$$

Ist dagegen $f(n) \in (0, 1)$, so ist $\lfloor f(n) \rfloor = 0$. Folglich ist genau dann f in $O(\lfloor f \rfloor)$, falls f nur endlich oft Werte in $(0, 1)$ annimmt.

(iii) Weil für alle $n \geq \max(c, a+1)$

$$\log_2(an + c) \leq \log_2((a+1)n) = \log_2(a+1) + \log_2 n \leq 2\log_2 n$$

ist, gilt für diese n die Abschätzung

$$\begin{aligned}(\log_b 2)\log_2 n = \log_b n &\leq \log_b(an + c) = (\log_b 2)\log_2(an + c) \\ &\leq 2(\log_b 2)\log_2 n,\end{aligned}$$

aus der die Behauptung folgt. Dabei haben wir die nützliche Gleichung

$$(\log_b c)\log_c x = \log_b x$$

verwendet, die für $1 < b, c$ erfüllt ist.

(iv) Nein! Zum Beispiel liegt jede Funktion f_i mit $f_i(n) = i$ für alle n in $O(1)$, aber es ist

$$h(n) = \sum_{i=1}^{n} i = \frac{n(n+1)}{2} \in \Theta(n^2)$$

und nicht $h(n) \in O(n)$.

Übungsaufgabe 1.13

(i) Beweis durch Induktion über m. Für $m = 1$ stimmt die Behauptung. Ein Binärbaum T mit $m \geq 2$ Blättern hat zwei Teilbäume mit m_1 und m_2 Blättern, wobei $m = m_1 + m_2$ ist. Für die Pfadlängen h_i, k_j der Teilbäume gilt nach Induktionsvoraussetzung

$$\sum_{i=1}^{m_1} 2^{-h_i} = 1 \text{ und } \sum_{j=1}^{m_2} 2^{-k_j} = 1.$$

Weil in T alle Pfade um 1 länger sind, folgt

$$\sum_{v=1}^{m} 2^{-l_v} = 2^{-1}\left(\sum_{i=1}^{m_1} 2^{-h_i} + \sum_{j=1}^{m_2} 2^{-k_j}\right) = 1.$$

(ii) Die Ungleichung vom geometrischen und arithmetischen Mittel besagt für die Zahlen 2^{-l_i}

$$\frac{1}{m} \sum_{i=1}^{m} 2^{-l_i} \geq \sqrt[m]{\prod_{i=1}^{m} 2^{-l_i}}.$$

Für die linke Seite gilt nach (i)

$$\frac{1}{m} \sum_{i=1}^{m} 2^{-l_i} = \frac{1}{m},$$

für die rechte ergibt sich

$$\prod_{i=1}^{m} 2^{-\frac{l_i}{m}} = 2^{-\frac{1}{m} \sum_{i=1}^{m} l_i},$$

und es folgt

$$m \leq 2^{\frac{1}{m} \sum_{i=1}^{m} l_i}.$$

(iii) Setzt man in (ii) $m = n!$ ein, so folgt, dass nicht nur die maximale, sondern schon die *mittlere* Länge eines Pfades von der Wurzel zu einem Blatt im Entscheidungsbaum in $\Omega(n \log n)$ liegt. Deshalb braucht jedes Sortierverfahren auch im Mittel $\Omega(n \log n)$ Vergleiche, wenn jede Permutation der Eingabefolge gleich wahrscheinlich ist.

Literatur

[1]   M. Ahmed, S. Karagiorgou, D. Pfoser, C. Wenk. *Map Construction Algorithms*. Springer-Verlag, 2015.

[2]   G. Aumann, K. Spitzmüller. *Computerorientierte Geometrie*. BI-Wissenschaftsverlag, Mannheim, 1993.

[3]   J.-D. Boissonnat, F. Chazal, M. Yvinec. *Geometric and Topological Inference*. Cambridge Univ. Press, 2018.

[4]   J.-D. Boissonnat, M. Yvinec. *Algorithmic Geometry*. Cambridge University Press, UK, 1998. Translated by Hervé Brönnimann.

[5]   B. Bollobás. *Extremal Graph Theory*. Academic Press, New York, 1978.

[6]   I. N. Bronstein, K. A. Semendjajew, G. Musiol, H. Mühlig. *Taschenbuch der Mathematik*. Verlag Harry Deutsch, Frankfurt am Main, 5. Ausgabe, 2000.

[7]   E. Chambers, B. Fasy, L. Ziegelmeier, Hrsg. *Reasearch in Computational Topology*, Band 13 von *Assoc. for Women in Math. Series*. Springer-Verlag, 2018.

[8]   B. Chazelle. *The Discrepancy Method*. Cambridge University Press, 2000.

[9]   T. H. Cormen, C. E. Leiserson, R. L. Rivest, C. Stein. *Algorithmen — Eine Einführung, 3. Auflage*. Oldenbourg, 2010.

[10] M. W. Crofton. On the theory of local probability, applied to straight lines drawn at random in a plane; [...]. *Transactions of the Royal Society*, 158:181–199, 1868.

[11] M. de Berg, M. van Kreveld, M. Overmars, O. Schwarzkopf. *Computational Geometry: Algorithms and Applications*. Springer-Verlag, Berlin, Germany, 2. Ausgabe, 2000.

[12] F. Dehne, J.-R. Sack. A survey of parallel computational geometry algorithms. In *Proc. International Workshop on Parallel Processing by Cellular Automata and Arrays*, Band 342 von *Lecture Notes Comput. Sci.*, S. 73–88. Springer-Verlag, 1988.

[13] T. K. Dey, Y. Wang. *Computational Topology for Data Analysis*. Cambridge University Press, 2022.

[14] G. Di Battista, P. Eades, R. Tamassia, I. G. Tollis. *Graph Drawing*. Prentice Hall, Upper Saddle River, NJ, 1999.

[15] R. Diestel. *Graphentheorie*. Springer-Verlag, 2. Ausgabe, 2000.

[16] H. Edelsbrunner. *Algorithms in Combinatorial Geometry*, Band 10 von *EATCS Monographs on Theoretical Computer Science*. Springer-Verlag, Heidelberg, 1987.

[17] H. Edelsbrunner, J. Harer. *Computational Topology: An Introduction*. American Math. Soc., 2010.

[18] J. Erickson. *Algorithms*. 2019.

[19] J. Erickson, I. van der Hoog, T. Miltzow. Smoothing the gap between NP and ER. In *Proc. 61st IEEE Annual Symposium on Foundations of Computer Science, FOCS*, S. 1022–1033, 2020.

[20] A. Fabri, G.-J. Giezeman, L. Kettner, S. Schirra, S. Schönherr. On the design of CGAL a computational geometry algorithms library. *Softw. – Pract. Exp.*, 30(11):1167–1202, 2000.

[21] M. Formann, T. Hagerup, J. Haralambides, M. Kaufmann, F. T. Leighton, A. Simvonis, E. Welzl, G. Woeginger. Drawing graphs in the plane with high resolution. *SIAM J. Comput.*, 22:1035–1052, 1993.

[22] J. E. Goodman, J. O'Rourke, Hrsg. *Handbook of Discrete and Computational Geometry*, Band 27 von *Discrete Mathematics and Its Applications*. CRC Press LLC, Boca Raton, FL, 2. Ausgabe, 2004.

[23] L. J. Guibas, J. Stolfi. Primitives for the manipulation of general subdivisions and the computation of Voronoi diagrams. *ACM Trans. Graph.*, 4(2):74–123, Apr. 1985.

[24] R. H. Güting, S. Dieker. *Datenstrukturen und Algorithmen*. B. G. Teubner, Stuttgart, 2. Ausgabe, 2003.

[25] C. Gutwenger, M. Jünger, S. Leipert, P. Mutzel, M. Percan, R. Weiskircher. Advances in C-planarity testing of clustered graphs. In *Proc. 10th Internat. Sympos. Graph Drawing*, Band 2528 von *Lecture Notes Comput. Sci.*, S. 220–325. Springer-Verlag, 2002.

[26] M. Kaufmann, D. Wagner, Hrsg. *Drawing Graphs: Methods and Models*, Band 2025 von *Lecture Notes Comput. Sci.* Springer-Verlag, 2001.

[27] J. Kleinberg, Éva Tardos. *Algorithm Design*. Pearson/Addison Wesley, 2006.

[28] L. Kliemann, P. Sanders, Hrsg. *Algorithm Engineering: Selected Results and Surveys*, Band 9220 von *Lecture Notes in Computer Science*. Springer-Verlag, 2016.

[29] M. Laszlo. *Computational Geometry and Computer Graphics in C++*. Prentice Hall, Englewood Cliffs, NJ, 1996.

[30] J. Matoušek. *Geometric Discrepancy*, Band 18 von *Algorithms and Combinatorics*. Springer-Verlag, 1999.

[31] J. Matoušek. *Lectures on Discrete Geometry*, Band 212 von *Graduate Texts in Mathematics*. Springer-Verlag, 2002.

[32] K. Mehlhorn. *Data Structures and Algorithms 1: Sorting and Searching*, Band 1 von *EATCS Monographs on Theoretical Computer Science*. Springer-Verlag, Heidelberg, 1984.

[33] K. Mehlhorn. *Data Structures and Algorithms 2: Graph Algorithms and NP-Completeness*, Band 2 von *EATCS Monographs on Theoretical Computer Science*. Springer-Verlag, Heidelberg, 1984.

[34] K. Mehlhorn. *Data Structures and Algorithms 3: Multi-dimensional Searching and Computational Geometry*, Band 3 von *EATCS Monographs on Theoretical Computer Science*. Springer-Verlag, Heidelberg, 1984.

[35] K. Mehlhorn, S. Näher. *LEDA: A Platform for Combinatorial and Geometric Computing*. Cambridge University Press, Cambridge, UK, 1999.

[36] K. Mehlhorn, P. Sanders. *Algorithms and Data Structures: The Basic Toolbox*. Springer, 2008.

[37] K. Mulmuley. *Computational Geometry: An Introduction Through Randomized Algorithms*. Prentice Hall, Englewood Cliffs, NJ, 1993.

[38] M. Müller-Hannemann, S. Schirra, Hrsg. *Algorithm Engineering*, Band 5971 von *Lecture Notes in Computer Science*. Springer-Verlag, 2010.

[39] J. Nievergelt, K. H. Hinrichs. *Algorithms and Data Structures: With Applications to Graphics and Geometry*. Prentice Hall, Englewood Cliffs, NJ, 1993.

[40] J. O'Rourke. *Computational Geometry in C.* Cambridge University Press, 2. Ausgabe, 1998.

[41] T. Ottmann, P. Widmayer. *Algorithmen und Datenstrukturen.* Spektrum Akademischer Verlag, Heidelberg, 4. Ausgabe, 2002.

[42] J. Pach, P. K. Agarwal. *Combinatorial Geometry.* John Wiley & Sons, New York, NY, 1995.

[43] F. P. Preparata, M. I. Shamos. *Computational Geometry: An Introduction.* Springer-Verlag, New York, NY, 1985.

[44] J.-R. Sack, J. Urrutia, Hrsg. *Handbook of Computational Geometry.* North-Holland, Amsterdam, 2000.

[45] M. I. Shamos, D. Hoey. Closest-point problems. In *Proc. 16th Annu. IEEE Sympos. Found. Comput. Sci.*, S. 151–162, 1975.

[46] J. Stillwell. *Classical Topology and Combinatorial Group Theory.* Springer-Verlag, New York, 1993.

[47] C. Thomassen. The graph genus problem is NP-complete. *J. Algorithms*, 10:568–576, 1989.

[48] F. F. Yao. Computational geometry. In R. A. Earnshaw, B. Wyvill, Hrsg., *Algorithms in Complexity*, S. 345–490. Elsevier, Amsterdam, 1990.

2

Das Sweep-Verfahren

2.1 Einführung

In diesem Kapitel geht es um eine der vielseitigsten Techniken der Algorithmischen Geometrie: das *Sweep-Verfahren*. Es handelt sich hierbei um ein *Paradigma*, also eine algorithmische Technik, mit deren Hilfe man viele Probleme lösen kann.

sweep als Paradigma

Ein anderes wichtiges Paradigma ist nicht nur bei geometrischen Algorithmen bekannt: *divide-and-conquer*. Hierbei versucht man, ein Problembeispiel P der Größe n in zwei Teile P_1 und P_2 zu zerlegen (*divide*-Schritt). Diese beiden Teilprobleme werden „direkt" gelöst, wenn sie nur noch $O(1)$ groß sind, ansonsten durch Rekursion. Die eigentliche Aufgabe besteht darin, die Teillösungen für P_1 und P_2 zu einer Lösung für das ganze Problem P zusammenzusetzen (*conquer*-Schritt). Wenn das stets in Zeit $O(|P|)$ möglich ist, ergibt sich insgesamt eine Laufzeit von $O(n \log n)$, falls bei jedem Teilungsschritt etwa gleich große Teilprobleme P_1, P_2 entstehen. Nach diesem Prinzip funktionieren zum Beispiel Mergesort und Quicksort.

divide-and-conquer als Paradigma

Man sieht: Das Wesentliche am Prinzip *divide-and-conquer* lässt sich ziemlich knapp und präzise beschreiben. Beim Sweep-Verfahren ist eine abstrakte Definition nicht ganz so einfach, weil zwischen den Anwendungen etwas größere Unterschiede bestehen. Man könnte sagen: *sweep* verwandelt eine räumliche Dimension in eine zeitliche, indem es aus einem statischen d-dimensionalen Problem ein dynamisches $(d-1)$-dimensionales Problem macht. Wir werden gleich sehen, dass diese Formulierung zutreffend ist. Sie verrät uns aber wenig über die Arbeitsweise des Sweep-Verfahrens.

Deshalb beginnen wir nicht mit einer abstrakten Definition, sondern untersuchen typische *Beispiele* von Sweep-Algorithmen. Dabei halten wir die Augen nach Gemeinsamkeiten offen und

© Springer Fachmedien Wiesbaden GmbH, ein Teil von Springer Nature 2022
R. Klein et al., *Algorithmische Geometrie*,
https://doi.org/10.1007/978-3-658-37711-3_2

werden im Laufe dieses Kapitels eine Reihe von typischen Merkmalen dieses Verfahrens erkennen.

2.2   Sweep im Eindimensionalen

2.2.1   Das Maximum einer Menge von Objekten

Die denkbar einfachste Anwendung des Sweep-Verfahrens ist aus der Programmierung wohlvertraut: Gegeben sind n Objekte $q_1, \ldots, q_n$ aus einer linear geordneten Menge Q, gesucht ist ihr *Maximum*, also dasjenige $q \in Q$ mit

Bestimmung des Maximums

$$q \; \geq \; q_i \text{ für } i = 1, \ldots, n,$$
$$q \; = \; q_j \text{ für ein } j \text{ mit } 1 \leq j \leq n.$$

Um das Maximum zu bestimmen, genügt es, jedes Objekt einmal „in die Hand zu nehmen" und zu testen, ob es größer ist als das größte der bisher betrachteten Objekte. Hierdurch ergibt sich ein optimaler Algorithmus mit Laufzeit $\Theta(n)$:

```
MaxSoFar := q[1];
   for j := 2 to n do
      if MaxSoFar < q[j]
         then MaxSoFar := q[j];
   write("Das Maximum ist ", MaxSoFar)
```

Diese Vorgehensweise ist typisch für die Sweep-Technik. Man will eine bestimmte Eigenschaft einer Menge von Objekten ermitteln. Dazu besucht man die Objekte der Reihe nach und führt über die schon besuchten Objekte eine geeignete Information mit (hier die Variable *MaxSoFar*), aus der sich am Schluss die gesuchte Eigenschaft ergibt.

Bei diesem Beispiel ist das Problem räumlich eindimensional; wir haben ja lediglich mit einer Folge von Objekten zu tun. Der Sweep-Algorithmus macht daraus eine zeitliche Folge von räumlich nulldimensionalen Problemen: der Bestimmung des Maximums zweier Zahlen. Im Algorithmus wird die Zeitdimension durch die **for**-Schleife dargestellt.

Bei der Bestimmung des Maximums kommt es überhaupt nicht auf die Reihenfolge an, in der die Objekte besucht werden. Im allgemeinen ist aber die *Besuchsreihenfolge* für das Gelingen des *sweep* wesentlich.

Besuchsreihenfolge

2.2.2 Das dichteste Paar einer Menge von Zahlen

Betrachten wir zum Beispiel das Problem *closest pair* (vgl. Korollar 1.10) im $\mathbb{R}^1$ für n reelle Zahlen $x_1, \ldots, x_n$. Um zwei Zahlen x_i, x_j mit minimalem Abstand $d(x_i, x_j) = |x_i - x_j|$ zu bestimmen, müssen wir nur solche Paare betrachten, die der Größe nach benachbart sind. Wir *sortieren* die x_i deshalb zunächst nach wachsender Größe; die sortierte Folge

$$x'_1 \leq x'_2 \leq \ldots \leq x'_n$$

mit $x'_j = x_{\pi_{(j)}}$ ist die richtige Besuchsreihenfolge für einen *sweep*.

Während wir die x'_j in dieser Reihenfolge durchlaufen, merken wir uns in der Variablen *ClosPos* den kleinsten Index i, für den x'_{i-1} und x'_i ein dichtestes Paar unter den bisher besuchten Zahlen $x'_1, \ldots, x'_j$ bilden. Ihr Abstand heißt *MinDistSoFar*.[1]

$MinDistSoFar := x'[2] - x'[1];$
$ClosPos := 2;$
for $j := 3$ **to** n **do**
    if $MinDistSoFar > x'[j] - x'[j-1]$
    then
        $MinDistSoFar := x'[j] - x'[j-1];$
        $ClosPos := j;$
write("Ein dichtestes Paar bilden ",
        $x'[ClosPos - 1], x'[ClosPos])$

Nach dem vorausgehenden Sortiervorgang lässt sich ein dichtestes Paar von n reellen Zahlen mit diesem *sweep* in linearer Zeit bestimmen. Die Gesamtlaufzeit der Lösung ist also in $O(n \log n)$. Wegen der unteren Schranke aus Korollar 1.10 haben wir damit folgende Aussage:

Korollar 2.1 *Ein dichtestes Paar von n reellen Zahlen zu bestimmen, hat die Zeitkomplexität* $\Theta(n \log n)$.

Übungsaufgabe 2.1 Gegeben sind n Punkte $p_i = (x_i, \sin x_i)$ auf der Sinuskurve im $\mathbb{R}^2$. Man bestimme ein dichtestes Paar.

Bei unseren ersten beiden Beispielen war es ziemlich einfach zu entscheiden, welche Information während des *sweep* mitgeführt werden muss: Bei der Bestimmung des Maximums war es das Maximum der bisher betrachteten Objekte, bei der Berechnung des dichtesten Paars war es das dichteste Paar der bisher betrachteten Zahlen und seine Position.

mitzuführende Information

---

[1] Oft wird man sich nur für den Abstand eines dichtesten Paars interessieren. Dann kann auf die Positionsinformation *ClosPos* verzichtet werden.

Wir werden nun ein Beispiel für eine Anwendung der Sweep-Technik kennenlernen, das ein klein wenig mehr Überlegung erfordert, aber dafür um so verblüffender ist.

2.2.3 Die maximale Teilsumme

Aktienkurs   Angenommen, jemand führt über die Kursschwankungen einer Aktie Buch. Das Auf oder Ab am i-ten Tag wird als reelle Zahl an der i-ten Stelle eines Arrays *Variation* gespeichert, für $1 \leq i \leq n$.

Eine interessante Frage lautet: Wie viel hätte man verdienen können, wenn man diese Aktie am richtigen Tag gekauft und am richtigen Tag wieder verkauft hätte? Der maximale Gewinn wird durch die maximale Summe

$$Variation[i] + Variation[i+1] + \ldots + Variation[j]$$

beschrieben, die sich ergibt, wenn i von 1 bis n und j von i bis n laufen, falls wenigstens eine solche Summe nicht-negativ ist; wenn dagegen eine Aktie stets fällt, kauft man sie am besten gar nicht und macht den Gewinn null.

Ein Beispiel ist in Abbildung 2.1 zu sehen. Vom dritten bis zum siebten Tag steigt der Kurs der Aktie insgesamt um den Wert 10. Durch Ausprobieren der anderen Möglichkeiten kann man sich davon überzeugen, dass es keine lückenlose Teilfolge von Zahlen gibt, die eine größere Summe hätte. So lohnt es sich zum Beispiel nicht, die Aktie auch am achten Tag noch zu behalten, weil der Verlust von 9 später nicht mehr ausgeglichen wird.

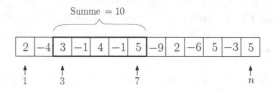

Abb. 2.1 Die maximale Teilsumme aufeinanderfolgender Zahlen hat hier den Wert 10.

Wie lässt sich die maximale Teilsumme effizient berechnen?
maximum *subvector*   Dieses hübsche Problem ist unter dem Namen *maximum subvector* bekannt. Es findet sich in der lesenswerten Sammlung *Programming Pearls* von J. Bentley [2].

La naive Berechnung der maximalen Teilsumme führt zu einem *kubisch*   nem Algorithmus mit drei geschachtelten **for**-Schleifen für i, j und einen Summationsindex k; seine Laufzeit ist in $\Theta(n^3)$. Er *quadratisch*   lässt sich zu einem $\Theta(n^2)$-Verfahren verbessern, indem man nach jeder Erhöhung von j nicht die ganze Summe von i bis $j+1$ neu berechnet, sondern lediglich zur alten Summe den neuen Summanden *Variation*[j+1] hinzuaddiert. Auch ein Ansatz nach dem Verfahren *divide-and-conquer* ist möglich. Er liefert eine Laufzeit in $\Theta(n \log n)$.

Man kann aber die gesuchte maximale Teilsumme sogar in optimaler Zeit $\Theta(n)$ berechnen, wenn man das Sweep-Verfahren richtig anwendet! Die Objekte sind die Einträge

$$Variation[1], \ Variation[2], \dots, \ Variation[n],$$

die wir in dieser Reihenfolge besuchen. In der Variablen $MaxSoFar_{j-1}$ merken wir uns die bisher ermittelte maximale Teilsumme der ersten $j - 1$ Zahlen.

Wodurch könnte $MaxSoFar_{j-1}$ übertroffen werden, wenn im nächsten Schritt nun auch *Variation*[j] besucht wird? Doch nur von einer Teilsumme der ersten j Einträge, *die den j-ten Eintrag einschließt!* Diese Situation ist in Abbildung 2.2 dargestellt. Die bisherige maximale Teilsumme der Positionen 1 bis $j - 1$ hat den Wert 10; gebildet wird sie von den Einträgen an den Positionen 4 bis 7. Dieses alte Maximum wird nun „entthront" von der Summe der Einträge an den Positionen $j - 5$ bis j, die den Wert 11 hat.

linear

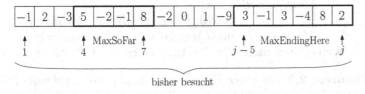

Abb. 2.2 Die bisher ermittelte maximale Teilsumme *MaxSoFar* kann nur von einer Teilsumme übertroffen werden, die sich bis zum neu hinzukommenden Eintrag *Variation*[j] erstreckt.

Um die Variable *MaxSoFar* in dieser Situation korrekt aktualisieren zu können, müssen wir während des *sweep* mehr Information mitführen als nur *MaxSoFar* selbst. Wir benötigen auch die maximale Teilsumme der schon betrachteten Einträge, die in dem zuletzt neu hinzugekommenen Eintrag endet. Mit $MaxEndingHere_j$ bezeichnen wir das Maximum aller Summen

mitzuführende
Information

$$Variation[h] + Variation[h + 1] + \dots + Variation[j],$$

wobei h zwischen 1 und j läuft, falls wenigstens eine dieser Summen nicht-negativ ist; andernfalls soll $MaxEndingHere_j$ den Wert null haben. Im Beispiel von Abbildung 2.2 ist $MaxEndingHere_j$ die Summe der letzten sechs Einträge. Dagegen wäre $MaxEndingHere_3 = 0$.

Wir müssen uns nun noch überlegen, wie *MaxEndingHere* aktualisiert werden soll, wenn der *sweep* von Position $j - 1$ zur Position j vorrückt. Dabei hilft uns folgende einfache Beobachtung: Für festes j wird das Maximum aller Summen

$$Variation[h] + Variation[h+1] + \ldots + Variation[j-1] + Variation[j],$$

für dasselbe $h \le j - 1$ angenommen, das auch schon die Summe

$$Variation[h] + Variation[h + 1] + \ldots + Variation[j - 1]$$

maximiert hatte, es sei denn, es gibt keine positive Teilsumme, die in Position $j - 1$ endet, und $MaxEndingHere_{j-1}$ hatte den Wert null. In beiden Fällen gilt

$$MaxEndingHere_j = \max(0, MaxEndingHere_{j-1} + Variation[j]).$$

Damit haben wir folgenden Sweep-Algorithmus zur Berechnung der maximalen Teilsumme:

> *MaxSoFar* := 0;
> *MaxEndingHere* := 0;
> **for** j := 1 **to** n **do**
>   *MaxEndingHere* :=
>   max(0, *MaxEndingHere* + *Variation*[j]);
>   *MaxSoFar* := max(*MaxSoFar*, *MaxEndingHere*);
> **write**("Die maximale Teilsumme beträgt ", *MaxSoFar*)

Theorem 2.2 *In einer Folge von n Zahlen die maximale Teilsumme konsekutiver Zahlen zu bestimmen, hat die Zeitkomplexität $\Theta(n)$.*

schnell und elegant   Dieser Algorithmus ist nicht nur der schnellste unter allen Mitbewerbern, sondern auch der kürzeste! Darüber hinaus benötigt er keinen wahlfreien Zugriff auf das ganze Array *Variation*, denn die Kursschwankung des j-ten Tages wird ja nur einmal angeschaut und danach nie wieder benötigt.

Man könnte deshalb dieses Verfahren als nicht-terminierenden Algorithmus implementieren, der am j-ten Tag die Schwankung *Variation*[j] als Eingabe erhält und als Antwort den bis jetzt maximal erzielbaren Gewinn ausgibt; schade, dass dieser erst im Nachhinein bekannt wird. Bei diesem *on-line-Betrieb* wären der Speicherplatzbedarf und die tägliche Antwortzeit konstant.

on-line-Betrieb

Übungsaufgabe 2.2 Man formuliere den oben vorgestellten Sweep-Algorithmus zur Bestimmung der maximalen Teilsumme als *on-line*-Algorithmus.

Der Sweep-Algorithmus zur Bestimmung der maximalen Teilsumme wird uns später in einem überraschenden Zusammenhang gute Dienste leisten: bei der Berechnung des *Kerns* eines Polygons, der Menge aller Punkte im Polygon, von denen aus das ganze Polygon sichtbar ist. **Kern**

2.3 Sweep in der Ebene

Ihre wahre Stärke zeigt die Sweep-Technik in der Ebene. Die Objekte, die in unseren Problemen vorkommen, werden zunächst Punkte sein, später Strecken und Kurven. Wir besuchen sie in der Reihenfolge, in der sie von einer senkrechten Geraden angetroffen werden, die von links nach rechts über die Ebene wandert.

Die Vorstellung dieser wandernden Geraden (*sweep line*), die die Ebene von links nach rechts „ausfegt" und dabei keine Stelle auslässt, hat dem Sweep-Verfahren seinen Namen gegeben. **sweep line**

2.3.1 Das dichteste Punktepaar in der Ebene

Wir beginnen mit dem Problem *closest pair*, das uns aus dem Eindimensionalen schon bekannt ist. Gegeben sind n Punkte $p_1, \ldots, p_n$ in der Ebene, gesucht ist ein Paar mit minimalem euklidischem Abstand. Wir sind zunächst etwas bescheidener und bestimmen nur den minimalen Abstand **closest pair**

$$\min_{1 \leq i < j \leq n} |p_i p_j|$$

selbst. Der Algorithmus lässt sich später leicht so erweitern, dass er auch ein dichtestes Paar ausgibt, bei dem dieser Abstand auftritt.

Erinnern wir uns an unser Vorgehen im Eindimensionalen: Die Punkte waren dort Zahlen auf der X-Achse. Wir hatten sie von links nach rechts besucht und dabei für jede Zahl den Abstand zu ihrer unmittelbaren Vorgängerin betrachtet. War er kleiner als *MinSoFar*, der bisher ermittelte minimale Abstand, musste *MinSoFar* aktualisiert werden.

In der Ebene können wir nicht ganz so einfach verfahren. Wenn wir mit der *sweep line* auf einen neuen Punkt r treffen, kann der Abstand zu dessen direktem Vorgänger q, d. h. zu dem Punkt, der als letzter vor r von der *sweep line* erreicht wurde, viel größer sein als der Abstand von r zu noch weiter links liegenden Punkten; siehe Abbildung 2.3. **Unterschied zum Eindimensionalen**

Eines aber ist klar: Wenn r mit einem Punkt p links von r ein Paar bilden will, dessen Abstand kleiner ist als *MinSoFar*, so muss p in dem senkrechten Streifen der Breite *MinSoFar* liegen, dessen rechter Rand durch r läuft. Dieser Streifen ist in Abbildung 2.3 grau eingezeichnet. Während die *sweep line* vorrückt, zieht sie den senkrechten Streifen hinter sich her. Nur die Punkte im Streifen brauchen wir uns während des *sweep* zu merken; jeder von ihnen könnte zu einem Paar mit Abstand $< MinSoFar$ gehören, wenn die *sweep line* auf einen passenden Partner stößt.

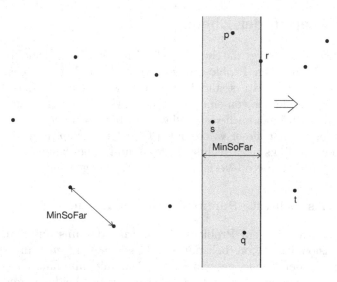

Abb. 2.3 Die *sweep line* erreicht Punkt r. Der Abstand $|pr|$ ist hier kleiner als *MinSoFar*.

Wir führen deshalb ein Verzeichnis mit, in dem zu jedem Zeitpunkt genau die Punkte im senkrechten Streifen der Breite *MinSoFar* links von der *sweep line* stehen;[2] hierdurch ist der Inhalt des Verzeichnisses eindeutig definiert.

Sweep-Status-Struktur   Weil dieses Verzeichnis die Information über „die Situation dicht hinter der *sweep line*" enthält, trägt es den Namen *Sweep-Status-Struktur*, abgekürzt *SSS*.[3]

Ereignis   Folgende Ereignisse erfordern eine Aktualisierung der *SSS*:

(1) Der linke Streifenrand wandert über einen Punkt hinweg.

(2) Der rechte Streifenrand, also die *sweep line*, stößt auf einen neuen Punkt.

---

[2]Der Streifen ist links offen, d. h. der linke Rand gehört nicht dazu.

[3]Manche Autorinnen sagen auch *Y-Liste* dazu, weil die Objekte darin meist nach Y-Koordinaten sortiert sind. Auf solche Implementierungsfragen werden wir später noch eingehen.

Bei einem Ereignis des ersten Typs muss der betroffene Punkt aus der *SSS* entfernt werden. Findet ein Ereignis vom zweiten Typ statt, gehört der neue Punkt zum Streifen und muss in die *SSS* aufgenommen werden. Außerdem ist zu testen, ob er zu irgendeinem anderen Punkt im Streifen einen Abstand $< MinSoFar$ hat. Falls ja, müssen *MinSoFar* und die Streifenbreite auf den neuen Wert verringert werden. Der linke Streifenrand kann dabei über einen oder mehrere Punkte hinwegspringen und so eine Folge von „gleichzeitigen" Ereignissen des ersten Typs nach sich ziehen. Wir bearbeiten sie, bevor die *sweep line* sich weiterbewegt. `Aktualisierung der SSS`

In Abbildung 2.3 schrumpft der Streifen auf die Breite $|pr|$, wenn die *sweep line* den Punkt r erreicht; dabei springt der linke Streifenrand über den Punkt s hinweg. Während die *sweep line* danach zum Punkt t vorrückt, wandert der linke Streifenrand erst über p und dann über q hinweg.

Offenbar betreten und verlassen die Punkte den Streifen in der Reihenfolge von links nach rechts. Wir sortieren sie deshalb nach aufsteigenden X-Koordinaten und legen sie in einem Array ab. Dabei kann man testen, ob bei Punkten mit identischen X-Koordinaten auch die Y-Koordinaten übereinstimmen; in diesem Fall terminiert das Verfahren sofort und liefert den kleinsten Abstand 0. Andernfalls wissen wir, dass die n Punkte paarweise verschieden sind.

Punkte mit identischen X-Koordinaten werden zusätzlich nach ihren Y-Koordinaten sortiert. Das Array enthält also die gegebenen Punkte *lexikographisch* sortiert — erst nach X und bei Gleichheit nach Y. Im folgenden gehen wir der Einfachheit halber davon aus, dass alle X-Koordinaten paarweise verschieden sind. `lexikographisch`

Die Indizes *links* und *rechts* verweisen jeweils auf die am weitesten links gelegenen Punkte *im* Streifen und *rechts* vom Streifen.[4] Kurz bevor die *sweep line* in Abbildung 2.3 den Punkt r erreicht, haben wir die in Abbildung 2.4 gezeigte Situation. `links und rechts`

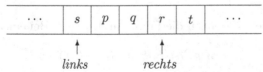

Abb. 2.4 $P[links]$ ist der am weitesten links gelegene Punkt im senkrechten Streifen, und $P[rechts]$ ist der nächste Punkt, auf den die *sweep line* treffen wird.

---

[4]Sollte der Streifen gerade keinen Punkt enthalten, ist *links* gleich *rechts*.

Ob zuerst $P[links]$ den Streifen verlässt oder $P[rechts]$ den Streifen betritt, können wir leicht feststellen. Wenn wir mit $p.x$ die X-Koordinate eines Punktes p bezeichnen, so müssen wir nur testen, ob

$$P[links].x + MinSoFar \leq P[rechts].x$$

ist. Falls ja, kommt zuerst $P[links]$ an die Reihe. Damit kann man den Sweep-Algorithmus wie folgt beschreiben:

```
(* Initialisierung *)
sortiere die n Punkte nach aufsteigenden X-Koordinaten
        und füge sie ins Array P ein;
(* alle Punkte sind paarweise verschieden *)
füge P[1], P[2] in SSS ein;
MinSoFar := |P[1]P[2]|;
links := 1;
rechts := 3;


(* sweep *)
while (* I₁ gilt *) rechts ≤ n do
    if P[links].x + MinSoFar ≤ P[rechts].x
    then (* alter Punkt verlässt Streifen *)
            entferne P[links] aus SSS;
            links := links + 1
    else (* I₂ gilt; neuer Punkt betritt Streifen *)
            MinSoFar := MinDist(SSS, P[rechts], MinSoFar);
            füge P[rechts] in SSS ein;
            rechts := rechts + 1;
(* Ausgabe *)
write("Der kleinste Abstand ist ", MinSoFar)
```

Zu spezifizieren ist noch die Funktion $MinDist$: Bei einem Aufruf

$$MinDist(SSS, r, MinSoFar)$$

wird das Minimum von $MinSoFar$ und der minimalen Distanz $\min\{|pr|; p \in SSS\}$ vom neuen Punkt r auf der *sweep line* zu allen übrigen Punkten im senkrechten Streifen zurückgegeben. Wie diese Funktion implementiert wird, beschreiben wir gleich.

Korrektheit   Zunächst vergewissern wir uns, dass der Sweep-Algorithmus korrekt ist.

Übungsaufgabe 2.3 Man zeige, dass an den mit I_1 und I_2 markierten Stellen im Programm jeweils die folgenden Invarianten gelten:

I_1 : Es ist *MinSoFar* der minimale Abstand unter den Punkten $P[1], \ldots, P[rechts - 1]$.

I_2 : Die *SSS* enthält genau die Punkte $P[i]$, $1 \leq i \leq rechts - 1$, mit $P[i].x > P[rechts].x - MinSoFar$.

Um beim Erreichen eines neuen Punktes r das Minimum $\min\{|pr|; p \in SSS\}$ zu bestimmen, genügt es, diejenigen Punkte p im Streifen zu inspizieren, deren Y-Koordinate um höchstens *MinSoFar* oberhalb oder unterhalb von $r.y$ liegen, denn kein anderer Punkt kann zu r einen Abstand $<$ *MinSoFar* haben; siehe Abbildung 2.5.[5]

Implementierung
von *MinDist*

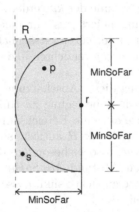

Abb. 2.5 Nur ein Punkt, der im Rechteck R liegt, kann zum Punkt r einen Abstand kleiner als *MinSoFar* haben.

Die Sweep-Status-Struktur *SSS* muss es also gestatten, Punkte einzufügen und zu entfernen und beim Aufruf von *MinDist* für beliebige Zahlen y_0 und M alle gespeicherten Punkte p mit

$$y_0 - M \leq p.y \leq y_0 + M$$

zu berichten; für $y_0 = r.y$ und $M = MinSoFar$ sind das genau die Punkte im Rechteck R in Abbildung 2.5.

Offenbar kommt es hierbei auf die X-Koordinaten der Punkte gar nicht an!

Implementierung
der *SSS*

---

[5]Eigentlich würde es genügen, den Halbkreis um r mit Radius *MinSoFar* abzusuchen, aber dazu fehlt uns eine effiziente Methode. Stattdessen inspizieren wir das den Halbkreis umschließende Rechteck R und nehmen in Kauf, dabei auch auf Punkte s mit $|sr| >$ *MinSoFar* zu stoßen.

Wir können deshalb zur Implementierung der *SSS* einen balancierten Suchbaum logarithmischer Höhe verwenden, der die *Y*-Koordinaten der Punkte als Schlüssel verwaltet, wie in Abschnitt 1.2.5 besprochen. Damit lassen sich die Operationen Einfügen und Entfernen jeweils in Zeit $O(\log n)$ ausführen, und eine Bereichsanfrage nach allen $p.y$ im Intervall $[y_0 - M, y_0 + M]$ erfolgt in Zeit $O(\log n + k)$, wobei k die Größe der Antwort bedeutet.

Weil die **while**-Schleife nur $O(n)$-mal durchlaufen wird, ergibt sich eine Gesamtlaufzeit in

$$O\left(n \log n + \sum_{i=3}^{n} k_i \right);$$

hierbei ist k_i die Größe der Antwort der i-ten Bereichsanfrage beim Einfügen des i-ten Punkts.

Wie groß kann die Summe der k_i werden? Natürlich ist $k_i \leq i$, aber diese Abschätzung liefert uns nur eine obere Schranke in $O(n^2)$. Wäre das Laufzeitverhalten tatsächlich so schlecht, hätten wir ebenso gut auf den *sweep* verzichten und gleich alle Paare von Punkten inspizieren können.

strukturelle Eigenschaft

Bei der Verbesserung dieser Abschätzung kommt uns folgende strukturelle geometrische Überlegung zu Hilfe: Wenn ein Aufruf *MinDist(SSS, r, MinSoFar)* eine Bereichsanfrage für das in Abbildung 2.5 gezeigte Rechteck R auslöst, so haben alle Punkte links von der *sweep line*, also insbesondere diejenigen im Rechteck R, mindestens den Abstand *MinSoFar* voneinander. Wenn aber die Punkte so „lose gepackt" sind, passen nicht allzu viele in das Rechteck R hinein!

Lemma 2.3 *Sei $M > 0$ und P eine Menge von Punkten in der Ebene, von denen je zwei mindestens den Abstand M voneinander haben. Dann enthält ein Rechteck mit den Kantenlängen M und $2M$ höchstens 10 Punkte aus P.*

Beweis. Nach Voraussetzung sind die Kreisumgebungen $U_{M/2}(p)$ der Punkte p aus P paarweise disjunkt. Liegt p im Rechteck R, so ist mindestens ein Viertel der offenen Kreisscheibe in R enthalten. Durch Flächenberechnung ergibt sich, dass R höchstens

$$\frac{\textit{Fläche(R)}}{\textit{Fläche(Viertelkreis)}} = \frac{2M^2}{\frac{1}{4}\pi(\frac{M}{2})^2} = \frac{32}{\pi} < 11$$

viele Punkte von P enthalten kann. □

Folglich ist jedes k_i kleiner gleich 10, und wir erhalten folgenden Satz:

Theorem 2.4 *Der minimale Abstand aller Paare einer n-elementigen Punktmenge in der Ebene lässt sich in Zeit $O(n \log n)$ bestimmen, und das ist optimal.*

Die Optimalität folgt wie beim Beweis von Korollar 1.9. Indem wir uns außer dem Wert von *MinSoFar* auch merken, zwischen welchen beiden bisher betrachteten Punkten der minimale Abstand aufgetreten ist, erhalten wir als Folgerung:

Korollar 2.5 *Ein dichtestes Paar von n Punkten in der Ebene zu bestimmen, hat die Zeitkomplexität $\Theta(n \log n)$.*

Um die Zeitschranke in Theorem 2.4 einzuhalten, hätte es genügt, dass alle Einfüge-, Entferne- und Suchoperationen *zusammen* nicht mehr als $O(n \log n)$ Zeit beanspruchen, jede einzelne also *im Mittel* nur $O(\log n)$. Ob diese Idee zu Datenstrukturen führt, die einfacher sind als balancierte Suchbäume, die ja im *worst case* $O(\log n)$ pro Operation garantieren, untersuchen wir in Kapitel 3.

Damit ist eines der in Kapitel 1 vorgestellten Probleme gelöst. Wir haben uns dabei auf zwei geometrische Sachverhalte gestützt. Der erste ist trivial: Wenn der minimale Abstand M in einer Punktmenge P durch Hinzufügen eines neuen Punktes r abnimmt, so müssen die hierfür verantwortlichen Punkte von P nah (d. h. im Abstand $< M$) bei r liegen.

strukturelle Eigenschaft

Unsere zweite geometrische Stütze ist Lemma 2.3. Es besagt im wesentlichen: Eine beschränkte Menge kann nicht beliebig viele Punkte enthalten, die zueinander einen festen Mindestabstand haben.

Die genaue Anzahl von Punkten, die der rechteckige Anfragebereich R höchstens enthalten kann, geht natürlich in den Faktor in der O-Notation für die Laufzeitabschätzung ein. Dies ist Gegenstand folgender Übungsaufgabe.

Übungsaufgabe 2.4 Man bestimme die kleinste Konstante ≤ 10, für die Lemma 2.3 richtig bleibt.

Dass man das *closest-pair*-Problem mit einem derart einfachen Sweep-Algorithmus lösen kann, wurde von Hinrichs et al. [7] beobachtet.

Nebenbei haben wir eine Reihe weiterer Eigenschaften kennengelernt, die für Sweep-Algorithmen charakteristisch sind: Während des *sweep* wird eine Sweep-Status-Struktur mitgeführt, die die „Situation dicht hinter der *sweep line*" beschreibt. Der Inhalt dieser Struktur muss eine bestimmte *Invariante* erfüllen.

charakteristische Sweep-Eigenschaften

Invariante

Ereignis

Jeder Anlass für eine Veränderung der *SSS* heißt ein *Ereignis*. Obwohl wir uns vorstellen, dass die *sweep line* sich stetig mit der Zeit vorwärtsbewegt, braucht der Algorithmus nur die diskrete Menge der Ereignisse zu bearbeiten — dazwischen gibt es nichts zu tun! Es kommt darauf an, die Ereignisse vollständig und in der richtigen Reihenfolge zu behandeln und die *SSS* jedes Mal korrekt zu aktualisieren. Will man die Korrektheit eines Sweep-Algorithmus formal beweisen, muss man zeigen, dass die Invariante nach der Bearbeitung von Ereignissen wieder erfüllt ist; ein Beispiel findet sich in Übungsaufgabe 2.3.

Die Objekte, mit denen ein Sweep-Algorithmus arbeitet, durchlaufen während des *sweep* eine bestimmte Entwicklung:

Solange ein Objekt noch rechts von der *sweep line* liegt, ist es ein *schlafendes Objekt*. Sobald es von der *sweep line* berührt

schlafende, aktive und tote Objekte

wird, wacht es auf und wird ein *aktives Objekt*. Genau die aktiven Objekte sind in der *SSS* gespeichert. Wenn feststeht, dass ein Objekt nie wieder gebraucht wird, kann es aus der *SSS* entfernt werden. Danach ist es ein *totes Objekt*.

Raum vs. Zeit

Im $\mathbb{R}^2$ verwandelt *sweep* ein zweidimensionales Problem in eine Folge von eindimensionalen Problemen: die Verwaltung der Sweep-Status-Struktur. Hierzu wird meist eine dynamische eindimensionale Datenstruktur eingesetzt.

Obwohl es in diesem Kapitel um den *sweep* geht, wollen wir andere Techniken nicht ganz aus dem Auge verlieren:

Übungsaufgabe 2.5   Man skizziere, wie sich der kleinste Abstand zwischen n Punkten in der Ebene in Zeit $O(n \log n)$ mit dem Verfahren *divide-and-conquer* bestimmen lässt.

2.3.2   Schnittpunkte von Strecken

ein Klassiker

In diesem Abschnitt kommen wir zu dem Klassiker unter den Sweep-Algorithmen, der ganz am Anfang der Entwicklung dieser Technik in der Algorithmischen Geometrie stand; siehe Bentley und Ottmann [3]. Gegeben sind n Strecken $s_i = l_i r_i, 1 \leq i \leq n$, in der Ebene. Gemäß unserer Definition in Abschnitt 1.2.3 gehören die Endpunkte zur Strecke dazu; zwei Strecken können deshalb auf verschiedene Weisen einen Punkt als Durchschnitt haben, wie Abbildung 2.6 zeigt. Uns interessiert nur der Fall (i), wo der Durchschnitt nur aus einem Punkt p besteht, der zum relativen Inneren

echte Schnittpunkte

beider Strecken gehört. Wir nennen solche Punkte p *echte Schnittpunkte*.[6]

---

[6]Wir können einen echten Schnittpunkt p von zwei Strecken auch dadurch charakterisieren, dass sie sich in p *kreuzen*, das heißt, dass jede hinreichend kleine ε-Umgebung von p durch die beiden Strecken in vier Gebiete zerteilt wird. Diese Definition kann man von Strecken auf Wege verallgemeinern.

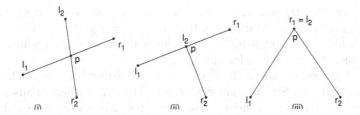

Abb. 2.6 Nur in (i) ist p ein echter Schnittpunkt.

Zwei Probleme sollen untersucht werden: Beim *Existenz-*   Existenzproblem
problem besteht die Aufgabe darin, herauszufinden, ob es unter
den n Strecken mindestens zwei gibt, die einen echten Schnittpunkt haben; beim *Aufzählungsproblem* sollen *alle* echten Schnitt-   Aufzählungs-
punkte bestimmt werden.   problem

Untere Schranken für diese Probleme können wir leicht herleiten.

Lemma 2.6 *Herauszufinden, ob zwischen n Strecken in der
Ebene ein echter Schnittpunkt existiert, hat die Zeitkomplexität
$\Omega(n \log n)$. Alle k Schnittpunkte aufzuzählen, hat die Zeitkomple-
xität $\Omega(n \log n + k)$.*

Beweis. Wir zeigen, dass man das Problem *ε-closeness* (siehe
Korollar 1.6 auf Seite 44) in linearer Zeit auf das Existenzproblem
reduzieren kann. Seien also n reelle Zahlen $x_1, \dots, x_n$ und ein $\varepsilon >
0$ gegeben. Wir bilden die Strecken s_i von $(x_i, 0)$ nach $(x_i + \frac{\varepsilon}{2}, \frac{\varepsilon}{2})$
und t_i von $(x_i, 0)$ nach $(x_i - \frac{\varepsilon}{2}, \frac{\varepsilon}{2})$, siehe Abbildung 2.7.

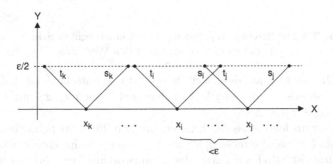

Abb. 2.7 Die Strecken s_i und t_j haben nur dann einen echten Schnitt-
punkt, wenn $0 < |x_i - x_j| < \varepsilon$ ist.

Parallele Strecken können keinen echten Schnittpunkt miteinander haben, selbst dann nicht, wenn sie übereinander liegen. Ein

echter Schnittpunkt kann nur von zwei Segmenten s_i und t_j mit $i \neq j$ herrühren, für die dann $0 < |x_i - x_j| < \varepsilon$ gelten muss. Umgekehrt verursacht jedes solche Zahlenpaar einen echten Schnittpunkt von s_i mit t_j oder von s_j mit t_i.

erster Schnittpunkttest   Um das ε-*closeness*-Problem zu lösen, testen wir also zunächst, ob bei diesen Strecken ein echter Schnittpunkt vorliegt. Falls ja, sind wir fertig. Falls nein, wissen wir, dass alle Zahlen x_i, x_j, die voneinander verschieden sind, mindestens den Abstand ε voneinander haben. Es könnte aber $i \neq j$ geben mit $x_i = x_j$.

zweiter Schnittpunkttest   Um das herauszufinden, wird ein zweiter Schnittpunkttest durchgeführt. Zu jedem x_i konstruieren wir eine Strecke u_i der Länge ε mit Mittelpunkt in $(x_i, \frac{\varepsilon}{2})$. Jedes u_i erhält einen anderen Winkel in Bezug auf die X-Achse, der nur von seinem Index i abhängt, zum Beispiel den Winkel $\frac{i}{2n}\pi$ wie in Abbildung 2.8. Weil verschiedene Punkte $x_i \neq x_j$ mindestens den Abstand ε voneinander haben, können sich ihre Strecken u_i, u_j nicht schneiden. Genau dann haben also u_i und u_j mit $i \neq j$ einen echten Schnittpunkt, wenn $x_i = x_j$ gilt.

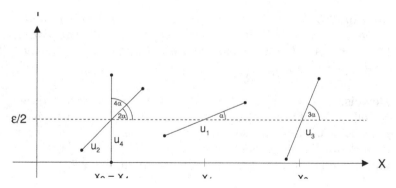

Abb. 2.8 Die Strecken u_2 und u_4 haben einen echten Schnittpunkt, weil $x_2 = x_4$ gilt. Bei vier Strecken hat α den Wert $\pi/8$.

Die Antwort auf den zweiten Test ist nun entscheidend. Lautet sie ebenfalls „nein", so gibt es keine zwei Zahlen x_i, x_j mit $i \neq j$ und $|x_i - x_j| < \varepsilon$.

Hieraus folgt, dass das Existenzproblem für echte Schnittpunkte mindestens so schwierig ist wie ε-*closeness*, d. h. seine Zeitkomplexität ist $\Omega(n \log n)$. Mit der Beantwortung des Aufzählungsproblems hat man insbesondere das Existenzproblem gelöst. Außerdem müssen alle k Schnittpunkte berichtet werden. Insgesamt wird also $\Omega(n \log n + k)$ Zeit benötigt.   □

Jedes der beiden in Lemma 2.6 angesprochenen Probleme kann man naiv in Zeit $O(n^2)$ lösen, indem man je zwei Strecken hernimmt und feststellt, ob sie einen echten Schnittpunkt haben. Im schlimmsten Fall kann jede Strecke jede andere schneiden, so dass $k = \frac{n(n-1)}{2}$ ist. Bedeutet das etwa, dass der naive Algorithmus zur Lösung des Aufzählungsproblems optimal ist?

Wenn man nur die Anzahl n der Segmente als Problemparameter (siehe Abschnitt 1.2.4) zulässt, ist diese Frage zu bejahen. Wir erwarten aber doch, dass die Rechenzeit eines Lösungsverfahrens nur dann groß wird, wenn auch k groß ist. Dieses erstrebenswerte Verhalten eines Algorithmus nennt man *Output-Sensitivität*. Mit der Einführung von k als zweitem Problemparameter haben wir ein Kriterium für die Output-Sensitivität von guten Algorithmen. Das naive Verfahren hat diese Eigenschaft nicht, denn es benötigt immer $\Theta(n^2)$ viele Schritte, auch für $k = 0$. Output-Sensitivität

Wir wollen nun effiziente Sweep-Algorithmen zur Lösung des Existenz- und des Aufzählungsproblems angeben. Unsere Objekte sind die n Strecken s_i. Wir nehmen an, dass keine von ihnen senkrecht ist; der linke Endpunkt ist l_i, der rechte r_i. Außerdem sei der Durchschnitt von zwei Strecken entweder leer oder ein einzelner Punkt. Ferner sollen sich nie mehr als zwei Strecken in einem Punkt schneiden, und alle Endpunkte und Schnittpunkte sollen paarweise verschiedene X-Koordinaten haben.[7] vereinfachende Annahmen

Die *sweep line* bewegt sich, wie üblich, von links nach rechts über die Ebene. Den Augenblick, in dem sie die X-Achse in x_0 schneidet, nennen wir den *Zeitpunkt x_0*. Zeitpunkt

Auf denjenigen Strecken, die die *sweep line* zum Zeitpunkt x_0 gerade schneidet, definiert sie eine Ordnung entsprechend den aufsteigenden Y-Koordinaten der Schnittpunkte. In Abbildung 2.9 haben wir zum Beispiel zur Zeit x_1 die Ordnung $s_3 < s_1 < s_4 < s_2$. Diese Ordnung wird in der Sweep-Status-Struktur *SSS* mitgeführt.

Folgende *Ereignisse* verändern die Ordnung der Strecken längs der *sweep line* und erfordern eine Aktualisierung der *SSS*: Ereignisse

(1) Die *sweep line* stößt auf den linken Endpunkt einer Strecke,

(2) die *sweep line* erreicht den rechten Endpunkt eines Strecke,

(3) die *sweep line* erreicht einen echten Schnittpunkt von zwei Strecken.

Um die Ereignisse (1) und (2) in der richtigen Reihenfolge bearbeiten zu können, sortieren wir vor Beginn des *sweep* alle Endpunkte l_i, r_i nach ihren X-Koordinaten. Wie aber sollen wir die Ereignisse (3) rechtzeitig erkennen? (Die Schnittpunkte sollen ja erst noch bestimmt werden!)

---

[7]Später machen wir uns von diesen Annahmen frei.

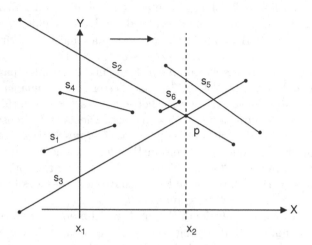

Abb. 2.9 Die von der *sweep line* geschnittenen Strecken sind nach den y-Werten der Schnittpunkte geordnet.

strukturelle
Eigenschaft

    Zum Glück können wir uns auf folgende geometrische Eigenschaft stützen:

Lemma 2.7 *Wenn zwei Strecken einen echten Schnittpunkt haben, sind sie unmittelbar vorher direkte Nachbarn in der Ordnung längs der sweep line.*

Beweis. Sei p echter Schnittpunkt der beiden Strecken s_2 und s_3 mit X-Koordinate x_2; siehe Abbildung 2.10. Weil nach unserer Annahme keine der anderen $n-2$ Strecken den Punkt p enthält, gibt es ein $\varepsilon > 0$, so dass die Umgebung $U_\varepsilon(p)$ von keiner Strecke außer s_2 und s_3 geschnitten wird. Diese beiden Strecken schneiden den Rand von $U_\varepsilon(p)$ links von p. Sei v der weiter rechts gelegene der beiden Schnittpunkte mit X-Koordinate $x_2 - \delta$; siehe Abbildung 2.10. Dann kann das Dreieck mit Ecken v und p und senkrechter linker Kante von keiner anderen Strecke geschnitten werden, weil es in $U_\varepsilon(p)$ enthalten ist. Also sind für jeden Zeitpunkt $x \in (x_2 - \delta, x_2)$ die Strecken s_2, s_3 direkte Nachbarn in der Ordnung längs der *sweep line*, also auch Nachbarn in der *SSS* spätestens nach dem letzten Ereignis vor Erreichen von p.   □

    Wir werden also keinen echten Schnittpunkt verpassen, wenn wir dafür sorgen, dass zwei Strecken sofort auf Schnitt getestet

direkte Nachbarn
testen

werden, wenn sie in der Ordnung längs der *sweep line* zu direkten Nachbarn werden.

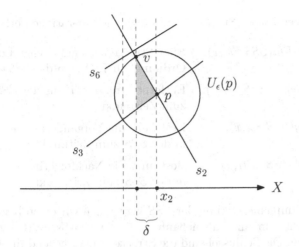

Abb. 2.10 Kurz vor ihrem Schnittpunkt p sind s_2 und s_3 längs der *sweep line* benachbart.

Bei der Behandlung eines Ereignisses (1) muss zunächst die neue Strecke s an der richtigen Stelle in die aktuelle Ordnung eingefügt werden. Sind danach die Strecken s_i und s_j die direkte Vorgängerin und die direkte Nachfolgerin von s längs der *sweep line*, so muss s mit s_i und mit s_j auf Schnitt getestet werden. In Abbildung 2.9 hat zum Beispiel die Strecke s_4 die Vorgängerin s_1 und die Nachfolgerin s_2, wenn die *sweep line* ihren linken Endpunkt erreicht.

Wenn die *sweep line* am rechten Endpunkt einer Strecke s angekommen ist (Ereignis (2)), wird s aus der Sweep-Status-Struktur entfernt. Ihr früherer direkter Vorgänger und ihr früherer direkter Nachfolger sind danach selbst direkte Nachbarn und müssen auf Schnitt getestet werden. Beim Entfernen von s_1 in Abbildung 2.9 sind das die Strecken s_3 und s_4.[8]

Wenn wir uns nur für die Existenz eines echten Schnittpunkts interessieren, ist unser Sweep-Algorithmus sehr einfach. Wir sortieren anfangs die $2n$ Endpunkte der Strecken nach aufsteigenden X-Koordinaten und speichern sie in einem Array. Während des *sweep* bearbeiten wir die zugehörigen Ereignisse (1) oder (2) in dieser Reihenfolge, wie oben beschrieben. Sobald der erste Schnitttest ein positives Ergebnis liefert, können wir den *sweep* beenden; Ereignisse (3) brauchen hierbei nicht behandelt zu werden.

Lösung des Existenzproblems

---

[8]Besitzt eine Strecke keine Vorgängerin oder Nachfolgerin in der aktuellen Ordnung, fällt der entsprechende Schnitttest weg.

Die Sweep-Status-Struktur muss folgende Operationen erlauben:

$FügeEin(SSS,Str,x)$:   Fügt Strecke Str entsprechend der
                          Ordnung zur Zeit x in die SSS ein.

$Entferne(SSS,Str,x)$:   Entfernt Strecke Str aus der SSS
                          zum Zeitpunkt x.

$Vorg(SSS,Str,x)$:   Bestimmt die Vorgängerin von Str
                          in der SSS zum Zeitpunkt x.

$Nachf(SSS,Str,x)$:   Bestimmt die Nachfolgerin von Str
                          in der SSS zum Zeitpunkt x.

Zur Implementierung der SSS verwenden wir einen balancierten Suchbaum für Aufspießanfragen, wie in Abschnitt 1.2.5 besprochen. Die Schlüssel sind die Strecken entsprechend ihrer Ordnung längs der *sweep line*. Zwischen zwei Ereignissen kann sich
diese vollständige Ordnung nicht ändern. Die Splitwerte in den internen Knoten sind also Strecken s_i, und sie werden repräsentiert
durch ihren Namen und die Koordinaten l_i, r_i ihrer Endpunkte.

Wenn nun die *sweep line* zum Zeitpunkt x_0 zum Beispiel auf
den linken Endpunkt l einer neuen Strecke s trifft, wird im Suchbaum nach $[s]$ gesucht. Beim Schlüsselvergleich zwischen s und
einem Splitwert s_i wird dabei $l.y$ mit der Y-Koordinate

$$p.y = l_i.y + \frac{x_0 - l_i.x}{r_i.x - l_i.x}(r_i.y - l_i.y)$$

des Punktes $p = (x_0, p.y)$ auf der Strecke s_i verglichen; dieser
Wert lässt sich in Zeit $O(1)$ berechnen. Vom Ergebnis hängt ab,
wo die Suche weiter geht.

Jede der Operationen auf der SSS ist in Zeit $O(\log n)$ ausführbar, weil höchstens n Strecken gleichzeitig in der SSS gespeichert
sind und weil der Suchbaum balanciert ist. Da die Bearbeitung
von jedem der (höchstens) $2n$ vielen Ereignisse nur drei solche
Operationen erfordert, ergibt sich folgende Aussage:

Theorem 2.8 *Man kann in optimaler Zeit $O(n \log n)$ und mit
Speicherplatz $O(n)$ herausfinden, ob von n Strecken in der Ebene
mindestens zwei einen echten Schnittpunkt haben.*

Beweis. Dass $O(n \log n)$ als Zeitschranke optimal ist, folgt aus
Lemma 2.6.   □

Wenn man davon ausgeht, dass die n Strecken ohnehin gleichzeitig im Speicher gehalten werden müssen, ist auch die lineare
Schranke für den Speicherplatzbedarf optimal.

Übungsaufgabe 2.6 Entdeckt der Sweep-Algorithmus den am weitesten links liegenden echten Schnittpunkt von n Strecken immer als ersten?

Alle echten Schnittpunkte zu berichten, ist ein etwas anspruchsvolleres Problem. Der gravierende Unterschied wird schon bei der Bearbeitung der Ereignisse (1) und (2) deutlich: Wenn ein Schnittest von zwei direkten Nachbarn positiv verlaufen ist, müssen wir uns diesen echten Schnittpunkt als zukünftiges Ereignis (3) vormerken und zum richtigen Zeitpunkt behandeln! Dort wechseln die beiden sich schneidenden Strecken in der Ordnung längs der *sweep line* ihre Plätze; siehe zum Beispiel s_3 und s_2 zur Zeit x_2 in Abbildung 2.9. Zur Ausführung der Vertauschung zweier benachbarter Strecken *UStr* und *OStr* zur Zeit x dient die Operation *Vertausche(SSS,UStr,OStr,x)*.

Danach hat jede von beiden Strecken eine neue nächste Nachbarin, mit der sie auf Schnitt zu testen ist. So hat zum Beispiel s_3 nach der Vertauschung mit s_2 die direkte Nachfolgerin s_5. Wird ein echter Schnittpunkt festgestellt, wie hier zwischen s_3 und s_5, muss er als zukünftiges Ereignis (3) vorgemerkt werden.

Beim Aufzählungsproblem sind also die Ereignisse, die während des *sweep* zu behandeln sind, nicht alle schon am Anfang bekannt; sie ergeben sich vielmehr erst nach und nach zur Laufzeit. Zu ihrer Verwaltung benötigen wir eine *dynamische Ereignis-Struktur ES*, in der zukünftige Ereignisse in ihrer zeitlichen Reihenfolge verzeichnet sind. Außer der Initialisierung und dem Test, ob *ES* leer ist, sind folgende Operationen möglich:

FügeEin(ES,Ereignis):   Fügt Ereignis *Ereignis* entsprechend seiner Eintrittszeit in die *ES* ein.

NächstesEreignis(ES):   Liefert das zeitlich erste in *ES* gespeicherte Ereignis und entfernt es aus der *ES*.

Ereignisse stellen wir uns dabei als Objekte folgenden Typs vor:

```
type tEreignis = record
       Zeit: real;
    case Typ: (LinkerEndpunkt,
              RechterEndpunkt, Schnittpunkt) of
       LinkerEndpunkt, RechterEndpunkt:
           Str: tStrecke;
       Schnittpunkt:
           UStr, OStr: tStrecke;
```

Marginalien:
Lösung des Aufzählungsproblems

Schnittereignisse vormerken

dynamische Ereignis-Struktur

Ereignisse

Für ein solches *Ereignis* gibt *Ereignis.Typ* an, ob es sich um den linken oder rechten Endpunkt der Strecke *Ereignis.Str* handelt, oder um einen Schnittpunkt; in diesem Fall bezeichnet *Ereignis.UStr* die untere und *Ereignis.OStr* die obere der beiden beteiligten Strecken unmittelbar links vom Schnittpunkt.

Die Komponente *Ereignis.Zeit* bezeichnet schließlich den Zeitpunkt, zu dem das Ereignis eintreten wird, also die X-Koordinate des linken oder rechten Endpunkts von *Ereignis.Str* oder die X-Koordinate des Schnittpunkts von *Ereignis.UStr* und *Ereignis.OStr*.

Aufzählen aller Schnittpunkte

Einen Sweep-Algorithmus zum Aufzählen aller echten Schnittpunkte von n Strecken können wir nun folgendermaßen skizzieren:

```
(* Initialisierung *)
initialisiere die Strukturen SSS und ES;
sortiere die 2n Endpunkte nach aufsteigenden X-Koordinaten;
erzeuge daraus Ereignisse;
füge diese Ereignisse in die ES ein;
```

```
(* sweep und Ausgabe *)
while ES ≠ ∅ do
     Ereignis := NächstesEreignis(ES);
     with Ereignis do
          case Typ of
               LinkerEndpunkt:
                    FügeEin(SSS, Str, Zeit);
                    VStr := Vorg(SSS, Str, Zeit);
                    TesteSchnittErzeugeEreignis(VStr, Str);
                    NStr := Nachf(SSS, Str, Zeit);
                    TesteSchnittErzeugeEreignis(Str, NStr);
               RechterEndpunkt:
                    VStr := Vorg(SSS, Str, Zeit);
                    NStr := Nachf(SSS, Str, Zeit);
                    Entferne(SSS, Str, Zeit);
                    TesteSchnittErzeugeEreignis(VStr, NStr);
               Schnittpunkt:
                    Berichte (UStr, OStr) als Paar mit Schnitt;
                    Vertausche(SSS, UStr, OStr, Zeit);
                    VStr := Vorg(SSS, OStr, Zeit);
                    TesteSchnittErzeugeEreignis(VStr, OStr);
                    NStr := Nachf(SSS, UStr, Zeit);
                    TesteSchnittErzeugeEreignis(UStr, NStr)
```

Beim Aufruf der Prozedur *TesteSchnittErzeugeEreignis*(S, T) wird zunächst getestet, ob die Strecken S und T einen echten Schnittpunkt besitzen. Falls ja, wird ein neues Ereignis vom Typ *Schnittpunkt* erzeugt, mit $UStr = S$, $OStr = T$ und der X-Koordinate des Schnittpunkts als *Zeit*. Dieses Ereignis wird dann in die Ereignis-Struktur ES eingefügt. Die vertauschten Strecken   Ereignis-Struktur
$UStr$ und $OStr$ behalten ihre Namen: $OStr$ liegt jetzt also unterhalb von $UStr$ und muss deshalb mit ihrer Vorgängerin $VStr$ in der SSS auf Schnitt getestet werden. Entsprechend wird ein Schnitttest für die Strecke $UStr$ und ihre Nachfolgerin ausgeführt.

Zur Implementierung der ES können wir ebenfalls einen balancierten Suchbaum wie in Abschnitt 1.2.5 verwenden, der nach der Eintrittszeit der Ereignisse sortiert ist. Jede der Operationen *FügeEin* und *NächstesEreignis* ist dann in Zeit $O(\log h)$ ausführbar, wobei h die Anzahl der gespeicherten Ereignisse bedeutet.

Übungsaufgabe 2.7 Kann es vorkommen, dass derselbe
Schnittpunkt während des *sweep* mehrere Male entdeckt wird?

Theorem 2.9 *Mit dem oben angegebenen Sweep-Verfahren kann man die k echten Schnittpunkte von n Strecken in Zeit $O((n + k) \log n)$ und Speicherplatz $O(n + k)$ bestimmen.*   Laufzeit
$O((n + k) \log n)$

Beweis. Insgesamt gibt es $2n+k$ Ereignisse. Weil keines von ihnen mehrfach in der Ereignis-Struktur vorkommt[9], sind niemals mehr als $O(n^2)$ Ereignisse in der ES gespeichert. Jeder Zugriff auf die ES ist also in Zeit $O(\log n^2) = O(\log n)$ ausführbar.

Die **while**-Schleife wird $(2n + k)$-mal durchlaufen; bei jedem Durchlauf werden höchstens sieben Operationen auf der SSS oder der ES ausgeführt. Daraus folgt die Behauptung.   □

In Wahrheit ist die Schranke $O(n + k)$ für den Speicherplatzbedarf der Ereignis-Struktur zu grob! Zwar können für eine einzelne Strecke $n - 1$ zukünftige Schnittereignisse bekannt sein, an denen sie beteiligt ist, aber diese Situation kann nicht für alle Strecken gleichzeitig eintreten. Pach und Sharir [9] konnten zeigen, dass der Umfang der Ereignis-Struktur, und damit der gesamte Speicherplatzbedarf des oben beschriebenen Sweep-Algorithmus, durch $O(n(\log n)^2)$ beschränkt ist. In der folgenden Übungsaufgabe 2.8 wird ein Beispiel aus der zitierten Arbeit behandelt, bei dem für jede aktive Strecke immerhin $\Omega(\log n)$ viele künftige Er-   zu viele künftige
eignisse bekannt sind, insgesamt also $\Omega(n \log n)$ viele.   Ereignisse

---

[9]Jeder Versuch, ein schon vorhandenes Objekt erneut einzufügen, wird von der Struktur abgewiesen.

Übungsaufgabe 2.8 Es sei L eine Menge von n Strecken, die sich von der Senkrechten S_0 nach rechts über die Senkrechte S_1 hinaus erstrecken; siehe die symbolische Darstellung in Abbildung 2.11.[10] Angenommen, zwischen S_0 und S_1 entdeckt der Sweep-Algorithmus k echte Schnittpunkte zwischen Strecken aus L, welche rechts von S_1 liegen. Wir konstruieren nun aus L eine zweite Menge L' in folgender Weise: Zuerst fixieren wir die Schnittpunkte der Strecken aus L mit S_1 und verschieben ihre Anfangspunkte auf S_0 alle um den Betrag C nach oben (Scherung). Dann werden die so gescherten Strecken durch eine Translation um den Betrag ε nach oben verschoben.

(i) Man zeige, dass bei passender Wahl von C und ε der Sweep-Algorithmus zwischen S_0 und S_1 mindestens $2k+n$ echte Schnittpunkte zwischen Segmenten der Menge $L \cup L'$ entdeckt, die rechts von S_1 liegen.

(ii) Man folgere, dass es Konfigurationen von n Strecken gibt, bei denen die Ereignis-Struktur während des *sweep* $\Omega(n \log n)$ viele künftige Ereignisse enthält.

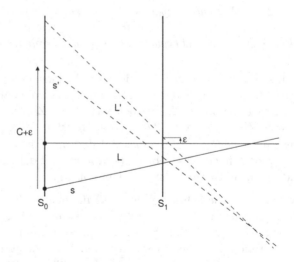

Abb. 2.11 Die Streckenmenge L' entsteht aus L durch Scherung um die Distanz C und Verschiebung um ε nach oben.

Es gibt aber eine ganz einfache Möglichkeit, den Speicherplatzbedarf der Ereignis-Struktur zu reduzieren: Man merkt sich nur die Schnittpunkte zwischen solchen Strecken, die gegenwärtig in der *SSS* benachbart sind; davon kann es zu jedem Zeitpunkt

Speicherersparnisregel

---

[10]Die Strecken sollen nach rechts genügend lang sein, so dass wir sie im Prinzip wie Halbgeraden behandeln können.

höchstens $n - 1$ viele geben. Lemma 2.7 stellt sicher, dass dabei kein Schnittereignis übersehen wird: Dicht vor dem Schnittpunkt müssen die beteiligten Strecken ja benachbart sein!

Übungsaufgabe 2.9 Was ist zu tun, um diesen Ansatz zu implementieren?

Damit haben wir folgende Verbesserung von Theorem 2.9:

Theorem 2.10 *Die k echten Schnittpunkte von n Strecken in der Ebene lassen sich in Zeit $O((n + k) \log n)$ bestimmen, unter Benutzung von $O(n)$ Speicherplatz.*

Speicherbedarf
$O(n)$

Im Hinblick auf Lemma 2.6 ist Theorem 2.9 etwas unbefriedigend, weil zwischen unterer und oberer Schranke für die Zeitkomplexität eine Lücke klafft. Die Frage nach der genauen Komplexität dieses Problems erwies sich als schwieriger und wurde erst später endgültig beantwortet. Chazelle und Edelsbrunner [5] gaben 1992 einen Algorithmus an, der die k Schnittpunkte von n Strecken in optimaler Zeit $O(n \log n + k)$ berichtet, allerdings mit Speicherplatzbedarf $O(n + k)$. Ein einfacher, randomisierter Algorithmus mit gleicher Laufzeit findet sich im Buch von Mulmuley [8]. Balaban [1] schlug 1995 ein Verfahren vor, bei dem die optimale Laufzeit bei einem Speicherverbrauch von $O(n)$ erreicht wird.

optimale Resultate

Der Bequemlichkeit halber hatten wir eine Reihe von Annahmen über die Lage unserer Strecken gemacht: Zum Beispiel sollten die X-Koordinaten der Endpunkte paarweise verschieden sein. Insbesondere waren damit senkrechte Strecken ausgeschlossen.

Praxistaugliche Algorithmen müssen ohne solche Einschränkungen auskommen. Im Prinzip gibt es zwei Möglichkeiten, um dieses Ziel zu erreichen: Man kann die Algorithmen so erweitern, dass sie auch mit „degenerierten" Inputs fertig werden, oder man kann den Input so vorbehandeln, dass die Degenerationserscheinungen verschwinden. Wir wollen jetzt exemplarisch mögliche Maßnahmen vorstellen, um die Einschränkungen beim Strecken-Schnittproblem zu beseitigen.

Beseitigung der
vereinfachenden
Annahmen

Dass alle Endpunkte unterschiedliche X-Koordinaten haben, lässt sich zum Beispiel durch *Wahl eines geeigneten Koordinatensystems* erreichen. Wenn wir beim Sortieren nach X-Koordinaten vor Beginn des *sweep* Punkte mit gleichen X-Koordinaten finden, so sortieren wir diese Gruppen von Punkten nach ihren Y-Koordinaten; das geht in demselben Sortiervorgang.[11] Als Ergebnis erhalten wir eine Folge vertikaler Punktgruppen, wie in

Endpunkte mit
gleichen
X-Koordinaten

---

[11]Wir können von vornherein lexikographisch sortieren.

Abbildung 2.12 gezeigt. Nun verbinden wir jeweils den obersten Punkt einer Gruppe mit dem untersten Punkt der rechten Nachbargruppe.

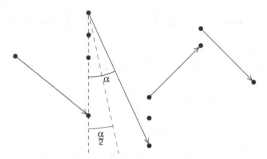

Abb. 2.12 Bestimmung eines neuen Koordinatensystems.

Für jede dieser Strecken bestimmen wir den Winkel mit der negativen Y-Achse. Sei α das Minimum dieser Winkel. Dann rotieren wir das alte XY-Koordinatenkreuz um den Winkel $\frac{\alpha}{2}$ entgegen dem Uhrzeigersinn und erhalten ein neues $X'Y'$-Koordinatensystem.

Übungsaufgabe 2.10

(i) Man beweise, dass nun alle Endpunkte paarweise verschiedene X'-Koordinaten haben.

(ii) Ist ein neuer Sortiervorgang nach X'-Koordinaten notwendig, bevor der *sweep* beginnen kann?

Schnittpunkte mit gleichen X-Koordinaten

Dieser Wechsel des Koordinatensystems verursacht nur $O(n)$ zusätzlichen Zeitaufwand. Es kann aber immer noch zu „gleichzeitigen" Ereignissen kommen, wenn Schnittpunkte entdeckt werden, deren X-Koordinaten untereinander gleich sind oder mit denen von Endpunkten übereinstimmen. Wir vereinbaren, dass beim Auftreten von Ereignissen mit gleichen X-Koordinaten in der Ereignis-Struktur erst die linken Endpunkte, dann die Schnittpunkte und danach die rechten Endpunkte an die Reihe kommen.

tiebreak in der Ereignis-Struktur

Innerhalb dieser Gruppen werden die Ereignisse nach aufsteigenden Y-Koordinaten sortiert. Fallen mehrere linke Endpunkte zusammen, zählt die Ordnung der anhängenden Strecken; dasselbe gilt für mehrfache rechte Endpunkte.

vielfache Schnittpunkte

Etwas schwieriger ist der Fall von mehrfachen Schnittpunkten. Wir hatten ja bisher vorausgesetzt, dass sich höchstens zwei Strecken in einem Punkt echt schneiden. Jetzt wollen wir den Sweep-Algorithmus so erweitern, dass er auch mit Fällen wie dem in Abbildung 2.13 gezeigten Punkt p zurechtkommt, bei dem sich m Strecken schneiden.

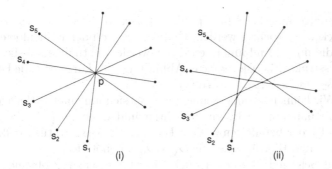

Abb. 2.13 Ein mehrfacher Schnittpunkt kann durch viele einfache „ersetzt" werden.

Wir könnten so tun, als befänden sich die Strecken in der in Abbildung 2.13 (ii) dargestellten Konfiguration (ohne aber an den Segmenten irgendwelche Änderungen vorzunehmen!). Das Sweep-Verfahren würde die einfachen Schnittpunkte in lexikographischer Reihenfolge $(s_1, s_2), (s_1, s_3), \ldots, (s_4, s_5)$ abarbeiten und dabei schrittweise die invertierte Anordnung der Segmente berechnen.

Die folgende Übungsaufgabe zeigt, dass sich solch eine „Entzerrung" immer ausführen lässt. Es wäre aber ineffizient, den mehrfachen Schnittpunkt p wie $\Theta(m^2)$ viele einfache Schnittpunkte zu behandeln, weil dabei entsprechend viele Zugriffe auf die *SSS* auszuführen wären.

Entzerrung

Übungsaufgabe 2.11 Man beweise, dass man jede Menge von m Strecken, die einen gemeinsamen echten Schnittpunkt besitzen, durch Translation ihrer Elemente in ein Arrangement[12] überführen kann, in dem folgende Eigenschaft erfüllt ist: Jede Strecke s_i schneidet die übrigen in der Reihenfolge

$$s_1, s_2, \ldots, s_{i-1}, s_{i+1}, \ldots, s_m.$$

Dabei ist $s_1, s_2, \ldots, s_m$ die Ordnung der Strecken links vom Schnittpunkt.

Stattdessen warten wir mit der Bearbeitung von Schnittereignissen, bis die *sweep line* den Punkt p erreicht. Bis dahin verfahren wir wie bisher und testen jede neu entdeckte Strecke auf Schnitt mit ihren beiden Nachbarinnen. Die dabei entstehenden Schnittereignisse ordnen wir in der Ereignis-Struktur lexikographisch an. Außerdem wenden wir die Ersparnisregel an,

---

[12]Unter einem *Arrangement* oder einer *Konfiguration* geometrischer Objekte verstehen wir einfach eine Anordnung der Objekte.

derzufolge nur die Schnittpunkte zwischen direkt benachbarten Strecken gespeichert werden. Unabhängig von der Reihenfolge, in der die linken Endpunkte entdeckt werden, enthält dann die Ereignisstruktur im Beispiel von Abbildung 2.13 kurz vor p die Folge $(s_1, s_2), (s_2, s_3), (s_3, s_4), (s_4, s_5)$.

mehrfache Schnitte en bloc *behandeln*

Wir können daran erkennen, dass es sich um einen mehrfachen Schnittpunkt handelt, ihn berichten und dann *en bloc* die Reihenfolge der beteiligten m Strecken in der Sweep-Status-Struktur invertieren. Hierfür wird nur $O(m)$ Zeit benötigt.

In Schorn [10] werden auch die numerischen Probleme diskutiert, die bei diesem Sweep-Algorithmus auftreten. Burnikel et al. [4] haben gezeigt, wie man sogar das zeitoptimale Verfahren so implementieren kann, dass alle möglichen degenerierten Situationen korrekt behandelt werden.

Im folgenden werden wir einige Anwendungen und Varianten des Sweep-Verfahrens besprechen.

Wer sagt eigentlich, dass wir für den *sweep* unbedingt eine Gerade verwenden müssen? Könnte man nicht ebenso gut einen Kreis von einem Punkt aus expandieren lassen und damit die Ebene ausfegen?

sweep circle?

Angenommen, wir wollten mit diesem Ansatz alle Schnittpunkte berichten. Wir wählen einen Punkt z als Zentrum, der auf keiner Strecke liegt, und lassen von dort aus einen Kreis expandieren. Zuvor werden alle Endpunkte nach ihrem Abstand zu z sortiert. Alle Strecken, die vom Kreis geschnitten werden, sind aktiv. Wir merken uns ihre Reihenfolge entlang der Kreislinie. Alle Strecken, die ganz im Innern des Kreises liegen, sind tot, die draußen liegenden sind schlafend; siehe Abbildung 2.14.

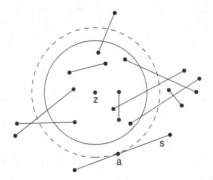

Abb. 2.14 Was passiert, wenn der *sweep circle* das Segment s erreicht?

Auf den ersten Blick könnte man meinen, dieses Verfahren funktioniere genauso gut wie der *sweep* mit einer Geraden. Es tritt hier aber ein neues Phänomen auf: Eine Strecke kann aktiv

werden, bevor der Kreis einen ihrer Endpunkte erreicht hat! Das
wird z. B. für die Strecke s in Abbildung 2.14 eintreten. Die beiden Segmente von s links und rechts vom Auftreffpunkt a sind
wie zwei neue Strecken zu behandeln, die in a ihren gemeinsamen Anfangspunkt haben. Daher genügt es nicht, anfangs nur die
Endpunkte der Strecken, nach ihrem Abstand zu z sortiert, in
die Ereigniswarteschlange einzufügen; man muss außerdem für jede Strecke den ersten Auftreffpunkt des *sweep circle* bestimmen.
Wenn es kein Endpunkt ist, gibt auch er zu einem Ereignis Anlass.

2.3.3   Die untere Kontur — das Minimum von Funktionen

Gegeben seien n reellwertige Funktionen f_i, die auf einem gemeinsamen Intervall I definiert sind. Zu bestimmen ist ihr *Minimum*   Minimum

$$f(x) := \min_{1 \leq i \leq n} f_i(x).$$

Offenbar besteht der Graph des Minimums aus denjenigen Teilen der Funktionsgraphen, die für eine bei $y = -\infty$ stehenden
Beobachterin sichtbar wären; siehe Abbildung 2.15. Man nennt
ihn deshalb auch die *untere Kontur K_u* des Arrangements der   untere Kontur
Graphen. Im Englischen ist die Bezeichnung *lower envelope* ge-
bräuchlich.

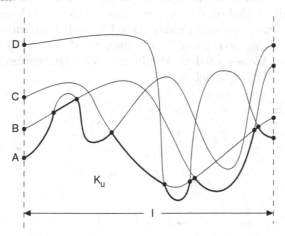

Abb. 2.15 Die untere Kontur K_u eines Arrangements von vier Funktionsgraphen über dem Intervall I.

Ein Spezialfall liegt vor, wenn alle Funktionen f_i linear sind.
Ihre Graphen sind dann Strecken; siehe Abbildung 2.16. Offenbar
können wir zur Berechnung von K_u unseren Sweep-Algorithmus

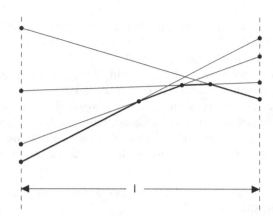

Abb. 2.16 Die untere Kontur K_u eines Arrangements von Strecken, die ein gemeinsames Intervall I überdecken.

aus Abschnitt 2.3.2 anwenden. Er kann die untere Kontur leicht aufbauen, indem er diejenigen Stücke der Strecken verkettet, die bezüglich der Ordnung längs der *sweep line* gerade ganz unten sind.

monotoner Weg

Können wir die Sweep-Technik auch auf Graphen nichtlinearer Funktionen $f_i(x)$ anwenden? Als Wege betrachtet, haben Funktionsgraphen eine nützliche Eigenschaft: Sie sind *monoton* in Bezug auf die X-Achse, d. h. jede senkrechte Gerade schneidet den Weg in höchstens einem Punkt. Diese Eigenschaft erlaubt es, vom *ersten gemeinsamen Schnittpunkt* zweier auf der *sweep line* benachbarter Wege zu reden. Abbildung 2.17 zeigt, warum dies bei beliebigen Wegen heikel ist.

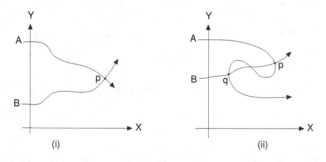

Abb. 2.17 (i) Für X-monotone Wege ist der erste gemeinsame Schnittpunkt wohldefiniert, falls es ihn gibt. (ii) Bei beliebigen Wegen ist das nicht so: p ist der erste gemeinsame Schnittpunkt von A und B auf A, aber q ist der erste gemeinsame Schnittpunkt auf B.

Wir setzen voraus, dass Funktionsauswertung und Schnitt-
punktbestimmung in Zeit $O(1)$ ausführbar sind, wie bei Strecken.
Auch zur Speicherung der Beschreibung einer Funktion f_i soll
$O(1)$ Speicherplatz genügen.

Dann können wir zunächst folgende Verallgemeinerung von
Theorem 2.10 formulieren:

Theorem 2.11 *Mit dem Sweep-Verfahren kann man die k echten Schnittpunkte von n verschiedenen X-monotonen Wegen in
Zeit $O((n + k) \log n)$ und Speicherplatz $O(n)$ bestimmen.*

Nebenbei lässt sich die untere Kontur der n Wege bestimmen.
Aber ist dieses Vorgehen effizient? Schließlich hängt seine Laufzeit
von der Gesamtzahl k *aller* Schnittpunkte ab — auch der von
unten nicht sichtbaren! —, während uns eigentlich nur die untere
Kontur interessiert.

Angenommen, je zwei Wege schneiden sich in höchstens s
Punkten. Diese Annahme ist zum Beispiel erfüllt, wenn es sich
um Graphen von Polynomen vom Grad $\leq s$ handelt. Dann ergibt
sich

$$k \leq s\frac{n(n - 1)}{2}.$$

Der Standard-Sweep-Algorithmus hat daher eine Laufzeit in
$O(sn^2 \log n)$. Im Beispiel von Abbildung 2.15 wird für $s = 3$ und
$n = 4$ die Maximalzahl $k = 18$ erreicht, aber nur 8 Schnittpunkte sind von unten sichtbar. Zur Berechnung der unteren
Kontur würden wir uns deshalb ein Output-sensitives Verfahren
wünschen.

Der folgende, sehr einfache Algorithmus kommt diesem Ziel
recht nahe, wie wir sehen werden. Er stellt eine Mischung aus
divide-and-conquer und *sweep* dar. Im *divide*-Schritt wird die Menge der Wege in zwei gleich große Teilmengen zerlegt, ohne dabei
auf geometrische Gegebenheiten Rücksicht zu nehmen. Dann werden rekursiv die unteren Konturen K_u^1 und K_u^2 der beiden Teilmengen berechnet. Im *conquer*-Schritt müssen sie nun zur unteren Kontur der Gesamtmenge zusammengesetzt werden. Abbildung 2.18 zeigt, welche Situation sich im Beispiel von Abbildung 2.15 ergibt, nachdem wir die untere Kontur K_u^1 der Wege
A, D und die untere Kontur K_u^2 der Wege B, C berechnet haben.

untere Kontur
effizienter
berechnen

Zum Zusammensetzen der beiden unteren Konturen führen wir
einen *sweep* von links nach rechts durch. Dabei treten als Ereignisse auf:

(1) alle Ecken[13] von K_u^1 und K_u^2;

(2) alle Schnittpunkte von K_u^1 mit K_u^2.

Unsere Ereignisstruktur enthält zu jeder Zeit höchstens drei Einträge: die rechten Ecken der aktuellen Kanten von K_u^1 und K_u^2 und den ersten gemeinsamen Schnittpunkt der beiden aktuellen Kanten, falls ein solcher existiert.

Die Sweep-Status-Struktur ist noch einfacher: Sie enthält die beiden aktuellen Kanten in der jeweiligen Reihenfolge.

Mit diesem einfachen *sweep* kann man die gemeinsame Kontur in Zeit proportional zur Anzahl der Ereignisse berechnen; der logarithmische Faktor entfällt hier, weil wir vorher nicht mehr zu sortieren brauchen und die Strukturen *ES* und *SSS* nur konstante Größe haben.

untere Kontur hat $\lambda_s(n)$ Kanten

Um die Anzahl der Ereignisse abschätzen zu können, definieren wir als $\lambda_s(n)$ die maximale Kantenzahl der unteren Kontur eines Arrangements von n verschiedenen X-monotonen Wegen über einem gemeinsamen Intervall, von denen je zwei höchstens s Schnittpunkte haben. Klar ist, dass $\lambda_s(n)$ endlich ist und mit n monoton wächst.

Dann ist offenbar die Anzahl der Ereignisse vom Typ 1 beim Zusammensetzen der beiden unteren Konturen beschränkt durch

$$2\lambda_s\left(\left\lceil\frac{n}{2}\right\rceil\right) \leq 2\lambda_s(n),$$

denn K_u^1, K_u^2 sind ja untere Konturen von $\lceil n/2 \rceil$ vielen Wegen.

Jedes Ereignis vom Typ 2 gibt Anlass zu einer Ecke der gemeinsamen Kontur K_u. Davon gibt es höchstens $\lambda_s(n)$ viele.

conquer in Zeit $C\lambda_s(n)$

Die Zeitkomplexität $T(n)$ unseres *divide-and-conquer*-Verfahrens genügt also der Rekursion

$$\begin{aligned} T(1) &= C \\ T(n) &\leq 2T(\frac{n}{2}) + C\lambda_s(n) \end{aligned}$$

für eine geeignete Konstante C. Um die Analyse zu Ende zu bringen, brauchen wir folgendes Lemma; den Beweis stellen wir hinter den Beweis von Theorem 2.14 zurück.

Lemma 2.12 *Für alle $s, n \geq 1$ ist $2\lambda_s(n) \leq \lambda_s(2n)$.*

Damit können wir der Rekursion genauso zu Leibe rücken, wie wir das von anderen Algorithmen kennen: Wir stellen uns

---

[13]Mit „Ecken" meinen wir die Punkte, an denen zwei Stücke von verschiedenen Wegen zusammenstoßen. Die Wegstücke werden entsprechend auch „Kanten" genannt, in Analogie zu polygonalen Ketten.

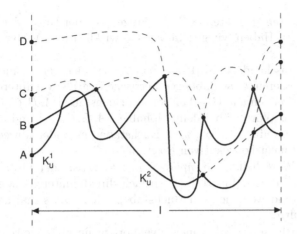

Abb. 2.18 Die unteren Konturen der Wege A, D und B, C aus Abbildung 2.15.

den Baum der Rekursionsaufrufe für eine Zweierpotenz n vor und beschriften jeden Knoten mit den Kosten des *divide-* und des *conquer*-Schritts, die an der Stelle entstehen. Die Wurzel trägt Kosten in Höhe von $C\lambda_s(n)$ für das Zusammensetzen von zwei Konturen, die aus je $n/2$ vielen Wegen bestehen. In jedem ihrer beiden Nachfolgerknoten entstehen Kosten von $C\lambda_s(n/2)$. Wegen Lemma 2.12 ergibt das Gesamtkosten in Höhe von

Rekursionsbaum

$$2C\lambda_s(\frac{n}{2}) \leq C\lambda_s(n)$$

auf der Ebene der Knoten mit Abstand 1 zur Wurzel. Per Induktion sieht man leicht, dass dieselben Kosten auf *jeder* Ebene im Baum entstehen, und weil es $\log_2(n)$ viele Ebenen gibt, erhalten wir folgendes Resultat:

Theorem 2.13 *Die untere Kontur von n verschiedenen X-monotonen Wegen über einem gemeinsamen Intervall, von denen sich je zwei in höchstens s Punkten schneiden, lässt sich in Zeit $O(\lambda_s(n) \log n)$ berechnen.*

Unser neuer Algorithmus ist also schon viel Output-sensitiver als die Berechnung aller Schnittpunkte: Von den $\Omega(sn^2)$ vielen möglichen Schnittpunkten gehen nur so viele in die Zeitkomplexität ein, wie schlimmstenfalls als Ecken in der unteren Kontur auftreten könnten.[14]

---

[14]Ideale Output-Sensitivität würde bedeuten: Es gehen nur so viele Schnittpunkte in die Laufzeit ein, wie im konkreten Eingabearrangement tatsächlich auf der unteren Kontur vorhanden sind.

wie groß ist $\lambda_s(n)$?

Spätestens hier stellt sich die Frage nach der Natur der Funktion $\lambda_s(n)$. Haben wir gegenüber sn^2 wirklich eine Verbesserung erzielt?

Überraschenderweise kann man $\lambda_s(n)$ auch rein kombinatorisch definieren, ohne dabei geometrische Begriffe wie untere Konturen zu verwenden. Gegeben seien n Buchstaben $A, B, C, \ldots$ Wir betrachten Wörter über dem Alphabet $\{A, B, C, \ldots\}$ und interessieren uns dafür, wie oft zwei Buchstaben einander abwechseln, auch auf nicht konsekutiven Positionen.

Davenport-Schinzel-Sequenz

Ein Wort heißt *Davenport-Schinzel-Sequenz* der Ordnung s, wenn darin kein Buchstabe mehrfach direkt hintereinander vorkommt, und wenn je zwei Buchstaben höchstens s mal abwechselnd auftreten.

Danach ist $ABBA$ keine Davenport-Schinzel-Sequenz (wegen BB), $ABRAKADABRA$ hat *nicht* die Ordnung 3 (wegen des *vier*fachen Wechsels in $AB.A\ldots.B.A$), wohl aber die Ordnung 4 und damit automatisch jede höhere Ordnung.

Man kann sich vorstellen, dass solche Worte nicht beliebig lang sein können. Diese Vorstellung wird durch folgenden Satz erhärtet.

Theorem 2.14   *Die maximale Länge einer Davenport-Schinzel-Sequenz der Ordnung s über n Buchstaben beträgt $\lambda_s(n)$.*

Beweis. Wir zeigen zuerst, dass es zu jeder unteren Kontur eine gleich lange Davenport-Schinzel-Sequenz gibt. Sei also K_u untere Kontur eines Arrangements von n Wegen $A, B, C, \ldots$, die X-monoton und über einem gemeinsamen Intervall definiert sind und von denen sich je zwei höchstens s mal schneiden. Wir beschriften jede „Kante" von K_u mit dem Index des Weges, aus dem sie stammt. In Abbildung 2.15 ergibt sich dabei das Wort $ABACDCBCD$. Weil direkt aufeinander folgende Kanten der Kontur aus verschiedenen Wegen kommen, tritt nie derselbe Index zweimal hintereinander auf. Außerdem können zwei Indizes A, B einander nicht mehr als s-mal abwechseln! Denn bei jedem Wechsel $A\ldots B$ muß der Weg B durch den Weg A nach unten stoßen, um Teil der unteren Kontur werden zu können. Es sind aber nur s Schnittpunkte erlaubt.

Umgekehrt sei eine Davenport-Schinzel-Sequenz über n Buchstaben gegeben, die die Ordnung s hat. Wir konstruieren ein Arrangement von Wegen, das diese Sequenz als Indexfolge seiner unteren Kontur hat. Sei A der erste Buchstabe der Sequenz, B der erste von A verschiedene, und so fort. Das Konstruktionsverfahren ist sehr einfach: Am linken Intervallende beginnen die Wege in der Reihenfolge $A, B, C, \ldots$ von unten nach oben; siehe Abbildung 2.19. Im Prinzip laufen alle Wege in konstanter Höhe nach

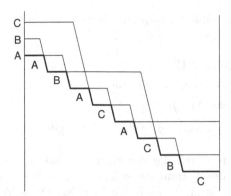

Abb. 2.19 Konstruktion eines Arrangements von Wegen mit vorgegebener unterer Kontur.

rechts. Nur wenn der Index eines Weges in der Sequenz gerade an der Reihe ist, darf dieser Weg durch die anderen hindurch ganz nach unten stoßen und dort weiter nach rechts laufen.

Abbildung 2.19 zeigt, welches Arrangement sich nach diesem Konstruktionsverfahren für die Sequenz $ABACACBC$ ergibt.

Dass die entstehenden Wege X-monoton sind und die vorgegebene Sequenz gerade die Indexfolge längs ihrer unteren Kontur ist, folgt direkt aus der Konstruktion. Wie sieht es mit der Anzahl der Schnittpunkte aus? Betrachten wir zwei beliebige Indizes B und C. Weil B zuerst in der Sequenz vorkommt, verläuft am Anfang der Weg B unterhalb des Weges C. Der erste gemeinsame Schnittpunkt ergibt sich erst, wenn C nach unten stößt, um Teil der unteren Kontur zu werden. Der nächste Schnittpunkt ergibt sich, wenn wieder B nach unten stößt, und so fort. Dies ist jedes Mal durch einen Wechsel der Indizes $\dots B \dots C \dots B \dots$ in der Sequenz verursacht. Weil es höchstens s Wechsel zwischen B und C gibt, können die beiden Wege sich höchstens s-mal schneiden. □

Die kombinatorische Aussage von Theorem 2.14 macht es leichter, Eigenschaften von $\lambda_s(n)$ herzuleiten. Zum Beispiel ist jetzt offensichtlich, warum Lemma 2.12 gilt: Wenn wir mit n Buchstaben eine Davenport-Schinzel-Sequenz der Ordnung s und der Länge l bilden können, dann lässt sich mit $2n$ Buchstaben leicht eine doppelt so lange Sequenz der Ordnung s konstruieren: Wir schreiben die Sequenz zweimal hintereinander, verwenden aber beim zweiten Mal neue Buchstaben.

Beweis von
Lemma 2.12

Auch einige andere Eigenschaften von $\lambda_s(n)$ sind nun leicht zu zeigen.

Übungsaufgabe 2.12

(i) Man zeige, dass $\lambda_1(n) = n$ gilt.

(ii) Man beweise $\lambda_2(n) = 2n - 1$.

(iii) Man zeige, dass $\lambda_s(n) \leq \frac{s(n-1)n}{2} + 1$ gilt.

$\lambda_s(n)$ ist fast linear in n

Man könnte durch die Aussagen (i) und (ii) in Übungsaufgabe 2.12 zu der Vermutung gelangen, dass für jede feste Ordnung s die Funktion $\lambda_s(n)$ linear in n ist. Diese Vermutung ist zwar falsch, kommt der Wahrheit aber ziemlich nahe: Man kann zeigen, dass für festes s

$$\lambda_s(n) \in O(n \log^* n)$$

gilt. Dabei bezeichnet $\log^* n$ die kleinste Zahl m, für die die m-fache Iteration des Logarithmus

$$\underbrace{\log_2 \big(\log_2(\ldots (\log_2(n)) \ldots) \big)}_{m\text{-mal}}$$

einen Wert ≤ 1 ergibt, oder äquivalent, für die der Turm von m Zweierpotenzen

$$\left.2^{2^{\cdot^{\cdot^{\cdot^2}}}}\right\} m\text{-mal}$$

größer gleich n wird. Die Funktion $\log^* n$ kann für „praktische" Werte von n als Konstante angesehen werden. So ist zum Beispiel $\log^* n \leq 5$ für alle $n \leq 10^{20000}$. Die Aussage von Übungsaufgabe 2.12 (iii) ist also *viel* zu grob!

Wer sich für dieses Gebiet interessiert, sei auf das Buch von Sharir und Agarwal [11] verwiesen, in dem es ausschließlich um Davenport-Schinzel-Sequenzen und um ihre Bedeutung in der Algorithmischen Geometrie geht.

Schauen wir uns noch einmal ein Arrangement von Strecken über einem Intervall an, wie es in Abbildung 2.16 dargestellt ist. Weil zwei verschiedene Geraden sich höchstens einmal schneiden, ist $s = 1$; nach Übungsaufgabe 2.12 (i) und Theorem 2.13 folgt:

Korollar 2.15 *Die untere Kontur von n Strecken über einem gemeinsamen Intervall lässt sich in Zeit $O(n \log n)$ und linearem Speicherplatz berechnen.*

untere Kontur beliebiger Strecken

Man könnte glauben, dass Davenport-Schinzel-Sequenzen höherer Ordnung bei Strecken nicht auftreten. Das stimmt aber nicht. Sobald die Endpunkte nicht mehr dieselben X-Koordinaten haben, kann die untere Kontur komplizierter werden; siehe Abbildung 2.20. Wir nehmen im folgenden an, dass keine der Strecken senkrecht ist.

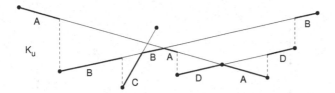

Abb. 2.20 Die untere Kontur K_u eines Arrangements von beliebigen Strecken.

Korollar 2.16 *Die untere Kontur von n Strecken in beliebiger Lage enthält $O(\lambda_3(n))$ viele Kanten. Man kann sie in Zeit $O(\lambda_3(n) \log n)$ berechnen.*

Beweis. Wir können uns auf den Fall von X-monotonen Wegen über einem gemeinsamen Intervall zurückziehen. Dazu fügen wir am linken Endpunkt einer jeden Strecke eine (lange) Strecke negativer Steigung an. Diese neuen Strecken sind parallel und haben ihre linken Endpunkte auf einer gemeinsamen Senkrechten. Entsprechend werden die vorhandenen Strecken nach rechts durch parallele Segmente positiver Steigung verlängert; siehe Abbildung 2.21. Bei passender Wahl der Steigungen hat das neue Arrangement in der unteren Kontur dieselbe Indexfolge wie das alte.[15] Wegen der Parallelität der äußeren Strecken können sich zwei Wege höchstens dreimal schneiden, wie zum Beispiel A und B in Abbildung 2.21. Die untere Kontur hat deshalb die Komplexität $O(\lambda_3(n))$. Aus Theorem 2.13 folgt die Abschätzung für die Rechenzeit. □

In [11] wird gezeigt, dass es Arrangements von n Strecken gibt, deren untere Kontur tatsächlich die Komplexität $\Omega(\lambda_3(n))$ besitzt. Außerdem kennt man das Wachstum der Funktion λ_3 recht gut; es ist nämlich

$$\lambda_3(n) \in \Theta(n\alpha(n)),$$

wobei $\alpha(n)$ die „Inverse" der *Ackermann-Funktion A* bedeutet, jener extrem schnell wachsenden Funktion, mit deren Hilfe in der

Ackermann-Funktion

---

[15] Passende Steigungen findet man, indem man mit senkrechten Fortsetzungen startet und die neuen Segmente nur so weit nach außen herunterklappt, dass sie dabei keinen End- oder Schnittpunkt der gegebenen Strecken überqueren.

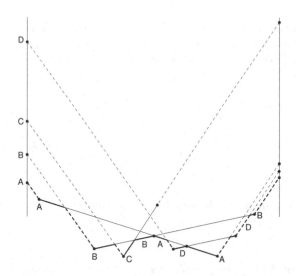

Abb. 2.21 Reduktion auf den Fall X-monotoner Wege über demselben Intervall.

Rekursionstheorie gezeigt wird, dass die primitiv rekursiven Funktionen eine echte Teilmenge der μ-rekursiven Funktionen bilden. Man definiert zuerst rekursiv die Funktion A durch

$$
\begin{aligned}
A(1,n) &= 2n & &\text{für } n \geq 1 \\
A(k,1) &= A(k-1,1) & &\text{für } k \geq 2 \\
A(k,n) &= A(k-1,A(k,n-1)) & &\text{für } k \geq 2, n \geq 2.
\end{aligned}
$$

Dann ist

$$
\begin{aligned}
A(2,n) &= 2^n \\
A(3,n) &= \left. 2^{2^{\cdot^{\cdot^{2}}}} \right\} n\text{-mal}
\end{aligned}
$$

Durch Diagonalisierung erhält man die Ackermann-Funktion

$$
a(n) = A(n,n),
$$

und $\alpha(m)$ wird nun definiert durch

$$
\alpha(m) = \min\{n; a(n) \geq m\}.
$$

Entsprechend langsam wächst $\alpha(n)$, so dass $\lambda_3(n)$ fast linear ist. Da ist es eher von theoretischem Interesse, dass man die untere Kontur von n Strecken in beliebiger Lage auch in Zeit $O(n \log n)$ berechnen kann, wobei gegenüber Korollar 2.16 der Faktor $\alpha(n)$ eingespart wird [11]. Trotzdem ist es schon bemerkenswert, dass die von unten sichtbare Kontur von n Strecken eine überlineare strukturelle Komplexität haben kann und dass die Funktion $\alpha(n)$ an dieser Stelle „in der Natur vorkommt".

Übungsaufgabe 2.13 Bisher haben wir stets angenommen, dass die Beobachterin sich das Arrangement der Strecken von $y = -\infty$ aus anschaut. Können wir unsere Algorithmen zur Berechnung der sichtbaren Kontur an die Situation anpassen, wo sie mitten in der Ebene steht?

2.3.4 Der Durchschnitt von zwei Polygonen

Zu den Grundaufgaben der algorithmischen Geometrie gehört es, Durchschnitt und Vereinigung von geometrischen Objekten zu berechnen.

Abbildung 2.22 zeigt den Durchschnitt von zwei Polygonen P und Q. Er ist nicht zusammenhängend, sondern besteht aus mehreren Polygonen D_i. Wir werden uns in diesem Abschnitt zunächst ein Verfahren überlegen, mit dem man testen kann, ob der Durchschnitt des Inneren von zwei Polygonen nicht leer ist. Dann geben wir einen Algorithmus zur Berechnung des Durchschnitts an.

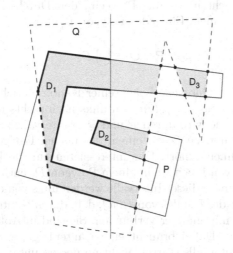

Abb. 2.22 Der Durchschnitt von zwei einfachen Polygonen.

Der Einfachheit halber setzen wir wieder voraus, dass es keine senkrechten Kanten gibt und dass keine Ecke des einen Polygons auf dem Rand des anderen liegt.[16]   Annahmen

Offenbar haben P und Q genau dann einen nichtleeren Durchschnitt, wenn es eine Kante von P und eine Kante von Q gibt, die sich echt schneiden, oder wenn ein Polygon das andere ganz enthält.   Durchschnitt leer?

---

[16]Man kann den im folgenden beschriebenen Algorithmus aber so erweitern, dass er ohne diese Annahmen auskommt und selbst im Fall $P = Q$ funktioniert.

Die erste Bedingung kann man mit dem einfachen Sweep-Verfahren aus Abschnitt 2.3.2 testen: Wir prüfen, ob es in der Menge aller Kanten von P und Q einen echten Schnittpunkt gibt.[17] Wenn dieser Test negativ ausgeht, bleibt noch festzustellen, ob P in Q enthalten ist (oder umgekehrt). Dazu genügt es, für einen *beliebigen* Eckpunkt p von P zu testen, ob er in Q liegt.

p in Q?   Falls ja, liegt ein Schnitt vor. Wir verwenden folgende Methode: Man zieht eine Halbgerade von p und testet jede Kante von Q auf Schnitt.[18] Dabei bestimmt man die Gesamtzahl der geschnittenen Kanten. Ist sie ungerade, so liegt p in Q, andernfalls außerhalb. Der Gesamtaufwand ist linear in der Anzahl der Kanten von Q.

Als Folgerung aus dieser Beobachtung und Theorem 2.8 erhalten wir:

Korollar 2.17   *Seien P und Q zwei Polygone mit insgesamt n Eckpunkten. Dann lässt sich in Zeit $O(n \log n)$ und linearem Speicherplatz feststellen, ob P und Q sich schneiden.*

Berechnung des   Jetzt betrachten wir das Problem, den Durchschnitt von P
Durchschnitts   und Q zu berechnen. Für jedes Polygon D_i in

$$P \cap Q = \bigcup_{i=1}^{r} D_i$$

soll dabei die geschlossene Folge seiner Kanten berichtet werden.

Wir lassen eine *sweep line* von links nach rechts über die Polygone laufen. Sie wird durch P und Q in Intervalle zerlegt, deren

Intervalle auf der   Inneres zu P und zu Q, zu einem der beiden Polygone oder zu
sweep line   keinem von ihnen gehört. Uns interessieren nur die Intervalle in $P \cap Q$. Jedes von ihnen ist in einem Polygon D_i enthalten.

Die Endpunkte dieser Intervalle werden links von der *sweep line* durch Teile des Randes von $P \cap Q$, d. h. durch Kantenfolgen der Polygone D_i, miteinander verbunden. Sie sind in Abbildung 2.22 hervorgehoben. Dabei braucht eine Kantenfolge, die im oberen Punkt eines Intervalls startet, nicht an dessen unterem Punkt zu enden. Das ist zwar für den Durchschnitt der *sweep line* mit D_2 so, nicht aber für die beiden Intervalle von D_1.[19]

Inhalt der *SSS*   Wir verwalten in der Sweep-Status-Struktur

- das Verzeichnis der Kanten von P und Q, die gerade von der *sweep line* geschnitten werden,

---

[17]Die Ecken der Polygone gelten nicht als echte Schnittpunkte der beiden angrenzenden Kanten.

[18]Sollte eine Ecke geschnitten werden, verändert man die Richtung der Halbgeraden ein wenig.

[19]Allgemein gilt: Wenn man den oberen bzw. den unteren Punkt jeder solchen Kantenfolge auf der *sweep line* mit einer öffnenden bzw. schließenden Klammer markiert, entsteht ein korrekter Klammerausdruck.

- für jedes Intervall der *sweep line* die Information, ob es zu $P \cap Q$, $P \cap Q^C$, $P^C \cap Q$ oder $P^C \cap Q^C$ gehört,[20]

- die Kantenfolgen der D_i links von der *sweep line*, die die Endpunkte der Intervalle in $P \cap Q$ miteinander verbinden.

Die Kantenfolgen werden als verkettete Listen implementiert, und für jeden Endpunkt v eines Intervalls in $P \cap Q$ wird ein Verweis auf das Endstück der zugehörigen Kantenfolge verwaltet, auf dem v liegt.

Ereignisse finden statt, wenn die *sweep line* auf Eckpunkte von P oder Q stößt oder wenn sie Schnittpunkte zwischen Kanten aus P und Q erreicht. Die Verwaltung der Ereignisse in der *ES* erfolgt wie bei der Bestimmung der Durchschnitte von Strecken in Abschnitt 2.3.2.   **Ereignisse**

Die Verwaltung der *SSS* macht ein wenig mehr Mühe; schließlich müssen wir auch die Intervallinformationen und die Kantenfolgen aktualisieren. Es gibt mehrere Fälle. Bei Erreichen eines Eckpunkts v — sagen wir: von P — kommt es auf die Lage seiner beiden Kanten an: Zeigt eine nach links und die andere nach rechts, so ändert sich nichts an den Intervallen auf der *sweep line*, und alle aktiven Kantenfolgen werden verlängert. Wenn beide Kanten nach links zeigen, verschwindet ein Intervall; liegt v im Innern von Q, sind dort außerdem zwei Enden von Kantenfolgen miteinander zu verbinden. Wenn dagegen beide Kanten von v nach rechts weisen, entsteht ein neues Intervall und, falls v in Q liegt, auch eine neue Kantenfolge. Abbildung 2.23 zeigt drei typische Beispiele.   **Eckpunkt**

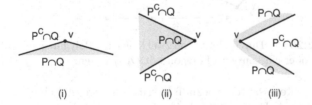

Abb. 2.23 Im Eckpunkt v kann eine aktive Kantenfolge von $P \cap Q$ verlängert werden (i), zwei Enden solcher Folgen können zusammenkommen (ii), oder eine neue Kantenfolge kann entstehen (iii).

Kreuzen sich in v zwei Kanten von P und Q, ändert sich nicht die Anzahl der Intervalle längs der *sweep line*, wohl aber ihre Zugehörigkeit zu den beiden Polygonen. Es kann sein, dass in v eine   **Schnittpunkt**

---

[20]Dabei bezeichnet A^C das Komplement von A.

aktive Kantenfolge verlängert wird, dass zwei Enden von Kantenfolgen zusammenwachsen oder dass eine neue Kantenfolge entsteht; siehe Abbildung 2.24.

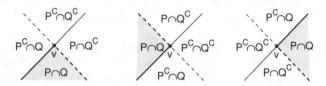

Abb. 2.24 Die möglichen Veränderungen bei der Bearbeitung eines Schnittpunkts.

Am Ende ist für jedes Polygon D_i seine geschlossene Kantenfolge bekannt. Sie kann in einem weiteren Durchlauf ausgegeben werden. Insgesamt ist dieses Verfahren nicht zeitaufwendiger als die Schnittbestimmung bei Strecken. Aus Theorem 2.10 folgt:

Theorem 2.18 *Der Durchschnitt von zwei einfachen Polygonen mit insgesamt n Kanten und k Kantenschnittpunkten kann in Zeit $O((n + k)\log n)$ und Speicherplatz $O(n)$ berechnet werden.*

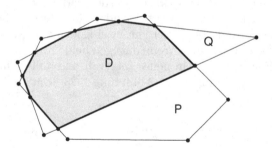

Abb. 2.25 Der Durchschnitt von zwei konvexen Polygonen mit n Ecken ist leer oder ein konvexes Polygon mit $O(n)$ Ecken.

einfacher: Durchschnitt konvexer Polygone

Ein interessanter Spezialfall tritt auf, wenn beide Polygone *konvex* sind. Dann ist auch ihr Durchschnitt konvex, kann also insbesondere nur aus einem einzelnen Polygon bestehen. Wenn P und Q maximal n Ecken haben, weist auch ihr Durchschnitt nur $O(n)$ viele Ecken auf, denn jede Kante von P kann den Rand von Q in höchstens zwei Punkten schneiden.

Übungsaufgabe 2.14 Gegeben seien zwei konvexe Polygone mit m bzw. n Ecken. Angenommen, ihr Durchschnitt ist nicht leer. Wie viele Ecken kann $P \cap Q$ höchstens haben? Man bestimme die genaue obere Schranke.

Wenn wir bei einem konvexen Polygon die obere Hälfte des Randes betrachten, also das Stück, das im Uhrzeigersinn von seiner am weitesten links gelegenen Ecke zur am weitesten rechts gelegenen Ecke läuft, so ist diese polygonale Kette X-monoton. Dasselbe gilt für die untere Hälfte des Randes.

Wir hatten schon im Abschnitt 2.3.3 bei der Diskussion des *sweep* im *divide-and-conquer*-Verfahren zur Berechnung der unteren Kontur gesehen, dass sich die Schnittpunkte zweier solcher monotonen Ketten mit einem Zeitaufwand berechnen lassen, der *linear* ist in der Gesamtzahl der Ecken und Schnittpunkte der beiden Ketten.

Schnitt monotoner Ketten

Wenn wir nun die Schnittpunkte der oberen und unteren Randhälften von P und Q kennen, können wir daraus leicht in linearer Zeit den Rand von $P \cap Q$ rekonstruieren. Es folgt:

Theorem 2.19 *Der Durchschnitt von zwei konvexen Polygonen mit insgesamt n Ecken läßt sich in Zeit und Speicherplatz $O(n)$ berechnen, und das ist optimal.*

Finke und Hinrichs [6] haben gezeigt, wie man den Durchschnitt von zwei beliebigen Polygonen in Zeit $O(n + k)$ berechnen kann.

2.4 Sweep im Raum

In den vorangegangenen Abschnitten haben wir an zahlreichen Beispielen gesehen, wie effizient und konzeptuell einfach das Sweep-Verfahren auf der Geraden und in der Ebene funktioniert. Auch in späteren Kapiteln wird uns der *sweep* in der Ebene wieder begegnen.

Die Frage liegt nahe, ob sich diese nützliche Technik auf höhere Dimensionen verallgemeinern lässt. Wir sind zunächst bescheiden und betrachten erst einmal den dreidimensionalen Raum, den wir uns einigermaßen gut vorstellen können.

Um den $\mathbb{R}^3$ zügig auszufegen, müssen wir schon eine Ebene nehmen, die *sweep plane*. Wir stellen uns vor, dass sie parallel zu den YZ-Koordinatenachsen ist und sich von links nach rechts, d. h. in Richtung steigender X-Koordinaten, durch den Raum bewegt.

sweep im $\mathbb{R}^3$

2.4.1 Das dichteste Punktepaar im Raum

Betrachten wir ein vertrautes Problem: die Bestimmung eines dichtesten Paars von n Punkten. Wie früher werden wir uns mit der Bestimmung des *kleinsten Abstands* zwischen den Punkten begnügen.

kleinster Abstand zwischen n Punkten im Raum

Eigentlich geht alles genauso wie in Abschnitt 2.3.1: Wir merken uns in *MinSoFar* den kleinsten Abstand aller Punkte links von der *sweep plane*. Die Sweep-Status-Struktur enthält alle Punkte in einem Streifen der Breite *MinSoFar* links von der *sweep plane*. Ein Ereignis findet immer dann statt, wenn ein neuer Punkt den Streifen betritt oder ein alter ihn verlässt; siehe Abbildung 2.26. Unseren alten Algorithmus können wir wörtlich wiederverwenden! Nur die Funktion

$$MinDist(SSS, r, MinSoFar)$$

muss neu implementiert werden.

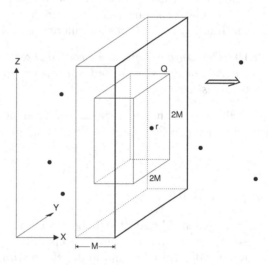

Abb. 2.26 Nur Punkte im Quader Q können zum neuen Punkt r einen Abstand $< M = MinSoFar$ haben.

Erinnern wir uns: Ein solcher Aufruf berechnet das Minimum vom alten Wert *MinSoFar* und dem kleinsten Abstand vom Punkt r, der soeben von der *sweep plane* getroffen wurde, zu den Punkten in der *SSS*.

Hier genügt es, alle Punkte im achsenparallelen Quader Q zu betrachten, der in Y- und Z-Richtung die Kantenlänge $2MinSoFar$ hat, in X-Richtung *MinSoFar* tief ist und den Punkt r in der Mitte seiner rechten Seite hat; siehe Abbildung 2.26. In Analogie zu Lemma 2.3 kann Q nur eine beschränkte Anzahl von Punkten enthalten.

Implementierung der *SSS*   Die Frage lautet: Wie implementieren wir die Sweep-Status-Struktur? Beim *sweep* in der Ebene haben uns bei der Frage nach den Punkten im Rechteck R in Abbildung 2.5 nur die *Projektionen der Punkte im Streifen auf die sweep line* interessiert. Deshalb konnten wir die X-Koordinaten der aktiven Punkte ignorieren und zur Speicherung der aktiven Punkte eine eindimensionale, nur nach den Y-Koordinaten sortierte Datenstruktur verwenden. Auf ihr waren — außer Einfügen und Entfernen von Punkten — *Bereichsanfragen* für Intervalle (der Länge $2MinSoFar$) auszuführen.

Entsprechend brauchen wir hier eine zweidimensionale Datenstruktur, in der Punkte im $\mathbb{R}^3$ nach ihren YZ-Koordinaten abgespeichert werden. Neben Einfügen und Entfernen müssen *Bereichsanfragen für achsenparallele Quadrate* (der Kantenlänge $2MinSoFar$) möglich sein.

rechteckige Bereichsanfragen

Geeignete Datenstrukturen werden wir im nächsten Kapitel kennenlernen. Angenommen, wir hätten schon eine solche Struktur, die es uns ermöglicht,

- Einfügen und Entfernen in Zeit $O\big(T_1(n)\big)$,

- rechteckige Bereichsanfragen in Zeit $O\big(T_2(n)\big)$

auszuführen, vorausgesetzt, die Größe der Antwort ist durch eine Konstante beschränkt, wie es auch hier der Fall ist. Dann könnten wir nach dem Sortieren der n Punkte entsprechend ihrer X-Koordinaten den kleinsten Abstand zwischen ihnen in Zeit

$$O\left(n\big(T_1(n) + T_2(n)\big)\right)$$

mit unserem alten Sweep-Verfahren bestimmen. Ein Vorteil gegenüber dem naiven $\Theta(n^2)$-Algorithmus, der jedes Punktepaar einzeln inspiziert, kann sich aber nur ergeben, falls $T_1(n) + T_2(n)$ sublinear ist.

Lösungen der Übungsaufgaben

Übungsaufgabe 2.1 Obwohl dieses Problem zweidimensional aussieht, lässt es sich auf den eindimensionalen Fall reduzieren. Denn auch auf der Sinuskurve können zwei Punkte nur dann ein dichtestes Paar bilden, wenn sie benachbart sind. Diese Eigenschaft hat die Sinuskurve mit der Geraden gemein.

Zum Beweis, seien p und r auf der Sinuskurve ein dichtestes Paar, wobei p die kleinere X-Koordinate hat. Wir werden jetzt zeigen, dass kein anderer Punkt q der vorgegebenen Menge zwischen ihnen auf der Kurve liegen kann.

Die Steigung der Sinuskurve liegt immer zwischen -1 und 1, also müsste ein solcher Punkt q sich in dem Rechteck A befinden, das von links durch die Geraden mit Steigung -1 und 1 durch p begrenzt wird, und von rechts durch die Geraden mit Steigung -1 und 1 durch r begrenzt wird. Nach dem Satz des Thales würde das Rechteck A ganz in dem Kreis mit pr als Mittellinie liegen. Dann liegt A erst recht innerhalb des Kreises K mit Mittelpunkt p und Radius $|r - p|$, wobei r der einzige Punkt von A ist, der den Rand von K berührt. Somit gälte $|q - p| < |r - p|$ und (p, r) wäre kein dichtestes Paar: Widerspruch!

Wir sortieren also die Punkte p_i nach aufsteigenden X-Koordinaten (d. h. nach ihrer Reihenfolge auf der Sinuskurve) und betrachten in einem *sweep* alle Paare von konsekutiven Punkten. Hierfür wird insgesamt $O(n \log n)$ Rechenzeit benötigt.

Übungsaufgabe 2.2

```
MaxSoFar := 0;
MaxEndingHere := 0;
while true do
    read(DailyVari);
    MaxEndingHere := max(0, MaxEndingHere + DailyVari);
    MaxSoFar := max(MaxSoFar, MaxEndingHere);
    write("Bis heute hätte man den maximalen Gewinn ",
        MaxSoFar, " erzielen können.")
```

Übungsaufgabe 2.3 Nach der Initialisierung ist zu jedem Zeitpunkt $MinSoFar > 0$, denn diese Variable hat stets den Abstand zweier verschiedener Punkte als Wert. Der Wert nimmt aber monoton ab.

Es folgt, dass immer *links* ≤ *rechts* gilt: Nur die Vergrößerung von *links* im **then**-Zweig ist kritisch. Sie wird aber nur ausgeführt, wenn vorher

$$P[links].x + MinSoFar \leq P[rechts].x$$

war, was wegen $MinSoFar > 0$ für *links* = *rechts* unmöglich wäre; also galt vorher *links* < *rechts*. Außerdem ist leicht zu sehen, dass nach jeder Aktualisierung von *links* bzw. *rechts* diese Indizes zu einem Punkt mit minimaler X-Koordinate *in* der *SSS* gehören bzw. zu einem Punkt mit minimaler X-Koordinate, der *nicht* in der *SSS* enthalten ist.

Wir zeigen jetzt durch Induktion über die Anzahl der Durchläufe der **while**-Schleife, dass stets I_1 und I_2 erfüllt sind.

Beim ersten Durchlauf gilt I_1 aufgrund der Initialisierung. Falls jetzt der **else**-Zweig betreten wird, ist *rechts* = 3, und die *SSS* enthält genau $P[1]$ und $P[2]$. Für beide Punkte gilt

$$P[i].x > P[rechts].x - MinSoFar,$$

denn weil die Bedingung der **while**-Schleife falsch ist, haben wir

$$P[links].x > P[rechts].x - MinSoFar,$$

und jeder Punkt $P[i]$ in der *SSS* hat eine X-Koordinate ≥ $P[links].x$. Also ist I_2 erfüllt.

Wenn die **while**-Schleife erneut betreten wird, müssen wir zunächst zeigen, dass die Invariante I_1 gilt. Dazu unterscheiden wir, welcher Zweig beim vorangehenden Durchlauf ausgeführt worden ist. War es der **then**-Zweig, so gilt I_1 unverändert. Lag der **else**-Fall vor, so hat sich die für I_1 relevante Punktmenge um den Punkt $P[rechts]$ vergrößert. Um den Wert von $MinSoFar$ korrekt zu aktualisieren, wären eigentlich die Abstände von $P[rechts]$ zu *allen* Punkten mit kleinerem Index zu überprüfen gewesen. Die letzte Anweisung im **else**-Zweig hat diese Überprüfung nur für die Punkte in der *SSS* veranlasst. Das genügt aber, weil nach I_2 die *SSS* zu dem Zeitpunkt alle Punkte enthielt, deren Abstand zu $P[rechts]$ überhaupt kleiner als $MinSoFar$ sein kann. Auch in diesem Fall gilt also I_1 zu Beginn des neuen Schleifendurchlaufs.

Wenn bei diesem Durchlauf der **else**-Fall eintritt, müssen wir zeigen, dass I_2 erfüllt ist. Mit demselben Argument wie oben gilt

$$P[i].x > P[rechts].x - MinSoFar \qquad (2.1)$$

für alle Punkte $P[i]$ in der *SSS*. Umgekehrt sei $P[i]$ mit $i \leq$ *rechts* $- 1$ ein Punkt, der diese Ungleichung erfüllt. Dann ist er irgendwann in die *SSS* eingefügt worden. Wäre er inzwischen wieder

entfernt worden, so hätten für die damaligen Werte *links'*, *rechts'*
und *MinSoFar'* die Aussagen $i = links'$ und

$$P[i].x \leq P[rechts'].x - MinSoFar' \qquad (2.2)$$

gelten müssen. Hieraus würde unter Benutzung der Ungleichungen 2.1 und 2.2 insgesamt der Widerspruch

$$0 \leq MinSoFar' - MinSoFar < P[rechts'].x - P[rechts].x \leq 0$$

folgen. Also ist $P[i]$ immer noch in der *SSS* enthalten, und I_2 gilt.

Übungsaufgabe 2.4 Wir wollen zeigen, dass es in einem Rechteck R mit den Kantenlängen M und $2M$ höchstens sechs Punkte
geben kann, deren offene Umkreise vom Radius $M/2$ paarweise
disjunkt sind. Dazu wird R in sechs gleich große Rechtecke der
Höhe $\frac{2}{3}M$ und der Breite $\frac{M}{2}$ geteilt, siehe Abbildung 2.27 (i).

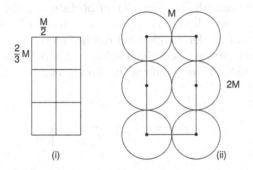

Abb. 2.27 Höchstens sechs Punkte mit gegenseitigem Mindestabstand
M lassen sich im Rechteck R unterbringen.

Zwei Punkte in einem Rechteck können höchstens so weit voneinander entfernt sein wie seine Diagonale lang ist, hier also höchstens

$$\sqrt{\left(\frac{2}{3}M\right)^2 + \left(\frac{M}{2}\right)^2} = \frac{5}{6}M < M$$

Also kann in jedem der sechs kleinen Rechtecke höchstens ein
Kreismittelpunkt sitzen. Eine — im übrigen auch die einzige! —
solche Anordnung sehen wir in Abbildung 2.27 (ii).

Übungsaufgabe 2.5 Im Initialisierungsschritt werden die n
Punkte nach ihren X- und nach ihren Y-Koordinaten sortiert
(der Einfachheit halber nehmen wir an, dass keine zwei Punkte
dieselben X- oder Y-Koordinaten haben). Nun beginnt der rekursive Hauptteil des Verfahrens. Wir benutzen die X-Sortierung,
um die Punktmenge durch eine senkrechte Gerade G in eine linke

und eine rechte Hälfte, L und R, zu teilen. Aus dem sortierten
Y-Verzeichnis stellen wir zwei nach Y-Koordinaten sortierte Verzeichnisse Y_L und Y_R für die Punkte in L und R her (*divide*). Jetzt
werden rekursiv die kleinsten Abstände M_L und M_R in L und R
berechnet. Der kleinste Abstand in $L \cup R$ ist dann das Minimum
der beiden Werte

$$MinSoFar \;=\; \min(M_L, M_R)$$
$$M \;=\; \min_{p \in L, q \in R} |pq|.$$

Zur Berechnung von M kann man eine Art *sweep* verwenden:
Wir schieben ein an der Geraden G zentriertes achsenparalleles
Rechteck B der Höhe *MinSoFar* und Breite 2*MinSoFar* von oben
nach unten über die Ebene; siehe Abbildung 2.28. Solange ein
Punkt von B überdeckt wird, bestimmt man die Abstände zwischen ihm und allen Punkten in B auf der anderen Seite von G;
wegen Übungsaufgabe 2.4 sind dabei höchstens sechs Vergleiche
auszuführen. Das Minimum aller dieser Werte ist die gesuchte
Zahl M. Damit ist der *conquer*-Schritt beendet.

Divide und *conquer* benötigen zusammen $O(n)$ Zeit. Insgesamt
ergibt sich deshalb eine Laufzeit in $O(n \log n)$.

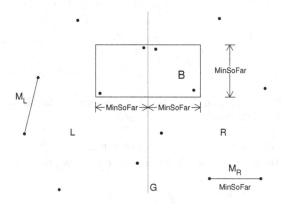

Abb. 2.28 Im *conquer*-Schritt wird das Rechteck B an der Geraden G
hinabgeschoben.

Übungsaufgabe 2.6 Nein. Zum Beispiel wird in Abbildung 2.29
der Schnittpunkt p zuerst entdeckt, aber jede der beiden beteiligten Strecken hat einen weiter links gelegenen Schnittpunkt mit
einem anderen Segment.

Übungsaufgabe 2.7 Ja. In Abbildung 2.9 wird zum Beispiel der
Schnittpunkt zwischen s_2 und s_3 gleich am Anfang entdeckt und
ein weiteres Mal, nachdem s_4 gestorben ist.

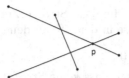

Abb. 2.29 Schnittpunkt p wird vom Sweep-Verfahren zuerst entdeckt.

Übungsaufgabe 2.8

(i) Durch die Scherung und die anschließende Translation ändert sich nicht die Ordnung der Strecken längs einer beliebigen Senkrechten zwischen S_0 und S_1. Außerdem bleiben die X-Koordinaten aller Schnittpunkte, die in L vorhanden sind, unverändert. Es entstehen auch keine neuen Schnittpunkte. Auch für die Menge L' allein stellt der Sweep-Algorithmus deshalb zwischen S_0 und S_1 fest, dass k Schnittpunkte rechts von S_1 liegen.

Wählt man C groß genug, so mischen sich die Strecken aus L und L' erst, nachdem die jeweils k vielen rechts von S_1 liegenden Schnittpunkte in L und L' entdeckt worden sind. Damit haben wir schon einmal $2k$ Schnittpunkte in $L \cup L'$ rechts von S_1 gefunden.

Wählt man, unabhängig von C, ε klein genug, so ist auf S_1 jede Strecke $s \in L$ zu „seinem" gescherten $s' \in L'$ direkt benachbart. Da die beiden Strecken sich rechts von S_1 schneiden, ergibt das n weitere zukünftige Schnittereignisse, die zwischen S_0 und S_1 entdeckt werden, insgesamt also mindestens $2k + n$.

(ii) Wir starten nun mit einer zweielementigen Menge L und $k_1 = 1$. Bei Iteration dieser Konstruktion ist im i-ten Schritt $n_i = 2^i$ und

$$
\begin{aligned}
k_i \; &\geq \; 2k_{i-1} + 2^{i-1} \geq 2(2k_{i-2} + 2^{i-2}) + 2^{i-1} \\
&= \; 2^2 k_{i-2} + 2 \cdot 2^{i-1} \geq 2^2(2k_{i-3} + 2^{i-3}) + 2 \cdot 2^{i-1} \\
&= \; 2^3 k_{i-3} + 3 \cdot 2^{i-1} \\
&\;\;\vdots \\
&\geq \; 2^t k_{i-t} + t2^{i-1},
\end{aligned}
$$

wie man leicht durch Induktion bestätigt. Für $t = i - 1$ ergibt sich wegen $k_1 = 1$ deshalb $k_i \geq i2^{i-1} = \frac{1}{2}n_i \log n_i$.

Übungsaufgabe 2.9
Wenn ein Schnittereignis E erzeugt wird, sind die beiden beteiligten Strecken in der SSS direkt benachbart. Das ändert sich aber, wenn eine von ihnen endet, sich mit ihrer anderen Nachbarin schneidet oder wenn eine neue Strecke entdeckt wird, die die beiden trennt. In jedem Fall ist E aus der Ereignisstruktur zu entfernen. Damit wir Ereignisse schnell auffinden

können, verwalten wir für jede Strecke Zeiger auf die höchstens zwei[21] Schnittereignisse in der *ES*, an denen sie beteiligt ist.

Übungsaufgabe 2.10

(i) Es genügt zu zeigen, dass keine Strecke, die zwei Punkte aus verschiedenen vertikalen Gruppen miteinander verbindet, einen Winkel $< \alpha$ mit der negativen Y-Achse bilden kann. Für Punkte aus benachbarten Gruppen ist das nach Definition von α klar, für Punkte p, q aus nicht benachbarten Gruppen ergibt sich die Behauptung aus Abbildung 2.30. Hier ist r der unterste Punkt einer dazwischen liegenden Gruppe, falls r unterhalb von pq liegt, oder der oberste Punkt der Gruppe, falls dieser oberhalb von pq liegt. Mindestens einer der beiden Fälle muß eintreten.

(ii) Nein. In der neuen X'-Richtung erscheinen die Punkte in der lexikographischen XY-Reihenfolge.

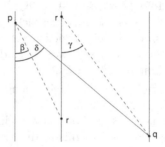

Abb. 2.30 Der Winkel δ ist größer als β und γ.

Übungsaufgabe 2.11

Beweis durch Induktion über m. Für $m = 2$ ist nichts zu zeigen. Angenommen, wir haben für $s_2, s_3, \ldots, s_m$ schon eine Anordnung mit der gewünschten Eigenschaft gefunden. Dann schieben wir die Strecke s_1 in eine Position, in der sie alle übrigen Strecken schneidet und alle Schnittpunkte auf s_1 links von allen übrigen Schnittpunkten liegen. Sollte eine der übrigen Strecken dafür zu kurz sein, muss die schon gefundene Anordnung vorher weiter zusammengeschoben werden.

Übungsaufgabe 2.12

(i) Dass die Ordnung s den Wert 1 hat, besagt, dass kein Buchstabe mehr als einmal verwendet werden darf. Würde er nämlich zweimal verwendet, müsste ein anderer Buchstabe dazwischen auftreten, und schon hätten wir zwei Wechsel.

---

[21]Dafür kommen ja nur die direkten Nachbarinnen in Frage.

(ii) Beweis durch Induktion über n. Für $n = 1$ stimmt die Behauptung, denn die einzige erlaubte Davenport-Schinzel-Sequenz, in der nur der Buchstabe A vorkommt, ist A selbst, weil $\ldots AA \ldots$ verboten ist. Sei also $n > 1$, und sei eine Sequenz der Ordnung 2 gegeben, in der n Buchstaben vorkommen. Sei Z derjenige Buchstabe in der Sequenz, dessen erstes Vorkommen am weitesten rechts liegt, und sei i die Position dieses ersten Vorkommens von Z; jeder Buchstabe $\neq Z$ an einer Position $> i$ muss also schon an einer Position $< i$ vorgekommen sein. Dann kann Z kein weiteres Mal in der Sequenz vorkommen: links von Position i nach Definition nicht, und rechts von Position i nicht, weil es sonst drei Wechsel in der Sequenz gäbe: Zwischen diesen beiden Vorkommen von Z müsste ja ein anderer Buchstabe U auftreten; U müsste dann auch links von Position i schon vorgekommen sein:

$$U \ldots Z \ldots U \ldots Z$$
$$\underset{i}{\uparrow}$$

Also kommt Z nur einmal vor. Wenn wir Z aus der Sequenz streichen, enthält das Resultat nur noch $n-1$ Buchstaben. Es muss sich aber um keine Davenport-Schinzel-Sequenz mehr handeln, weil der linke und rechte Nachbar von Z möglicherweise identisch waren und jetzt direkt benachbart sind. In dem Fall streichen wir außer Z auch einen von ihnen.

Wir haben jetzt eine Davenport-Schinzel-Sequenz der Ordnung 2 über $n - 1$ Buchstaben. Nach Induktionsvoraussetzung hat sie höchstens die Länge $2(n - 1) - 1 = 2n - 3$. Unsere Sequenz ist um höchstens zwei Stellen länger.

(iii) Die Anzahl der Kanten der unteren Kontur ist um höchstens eins größer als die Anzahl der Ecken. Der Term $\frac{s(n-1)n}{2}$ ist sogar eine obere Schranke für die Anzahl *aller* Schnittpunkte im Arrangement.

Übungsaufgabe 2.13 Ja. Wir brauchen die *sweep line* nur durch eine Halbgerade zu ersetzen, die — wie ein Laserstrahl — um den Standpunkt p der Beobachterin rotiert. Die Endpunkte und die Schnittpunkte der Strecken beschreiben wir zweckmäßigerweise durch *Polarkoordinaten*. Dabei bedeutet $s = (a, \varphi)$, dass der Punkt s von p den Abstand a hat und mit der X-Achse den Winkel φ einschließt, wie in Abbildung 2.31.

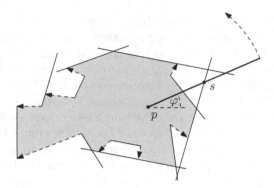

Abb. 2.31 Auch mit einer rotierenden Halbgeraden kann man die Ebene ausfegen.

Übungsaufgabe 2.14 Der Durchschnitt kann höchstens $m + n$ Ecken besitzen. Denn jede der Kanten von P und Q kann höchstens *eine* Kante zum Rand des Polygons $P \cap Q$ beitragen. Dass diese Schranke auch angenommen wird, zeigt das Beispiel von zwei konzentrischen regelmäßigen n-Ecken, von denen das eine gegenüber dem anderen um den Winkel $\frac{\pi}{n}$ verdreht ist.

Literatur

[1] I. J. Balaban. An optimal algorithm for finding segment intersections. In *Proc. 11th Annu. ACM Sympos. Comput. Geom.*, S. 211–219, 1995.

[2] J. L. Bentley. *Programming Pearls*. Addison-Wesley, Reading, MA, 1985.

[3] J. L. Bentley, T. A. Ottmann. Algorithms for reporting and counting geometric intersections. *IEEE Trans. Comput.*, C-28(9):643–647, 1979.

[4] C. Burnikel, K. Mehlhorn, S. Schirra. On degeneracy in geometric computations. In *Proc. 5th ACM-SIAM Sympos. Discrete Algorithms*, S. 16–23, 1994.

[5] B. Chazelle, H. Edelsbrunner. An optimal algorithm for intersecting line segments in the plane. *J. ACM*, 39(1):1–54, 1992.

[6] U. Finke, K. Hinrichs. Overlaying simply connected planar subdivisions in linear time. In *Proc. 11th Annu. ACM Sympos. Comput. Geom.*, S. 119–126, 1995.

[7] K. Hinrichs, J. Nievergelt, P. Schorn. Plane-sweep solves the closest pair problem elegantly. *Inform. Process. Lett.*, 26:255–261, 1988.

[8] K. Mulmuley. *Computational Geometry: An Introduction Through Randomized Algorithms*. Prentice Hall, Englewood Cliffs, NJ, 1993.

[9] J. Pach, M. Sharir. On vertical visibility in arrangements of segments and the queue size in the Bentley-Ottmann line sweeping algorithm. *SIAM J. Comput.*, 20:460–470, 1991.

[10] P. Schorn. *Robust Algorithms in a Program Library for Geometric Computation*, Band 32 von *Informatik-Dissertationen ETH Zürich*. Verlag der Fachvereine, Zürich, 1991.

[11] M. Sharir, P. K. Agarwal. *Davenport-Schinzel Sequences and Their Geometric Applications*. Cambridge University Press, New York, 1995.

3

Geometrische Datenstrukturen

3.1 Einführung

Beim Entwurf von Algorithmen steht man oft vor der Aufgabe,
Mengen von Objekten so zu speichern, dass bestimmte Operationen auf diesen Mengen effizient ausführbar sind. Ein prominentes
Beispiel stellt der abstrakte Datentyp *Verzeichnis* (oft auch *Wör-*
terbuch oder *dictionary* genannt) dar; hier sind die zu speichern-   abstrakter
den Objekte Elemente einer vollständig geordneten Grundmenge,   Datentyp
und es sollen die Operationen Einfügen, Entfernen und Suchen
ausführbar sein.

Nun lässt sich zum Beispiel der abstrakte Datentyp *Ver-*
zeichnis durch verschiedene *Datenstrukturen* implementieren, et-   Datenstrukturen
wa durch lineare Listen oder durch AVL-Bäume. Für welche Da-
tenstruktur man sich entscheidet, hat keinen Einfluss auf die Korrektheit des Verfahrens, wohl aber auf seine Effizienz! So kann man
in linearen Listen zwar in Zeit $O(1)$ ein Objekt einfügen, aber Suchen und Entfernen kostet schlimmstenfalls $\Omega(n)$ viele Schritte,
während beim AVL-Baum alle drei Operationen in Zeit $O(\log n)$
ausführbar sind (vorausgesetzt, ein Größenvergleich von zwei Objekten kann in Zeit $O(1)$ durchgeführt werden).

Auch bei geometrischen Algorithmen spielen gute Datenstrukturen eine wichtige Rolle. Meistens nehmen die auszuführenden
Operationen engen Bezug auf die geometrischen Eigenschaften
der gespeicherten Objekte. Wir hatten zum Beispiel am Ende von
Kapitel 2 vor dem Problem gestanden, eine Menge von Punkten
in der Ebene so zu speichern, dass Einfügen und Entfernen von
Punkten und Bereichsanfragen mit achsenparallelen Rechtecken
(„berichte alle gespeicherten Punkte, die im Rechteck liegen") effizient ausführbar sind. Hieraus könnte sich eine Lösung des *closest*
pair-Problems für n Punkte im $\mathbb{R}^3$ ergeben, die mit weniger als
$O(n^2)$ Zeit auskommt.

© Springer Fachmedien Wiesbaden GmbH, ein Teil von Springer Nature 2022
R. Klein et al., *Algorithmische Geometrie*,
https://doi.org/10.1007/978-3-658-37711-3_3

Bereichsanfrage

Bereichsanfragen treten auch bei vielen anderen Problemen auf. Wir können zwei sehr allgemeine Grundtypen unterscheiden. In beiden Fällen sind n Datenobjekte $d_1, \ldots, d_n$ gleichen Typs zu speichern. Die Bereichsanfrage wird durch ein Anfrageobjekt q dargestellt. Meistens liegen die Objekte im $\mathbb{R}^d$.

Schnittanfrage

Beim Grundtyp *Schnittanfrage* müssen alle gespeicherten Datenobjekte d_i mit

$$d_i \cap q \neq \emptyset$$

Inklusionsanfrage

berichtet werden, bei der *Inklusionsanfrage* dagegen nur diejenigen d_i mit

$$d_i \subseteq q.$$

Das Anfrageobjekt q darf einen anderen Typ haben als die Datenobjekte. In der Ebene ist q oft ein achsenparalleles Rechteck,

Bildschirmausschnitt

das einen *Bildschirmausschnitt* darstellt. Alle gespeicherten Datenobjekte, die teilweise (Schnitt) oder ganz (Inklusion) in diesem Ausschnitt zu sehen sind, sollen angezeigt werden. Wenn die An-

Punkte als Anfrageobjekte

frageobjekte Punkte sind, ist die Inklusionsanfrage nur sinnvoll, wenn auch die Datenobjekte Punkte sind. Die Inklusionsanfrage degeneriert dann zur Suche nach einem vorgegebenen Punkt in einer Punktmenge. Dagegen ist die Schnittanfrage mit einem Punkt auch für „ausgedehnte" Datenobjekte sinnvoll. Sie liefert alle Objekte, die den vorgegebenen Punkt enthalten. In der Ebe-

Aufspießanfrage

ne wird dieser Anfragetyp manchmal als *Aufspießanfrage* bezeichnet; dabei stellt man sich den Anfragepunkt als Heftzwecke vor, die die Datenobjekte aufspießt. Wenn es sich bei den Datenob-

Punkte als Datenobjekte

jekten um Punkte handelt, fallen Schnitt- und Inklusionsanfrage zusammen. Dieser Fall ist besonders wichtig, denn oft lassen sich auch ausgedehnte geometrische Objekte durch Punkte in einem höherdimensionalen Raum darstellen.

So kann man zum Beispiel einen Kreis in der Ebene eindeutig durch die Koordinaten (x, y) seines Mittelpunkts und seinen Radius $r \geq 0$ beschreiben; das 3-Tupel (x, y, r) ist ein Punkt im $\mathbb{R}^3$.

Ebenso lässt sich ein achsenparalleles Rechteck als Punkt im $\mathbb{R}^4$ ansehen; man kann dazu die Koordinaten von zwei diagonalen Ecken verwenden, oder man nimmt die Koordinaten des Mittelpunkts und seine Entfernungen zu den Kanten.

Darstellung ausgedehnter Objekte durch Punkte

Bei einer solchen *Darstellung ausgedehnter Objekte durch Punkte* muss man überlegen, wie sich die geometrischen Relationen zwischen den Objekten auf die Punkte übertragen. Hierzu ein Beispiel:

Übungsaufgabe 3.1   Sei p ein Punkt in der Ebene. Man beschreibe die Menge aller Punkte im $\mathbb{R}^3$, die bei der oben angegebenen Darstellung denjenigen Kreisen in der Ebene entsprechen, die p enthalten.

Bereichsanfragen für Punkte als Datenobjekte spielen auch außerhalb der Geometrie eine wichtige Rolle. Angenommen, ein Betrieb hat für jeden Mitarbeiter einen Datensatz mit Eintragungen für die *Attribute* Name, Personalnummer, Lebensalter, Familienstand, Bruttogehalt und Anschrift angelegt. Ein solcher Datensatz ist ein Punkt im Raum

$$\Sigma^* \times \mathbb{N} \times \mathbb{N} \times \{l, v, g, w\} \times \mathbb{R} \times \Sigma^*,$$

wobei Σ^* die Menge aller Wörter mit den Buchstaben $A, B, C, \dots$ bedeutet und l, v, g, w Abkürzungen sind für *ledig, verheiratet* usw.

Die Frage nach allen ledigen Mitarbeitern in der Gruppe der 25- bis 30jährigen, die mindestens 2300 Euro verdienen, lässt sich dann als Bereichsanfrage für das Anfrageobjekt

$$q = \Sigma^* \times \mathbb{N} \times [25, 30] \times \{l\} \times [2300, \infty) \times \Sigma^*$$

deuten. Man sieht, dass die Wertebereiche, aus denen die einzelnen Attribute stammen, nicht reellwertig zu sein brauchen.

Das Anfrageobjekt q enhält für jedes Attribut ein Intervall des Wertebereichs; im Extremfall kann es aus einem einzigen Element bestehen oder den gesamten Wertebereich einschließen. Solche Anfragen, die sich als Produkte von Intervallen der Wertebereiche schreiben lassen, nennt man *orthogonal*.

In der Praxis werden Daten nicht im Hauptspeicher, sondern im Externspeicher, meist auf einer Festplatte, verwahrt, wenn ihr Volumen es erfordert, oder wenn sie auf Dauer benötigt werden. Hierzu zählen die Daten der Mitarbeiter eines Betriebs ebenso wie umfangreiche Mengen geometrischer Daten, wie sie etwa bei der Bearbeitung von Landkarten anfallen.

Auf Daten im Externspeicher kann nur *seitenweise* zugegriffen werden; dabei kann eine Datenseite dem Inhalt eines Sektors der Festplatte entsprechen, zum Beispiel 512 Byte. Bei jedem Zugriff muss zunächst der Schreib-/Lesekopf korrekt positioniert werden, und dann muss gewartet werden, bis der Sektor am Lesekopf vorbei läuft. Dieser mechanische Vorgang dauert erheblich länger als ein Zugriff auf ein Datenwort im Hauptspeicher.

Man unterscheidet deshalb zwischen *internen* Datenstrukturen, die im Hauptspeicher leben, und *externen* Datenstrukturen, bei denen die Daten in Seiten (*buckets, pages*) zusammengefasst sind, auf die nur am Stück zugegriffen werden kann. Für die Analyse der Zugriffskosten bei externen Strukturen ist unser Modell der real RAM aus Abschnitt 1.2.4 nicht geeignet (die RAM hätte unendlichen, permanenten Hauptspeicher und brauchte deshalb keinen Externspeicher!). Bei externen Datenstrukturen wird der Zeitbedarf durch die Anzahl der benötigten Seitenzugriffe abgeschätzt

Seitenrand:

Attribute

orthogonale Bereichsanfragen

interne und externe Datenstrukturen

Kosten

und der Speicherplatzbedarf durch die Größe des benötigten Bereichs im Externspeicher.

Wir werden in diesem Kapitel nur interne Datenstrukturen zur Speicherung von Punkten betrachten.

statische und dynamische Datenstrukturen

Wenn die Menge der zu speichernden Datenobjekte im wesentlichen unverändert bleibt, kann man sich mit *statischen* Datenstrukturen begnügen, die — einmal erzeugt — nur noch Anfragen zu unterstützen brauchen. Wenn sich dagegen der Datenbestand häufig ändert, werden *dynamische* Datenstrukturen benötigt, bei denen auch das Einfügen und Entfernen von Datenobjekten effizient möglich ist.

Standardbeispiel: sortiertes Array

Natürlich ist der Entwurf statischer Datenstrukturen einfacher. So lässt sich etwa ein eindimensionales Verzeichnis, in dem nur gesucht werden soll, bequem durch ein sortiertes Array implementieren, während für ein dynamisches Verzeichnis ein höherer Aufwand nötig ist. Verwendet man zum Beispiel AVL-Bäume, muss man Rotationen und Doppelrotationen implementieren. Benutzt man dagegen interne B-Bäume der Ordnung 1, so hat man mit den Rebalancierungsoperationen *split*, *balance* und *merge* zu tun; siehe z. B. Güting [6] oder andere Bücher über Datenstrukturen.

Dynamisierung als Paradigma

Erstaunlicherweise gibt es *allgemeine Techniken zur Dynamisierung* statischer Datenstrukturen, die wir einsetzen können, ohne uns mit allen solchen Details zu beschäftigen! Mit ihrer Hilfe lassen sich ohne großen Aufwand sortierte Arrays oder gewöhnliche Suchbäume, aber ebenso auch höherdimensionale Strukturen in effiziente dynamische Datenstrukturen verwandeln. Solche Dynamisierungstechniken sind auch für Anwendungen außerhalb der Algorithmischen Geometrie wichtig. Wir werden uns in Abschnitt 3.3 ausführlich mit diesem Ansatz beschäftigen und dabei Methoden kennenlernen, die nicht ganz so effizient arbeiten wie

Leichte Implementierbarkeit

optimale Lösungen, aber dafür leicht zu implementieren sind; die Schwierigkeiten liegen stattdessen eher in der Analyse.

3.2   Mehrdimensionale Suchbäume

lexikographische Ordnung

Man könnte Punkte im $\mathbb{R}^d$ in einem gewöhnlichen „eindimensionalen" Suchbaum speichern, wenn man als Ordnung zum Beispiel die *lexikographische Ordnung* verwendet:

$$(p_1, \ldots, p_d) < (q_1, \ldots, q_d) \iff \begin{array}{l} \text{es gibt ein } i \text{ mit } 1 \leq i \leq d, \\ \text{so dass } p_j = q_j \text{ für } 1 \leq j < i \\ \text{und } p_i < q_i. \end{array}$$

Hat der Suchbaum dann logarithmische Höhe, benötigt die Suche nach einem einzelnen Punkt $\Theta(\log n)$ viel Zeit. Dabei sehen wir die Dimension d als konstant an. Die Faktoren in unseren asymptotischen O- und Θ - Schranken können aber durchaus von d abhängen.

Anfragen mit mehrdimensionalen Anfrageobjekten werden aber von eindimensionalen Suchbäumen nicht effizient unterstützt. Wir werden uns deshalb im folgenden mit Datenstrukturen beschäftigen, die auch *höhere* Dimensionen berücksichtigen.

3.2.1   Der KD–Baum

Unser erstes Beispiel ist ein Suchbaum für Punkte im zwei- und höherdimensionalen reellen Raum, der rechteckige Bereichsanfragen unterstützt, aber auch bei der Lösung anderer Probleme hilft. Diese Datenstruktur trägt den Namen *KD–Baum*, ursprünglich als Abkürzung für „*k*–dimensionaler Baum". Wir werden aber im folgenden die Dimension des reellen Raums mit d bezeichnen und mit k die Größe der Antwort auf eine Anfrage.   KD–Baum

Der KD–Baum stellt eine natürliche Verallgemeinerung des eindimensionalen Suchbaums dar, den wir in Abschnitt 1.2.5 vorgestellt haben.

Sei also D eine Menge von n Punkten im $\mathbb{R}^d$, die es zu speichern gilt. Zur Vereinfachung nehmen wir zunächst an, dass sich die Punkte aus D in allen Koordinaten voneinander unterscheiden. Außerdem wird zunächst nur der Fall $d = 2$ betrachtet.   vereinfachende Annahme

Wir wählen nun eine der Koordinaten als *Splitkoordinate*, zum Beispiel X, und bestimmen einen *Splitwert* s, der selbst nicht als X-Koordinate eines Punktes in D vorkommt. Dann wird die Punktmenge D durch die *Splitgerade* $X = s$ in die beiden Teilmengen   Splitkoordinate   Splitwert

$$D_{<s} = \{(x,y) \in D; x < s\} \;=\; D \cap \{X < s\}$$
$$D_{>s} = \{(x,y) \in D; x > s\} \;=\; D \cap \{X > s\}$$

zerlegt. Für $D_{<s}$ und $D_{>s}$ verfährt man jeweils genauso wie mit D, nur wird diesmal Y als Splitkoordinate verwendet. Danach ist wieder X an der Reihe, und so fort, bis lauter einelementige Punktmengen übrigbleiben; diese werden nicht weiter zerteilt.

Auf diese Weise entsteht ein binärer Baum, der *KD–Baum für die Punktmenge D*. Jedem internen Knoten des Baums entspricht eine Splitgerade.

Ein Beispiel ist in Abbildung 3.1 gezeigt. Die erste Splitgerade ist die Senkrechte $X = 5$. Die Punktmenge $D_{<5}$ links davon wird durch die waagerechte Gerade $Y = 4$ weiter zerlegt, in $D_{>5}$ wird dagegen $Y = 5$ als neue Splitgerade verwendet, usw.

Wir können jedem Knoten v eines zweidimensionalen KD–
Baums ein achsenparalleles Rechteck $R(v)$ in der Ebene zuordnen:
der Wurzel die Ebene selbst, ihren Kindern die beiden Halbebenen
zu beiden Seiten der ersten Splitgeraden, und so fort. Allgemein
entstehen die beiden Rechtecke der Kinder eines Knotens v durch
Zerlegung von $R(v)$ mit der zu v gehörenden Splitgeraden.

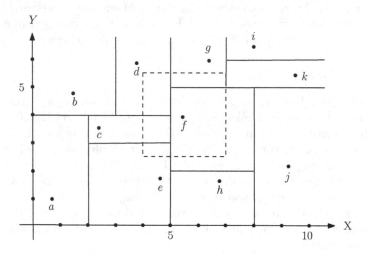

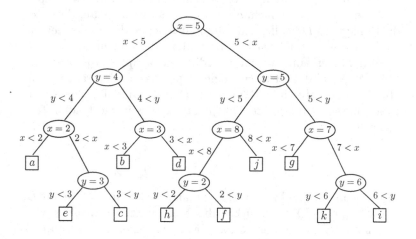

Abb. 3.1 Ein KD–Baum für elf Punkte in der Ebene. In den Knoten
sind die Splitgeraden angegeben; oben ist ein Beispiel für ein Anfragerechteck gestrichelt eingezeichnet.

In Abbildung 3.1 wurden die aus einem Knoten w her-
ausführenden Kanten jeweils mit den Bezeichnungen der beiden
Halbebenen beschriftet, die durch die Splitgerade von w definiert

werden. Das Rechteck $R(v)$ eines Knotens v ergibt sich als Durchschnitt der Halbebenen auf dem Pfad von der Wurzel zu v. Damit sind die Rechtecke Verallgemeinerungen der Knotenintervalle des eindimensionalen Suchbaums in Abschnitt 1.2.5.

Die den Blättern eines zweidimensionalen KD–Baums zugeordneten Rechtecke bilden eine disjunkte Zerlegung der Ebene; jedes von ihnen enthält genau einen Punkt der Datenmenge D.

Die *Suche nach einem einzelnen Punkt* ist in einem KD–Baum sehr einfach: Man folgt immer der Kante, die mit der richtigen Halbebene beschriftet ist. Der Zeitaufwand ist proportional zur Höhe des Baumes.

Suche nach einem Punkt

Auch die Beantwortung einer *Bereichsanfrage* mit achsenparallelem Rechteck q ist einfach: Es genügt, alle Knoten v mit

Bereichsanfrage

$$R(v) \cap q \neq \emptyset$$

zu besuchen. Für jeden Blattknoten, der diese Bedingung erfüllt, muss getestet werden, ob sein Datenpunkt im Anfragerechteck q liegt. Falls ja, wird der Datenpunkt ausgegeben.

Wenn die Bedingung $R(v) \cap q \neq \emptyset$ für einen Knoten v erfüllt ist, so gilt sie erst recht für jeden Vorgänger u auf dem Pfad von der Wurzel zu v, denn das Rechteck $R(u)$ enthält $R(v)$.

Übungsaufgabe 3.2 Welche Knoten des in Abbildung 3.1 gezeigten KD–Baums müssen besucht werden, wenn das Anfragerechteck $q = [4, 7] \times [2.5, 5.5]$ vorliegt?

Die Antwort auf Übungsaufgabe 3.2 wirkt zunächst enttäuschend: Es sieht so aus, als müssten wir im schlimmsten Fall fast den ganzen Baum absuchen, auch wenn das Anfragerechteck nur wenige Datenpunkte enthält. Schauen wir genauer hin!

Lemma 3.1 *Sei T ein zweidimensionaler KD–Baum der Höhe h, in dem n Punkte gespeichert sind. Dann lässt sich jede Bereichsanfrage mit achsenparallelem Rechteck q in Zeit $O(2^{h/2} + k)$ beantworten, wobei k die Anzahl der in q enthaltenen Datenpunkte bezeichnet.*

Beweis. Es gibt zwei Typen von Knoten v in T, die die Bedingung $R(v) \cap q \neq \emptyset$ erfüllen und deshalb besucht werden müssen:

(1) solche Knoten v mit $R(v) \subseteq q$ und

(2) solche Knoten v mit $R(v) \not\subseteq q$ und $R(v) \cap q \neq \emptyset$.

Innenknoten

Randknoten

Die Knoten vom ersten Typ nennt man *Innenknoten*, denn das Rechteck jedes solchen Knotens liegt im Inneren des Anfragerechtecks. Die Knoten vom zweiten Typ heißen *Randknoten*, denn das Rechteck jedes solchen Knotens schneidet den Rand des Anfragerechtecks.

Wie schon beim eindimensionalen Suchbaum in Abschnitt 1.2.5 haben auch hier Innenknoten stets Innen- oder Randknoten zum Vorgänger, während jeder Randknoten einen Randknoten als Elternknoten hat.

Sobald wir auf unserem Weg in den Baum T hinein auf einen Innenknoten v treffen, können wir den an v hängenden Teilbaum $T(v)$ durchlaufen und alle Datenpunkte in den $k(v)$ vielen Blättern ausgeben; das geht in Zeit $O\left(k(v)\right)$.

Ist v ein Randknoten, so schneidet mindestens eine der vier Kanten des Anfragerechtecks q das Rechteck $R(v)$ — sei l diese Kante; sie könnte nur das Innere von $R(v)$ schneiden, oder auch den Rand. Sei

$t_i =$ Anzahl der Randknoten v der Tiefe i in T, deren Rechteck $R(v)$ von der Kante l geschnitten wird.

Für die Wurzel von T und ihre beiden Kinder gilt offenbar $t_0 \leq 1$ und $t_1 \leq 2$. Allgemein gilt $t_{i+2} \leq 2t_i$, wie Abbildung 3.2 verdeutlicht. Hieraus folgt per Induktion

$$t_i \leq 2^{\frac{i+1}{2}} \quad \text{für } i = 0, 2, \ldots, h-1.$$

Für den Besuch aller Randknoten und damit auch für den Weg zu allen Innenknoten minimaler Tiefe ergibt sich daher eine obere Laufzeitschranke in

$$O\left(h + \sum_{i=0}^{h} 2^{\frac{i}{2}}\right) = O\left(2^{\frac{h}{2}}\right).$$

Damit ist Lemma 3.1 bewiesen. □

Höhe

ausgeglichener
Binärbaum

Spätestens jetzt stellt sich die Frage nach der *Höhe* eines zweidimensionalen KD–Baums zur Speicherung von n Punkten.

Wir nennen einen Binärbaum *ausgeglichen*, wenn für jeden internen Knoten gilt: Die Blattzahlen seiner beiden Teilbäume unterscheiden sich höchstens um eins. Die Höhe eines ausgeglichenen Binärbaums mit n Blättern ist durch $\lceil \log n \rceil$ nach oben beschränkt. Lemma 3.1 zufolge liegt die Zeit für die Beantwortung einer Bereichsanfrage für einen ausgeglichenen zweidimensionalen KD–Baum also in $O(\sqrt{n} + k)$!

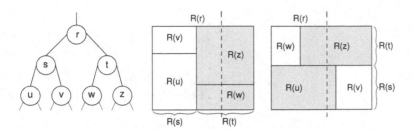

Abb. 3.2 Eine achsenparallele Strecke l kann höchstens zwei der vier Enkel eines Rechtecks schneiden. Ganz links ist ein Ausschnitt von T dargestellt, daneben die beiden möglichen Unterteilungen des von l geschnittenen Rechtecks $R(r)$, je nachdem, ob die Splitgerade von r senkrecht oder waagerecht ist.

Zu einer gegebenen Menge D von n Punkten in der Ebene lässt sich ein ausgeglichener KD–Baum leicht konstruieren: Wir sortieren zunächst die Punkte nach ihren X- und Y-Koordinaten. Die beiden sortierten Listen werden dann dazu benutzt, die Punktmenge D rekursiv in gleich große Teilmengen zu zerlegen, wobei abwechselnd X und Y als Splitkoordinaten verwendet werden. Der Zeitaufwand für einen einzelnen Teilungsschritt ist linear in der Anzahl der verbleibenden Punkte; insgesamt ergibt sich ein Zeitaufwand in $O(n \log n)$.

Fassen wir zusammen:

Aufbau
ausgeglichener
KD–Bäume

Theorem 3.2 *Ein ausgeglichener zweidimensionaler KD–Baum für n Punkte lässt sich in Zeit $O(n \log n)$ konstruieren. Er belegt $O(n)$ viel Speicherplatz. Eine Bereichsanfrage mit achsenparallelem Rechteck kann man in Zeit $O(\sqrt{n} + k)$ beantworten; hierbei bezeichnet k die Größe der Antwort.*

statischer
KD–Baum

Bisher waren wir von der vereinfachenden Annahme ausgegangen, dass die Datenpunkte sich in ihren X- und Y-Koordinaten voneinander unterscheiden. Ohne diese Annahme ist nicht mehr gewährleistet, dass eine Punktmenge D mit einer achsenparallelen Schnittgeraden in zwei *gleich große* Teile zerlegt werden kann, wie Abbildung 3.3 verdeutlicht. Das war aber erforderlich, um einen ausgeglichenen Baum zu erhalten.

allgemeine
Punktmengen

Ob sich das Größenverhältnis der beiden Teilmengen beschränken lässt und welche Auswirkungen das auf die Effizienz des KD–Baums hat, sind interessante Fragen, denen wir in Übungsaufgabe 3.3 nachgehen.

Dem Problem von Punkten mit identischen Koordinaten kann man auf verschiedene Weise begegnen. Eine Möglichkeit besteht

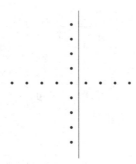

Abb. 3.3 Keine achsenparallele Splitgerade kann hier ein Größenverhältnis $\geq \frac{1}{3}$ zwischen der kleineren und der größeren Punktmenge erzielen.

darin, zur Speicherung der Punkte *auf* einer Splitgeraden einen ausgeglichenen eindimensionalen KD–Baum zu verwenden, also einen ganz normalen balancierten Suchbaum; siehe dazu Abschnitt 1.2.5 oder Mehlhorn [8].

In Abschnitt 3.2.2 werden wir eine andere elegante Methode kennenlernen, um auch „degenerierte" Punktmengen behandeln zu können.

höhere Dimensionen   Das Konzept der zweidimensionalen KD–Bäume lässt sich direkt auf höhere Dimensionen übertragen, wie wir in Abschnitt 3.2.5 sehen werden. Bei d-dimensionalen Punktmengen werden die d Koordinaten zyklisch abwechselnd als Splitkoordinaten verwendet. An die Stelle der Splitgeraden treten *Splithyperebenen* $X_i = a$ des $\mathbb{R}^d$.

Splithyperebenen

Wer mag, kann sich schon einmal überlegen, wie die Verallgemeinerung der Aussage $t_{i+2} \leq 2t_i$ in Dimension drei lautet und wie man sie exakt beweist!

Zum Abschluss dieses Abschnitts gehen wir der Frage nach, wie sich überhaupt Punktmengen im $\mathbb{R}^d$ durch orthogonale Hyperebenen in möglichst gleich große Teile zerlegen lassen.

Übungsaufgabe 3.3

Zerlegung von Punktmengen

(i) Sei D eine Menge von n Punkten im $\mathbb{R}^2$. Man zeige, dass es eine achsenparallele Gerade gibt, die selbst keinen Punkt aus D enthält und die Menge D so zerlegt, dass der kleinere Teil mindestens $\frac{n-1}{4}$ viele Punkte enthält. Ist diese Schranke scharf?

(ii) Könnte man bei Punkten mit identischen Koordinaten die Splitgeraden gemäß (i) wählen, ohne bei Bereichsanfragen im KD–Baum eine Laufzeitverlängerung hinzunehmen?

(iii) Man verallgemeinere (i) auf Punktmengen im $\mathbb{R}^d$.

3.2.2 Symbolische Perturbation von Punkten in spezieller Lage

Bei der Konstruktion von KD–Bäumen in Abschnitt 3.2.1 hatten wir vorausgesetzt, dass die zu speichernden Punkte paarweise verschiedene X- und Y-Koordinaten haben. Diese Annahme wird nicht immer erfüllt, zum Beispiel bei den Koordinaten der Felder eines Schachbretts. Man sagt dann, dass die vorliegenden Daten nicht in *allgemeiner Lage* sind, sondern in *spezieller Lage*, oder sogar, dass die Daten *degeneriert* sind.

allgemeine Lage

spezielle Lage

degenerierter
Input

Dieser Sachverhalt lässt sich auf verschiedene Weise mathematisch präzisieren. Wir begnügen uns hier mit der Vorstellung, dass geometrische Objekte in spezieller Lage in allgemeine Lage geraten, wenn man individuell ein wenig an ihnen wackelt.

In diesem Abschnitt werden wir zuerst sehen, wie wir mit einer solchen *Perturbation* der gegebenen Punktmenge erreichen können, dass ein KD–Baum auch in Anwesenheit von Punkten mit identischen X- oder Y-Koordinaten korrekt funktioniert, und dass dabei die Schranken für die Anfragezeiten erhalten bleiben. Und dann werden wir sehen, wie wir diese Perturbation auf ganz einfache Weise simulieren können, ohne sie tatsächlich auszuführen!

Perturbation

Gegeben sei also eine Menge D von n unterschiedlichen Punkten in der Ebene. Wir wollen diese Punktmenge speichern. Sei P jetzt die Menge aller Punkte, die je für unsere KD–Baum-Algorithmen relevant sind. P enthält also

- die Punkte aus D,

- die Menge S der Punkte, die auf halber Strecke zwischen zwei Punkten von D liegen (für mögliche Splitgeraden), und

- die Eckpunkte aller künftigen Anfragerechtecke.

Dass die Menge P sehr groß sein kann und im Voraus gar nicht feststeht, soll uns fürs Erste nicht stören. Seien jetzt δ und Δ der kleinste und der größte positive Unterschied zwischen zwei X- oder Y-Koordinaten der Punkte in P, und sei ε so gewählt, dass

$$0 < \varepsilon < \frac{\delta}{\Delta}$$

gilt. Wir definieren auf den Punkten $p = (p.x, p.y)$ des $\mathbb{R}^2$ die bijektive lineare Abbildung

$$f(p) = (p.x + \varepsilon\,p.y,\ p.y + \varepsilon\,p.x)$$

und perturbieren die Punktmenge P, indem wir jeden Punkt $p = (p.x, p.y)$ in P durch $f(p)$ ersetzen. Das folgende Lemma 3.3 zeigt eine wesentliche Eigenschaft dieser Abbildung.

Lemma 3.3 *Für je zwei verschiedene Punkte $p, p' \in P$ gilt*

(i) $f(p).x < f(p').x$ genau dann, wenn
$p.x < p'.x$ oder $(p.x = p'.x$ und $p.y < p'.y)$;

(ii) $f(p).y < f(p').y$ genau dann, wenn
$p.y < p'.y$ oder $(p.y = p'.y$ und $p.x < p'.x)$.

Beweis. Wir beweisen den ersten Teil des Lemmas; der Beweis des zweiten Teils ist analog. Aus $p.x = p'.x =: a$ folgt

$$f(p).x = a + \varepsilon \, p.y$$
$$f(p').x = a + \varepsilon \, p'.y,$$

und somit gilt $f(p).x < f(p').x$ genau dann, wenn $p.y < p'.y$ ist.

Gelte nun $p.x < p'.x$. Dann haben wir nach Definition von δ, Δ und ε die Abschätzung

$$
\begin{aligned}
f(p).x &= p.x + \varepsilon \, p.y = p.x + \varepsilon \, (p.y - p'.y) + \varepsilon \, p'.y \\
&\leq p.x + \varepsilon \Delta + \varepsilon \, p'.y \\
&< p.x + \delta + \varepsilon \, p'.y < p'.x + \varepsilon \, p'.y = f(p').x
\end{aligned}
$$

Wäre dagegen $p.x > p'.x$, so würde durch Vertauschung von p und p' folgen, dass $f(p).x > f(p').x$ gilt.   □

Aus Lemma 3.3 folgt sofort, dass wir unser erstes Ziel erreicht haben:

Korollar 3.4 *In der transformierten Punktmenge $f(P)$ haben keine zwei verschiedenen Punkte gleiche X-Koordinaten oder gleiche Y-Koordinaten.*

Beweis. Gelte $p \neq p'$, zum Beispiel wegen $p.x < p'.x$. Dann folgt aus Lemma 3.3 (i) sofort $f(p).x < f(p').x$. Ebenso folgt aus (ii), dass die Y-Koordinaten von $f(p)$ und $f(p')$ verschieden sind, wenn sich $p.y$ und $p'.y$ unterscheiden. Gilt aber $p.y = p'.y$, ergibt sich wegen $p.x < p'.x$ aus (ii) die Ungleichung $f(p).y < f(p').y$. Die übrigen Fälle zeigt man analog.   □

Ein Beispiel mit drei Punkten ist in Abbildung 3.4 dargestellt Aufgrund von Korollar 3.4 können wir jetzt ohne Probleme einen KD–Baum für die transformierte Menge $D' = f(D)$ unserer Eingabemenge D bauen, wobei wir die Splitgeraden immer durch einen der ebenfalls transformierten Streckenmittelpunkte in S führen. Aber können wir auch effizient Bereichsanfragen über die originale Punktmenge D beantworten?

Dazu betrachten wir ein Anfragerechteck q mit unterer linker Ecke q^- und oberer rechter Ecke q^+ und beantworten in unserem KD–Baum die Anfrage für das transformierte Rechteck $f(q)$,

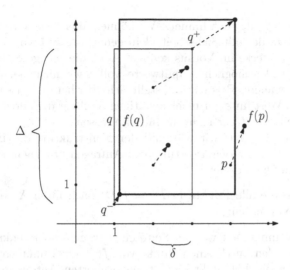

Abb. 3.4 Drei Punkte in spezieller Lage und ihre durch Abbildung f in allgemeine Lage gebrachten Bilder, zusammen mit einem transformierten Anfragerechteck. Hier ist $\Delta = 4$, $\delta = 1$ und ε etwas kleiner als $\frac{1}{4}$.

das von den Eckpunkten $f(q^-)$ und $f(q^+)$ aufgespannt wird; siehe Abbildung 3.4. Das folgende Lemma zeigt, warum dieser Ansatz funktioniert:

Lemma 3.5 *Ein Punkt p aus D liegt genau dann im Anfragerechteck q, wenn $f(p)$ im Rechteck $f(q)$ liegt.*

Beweis. Sei $p \in q$. Läge $f(p)$ nicht in $f(q)$, so müsste mindestens eine der Bedingungen

$$f(p).x \ \in \ [f(q^-).x, f(q^+).x]$$
$$f(p).y \ \in \ [f(q^-).y, f(q^+).y]$$

verletzt sein. Angenommen, es wäre $f(p).x < f(q^-).x$. Dann würde Lemma 3.3 (i) sofort $p.x < q^-.x$ oder $p.y < q^-.y$ implizieren, was wegen $p \in q$ unmöglich ist. Die anderen drei Fälle zeigt man genauso.

Umgekehrt: Nehmen wir an, dass $f(p)$ in $f(q)$ liegt, aber p nicht in q, weil zum Beispiel $p.y > q^+.y$ gilt. Dann folgt aus Lemma 3.3 die Ungleichung $f(p).y > f(q^+.y)$, was wegen $f(p) \in f(q)$ nicht sein kann. Auch hier sind die anderen drei Fälle analog. $\square$

Die Anfrage für die Punktmenge D kann also mit einer ganz normalen Rechtecksanfrage in dem KD–Baum mit der Punktmenge D' beantwortet werden, und die Laufzeitschranke von

Theorem 3.2 gilt noch immer. Wir können aber keinen Wert für ε bestimmen, der mit Sicherheit klein genug ist, weil wir nicht alle Anfragerechtecke im Voraus kennen. Auch die Menge S der quadratisch vielen möglichen Splitwerte wollen wir nicht berechnen.

explizite Perturbation nicht erforderlich! Bei genauerer Betrachtung stellt sich aber heraus, dass wir den richtigen Wert für ε gar nicht benötigen, weil wir die Perturbation mit Abbildung f gar nicht ausführen müssen!

Denn alles, was wir während der Konstruktion des Baumes und während der Beantwortung von Anfragen brauchen, sind die folgenden Operationen:

- sortiere alle Punkte in $D' = f(D)$ nach ihren X- oder Y-Koordinaten;

- bestimme, auf welcher Seite einer waage- oder senkrechten Geraden durch einen Punkt von $f(S)$ ein Punkt von $f(D)$ oder ein Eckpunkt eines transformierten Anfragerechtecks liegt.

Betrachten wir zuerst das Sortieren der Punkte in D' nach ihren X-Koordinaten. Lemma 3.3 sagt uns, dass die Reihenfolge der Punkte in D' genau der Reihenfolge ihrer Urbilder in D entspricht, wenn man dort primär nach den X-Koordinaten, und, bei gleichen X-Koordinaten, nach Y-Koordinaten sortiert. Ähnlich sortiert man die Punkte in D' korrekt nach Y, indem man die entsprechenden Punkte in D nach ihren Y-Koordinaten, und bei Gleichheit, nach ihren X-Koordinaten sortiert. Ein genauer Wert für ε wird dabei nicht benötigt.

Um festzustellen, ob ein Punkt $f(p)$ ober- oder unterhalb einer waagerechten Geraden durch $f(h)$ liegt, können wir ebenfalls Lemma 3.3 anwenden: $f(p).y < f(h).y$ gilt genau dann, wenn $p.y < h.y$ gilt oder, im Fall von Gleichheit, $p.x < h.x$.

lexikographische Ordnung Dadurch, dass wir immer zuerst die ursprünglichen X- oder Y-Koordinaten prüfen und die andere Koordinate nur im Gleichheitsfall heranziehen, betrachten wir die Punkte von D in ihrer *lexikographischen Ordnung*. Wir bekommen dabei immer dasselbe Resultat wie mit jedem hinreichend kleinen ε. Die Transformation der Eingabe bleibt somit rein symbolisch und muss nicht tatsächlich berechnet werden.

Der hier beschriebene Ansatz symbolischer Perturbation lässt sich auf andere geometrische Daten und Probleme verallgemeinern. Wer sich dafür interessiert, findet in Devillers et al. [5] neuere Ergebnisse und zahlreiche Zitate grundlegender Arbeiten zu diesem Thema.

Im Folgenden nehmen wir, zur Vereinfachung der Beschreibung unserer Algorithmen und Datenstrukturen, wieder an, dass keine zwei Punkte die gleichen X- oder die gleichen Y-Koordinaten haben. Wir wissen jetzt, wie wir uns von dieser Annahme freimachen können.

vereinfachende Annahme

3.2.3 Der Bereichsbaum

Sei P eine Menge von n Datenpunkten p des $\mathbb{R}^d$. Mit Blick auf Abschnitt 3.2.2 dürfen wir annehmen, dass in jeder Dimension die Koordinaten der Punkte in P paarweise voneinander verschieden sind.

In diesem Abschnitt betrachten wir eine Datenstruktur zur Speicherung von P, die für Anfragehyperquader

Bereichsanfrage

$$q \ = \ [q_1^-, q_1^+] \times [q_2^-, q_2^+] \times \ldots \times [q_d^-, q_d^+]$$

schneller als ein KD–Baum berichten kann, für welche Punkte $p \in P$ die Aussage $p_i \in [q_i^-, q_i^+]$ für alle $i \in \{1, \ldots, d\}$ gilt. Diese Datenstruktur heißt *Bereichsbaum* (englisch: *range tree*).

Bereichsbaum

Mit einem ausgeglichenen binären Suchbaum, wie er in Abschnitt 1.2.5 vorgestellt wurde, könnten wir schnell die Menge K_1 aller $p \in P$ bestimmen, die die Bedingung $p_1 \in [q_1^-, q_1^+]$ erfüllen.

Wenn man nun *exklusiv für die Punkte in K_1* einen weiteren Suchbaum für die zweite Koordinate zur Verfügung hätte, könnte man darin die Anfrage $[q_2^-, q_2^+]$ beantworten und hätte insgesamt die korrekte Antwort für $[q_1^-, q_1^+] \times [q_2^-, q_2^+]$. Das Problem ist nur, dass es $\Theta(n^2)$ viele mögliche Antworten K_1 geben kann und wir nicht für jede Möglichkeit eine eigene Datenstruktur für die zweite Koordinate aufbauen wollen.

Vorbetrachtung

Aber betrachten wir einmal die Anfrage $[q_1^-, q_1^+]$ in dem in Abbildung 3.5 dargestellten Suchbaum T^1. Fett eingezeichnet sind die jeweils am weitesten links und rechts gelegenen Kanten, die von Algorithmus SUCHE verfolgt werden. Sie entsprechen den Suchpfaden zu den Intervallenden q_1^- und q_1^+. Die beiden Suchpfade verlaufen zusammen, bis Algorithmus SUCHE auf den ersten Knoten v_0 trifft, dessen Splitwert $v_0^\circ = p_9$ im Intervall $(q_1^-, q_1^+]$ liegt.[1] Danach teilen sich die Suchpfade in die Fortsetzung π^- auf der linken und π^+ auf der rechten Seite und enden in Blättern b^- und b^+.

Für jeden Knoten v im Suchbaum T^1 bezeichne $F(v)$ die Menge der Punkte in seinen Blättern. Wir nennen $F(v)$ das *Fundament* von v. Das Fundament eines Blatts mit Punkt p ist $\{p\}$. Offenbar besteht das Fundament eines Knotens aus genau den Punkten von P, die in seinem Knotenintervall liegen; siehe Abbildung 1.21.

Fundament

---

[1]Sollte es keinen solchen Knoten geben, enden die Suchpfade am gleichen Blatt, und dessen Punkt ist auszugeben, wenn er im Anfrageintervall liegt.

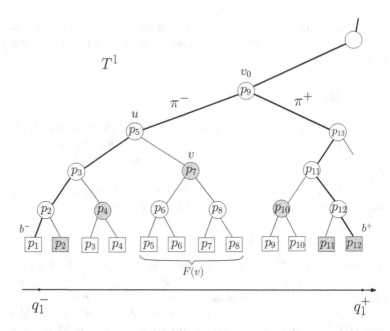

Abb. 3.5 Zerlegung der Antwort in Fundamente $F(v)$ von Teilbäumen. Deren Wurzeln sind grau gefärbt.

Beobachtung   Wir können nun Folgendes beobachten: Wann immer der Pfad π^- das linke Kind eines Knotens $u \neq v_0$ besucht, liegt das rechte Kind v von u zwischen π^- und π^+, und deswegen gehört sein Fundament $F(v)$ zur Antwort. Entsprechendes gilt für π^+: Wird ein rechtes Kind besucht, ist das Fundament des linken Geschwisterknotens Teil der Antwort. Im Beispiel in Abbildung 3.5 gehört außerdem das Fundament von Blatt b^+ zur Antwort, das Fundament von Blatt b^- aber nicht. Und durch diese Fundamente wird die gesamte Antwort disjunkt überdeckt!

Übungsaufgabe 3.4 zeigt, dass diese Aussage allgemein gilt. Lediglich bei den Blättern b^- und b^+ der beiden Suchpfade muss man im Einzelfall prüfen, ob ihre Fundamente im Anfrageintervall liegen.

 Übungsaufgabe 3.4   Sei $[q_1^-, q_1^+]$ eine Bereichsanfrage für T^1, und seien π^-, π^+ die Verlängerungen der Suchpfade zu den Intervallgrenzen, vom Teilungsknoten v_0 zu ihren Blättern b^- und b^+. Man zeige, dass die Fundamente der folgenden Knoten zusammen eine disjunkte Zerlegung der Antwort bilden: (i) die rechten Kinder der Knoten auf π^-, die selbst nicht auf π^- liegen; (ii) die linken Kinder der Knoten auf π^+, die selbst nicht auf π^+ liegen; (iii) gegebenenfalls die Blätter b^- oder b^+.

Das bedeutet: Jede Antwort auf eine Bereichsanfrage $[q_1^-, q_1^+]$ an T^1 setzt sich aus $O(\log n)$ vielen Fundamenten $F(v_i)$ zusammen. Man kann diese Knoten v_i mit Algorithmus SUCHE in Abschnitt 1.2.5 in Zeit $O(\log n)$ bestimmen.

Damit können wir die Idee aus unserer Vorbetrachtung wieder aufgreifen: Wenn wir für jeden Knoten v von T^1 eine Datenstruktur T_v^{d-1} *für die Punkte in* $F(v)$ vorbereitet hätten, mit der sich Anfragen wie

$$q' := [q_2^-, q_2^+] \times \dots \times [q_d^-, q_d^+]$$

effizient beantworten lassen, könnten wir jetzt diese Anfrage an jede Struktur $T_{v_i}^{d-1}$ stellen und am Ende die Antworten zusammensetzen.

Allgemein nennt man eine Anfrage *zerlegbar*, wenn ihre Antwort sich in Zeit $O(m + k)$ aus den Antworten auf Anfragen an ein System von m Teilmengen zusammensetzen lässt, wobei k die Ausgabegröße des Endergebnisses ist. | zerlegbare Anfrage

Bereichsanfragen sind — zum Glück — zerlegbar, die Frage, ob es zwischen n Strecken einen Schnittpunkt gibt, ist es nicht.

Der d-dimensionale Bereichsbaum T^d bekommt deshalb folgende Struktur: In dem nach X_1 sortierten Baum T^1 für die gesamte Punktmenge P verweist von jedem Knoten v ein Zeiger auf einen $d-1$-dimensionalen Bereichsbaum T_v^{d-1} für die Punktmenge $F(v)$. Diese Struktur enthält wiederum einen eindimensionalen Suchbaum für die X_2-Koordinaten der Punkte in $F(v)$, an seinen Knoten stehen Verweise auf $d-2$-dimensionale Bereichsbäume, und so geht es rekursiv weiter. | Struktur des Bereichsbaums

Der Bereichsbaum T^d besteht also aus d Schichten, jeweils eine für jede Dimension. Für $1 \leq j \leq d-1$ enthält die j-te Schicht lauter eindimensionale Suchbäume, die nach X_j sortiert sind und in ihren Blättern die j-ten Koordinaten gewisser Punkte aus P enthalten. Alle Knoten tragen Verweise in die nächste Schicht. Erst in der d-ten Schicht werden Antworten generiert; deshalb stehen dort die Originalpunkte an den Blättern der Suchbäume, aber keine weiteren Verweise. | mehrschichtiger Suchbaum

Beim Gedanken an den Speicherplatzbedarf eines Bereichsbaums T^d könnte man zunächst erschrecken. Aber sehen wir genauer hin! Der Bereichsbaum T^d besteht aus lauter eindimensionalen Suchbäumen T. Wir sagen, dass ein Punkt p in solch einem Suchbaum *vorkommt*, wenn eine seiner Koordinaten in einem Blatt von T gespeichert ist. Im ersten Bereichsbaum T^1 von T^d kommt p vor. Wenn seine X_1-Koordinate dort im Blatt b steht, gehört p zu jedem Fundament $F(v)$ der $O(\log n)$ vielen Knoten v auf dem Pfad von b hoch zur Wurzel von T^1. Folglich gehört p zur Datenmenge eines jeden anhängenden Bereichsbaums T_v^{d-1} und | Speicherplatz kommt somit in dessen eindimensionalem Suchbaum in der zweiten Schicht vor.

Dieses Argument lässt sich von Schicht zu Schicht fortsetzen. In der ersten Schicht kommt p nur einmal vor, danach wächst die Anzahl der Vorkommen von p beim Übergang zur nächsten Schicht jedes Mal mit einem Faktor $\leq \log n$ und beträgt insgesamt höchstens

$$\sum_{j=1}^{d} (\log n)^{j-1} = \frac{(\log n)^d - 1}{\log n - 1} \in \Theta((\log n)^{d-1})$$

Folglich wird für T^d insgesamt $O(n(\log n)^{d-1})$ viel Speicherplatz benötigt.

Bereichsanfrage   Die Stärke des Bereichsbaums liegt in der schnellen Beantwortung von Bereichsanfragen in Zeit $O((\log n)^d + k)$! Diese Schranke kann man leicht durch Induktion über die Dimension d beweisen:

Für $d = 1$ kennen wir die Anfragezeit aus Abschnitt 1.2.5. Für $d \geq 2$ werden zunächst in $O(\log n)$ Zeit die maximal $O(\log n)$ vielen Knoten v_i in T^1 bestimmt, deren Fundamente das Anfrageintervall $[q_1^-, q_1^+]$ disjunkt zerlegen; siehe Übungsaufgabe 3.4. Für jeden Bereichsbaum $T_{v_i}^{d-1}$ genügt nach Induktionsvoraussetzung $O((\log n_i)^{d-1} + k_i)$ Zeit, um die k_i vielen Datenpunkte zu berichten, die von den insgesamt n_i vielen dort gespeicherten Punkten im $d-1$-dimensionalen Hyperquader q' enthalten sind. Weil stets $n_i \leq n$ gilt und die Bäume $T_{v_i}^{d-1}$ paarweise disjunkte Punktmengen haben, folgt die Behauptung mit $k = \sum_i k_i$ durch Aufaddieren der höchstens $O(\log n)$ vielen Terme.

Aufbau   Schließlich müssen wir noch beschreiben, wie ein d-dimensionaler Bereichsbaum T^d aufgebaut wird. Bevor wir damit beginnen, werden Listen L_j für $1 \leq j \leq d$ generiert, in denen die Punkte aus P jeweils nach der j-ten Koordinate sortiert sind. Dies kann in Zeit $O(n \log n)$ geschehen, wobei die Konstante in der O-Notation von der Dimension d abhängt.

Jetzt kann der Aufbau von T^d ohne weitere Sortiervorgänge erfolgen. Mit Hilfe der nach X_1 sortierten Liste L_1 wird der erste Baum T^1 von T^d in Zeit $O(n)$ konstruiert. Dann werden die Listen $L_2, \ldots L_d$ durch Vergleich der X_1-Koordinaten ihrer Einträge mit den Splitwerten von T^1 so auf die Knoten von T^1 verteilt, dass anschliessend jeder Knoten v_i über Listen $L_{2,i}, \ldots, L_{d,i}$ verfügt, die genau diejenigen Punkte enthalten, deren X_1-Werte in seinem Knotenintervall liegen; dabei wird die Sortierung der Listen nicht verändert, siehe Abbildung 3.6.

Nun kann man die Listen von v_i zur Konstruktion von $T_{v_i}^{d-1}$ verwenden. Im nächsten Schritt wird also in linearer Zeit aus $L_{2,i}$

der nach X_2 sortierte Suchbaum von $T_{v_i}^{d-1}$ errichtet, und so fort. Am Ende der rekursiven Konstruktion wird die Liste L_d dazu verwendet, an den Blättern der eindimensionalen Bäume der letzten Koordinate die Namen der Punkte anzubringen.

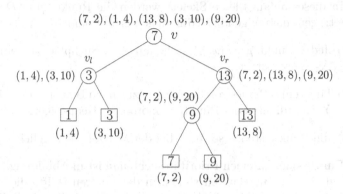

Abb. 3.6 Aufteilung von nach X_2 sortierten Listen in einem Suchbaum für X_1.

Abbildung 3.6 zeigt ein Beispiel für den Aufteilungsprozess. Man durchläuft die Liste an der Wurzel v sequentiell und fügt alle Punkte mit X_1-Koordinate < 7 in eine Liste bei v_l ein, und die mit Koordinate ≥ 7 bei v_r. Der Zeitaufwand für diese Aufteilung entspricht der Listenlänge, ist also durch die Größe der für v zu errichtenden Struktur T_v^1 nach oben beschränkt. Daraus folgt, dass der Aufbau eines Bereichsbaums T^d nach Sortieren in einer Zeit erfolgen kann, die linear in seiner Größe ist.

Damit haben wir folgendes Resultat bewiesen:

Theorem 3.6 *Sei $d \geq 2$. Ein d-dimensionaler Bereichsbaum zur Speicherung von n Punkten im $\mathbb{R}^d$ benötigt $O(n(\log n)^{d-1})$ viel Speicherplatz und kann in Zeit $O(n(\log n)^{d-1})$ aufgebaut werden. Eine orthogonale Bereichsanfrage lässt sich damit in Zeit $O((\log n)^d + k)$ beantworten.*

Bereichsbaum

3.2.4 Der Prioritätssuchbaum

Als Nächstes betrachten wir eine Datenstruktur, die ausschließlich zur Speicherung von Punktmengen in der Ebene dient. Sie stellt eine sinnvolle Kombination aus einem binären Suchbaum, wie in Abschnitt 1.2.5 beschrieben, und einem *heap* dar und wird als *Prioritätssuchbaum* (englisch: *priority search tree*) bezeichnet.

Prioritätssuchbaum

Gegeben sei eine Menge D von n Punkten $p_i = (x_i, y_i)$ in der Ebene. Wir nehmen an, dass ihre X-Koordinaten paarweise verschieden sind.

vereinfachende Annahme

Aufbau

Zunächst wird ein eindimensionaler balancierter Suchbaum für die Menge der in den Punkten in D vorkommenden X-Koordinaten aufgebaut. In jedem Knoten des Baums wird Platz für einen Datenpunkt reserviert.

In dieses anfangs leere Skelett werden die Punkte $p \in D$ so eingetragen, dass folgende Bedingungen erfüllt sind:

(1) Jeder Punkt $p = (x, y)$ steht auf dem Suchpfad zu seiner X-Koordinate x;

(2) längs eines Pfades von der Wurzel zu einem Blatt nehmen die Y-Koordinaten der Punkte monoton zu (Heap-Eigenschaft);

(3) die Punkte stehen so dicht bei der Wurzel wie möglich.

Ein Beispiel für einen Prioritätssuchbaum ist in Abbildung 3.7 gezeigt. In den Blattknoten stehen in der unteren Hälfte die X-Koordinaten der Punkte, in den internen Knoten sind da die Splitwerte verzeichnet. In der oberen Hälfte eines Knotens ist jeweils Platz für einen Punkt.

Wir machen uns zunächst klar, warum die drei Forderungen in jedem Fall erfüllbar sind:

Übungsaufgabe 3.5 Man zeige, dass im leeren Skelett eines Prioritätssuchbaums genügend Platz ist, um die Punkte so unterzubringen, wie die Bedingungen (1) bis (3) es verlangen. Finden alle Punkte in den internen Knoten Platz?

Um nun das leere Skelett zu füllen, können wir folgendermaßen vorgehen: Zunächst sortieren wir die Datenpunkte nach aufsteigenden Y-Koordinaten. Dann fügen wir sie in dieser Reihenfolge ein. Beim Einfügen von $p = (x, y)$ laufen wir den Suchpfad zum Blatt x hinab, bis wir auf einen freien Knoten treffen, und legen p dort ab. Übungsaufgabe 3.5 garantiert, dass stets ein freier Knoten angetroffen wird. Offenbar lässt sich der gesamte Aufbau in Zeit $O(n \log n)$ erledigen.

Wenn die Punkte vorher schon nach X-Koordinate sortiert sind, kann man den Prioritätsbaum aber schneller bauen:

Übungsaufgabe 3.6 Gegeben sei eine Menge von n Punkten in der Ebene, nach X-Koordinate aufsteigend sortiert. Man zeige, dass man in $O(n)$ Zeit den Prioritätssuchbaum für diese Punkte aufbauen kann, indem man bei den Blättern beginnt.

Anfrage

Was lasst sich mit einem Prioritätssuchbaum anfangen? Zunächst kann man eine eindimensionale *Anfrage* nach allen Punkten mit X-Koordinate in einem Intervall I damit beantworten,

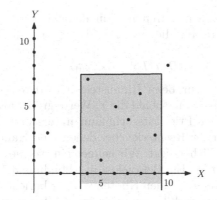

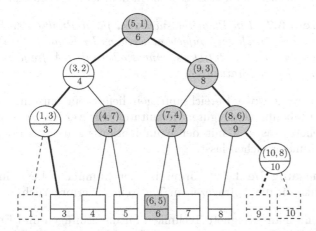

Abb. 3.7 Ein Prioritätssuchbaum für 9 Punkte in der Ebene und eine Anfrage mit dem Halbstreifen $[3.5, 9.5] \times (-\infty, 7.5]$. Die beiden Suchpfade zu den Intervallgrenzen sind fett gezeichnet und die Knoten in der Antwort grau. Gestrichelte Kanten und Knoten werden nicht besucht.

denn ein Prioritätssuchbaum ist ja insbesondere auch ein eindimensionaler Suchbaum.

Wenn wir die Suchpfade nach den Intervallgrenzen von I betrachten, so sind die Punkte mit X-Koordinaten in I jedenfalls in solchen Knoten des Prioritätssuchbaums gespeichert, die auf oder zwischen den Suchpfaden liegen; siehe Abbildung 3.7. Um die gesuchten Punkte zu finden, müssen wir also von der Wurzel aus in diesen Teil des Baums hinabsteigen. Dabei werden die Y-Koordinaten der Punkte größer, je tiefer wir kommen.

Angenommen, wir wären nur an denjenigen Punkten (x, y) aus D interessiert, für die $x \in I$ und $y \le y_0$ gilt, also an der Menge

$$D \cap (I \times (-\infty, y_0]).$$

Dann könnten wir beim Hinabsteigen in den Baum einfach anhalten und umkehren, sobald die Y-Werte größer als y_0 werden.

Man sieht: Der Prioritätssuchbaum unterstützt orthogonale Bereichsanfragen für Rechtecke, bei denen eine Kante (hier: die untere) im Unendlichen liegt. Wir nennen eine solche Anfrage eine *Halbstreifen-Anfrage*. Ein Beispiel ist in Abbildung 3.7 dargestellt.

Halbstreifen-
Anfrage

Die Punkte in den grauen Knoten sind zu berichten. Auch deren Kinder müssen noch besucht werden, um festzustellen, ob die darin enthaltenen Punkte schon zu große Y-Koordinaten haben, aber ein Besuch bei den Enkeln ist in dem Fall überflüssig.

statischer Prio-
ritätssuchbaum

Theorem 3.7   *Ein Prioritätssuchbaum für n Punkte der Ebene kann in Zeit $O(n \log n)$ aufgebaut werden. Er benötigt $O(n)$ viel Speicherplatz und gestattet es, eine Halbstreifen-Anfrage in Zeit $O(\log n + k)$ zu beantworten.*

Für rechteckige Bereichsanfragen liefert ein einzelner Prioritätssuchbaum keine guten Resultate; wir werden aber nachher sehen, was sich mit der Kombination mehrerer Prioritätssuchbäume erreichen lässt.

Übungsaufgabe 3.7   Warum ist der Summand $\log n$ in der Schranke für die Anfragezeit in Theorem 3.7 erforderlich?

dynamischer Prio-
ritätssuchbaum

Wenn man geeignete Techniken für das Einfügen und Entfernen im Prioritätssuchbaum verwendet, lassen sich alle Operationen in Zeit $O(\log n)$ bzw. $O(\log n + k)$ ausführen; siehe Ottmann und Widmayer [10]. Im folgenden legen wir diese Schranken zugrunde.

Anwendung:
Intervall-
überlappung

Prioritätssuchbäume haben interessante Anwendungen. Betrachten wir zum Beispiel das Problem, eine Menge von Intervallen auf der X-Achse so zu speichern, dass schnell ermittelt werden kann,

(1) welche Intervalle von einem X-Anfragewert aufgespießt werden oder

(2) welche Intervalle ein Anfrageintervall überlappen;

offenbar ist (1) ein Spezialfall von (2). Effiziente Lösungen für dieses Problem ergeben sich durch die Verwendung der speziellen Datenstrukturen *Segment-Baum* oder *Intervall-Baum*, die z. B. bei Güting [6] erläutert werden.

Wir wollen nun zeigen, wie sich der Prioritätssuchbaum hierfür verwenden lässt. Hilfreich ist folgende Beobachtung, die durch Abbildung 3.8 illustriert wird:

Lemma 3.8 *Seien $I_0 = [x_0, y_0]$ und $I = [x, y]$ zwei Intervalle auf der X-Achse. Dann gilt:*

$$I_0 \text{ überlappt } I \iff x \leq y_0 \text{ und } x_0 \leq y$$
$$\iff (y_0, x_0) \text{ liegt rechts unterhalb von } (x, y).$$

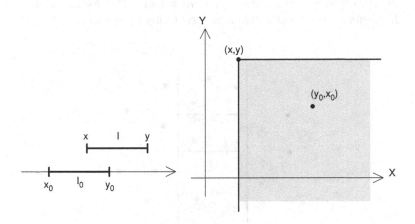

Abb. 3.8 Das Problem Intervallüberlappung wird in eine Bereichsanfrage transformiert.

Während der Beweis dieses Sachverhalts trivial ist, sind seine Konsequenzen recht nützlich: Anstatt alle gespeicherten Intervalle $[x_0, y_0]$ zu bestimmen, die das Anfrageintervall $[x, y]$ überlappen, brauchen wir nur die Punkte (y_0, x_0) zu finden, die in der Ebene rechts unterhalb von (x, y) liegen. Und hierfür lässt sich der Prioritätssuchbaum bestens verwenden, denn die Viertelebene $[x, \infty) \times (-\infty, y]$ ist ein nach rechts unbeschränkter Halbstreifen!

Als Folge dieser *geometrischen Transformation* erhalten wir: geometrische Transformation

Theorem 3.9 *Man kann n Intervalle in linearem Platz so speichern, dass sich Überlappungsanfragen in Zeit $O(\log n + k)$ beantworten lassen. Es ist möglich, ein Intervall in Zeit $O(\log n)$ einzufügen oder zu entfernen.*

Eigentlich ist eine Bereichsanfrage mit einem Halbstreifen von einer Anfrage mit einem „echten" Rechteck nicht so sehr verschieden; man könnte auf die Idee kommen, das Rechteck aus zwei Halbstreifen zusammenzusetzen, wie Abbildung 3.9 zeigt.

Natürlich führt dieser Ansatz *nicht* zu einer Output-sensitiven Lösung des Anfrageproblems für Rechtecke, denn jeder der beiden Halbstreifen könnte sehr viele Datenpunkte enthalten, ihr Durchschnitt aber nur wenige.

Trotzdem hat diese Idee einen guten Kern.

Anwendung:
Bereichsanfragen
mit fester Höhe

Theorem 3.10   *Sei $h > 0$ fest vorgegeben. Dann lassen sich n Punkte in der Ebene in linearem Platz so speichern, dass jede Bereichsanfrage mit einem achsenparallelen Rechteck der Höhe h in Zeit $O(\log n + k)$ beantwortet werden kann. Das Einfügen und Entfernen eines Punktes kann in Zeit $O(\log n)$ erfolgen.*

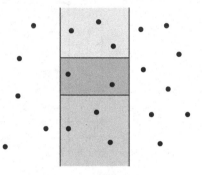

Abb. 3.9 Der Durchschnitt von zwei Halbstreifen bildet ein Rechteck.

Beweis. Wir denken uns die Ebene in waagerechte Streifen der Höhe h zerlegt, die von unten nach oben durchnumeriert werden. Die Nummern der $\leq n$ vielen Streifen, in denen sich Datenpunkte befinden, werden in einem balancierten Suchbaum T_s gespeichert. Für jeden Streifen S_i werden zwei Prioritätssuchbäume eingerichtet: T_i^o für nach oben beschränkte und T_i^u für nach unten beschränkte Halbstreifen; siehe Abbildung 3.10.

Jedes orthogonale Anfragerechteck q der Höhe h schneidet in der Regel zwei aufeinanderfolgende Streifen. Ihre Nummern erhalten wir als Ergebnis einer eindimensionalen Bereichsanfrage an T_s.

Für den oberen Streifen ist eine Anfrage mit nach oben beschränktem Halbstreifen auszuführen, beim unteren Streifen ist der Halbstreifen nach unten beschränkt. Da für jeden Typ der passende Prioritätssuchbaum T_i^o bzw. T_i^u zur Verfügung steht, kann die Anfrage schnell beantwortet werden. Die Schranken für Laufzeit und Speicherbedarf ergeben sich unmittelbar.   □

Weitere Anwendungsmöglichkeiten dieses Prinzips finden sich in Klein et al. [7].

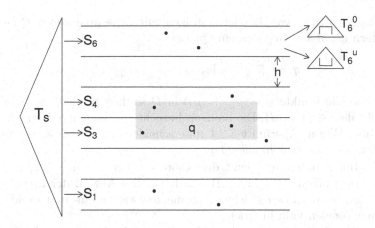

Abb. 3.10 Für jeden nicht-leeren waagerechten Streifen werden zwei Prioritätssuchbäume eingerichtet.

3.2.5 KD–Bäume für höherdimensionale Daten*

Für Punktmengen in höherdimensionalem Raum haben wir in Abschnitt 3.2.3 Bereichsbäume kennengelernt. Aber auch das Konzept der zweidimensionalen KD–Bäume aus Abschnitt 3.2.1 lässt sich geschickt auf höhere Dimensionen übertragen. Weil wir den hochdimensionalen Raum schwer zeichnen können, müssen wir uns jetzt auf genaue Terminologie und Notation verlassen. An die Stelle der zweidimensionalen Rechtecke $R(v)$, die zu den Knoten im Baum gehören, treten jetzt d-dimensionale *Quader*

$$R(v) = (v_1^-, v_1^+) \times (v_2^-, v_2^+) \times \ldots \times (v_d^-, v_d^+)$$

als Kartesisches Produkt von d Intervallen, und an die Stelle der Splitgeraden treten *Splithyperebenen* im d-dimensionalen Raum $\mathbb{R}^d$. Die Splithyperebene $X_i = v^\circ$ des Knotens v zerlegt $R(v)$ in zwei Teilquader $R(u)$ und $R(w)$ für seine Kinder u und w, wobei

$$(u_i^-, u_i^+) = (v_i^-, v^\circ); \qquad (v^\circ, v_i^+) = (w_i^-, w_i^+);$$
$$\text{und} \quad (u_j^-, u_j^+) = (v_j^-, v_j^+) = (w_j^-, w_j^+) \quad \text{für alle } j \neq i$$

gilt. Die d Koordinaten werden zyklisch abwechselnd als Splitkoordinaten verwendet: Für die Erzeugung von Knoten auf Tiefe i benutzen wir Koordinate $(i \bmod d) + 1$. Die Splithyperebene von v ist also $X_{(i \bmod d)+1} = v^\circ$.

Ein d-dimensionaler KD–Baum lässt sich genauso effizient bauen wie ein zweidimensionaler KD–Baum. Wir können ihn zur

(Randbegriffe:) höhere Dimensionen · Quader · Splithyperebenen

Beantwortung von Bereichsanfragen mit achsenparallelen Quadern benutzen: Gegeben ein Quader

$$q = [q_1^-, q_1^+] \times [q_2^-, q_2^+] \times \dots \times [q_d^-, q_d^+],$$

finde alle Punkte $p = (p_1, \dots, p_d)$ in D so dass $p_i \in [q_i^-, q_i^+]$ gilt für alle $i \in \{1, \dots, d\}$. Die Laufzeit braucht eine genauere Betrachtung. Wie in Abschnitt 3.2.1 unterscheiden wir wieder zwischen *Innenknoten* und *Randknoten*.

Innenknoten sind jetzt die Knoten v, bei denen $(v_i^-, v_i^+) \subset [q_i^-, q_i^+]$ für alle $i \in \{1, \dots, d\}$ erfüllt ist. Die Anzahl der Innenknoten ist, nach den gleichen Argumenten wie im ein- und zweidimensionalen Fall, in $O(k)$.

Ein Randknoten ist, nach wie vor, ein Knoten v, dessen Region $R(v)$ den Anfragequader schneidet, aber nicht vollständig darin enthalten ist. Daher muss für alle $i \in \{1, \dots, d\}$ gelten: $(v_i^-, v_i^+) \cap [q_i^-, q_i^+] \neq \emptyset$, aber es muss mindestens ein $j \in \{1, \dots, d\}$ geben mit $q_j^- \in (v_j^-, v_j^+)$ oder $q_j^+ \in (v_j^-, v_j^+)$. In geometrischer Terminologie sagen wir dann, dass $R(v)$ von mindestens einer der Hyperebenen $X_j = q_j^-$ oder $X_j = q_j^+$ geschnitten wird.

Wir werden jetzt für ein festes j analysieren, wie viele Randknoten die Hyperebene $X_j = q_j^-$ schneiden kann. Dazu sei

$t_i = $ Anzahl der Randknoten v der Tiefe i in T, deren Quader $R(v)$ von Hyperebene $X_j = q_j^-$ geschnitten wird.

Wenn v ein Knoten in Tiefe $j - 1 \pmod{d}$ ist, auf den diese Eigenschaft zutrifft, so kann sie nur für *eines* seiner beiden Kinder ebenfalls gelten, denn das Intervall (v_j^-, v_j^+) von v wird ja von der zu v gehörenden Splithyperebene $X_j = v^\circ$ in die Intervalle (v_j^-, v°) und (v°, v_j^+) der beiden Kinder zerlegt, und nur *eines* dieser beiden Intervalle kann wiederum q_j^- enthalten. Bei einem Knoten v in einer Tiefe $i \neq j - 1 \pmod{d}$ können aber beide Kinder von $X_j = q_j^-$ geschnitten werden.

Aus dieser Überlegung ergibt sich

$$t_{i+d} \leq 2^{d-1} t_i,$$

denn in d konsekutiven Tiefenniveaus muss auch die Tiefe $i = j - 1 \pmod{d}$ einmal vorkommen.[2]

---

[2]Diese Formel verallgemeinert die entsprechende Aussage für $d = 2$ und beantwortet damit die am Ende von Abschnitt 3.2.1 aufgeworfene Frage nach $d = 3$.

Da unser KD–Baum bei Höhe h rund h/d viele Abschnitte aus d konsekutiven Tiefenniveaus enthält, gibt es in Tiefe h höchstens

$$O(2^{h(d-1)/d})$$

viele Randknoten v, deren Quader $R(v)$ von der Hyperebene $X_j = q_j^-$ geschnitten werden, und diese obere Schranke deckt auch die Anzahl solcher Knoten weiter oben im KD–Baum mit ab. Die gleiche Schranke gilt für die Anzahl der Randknoten, deren Regionen von einer anderen der $2d$ Hyperebenen geschnitten werden, die den Anfragequader q bestimmen. Damit ist bewiesen:

Theorem 3.11 *Ein ausgeglichener KD–Baum zur Speicherung von n Punkten des $\mathbb{R}^d$ hat eine durch $O(\log n)$ beschränkte Höhe. Er lässt sich in Zeit $O(n \log n)$ konstruieren und benötigt $O(n)$ viel Speicherplatz. Eine orthogonale Bereichsanfrage läßt sich in Zeit $O(n^{1-1/d} + k)$ beantworten; dabei bezeichnet k die Größe der Antwort.*

Bei diesen Aussagen hängen die Konstanten in der O-Notation von der Dimension d ab. Wenn d sehr groß wird, wächst die Laufzeit für eine Bereichsanfrage immer mehr gegen die triviale Schranke $O(n)$. Eine Stärke des KD–Baums liegt aber im geringen Platzbedarf; man kann zeigen, dass für Bereichsanfragen $\Omega(n^{1-1/d})$ eine untere Schranke darstellt, wenn man mit linearem Speicherplatz auskommen muss; vgl. Mehlhorn [8]. Insofern ist der KD–Baum optimal.

Stellt man jedoch für die Speicherung von n Punkten im $\mathbb{R}^d$ mehr als $O(n)$ Speicherplatz zur Verfügung, lässt sich der Zeitbedarf für Bereichsanfragen weiter reduzieren, wie wir bei den Bereichsbäumen in Abschnitt 3.2.3 gesehen haben.

Es gibt interessante Anwendungen von KD–Bäumen für kleinere Dimensionen. Hierzu ein Beispiel:

Wie oben schon erwähnt, können Rechtecke in der Ebene auch als Punkte im vierdimensionalen Raum betrachtet und in einem vierdimensionalen KD–Baum gespeichert werden.

Es wird sich als geschickt erweisen, ein Rechteck $p = [p^-.x, p^+.x] \times [p^-.y, p^+.y]$ als Punkt $(-p^-.x, p^+.x, -p^-.y, p^+.y)$ darzustellen.

Das erlaubt uns nämlich, Bereichsanfragen mit Rechtecken einfach zu beantworten. Die folgende Methode verallgemeinert die *geometrische Transformation*, die wir in Abschnitt 3.2.4 bei der Intervallüberlappung verwendet haben.

geometrische
Transformation

Gegeben sei ein Anfragerechteck q. Wir wollen alle gespeicherten Rechtecke p finden, die q schneiden. Ein Rechteck p schneidet

Anwendung

das Anfragerechteck $q = [q^-.x, q^+.x] \times [q^-.y, q^+.y]$ genau dann, wenn diese vier Bedingungen erfüllt werden:

- $p^-.x \leq q^+.x$, oder anders formuliert: $-p^-.x \in [-q^+.x, \infty)$,

- $p^+.x \geq q^-.x$, oder anders formuliert: $p^+.x \in [q^-.x, \infty)$,

- $p^-.y \leq q^+.y$, oder anders formuliert: $-p^-.y \in [-q^+.y, \infty)$,

- $p^+.y \geq q^-.y$, oder anders formuliert: $p^+.y \in [q^-.y, \infty)$.

Die Frage, welche gespeicherten Rechtecke das Rechteck q schneiden, kann also mit der folgenden vierdimensionalen Quaderanfrage im vierdimensionalen KD–Baum beantwortet werden:

$$[-q^+.x, \infty) \times [q^-.x, \infty) \times [-q^+.y, \infty) \times [q^-.y, \infty).$$

Nach Theorem 3.11 wird eine solche Anfrage in $O(n^{3/4} + k)$ Zeit beantwortet. Im Allgemeinen bekommen wir für d-dimensionale Quader folgendes Resultat:

Theorem 3.12 *Ein ausgeglichener* $2d$-*dimensionaler KD–Baum zur Speicherung von* n *orthogonalen Quadern des* $\mathbb{R}^d$ *hat eine durch* $O(\log n)$ *beschränkte Höhe. Er lässt sich in Zeit* $O(n \log n)$ *konstruieren und benötigt* $O(n)$ *viel Speicherplatz. Eine orthogonale Bereichsanfrage lässt sich in Zeit* $O(n^{1-1/(2d)} + k)$ *beantworten; dabei bezeichnet* k *die Größe der Antwort.*

Auch KD–Bäume können mit priorisierten Punkten wie im Prioritätssuchbaum von Abschnitt 3.2.4 ausgestattet werden. Beim Bauen eines Teilbaums mit Wurzel v speichern wir dann in v für jede Koordinate den Punkt mit dem höchsten Wert für diese Koordinate. Diese Punkte werden dann nicht unter den Kindern von v verteilt. Man kann zeigen, dass man damit die Anfragezeit in Theorem 3.12 noch auf $O(n^{1-1/d} + k)$ verbessern kann [1].

3.3 Dynamische Datenstrukturen

In den letzten Abschnitten haben wir verschiedene Datenstrukturen kennengelernt, die geometrische Objekte speichern und bestimmte Arten von Anfragen effizient beantworten können. Diese Datenstrukturen sind *statisch*: Änderungen der gespeicherten Datenmenge können nicht effizient durchgeführt werden. Für die Anwendung, zum Beispiel, als Status-Struktur oder Ereignis-Struktur in einem Sweepalgorithmus, reicht das aber nicht aus. In solchen Fällen brauchen wir eine *dynamische Datenstruktur*, das

statische
Datenstruktur

dynamische
Datenstruktur

heißt, dass man auch effizient einzelne Objekte in die Datenstruktur einfügen oder daraus entfernen können muss, ohne erheblichen Effizienzverlust bei den Anfragen. In diesem Abschnitt werden wir breit anwendbare Methoden kennenlernen, mit denen man *statische* Datenstrukturen zu *dynamischen* Datenstrukturen umbauen kann.

3.3.1 Wegwerfdynamisierung

In diesem Abschnitt besprechen wir zuerst eine Methode, die praktisch auf alle Datenstrukturen für zerlegbare Anfragen anwendbar ist. Die Methode ist einfach, aber nicht besonders effizient. Im nächsten Abschnitt werden wir dann die Grundidee der Methode weiter ausarbeiten, um effizientere Lösungen zu bekommen.

Allgemein nennt man eine Anfrage an eine Menge D *zerlegbar*, wenn ihre Antwort sich in Zeit $O(m + k)$ aus den Antworten auf Anfragen an ein System von m Teilmengen $D_1, ..., D_m \subset D$ zusammensetzen lässt, wobei k die Ausgabegröße des Endergebnisses ist. Außer Bereichsanfragen gibt es noch viele andere Arten von zerlegbaren Anfragen. Wenn zum Beispiel die Datenobjekte in D und das Anfrageobjekt Punkte sind, könnte eine Anfrage mit einem Punkt q nach dem zu q nächstgelegenen Punkt von D fragen. Eine solche Anfrage wäre ebenfalls zerlegbar. Fragen wir dagegen nach dem dichtesten Punktepaar in D, haben wir mit einer nicht zerlegbaren Anfrage zu tun, denn die beiden beteiligten Punkte brauchen sich nicht in derselben Teilmenge D_i zu befinden; daher kann man das Endergebnis nicht aus Teilergebnissen für die einzelnen Teilmengen herleiten.

Gegeben sei jetzt eine statische Datenstruktur, die Objekte eines bestimmten Datentyps speichert und eine Art von zerlegbaren Anfragen unterstützt. Wir nehmen an, dass wir über zwei Algorithmen für die statische Datenstruktur verfügen. Erstens, einen Algorithmus, mit dem man die Datenstruktur effizient bauen kann. Zweitens, einen Algorithmus, mit dem man die Anfragen effizient beantworten kann. Wir nehmen an, die Datenstruktur ist im Übrigen eine *Blackbox*: außer diesen zwei Algorithmen haben wir keine Möglichkeiten, die Datenstruktur zu ändern oder zu benutzen. Sei $Q(A, D)$ die Laufzeit einer Anfrage A, wenn die Datenstruktur die Objektmenge D speichert. Die Zerlegbarkeit der Anfragen gewährleistet, dass wir Anfragen über eine Objektmenge D, die in m Teilmengen $D_1, ..., D_m$ zerlegt und gespeichert ist, in $O(\sum_{i=1}^{m} Q(A, D_i))$ Zeit beantworten können. Wie können wir auf dieser Grundlage eine dynamische Datenstruktur bauen, ohne uns mit der Implementierung der statischen Datenstruktur zu beschäftigen?

zerlegbare Anfrage

Eine relativ einfache Lösung wäre diese: Wir speichern die Objekte nicht nur in der *Grunddatenstruktur*, die wir für die Beantwortung von Anfragen benutzen wollen, sondern auch in einer unsortierten Liste. Zum Einfügen oder Entfernen eines Objektes fügen wir es zuerst in diese Liste ein oder entfernen es daraus. Anschließend werfen wir die Grunddatenstruktur weg und bauen sie von Grund auf neu, mit dem aktuellen Inhalt der Liste als Eingabe. Besonders effizient ist diese Lösung natürlich nicht. Die Kosten, ein Objekt in die Liste einzufügen oder daraus zu entfernen, können zwar auf $O(\log n)$ pro Operation reduziert werden, indem wir einen balancierten Suchbaum statt einer unsortierten Liste benutzen. Dennoch kostet der Neubau der ganzen Grunddatenstruktur bei jeder Einfüge- oder Entferne-Operation mindestens $\Omega(n)$ Zeit.

Trotzdem steckt in diesem Ansatz der Kern einer guten Idee. Weil die Anfragen zerlegbar sind, können wir D auf mehrere kleinere Grunddatenstrukturen verteilen. Zur Beantwortung einer Anfrage führen wir die Anfrage-Operationen einfach auf jeder diesen Strukturen aus. So bekommen wir gewisse Teilergebnisse, aus denen wir das Endergebnis effizient berechnen können. Eine Einfüge- oder Entferne-Operation kann jetzt effizienter ausgeführt werden, weil nur eine der kleineren Grunddatenstrukturen neu gebaut werden muss.

Aufteilung der Datenstruktur

Als Beispiel betrachten wir eine Datenstruktur, die eine Menge Strecken in der Ebene speichert, und Anfragen der folgenden Art beantwortet: Welche Strecke ist vom Ursprung in der Kompassrichtung ϕ sichtbar? Die statische Datenstruktur besteht daraus, dass man die Strecken im Polarkoordinatensystem darstellt (siehe die Lösung von Übungsaufgabe 2.13), ihre untere Kontour berechnet und diese als balancierten Suchbaum, nach Kompassrichtung geordnet, speichert. Eine solche Datenstruktur zu bauen, kostet, für m Strecken, $O(\lambda_3(m)\log m)$ Zeit (Korollar 2.16). Eine Anfrage-Operation besteht daraus, dass man im balancierten Suchbaum in $O(\log \lambda_3(m))$ Zeit die Strecke findet, die in der gefragten Kompassrichtung sichtbar ist.

ray shooting

Für eine dynamische Datenstruktur, die zu jeder Zeit höchstens N Strecken speichern soll, verteilen wir die Strecken beliebig auf $\sqrt{N}$ statische Strukturen mit jeweils höchstens $\sqrt{N}$ Strecken. Wir werden die einzelnen statischen Strukturen *Zimmer* nennen; alle Zimmer zusammen bilden das *Hotel*. Für jedes Zimmer behalten wir separat eine unstrukturierte Liste von allen Strecken im Zimmer bei. Außerdem halten wir für jedes Zimmer nach, wie viele Strecken im Zimmer anwesend sind. Ein Zimmer, das $\sqrt{N}$ Strecken enthält, ist *voll*. Wir nehmen an, jede Strecke

Zimmer

Hotel

hat einen Schlüssel, der sie eindeutig identifiziert[3]. Wir speichern
die Strecken noch einmal alle zusammen in einem balancierten
Suchbaum, dem *Gästebuch*, in dem sie nach Schlüsseln geordnet   Gästebuch
sind. Im Gästebuch vermerken wir für jede Strecke, in welchem
Zimmer sie gespeichert ist.

Die Operationen der dynamischen Datenstruktur werden jetzt
wie folgt implementiert. Zum *Einfügen* einer Strecke finden wir ein   Einfügen
Zimmer, das noch nicht voll ist, und bauen die Grunddatenstruktur in diesem Zimmer neu, unter Aufnahme der neuen Strecke.
Außerdem fügen wir die Strecke mit einem Zeiger auf ihr Zim-
mer in das Gästebuch ein. Zum *Entfernen* einer Strecke finden   Entfernen
wir anhand des Gästebuchs, in welchem Zimmer sie gespeichert
ist; wir entfernen die Strecke aus dem Gästebuch und bauen das
Zimmer neu, unter Weglassen dieser Strecke. Zur Beantwortung
einer *Anfrage* führen wir die Anfrage-Operation auf allen Zimmern   Anfrage
aus und behalten von den Antworten diejenige Strecke, die in der
gefragten Richtung am nächsten zum Ursprung liegt.

Durch Balancierung kann der Suchbaum des Gästebuchs so instand gehalten werden, dass Einfüge- oder Entferne-Operationen
immer in $O(\log n)$ Zeit laufen, wobei n die Anzahl der aktuell gespeicherten Objekte ist. Man kann einfach nachvollziehen, dass die Einfüge- und Entferne-Operationen in der dynamischen Datenstruktur (Zimmer und Gästebuch) jetzt jeweils in
höchstens $O(\lambda_3(\sqrt{N}) \log N)$ Zeit laufen, während eine Anfrage
$O(\sqrt{N} \log(\lambda_3(\sqrt{N})))$ Zeit kostet. Damit sind die Anfragen jetzt
deutlich langsamer als in der statischen Datenstruktur, aber nicht
langsamer als die Einfüge- und Entferne-Operationen, die jetzt
viel schneller als vollständiger Neubau sind. Je nach Anwendung
hat man so vielleicht eine bessere Balance gefunden; oder man
würde mehr, aber kleinere, Zimmer bauen, oder eben weniger,
aber größere.

Im Allgemeinen erreicht man mit dieser Methode folgendes
Resultat:

Theorem 3.13 *Wenn wir, für $m < N$, in $B(m)$ Zeit für m
Objekte eine statische Datenstruktur bauen können, die zerlegbare Anfragen mit Ausgabegröße k in $Q(m) + O(k)$ Zeit beantwortet, dann können wir eine dynamische Datenstruktur bauen, die
Anfragen in $O(\frac{N}{m}Q(m) + k)$ Zeit beantwortet und Einfüge- und
Entferne-Operationen in $O(\log n + B(m))$ Zeit anbietet, wobei N
die maximale Anzahl der gleichzeitig in der Datenstruktur gespeicherten Objekte ist.*

---

[3]Der Schlüssel identifiziert nur die Strecke; mit dem Zugang zum Zimmer
hat er nichts zu tun.

Übungsaufgabe 3.8   Die Methode lässt sich auch auf zwei-dimensionale KD–Bäume anwenden. Wie soll man m wählen, damit Einfüge-Operationen, Entferne-Operationen und Rechtecksanfragen alle die gleiche Laufzeitschranke haben, abgesehen von logarithmischen Faktoren und Ausgabe-abhängigen Termen?

Ideal ist diese Methode nicht. Weil $B(m)$ typischerweise mindestens $\Omega(m)$ ist, lässt sich mit dieser Methode nicht vermeiden, dass mindestens eine Art von Operationen (Anfrage, Einfügen oder Entfernen) polynomielle Zeit kostet. Außerdem setzt die Methode voraus, dass wir die Zimmergröße m im Voraus festlegen.

3.3.2   Die logarithmische Methode*

Im Beispiel mit der Sichtbarkeitsstruktur haben wir gesehen, dass bei Anfragen die Anzahl der Zimmer problematisch ist, beim Einfügen und Entfernen aber die Größe der Zimmer. In diesem Abschnitt werden wir die sogenannte *logarithmische Methode* oder
Binärstruktur kennenlernen. Sie ermöglicht es, viel weniger Zimmer zu haben, während gleichzeitig gewährleistet ist, dass die Einfüge-Operationen im Durchschnitt auf viel kleinere Zimmer wirken. Mit der logarithmischen Methode werden die Objekte hinter den Kulissen in Bündeln verarbeitet, so dass hoher Zeitaufwand für einzelne Objekte vermieden wird. Dafür brauchen die Entferne-Operationen aber mehr Aufmerksamkeit, denn sie erfordern maßgeschneiderte Eingriffe in die Grundstruktur.

Binärstruktur

Die Struktur und die Algorithmen

Wie kann man weniger Zimmer haben und doch mit kleineren Zimmern arbeiten? Das Geheimnis der logarithmischen Methode ist, dass die Zimmer nicht gleich groß sind. Stattdessen benutzen wir ein Hotel, das aus einer Sequenz von Zimmern $T_0, T_1, T_2, \ldots$ besteht. Jedes Zimmer T_i ist entweder frei, also leer, oder es ist belegt mit einer Instanz der Grundstruktur, die höchstens 2^i Objekte speichert.

Zeitpunkt

Als *Zeitpunkt* einer Einfüge- oder Entferne-Operation bezeichnen wir die Position der Operation in der Reihenfolge aller Einfüge- und Entferne-Operationen. Für jedes belegte Zimmer speichern wir den Zeitpunkt der Operation, während der das Zimmer zuletzt belegt wurde. Weiter speichern wir immer die Zahl n, die aktuelle Anzahl der Objekte in allen Zimmern zusammen, und die Zahl m, die Anzahl der Objekte zur Zeit der Initialisierung des Hotels plus die Anzahl der seitdem durchgeführten Einfüge-Operationen. Es gilt also stets

$$m = \text{\#Objekte bei Initialisierung} + \text{\#Einfüge-Operationen}$$
$$n = m - \text{\#Entferne-Operationen}$$

Wir nehmen an, dass die Grundstruktur es ermöglicht, alle in Zimmer T_z gespeicherten Objekte in $L \cdot m_z$ Zeit auszulesen, wobei L eine ausreichend große Konstante ist und m_z die Anzahl von Objekten, die in T_z gespeichert wurden, als das Zimmer zuletzt belegt wurde[4].

Zur *Initialisierung* des Hotels mit einer Menge D von n Objekten bauen wir die Grundstruktur für D und speichern sie als T_z, wobei $z = \lceil \log_2 n \rceil$. Alle anderen Zimmer bleiben frei. Wir setzen $m = n = |D|$.   *Initialisierung*

Anfragen werden nach wie vor beantwortet, indem wir alle nicht-leeren Zimmer $T_0, T_1, T_2, \dots$, befragen und die Ergebnisse zusammenfügen.   *Anfrage*

Zum *Einfügen* eines Objektes p bestimmen wir den kleinsten Index z, so dass Zimmer T_z frei ist. Wir sammeln alle Objekte aus $T_0, \dots, T_{z-1}$ mit dem neuen Objekt p in einer Menge D. Diese Objekte ziehen jetzt zusammen ins Zimmer T_z, das heißt, wir bauen für D eine neue Grundstruktur, die ab jetzt Zimmer T_z darstellt. Die Zimmer $T_0, \dots, T_{z-1}$ werden geleert und freigegeben. Dabei erhöhen sich die Zahlen m und n beide um eins. Zum Schluss vermerken wir den Zeitpunkt, zu dem wir das Objekt eingefügt haben. Abbildung 3.11 zeigt ein Beispiel.   *Einfügen*

Zum *Entfernen* eines Objektes p bestimmen wir zuerst, welches Zimmer das Objekt enthält; wie das geht, wird auf Seite 156 bei der Analyse der Entferne-Operation besprochen. Dann entfernen wir das Objekt aus dem Zimmer (wie genau, das hängt von der Grundstruktur ab). Die Anzahl der gespeicherten Objekte im ganzen Hotel, n, verringert sich dabei um eins. Die Anzahl der Objekte in T_z ist jetzt kleiner als 2^z, vielleicht sogar null; wir geben das Zimmer aber vorerst nicht frei und versuchen nicht direkt, den Platz neu zu verwenden.   *Entfernen*

Sobald aber $n \leq m/2$ wird, *initialisieren* wir das ganze Hotel neu: Wir sammeln alle Objekte aus $T_0, T_1, T_2, \dots$, in einer Menge D, leeren alle Zimmer, bauen eine neue Grundstruktur für D und speichern sie als T_z, wobei $z = \lceil \log_2 n \rceil$; schließlich setzen wir $m = n = |D|$.   *Neu-Initialisierung*

---

[4]Wenn nötig, schaffen wir diese Funktionalität, indem wir die Grundstruktur mit einem Array erweitern; das Array speichert alle Objekte in der Grundstruktur, nach eindeutigen Schlüsseln sortiert.

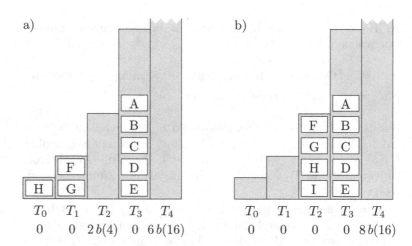

$$
\begin{array}{ccccc}
T_0 & T_1 & T_2 & T_3 & T_4 \\
0 & 0 & 2\,b(4) & 0 & 6\,b(16)
\end{array}
\qquad
\begin{array}{ccccc}
T_0 & T_1 & T_2 & T_3 & T_4 \\
0 & 0 & 0 & 0 & 8\,b(16)
\end{array}
$$

Abb. 3.11 Die Zimmerbelegung im logarithmischen Hotel a), nachdem es mit fünf Objekten A–E initialisiert wurde und drei weitere Objekte F–H einfügt wurden; b) nach dem Einfügen eines weiteren Objekts I. Die Zahlen unter den Zimmernummern werden auf Seite 153 erklärt.

 Übungsaufgabe 3.9   Wie viele Objekte befinden sich in jedem Zimmer nach jeder Operation in der folgende Reihe: 0. Initialisierung mit drei Objekten; 1–3. Einfügen von drei weiteren Objekten; 4. Entfernen des als vorletztes eingefügten Objektes; 5. Einfügen eines weiteren Objekt; 6. Entfernen des letzten eingefügten Objektes; 7. Einfügen eines weiteren Objekt; 8. Entfernen des als vorletztes eingefügten Objektes; 9. Entfernen des letzten eingefügten Objektes.

Auf den ersten Blick sieht es vielleicht so aus, als ob wir nichts gewonnen haben. Die Einfüge- und Entferne-Operationen sind im schlimmsten Fall genauso langsam wie bei der Wegwerfmethode: Manchmal muss beim Einfügen oder Entfernen eines Objektes die ganze Datenstruktur neugebaut werden! Eine gute Schranke für die Laufzeit jeder einzelnen Operation ist somit nicht möglich. In Wahrheit haben wir aber einen großen Vorteil erzielt: Zwar kann es für spezielle Werte von n vorkommen, dass unsere Struktur komplett oder zu einem großen Teil neu aufgebaut werden muss, aber dieser Fall tritt nicht so häufig ein!

Wenn man zum Beispiel in ein anfangs leeres Hotel acht Objekte einfügt, ist die letzte Einfüge-Operation teuer, weil dann auch alle vorher eingefügten Objekte in das Zimmer T_3 einziehen. Das schafft aber Platz in den Zimmern T_0, T_1 und T_2, so dass sich die nächsten sieben Objekte wieder mit sehr geringem Aufwand

einfügen lassen. Anders ausgedrückt: Die Investition an Umbau-
arbeit *amortisiert sich* im Laufe der Zeit!   Amortisierung
    Die interessante Frage lautet also: Wie hoch sind die Kosten
im Mittel, wenn man eine längere Folge von Operationen betrachtet? Die Betrachtung der mittleren Kosten pro Operation ist für
die Praxis durchaus sinnvoll. Wer nacheinander fünfzig neue Objekte eingeben muss, interessiert sich hauptsächlich für den im
ungünstigsten Fall entstehenden Gesamtaufwand und nicht für
den Zeitaufwand jeder einzelnen Operation.

Analyse der Zimmerbelegung

Wir werden zeigen, dass wir für die Laufzeit von Einfüge- und
Entferne-Operationen, im Durchschnitt über die gesamte Lebens-
dauer der Datenstruktur, gute Schranken bekommen können. Dazu schauen wir uns zuerst die Zimmerbelegung genauer an. Wenn
wir die Datenstruktur initialisieren, werden die n Objekte von D
im Zimmer T_z mit $z = \lceil \log_2 n \rceil$ untergebracht. Sei $Z = 2^z$ die
Kapazität dieses Zimmers; Z ist also gleich n, auf die nächste
Zweierpotenz hochgerundet. Sei f die Anzahl von Objekten, die
nach der letzten (Neu-)Initialisierung des Hotels eingefügt wurden. Beim Einfügen von weiteren Objekten gilt stets die folgende
Eigenschaft:

Lemma 3.14 *Sei $c_h c_{h-1} ... c_1 c_0$ die Darstellung der Zahl $Z + f$
im Binärsystem, das heißt, $c_i \in \{0, 1\}$ für jedes i und $Z + f =
\sum_{i=0}^{h} c_i \cdot 2^i$. Dann ist T_i belegt, genau dann wenn $c_i = 1$.*

Beweis. Beim Einfügen eines Objekts p erhöht sich die Zahl $Z+f$
um eins. Im Binärsystem heißt das, die letzte 0 wird zu 1, und
durch den Übertrag wechseln alle Ziffern rechts von ihr von 1
zu 0. Wenn die vorher letzte 0, jetzt die letzte 1, die $(j + 1)$-
letzte Ziffer ist, dann erhöht sich auf diese Weise die Zahl um
$2^j - \sum_{i=0}^{j-1} 2^i = 1$. Dieser Vorgang entspricht dem Umzug der
Objekte aus den belegten Zimmern $T_0, ..., T_{j-1}$ ins leere Zimmer
mit dem niedrigsten Index j; hierbei bekommt auch p einen Platz
in T_j.   □

    Mit h bezeichnen wir ab jetzt den höchsten Index, so dass T_h
belegt ist, nachdem f weitere Objekte eingefügt worden sind (und
vielleicht auch einige entfernt wurden). Dann gilt zu jeder Zeit:

Lemma 3.15 $\log_2 n - 1 < h < 2 + \log_2 n$.

Beweis. Die gesamte Kapazität der Zimmer $T_0, ..., T_h$ ist
$\sum_{i=0}^{h} 2^i = 2^{h+1} - 1$, daher gilt immer $n \le 2^{h+1} - 1$, also
$n < 2^{h+1}$ und $\log_2 n < h + 1$.

Aus Lemma 3.14 folgt: $h = \lfloor \log_2(Z+f) \rfloor$, also $h \leq \log_2(Z+f)$. Bei der Initialisierung wurde das Zimmer mit Kapazität Z zu mehr als der Hälfte gefüllt, sonst hätten wir ein kleineres Zimmer genommen. Daher gilt $m > Z/2 + f$. Solange keine Neu-Initialisierung stattfindet, gilt auch $m < 2n$, also $Z/2 + f < 2n$. Jetzt folgt: $h \leq \log_2(Z+f) \leq \log_2(Z+2f) < \log_2(4n) = 2 + \log_2 n$. $\square$ Diese Lemmas zeigen uns, warum die Methode die *logarithmische* Methode heißt: die Anzahl der Zimmer ist logarithmisch in n.

Amortisierte Analyse der Einfüge-Operationen

Amortisierung   Die Grundidee der amortisierten Kostenanalyse lässt sich wie folgt beschreiben: Wir geben Schranken für die Kosten bestimmter Operationen an, so dass, zu jedem Zeitpunkt, die *Summe* der realisierten Kosten der bisherigen Operationen höchstens die *Summe* ihrer jeweiligen Schranken beträgt. Wenn also $R^{[t]}$ die realisierte Laufzeit der t-ten Operation ist, und $A^{[t]}$ die Schranke für die amortisierte Laufzeit der t-ten Operation, dann sind die Schranken korrekt, wenn für alle k gilt:

$$\sum_{t=1}^{k} R^{[t]} \leq \sum_{t=1}^{k} A^{[t]}. \tag{3.1}$$

Die Folge von Operationen, auf die die amortisierte Kostenanalyse angewandt wird, kann Operationen verschiedener Typen enthalten. Manchmal ist es zum Beispiel einfacher, Einfüge- und Entferne-Operationen zusammen zu betrachten; manchmal ist es einfacher, die Operationen jedes Typs separat zu analysieren. Die Schranken $A^{[t]}$ können unterschiedlich sein, je nach Typ der Operation, Position in der Reihenfolge, aktueller Größe der gespeicherten Datenmenge oder anderer Parameter. Manchmal suchen wir aber einfach eine Schranke A, die unabhängig von t ist, also $A^{[t]} = A$ für alle t. In dem Fall ist die obere Schranke für die *amortisierte* Laufzeit also nichts anderes als eine obere Schranke für die durchschnittliche Laufzeit $(1/k) \cdot \sum_{t=1}^{k} R^{[t]}$.

Wir wollen diese Idee jetzt auf die Einfüge-Operationen anwenden. Sei $b(n)$ eine monoton steigende obere Schranke für die Zeit pro Objekt, die es kostet, ein Zimmer mit n Objekten zu belegen. Diese Schranke hängt also von der Grunddatenstruktur ab. Wir werden jetzt beweisen, dass der Zeitaufwand für das Erstellen von Grunddatenstrukturen während Einfüge-Operationen amortisiert $O(\sum_{i=0}^{h+1} b(2^i))$ pro Einfüge-Operation ist. Das heißt, für eine ausreichend große Konstante C definieren wir:

$$A^{[t]} = C \cdot \left(\sum_{i=0}^{h^{[t]}+1} b(2^i) \right),$$

wobei $h^{[t]}$ die Nummer des größten belegten Zimmers unmittelbar vor der t-ten Einfüge-Operation bezeichnet. Jetzt wollen wir Ungleichung 3.1 beweisen. Dazu stellen wir uns vor — ohne es tatsächlich zu implementieren — dass jedes Zimmer ein Konto mit einem Guthaben für Zeitaufwand hat. Jede Einfüge-Operation muss $2 \cdot b(2^i)$ Einheiten auf das Konto eines jeden Zimmers T_i mit $i \in \{0, ..., h + 1\}$ einzahlen, wobei h wieder der Index des größten zur Zeit belegten Zimmers ist. Insgesamt zahlt die t-te Einfüge-Operation also $A^{[t]}$ ein, wobei wir $C = 2$ nehmen. Wenn wir, im Zuge einer Einfüge-Operation, das Zimmer T_z belegen, indem wir eine Grunddatenstruktur mit höchstens 2^z Objekte bauen, dann belasten wir das Konto von T_z für diesen Zeitaufwand, der nach Definition von b höchstens $2^z \cdot b(2^z)$ beträgt.

Das Zimmer T_z erhält also einen kleinen Beitrag von der aktuellen Einfüge-Operation, bezahlt aber gleichzeitig einen größeren Betrag für die Erstellung der Grunddatenstruktur in T_z: Das Guthaben von T_z wird dadurch kleiner. Wir werden aber zeigen, dass die Kontostände nie negativ werden. Daraus folgt, dass die Summe der Einzahlungen $A^{[t]}$ von den bisherigen Einfüge-Operationen immer größer ist als die Summe des bisherigen Aufwands $R^{[t]}$ für das Erstellen der Grunddatenstrukturen in den Zimmern.

Wir beweisen das, indem wir zeigen, dass die folgende Invariante stets erfüllt ist:

Invariante 3.2 *Sei c_i gleich 1, wenn T_i belegt ist, und sei c_i gleich 0, wenn T_i frei ist. Für jedes freie Zimmer j mit $j \leq h + 1$ beträgt das Guthaben auf seinem Konto mindestens $2 \cdot b(2^j) \cdot \sum_{i=0}^{j-2} c_i 2^i$. Für alle anderen Zimmer ist das Guthaben mindestens 0.*

Das Guthaben auf dem Konto eines *freien* Zimmers T_j muss also $2 \cdot b(2^j)$ mal so groß sein wie die gesamte Kapazität der *belegten, kleineren* Zimmer, das Zimmer direkt nebenan nicht mitgerechnet. Im Beispiel in Abbildung 3.11 werden die erforderlichen Kontostände unter jedem Zimmer angezeigt. Für die Zimmer mit Index größer als $h + 1$ fordert die Invariante kein Guthaben.

Der Invariante 3.2 liegt folgende Idee zugrunde: Beim Füllen   die Idee!
von T_j fällt ein Zeitaufwand von $2^j b(2^j)$ an. Darum müssen wir dafür sorgen, dass genau zu diesem Zeitpunkt ein Guthaben von $2^j b(2^j)$ auf dem Konto von T_j vorhanden ist.

Es kann aber schwierig sein, ein positives Guthaben auf dem Konto von T_j schon zu dem Zeitpunkt zu gewährleisten, zu dem das Zimmer T_{j-1} direkt nebenan zum letzten Mal gefüllt wurde — zum Beispiel, wenn das in Zuge einer (Neu-)Initialisierung des Hotels geschah. Deshalb stellen wir sicher, dass das Guthaben auf dem Konto von T_j von 0 auf $2^j b(2^j)$ ansteigt während der Zeit von

Befüllung von T_{j-1} bis eine Einfüge-Operation das Füllen von T_j auslöst.

Wenn T_{j-1} gefüllt wird, werden alle Zimmer $T_0, ..., T_{j-2}$ geleert. Danach werden zunächst diese Zimmer gefüllt, wobei die Reihe $c_{j-2}...c_0$ wie eine binäre Zahl von 0 auf $2^{j-1} - 1$ ansteigt. Erst wenn dann noch ein Objekt dazukommt, wird das Zimmer T_j gefüllt. Die Invariante gewährleistet, dass das Guthaben auf dem Konto inzwischen proportional zu der Binärzahl $c_{j-2}...c_0$ von 0 auf $(2^j - 2)b(2^j)$ angestiegen ist. Die Einfüge-Operation, die das Füllen von T_j auslöst, trägt das letzte $2b(2^j)$ bei.

Um die Laufzeitanalyse der Einfüge-Operationen zu vervollständigen, müssen wir jetzt zeigen, dass bei den oben erwähnten Einzahlungen und Auszahlungen die Invariante 3.2 immer instand gehalten wird. Das machen wir durch Induktion über die Zeit.

Induktionsbeweis der Invariante

Initialisierung der Invariante: Direkt nach einer Initialisierung des ganzen Hotels ist nur ein Zimmer belegt. Es gilt also: $c_h = 1$, und $c_i = 0$ für alle $i \neq h$. Daraus folgt, dass für alle Zimmer $j \leq h + 1$ gilt: $\sum_{i=0}^{j-2} c_i \cdot 2^i = 0$. Die Invariante wird somit trivial instand gesetzt, indem alle Konten ein Guthaben von null haben.

Befüllen von t_z

Instandhaltung beim Einfügen: Wir nehmen jetzt an, dass die Invariante unmittelbar vor dem Einfügen gilt. Sei z der Index des kleinsten freien Zimmers. Für das Einfügen des Objekts p werden jetzt $2 \cdot b(2^i)$ Einheiten auf das Konto eines jeden Zimmers T_i mit $i \in \{0, ..., h + 1\}$ eingezahlt. Das Guthaben von T_z wird dafür verwendet, dort die Grunddatenstruktur aufzubauen.

Zimmer mit Index $\leq z + 1$

Um festzustellen, ob die Invariante erhalten bleibt, überprüfen wir jedes Zimmer. Die Zimmer $T_0, ..., T_{z-1}$ sind nach dem Einfügen leer, also ist $c_i = 0$ für alle $i \leq z - 1$; somit gilt die Invariante für die Zimmer $T_0, ..., T_{z+1}$, egal ob noch Guthaben auf ihren Konten vorhanden ist. Im Fall, dass T_z jetzt das belegte Zimmer mit dem höchsten Index (und somit das einzige belegte Zimmer) ist, sind wir damit schon fertig.

Zimmer mit Index $\geq z + 2$

Sonst müssen wir noch die Zimmer mit Index $j \geq z+2$ betrachten. Für diese Zimmer hat sich die Summe $\sum_{i=0}^{j-2} c_i \cdot 2^i$ um eins erhöht, denn vorher galt: $\sum_{i=0}^{z} c_i \cdot 2^i = \sum_{i=0}^{z-1} 2^i = 2^z - 1$; jetzt gilt: $\sum_{i=0}^{z} c_i \cdot 2^i = 2^z$, während die Summe $\sum_{i=z+1}^{j-2} c_i \cdot 2^i$ unverändert ist. Das Guthaben, das für die Instandhaltung der Invariante erfordert wird, ist also für jedes Zimmer T_j mit $z + 2 \leq j \leq h + 1$ um $2 \cdot b(2^j)$ höher als vorher. Die Einfügeoperation hat aber auch auf jedes von diesen Konten genau $2 \cdot b(2^j)$ eingezahlt. Damit ist die Instandhaltung der Invariante gewährleistet.

Instandhaltung beim Entfernen: Der Aufwand für Entferne-Operationen geht nicht zu Lasten der Konten der Zimmer. Wir

müssen aber prüfen, ob sich durch Entferne-Operationen die erforderlichen Kontostände ändern. Wenn eine Entferne-Operation
eine Neu-Initialisierung auslöst, dann sind die erforderlichen Kontostände danach null, und somit wird die Invariante 3.2 trivial
instand gesetzt. Wenn eine Entferne-Operation keine Neuinitialisierung auslöst, dann ändert sich nicht, welche Zimmer belegt
und welche Zimmer frei sind; somit ändern sich die erforderlichen
Kontostände auch nicht, und die Invariante 3.2 bleibt erhalten.

Die Invariante stellt sicher, dass die Guthaben nie negativ
werden, wenn die realisierten Kosten der Einfüge-Operationen,
$\sum_t R^{[t]}$ insgesamt, stets von den Konten bezahlt werden, während
die t-te Einfüge-Operation nur

$$A^{[t]} := 2 \cdot \left(\sum_{i=0}^{h^{[t]}+1} b(2^i) \right)$$

zu den Konten beiträgt. Damit ist Ungleichung 3.1 bewiesen.

Das Erstellen der Grunddatenstruktur während einer Einfüge-
Operation kostet also $O(\sum_{i=0}^{h+1} b(2^i))$ amortisierte Zeit. Dazu kommen noch einige *Nebenkosten*: Man muss zuerst das kleinste leere   Nebenkosten
Zimmer T_z finden; gegebenenfalls braucht man noch $O(\log n)$ Zeit,
um den Zeitpunkt des Einfügens eines Objekts zu bestimmen; und
bevor man eine neue Grunddatenstruktur in T_z baut, muss man
zuerst (in höchstens $L \cdot 2^z$ Zeit) die Objekte aus den kleineren Zimmern einsammeln. Weil $\log n$ nach Lemma 3.15 in $O(h)$ ist und
die Konstante L in $O(b(n))$, werden diese Nebenkosten aber von
den Kosten für den Aufbau der Grunddatenstrukturen dominiert.
Somit folgt, mit $h \leq 2 + \log n$ nach Lemma 3.15:

Lemma 3.16 *Eine Einfüge-Operation in einer Datenstruktur,
die mit der logarithmischen Methode dynamisiert wird, hat eine
amortisierte Laufzeit in $O(\sum_{i=0}^{3+\log n} b(2^i))$.*

Die Analysemethode, die wir hier angewandt haben, wird auch
die *Buchhaltungsmethode* ("accounting") genannt. Als Schranke   Buchhaltungs-
für die Laufzeit einer Operation nimmt man ihren Beitrag zu den   methode
Konten. Damit überschätzt man für einige Operationen, die früh
ausgeführt werden, die Kosten. Der Überschuss wird als Guthaben spezifischen Elementen der Datenstruktur zugeordnet — Zimmern, in diesem Fall. Später wird das Guthaben verwendet, um
für Operationen zu zahlen, die selbst nicht genug zur Deckung
ihrer tatsächlichen Kosten beitragen.

Amortisierte Analyse der Entferne-Operationen

Eine Entferne-Operation setzt sich aus drei Schritten zusammen. Erstens müssen wir feststellen, in welchem Zimmer sich das Objekt p, das zu entfernen ist, befindet. Zweitens entfernen wir das Objekt aus seinem Zimmer. Und drittens müssen wir im Fall $n \leq m/2$ das ganze Hotel neu initialisieren.

Für den *ersten* Schritt nehmen wir an, dass wir schon wissen, in welchem Zimmer das Objekt p sich befindet, oder zumindest, zu welchem Zeitpunkt t das Objekt p eingefügt wurde. Gegebenenfalls behalten wir zu diesem Zweck ein Gästebuch in der Form eines balancierten binären Suchbaums bei, in dem wir für alle Objekte die Zeitpunkte des Einfügens vermerken. Wir suchen jetzt das größte Zimmer T_z, das zu einem Zeitpunkt $t' \geq t$ neu belegt wurde, — dieses Zimmer muss p enthalten, denn die Inhalte der größeren Zimmer sind älter, und die kleineren Zimmer wurden zum Zeitpunkt t' geleert. Weil es nur $O(\log n)$ viele Zimmer gibt, finden wir das Zimmer mit p sicher in $O(\log n)$ Zeit.

Der *zweite* Schritt hängt von der Grunddatenstruktur ab; sei $e(m)$ die Zeit, die es kostet, ein Objekt aus einer Grunddatenstruktur mit m Objekte zu entfernen.

Wir analysieren jetzt den *dritten* Schritt. Dabei beschränken wir unsere Analyse zuerst wieder auf die Kosten für das Erstellen von neuen Grunddatenstrukturen. Dazu benutzen wir jetzt ein gemeinsames Konto für das ganze Hotel. Die t-te Entferne-Operation trägt $A^{[t]} = 2 \cdot b(2n^{[t]})$ zum Kontostand bei, wobei $n^{[t]}$ die aktuelle Anzahl der Objekte im Hotel vor der Enferne-Operation ist. Die Guthabensinvariante lautet hier folgendermaßen:

Invariante 3.3 *Hotelkontostand* $\geq \sum_{i=1}^{2(m-n)} b(i)$

Potenzial   Die untere Schranke für das Guthaben eines solchen gemeinsamen Kontos wird von vielen Autorinnen auch als *Potenzial* bezeichnet.

Wir werden sehen, dass mit Invariante 3.3 wieder gewährleistet ist, dass der Kontostand nach einer Initialisierung von null gleichmäßig ansteigt und dass zum Zeitpunkt der nächsten Neu-Initialisierung das benötigte Guthaben vorhanden ist.

Nach einer Initialisierung gilt immer $m = n$, so dass tatsächlich kein Guthaben erforderlich ist und die Invariante gilt. Einfüge-Operationen haben keinen Einfluss, denn dabei erhöhen sich m und n jeweils um eins. Bei einer Entferne-Operation bleibt m gleich, während n um eins kleiner wird. Damit Invariante 3.3 weiterhin gilt, muss der Hotelkontostand um mindestens den

Potenzialanstieg $b(2(m-n)+1)+b(2(m-n)+2)$ wachsen. Weil vor der Entferne-Operation $m < 2n$ gilt, also $m \leq 2n-1$, ist diese Summe kleiner gleich

$$b(2(2n-1-n)+1)+b(2(2n-1-n)+2) \leq 2 \cdot b(2n),$$

was genau dem Beitrag $A^{[t]}$ der Entferne-Operation entspricht. Eine Neuinitialisierung findet nur statt, wenn nach dem Entfernen von p gilt: $m \geq 2n$, und somit ist das Guthaben auf dem Konto vor der Neuinitialisierung mindestens:

$$\sum_{i=1}^{2(m-n)} b(i) \geq \sum_{i=1}^{2(2n-n)} b(i) \geq \sum_{i=n+1}^{2n} b(n) = n \cdot b(n).$$

Das reicht aus, um das ganze Hotel neu zu initialisieren; danach ist das Potenzial null, und das Konto darf auch leer sein. Damit ist bewiesen, dass die Guthabensinvariante instand gehalten wird, und somit sind die amortisierten Kosten für das Erstellen von Grunddatenstrukturen in dem dritten Schritt $O(b(2n))$ pro Entferne-Operation. Die Kosten des Auslesens von Objekten aus den alten Datenstrukturen (in $m \cdot L$ Zeit) werden davon dominiert. Die gesamte amortisierte Laufzeit einer Entferneoperation ist also $O(\log n + e(n) + b(2n))$.

Übungsaufgabe 3.10 Warum kann man als Potenzial in Invariante 3.3 nicht einfach $(m-n)b(n)$ nehmen? Damit wäre ja auch gewährleistet, dass für die Neuinitialisierung genug Guthaben vorhanden ist.

In der Praxis zeigt b meistens *beschränktes Wachstum*: Es gibt dann eine Konstante C, so dass für alle $n \geq 1$ gilt: $b(2n) \leq C \cdot b(n)$. Solche Funktionen b sind, zum Beispiel, 1, $\sqrt{n}$, n, n^2, und $\log n$, sowie alle Produkte solcher Funktionen, aber nicht 2^n. Wir sagen auch: b wächst *polynomiell*. In dem Fall gilt: $O(b(2n)) = O(b(n))$, und wir haben folgendes bewiesen:

beschränktes Wachstum

polynomielles Wachstum

Lemma 3.17 *Eine Entferne-Operation in einer Datenstruktur, die mit der logarithmischen Methode dynamisiert wird, hat eine amortisierte Laufzeit in $O(\log n + e(n) + b(n))$, vorausgesetzt, $b(n)$ wächst polynomiell in n.*

3.3.3 Anwendungen der logarithmischen Methode*

Anwendung auf KD–Bäume

Bei zwei-dimensionalen KD–Bäumen gilt, nach Theorem 3.2, $b(n) = O(\log n)$. Das Auslesen aller Punkte ist trivial. Nach Lemma 3.16 können Punkte also in amortisierter Zeit $O(\sum_{i=0}^{3+\log n} i)$ eingefügt werden, und das ist in $O((\log n)^2)$.

Zum Entfernen eines Punktes aus einem Zimmer T_z suchen wir zuerst das Blatt, das den Punkt enthält; dann entfernen wir das Blatt und seinen Elternknoten, wobei der Geschwisterkonten v den Platz des Elternknotens einnimmt. Das kostet $O(g)$ Zeit, wobei g die Höhe des Baums in T_z ist. Wenn T_z gebaut wird, gilt $g = \log_2(2^z) = z$. Die Entferne-Operation ist die einzige Operation, wodurch sich der Baum in T_z ändert, und die Höhe des Baums nimmt dadurch nie zu. Die Suche nach dem Blatt und das Ersetzen der Elternknoten in T_z kostet also immer höchstens $O(z)$ Zeit; nach Lemma 3.15 ist das $O(\log n)$. Somit sind die direkten Kosten der Entferne-Operation $e(n)$ in $O(\log n)$. Nach Lemma 3.17 ist die gesamte amortisierte Laufzeit einer Entferne-Operation also $O(\log n)$.

Jetzt müssen wir noch die Anfragezeit analysieren. Zuerst betrachten wir die Anfragezeit in einem Zimmer T_z. Der KD–Baum T_z hat Höhe z. In Abschnitt 3.2.1 haben wir gesehen, dass die Anfragezeit aus zwei Komponenten besteht: einer Komponente $O(k)$ und einer Komponente $O(\sqrt{2^z})$. Die erste Komponente beruht darauf, dass Teilbäume, deren Punkte alle ausgegeben werden, nicht mehr interne Knoten als Blätter haben. Diese Eigenschaft bleibt behalten, und zwar dadurch, dass wir Elternknoten, die nur noch ein Kind haben, entfernen. Die zweite Komponente beruht auf der regelmäßigen Abwechslung von Splitgeraden — diese wird aber durch das Entfernen von Elternknoten mit einem Kind leider zerstört. Wenn wir die Regionen der Knoten nicht explizit speichern, sondern aus den Splitgeraden ihrer Vorfahren ableiten, kann das dazu führen, dass bestimmte Anfragen, nachdem einige Punkte entfernt wurden, mehr Zeit in Anspruch nehmen als vorher.

Aber wie schlimm ist das? Die Analyse ist am einfachsten, wenn wir zunächst so tun, als ob wir Elternknoten erst entfernen, wenn sie gar keine Kinder mehr haben; Elternknoten, die nur noch ein Kind haben, bleiben im Baum, nur ihre Splitgeraden werden ignoriert. Die Analyse der Anfragezeit in Abschnitt 3.2.1 beruht darauf, dass für eine gegebene *senkrechte* Gerade ℓ jeder Knoten *gerader* Tiefe nur ein Kind hat, dessen Region ℓ schneidet, während für eine gegebene *waagrechte* Gerade ℓ jeder Knoten *ungerader* Tiefe nur ein Kind hat, dessen Region ℓ schneidet. Für Knoten mit ignorierten Splitgeraden trifft das auf jeden Fall zu, weil sie eben nicht mehr als ein Kind haben. Dadurch bleibt die Rechnung von Abschnitt 3.2.1 gültig, und eine Anfrage in Zimmer T_z besucht immer nur $O(\sqrt{2^z})$ Knoten, deren Regionen den Rand des Anfragebereichs schneiden. Wenn wir letztendlich doch die Knoten mit ignorierten Splitgeraden entfernen, kann sich die Anfragezeit nur verbessern.

Es gibt also hinreichend große Konstanten c_1, c_2 und c_3, so dass eine Bereichsanfrage in T_z in höchstens $c_1\sqrt{2^z} + c_2 k_z + c_3$ Zeit beantwortet wird, wobei k_z die Anzahl von Antworten ist, die in T_z gefunden werden. Die Anfragezeit für Bereichsanfragen, summiert über alle Zimmer, ist also höchstens $\sum_{z=0}^{h}(c_1\sqrt{2^z}+c_2 k_z+c_3)$. Dazu kommt noch, dass man die Teilantworten zu einem Endergebnis zusammenfügen muss. Das ist hier aber trivial, und wir nehmen an, der Aufwand ist in c_2 und c_3 mit einbezogen. Wir schreiben die Summe um zu

$$\sum_{z=0}^{h} c_1\sqrt{2^z} + \sum_{z=0}^{h} c_2 k_z + \sum_{z=0}^{h} c_3$$

und betrachten die drei Teilsummen einzeln. Die erste Teilsumme besteht aus einer Reihe von Termen, die mit jedem nächsten z um einen konstanten Faktor größer werden. Sie bilden also eine *geometrische Reihe*, und in unserem Fall ist der konstante Faktor $\sqrt{2}$. Die Summe einer geometrischen Reihe ist immer höchstens ein konstanter Faktor mal dem größten Term; sie ist hier also $O(\sqrt{2^h})$. Nach Lemma 3.15 ist das $O(\sqrt{n})$. Die Terme k_z in der zweiten Teilsumme summieren sich auf die Ausgabegröße k, weil jeder Punkt der Ausgabe nur in einem Zimmer vorkommt. Die zweite Teilsumme ist also $O(k)$. Die letzte Teilsumme ist einfach $(h+1)\cdot c_3$ und ist somit, nach Lemma 3.15, in $O(\log n)$. Die gesamte Anfragezeit ist also $O(\sqrt{n}) + O(k) + O(\log n) = O(\sqrt{n} + k)$. Das heißt, die Anfragen sind höchstens um einen konstanten Faktor teurer als in der statischen Struktur.

Wir haben also folgendes Ergebnis:

dynamischer KD–Baum

Theorem 3.18 *Man kann 2-dimensionale KD–Bäume so dynamisieren, dass sich Punkte in amortisierter Zeit $O((\log n)^2)$ einfügen lassen, dass sich Punkte in amortisierter Zeit $O(\log n)$ entfernen lassen und achsenparallele Bereichsanfragen in Zeit $O(\sqrt{n} + k)$ beantwortet werden.*

Übungsaufgabe 3.11 Man nehme einen dynamischen KD–Baum, so wie oben beschrieben, aber ohne Neuinitialisierungen, das heißt: die Eigenschaft $n > m/2$ wird nicht instand gehalten, und nach einer Entferne-Operation wird nie neu initialisiert. Welche Laufzeitschranken für Einfüge-Operationen, Entferne-Operationen und Rechtecksanfragen kann man trotzdem beweisen?

Anwendung auf Sichtbarkeit aus einem Punkt

Auch die Datenstruktur für die Sichtbarkeit von Strecken von Abschnitt 3.3.1 lässt sich mit der logarithmischen Methode dynamisieren. Strecken können dann in $O((\log n)^2 \lambda_3(n)/n) = O((\log n)^2 \alpha(n))$ amortisierter Zeit eingefügt werden; Anfragen werden in $O((\log n)^2)$ Zeit beantwortet. Leider ist es aber schwierig, Entferne-Operationen zu verarbeiten: Wie würde man denn feststellen, was hinter der entfernten Strecke sichtbar wird? In manchen Fällen ist es aber relativ einfach:

Übungsaufgabe 3.12 Man entwerfe eine effiziente dynamische Datenstruktur, die eine Menge Strecken in der Ebene speichert und Anfragen der folgenden Art beantwortet: Welche Strecke ist vom Ursprung in der Kompassrichtung ϕ sichtbar? Die Struktur soll, neben den Anfragen, das Einfügen und das Entfernen von Strecken unterstützen, wobei Strecken immer in der Reihenfolge entfernt werden, in der sie eingefügt wurden. *Hinweis*: Wenn man eine Strecke aus einem Zimmer entfernen muss, teile man das Zimmer zuerst geschickt in kleinere Zimmer auf.

Die Methoden in diesem und dem letzten Abschnitt gehen auf das Buch [11] von Overmars zurück. Sie finden sich zum Teil auch in dem Buch von Mehlhorn [8]. Eine allgemeine Einführung in die Analyse amortisierter Kosten geben auch Cormen et al. [4].

3.3.4   Ausgewogene Suchbäume*

Im letzten Abschnitt haben wir gesehen, dass wir mit der logarithmischen Methode effizient Objekte in eine Datenstruktur einfügen und entfernen können. Der Ansatz basiert darauf, dass die Datenmenge geschickt in Teilmengen aufgeteilt wird. Bei baumbasierten Datenstrukturen ist eine solche Aufteilung aber schon in der Grundstruktur vorhanden. Könnten wir dann nicht direkt mit der rekursiven Gliederung der Grundstruktur arbeiten, um effizientes Einfügen und Entfernen zu ermöglichen?

Die Antwort ist oft „ja". In diesem Abschnitt werden wir *ausgewogene Suchbäume* kennen lernen. Dabei halten wir einen großen Baum instand, und neue Objekte werden direkt an der richtigen Stelle in den Baum einfügt. Dadurch können manche Teilbäume aber so voll werden, dass ihre Höhe stärker wächst, als wenn die Objekte gleichmäßig in Baum verteilt wären. Der Baum muss dann neu gebaut werden, und das kann aufwendig sein.

Der Trick bei ausgewogenen Suchbäumen ist, dass wir ein wenig Unausgewogenheit zulassen, damit wir den Baum nicht immer sofort nach jeder Einfüge- oder Entferne-Operation neu bauen müssen. Erst wenn die Unausgewogenheit in einem Teilbaum so groß wird, dass sie der Effizienz von Anfragen schaden könnte, bauen wir diesen Teilbaum, und nicht unbedingt den ganzen Baum, perfekt balanciert neu auf.

Wir beschreiben die Algorithmen zur Instandhaltung eines ausgewogenen Suchbaums zuerst anhand eindimensionaler Suchbäume; danach besprechen wir die Anwendungen auf zwei- und mehrdimensionale Suchbäume.

Eindimensionale ausgewogene Suchbäume

Als Grundstruktur nehmen wir die eindimensionalen Suchbäume, so wie wir sie in Abschnitt 1.2.5 vorgestellt haben. Dabei definieren wir das *Gewicht* $w(v)$ eines Knotens v als die Anzahl von *internen* Knoten in dem Teilbaum $T(v)$ mit Wurzel v. Weil die Anzahl von internen Knoten in einem binären Baum immer die Anzahl der Blätter minus eins ist, ist das Gewicht eines Knotens also immer die Anzahl von Punkten, die in seinem Teilbaum gespeichert sind, minus eins. Man beachte, dass zwei Geschwisterknoten zusammen immer das Gewicht ihres Elternknotens minus eins haben.

Gewicht

Bevor wir die Algorithmen zur Instandhaltung des Baums beschreiben, wollen wir zuerst den Zusammenhang zwischen der Höhe des Baums und den Gewichtsverhältnissen im Baum analysieren. Wir können folgendes beobachten:

Lemma 3.19 *Man betrachte einen Weg von der Wurzel zu einem Blatt in einem Baum mit n Blättern. Sei z eine Konstante größer als 1. Wenn für jeden Knoten v auf dem Weg gilt, dass jedes seiner Kinder Gewicht höchstens $w(v)/z$ hat, dann ist die Länge des Weges höchstens $\lceil \log_z n \rceil$.*

Beweis. Seien $v_0, ..., v_k$ die Knoten auf dem Weg von der Wurzel zu einem Blatt, wobei v_0 die Wurzel ist, v_{k-1} der letzte interne Knoten auf dem Weg und v_k das Blatt. Zu beweisen ist, dass k, die Länge des Weges, höchstens $\lceil \log_z n \rceil$ ist.

Wir werden jetzt mit Induktion beweisen: $w(v_i) < n/z^i$. Diese Aussage stimmt für $i = 0$, denn das Gewicht der Wurzel ist $n - 1$. Wenn die Aussage für $i = j - 1$ stimmt, dann gilt sie auch für $i = j$, denn dann gilt $w(v_{j-1}) < n/z^{j-1}$ und, nach den Voraussetzungen des Lemmas, $w(v_j) \leq w(v_{j-1})/z$, also $w(v_j) < (n/z^{j-1})/z = n/z^j$. Mit Induktion folgt, dass die Aussage auch für $i = k - 1$ stimmt, also $w(v_{k-1}) < n/z^{k-1}$.

Weil v_{k-1} ein interner Knoten ist, gilt aber auch $1 \leq w(v_{k-1})$. Wenn wir die beiden letzten Aussagen kombinieren, bekommen wir $1 < n/z^{k-1}$. Das lässt sich umformen zu $z^{k-1} < n$, also $k < 1 + \log_z n$. Weil k eine ganze Zahl ist, gilt jetzt $k \leq \lceil \log_z n \rceil$. □

Im Idealfall haben wir $z = 2$. Ein größerer Wert für z kann im Allgemeinen nicht gewährleistet werden, denn wenn das Gewicht der Wurzel gerade ist, muss eines ihrer Kinder mindestens die

balancierter
Suchbaum

Hälfte dieses Gewichts haben. Bei $z = 2$ ist der Baum möglichst gut balanciert und ist seine Höhe höchstens $\lceil \log_2 n \rceil$.

Für eine Menge von Punkten, die aus nur einem Punkt besteht, lässt sich ein perfekt balancierter Suchbaum einfach in konstanter Zeit erstellen: Er besteht aus einem Knoten, der gleichzeitig die Wurzel und das einzige Blatt ist. Für eine gegebene *sortierte* Folge von $n > 1$ Punkten $p_1, ..., p_n$, können wir einen perfekt balancierten Suchbaum in linearer Zeit erstellen. Dazu bestimmen wir den Index $m = \lceil (1 + n)/2 \rceil$ eines Punkts in der Mitte der Folge, erstellen einen Wurzelknoten v mit p_m als Splitwert, und erstellen rekursiv zwei Bäume für $p_1, ..., p_{m-1}$ und für $p_m, ...p_n$. Die Wurzeln dieser beiden Bäume stellen die beiden Kinder von v dar.

Durch nachträgliches Einfügen und Entfernen von Punkten kann der Baum aber unbalanciert werden. Man betrachte zum Beispiel einen Baum, der zunächst nur die Zahl 0 enthält. Jetzt fügt man nacheinander n positive Zahlen in aufsteigender Reihenfolge ein, so wie im Abschnitt 1.2.5 beschrieben. Dann wird jedes Mal das Blatt ganz rechts unten im Baum durch zwei tiefer gelegene Blätter ersetzt. Der Baum bekommt die Höhe n, und Suchanfragen würden $\Theta(n)$ Zeit kosten. Wir können das Problem dann lösen, indem wir den Baum *sanieren*: Dazu lesen wir mittels einer Tiefensuche alle Zahlen in sortierter Reihenfolge aus dem Baum aus und bauen ihn anschließend mit dem oben beschriebenen Algorithmus perfekt balanciert neu auf.

Diese Sanierungsmethode ist natürlich zeitaufwendig. Es gibt Methoden, die den Baum nach jedem Einfügen oder Entfernen in wenigen Schritten neu balancieren, indem sie die Eltern-Kind-Beziehungen einiger Knoten ändern (sogenannte Rotationen). Solche Methoden lassen sich im Allgemeinen aber nicht effizient auf geometrische Datenstrukturen anwenden[5].

Darum gehen wir in diesem Abschnitt davon aus, dass wir doch mit Sanierungsoperationen, so wie oben beschrieben, auskommen müssen. Wie bei der logarithmischen Methode suchen wir die Lösung darin, dass wir die Sanierungsoperationen nur gelegentlich durchführen, wobei sich die Kosten amortisieren. Um eine gute Schranke für die amortisierte Laufzeit von Einfüge- und Entferne-Operationen zu erreichen, wollen wir aber auch nicht zu wenig sanieren, denn dann könnte der Baum unnötig hoch wer-

---

[5]Wenn ein Kind den Elternknoten wechselt, kann das große Folgen haben. Zum Beispiel könnte sich die Tiefe des Knotens in einem KD–Baum ändern, so dass die Richtung der Splitgerade nicht mehr stimmt und sein ganzer Teilbaum neu gebaut werden muss. In einem Bereichsbaum müsste typischerweise der ganze assoziierte $(d-1)$-dimensionale Bereichsbaum T_v^{d-1} des neuen Elternknoten v neu gebaut werden, weil sich die gespeicherte Punktmenge $F(v)$ mit dem neuen Kind erheblich ändert.

den, was nicht nur die Anfragen, sondern auch die Einfüge- und Entferne-Operationen selber teurer macht. Wir nehmen uns darum zum Ziel, die Höhe des Baums auf $\lceil \log_z n \rceil$ zu beschränken, für ein festes z im offenen Intervall $(1, 2)$.

Die Algorithmen für Konstruktion, Sanierung, Einfügen und Entfernen, mit denen wir das erreichen, sind wie folgt: Zur Konstruktion eines perfekt balancierten (Teil-)Baums verfahren wir genau wie oben beschrieben, außer dass wir in jedem Knoten v auch das Gewicht des Knotens speichern. Zum Einfügen oder Entfernen eines Punktes p verfahren wir zuerst genau wie im Abschnitt 1.2.5 beschrieben. Anschließend erhöhen, beziehungsweise reduzieren, wir das gespeicherte Gewicht jedes Knotens auf dem Pfad von dem Elternknoten von p zurück zur Wurzel des Baums um eins. Wenn wir dabei einen Knoten v mit einem Kind u treffen, bei denen jetzt $w(u) > w(v)/z$ gilt, dann sanieren wir den ganzen Teilbaum mit Wurzel v.

Damit erreichen wir unser Ziel, denn die Algorithmen für das Einfügen und Entfernen verhindern jede mögliche Konfiguration, in der ein Knoten v ein Kind mit Gewicht größer als $w(v)/z$ hätte: Sobald ein solcher Fall eintritt, wird der ganzen Teilbaum mit Wurzel v saniert. Aus Lemma 3.19 folgt dann direkt:

Korollar 3.20 *Nach Ablauf jeder Einfüge- oder Entferne-Operation, inklusive Sanierungen, beträgt die Höhe des Baums höchstens* $\lceil \log_z n \rceil$.

Amortisierte Analyse der Laufzeiten

Das eigentliche Einfügen und Entfernen wird vom Zeitaufwand für das Suchen der Blätter in den Bäumen dominiert. Wegen der beschränkten Höhe des Baums kostet das nur $O(\log n)$ Zeit. Die Herausforderung in der Analyse liegt aber darin, zu beweisen, dass der durchschnittliche Aufwand für die *Sanierungsarbeiten* gering bleibt. Ab jetzt beschränken wir die Analyse darum auf den Sanierungsaufwand. Anders als bei der logarithmischen Methode werden wir jetzt die Einfüge- und Entferne-Operationen zusammen betrachten. Mit $R^{[t]}$ bezeichnen wir also den Zeitaufwand der Sanierungen, die während der t-ten Einfüge- oder Entferne-Operation durchgeführt werden.

Für die Anwendung der Buchhaltungsmethode geben wir jedem Knoten v ein Konto, dessen Stand wir mit konto(v) bezeichnen. Von diesem Konto werden wir den Sanierungsaufwand bezahlen, wenn $T(v)$ saniert wird. Bei einer Einfüge- oder Entferne-Operation zahlen wir einen Beitrag auf das Konto jedes Knotens, dessen Teilbaum von der Operation betroffen ist und deshalb auf lange Sicht früher saniert werden muss. Das betrifft also alle Knoten auf dem Weg von der Wurzel zu dem eingefügten oder entfernten Blatt. Wie hoch sollen jetzt diese Beiträge sein, damit bei einer Sanierung eines Teilbaums $T(v)$ das Guthaben auf konto(v) immer ausreicht?

Dazu beantworten wir zuerst folgende Frage: Wie viele Einfüge- oder Entferne-Operationen braucht es, einen Teilbaum so aus dem Gleichgewicht zu bringen, dass er saniert werden muss? Wir definieren jetzt die *Unausgewogenheit* unw(v) eines Knotens v als den Gewichtsunterschied zwischen seinen Kindern, minus 1, und finden folgende Antwort:

Lemma 3.21 *Sei z eine Konstante, so dass* $1 < z < 2$, *und sei E gleich* $z/(2-z)$. *Für jeden Knoten v gilt: (i) Ein Kind von v hat Gewicht größer als* w$(v)/z$ *genau dann, wenn* unw$(v) >$ w$(v)/E$; *(ii) wenn ein Kind von v Gewicht größer als* w$(v)/z$ *hat, dann sind mindestens* w$(v)/E$ *Beiträge auf das Konto von v gezahlt worden, seitdem T(v) zum letzten Mal saniert oder erstellt wurde.*

Beweis. (i) Sei u das Kind von v mit dem größten Gewicht, und sei u' das andere Kind, mit Gewicht w$(v) - 1 -$ w(u). Dann gilt:

$$\text{unw}(v) = \text{w}(u) - (\text{w}(v) - 1 - \text{w}(u)) - 1 = 2\text{w}(u) - \text{w}(v),$$

und somit:

$$\begin{aligned} \text{unw}(v) &> \text{w}(v)/E & \Longleftrightarrow \\ 2\text{w}(u) - \text{w}(v) &> \text{w}(v) \cdot (2/z - 1) & \Longleftrightarrow \\ \text{w}(u) &> \text{w}(v)/z. \end{aligned}$$

(ii) Unmittelbar nachdem v erstellt oder saniert wird, ist $T(v)$ perfekt balanciert, und somit ist unw(v) null oder -1. Nur durch Einfüge- oder Entferne-Operationen in $T(v)$ kann sich unw(v) ändern, höchstens um 1 mit jeder Operation. Mit jeder solchen Operation wird auch ein Beitrag auf das Konto von v gezahlt, so dass die Anzahl der gezahlten Beiträge immer mindestens unw(v) ist. Teil (ii) folgt jetzt direkt aus Teil (i) des Lemmas. $\square$

Jetzt können wir die Rechnung aufmachen. Die Sanierung eines Teilbaums $T(v)$ kostet lineare Zeit. Es gibt also eine Konstante C, so dass die Sanierung höchstens $C \cdot$ w(v) Zeit kostet. Nach Lemma 3.21(ii) findet eine Sanierung erst statt, nachdem mehr als w$(v)/E$ Beiträge zu dem Konto von v geleistet wurden. Die Sanierungskosten können also vom Guthaben auf dem Konto bezahlt werden, wenn wir die Größe jedes Beitrags auf $C \cdot E$ festsetzen. Nach Korollar 3.20 muss eine Einfüge- oder Entferne-Operation diesen Beitrag auf die Konten von höchstens $\lceil \log_z n \rceil$

Knoten zahlen, wobei n die aktuelle Anzahl der Punkte im Baum ist. Darum können wir die amortisierte Laufzeitschranke für eine Einfüge- oder Entferne-Operation auf $\lceil \log_z n \rceil \cdot C \cdot E$ festlegen. Damit ist bewiesen, dass wir einen binären Suchbaum so instand halten können, dass er zu jeder Zeit Höhe höchstens $\log_z n + O(1)$ hat, wobei das Einfügen oder das Entfernen eines Punktes $O(\log n)$ amortisierte Zeit kostet.

Übungsaufgabe 3.13 In unserer Analyse mit der Buchhaltungsmethode wird viel Guthaben verschwendet: Wenn immer ein Teilbaum T_v saniert wird, wird nur das Guthaben von v benutzt, während das Guthaben von allen anderen Knoten in T_v unbenutzt gestrichen wird. Kann man mit einer schärferen Analyse beweisen, dass Einfüge-Operationen amortisiert in $o(\log n)$ Zeit, also weniger als logarithmischer Zeit laufen?

Gleich wollen wir die Idee eines ausgewogenen Suchbaums auch auf Datenstrukturen wie höher-dimensionale Bereichsbäume anwenden. Dann kostet eine Sanierung aber mehr als lineare Zeit.

Sei $b(n)$ eine obere Schranke für die Zeit pro internen Knoten, die es kostet, einen Teilbaum mit n internen Knoten zu sanieren. Die Sanierung eines Teilbaums v kostet also höchstens $b(\mathrm{w}(v)) \cdot \mathrm{w}(v)$ Zeit. Wir werden jetzt für jeden Knoten v die folgende Invariante instand halten:

Invariante 3.4 $\mathrm{konto}(v) \geq \sum_{i=1}^{2 \cdot \mathrm{unw}(v)} E \cdot b(E \cdot i)$.

Diese Invariante sieht der Kontostandsinvariante für Entferne-Operationen im logarithmischen Hotel (Invariante 3.3) sehr ähnlich. Sie hängt nur von der Unausgewogenheit ab (und nicht vom aktuellen Gewicht). Trotzdem gewährleistet sie, dass zur Zeit einer Sanierung die zweite Hälfte der bis dahin empfangenen Beiträge zu einem ausreichend hohen Tarif berechnet wurden, um die Kosten der Sanierung zu decken. Zu diesem Zeitpunkt gilt ja, nach Lemma 3.21(i), $E \cdot \mathrm{unw}(v) > \mathrm{w}(v)$, und somit ist

$$\sum_{i=1}^{2 \cdot \mathrm{unw}(v)} E \cdot b(E \cdot i) \geq \mathrm{unw}(v) \cdot E \cdot b(E \cdot \mathrm{unw}(v)) > \mathrm{w}(v) \cdot b(\mathrm{w}(v)).$$

Wenn wir eine Einfüge- oder Entferne-Operation in $T(v)$ durchführen, während $\mathrm{unw}(v)$ die bisherige Unausgewogenheit von v ist, dann beträgt die erforderliche Erhöhung des Kontostands von v also höchstens:

$$\sum_{i=2 \cdot \mathrm{unw}(v)+1}^{2 \cdot \mathrm{unw}(v)+2} E \cdot b(E \cdot i) \leq 2E \cdot b(2E \cdot (\mathrm{unw}(v)+1)) \leq 2E \cdot b(2\mathrm{w}(v)+2E).$$

Die letzte Ungleichung folgt aus Lemma 3.21(i) und der Tatsache, dass bis jetzt beide Kinder von v Gewicht höchstens $w(v)/z$ hatten. Weil E eine Konstante ist, liegt dieser Betrag in $O(b(\mathrm{w}(v)))$, angenommen, dass b nicht mehr als polynomiell wächst. Wir stellen also fest, dass eine Einfüge- oder Entferne-Operation zu jedem Knoten v_i auf dem Weg $v_0, ..., v_k$ von der Wurzel zu einem Blatt einen Beitrag in Höhe von $O(b(\mathrm{w}(v_i)))$ leisten muss. Im Beweis von Lemma 3.19 haben wir gesehen, dass der i-te Knoten auf diesem Weg ein Gewicht kleiner als n/z^i hat. Damit haben wir bewiesen:

Theorem 3.22 *Sei z eine Konstante mit $1 < z < 2$, und sei $b(n)$ eine monoton steigende Funktion von n, die höchstens polynomiell wächst. Ein binärer Suchbaum, in dem ein Teilbaum mit Gewicht w in Zeit $w \cdot b(w)$ erstellt werden kann, kann so instand gehalten werden, dass er zu jeder Zeit eine Höhe von höchstens $\log_z n + O(1)$ hat, wobei das Einfügen oder das Entfernen eines Punktes $O(\sum_{i=0}^{\lceil \log_z n \rceil} b(n/z^i))$ amortisierte Zeit kostet; hierbei ist n die aktuelle Anzahl der im Baum gespeicherten Punkte.*

Im nächsten Abschnitt werden wir sehen, wie wir dieses Resultat auf geometrische Datenstrukturen anwenden können, die wir kennengelernt haben.

3.3.5 Anwendungen ausgewogener Suchbäume*

Theorem 3.22 lässt sich direkt auf KD–Bäume anwenden. Nach Theorem 3.2 können wir dabei von $b(n) \in O(\log n)$ ausgehen. Bei konstantem z gilt $O(\log n) = O(\log_z n)$. Somit ist der amortisierte Zeitaufwand einer Einfüge- oder Entferne-Operation:

$$O\left(\sum_{i=0}^{\lceil \log_z n \rceil} \log_z(n/z^i)\right) = O\left(\sum_{i=0}^{\lceil \log_z n \rceil} (\log_z n - i)\right) = O((\log n)^2).$$

Die Anfragezeit bleibt aber nicht unbeeinträchtigt. Nach Lemma 3.1 beträgt sie jetzt:

$$O(2^{h/2} + k) = O(2^{\frac{1}{2}(\log_z n + O(1))} + k) = O(2^{\frac{1}{2}\log_z n} \cdot 2^{\frac{1}{2}O(1)} + k)$$
$$= O(2^{\frac{1}{2}\log_z n} + k) = O(n^{\frac{1}{2}/\log_2 z} + k) \qquad (*)$$

Weil wir z kleiner als 2 wählen müssen, können wir den Faktor $1/\log_2 z$ im Exponenten nicht ganz verschwinden lassen. Wir können aber für jedes positive ε die Konstante z so nah an 2 wählen, dass der Exponent $1/2 + \varepsilon$ wird; dazu wählen wir $z = 2^{1/(1+2\varepsilon)}$. Eine Schranke wie in Gleichung $(*)$ wird darum in der Literatur üblicherweise als $O(n^{1/2+\varepsilon} + k)$ geschrieben. Man muss

dann damit rechnen, dass die Schranke eine verborgene „Konstan- | verborgene
te" hat, die vielleicht ungünstig von ε abhängt. Wir haben zum | Konstante
Beispiel bei der Analyse der Einfüge- und Entferne-Operationen
mindestens einen Faktor $E = z/(2 - z)$ in der O-Notation ver-
steckt, und dieser Faktor hängt jetzt von ε ab. Die Schranken für
ausgewogene KD–Bäume sehen also leider nicht besser als bei der
logarithmischen Methode aus — schön einfach ist die Lösung aber
schon!

Ganz anders ist die Lage bei Bereichsbäumen. Hier bekommen
wir das folgende Ergebnis:

Theorem 3.23 *Man kann d-dimensionale Bereichsbäume so dynamisieren, dass sich in amortisierter Zeit $O((\log n)^d)$ Punkte
einfügen und entfernen lassen und achsenparallele Bereichsanfragen in $O((\log n)^d + k)$ Zeit beantwortet werden; dabei ist n die
aktuelle Anzahl der im Baum gespeicherten Punkte und k die Anzahl von Punkten, die im Anfragebereich liegen.*

Beweis. Wir werden die Bereichsbäume induktiv aufbauen: Oben
haben wir gesehen, wie wir einen dynamischen eindimensionalen
Baum mit amortisierter Updatezeit $O(\log n)$ und Höhe $O(\log n)$
bekommen. Die Sanierung eines Baums mit w Punkten kostet
$O(w)$ Zeit, also $O(1)$ Zeit pro Punkt.

Jetzt nehmen wir als Induktionshypothese folgendes an: Wir
verfügen, für ein $d > 1$, schon über $(d - 1)$-dimensionale Bereichsbäume mit amortisierter Laufzeit $O((\log n)^{d-1})$ für Einfüge-
und Entferne-Operationen, und Sanierungszeit $O((\log n)^{d-2})$ pro
Punkt (für den Basisfall $d = 2$ haben wir das gerade schon festgestellt). Wir können jetzt für den d-dimensionalen Bereichsbaum
Theorem 3.22 anwenden, mit $b(w) = O((\log w)^{d-2})$, und erhalten einen amortisierten Sanierungsaufwand von $O((\log n)^{d-1})$ pro
Einfüge- oder Entferne-Operation. Damit sind aber noch nicht alle
Kosten gedeckt: Bei allen $O(\log n)$ Knoten v der ersten Schicht T_1,
in deren Fundamenten $F(v)$ ein Punkt eingefügt oder entfernt
wurde, müssen wir den Punkt auch in den assoziierten $(d - 1)$-
dimensionalen Bereichsbäumen T_v^{d-1} einfügen oder entfernen. Das
kostet, nach der Induktionshypothese, $O(\log n) \cdot O((\log n)^{d-1}) =
O((\log n)^d)$ amortisierte Zeit. Mit Induktion folgt, dass diese
Schranken für alle d gelten.

Die Anfragezeit von Bereichsbäumen ist, wie wir in Ab-
schnitt 3.2.3 gesehen haben, $O(h^d + k)$, wobei h die Höhe des
Baums ist. Diese ist im dynamischen Fall zwar nicht mehr auf
$\lceil \log_2 n \rceil$ beschränkt, aber immer noch auf $\log_z n + O(1) = \frac{\log n}{\log z} +
O(1)$, und somit beträgt die Anfragezeit $O((\log n)^d/(\log z)^d + k)$.
Weil wir z und d als Konstanten betrachten, dürfen wir den Faktor

$1/(\log z)^d$ in der O-Notation weglassen. Damit ist Theorem 3.23 bewiesen.   □

Als Beispiel liefert uns Theorem 3.23 eine Lösung für das in Abschnitt 2.4 noch offen gebliebene Problem, das *closest pair* im $\mathbb{R}^3$ schneller als in Zeit $O(n^2)$ zu berechnen.

closest pair im $\mathbb{R}^3$ **Korollar 3.24** *Das dichteste Paar von n Punkten im $\mathbb{R}^3$ lässt sich mit dem* Sweep-*Verfahren in Zeit $O(n(\log n)^2)$ bestimmen.*

Beweis. Beim *sweep* wird jeder der n Punkte höchstens einmal in die Sweep-Status-Struktur eingefügt und wieder daraus entfernt. Uns interessiert nur die Summe der Kosten dieser Operationen. Bei Verwendung eines dynamisierten zweidimensionalen Bereichsbaums als Sweep-Status-Struktur brauchen wir nach Theorem 3.23 pro Operation nur $O((\log n)^2)$ zu veranschlagen.   □

Es gibt aber andere Ansätze, mit denen man das dichteste Punktepaar in jeder Dimension sogar in Zeit $O(n \log n)$ bestimmen kann, zum Beispiel mit Hilfe einer *well-separated pair decomposition* der Punktmenge; siehe Narasimhan und Smid [9] oder Aurenhammer et al. [3].

Die Methode der ausgewogenen Suchbäume beruht auf Arbeiten von Overmars und Van Leeuwen [12], deren Details wir ein wenig vereinfacht haben. Man kann die gleichen Resultate auch erhalten, ohne die Gewichte aller Knoten zu speichern. Dafür müssen die Algorithmen aber angepasst werden. Man bekommt Sündenbockbaum dann einen sogenannten *Sündenbockbaum* (scapegoat tree); für die Details verweisen wir auf Andersson [2].

Es gibt eine Fülle von Ergebnissen über geometrische Datenstrukturen, die im Rahmen dieses Kapitels nicht einmal gestreift werden konnten, insbesondere zu externen Datenstrukturen für ausgedehnte Objekte. Wer sich näher für dieses Thema interessiert, sei auf die Bände von Samet [13, 14, 15] hingewiesen. Ergebnisse über interne Strukturen finden sich z. B. auch bei Van Kreveld [17] und Schwarzkopf [16].

Lösungen der Übungsaufgaben

Übungsaufgabe 3.1 Ein Kreis mit Mittelpunkt (x, y) und Radius r enthält den Punkt $p = (p_1, p_2)$ genau dann, wenn

$$\sqrt{(x - p_1)^2 + (y - p_2)^2} \leq r$$

ist. Die Punkte $(x, y, r) \in \mathbb{R}^3$, die diese Ungleichung erfüllen, haben die Eigenschaft, dass der Abstand von Punkt p zu (x, y) im $\mathbb{R}^2$ kleiner gleich der Höhe des Punktes (x, y, r) über der XY-Ebene im $\mathbb{R}^3$ ist; also bilden sie den massiven Kegel mit Spitze $(p_1, p_2, 0)$ und Öffnungswinkel 90°, dessen Mittelsenkrechte auf der XY-Ebene senkrecht steht.

Übungsaufgabe 3.2 Außer den Blättern mit den Punkten a, b, h, i, j, k und dem Knoten $y = 6$ werden alle Knoten besucht. Aber nur der Punkt f liegt im Anfragerechteck.

Übungsaufgabe 3.3

(i) und (iii): Wir wollen die n-elementige Punktmenge $D \subset \mathbb{R}^d$ mit einer orthogonalen Hyperebene $H_s = \{X_1 = s\}$ so in zwei Teile $D_{<s}, D_{>s}$ zerlegen, dass $D \cap H_s = \emptyset$ ist und

$$\min\{|D_{<s}|, |D_{>s}|\} \geq \frac{n-1}{2d}$$

gilt. Zu diesem Zweck lassen wir s von $-\infty$ an wachsen (ein *sweep!*) und verfolgen, wie $|D_{<s}|$ zunimmt; dabei werden nur solche Werte von s betrachtet, für die H_s keine Punkte aus D enthält. Sie bilden disjunkte offene Intervalle auf der X_1-Achse.

Irgendwann springt $|D_{<s}| < \frac{n-1}{2d}$ auf $|D_{<t}| \geq \frac{n-1}{2d}$. Ist $|D_{>t}| \geq \frac{n-1}{2d}$, sind wir fertig. Andernfalls ist $|D_{>t}| < \frac{n-1}{2d}$, und es folgt

$$\begin{aligned}
|D_{<t}| - |D_{<s}| &= n - |D_{>t}| - |D_{<s}| \\
&> n - \frac{n-1}{2d} - \frac{n-1}{2d} \\
&= \frac{(d-1)n + 1}{d},
\end{aligned}$$

siehe Abbildung 3.12. Wenn die Anzahl der Punkte „links" von der wandernden Hyperebene zwischen s und t um diesen Betrag nach oben springt, muss es eine Position s' dazwischen geben, in der die Hyperebene $H_{s'}$ mindestens

$$\left\lfloor \frac{(d-1)n + 1}{d} \right\rfloor + 1$$

viele Punkte aus D enthält.

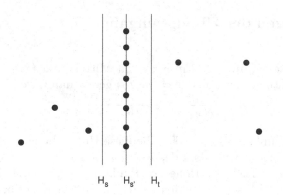

$$H_s \quad H_{s'} \quad H_t$$

Abb. 3.12 Wenn 14 Punkte sich durch eine Senkrechte nicht so trennen lassen, dass die kleinere Teilmenge mindestens 4 Punkte enthält, gibt es eine Senkrechte, auf der mindestens 8 Punkte liegen.

Diese Überlegung stellen wir für jede der d Koordinaten an. Angenommen, es gibt jedesmal eine Hyperebene H_i, die mindestens $\lfloor \frac{(d-1)n+1}{d} \rfloor + 1$ viele Punkte aus D enthält. Dann ist

$$\sum_{i=1}^{d} |D \cap H_i| \geq d \left(\left\lfloor \frac{(d-1)n+1}{d} \right\rfloor + 1 \right) > (d-1)n+1.$$

Andererseits ist der Durchschnitt aller H_i ein Punkt im $\mathbb{R}^d$; folglich kann höchstens ein Punkt aus D in allen d Hyperebenen vorkommen, jeder andere Punkt in höchstens $d-1$ vielen. Es entsteht der Widerspruch

$$\sum_{i=1}^{d} |D \cap H_i| \leq d + (n-1)(d-1) = (d-1)n+1.$$

Dass es keine größere untere Schranke als $\frac{n-1}{2d}$ für die Größe des kleineren Teils geben kann, zeigt die Verallgemeinerung der in Abbildung 3.3 gezeigten Punktmenge auf höhere Dimensionen.

(ii) Nein. Wenn bei jedem Teilungsschritt ein Größenverhältnis von $1:3$ zwischen den beiden Teilmengen erlaubt wäre, so könnte der resultierende KD–Baum eine Höhe von $h = \left\lceil \log_{\frac{4}{3}} n \right\rceil = \left\lceil \frac{\log n}{2 - \log 3} \right\rceil \approx 2.409 \cdot \log n$ erreichen. Nach Lemma 3.1 hätten wir dann für Bereichsanfragen die Laufzeitschranke $O(2^{\frac{h}{2}}) = O(n^{1.204\cdots})$, wobei die Größe k der Antwort noch hinzukäme.

Übungsaufgabe 3.4 Sei p ein Punkt, der zur Antwort gehört. Steht p in einem der beiden Blätter b^-, b^+ der Suchpfade nach den Intervallgrenzen, so wird p berichtet. Andernfalls steht p in einem Blatt b zwischen b^- und b^+. Wenn wir in T^1 dem Pfad von b hoch zur Wurzel von T^1 folgen, müssen wir irgendwo auf einen Knoten u von π^- oder π^+ treffen. Dabei können wir ein $u \in \pi^-$ nur von rechts treffen, also über ein rechtes Kind v von u. Dann gehört b zum Fundament von v. Ebenso kann man einen Knoten u auf π^+ nur von links treffen. Die Fundamente der genannten Knoten sind paarweise disjunkt, weil keiner von ihnen Vorgänger eines anderen ist.

Übungsaufgabe 3.5 Ein Binärbaum mit n Blättern hat $n-1$ interne Knoten. In einem kompletten Prioritätssuchbaum für n Punkte muss also mindestens ein Blatt einen Punkt enthalten (es können aber auch mehrere sein).

Es bleibt zu zeigen, dass der vorhandene Platz ausreicht, um gleichzeitig die Bedingungen (1) und (2) für Prioritätssuchbäume zu erfüllen. Wir verwenden Induktion über n. Für $n = 1$ ist die Behauptung klar. Ist $n \geq 2$, betrachten wir die beiden Teilbäume, die am Wurzelknoten hängen. Nach Induktionsvoraussetzung lassen sich diejenigen Punkte, deren X-Koordinaten in den jeweiligen Blättern stehen, entsprechend (1) und (2) in den Teilbäumen unterbringen.

Wenn wir nun den leeren Wurzelknoten oben aufsetzen, können wir rekursiv denjenigen Punkt aus den beiden Kindern aufsteigen lassen, der die kleinere Y-Koordinate hat. Am Ende sind alle drei Bedingungen erfüllt.

Übungsaufgabe 3.6 Zuerst erstellt man die Blätter, von links nach rechts, mit einem Punkt in jeden Blatt. Weil die Punkte schon sortiert sind, kostet das nur $O(n)$ Zeit.

Danach konstruiert man die internen Knoten, aufsteigend nach Höhe im Baum, die Wurzel zuletzt. Die Knoten mit Höhe h werden erstellt, indem man die Knoten mit Höhe $h-1$ von links nach rechts in Geschwisterpaare aufteilt, auf die man Elternknoten setzt. Bei jedem Geschwisterpaar lässt man den Punkt p, der von den beiden in den Geschwistern gespeicherten Punkten die niedrigste Y-Koordinate hat, in den Elternknoten hochsteigen; die so entstandene Lücke im Kind wird dann auf die gleiche Weise mit einem Punkt aus den Enkeln gefüllt, und so weiter. Für jeden neu erstellten Knoten läuft man auf diese Weise einen Pfad mit Länge h nach unten im Baum ab, bis die Lücke in einem Blatt landet oder in einem Knoten, dessen Kinder keine Punkte mehr speichern. So konstruiert man alle $O(n/2^h)$ Knoten mit Höhe h in $O(n \cdot h/2^h)$ Zeit.

Die Gesamtlaufzeit des Algorithmus ist $O(n + n \sum_{h=1}^{\log n} h/2^h)$. Das ist in $O(n)$, denn

$$\sum_{h=1}^{\log n} \frac{h}{2^h} = \frac{1}{2} + \frac{2}{4} + \frac{3}{8} + ... < \frac{1}{2} + \frac{1}{2} \sum_{i=0}^{\infty} \left(\frac{3}{4}\right)^i = \frac{1}{2} + \frac{1}{2} \cdot 4.$$

Man gewinnt gegen den Top-Down-Algorithmus von Seite 136, weil die meisten Punkten unten im Baum bleiben und nur wenige hoch aufsteigen müssen.

Übungsaufgabe 3.7 Wenn man im Beispiel von Abbildung 3.7 eine Anfrage mit dem Halbstreifen $[0,3] \times (-\infty, 2]$ beantwortet, läuft man zu den Blättern 1 und 3, ohne einen Datenpunkt zu finden. Im allgemeinen lässt sich nicht vermeiden, dass man den Baum in ganzer Höhe durchlaufen muss.

Übungsaufgabe 3.8 Abgesehen von logarithmischen Faktoren und ausgabeabhängigen Termen gilt $Q(m) = O(\sqrt{m})$ und $B(m) = O(m)$, so dass die Anfragezeit $O(\frac{N}{m}\sqrt{m}) = O(N/\sqrt{m})$ ist und die Einfüge- und Entferne-Operationen $O(m)$ Zeit kosten. Will man $N/\sqrt{m}$ und m gleichstellen, so wähle man $N = m^{3/2}$, also $m = N^{2/3}$.

Übungsaufgabe 3.9

Nach Operation	$|T_0|$	$|T_1|$	$|T_2|$	$|T_3|$	m	n
0. Initialisierung	0	0	3	0	3	3
1. Einfügen	1	0	3	0	4	4
2. Einfügen	0	2	3	0	5	5
3. Einfügen	1	2	3	0	6	6
4. Entfernen des Vorletzten	1	1	3	0	6	5
5. Einfügen	0	0	0	6	7	6
6. Entfernen des Letzten	0	0	0	5	7	5
7. Einfügen	1	0	0	5	8	6
8. Entfernen des Vorletzten	1	0	0	4	8	5
9. Entfernen des Letzten	0	0	4	0	4	4

Übungsaufgabe 3.10 Die Invariante, dass der Kontostand mindestens $(m-n)b(n)$ beträgt, kann nicht instand gehalten werden, ohne den Einfüge-Operationen einen Beitrag in Rechnung zu stellen. In Zuge einer Einfüge-Operation kann sich ja $b(n)$, und somit auch $(m-n)b(n)$, erhöhen.

Übungsaufgabe 3.11 Wir können die gleichen Schranken wie in Theorem 3.18 beweisen, vorausgesetzt, wir ersetzen n durch m. Weil keine Neu-Initialisierungen stattfinden, ist m einfach immer die Anzahl von Punkten, die je eingefügt wurden.

Übungsaufgabe 3.12 Wir bauen ein Hotel mit zwei Flügeln. Das ganze Hotel startet leer.

Der erste Flügel funktioniert wie ein ganz normales logarithmisches Hotel, aber ohne Entferne-Operationen. Die Grundstruktur wird erweitert mit einer Liste aller Strecken im Zimmer, sortiert nach dem Zeitpunkt, zu dem sie eingefügt wurden. Außerdem benutzen wir eine andere Kontostandsinvariante: Die leeren Zimmer haben doppelt so viel Guthaben wie in einem normalen Hotel, und jedes belegte Zimmer T_z hat ein Guthaben von $2^z \cdot b(2^z)$. Das entspricht dem Betrag, der vom doppelten Guthaben des leeren Zimmers übrig bleibt, wenn es belegt wird.

Der zweite Flügel, mit Zimmern $U_0, U_1, U_2, \ldots$ funktioniert wie ein umgekehrtes logarithmisches Hotel. In diesem Flügel ziehen die Strecken von größeren Zimmern in kleinere Zimmer um, bis sie schließlich entfernt werden.

Die Entferne-Operation funktioniert wie folgt. Zuerst stellen wir sicher, dass im zweiten Flügel mindestens ein Zimmer belegt ist. Wenn das nicht der Fall ist, vertauschen wir zuerst T_h mit dem leeren Zimmer U_h. Sei jetzt U_z das kleinste nicht-leere Zimmer im zweiten Flügel. Wir lesen jetzt alle Strecken aus U_z aus; dabei entfernen wir die älteste Strecke. Wir verteilen die übrigen Strecken nach Zeitpunkt des Einfügens über $U_0, \ldots, U_{z-1}$, und zwar so, dass die ältesten Strecken (die demnächst zu entfernen sind) in den kleinsten Zimmer landen.

Im zweiten Flügel halten wir die Invariante instand, dass jedes belegte Zimmer U_j ein Guthaben von mindestens

$$\left(2^j - \sum_{i=0}^{j-1} c_i 2^i \right) \cdot b(2^j)$$

hat, wobei die c_i die Bits der Zimmerbelegung im zweiten Flügel darstellen. Zur Instandhaltung der Invariante zahlen die Entferne-Operationen die gleichen Beiträge wie Einfüge-Operationen, sie laufen also, wie Einfüge-Operationen, in $O((\log n)^2 \alpha(n))$ amortisierter Zeit.

Übungsaufgabe 3.13 Nein, denn dann könnte man mit diesem Suchbaum in $o(n \log n)$ Zeit sortieren, indem man eine Menge von unsortierten Zahlen eine nach der anderen in den Baum einfügt und zum Schluss die Blätter mit Tiefensuche in sortierter Reihenfolge einsammelt. Das widerspräche Theorem 1.4.

Literatur

[1] P. K. Agarwal, M. de Berg, J. Gudmundsson, M. Hammar, H. Haverkort. Box-trees and R-trees with near-optimal query time. *Discret. Comput. Geom.*, 28(3):291–312, 2002.

[2] A. Andersson. Improving partial rebuilding by using simple balance criteria. In *Workshop Algorithms and Data Structures (WADS)*, Band 382 von *Lecture Notes in Computer Science (LNCS)*, S. 393–402, 1989.

[3] F. Aurenhammer, R. Klein, D.-T. Lee. *Voronoi Diagrams and Delaunay Triangulations*. World Scientific, 2013.

[4] T. H. Cormen, C. E. Leiserson, R. L. Rivest, C. Stein. *Algorithmen — Eine Einführung, 3. Auflage*. Oldenbourg, 2010.

[5] O. Devillers, M. Karavelas, M. Teillaud. Qualitative symbolic perturbation: two applications of a new geometry-based perturbation framework. *J. Comput. Geom.*, 8(1):282–315, 2017.

[6] R. H. Güting, S. Dieker. *Datenstrukturen und Algorithmen*. B. G. Teubner, Stuttgart, 2. Ausgabe, 2003.

[7] R. Klein, O. Nurmi, T. Ottmann, D. Wood. A dynamic fixed windowing problem. *Algorithmica*, 4:535–550, 1989.

[8] K. Mehlhorn. *Data Structures and Algorithms 3: Multi-dimensional Searching and Computational Geometry*, Band 3 von *EATCS Monographs on Theoretical Computer Science*. Springer-Verlag, Heidelberg, 1984.

[9] G. Narasimhan, M. Smid. *Geometric Spanner Networks*. Cambridge University Press, 2007.

[10] T. Ottmann, P. Widmayer. *Algorithmen und Datenstrukturen*. Spektrum Akademischer Verlag, Heidelberg, 4. Ausgabe, 2002.

[11] M. H. Overmars. *The Design of Dynamic Data Structures*, Band 156 von *Lecture Notes Comput. Sci.* Springer-Verlag, Heidelberg, 1983.

[12] M. H. Overmars, J. van Leeuwen. Dynamic multi-dimensional data structures based on quad- and k-d trees. *Acta Inform.*, 17:267–285, 1982.

[13] H. Samet. *Applications of Spatial Data Structures: Computer Graphics, Image Processing, and GIS*. Addison-Wesley, Reading, MA, 1990.

[14] H. Samet. *The Design and Analysis of Spatial Data Structures*. Addison-Wesley, Reading, MA, 1990.

[15] H. Samet. *Foundations of Multidimensional and Metric Data Structures*. Morgan-Kaufmann, 2006.

[16] O. Schwarzkopf. Dynamic maintenance of geometric structures made easy. In *Proc. 32nd Annu. IEEE Sympos. Found. Comput. Sci.*, S. 197–206, 1991.

[17] M. J. van Kreveld. *New Results on Data Structures in Computational Geometry*. Dissertation, Dept. Comput. Sci., Utrecht Univ., Niederlande, 1992.

4

Durchschnitte, Zerlegungen und Sichtbarkeit

In diesem Kapitel werden einige geometrische Probleme behandelt, die zu den Klassikern der Algorithmischen Geometrie zählen. Fast alle haben mit der Bildung von *Durchschnitten* zu tun, mit geschickten Zerlegungen geometrischer Objekte oder mit *Sichtbarkeit in einfachen Polygonen*. Die Probleme lassen sich leicht formulieren, aber trotzdem sind die Lösungen oft überraschend und keineswegs selbstverständlich.

4.1   Die konvexe Hülle ebener Punktmengen

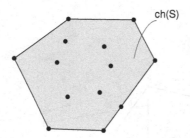

Abb. 4.1 Eine Menge S von 13 Punkten in der Ebene und ihre konvexe Hülle.

In Kapitel 1 auf Seite 23 hatten wir die *konvexe Hülle $ch(A)$*   konvexe Hülle einer Teilmenge A des $\mathbb{R}^d$ durch

$$ch(A) = \bigcap_{\substack{K \supseteq A \\ K \text{ konvex}}} K$$

definiert; sie ist die bezüglich der Inklusion kleinste konvexe Menge im $\mathbb{R}^d$, die A enthält. Ein praktisches Verfahren zur Berechnung

© Springer Fachmedien Wiesbaden GmbH, ein Teil von Springer Nature 2022
R. Klein et al., *Algorithmische Geometrie*,
https://doi.org/10.1007/978-3-658-37711-3_4

der konvexen Hülle ergibt sich durch diese Definition aber noch nicht.

In diesem Abschnitt sollen deshalb effiziente Verfahren vorgestellt werden, um die konvexe Hülle einer Menge S von n Punkten in der Ebene zu konstruieren. Abbildung 4.1 zeigt ein Beispiel. Es fällt auf, dass die konvexe Hülle der gegebenen Punktmenge ein konvexes Polygon ist, dessen Ecken zur Punktmenge S gehören.

Noch ein anderer Sachverhalt wird durch Abbildung 4.1 suggeriert: Stellt man sich die Punkte als Nägel vor, die aus der Ebene herausragen, wirkt der Rand der konvexen Hülle wie ein Gummiband, das sich um die Nägel herumspannt. Wenn diese Vorstellung richtig ist, müsste der Rand von $ch(S)$ der kürzeste geschlossene Weg sein, der die Punktmenge S umschließt. Wir werden uns noch vergewissern, dass diese Aussage, die ja nicht unmittelbar aus der oben angegebenen Definition der konvexen Hülle folgt, tatsächlich zutrifft.

4.1.1   Präzisierung des Problems und untere Schranke

Zuerst machen wir uns klar, dass der Rand der konvexen Hülle einer ebenen Punktmenge tatsächlich so aussieht, wie Abbildung 4.1 nahelegt.

Lemma 4.1 *Sei S eine Menge von n Punkten in der Ebene. Dann ist $ch(S)$ ein konvexes Polygon, dessen Ecken Punkte aus S sind.*

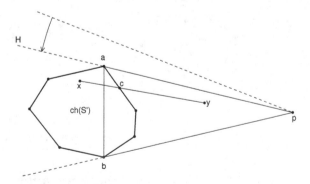

Abb. 4.2 Für jeden Punkt $z \in ab$ ist die Strecke zp in der konvexen Hülle von $S' \cup \{p\}$ enthalten.

Beweis. Durch Induktion über n. Für $n \leq 2$ ist die Behauptung klar.[1] Sei also $n \geq 3$. Wir wählen einen Punkt p aus und wenden

---

[1]Wenn man dazu bereit ist, einen einzelnen Punkt oder eine Strecke als konvexe Polygone anzuerkennen.

die Induktionsvoraussetzung auf die Restmenge $S' = S \setminus \{p\}$ an; ihre konvexe Hülle ist also ein konvexes Polygon mit Ecken in S'. Liegt auch p in $ch(S')$, ist nichts weiter zu zeigen. Liegt p außerhalb, haben wir die in Abbildung 4.2 gezeigte Situation. Dann nehmen wir eine von p ausgehende Halbgerade H, die $ch(S')$ nicht schneidet, und drehen sie so lange *gegen* den Uhrzeiger um p, bis sie $ch(S')$ berührt; sei a der von H berührte Punkt von $ch(S')$. Analog drehen wir die Halbgerade *mit* dem Uhrzeiger, bis sie den Rand von $ch(S')$ in einem Punkt b berührt. Behauptung:

$$ch(S) = ch(S') \cup tria(a, b, p).$$

Offenbar enthält jede konvexe Obermenge von S erst recht die konvexen Hüllen $ch(S')$ und $tria(a, b, p)$ der Teilmengen S' und $\{a, b, p\}$ von S. Es bleibt zu zeigen, dass die Vereinigung von $ch(S')$ und dem Dreieck $tria(a, b, p)$ eine konvexe Menge ist. Weil jede der beiden Mengen für sich konvex ist, müssen wir nur für je zwei Punkte $x \in ch(S')$ und $y \in tria(a, b, p) \setminus ch(S')$ nachweisen, dass die Strecke xy in der Vereinigung der Mengen enthalten ist.

Sei c der Schnittpunkt von xy mit dem Rand von $ch(S')$. Weil ap und bp Teile von Tangenten von p an $ch(S')$ sind, ist c in $tria(a, b, p)$ enthalten. Wegen $xc \subset ch(S')$ und $cy \subset tria(a, b, p)$ liegt das ganze Segment xy in der Vereinigung.

Also stimmt die Behauptung, und der Rand von $ch(S)$ ist ein konvexes Polygon mit Ecken in S.   □

Jetzt können wir unser Problem korrekt formulieren: Gegeben ist eine Menge von n Punkten in der Ebene; zu bestimmen ist das konvexe Polygon $ch(S)$ durch Angabe seiner Ecken in der Reihenfolge gegen den Uhrzeigersinn. präzisierte Problemstellung

Es stellt sich heraus, dass unser Problem mindestens so schwierig ist wie das Sortierproblem.

Lemma 4.2 *Die Konstruktion der konvexen Hülle von n Punkten in der Ebene erfordert $\Omega(n \log n)$ viel Rechenzeit.* untere Schranke

Beweis. Sei A ein beliebiges Verfahren zur Konstruktion der konvexen Hülle einer ebenen Punktmenge. Gegeben seien n unsortierte reelle Zahlen $x_1, \ldots, x_n$. Wir wenden A an, um die konvexe Hülle der Punkte $p_i = (x_i, x_i^2)$ zu berechnen. Sie liegen auf der Parabel $Y = X^2$, und jedes p_i ist ein Eckpunkt der konvexen Hülle; siehe Abbildung 4.3.

Nachdem wir das konvexe Polygon $ch(\{p_1, \ldots, p_n\})$ berechnet haben, können wir leicht in linearer Zeit seine Eckpunkte entgegen dem Uhrzeigersinn ausgeben. Dabei werden ab dem am weitesten links gelegenen Punkt die Punkte p_i in aufsteigender Reihenfolge ihrer X-Koordinaten berichtet. Damit sind die Zahlen x_i sortiert,

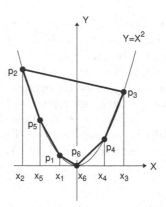

Abb. 4.3 Die konvexe Hülle von sechs Punkten auf einer Parabel.

was nach Korollar 1.8 auf Seite 45 die Zeitkomplexität $\Omega(n \log n)$ besitzt.[2]   □

Bevor wir uns der Konstruktion der konvexen Hülle zuwenden, wollen wir uns klarmachen, dass ihr Rand tatsächlich die kürzeste geschlossene Kurve ist, die die Punktmenge S umschließt.

Lemma 4.3   *Sei W ein einfacher, geschlossener Weg, der die konvexe Hülle der Punktmenge S umschließt.[3] Dann ist der Rand von $ch(S)$ höchstens so lang wie W.*

Beweis. Von jeder Ecke v_i von $ch(S)$ ziehen wir die winkelhalbierende Halbgerade h_i nach außen. Dabei trifft jedes h_i die Kurve W, eventuell sogar mehrfach. Wir orientieren W gegen den Uhrzeiger, starten von einem Punkt t und bezeichnen den jeweils ersten Schnittpunkt von W mit der Halbgeraden h_i als w_i; siehe Abbildung 4.4.

Die Halbgerade h_i bildet mit den beiden Kanten von v_i einen Winkel $\geq \pi/2$; für je zwei konsekutive Halbgeraden h_i und h_{i+1} ist deshalb (v_i, v_{i+1}) das Punktepaar mit dem kleinsten Abstand in $h_i \times h_{i+1}$. Darum gilt

$$|v_i v_{i+1}| \leq |w_i w_{i+1}| \leq |W_{i,i+1}|,$$

wobei $W_{i,i+1}$ das Stück von W zwischen w_i und w_{i+1} bezeichnet. Insgesamt ist daher die Gesamtlänge von $\partial ch(S)$ nicht größer als die Länge von W.   □

---

[2]Kann man vielleicht schneller berechnen, welche Punkte einer ebenen Punktmenge Ecken der konvexen Hülle sind, wenn man darauf verzichtet, ihre Reihenfolge entlang des Randes zu bestimmen? Nein, auch dann gilt die untere Schranke $\Omega(n \log n)$: sie kann auf verschiedene Weisen bewiesen werden [19, 23, 31].

[3]Wir erinnern an den Jordanschen Kurvensatz; siehe Seite 11.

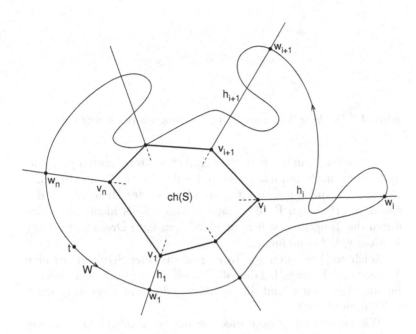

Abb. 4.4 Für jedes i ist $|v_i v_{i+1}| \leq |w_i w_{i+1}|$. Folglich ist W mindestens so lang wie der Rand des konvexen Polygons.

Man kann sich leicht überlegen, dass Lemma 4.3 auch für solche Wege W gilt, die nicht einfach sind und $ch(S)$ in einer ihrer Schlingen enthalten, d. h. in einer beschränkten Zusammenhangskomponente von $\mathbb{R}^2 \setminus W$.

Außerdem kann man Lemma 4.3 auf beliebige konvexe Mengen (statt $ch(S)$) verallgemeinern und folgende nützliche Folgerung ziehen:

Korollar 4.4 *Ist W ein einfacher „konvexer" Weg von a nach b, d. h. W zusammen mit der Strecke ab umschließt eine konvexe Menge, und ist W' irgendein anderer Weg von a nach b, der auf der Außenseite von W verläuft, so ist W' mindestens so lang wie W.*

Diese Situation ist in Abbildung 4.5 dargestellt.

4.1.2 Inkrementelle Verfahren

Es fällt auf, dass der Beweis von Lemma 4.1 schon die Idee für   die Idee
einen Algorithmus enthält, mit dem man die konvexe Hülle einer
Punktmenge S konstruieren kann.

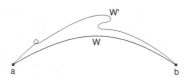

Abb. 4.5 Der Weg W' ist mindestens so lang wie der konvexe Weg W.

Man startet mit der konvexen Hülle von drei Punkten p_1, p_2, p_3 und nimmt nach und nach weitere Punkte hinzu. Wenn ein neuer Punkt p hinzukommt, testet man, ob er in der Hülle $ch(S')$ der schon verarbeiteten Punktmenge S' liegt. Falls nicht, muss das durch die Tangenten von p an $ch(S')$ erzeugte Dreieck angebaut werden; vgl. Abbildung 4.2.

Solch ein Verfahren zur Konstruktion einer Struktur für eine Menge von Objekten, bei dem die Objekte eines nach dem anderen hinzugefügt werden und die Struktur jedes Mal vergrößert wird, heißt *inkrementell*.

inkrementelles Verfahren

Wie können wir unsere Idee zur inkrementellen Konstruktion der konvexen Hülle in die Tat umsetzen? Offenbar sind für $C = ch(S')$ zwei Teilprobleme zu lösen:

(1) Wie testet man effizient, ob ein Punkt p innerhalb oder außerhalb des konvexen Polygons C liegt?

(2) Wie bestimmt man die beiden Tangenten von einem Punkt p außerhalb des konvexen Polygons C an den Rand von C?

Der Rest — die Aktualisierung der schon konstruierten konvexen Hülle C durch Vereinigung mit dem Dreieck, das durch p und die beiden Tangentenpunkte gebildet wird — kann dann jeweils in konstanter Zeit geschehen, liefert also insgesamt nur einen Beitrag in Höhe von $O(n)$.

Teilproblem (1) in $O(n)$ Zeit

Auf Seite 100 hatten wir bereits ein Verfahren zur Lösung von Teilproblem (1) formuliert, das in Zeit $O(n)$ funktioniert: Man wählt eine von p ausgehende Halbgerade h aus und testet alle Kanten von C auf Schnitt mit h; der Punkt p liegt genau dann im Innern von C, wenn die Anzahl der Schnitte ungerade ist.[4]

Teilproblem (2) in $O(n)$ Zeit

Die in Teilproblem (2) verlangten Tangenten lassen sich ebenfalls in Zeit $O(n)$ bestimmen, indem man einmal um den Rand von C herumwandert und an jedem Eckpunkt v prüft, ob der Strahl von p durch v das Innere von C schneidet. Wenn nicht, liegt v auf einer der gesuchten Tangenten. Es kann vorkommen, dass eine

---

[4]Bei einem konvexen Polygon kann es höchstens zwei Schnittpunkte geben; trotzdem muss man im schlimmsten Fall alle Kanten testen.

Tangente mehrere kollineare Eckpunkte von C enthält. In einem solchen Fall suchen wir den Eckpunkt a auf, der p am nächsten liegt, denn wir wollen ja alle Punkte von S berichten, die auf dem Rand der konvexen Hülle liegen; vgl. Abbildung 4.6.

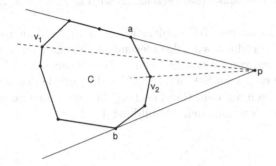

Abb. 4.6 Die Punkte a und b sind die gesuchten Tangentenpunkte. Am Schnitt von ∂C mit dem Strahl von p durch v_i kann man erkennen, dass v_1 und v_2 keine Tangentenpunkte sind.

Weil die beiden Teilprobleme für jeden einzufügenden Punkt p gelöst werden müssen, ergibt sich ein Verfahren mit Laufzeit in $O(n^2)$ für die Konstruktion der konvexen Hülle von n Punkten.

damit:
Laufzeit $O(n^2)$

Im Hinblick auf die untere Schranke in $\Omega(n \log n)$ ist das Ergebnis noch nicht befriedigend. Wo kann man Rechenzeit einsparen?

Eine Idee zur effizienteren Lösung von Teilproblem (1) wird durch Abbildung 4.7 illustriert: Angenommen, wir kennen einen Punkt z im Innern des konvexen Polygons C.[5] Die Halbgeraden h_i von z durch die Ecken v_i von C zerlegen die gesamte Ebene in Sektoren, deren Spitzen am Punkt z zusammenkommen wie die Stücke einer Torte.

Teilproblem (1) in
$O(\log n)$ Zeit

Wenn nun ein Punkt $p \neq z$ gegeben ist, stellen wir zunächst fest, in welchem Sektor er sich befindet. Angenommen, dieser Sektor wird von den Halbgeraden h_i und h_{i+1} berandet; dann brauchen wir nur noch zu testen, ob p — von z aus gesehen — diesseits oder jenseits der Kante $v_i v_{i+1}$ liegt.

Die Bestimmung des p enthaltenden Sektors kann in Zeit $O(\log n)$ erfolgen, denn die Halbgeraden h_i sind ja um z herum nach ihrer Steigung geordnet. Dazu bräuchte man die Punkte v_i nach ihren Winkeln um z sortiert eigentlich nur in einem Array zu speichern, das zum Beispiel mit dem Eckpunkt größter X-Koordinate beginnt; auf dieses Array ließe sich *binäres Suchen* anwenden.

---

[5] Wir können zu Beginn den Punkt z im Innern des Dreiecks $tria(p_1, p_2, p_3)$ wählen und brauchen ihn danach nie wieder zu verändern, weil er dann auch im Innern jeder Hülle $ch(S')$ enthalten ist.

Wenn aber der neue Punkt p eingefügt ist, muss dieses Eckenverzeichnis entsprechend erweitert werden, damit es für das Einfügen des nächsten Punktes wieder zur Verfügung steht. Statt eines Arrays nimmt man also besser einen *balancierten Suchbaum*; dann kann man das Eckenverzeichnis auch in Zeit $O(\log n)$ aktualisieren.

alle Teilprobleme
(2) in Zeit $O(n)$ Zur Lösung von Teilproblem (2) — dem Auffinden der Tangenten — verfahren wir folgendermaßen: Wir kennen ja nun eine Kante in dem von p aus sichtbaren Teil des Randes von C, nämlich die Kante $v_i v_{i+1}$ im Sektor von p! Von dort aus laufen wir in beide Richtungen auf dem Rand entlang, bis die Tangentenpunkte a und b gefunden sind; siehe Abbildung 4.7.

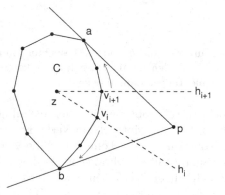

Abb. 4.7 Von der Kante $v_i v_{i+1}$ läuft man in beide Richtungen zu den Tangentenpunkten a und b.

Zwar kann die Anzahl der unterwegs besuchten Ecken von C in $\Omega(n)$ liegen, aber jede von ihnen wird anschließend aus der konvexen Hülle entfernt und kann danach nie wieder als Eckpunkt in Erscheinung treten. Folglich wird sie auch nie wieder besucht! Weil alle Ecken aus der Eingabemenge S stammen, kann es *insgesamt* höchstens $O(n)$ Besuche geben.

Zusammen mit der unteren Schranke aus Lemma 4.2 haben wir damit folgendes Resultat:

Laufzeit $\Theta(n \log n)$ **Theorem 4.5** *Die konvexe Hülle von n Punkten in der Ebene zu konstruieren, hat die Zeitkomplexität $\Theta(n \log n)$ und benötigt linearen Speicherplatz.*

Aus theoretischer Sicht mag der gerade vorgestellte Algorithmus befriedigend erscheinen, schließlich ist seine Laufzeit größenordnungsmäßig optimal. Es geht aber noch viel einfacher, ganz ohne balancierte Bäume.

Stattdessen verwenden wir ein Array A, in dem für jeden noch nicht eingefügten Punkt $p_j \in \{p_i, p_{i+1}, \ldots, p_n\}$ ein Verweis auf diejenige Kante e_j von $ch(S_{i-1})$ steht, die von der Strecke zp_j geschnitten wird,[6] oder **nil**, falls p_j innerhalb von $ch(S_{i-1})$ liegt. Die Kanten der konvexen Hülle können dabei als zyklisch verkettete Liste der Eckpunkte gespeichert sein, wie für Polygone üblich.

Am Anfang wird A für $i = 4$ initialisiert; dabei muss für jeden Punkt p_j mit $j \geq 4$ getestet werden, ob er außerhalb des Dreiecks $tria(p_1, p_2, p_3)$ liegt und welche Dreieckskante die Strecke zp_j in diesem Fall schneidet. Das kann insgesamt in linearer Zeit geschehen. Initialisierung

Die Frage ist, welchen Aufwand die *Aktualisierung* des Arrays A erfordert. Wenn p_i in $ch(S_{i-1})$ liegt, kann alles beim Alten bleiben. Andernfalls ändert sich die konvexe Hülle, was Änderungen einiger Einträge $A[j]$ nach sich ziehen kann. Aktualisierung

Wir sagen, dass solch ein Punkt p_j *mit p_i in Konflikt steht*; genauer ausgedrückt definieren wir für $i < j$: Konflikt

(p_i, p_j) in Konflikt $\iff$ zp_j schneidet eine Kante von $ch(S_{i-1})$,
die beim Einfügen von p_i entfernt wird.

Für jeden Punkt p_j, der mit p_i in Konflikt steht, ist zu testen, ob er im Dreieck $tria(a, b, p_i)$ enthalten ist — dann liegt er im Innern der neuen konvexen Hülle —, oder andernfalls, welche der beiden neuen Kanten ap_i oder bp_i von zp_j geschnitten wird; entsprechend ist der Eintrag $A[j]$ zu aktualisieren.

Damit wir nach den Punkten p_j, die mit p_i in Konflikt stehen, nicht lange suchen müssen, führen wir für jede Kante e von $ch(S_{i-1})$ eine Liste[7] mit allen p_j, für die $A[j] = e$ ist. Abbildung 4.8 zeigt ein Beispiel für die gesamte Datenstruktur. Das Einfügen von p_i vollzieht sich also insgesamt folgendermaßen:

if $A[i] \neq$ **nil**
then

    $e := A[i]$;
    laufe von e auf dem Rand von $ch(S_{i-1})$ bis zu
    den Tangentenpunkten a und b;

    (* konvexe Hülle aktualisieren *)
    entferne das e enthaltende Randstück R
        zwischen b und a;
    füge die Kanten ap_i und bp_i ein;

    (* Hilfsstruktur aktualisieren: siehe nächste Seite *)

---

[6]Das ist gerade die Kante, deren Sektor den Punkt p_j enthält.
[7]Physisch können diese Zeiger an einem der Endpunkte von e sitzen.

(* Hilfsstruktur aktualisieren *)
for jede Kante e auf dem entfernten Randstück R
     for jeden Punkt p_j, auf den e verweist
       (* p_j ist in Konflikt mit p_i *)

         if $zp_j \cap ap_i \neq \emptyset$
         then
            $A[j] := ap_i;$
            füge bei Kante ap_i Verweis auf p_j ein
         elseif $zp_j \cap bp_i \neq \emptyset$
         then
            $A[j] := bp_i;$
            füge bei Kante bp_i Verweis auf p_j ein
         elseif p_j in $tria(a, b, p_i)$
         then
            $A[j] := $ **nil**

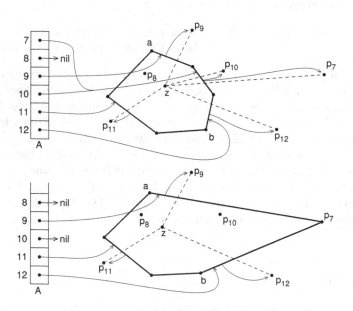

Abb. 4.8 Die konvexe Hülle nebst Hilfsstrukturen vor und nach dem Einfügen von Punkt p_7.

Der Gesamtaufwand für das Einfügen aller Punkte p_i ist offenbar proportional zur Summe folgender Größen:

- Gesamtzahl aller jemals besuchten Kanten e,

- Gesamtzahl aller Konfliktpaare (p_i, p_j) mit $i < j$.

Dass der erste Anteil in $O(n)$ liegt, hatten wir uns schon überlegt. Aber wie sieht es mit dem zweiten Anteil aus? Schließlich ist hier von Paaren die Rede, von denen es quadratisch viele gibt.

$\Theta(n^2)$ viele Konflikte?

Abbildung 4.9 zeigt ein Beispiel, bei dem insgesamt tatsächlich $\Theta(n^2)$ viele Konfliktpaare auftreten.

im *worst case*: ja!

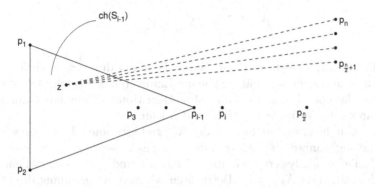

Abb. 4.9 Jeder der Punkte ganz rechts steht mit jedem $p_i, 3 \leq i \leq n/2$ in Konflikt, denn seine Strecke zu z schneidet eine Kante von $ch(S_{i-1})$, die beim Einfügen von p_i entfernt wird.

Man hat aber bei diesem Beispiel den Eindruck, dass die Vielzahl an Konfliktpaaren auf eine besonders ungünstige Einfügereihenfolge zurückzuführen ist. Würden etwa zuerst die Punkte p_1, $p_2, p_{\frac{n}{2}}, p_{\frac{n}{2}+1}, p_n$ eingefügt, so träten danach keine Konflikte mehr auf, weil $ch(S)$ bereits fertig ist; insgesamt entstünden nur $O(n)$ Konflikte.

Diese Betrachtung legt es nahe, vor Beginn des Hüllenbaus eine *zufällige Einfügereihenfolge* auszuwürfeln und darauf zu hoffen, dass sich im Mittel über alle $n!$ möglichen Reihenfolgen ein günstigeres Laufzeitverhalten ergibt. Diese Hoffnung wird nicht enttäuscht.

zufällige Einfügereihenfolge

Theorem 4.6 *Beim Bau der konvexen Hülle von n Punkten ist bei Verwendung des oben beschriebenen inkrementellen Verfahrens eine Laufzeit von $O(n \log n)$ zu erwarten, wenn jede der $n!$ möglichen Einfügereihenfolgen mit derselben Wahrscheinlichkeit gewählt wird.*

Laufzeit $O(n \log n)$ bei Randomisierung

Beweis. Für die Laufzeitanalyse definieren wir die folgenden Zufallsvariablen. Die Zufallsvariable $X_{i,j}$ ist 1 genau dann wenn im i-ten Schritt des Algorithmus $A[j]$ auf eine neue Kante gesetzt wird, und 0 sonst. Die Zufallsvariable $Y_{i,j}$ ist 1 genau dann wenn $A[j]$ im i-ten Schritt auf **nil** gesetzt wird, und 0 sonst. Wir nehmen dabei an, dass die konvexe Hülle mit drei beliebigen Punkten der Eingabe initialisiert wurde und damit der Punkt z unabhängig von der Einfügereihenfolge feststeht.

Die Anzahl der Schritte des Algorithmus ist asymptotisch beschränkt durch die doppelte Summe der Zufallsvariablen über alle i und j:

$$T = \sum_{i=1}^{n} \sum_{j=1}^{n} (X_{i,j} + Y_{i,j})$$

Dabei gilt, dass die doppelte Summe der $Y_{i,j}$ durch n beschränkt ist — und zwar unabhängig von der Einfügereihenfolge der Punkte —, da jeder Punkt im Laufe des Algorithmus höchstens einmal innerhalb der konvexen Hülle enden kann.

Rückwärtsanalyse   Um die erwartete Summe der $X_{i,j}$ zu bestimmen, benutzen wir die sogenannte *Rückwärtsanalyse* (englisch: *backwards analysis*). Zunächst analysieren wir für ein festes i und j die Wahrscheinlichkeit, dass $X_{i,j} = 1$. Betrachten wir den Algorithmus direkt nach Einfügen des i-ten Punkts, dann sehen wir, dass im i-ten Schritt genau jene Einträge $A[j]$ auf eine neue Kante gesetzt wurden, deren Kante zp_j eine der beiden Kanten der konvexen Hülle $ch(S_i)$ schneidet, die den zuletzt eingefügten Punkt als Endpunkt haben. Halten wir die Punktmenge S_i fest, dann steht auch die Kante e der konvexen Hülle $ch(S_i)$ fest, welche zp_j schneidet. (Die Kante e existiert, sofern nicht $A[j] = \textbf{nil}$.)

Daher ist $X_{i,j} = 1$ genau dann wahr, wenn einer der beiden Endpunkte von e der zuletzt eingefügte Punkt war. Da die Reihenfolge der Punkte in S_i zufällig gleichverteilt ist, und e genau zwei Endpunkte hat, ist diese Wahrscheinlichkeit kleiner oder gleich $\frac{2}{i}$, und da diese obere Schranke nur von der Größe der Menge S_i abhängt, gilt sie auch allgemein über alle Einfügereihenfolgen der gesamten Punktmenge.[8]

Es folgt für die erwartete Anzahl der Zeigerwechsel, dass

$$E[T] \leq \sum_{j=1}^{n} \left(1 + \sum_{i=1}^{n} \frac{2}{i} \right) \leq n + 2n \cdot H_n \in O(n \log n),$$

harmonische Zahl   wobei H_n die sogenannte n-te harmonische Zahl $\sum_{i=1}^{n} \frac{1}{i}$ in $O(\log n)$ ist.   □

 Übungsaufgabe 4.1 Betrachten Sie den Algorithmus zur Bestimmung des Maximums aus Abschnitt 2.2.1. Wir wollen bei der Bestimmung des Maximums die Anzahl der Aktualisierungen, die der Algorithmus vollführt, betrachten. Dazu stellen wir uns vor,

---

[8]Ein ähnliches Argument findet sich in der Lösung von Übungsaufgabe 4.1.

die Eingabeobjekte sind Muscheln, die entlang der Küste verteilt
am Strand liegen, und eine Wanderin geht in einer Richtung diesen
Strand entlang, um die größte Muschel zu finden. Der besondere
Aufwand der Aktualisierung des Maximums besteht darin, dass
eine neu gefundene, größere Muschel erst geputzt werden muss,
bevor sie in die Tasche gesteckt werden kann. Was ist die erwartete Anzahl der Aktualisierungen, wenn jede zufällige Reihenfolge
der n Muscheln entlang des Strandes die gleiche Wahrscheinlichkeit hat?

Die Wahl einer zufälligen Einfügereihenfolge mit anschließen-
dem inkrementellem Vorgehen ist ein wichtiges und häufig ver-
wendetes Verfahren der Algorithmischen Geometrie; in der eng-
lischsprachigen Literatur nennt man diesen Ansatz *randomized
incremental construction.*[9]

randomisierte
inkrementelle
Konstruktion: ein
Paradigma

Eine Auswahl randomisierter geometrischer Algorithmen findet sich in dem Buch von Mulmuley [28]. Das oben beschriebene
randomisierte Verfahren zur Konstruktion der konvexen Hülle
steht bei Seidel [36] in einem von Pach herausgegebenen Sam-
melband über Probleme aus der Diskreten und Algorithmischen
Geometrie.

4.1.3 Ein einfaches optimales Verfahren

Es gibt eine ganze Reihe von Algorithmen zur Konstruktion der
konvexen Hülle einer ebenen Punktmenge S, darunter auch solche,
die worst-case-optimal *und* praktikabel sind.

Wir wollen jetzt ein besonders einfaches Verfahren beschreiben, das auf Graham [16] zurückgeht. Es ist ein inkrementelles
Verfahren, welches die Punkte in sortierter Reihenfolge einfügt.
Um die Präsentation möglichst einfach zu halten, nehmen wir an,
dass keine zwei Punkte in S dieselbe Y-Koordinate haben und
dass keine drei Punkte auf derselben Geraden liegen. Der Algorithmus bestimmt zuerst den Punkt mit minimaler Y-Koordinate
und sortiert die übrigen Punkte in ihrem Polarwinkel um diesen

---

[9]Wir haben es hier mit randomisierten Algorithmen zu tun, wie sie am
Ende von Abschnitt 1.2.4 eingeführt wurden: Gemittelt wird über die verschiedenen möglichen Rechengänge des Verfahrens bei einer beliebigen, festen
Eingabe. Ein völlig anderer Ansatz wäre es, über die verschiedenen möglichen
Eingaben zu mitteln. Außerdem sei noch erwähnt, dass die hier vorgestellten
randomisierten Algorithmen vom Typ *Las Vegas* sind, weil sie in jedem Fall
das korrekte Ergebnis liefern, ihre Laufzeit aber schwanken darf. Dagegen
ist bei *Monte-Carlo*-Verfahren das Ergebnis nur mit einer bestimmten Wahrscheinlichkeit korrekt.

Punkt.[10] Sei p_1 also der Punkt mit minimaler Y-Koordinate und die übrigen Punkte in S benannt mit $p_2, \ldots, p_n$ in aufsteigender Reihenfolge ihres Polarwinkels.

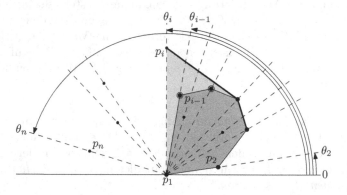

Abb. 4.10 Der Algorithmus zur Berechnung der konvexen Hülle nach Graham sortiert die Punkte nach Polarwinkel θ_i um den untersten Punkt p_1. Fett markiert sind die Punkte, die auf dem Stapel liegen, nachdem p_{i-1} hinzugefügt wurde; sie umschließen das dunkelgraue Polygon, das alle bisher betrachteten Punkte enthält. Bevor p_i auf den Stapel gelegt wird, werden die eingekreisten Punkte entfernt, so dass die zuletzt eingefügten der übrigen Punkte einen konvexen Winkel mit p_i formen (fett).

Grahams
Algorithmus

Der Algorithmus benutzt einen Stapel, um die Punkte auf dem Rand der aktuellen konvexen Hülle zu speichern. Initialisiert wird der Stapel mit den Punkten p_1 und p_2, wobei p_2 oben liegt. In jedem der nächsten Schritte testet der Algorithmus nun, ob der nächste Punkt p_i links von der gerichteten Strecke $\overline{p_g p_h}$ liegt, wobei p_h der aktuell oberste und p_g der zweit-oberste Punkt auf dem Stapel sind. Der Algorithmus entscheidet also, ob p_i mit den beiden anderen Punkten eine konvexe Ecke der aktuellen konvexen Hülle formen würde. Wenn ja, dann wird p_i oben auf den Stapel gelegt. Wenn nein, dann wird der oberste Punkt vom Stapel entfernt und der nächste Schritt wieder mit p_i ausgeführt. Der Algorithmus terminiert dann, wenn p_n zum Stapel hinzugefügt wird.

Theorem 4.7 *Die konvexe Hülle von n Punkten in der Ebene lässt sich mit Grahams Algorithmus in Zeit $O(n \log n)$ und linearem Speicherplatz konstruieren.*

---

[10]Konkret verschieben wir die Punktmenge so, dass p_1 im Ursprung liegt, und nutzen dann die Polarkoordinaten der anderen Punkte. Eine ähnliche Verwendung der Polarkoordinaten findet sich in der Lösung von Übungsaufgabe 2.13.

Beweis. Wir beweisen zunächst die Korrektheit. Seien $S_t = \{s_1, \ldots, s_h\}$ die Punkte die am Ende des t-ten Schritts des Algorithmus im Stapel gespeichert sind, in der Reihenfolge von unten nach oben. Wir zeigen zwei Invarianten per Induktion:

(I.1) Die Punkte S_t, zusammen mit dem nächst-einzufügenden Punkt p_i (sofern dieser existiert), formen ein einfaches Polygon, das alle Punkte $\{p_1, \ldots, p_i\}$ in seinem Inneren oder auf dem Rand enthält.

(I.2) Die Punkte S_t formen ein konvexes Polygon.

Korrektheit folgt aus der Kombination der Invarianten, da der Algorithmus terminiert wenn p_n zum Stapel hinzugefügt wurde. Genauer gesagt, verwenden wir (I.1) im vorletzten Schritt und (I.2) im letzten Schritt. Es bleibt also, die Induktionsbehauptung zu zeigen.

Zunächst können wir feststellen, dass die Invarianten direkt nach der Initialisierung wahr sind, da p_1 und p_2 im Stapel zusammen mit dem nächst-einzufügenden Punkt p_3 ein Dreieck bilden das alle Punkte $\{p_1, p_2, p_3\}$ auf dem Rand enthält.

Für den Induktionsschritt betrachten wir zwei verschiedene Fälle: Im aktuellen Schritt wurde ein Punkt (a) zum Stapel hinzugefügt, oder (b) vom Stapel entfernt. Allgemein gilt, dass der Polygonzug aus (I.1) einfach sein muss, da seine Knoten nach dem Polarwinkel um p_1 geordnet sind, was sich leicht durch Induktion zeigen lässt.

Im Fall (a) muss der neu eingefügte Punkt eine konvexe Ecke mit den obersten beiden Punkten vom Stapel geformt haben, daher folgt (I.2) direkt per Induktion. Des Weiteren folgt auch (I.1) direkt per Induktion, da durch Hinzufügen von p_i die Punktmenge, die im Polygon im Inneren oder auf dem Rand enthalten ist, nur erweitert worden ist und daher alle Punkte $\{p_1, \ldots, p_i\}$ weiterhin im Polygon enthalten sind.

Im Fall (b) formt der Punkt p_i mit den obersten Punkten p_g und p_h eine nicht-konvexe Ecke. Wenn p_h also entfernt wird, dann haben wir wieder den Fall, dass die Punktmenge, die im Inneren oder auf dem Rand des Polygons enthalten ist, nur erweitert werden kann, und somit sind alle Punkte $\{p_1, \ldots, p_i\}$ per Induktion noch immer enthalten. (I.2) folgt auch direkt per Induktion, da die Konvexität erhalten bleibt, wenn ein Knoten vom Rand entfernt wird.

Zuletzt analysieren wir noch die Laufzeit und den Speicherplatz des Algorithmus. Der Speicherplatz ist linear in n, da nur ein Stapel verwendet wird, der zu keinem Zeitpunkt mehr als n Punkte enthält. Die Laufzeit nach dem Sortieren ist linear, da jeder der n Punkte genau einmal dem Stapel hinzugefügt wird und höchstens einmal vom Stapel entfernt wird. Insgesamt ist die Laufzeit also $O(n \log n)$. □

Wir wollen uns nun der vorab erwähnten Annahmen entledigen. Falls das Minimum nicht eindeutig ist, nehmen wir von den Punkten mit der kleinsten Y-Koordinate denjenigen, der am weitesten links liegt, als p_1. Falls zwei oder mehr Punkte den gleichen Polarwinkel haben (also kollinear mit p_1 sind), dann behalten wir im Sortierschritt von diesen Punkten nur denjenigen, der am weitesten von p_1 liegt — die anderen können ja keine Ecken der konvexen Hülle sein. Wenn danach unter $p_2, ..., p_n$ noch drei oder mehr Punkte auf einer Gerade liegen, dann wird der Algorithmus damit keine Probleme haben. Korrektheit und Laufzeit lassen sich ähnlich wie oben zeigen.

Damit haben wir einen praxistauglichen Algorithmus für die Berechnung der konvexen Hülle gefunden, der auch im *worst case* optimal ist.

Der Beweis von Theorem 4.7 hat ebenfalls gezeigt, dass die Konstruktion der konvexen Hülle in linearer Zeit erfolgen kann, wenn die Punkte nach Polarwinkeln sortiert sind. Die folgende Übungsaufgabe 4.2 besagt, dass dies auch für Punkte gilt, die nach einer kartesischen Koordinate sortiert sind.

Übungsaufgabe 4.2 Man zeige, dass die konvexe Hülle von n nach ihren X-Koordinaten sortierten Punkten in der Ebene in Zeit $O(n)$ und linearem Speicherplatz konstruiert werden kann. *Hinweis:* Inkrementelle Konstruktion nach aufsteigenden X-Koordinaten mit Tangentenbestimmung wie in Abbildung 4.7.

konvexe Hülle
vs. Sortieren

Im Hinblick auf Lemma 4.2 können wir festhalten: Die Berechnung der konvexen Hülle ist genauso schwierig wie das Sortieren. Hat man das eine Problem gelöst, kann man die Lösung des anderen in linearer Zeit daraus ableiten.

4.1.4 Der Durchschnitt von Halbebenen

Gegeben seien n Geraden $G_i, 1 \leq i \leq n$, in der Ebene; wir nehmen an, dass keine von ihnen senkrecht ist. Jedes G_i lässt sich also in der Form

$$G_i = \{(x,y) \in \mathbb{R}^2; y = a_i x + b_i\} = \{Y = a_i X + b_i\}$$

darstellen, mit reellen Zahlen a_i, b_i. Gesucht ist der *Durchschnitt der unteren Halbebenen*

$$H_i = \{Y \leq a_i X + b_i\}.$$

Sein Rand besteht aus der unteren Kontur des Arrangements der Geraden G_i. Weil sich zwei Geraden nur einmal schneiden können, liefert uns Theorem 2.13 sofort einen Algorithmus mit Laufzeit $O(n \log n)$, denn nach Übungsaufgabe 2.12 (i) ist ja $\lambda_1(n) = n$. Wir wollen aber noch andere Verfahren zur Berechnung eines Durchschnitts von Halbebenen vorstellen. *Arrangement*

Ein weiteres Werkzeug, über das wir bereits verfügen, ist Gegenstand von Übungsaufgabe 4.3.

Übungsaufgabe 4.3 Man gebe ein Verfahren an, mit dem sich der Durchschnitt von n Halbebenen in Zeit $O(n \log n)$ mit *divide-and-conquer* berechnen lässt.

Man kann den Durchschnitt von n Halbebenen H_i auch auffassen als Lösungsmenge des Systems der linearen Ungleichungen

$$
\begin{aligned}
a_1 x + b_1 &\geq y \\
&\vdots \\
a_n x + b_n &\geq y.
\end{aligned}
$$

Ein wichtiges Problem namens *Lineares Programmieren* (engl. *linear programming*) besteht in der Maximierung von Zielfunktionen $f(x, y)$ mit solchen Ungleichungen als Nebenbedingungen. Zahlreiche Ergebnisse zur Linearen und Kombinatorischen Optimierung findet man in Korte und Vygen [24].

Wir wollen schließlich noch einen interessanten Zusammenhang zwischen dem Schnitt von Halbebenen und den konvexen Hüllen ebener Punktmengen herausstellen, der auf einer *Dualität*   Dualität zwischen Punkten und Geraden beruht.[11]

Dazu betrachten wir die beiden Abbildungen

$$
\begin{aligned}
p = (a, b) &\longrightarrow p^* = \{Y = aX + b\} \\
G^* = (-a, b) &\longleftarrow G = \{Y = aX + b\}
\end{aligned}
$$

zwischen den Punkten p der Ebene und den nicht senkrechten Geraden G. Offenbar gilt $(a, b)^{**} = (-a, b)$; für eine Dualität ist das ein kleiner Schönheitsfehler, der aber eine nützliche Konsequenz hat, wie sich beim Beweis von Lemma 4.8 zeigen wird. Wir benötigen sie, um den Zusammenhang zwischen Halbebenenschnitt und konvexer Hülle herzustellen.

Wir definieren für eine Gerade G und einen Punkt p den *gerichteten vertikalen Abstand* $gva(p, G)$ als die Y-Koordinate des   gerichteter senkrechten Vektors, der von p zu G führt; siehe Abbildung 4.11.   vertikaler Abstand

---

[11]Schon in Abschnitt 1.2.2 hatte uns das Dualitätsprinzip bei Graphen gute Dienste geleistet.

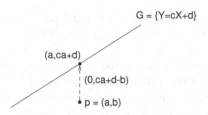

Abb. 4.11 Der gerichtete vertikale Abstand $gva(p, G)$ beträgt hier $ca + d - b$. Er ist genau dann positiv, wenn p wie eingezeichnet unterhalb von G liegt.

Lemma 4.8 *Für einen Punkt p und eine Gerade G haben wir $gva(p, G) = -gva(G^*, p^*)$. Insbesondere gilt:*

$$p \text{ liegt oberhalb von } G \Longleftrightarrow p^* \text{ verläuft oberhalb von } G^*$$

Beweis. Sei $p = (a, b)$ und $G = \{Y = cX + d\}$ wie in Abbildung 4.11. Dann ist $(-c, -ca + b)$ der Punkt auf p^* mit derselben X-Koordinate wie $G^* = (-c, d)$, so dass sich hier der vertikale Abstand $-ca + b - d$ ergibt.[12] $\square$

Aus Lemma 4.8 folgt insbesondere, dass die Inzidenz zwischen Punkten und Geraden beim Dualisieren erhalten bleibt: Es gilt

$$p \in G \Longleftrightarrow G^* \in p^*.$$

Eine weitere nützliche Eigenschaft:

Lemma 4.9 *Seien $p = (a, b)$ und $q = (c, d)$ mit $a \neq c$. Dann gilt*

$$p^* \cap q^* = (\ell(pq))^*.$$

Hierbei bezeichnet $\ell(pq)$ die Gerade durch p und q. Man beachte, dass links der Schnittpunkt von zwei Geraden steht und rechts das Duale der Geraden $\ell(pq)$ gemeint ist.

Beweis. Dies folgt direkt aus dem Inzidenzerhalt, der durch Lemma 4.8 garantiert ist: Sei $\ell = \ell(p, q)$, dann gilt $gva(p, \ell) = 0$ und $gva(q, \ell) = 0$, da p und q beide auf der Geraden ℓ liegen. Aus Lemma 4.8 folgt direkt, dass $gva(\ell^*, p^*) = 0$ und $gva(\ell^*, q^*) = 0$. Somit ist ℓ^* der Schnittpunkt der beiden Geraden p^* und q^*. $\square$

Abbildung 4.12 zeigt ein Arrangement von acht Geraden und ihre dualen Punkte. Es wurde mit *Idual* hergestellt, einem an der Universität Utrecht entwickelten System zur Visualisierung von Dualitäten; siehe Verkuil [38]. Der Übersichtlichkeit halber haben

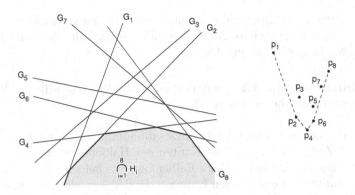

Abb. 4.12 Acht Geraden G_i und ihre dualen Punkte $p_i = G_i^*$.

wir die Koordinaten weglassen. Man sieht aber, dass die dualen Punkte um so weiter links sitzen, je steiler ihre Geraden sind.

Es fällt weiterhin auf, dass manche Geraden zum Rand des Durchschnitts der unteren Halbebene H_i keinen Beitrag leisten — und zwar genau diejenigen, deren duale Punkte nicht auf dem unteren Rand der konvexen Hülle der dualen Punktmenge liegen! Hier besteht folgender Zusammenhang:

Theorem 4.10 *In einem Arrangement von endlich vielen, nicht senkrechten Geraden G_i ist ein Punkt $G_i \cap G_j$ genau dann ein Eckpunkt des Durchschnitts der unteren Halbebenen der G_i, wenn die Strecke $G_i^* G_j^*$ eine untere Kante der konvexen Hülle der dualen Punkte G_i^* ist.*

Beweis. Wie oben sei $p_i = G_i^*$. Es gilt:

$p_i p_j$ ist untere Kante der konvexen Hülle

$\Longleftrightarrow$ alle übrigen p_k liegen oberhalb der Geraden durch $p_i p_j$

$\Longleftrightarrow$ alle übrigen Geraden p_k^* verlaufen oberhalb von
$$(\ell(p_i p_j))^* = p_i^* \cap p_j^*$$

$\Longleftrightarrow$ alle übrigen G_k^{**} verlaufen oberhalb von
$$G_i^{**} \cap G_j^{**} = (G_i \cap G_j)^{**}$$

$\Longleftrightarrow$ alle übrigen G_k verlaufen oberhalb von $G_i \cap G_j$

$\Longleftrightarrow$ $G_i \cap G_j$ ist Eckpunkt des Schnitts der unteren Halbebenen.

Bei der zweiten Äquivalenz wurden Lemma 4.8 und Lemma 4.9 benutzt; bei der dritten haben wir wieder $p_i = G_i^*$ eingesetzt und die triviale Tatsache verwendet, dass die Operationen

---

[12] Hätten wir $G^* = (c, d)$ definiert, wäre $gva(G^*, p^*) = ac + b - d$ nicht der negative Wert von $gva(p, G)$.

Schnittpunktbildung und Spiegelung miteinander vertauscht werden können. Die vierte Äquivalenz folgt formal durch zweifache Anwendung von Lemma 4.8.   □

Übungsaufgabe 4.4   Kann der Durchschnitt von endlich vielen unteren Halbebenen leer sein?

Halbebenenschnitt
und konvexe Hülle

Da die Anwendung der Dualitätsabbildung auf n Geraden nur $O(n)$ Zeit erfordert und die Kanten des Halbebenenschnitts von links nach rechts in derselben Reihenfolge erscheinen wie die dualen Punkte auf der unteren konvexen Hülle, lässt sich der Durchschnitt von n Halbebenen in linearer Zeit auf die Konstruktion der konvexen Hülle von n Punkten zurückführen und umgekehrt.

Daraus ergibt sich zum einen ein weiterer optimaler Algorithmus zur Berechnung der konvexen Hülle: Übungsaufgabe 4.3 liefert ja ein Verfahren mit Laufzeit $O(n \log n)$ für den Durchschnitt von n Halbebenen. Weiterhin ergibt sich durch Dualisierung aus Lemma 4.2 auf Seite 179:

Korollar 4.11   *Die Berechnung des Durchschnitts von n Halbebenen hat die Zeitkomplexität $\Omega(n \log n)$.*

Schließlich folgt aus Übungsaufgabe 4.2:

Korollar 4.12   *Der Schnitt von n unteren Halbebenen, deren Geraden nach Steigung sortiert sind, kann in Zeit $O(n)$ berechnet werden.*

Zum Schluss dieses Abschnitts über konvexe Hüllen wollen wir auf einige weiterführende Ergebnisse hinweisen.

Kirkpatrick und Seidel [23] haben einen Output-sensitiven Algorithmus angegeben, mit dem sich die konvexe Hülle von n Punkten in der Ebene sogar in Zeit $O(n \log r)$ berechnen lässt, wobei r die Anzahl der Ecken von $ch(S)$ bedeutet.

Dieses Ergebnis wurde von Chan [6] auf konvexe Hüllen im $\mathbb{R}^3$ erweitert. Dort ist die konvexe Hülle einer n-elementigen Punktmenge S ein *konvexes Polyeder* mit Ecken in S, an denen sich mindestens drei Kanten treffen. Nach Übungsaufgabe 1.7 auf Seite 18 hat dann der aus den Kanten und Ecken bestehende Graph höchstens eine Komplexität in $O(n)$. Natürlich kann r, die Anzahl der Ecken von $ch(S)$, viel kleiner sein als n.

höhere
Dimensionen

Die konvexe Hülle von n Punkten im $\mathbb{R}^d$ lässt sich für jede feste Dimension $d > 3$ nach Chazelle [7] im *worst case* und nach Seidel [35] im Mittel über alle Einfügereihenfolgen in Zeit $O(n^{\lfloor d/2 \rfloor})$ berechnen. Das ist optimal, weil der Rand der konvexen Hülle

aus so vielen Stücken bestehen kann. Bei unabhängiger, gleichver-
teilter Wahl von n Punkten aus der d-dimensionalen Einheitsku-
gel hat ihre konvexe Hülle aber nur eine mittlere Komplexität in
$O(n^{(d-1)/(d+1)})$.

4.2 Triangulationen einfacher Polygone

In diesem Abschnitt beschäftigen wir uns mit Zerlegungen von
Polygonen in Dreiecke. Sei P ein einfaches Polygon mit n Ecken.
Eine *Diagonale* von P ist eine Strecke zwischen zwei Ecken, die   Diagonale
in P enthalten ist, aber mit dem Rand von P nur seine Endpunkte
gemein hat. In Abbildung 4.13 (i) ist also d eine Diagonale, f und g
sind keine Diagonalen. Eine Diagonale zerlegt das Polygon immer
in zwei echte Teilpolygone.

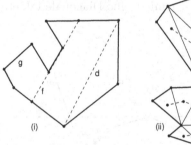 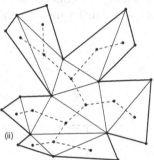

(i)   (ii)

Abb. 4.13 In (i) ist nur d eine Diagonale. Abbildung (ii) zeigt eine
Triangulation und ihr Duales.

In diesem Abschnitt nehmen wir der Einfachheit halber an,   zusätzliche
dass keine drei Eckpunkte des Polygons kollinear sind. Dann kann   Annahme
z. B. das in Abbildung 4.13 (i) gezeigte Polygon nicht auftreten.
Dass ein Polygon P mit mehr als drei Ecken überhaupt eine
Diagonale besitzt, zeigt die folgende Übungsaufgabe.   Existenz von
Diagonalen

Übungsaufgabe 4.5 Sei v eine Ecke von P mit Innenwinkel
$< 180°$ und Nachbarecken v_1 und v_2. Man zeige, dass die Strecke
zwischen v_1 und v_2 eine Diagonale von P ist oder dass es eine
Ecke w von P gibt, die mit v eine Diagonale bildet.

Interessant ist die Frage, zu welchen Ecken es Diagonalen gibt.

Übungsaufgabe 4.6 Kann man zu jedem Eckpunkt eines einfachen Polygons eine Diagonale finden?

Lemma 4.13 *Ist P konvex, so ist jede Strecke zwischen zwei nicht direkt benachbarten Ecken eine Diagonale. Ist P nicht konvex und v eine beliebige spitze Ecke von P, gibt es eine Diagonale mit Eckpunkt v.*

Beweis. Nur die letzte Behauptung bedarf einer Begründung. Sei also v eine spitze Ecke von P, d. h. eine Ecke mit Innenwinkel größer π, und sei l eine Tangente an den Rand von P im Punkt v, wie in Abbildung 4.14 dargestellt; dort liegen die Nachbarecken v_1 und v_2 von v unterhalb von l. Jetzt betrachten wir den von v aus sichtbaren Teil des Randes von P oberhalb von l. Er kann nicht nur aus einer Kante bestehen. Wenn wir also von v aus zunächst nach rechts schauen und dann die Blickrichtung gegen den Uhrzeigersinn drehen, wird entweder die Sicht auf die aktuelle Kante an einer spitzen Ecke wie w' abreißen, oder wir werden den Endpunkt der aktuellen Kante erreichen, wie etwa den Punkt w. In jedem Fall gibt es oberhalb von l einen Eckpunkt x von P, der von v aus sichtbar ist und der mit v eine Diagonale bildet.   □

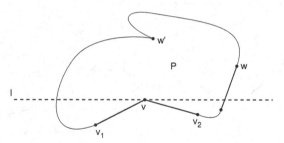

Abb. 4.14 Der Rand von P oberhalb von l kann nicht nur aus einer einzelnen Kante bestehen. Also enthält er eine von v sichtbare Ecke wie w oder w'.

Triangulation   Unter einer *Triangulation* des Polygons P verstehen wie eine Zerlegung von P in Dreiecke durch Diagonalen.

Lemma 4.14 *Jedes einfache Polygon P kann trianguliert werden.*

Beweis. Ist P ein Dreieck, gibt es nichts zu tun. Andernfalls stellt Übungsaufgabe 4.5 sicher, dass P mindestens eine Diagonale enthält; sie zerlegt das Polygon P in zwei Teilpolygone, von denen jedes weniger als n Ecken hat. Per Induktion besitzt jedes der Teilpolygone eine Triangulation, so dass wir insgesamt eine Triangulation von P erhalten.   □

Natürlich kann ein Polygon in der Regel auf verschiedene Weisen trianguliert werden. Die Anzahl der Dreiecke und Diagonalen ist aber stets dieselbe.

Übungsaufgabe 4.7 Man zeige, dass jede Triangulation eines einfachen Polygons mit n Ecken genau $n - 2$ Dreiecke und $n - 3$ Diagonalen besitzt.

Interessant ist, dass es bei $n \geq 4$ Ecken in jeder Triangulation Dreiecke gibt, von deren Kanten *nur eine* zu den Diagonalen gehört, also zwei zum Rand von P. Solche Dreiecke heißen *Ohren*, und ihre Existenz wird vom „Zwei-Ohren-Satz" garantiert:

Ohren

Theorem 4.15 *In jeder Triangulation eines einfachen Polygons mit $n \geq 4$ Ecken gibt es mindestens zwei Dreiecke, deren Rand höchstens eine Diagonale enthält.*

Beweis. Das Polygon P hat n Kanten, nach Übungsaufgabe 4.7 aber nur $n - 2$ Dreiecke. Wenn man also jeder Kante dasjenige Dreieck zuordnet, auf dessen Rand sie liegt, so kann diese Abbildung nicht injektiv sein. Vielmehr muss es mindestens zwei Dreiecke geben, die von zwei Kanten berandet werden. □

Wenn wir im Innern eines jeden Dreiecks einer Triangulation T einen Punkt auswählen und diejenigen Punkte miteinander verbinden, deren Dreiecke eine gemeinsame Kante haben, erhalten wir einen Graphen T^*, der bis auf den fehlenden Knoten im Äußeren von P der *duale Graph* der Triangulation T ist; vgl. Abbildung 4.13 (ii).

dualer Graph

Lemma 4.16 *Der Graph T^* ist ein Baum mit Knotengrad ≤ 3.*

Beweis. Weil jedes Dreieck höchstens drei Nachbardreiecke haben kann, ist der Grad eines jeden Knotens durch drei beschränkt. Die Dreiecke von T füllen P lückenlos aus. Folglich ist T^* zusammenhängend. Bleibt zu zeigen, dass T^* keinen Zyklus enthält, d. h. keinen einfachen geschlossenen Weg. Dazu verwenden wir Theorem 4.15 und schneiden der Triangulation T ein Ohr ab. Per Induktion ist der duale Graph der entstehenden Triangulation zyklenfrei und bleibt es auch, wenn wir den Knoten im Dreieck D als neues Blatt wieder anfügen! □

Übungsaufgabe 4.8 Lässt sich jedes einfache Polygon so triangulieren, dass jedes Dreieck höchstens zwei Nachbardreiecke hat?

Dass sich Polygone triangulieren lassen, ist oft ein nützliches Beweishilfsmittel. Betrachten wir zum Beispiel die Drehungen, die eine *Schildkröte* ausführen müsste, während sie sich gegen

Schildkröte

den Uhrzeigersinn auf dem Rand eines Polygons entlang bewegt.[13] Die Kanten werden von einer beliebigen Startkante aus mit $e_0, e_1, \ldots, e_{n-1}$ durchnummeriert. Mit $\alpha_{i,i+1}$ wird die Drehung bezeichnet, die für den Übergang von e_i nach e_{i+1} erforderlich ist; siehe Abbildung 4.15. Dabei werden Linksdrehungen positiv und Rechtsdrehungen negativ gezählt.

Drehsinn

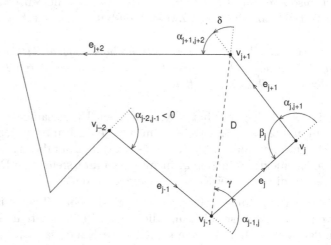

Abb. 4.15 Mit $\alpha_{j,j+1}$ wird der Winkel der Drehung bezeichnet, die man bei Verfolgung des Randes von P beim Übergang von Kante e_j zu e_{j+1} ausführen muss.

Für $i \neq k$ bezeichnen wir mit

$$\alpha_{i,k} = \alpha_{i,i+1} + \alpha_{i+1,i+2} + \ldots + \alpha_{k-1,k}$$

die Summe der Drehwinkel von Kante e_i bis zur Kante e_k. Die Winkelsumme bei *einem vollständigen Umlauf* von e_i bis e_i wird auch die *Gesamtdrehung* genannt und mit $\alpha_{i,i}$ bezeichnet.[14] Es gilt folgende schöne Aussage:

Gesamtdrehung

Lemma 4.17 *Sei P ein einfaches Polygon und e_i eine beliebige Kante von P. Dann ist $\alpha_{i,i} = 2\pi$.*

---

[13]Um diese *turtle geometry* geht es in dem gleichnamigen Buch von Abelson und diSessa [1]. In der Programmiersprache LOGO gab es eine *turtle*, die durch Vorwärtsbewegungen und Drehungen gesteuert wurde.

[14]Achtung! Die Indizes $i, j, \ldots$ werden $\bmod\, n$ gezählt, aber wir zählen *nicht* die Drehwinkel mod 2π!

Beweis. Durch Induktion über die Kantenzahl $n \geq 3$. Sei $n = 3$. Da sich der äußere Drehwinkel $\alpha_{j,j+1}$ und der Innenwinkel β_j jeweils zu π aufaddieren (vgl. Abbildung 4.15), folgt

$$\alpha_{i,i} = \sum_{j=0}^{2} \alpha_{i+j,i+j+1} = \sum_{j=0}^{2} (\pi - \beta_{i+j}) = 3\pi - \sum_{j=0}^{2} \beta_{i+j} = 2\pi,$$

denn die Summe der Innenwinkel beträgt beim Dreieck bekanntlich π.

Hat das Polygon mehr als drei Ecken, verfahren wir wie beim Beweis von Lemma 4.16, wählen eine Diagonale, die ein Dreieck D vom Rest des Polygons abtrennt, und wenden die Induktionsvoraussetzung auf den Rest an. Dann fügen wir das Dreieck D wieder hinzu und betrachten die Änderung in der Winkelsumme, die sich hierdurch ergibt; mit den Bezeichnungen von Abbildung 4.15 erhöht sie sich gerade um

$$\alpha_{j,j+1} - (\gamma + \delta) = \pi - (\beta_j + \gamma + \delta) = 0. \qquad \square$$

Übungsaufgabe 4.9 Gibt es auch Polygone, die nicht einfach sind (also Selbstschnitte aufweisen) und trotzdem Lemma 4.17 erfüllen?

Ein ähnliches auf Drehwinkeln beruhendes Kriterium erlaubt uns zu entscheiden, ob ein Punkt p im inneren oder im äußeren Gebiet eines einfachen Polygons P liegt; dabei nehmen wir an, dass p nicht gerade zum Rand von P gehört. Für zwei Punkte $x, y \in \partial P$ sei $\alpha_{x,y}$ der Winkel, um den sich ein Betrachter im Punkt p insgesamt dreht, während er verfolgt, wie sich der Punkt z längs ∂P entgegen dem Uhrzeigersinn von x nach y bewegt, siehe Abbildung 4.16[15]. Mit α_x bezeichnen wir den Gesamtdrehwinkel einer vollen Umdrehung ab x.

Übungsaufgabe 4.10 Seien P ein einfaches Polygon, $p \notin \partial P$ und $x \in \partial P$. Dann ist $\alpha_x = 0$, falls p außerhalb von P liegt und $\alpha_x = 2\pi$, falls p im Innern von P liegt.

Eine weitere nützliche Folgerung aus Lemma 4.17 ist Gegenstand von Übungsaufgabe 4.11.

Übungsaufgabe 4.11 Sei P ein einfaches Polygon mit n Ecken. Dann beträgt die Summe ihrer Innenwinkel $(n-2)\pi$.

Eine interessante, aber überraschend schwierige Frage lautet: Wie schnell kann ein einfaches Polygon mit n Ecken trianguliert werden?

triangulieren: wie schnell?

---

[15]Das Polygon P ist nur der Übersichtlichkeit halber durch eine glatte Kurve dargestellt.

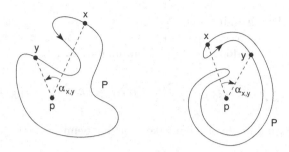

Abb. 4.16 Der Drehwinkel $\alpha_{x,y}$ beim Marsch von x nach y in Bezug auf p.

Die Lösung von Übungsaufgabe 4.5 zeigt, wie man in einem Polygon mit $n > 3$ Ecken in Zeit $O(n)$ eine Diagonale findet. Mit der Rekursion aus Lemma 4.14 ergibt sich also ein rekursives Triangulationsverfahren mit Laufzeit $O(n^2)$. Der Algorithmus hätte sogar die Laufzeit $O(n \log n)$, wenn man die Diagonale stets so wählen könnte, dass die beiden Teilpolygone ungefähr gleich viele Eckpunkte haben; solche Diagonalen existieren zwar immer, sie sind aber nicht so leicht zu finden.

Jedes *konvexe* Polygon ist natürlich in Zeit $O(n)$ triangulierbar: Man startet mit einer beliebigen Ecke v und verbindet sie nacheinander mit allen übrigen, die nicht schon direkt zu v benachbart sind.

Eine Verallgemeinerung der konvexen Polygone stellen die *monotonen* Polygone dar: Ein Polygon P heißt monoton, wenn es eine Gerade l gibt, so dass jede Senkrechte zu l den Rand von P in höchstens zwei Punkten schneidet.

monotones
Polygon

Auch für die Klasse der monotonen Polygone kann man einen relativ einfachen linearen Triangulierungsalgorithmus angeben; er wird zum Beispiel bei O'Rourke [30] erklärt. Weil es ein Verfahren gibt, mit dem sich jedes beliebige einfache Polygon in Zeit $O(n \log n)$ in monotone Polygone zerlegen lässt, erhält man auf diese Weise ein Triangulierungsverfahren mit Laufzeit $O(n \log n)$.

Wieweit diese Schranke verbessert werden kann, hat die Forschung mehrere Jahre lang beschäftigt. Eine abschließende Antwort konnte Chazelle [8] geben. Er zeigte, dass man ein einfaches Polygon mit n Ecken in Zeit $O(n)$ triangulieren kann.

$O(n)$ ist optimal

Ein weitaus praktikableres Verfahren stammt von Seidel [34]; es verwendet die Technik der randomisierten inkrementellen Konstruktion, wie wir sie in Abschnitt 4.1.2 für die konvexe Hülle kennengelernt haben.

$O(n \log^* n)$ ist
praktikabel

Hierbei wird das Polygon P zunächst in *Trapeze* zerlegt, und diese wiederum in *unimonotone* Polygone, die eine Teilklasse der

Trapez

monotonen Polygone bilden. Der zu erwartende Zeitbedarf ist insgesamt $O(n \log^* n)$, also fast linear.[16] Wir werden diesen Algorithmus in Abschnitt 4.3.6 vorstellen.

unimonoton

Dass das Triangulierungsproblem schwierig ist, zeigt sich auch bei einem abschließenden Blick in den $\mathbb{R}^3$. Dort geht es in Analogie zur Ebene darum, ein Polyeder mit n Ecken in Tetraeder zu zerlegen.

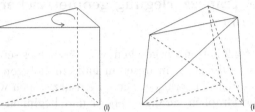

Abb. 4.17 Nach Verdrehen des Prismas ist keine Zerlegung in Tetraeder mehr möglich, weil die untere Dreiecksfläche von keiner der oberen drei Ecken ganz sichtbar ist.

Die erste Überraschung: Diese Aufgabe ist nicht immer lösbar! Ein auf Schönhardt zurückgehendes Beispiel ist in Abbildung 4.17 gezeigt. Es handelt sich um ein Prisma, also um zwei parallele kongruente Dreiecke, deren Ecken durch parallele Kanten verbunden sind. Dreht man nun das obere Dreieck unter leichtem Druck linksherum, entstehen an den Längsseiten die in (ii) gezeigten diagonalen Knicklinien, die ins Innere ragen. Man muss zusätzliche Punkte als Ecken erlauben, um eine Zerlegung in Tetraeder möglich zu machen.

Überraschungen
im $\mathbb{R}^3$

Tetraeder-
Zerlegung nicht
immer möglich

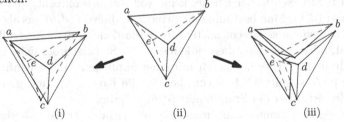

Abb. 4.18 Zwei verschiedene Tetraeder-Zerlegungen eines konvexen Polyeders.

Die zweite Überraschung besteht darin, dass auch in den Fällen, in denen eine Tetraeder-Zerlegung möglich ist, die Anzahl der Tetraeder nicht mehr eindeutig bestimmt ist! Abbildung 4.18 zeigt ein konvexes Polyeder mit fünf Ecken und sechs Dreiecksflächen, das links in zwei und rechts in drei Tetraeder zerlegt ist.

Anzahl der
Tetraeder nicht
eindeutig

---

[16]Zur Definition von $\log^* n$ siehe Seite 96.

In (i) separiert das Dreieck $tria(a, b, c)$ zwei Tetraeder. In (iii) zerlegen drei Dreiecke das Polyeder in drei Tetraeder. Die drei Dreiecke im rechten Bild haben eine gemeinsame Kante de und jeweils eine dritte Ecke (a, b, oder c). Die drei Tetraeder werden durch je zwei der separierenden Dreiecke aufgespannt.

4.3   Die Trapezzerlegung geometrischer Graphen

In Abschnitt 4.2 hatten wir gesehen, wie nützlich es sein kann, ein geometrisches Objekt — in unserem Fall ein Polygon — in einfache Bestandteile zu zerlegen. Diesen Ansatz wollen wir nun auf geometrische Graphen verallgemeinern und beginnen mit einem Beispiel.

4.3.1   Das Problem der Punktlokalisierung

Angenommen, eine Reisende möchte für eine Übernachtung im Ort Z ein komfortables Hotelzimmer buchen. Dafür steht ihr ein Budget b zur Verfügung, das sie ausschöpfen, aber nicht überziehen kann. Bei der Festlegung des Reisedatums d interessiert sie sich deshalb für das beste Hotel mit Preis $\leq b$, in dem am Tag d ein Zimmer frei ist; dabei hofft sie, dass der Komfort mit dem Preis wächst. Wenn wir die Vakanzen der Hotels im Ort Z und ihre veränderlichen Preise als Strecken über der Zeit auftragen, entsteht folgendes geometrisches Problem: Gegeben ein *Arrangement* von n Strecken in der Ebene, keine von ihnen senkrecht, und ein Punkt (d, b). Man bestimme die Strecke h, die von (d, b) aus als erste von einem senkrecht nach unten verlaufenden Strahl getroffen wird, oder stelle fest, dass es keine solche Strecke gibt; siehe Abbildung 4.19. Hier haben wir mit einer ähnlichen Aufspießanfrage wie in Abschnitt 3.3.1 zu tun, bei der die Kompassrichtung stets Süden ist, aber der Standpunkt (d, b) variabel.

Arrangement

Ebenso könnte man man die niedrigste Strecke oberhalb von (d, b) bestimmen wollen. Weil hierdurch die Position des Punkts (d, b) zwischen den n Strecken bestimmt wird, ist diese Aufgabe als *Punktlokalisierung* bekannt, im Englischen als *point location problem*.

Punktlokalisierung

Eine ganz einfache Lösung besteht in der sogenannten *Streifenmethode*, für die wir uns vom Sweep-Algorithmus inspirieren lassen können. In Abschnitt 2.3.2 hatten wir ja gesehen, wann sich die Y-Reihenfolge der Schnittpunkte einer senkrechten *sweep line* mit den gegebenen Strecken ändert: an allen Endpunkten und den Schnittpunkten der Strecken; siehe Abbildung 2.9.

Streifenmethode

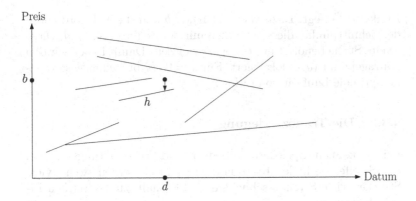

Abb. 4.19 Die oberste Strecke h unterhalb vom Punkt (d, b).

Dort zeichnen wir senkrechte Geraden ein. Sie zerlegen die Ebene in parallele Streifen, innerhalb derer die Y-Reihenfolge der Strecken konstant bleibt; siehe Abbildung 4.20. Deshalb können wir für jeden Streifen ein nach Y sortiertes Verzeichnis aller Strecken anlegen, die diesen Streifen schneiden.

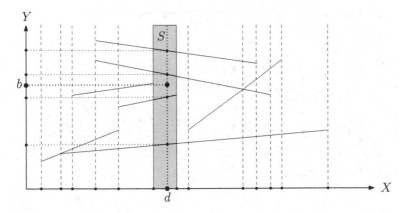

Abb. 4.20 Hat man durch jeden Endpunkt und Schnittpunkt der Strecken eine Senkrechte gelegt, lässt sich ein Anfragepunkt schnell lokalisieren.

Um nun einen Anfragepunkt (d, b) zu lokalisieren, führen wir zunächst eine binäre Suche nach d in den X-Koordinaten der Senkrechten durch und bestimmen damit den Streifen S, der (d, b) enthält. Das geht in Zeit $O(\log(n + k))$, wenn es n Strecken und k Schnittpunkte gibt. Anschließend suchen wir im Verzeichnis des Streifens S binär nach den Strecken, zwischen denen der

Punkt (d, b) liegt. Dazu verwenden wir b und die Y-Koordinaten der Schnittpunkte dieser Strecken mit der Senkrechten in d. Diese zweite Suche benötigt nur $O(\log n)$ viel Zeit. Damit haben wir den Anfragepunkt (d, b) lokalisiert. Für $k = 0$ ergibt sich insgesamt eine optimale Laufzeit von $O(\log n)$.

4.3.2 Die Trapezzerlegung

Leider können Speicherplatzbedarf und Vorbereitungszeit bei der Streifenmethode aber quadratisch groß werden, wenn viele Strecken viele Streifen schneiden und deshalb zu zahlreichen Listen beitragen.

Wir wollen deshalb einen effizienteren Ansatz vorstellen, dessen Analyse auf Seidel [34] zurückgeht. Die Idee ist ganz einfach: Statt durch die Endpunkte und Schnittpukte der Strecken senkrechte Geraden zu legen, zeichnen wir nur zwei senkrechte Strahlen nach oben und nach unten ein, die dort enden, wo sie auf eine andere Strecke treffen. Damit diese Strahlen endliche Länge haben, umschließen wir vorher die n Strecken mit einem hinreichend großen achsenparallelen Rechteck Δ; siehe Abbildung 4.21.

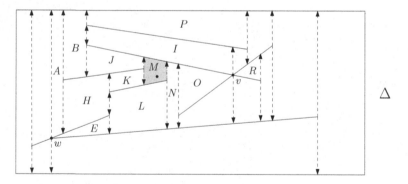

Abb. 4.21 Die Trapezzerlegung der Strecken aus Abbildung 4.19.

So entsteht ein planarer Graph, dessen Knoten die Endpunkte und Kreuzungspunkte der Strecken, die Treffpunkte der senkrechten Strahlen und die vier Ecken von Rechteck Δ sind. Die Kanten sind Stücke von Strecken, Strahlen und Rechtecksseiten, die keine Knoten enthalten. Nur Strahlen und Rechtecksseiten sind senkrecht.

Betrachten wir die Flächen im Inneren des Rechtecks Δ. Auf ihren Rändern können mehrere Stücke hintereinander vorkommen, die auf derselben Geraden liegen, in Abbildung 4.21 zum Beispiel bei Fläche I unten oder bei Fläche A rechts. Diese Stücke fassen wir zusammen und bezeichnen sie als *Seite* einer Fläche. Die untere Seite von I besteht also aus vier Kanten, an die die Flächen J, M, N und O von unten angrenzen, und die rechte Seite von A besteht aus zwei senkrechten Kanten mit Nachbarflächen B und H.

In unserem Beispiel gibt es drei Flächen mit drei Seiten, nämlich E, O und R. Alle übrigen Flächen haben vier Seiten, wobei die linke und die rechte Seite stets senkrecht sind. Es handelt sich also um *Trapeze*. Deswegen heißt die in Abbildung 4.21 dargestellte Struktur die *Trapezzerlegung* der gegebenen Strecken; dabei werden Dreiecke als Trapeze angesehen, bei denen eine der beiden senkrechten Seiten aus nur einem Punkt besteht.

In der folgende Übungsaufgabe wird gezeigt, dass allgemein nur Trapeze und Dreiecke entstehen, wenn man wie oben verfährt.

Übungsaufgabe 4.12 Gegeben seien n Strecken in der Ebene, keine davon senkrecht, in einem achsenparallelen Rechteck. Man zeige: Wenn man von den Endpunkten und Schnittpunkten der Strecken senkrechte Strahlen nach oben und unten ausgehen lässt, bis sie auf ein anderes Objekt treffen, entsteht eine Zerlegung in Trapeze und Dreiecke.

Auch bei der in Abbildung 4.20 dargestellten Streifenmethode entstehen Trapeze, aber schlimmstenfalls quadratisch viele. Das kann bei der Trapezzerlegung nicht vorkommen.

Lemma 4.18 *Die Trapezzerlegung von n Strecken mit k Kreuzungen ist ein planarer Graph mit $O(n+k)$ vielen Kanten, Knoten und Flächen.*

Beweis. Außer den $2n + k$ Endpunkten und Kreuzungspunkten gibt es noch $2(2n + k)$ viele Auftreffpunkte von Strahlen, zusammen mit den vier Ecken von Rechteck Δ insgesamt also $O(n + k)$ viele Knoten. Jetzt folgt die Behauptung sofort aus Korollar 1.2 und Korollar 1.3.   □

Die Reisende aus unserem Beispiel müsste nun bei Verwendung der Trapezzerlegung dasjenige Trapez bestimmen, welches den Punkt (d, b) enthält; siehe Abbildung 4.21. Wie sich das schnell bewerkstelligen lässt, ist Gegenstand von Abschnitt 4.3.3.

4.3.3 DAGs zur Punktlokalisierung

Sei also eine Menge S von n Strecken s_i in der Ebene gegeben, deren Endpunkte die X-Koordinaten p_i und q_i haben. Der Einfachheit halber machen wir zwei *zusätzliche Annahmen:* Erstens sollen

(Randnotizen:) Trapez — Trapezzerlegung — zusätzliche Annahmen:

die Strecken kreuzungsfrei sein in dem Sinn, dass je zwei Strecken entweder disjunkt sind oder nur einen Endpunkt gemeinsam haben. Kreuzungsfreiheit lässt sich leicht erreichen, indem man die beteiligten Strecken an Knoten wie v und w in Abbildung 4.21 formal aufteilt (wodurch ihre Anzahl natürlich zunimmt!).

Kreuzungsfreiheit

Zweitens sollen verschiedene Endpunkte stets verschiedene X-Koordinaten haben. Das hat zur Folge, dass jedes Trapez an seiner linken und rechten Seite höchstens zwei Nachbarn hat, anders als Trapez B in Abbildung 4.21. Außerdem gibt es dann keine mehrfachen senkrechten Strahlen mehr, wie zwischen den Trapezen H und L oder B und I. Diese Eigenschaft kann man durch eine Rotation des Koordinatensystems erreichen, wie in Abbildung 2.12 dargestellt.

unterschiedliche X-Koordinaten

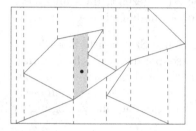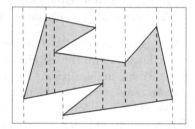

Abb. 4.22 Trapezzerlegungen einer Karte und eines einfachen Polygons.

Abbildung 4.22 zeigt zwei wichtige Beispiele.[17] Links ist eine Karte dargestellt. Für einen beliebigen Anfragepunkt soll schnell ermittelt werden, in welchem Land er liegt. Dieses Lokalisierungsproblem lässt sich effizient lösen, indem man das Trapez bestimmt, das den Punkt enthält. Rechts ist die Trapezzerlegung eines einfachen Polygons abgebildet. In Abschnitt 4.3.6 werden wir sehen, wie man daraus eine Triangulierung des Polygons gewinnen kann.

Um einen Punkt in der Trapezzerlegung $T(S)$ von S zu lokalisieren, verwendet man als Suchstruktur einen Graphen $D(S)$, in dem es keinen geschlossenen Weg mit identisch orientierten Kanten gibt. Solche Graphen heißen auf Englisch *directed acyclic graph*, kurz *DAG*. $D(S)$ enthält zwei Typen von Knoten: für jedes Trapez A von $T(S)$ ein Blatt, dargestellt durch ein Rechteck mit Inschrift A, und als interne Knoten Kreise mit Beschriftung p_i, q_j oder s_k; siehe Abbildung 4.23. Die Kanten von $D(S)$ sind von oben nach unten orientiert. Wir nehmen an, dass jedes Trapez in $T(S)$ mit seinen Nachbarn und mit seinem Blatt in $D(S)$

DAG als Suchstruktur

---

[17]Die Spitzen der senkrechten Strahlen lassen wir ab jetzt fort.

doppelt verlinkt ist. Außerdem „wissen" die Kanten in $T(S)$, zu welchen Trapezen sie gehören, und umgekehrt.

Die Suche nach einem Anfragepunkt $x = (d, b)$ in $D(S)$ beginnt an der Wurzel von $D(S)$. Trifft man auf einen internen Knoten mit Inschrift p_i, testet man, ob $d < p_i$ gilt. Wenn ja, geht es beim linken Nachfolger dieses Knotens weiter, sonst beim rechten. Entsprechendes gilt bei Inschrift q_j. Bei einem Knoten mit Inschrift s_k wird getestet, ob x oberhalb von s_k liegt; in dem Fall geht es beim linken Nachfolger weiter, sonst beim rechten. Abbildung 4.23 zeigt ein Beispiel.

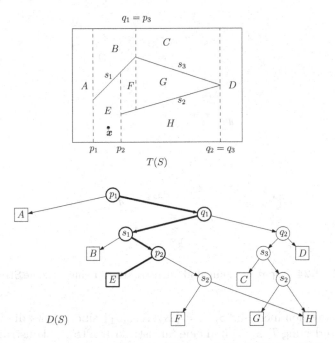

Abb. 4.23 Die Trapezzerlegung $T(S)$, ein *DAG* $D(S)$ für die Punktlokalisierung in $T(S)$ und, fett gezeichnet, der Suchpfad für Punkt x.

Von einer Suchstruktur $D(S)$ verlangen wir zwei Eigenschaften: Erstens darf ein Knoten mit Beschriftung s_k nur betreten werden, wenn man schon weiß, dass $p_k \leq d \leq q_k$ gilt. Zweitens muss für einen Anfragepunkt, der im Inneren eines Trapezes E liegt, die Suche im Blatt von E enden.

Die folgende Übungsaufgabe klärt, was beim Lokalisieren von Randpunkten von Trapezen geschieht.

Übungsaufgabe 4.13 Wo endet in einer Suchstruktur $D(S)$ die Suche nach einem Anfragepunkt, der im Inneren vom Rechteck Δ auf dem Rand eines Trapezes von $T(S)$ liegt?

inkrementelle
Konstruktion

Um zu einer gegebenen Menge S von Strecken die Trapezzerlegung $T(S)$ und eine Suchstruktur $D(S)$ zu konstruieren, gehen wir *inkrementell* vor, wie beim Aufbau der konvexen Hülle in Abschnitt 4.1.2, und fügen zunächst eine Strecke s_1 in das leere Rechteck Δ ein. Abbildung 4.24 zeigt $T(\{s_1\})$ und eine Suchstruktur $D(\{s_1\})$. Statt p_1 hätte man ebenso gut q_1 zur Wurzel der Suchstruktur machen können. Wir sehen daran, dass zwar $T(S)$ eindeutig bestimmt ist, $D(S)$ aber nicht!

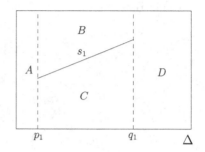

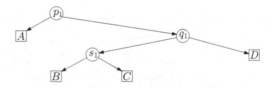

Abb. 4.24 Trapezzerlegung und Suchstruktur für eine einzelne Strecke.

neue Zerlegung
$T(S_i)$

Angenommen, für $S_{i-1} = \{s_1, \ldots, s_{i-1}\}$ sind bereits die Trapezzerlegung $T(S_{i-1})$ und eine Suchstruktur $D(S_{i-1})$ konstruiert. Um $s_i = (v, w)$ einzufügen, bestimmen wir zunächst die Trapeze von $T(S_{i-1})$, welche die Endpunkte von s_i enthalten. Dazu steht uns $D(S_{i-1})$ zur Verfügung!

Tiefenzuwachs

Sollte s_i ganz im Inneren eines Trapezes A liegen, verfahren wir wie bei s_1, nur mit A statt Δ, und ersetzen das Blatt von A in $D(S_{i-1})$ durch die Suchstruktur für s_i. Ihre Blätter befinden sich bis zu drei Levels tiefer als das alte Blatt von A. Damit sind $T(S_i)$ und $D(S_i)$ fertig.

Verfolgung einer
Strecke

Sind v und w innere Punkte verschiedener Trapeze A und G, so *verfolgen* wir s_i durch die dazwischenliegenden Trapeze von $T(S_{i-1})$, wie in Abbildung 4.25 am Beispiel der Strecken aus Abbildung 4.23 dargestellt. Vom linken Endpunkt v ausgehend kann s_i nur in eines der beiden rechten Nachbartrapeze B oder E

wechseln; in welches, lässt sich in konstanter Zeit testen. So fahren wir fort bis zum rechten Endpunkt w in G. Kreuzungen von s_i mit anderen Strecken kann es dabei nach Annahme nicht geben. Aber wo immer s_i einen senkrechten Strahl zwischen benachbarten Trapezen kreuzt, muss dieser gekürzt werden. Dadurch können Teile vormals verschiedener Trapeze sich zu einem neuen vereinigen. Zum Beispiel entsteht E_1 aus Teilen von A und E. Bei v und w müssen je zwei senkrechte Strahlen eingefügt werden, wodurch Teiltrapeze von A und G entstehen. So ergibt sich die neue Trapezzerlegung $T(S_i)$.

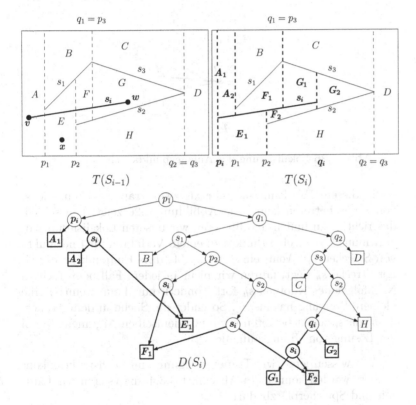

Abb. 4.25 Strecke s_i wird eingefügt.

Die Aktualisierung von $D(S_{i-1})$ betrifft nur diejenigen Trapeze von $T(S_{i-1})$, die von s_i in Teile zerlegt werden; hier muss die Suche noch fortgesetzt werden. Ihre Blätter in $D(S_{i-1})$ werden deshalb ersetzt durch kleine Suchstrukturen, in denen beim Suchen Tests mit den X-Koordinaten p_i und q_i der Endpunkte von s_i oder mit s_i selbst stattfinden. Im Beispiel von Abbildung 4.25 haben die angehängten Suchstrukturen alle eine Höhe kleiner gleich zwei,

neue Suchstruktur $D(S_i)$

Tiefenzuwachs

so dass ihre Blätter nun zwei Levels tiefer sind. Neue Knoten und Inschriften sind fett dargestellt, die unveränderten Bestandteileile von $D(S_{i-1})$ aus Abbildung 4.23 in Schwarz.

Wenn ein Endpunkt von s_i auf dem Rand eines Trapezes liegt, kann es sich nur um den Endpunkt einer anderen Strecke in S_{i-1} handeln, denn nach unseren Annahmen muss ein Durchschnitt von zwei Strecken ein gemeinsamer Endpunkt sein, und unterschiedliche Endpunkte haben verschiedene X-Koordinaten, so dass kein Endpunkt von s_i im Inneren eines senkrechten Strahls liegen kann.

gemeinsame Endpunkte

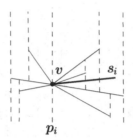

Abb. 4.26 Lokalisierung des Anfangspunkts einer Strecke s_i.

In diesem Fall kann es mehr als zwei Trapeze geben, die s_i von v aus betreten kann, wie Abbildung 4.26 zeigt. Um schnell das richtige zu finden, modifizieren wir unseren Lokalisierungsalgorithmus für einzelne Punkte zu einem Verfahren für Endpunkte von Strecken s_i: Wenn ein Test ergibt, dass Endpunkt v *auf* einer Strecke s_h liegt, fahren wir nicht in jedem Fall beim rechten Nachfolger des Knotens s_h fort, sondern nur dann, wenn s_i eine kleinere Steigung hat als s_h. So endet die Suche in dem Trapez, dass von s_i zuerst betreten wird, mit demselben Argument wie in der Lösung von Übungsaufgabe 4.13.

Wir wissen jetzt, wie Trapezzerlegung und Suchstruktur konstruiert werden können. In Abschnitt 4.3.4 analysieren wir Laufzeit und Speicherplatzbedarf.

4.3.4   Zu erwartende Kosten

Lokalisieren

Der Zeitaufwand beim *Lokalisieren* eines Anfragepunkts x hängt von der Länge des Pfades ab, der in $D(S)$ von der Wurzel zu dem Trapez in $T(S)$ führt, das x enthält. Beim inkrementellen Aufbau können unterschiedliche Einfügereihenfolgen zu ganz verschieden hohen Suchstrukturen führen, wie Übungsaufgabe 4.14 zeigt.

Übungsaufgabe 4.14   Zeigen Sie, dass es beliebig große Mengen von Strecken gibt, deren Suchstruktur $D(S)$ bei ungünstiger Einfügereihenfolge Pfade linearer Länge aufweist, bei günstiger Reihenfolge aber nur logarithmische Höhe hat.

Deshalb werden wir in diesem Abschnitt die zu *erwartenden* Kosten abschätzen, unter der Annahme, dass alle Einfügereihenfolgen gleich wahrscheinlich sind, also *randomized incremental construction* anwenden.

randomized incremental construction

Sei also x ein fest gewählter Anfragepunkt. Wann kann der Suchpfad für x in $D(S_{i-1})$ durch Einfügen von s_i länger werden? Nur dann, wenn das Trapez von $T(S_{i-1})$, das x enthält, sich ändert, weil es von s_i geschnitten wird. In dem Fall kann der Suchpfad zum neuen x enthaltenden Trapez A' von $T(S_i)$ um maximal drei Levels länger werden, wie wir in Abschnitt 4.3.3 gesehen haben[18] Dann muss aber s_i eine der maximal vier Strecken sein, die das neue Trapez A' definieren.[19] Wie wahrscheinlich ist das?

Bei der *Rückwärtsanalyse*, im Englischen *backwards analysis*, stellen wir uns ja vor, dass ausgehend von S eine Strecke nach der anderen zufällig entfernt wird. Dass das Entfernen einer in S_i zufällig gewählten Strecke das Trapez A' zum Verschwinden bringt, hat eine Wahrscheinlichkeit $\leq \frac{4}{i}$. Daraus folgt, dass der zu erwartende Längenzuwachs des Suchpfads beim Einfügen der i-ten Strecke höchstens $3 \cdot \frac{4}{i}$ beträgt. Und weil das bei jedem Einfügevorgang gilt, ergibt sich durch Addition der Erwartungswerte:

Rückwärtsanalyse

Länge des Suchpfads

$$\text{mittlere Länge des Suchpfads von } x \ \leq \ 12 \cdot \sum_{i=1}^{n} \frac{1}{i}$$

$$\leq \ 12 \cdot (\ln n + 1)$$

$$\in \ O(\log n)$$

Weil der *Speicherplatzbedarf* von $T(S)$ nach Lemma 4.18 linear in n ist, genügt es, die Größe der Suchstruktur abzuschätzen. Sie enthält einen Blattknoten für jedes der $O(n)$ vielen Trapeze in $T(S_n)$ und interne Knoten, deren Anzahl — nach Konstruktion — der Zahl aller Trapeze entspricht, die in $T(S_1)$ bis $T(S_{n-1})$ neu auftraten und in $T(S_n)$ nicht mehr vorkommen.

Speicherplatzbedarf

Wieviele neue Trapeze entstehen beim Einfügen von s_i? So viele, wie beim Entfernen von s_i verschwinden, weil s_i zu ihnen beiträgt, im schlimmsten Fall linear viele. Alle i Strecken in S_i

---

[18]Abbildung 4.24 zeigt ein Beispiel, bei dem die Tiefe um drei zunimmt.

[19]Die Strecke s_i muss also die Ober- oder Unterseite von A' enthalten oder einen Endpunkt besitzen, dessen senkrecher Strahl die linke oder rechte Seite von A' enthält.

zusammen können aber beim Entfernen jedes der $c \cdot i$ vielen Trapeze von $T(S_i)$ nur viermal verschwinden lassen, weil es durch vier Strecken definiert wird. Beim Entfernen einer zufällig gewählten Strecke s_i sind also höchstens $\frac{c \cdot i}{i} = c$ Trapezverluste zu erwarten, in der Summe über alle i also $O(n)$ viele. Folglich hat $D(S)$ im Mittel lineare Größe!

Aufbaukosten

Damit können wir auch die *Aufbaukosten* abschätzen: Beim Einfügen von s_i wird im Mittel $O(\log n)$ viel Zeit für die Lokalisierung der Endpunkte benötigt. Dazu kommt der Aufwand für die Verfolgung dieser Strecke in $T(S_{i-1})$. Der ist aber im Mittel konstant, weil ja nur konstant viele neue Trapeze entstehen.

Wir haben damit folgendes Ergebnis:

Theorem 4.19 *Für n Strecken, die höchstens Endpunkte gemeinsam haben, kann man die Trapezzerlegung und eine Suchstruktur linearer Größe in Zeit $O(n \log n)$ aufbauen. Die Lokalisierung eines festen Anfragepunkts benötigt $O(\log n)$ viel Zeit. Alle Schranken sind Mittelwerte bei randomisierter inkrementeller Konstruktion.*

4.3.5   Kosten mit hoher Wahrscheinlichkeit*

Theorem 4.19 garantiert, dass für einen *festen* Anfragepunkt die zu erwartende Lokalisierungszeit, über alle Einfügereihenfolgen gemittelt, logarithmisch in der Anzahl der Strecken ist. Trotzdem könnte es in jeder Suchstruktur lange Pfade geben, also hohe Kosten für die Lokalisierung anderer Punkte.

In diesem Abschnitt wollen wir die Wahrscheinlichkeit für dieses Ereignis abschätzen. Den Zusammenhang zwischen Wahrscheinlichkeit und Erwartungswert liefert dabei die *Markov'sche Ungleichung*, die sich leicht beweisen lässt.

Markov'sche Ungleichung

Theorem 4.20 *Sei Z eine Zufallsvariable, die diskrete Werte z_i mit Wahrscheinlichkeit $P(Z = z_i)$ annimmt, und sei $\alpha > 0$. Dann ist $P(Z \geq \alpha) \leq \frac{E(Z)}{\alpha}$.*

Beweis.

$$
\begin{aligned}
E(Z) \quad &= \quad \sum_i z_i \cdot P(Z = z_i) \\
&\geq \quad \alpha \cdot \sum_{z_i \geq \alpha} P(Z = z_i) \\
&= \quad \alpha \cdot P(Z \geq \alpha)
\end{aligned}
$$

$\square$

Während wir Erwartungswerte von Zufallsvariablen immer addieren dürfen, ist das Multiplizieren im allgemeinen nicht erlaubt, wie folgende Übungsaufgabe zeigt.

Übungsaufgabe 4.15 Von den Parabelpunkten $(i, i^2), 1 \leq i \leq$ 10, wird jeder mit gleicher Wahrscheinlichkeit gewählt. Seien X und Y die Projektionen $X(i, i^2) = i$ und $Y(i, i^2) = i^2$. Berechnen Sie $E(XY)$ und $E(X) E(Y)$.

Dieses Problem tritt aber nicht auf, wenn zwei Zufallsvariablen X und Y voneinander *unabhängig* sind, wenn also stets

$$P(X = x_i \,\&\, Y = y_j) = P(X = x_i) \, P(Y = y_j)$$

unabhängige Zufallsvariablen

gilt. Denn dann ist ja

$$
\begin{aligned}
E(XY) &= \sum_{i,j} x_i y_j \, P(X = x_i \,\&\, Y = y_j) \\
&= \sum_{i,j} x_i y_j \, P(X = x_i) P(Y = y_j) \\
&= \left(\sum_i x_i \, P(X = x_i) \right) \left(\sum_j y_j \, P(Y = y_j) \right) \\
&= E(X) \, E(Y).
\end{aligned}
$$

Nach diesen Vorbereitungen betrachten wir nun einen *DAG E*, der alle $n!$ möglichen Einfügereihenfolgen von n Strecken beschreibt. In den Knoten von E erscheinen alle Teilmengen von $S = \{s_1, s_2, \ldots, s_n\}$. Die leere Menge steht unten, und auf dem i-ten Level von unten erscheinen die Teilmengen der Mächtigkeit i; siehe Abbildung 4.27. Vom Knoten u auf Level $i - 1$ führt genau dann eine Kante mit Beschriftung s zum Knoten v auf Level i, wenn die in v gespeicherte Teilmenge sich aus der in Knoten u durch Hinzufügen von s ergibt. Der oberste Knoten enthält dann ganz S. Offensichtlich entspricht jedem Pfad von $\emptyset$ nach S eine mögliche Permutation der n Strecken.

der *DAG* der Einfügereihenfolgen

Sei nun x ein — zunächst! — fester Anfragepunkt. Wir färben eine Kante s von Level $i - 1$ nach Level i weiß, falls sich das x enthaltende Trapez von $T(S_{i-1})$ beim Einfügen von s ändert. Da dieses Trapez durch höchstens vier Strecken definiert ist, kann jeder Knoten höchstens vier von unten eingehende weiße Kanten haben. Wo es weniger sind, füllen wir die Anzahl der weißen Kanten zufällig auf vier auf, oder auf i auf den Levels $i \leq 3$.

Für jedes i zwischen 1 und n betrachten wir nun die Zufallsvariable X_i, die einem Pfad π von $\emptyset$ nach S folgenden Wert zuordnet:

$$
X_i(\pi) = \left\{
\begin{array}{l}
1, \text{ falls die } i\text{-te Kante auf } \pi \text{ weiß ist} \\
0, \text{ sonst}
\end{array}
\right.
$$

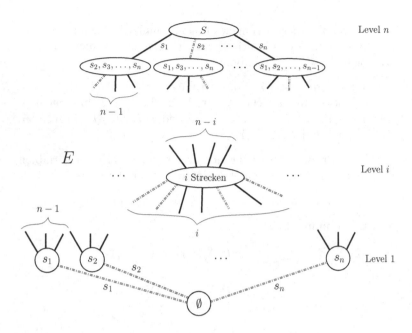

Abb. 4.27 Jeder aufwärts gerichtete Pfad in E entspricht einer Einfügereihenfolge.

Rückwärtsanalyse   Die Zufallsvariablen X_i sind unabhängig, denn wenn wir im DAG E die nächste Kante eines zufälligen Pfads von S hinunter nach $\emptyset$ auswählen, haben alle Knoten auf dem aktuellen Level dieselbe Anzahl von nach unten führenden Kanten, und darunter sind gleich viele weiß. Ob die nächste Kante weiß ist, hängt also nicht von den früher gewählten Kanten ab.

Auch wenn wir die Zufallsvariablen X_i mit einem konstanten Faktor $t := \ln \frac{5}{4}$ multiplizieren, bleiben sie unabhängig, und deshalb dürfen wir ihre Erwartungswerte multiplizieren. Davon machen wir jetzt Gebrauch und leiten eine Identität her, die weiter unten benötigt wird:

$$
\begin{aligned}
E(e^{\sum_{i=1}^{n} tX_i}) &= \prod_{i=1}^{n} E(e^{tX_i}) \\
&\leq \prod_{i=1}^{n} \left(e^t \frac{4}{i} + e^0 \left(1 - \frac{4}{i} \right) \right) \\
&\leq \prod_{i=1}^{n} \left(\frac{5}{i} + \frac{i-4}{i} \right) = \prod_{i=1}^{n} \frac{i+1}{i} = n+1
\end{aligned}
$$

Die Ungleichung in der zweiten Zeile folgt daraus, dass X_i den Wert eins mit Wahrscheinlichkeit $\leq \frac{4}{i}$ annimmt und sonst den Wert null.[20]

Die Summe $Y := \sum_{i=1}^{n} X_i(\pi)$ gibt an, wie oft sich beim Einfügen in der Reihenfolge π das x enthaltende Trapez ändert.[21] Aus Abschnitt 4.3.3 wissen wir, dass sich die Länge des Suchpfades von x jedes Mal um drei erhöhen kann. Für $\lambda := 20$ erhalten wir mit Hilfe der Markov'schen Ungleichung in Theorem 4.20 folgende Abschätzung für die Wahrscheinlichkeit, dass der Suchpfad von x mehr als logarithmische Länge hat:

Trick: e-Funktion anwenden!

$$
\begin{aligned}
P\big(\text{Suchpfad}(x) \geq 3\lambda \ln(n+1)\big) &\leq P\big(Y \geq \lambda \ln(n+1)\big) \\
&= P\big(e^{tY} \geq e^{t\lambda \ln(n+1)}\big) \\
&\leq \frac{E(e^{tY})}{e^{t\lambda \ln(n+1)}} \\
&\leq \frac{n+1}{(n+1)^{\lambda \ln \frac{5}{4}}} < \frac{1}{(n+1)^{3.46}}
\end{aligned}
$$

Die hier vorgestellt Analyse geht zurück auf Clarkson et al. [10], p. 208; siehe auch [13].

Die Wahrscheinlichkeit, dass der Suchpfad für einen festen Anfragepunkt mehr als logarithmisch lang wird, geht also mit n rasch gegen null.

Daraus lässt sich leicht eine Schranke für *beliebige* Anfragepunkte gewinnen. Die Streifenzerlegung in Abbildung 4.20 teilt das Arrangement der n Strecken in höchstens $2(n+1)^2$ viele Trapeze auf. Alle Punkte eines Trapezes A_k haben denselben Suchpfad σ_k in $D(S)$, weil alle Tests gleich ausgehen.

Die Höhe von $D(S)$ ist also die maximale Höhe dieser maximal $2(n+1)^2$ vielen Suchpfade. Deshalb gilt:

$$
\begin{aligned}
P\Big(\text{Höhe}(D(S)) \geq 3\lambda \ln(n+1)\Big) &\\
= P\Big(\bigcup_k \{\sigma_k \geq 3\lambda \ln(n+1)\}\Big) &\\
\leq \sum_k P\Big(\sigma_k \geq 3\lambda \ln(n+1)\Big) &\\
\leq 2(n+1)^2 \frac{1}{(n+1)^{3.46}} &= \frac{2}{(n+1)^{1.46}} \\
< \frac{1}{4} \text{ für } n \geq 4 &
\end{aligned}
$$

---

[20] Bei den Levels $l \leq 3$ müsste man eigentlich 4 durch l ersetzen; die Abschätzung in der dritten Zeile ist aber trotzdem korrekt.

[21] Der Wert von Y kann wegen der aufgefüllten weißen Kanten allenfalls größer sein.

union bound

Die Wahrscheinlichkeit einer Vereinigung von Ereignissen durch die Summe ihrer Einzelwahrscheinlichkeiten nach oben abzuschätzen, ist im Englischen unter dem Namen *union bound* bekannt.

Wir sehen: Mit Wahrscheinlichkeit $\geq \frac{3}{4}$ hat eine Suchstruktur $D(S)$ eine Höhe $\leq 60 \ln(n + 1)$.[22] Entsprechend lässt sich zeigen, dass die Größe von $D(S)$ mit Wahrscheinlichkeit $\geq \frac{3}{4}$ linear bleibt und die Aufbauzeit in $O(n \log n)$ liegt. Dann sind aber mit Wahrscheinlichkeit $\geq \frac{1}{4}$ alle drei Eigenschaften erfüllt.[23] Das bedeutet, ein Viertel aller Suchstrukturen sind gut geeignet!

worst case

Daraus lassen sich *worst case*-Abschätzungen gewinnen, die Theorem 4.19 deutlich verschärfen.

Theorem 4.21 *Für n Strecken, die höchstens Endpunkte gemeinsam haben, kann man in mittlerer Zeit $O(n \log n)$ die Trapezzerlegung und eine Suchstruktur aufbauen, die im* worst case *eine Höhe in $O(\log n)$ und Größe $O(n)$ hat.*

Beweis. Für Konstanten h und g gelte, dass eine zufällige Suchstruktur mit Wahrscheinlichkeit $\geq \frac{1}{4}$ eine Höhe $\leq h \log n$ und eine Größe $\leq gn$ hat. Wir wählen eine zufällige Einfügereihenfolge π aus und beginnen mit dem Aufbau. Sobald diese Schranken überschritten sind, verwerfen wir π und wählen eine andere Permutation der Strecken. Nach vier Versuchen ist Erfolg zu erwarten, wie in Übungsaufgabe 4.16 gezeigt wird. Die zu erwartende Aufbauzeit liegt also in $O(n \log n)$.   □

Übungsaufgabe 4.16 Bei einer gefälschten Münze fällt Kopf mit Wahrscheinlichkeit p und Zahl mit Wahrscheinlichkeit $1 - p$. Man bestimme die zu erwartende Anzahl von Würfen bis zum ersten Erscheinen von Kopf.

4.3.6 Schnelle Triangulierung einfacher Polygone*

In Abschnitt 4.2 hatten wir Triangulationen einfacher Polygone betrachtet, aber noch keinen effizienten Triangulierungsalgorithmus angegeben. Das holen wir jetzt nach, basierend auf Ergebnissen von Seidel [34] und Fournier und Montuno [14].

Beim Blick auf die rechte Abbildung in Abbildung 4.22 könnte man vermuten, dass sich aus der Trapezzerlegung eines einfachen Polygons P rasch eine Triangulierung gewinnen lässt: Alle Trapeze außerhalb von P kann man schließlich ignorieren. Aber die

---

[22]Der recht hohe Faktor 60 lässt sich bei schärferer Analyse noch verkleinern.

[23]Aus $1 \geq P(A \cup B) = P(A) + P(B) - P(A \cap B)$ folgt $P(A \cap B) \geq P(A) + P(B) - 1$.

inneren Trapeze darf man nicht einfach mit beliebigen Diagonalen unterteilen, denn zu deren Ecken zählen ja auch Treffpunkte senkrechter Strahlen, die keine Ecken von P sind.

Erlaubt sind aber alle Diagonalen, die Originalecken von P auf verschiedenen Seiten eines Trapezes miteinander verbinden; siehe Abbildung 4.28. Sie bilden noch keine Triangulation von P, zerlegen das Polygon aber in Teilpolygone Q mit einfacher Struktur: Jede Senkrechte schneidet ihren Rand in höchstens zwei Punkten; und eines der Randstücke zwischen einem linkesten Punkt l und einem rechtesten Punkt r ist eine Kante von P. Wir nennen solche Polygone *unimonoton*.

unimonotone
Polygone

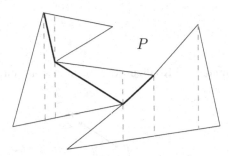

Abb. 4.28 Die fetten Diagonalen zerlegen P in unimonotone Polygone.

Lemma 4.22 *Die erlaubten Diagonalen in den Trapezen von $T(P)$ zerlegen das Polygon P in unimonotone Polygone.*

Beweis. Sei Q ein Teilpolygon aus der oben durchgeführten Zerlegung von P, mit linkester Ecke l und rechtester Ecke r. Diese Ecken zerlegen ∂Q in eine obere und eine untere Kette. Nicht beide können auf Geraden liegen; sei also $v \neq l, r$ eine Ecke von P in der oberen Kette. Wäre ∂Q in v nicht X-monoton, gingen von der spitzen Ecke v zwei senkrechte Strahlen durch Q aus, neben denen ein Trapez A läge. Auf der v gegenüberliegenden Seite von A müsste eine Ecke von P liegen, mit der v eine erlaubte Diagonale bildet, siehe Abbildung 4.29 — ein Widerspruch! Folglich ist die obere Kette von Q X-monoton. Dasselbe gilt für die untere Kette. Nun bleibt nur noch zu zeigen, dass eine der beiden Ketten zwischen l und r aus nur einer Kante besteht. Angenommen, dies sei weder für die untere noch für die obere Kette der Fall. Auch dies können wir zum Widerspruch führen. Da beide Ketten X-monoton sind, muss es in der nach X-Koordinate geordneten Folge der Ecken zwei aufeinander folgende Ecken $u, w \neq l, r$ geben, die nicht auf derselben Kette liegen, siehe Abbildung 4.30. Diese müssen durch eine erlaubte Diagonale verbunden sein. Es folgt, dass Q unimonoton ist. □

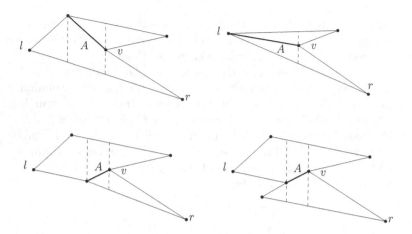

Abb. 4.29 Unmögliche Konfigurationen im Beweis von Lemma 4.22

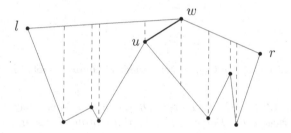

Abb. 4.30 Unmögliche Konfiguration im Beweis von Lemma 4.22

Erfreulicherweise lässt sich folgende Aussage leicht beweisen:

Lemma 4.23 *Ein unimonotones Polygon Q mit m Ecken kann man in Zeit O(m) triangulieren.*

Beweis. Die Summe der Innenwinkel aller m Ecken von Q beträgt $(m-2)\pi$ nach Übungsaufgabe 4.11. Unter den $m-2$ Ecken auf der oberen Kette von Q zwischen l und r muss es daher eine konvexe Ecke mit Innenwinkel $< \pi$ geben, denn die Innenwinkel α und γ bei l und r leisten auch einen positiven Beitrag zu $(m-2)\pi$.

Wir durchlaufen nun die obere Kette von l aus nach *rechts*, bis wir auf eine erste konvexe Ecke v treffen. Zusammen mit ihren Nachbarinnen u und w bildet v ein Dreieck, das wegen der Monotonie von Q keine andere Ecke enthalten kann; siehe Abbildung 4.31. Dieses Dreieck schneiden wir ab und erhalten wieder ein unimonotones Polygon mit kleinerem Innenwinkel bei der Vorgängerin u (und der Nachfolgerin w) von v.

Triangulierung unimonotoner Polygone

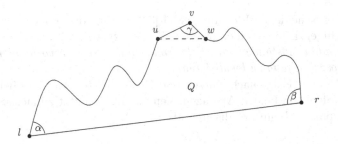

Abb. 4.31 Abspalten eines Dreiecks von einem unimonotonen Polygon Q.

Ist die Ecke u nun auch konvex geworden, wird sie ebenfalls abgeschnitten und ihre Vorgängerin inspiziert. So fahren wir nach *links* fort, bis l erreicht ist oder sich zwischen l und der aktuellen Position nur noch Ecken mit Innenwinkeln $\geq \pi$ befinden. Dann setzen wir unsere ursprüngliche Suche nach konvexen Ecken von w aus nach *rechts* fort. Das Verfahren endet, wenn außer l und r nur noch eine weitere Ecke vorhanden ist. Damit ist Q trianguliert.

Die Laufzeitabschätzung funktioniert ähnlich wie bei der Konstruktion der konvexen Hülle in Abschnitt 4.1.3. Die obere Kette   Laufzeit
von Q wird *einmal* von links nach rechts durchlaufen, eventuell unterbrochen von *mehreren* Rückwärtsbewegungen nach links. Bei jedem Rückwärtsschritt verschwindet eine Ecke von Q, aber es kommen niemals Ecken hinzu. Also liegt die Laufzeit in $O(m)$.

□

Damit haben wir folgendes erstes Resultat.

Theorem 4.24 *Ein einfaches Polygon P mit n Ecken kann in mittlerer Laufzeit $O(n \log n)$ trianguliert werden.*

Beweis. Nach Theorem 4.21 können wir in erwarteter Laufzeit $O(n \log n)$ die Trapezzerlegung von P herstellen. Die erlaubten Diagonalen einzuzeichnen — und damit die Zerlegung von P in unimonotone Polygone herzustellen — erfordert nur $O(n)$ viel Zeit. Nach Lemma 4.23 lassen sich die unimonotonen Teilpolygone insgesamt in linearer Zeit triangulieren.   □

Es geht aber noch schneller, weil die Kanten eines einfachen Polygons, in ihrer Reihenfolge auf dem Rand gegeben, keine beliebigen Strecken sind. Könnte man nicht viel Lokalisierungsaufwand sparen, wenn man sie der Reihe nach in eine Trapezzerlegung einfügt? Gewiss, aber dann liegt keine Randomisierung mehr vor.

die Idee!   Die entscheidende Idee aus Seidel [34] besteht darin, es bei einer zufälligen Einfügereihenfolge der Kanten zu belassen, aber *in bestimmten Abständen alle Eckpunkte von P in der vorhandenen Trapezzerlegung zu lokalisieren.*

Bei der Frage nach Nutzen und Kosten dieses Ansatzes helfen die folgenden beiden Aussagen. Lemma 4.25 schätzt zunächst die Einsparung beim Lokalisieren ab.

Lemma 4.25   *Für $1 \leq j \leq k \leq n$ sei x ein Anfragepunkt, dessen Ort in $T(S_j)$ bekannt ist. Dann lässt sich das x enthaltende Trapez von $T(S_k)$ in mittlerer Zeit $O(\frac{1}{j+1} + \frac{1}{j+2} + \ldots + \frac{1}{k}) = O(\log \frac{k}{j})$ bestimmen.*

Der Beweis ist analog zur Abschätzung der Länge des Suchpfads in Abschnitt 4.3.4. Lemma 4.26 schätzt nun den Aufwand ab, den Rand des Polygons in einer Trapezzerlegung $T(R)$ zu verfolgen.

Lemma 4.26   *Sei $R \subset S$ eine zufällige Teilmenge der Größe r der Menge S aller n Polygonkanten. Dann haben die Strecken in $S \setminus R$ im Mittel insgesamt $O(n - r)$ viele Schnitte mit den senkrechten Strahlen in $T(R)$.*

Beweis. Für eine Teilmenge W von S und eine Kante $s \in W$ bezeichne $deg(s, W)$ die Anzahl der von Endpunkten der Strecken in W ausgehenden senkrechten Strahlen, die in W zuerst auf s treffen. Dann ist

$$\sum_{s \in W} deg(s, W) \leq 4|W|,$$

denn jeder senkrechte Strahl trifft höchstens einmal. Der gesuchte Mittelwert ist

$$\frac{1}{\binom{n}{r}} \sum_{R \subset S, |R| = r} \sum_{s \in S \setminus R} deg(s, R \cup \{s\})$$

$$= \frac{1}{\binom{n}{r}} \sum_{R' \subset S, |R'| = r+1} \sum_{s \in R'} deg(s, R')$$

$$\leq \frac{1}{\binom{n}{r}} \binom{n}{r+1} 4(r+1) = 4(n - r).$$

$\square$

log*   Im folgenden verwenden wir die Bezeichnung $\log^{(j)}$ für den j-fach iterierten Logarithmus, und $\log^*$ ist die sehr langsam wachsende Funktion, die uns schon in Abschnitt 2.3.3 begegnet ist.

Der schnelle Triangulierungsalgorithmus startet mit einer zufälligen Einfügereihenfolge $s_1, s_2, \ldots, s_n$ der Kanten des Polygons P. Die Folge der Indizes wird aufgeteilt in Intervalle[24]

$$1 \ldots \left\lceil \frac{n}{\log n} \right\rceil \ldots \left\lceil \frac{n}{\log^{(2)} n} \right\rceil \ldots \left\lceil \frac{n}{\log^{((\log^* n)-1)} n} \right\rceil \ldots n;$$

dabei fallen die Nenner, bis der letzte gerade noch größer als eins ist.[25] Für jedes Intervall

$$\left\lceil \frac{n}{\log^{(j-1)} n} \right\rceil \ldots \left\lceil \frac{n}{\log^{(j)} n} \right\rceil$$

werden zunächst die Strecken mit diesen Indizes in die aktuellen Strukturen eingefügt, wie zuvor. Abschließend wird ∂P durch die letzte Trapezzerlegung verfolgt, als Vorbereitung auf das nächste Intervall.

Dabei kann nach Lemma 4.25 ein Endpunkt einer Strecke s_i mit Index im Intervall in mittlerer Zeit

$$O\left(\log \frac{\frac{n}{\log^{(j)} n}}{\frac{n}{\log^{(j-1)} n}} \right) \subset O(\log^{(j)} n)$$

in die Strukturen $T(S_{i-1})$ und $D(S_{i-1})$ eingefügt werden. Die Verfolgung von s_i durch $T(S_{i-1})$ erfordert im Mittel nur konstanten Aufwand, wie in Abschnitt 4.3.4 festgestellt. Da das betrachtete Intervall — großzügig abgeschätzt! — weniger als $\left\lceil \frac{n}{\log^{(j)} n} \right\rceil$ viele Strecken umfasst, betragen die mittleren Einfügekosten insgesamt

$$\left\lceil \frac{n}{\log^{(j)} n} \right\rceil c \log^{(j)} n \in O(n).$$

Nach Lemma 4.26 kostet die Verfolgung von ∂P am Ende des Intervalls im Mittel ebenfalls nur $O(n)$ viel Zeit.

Insgesamt haben wir damit folgendes gegenüber Theorem 4.24 deutlich verbessertes Ergebnis bewiesen:

Theorem 4.27 *Ein einfaches Polygon mit n Ecken lässt sich in mittlerer Zeit $O(n \log^* n)$ triangulieren.*

Die mittlere Laufzeit dieses Verfahrens liegt nur geringfügig über der des linearen determininistischen Algorithmus in Chazelle [8]. Es ist aber wesentlich einfacher zu implementieren. Für Trapezzerlegung und Suchstruktur gibt es viele weitere Anwendungen. Man kann sie auch auf Kurven statt Strecken verallgemeinern, wenn man von allen Wendepunkten mit senkrechter Tangente zusätzliche Strahlen abschießt.

---

[24] Die Intervalle sind links offen und rechts abgeschlossen.
[25] $\log^* n$ ist das kleinste j mit $\log^{(j)} n \leq 1$.

4.4   Das Sichtbarkeitspolygon

Sichtbarkeits-
polygon

Auf Seite 21 hatten wir das *Sichtbarkeitspolygon vis(p)* eines Punktes p in einem einfachen Polygon P als den Teil von P definiert, der von p aus sichtbar ist. Ein Beispiel ist in Abbildung 4.32 gezeigt. Hier ist der Rand des Polygons als glatte Kurve dargestellt, weil die Struktur dann klarer hervortritt.

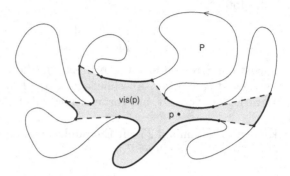

Abb. 4.32 Das Sichtbarkeitspolygon *vis(p)* des Punktes p im Polygon P.

Viele klassische Probleme der algorithmischen Geometrie haben mit Sichtbarkeit zu tun und deshalb auch mit Sichtbarkeitspolygonen.

Um *vis(p)* zu konstruieren, genügt es offenbar, die Folge derjenigen Kanten auf dem Rand von *vis(p)* zu bestimmen, die auch (Teile von) Kanten von P sind; in Abbildung 4.32 sind das genau die fett gezeichneten Stücke. Die gestrichelten Strecken —

künstliche Kante

künstliche Kanten von *vis(p)* genannt — lassen sich dann leicht ergänzen; sie sind Teile von Tangenten von p an den Rand von P.

Jede künstliche Kante von *vis(p)* zerlegt das Polygon P in zwei Teile: einen, der den Punkt p enthält, und einen, der von p aus

Höhle

nicht einsehbar ist. Die nicht einsehbaren Teile heißen auch *Höhlen*

Höhleneingang

und ihre künstlichen Kanten *Höhleneingänge*. Die Höhlen sind in Abbildung 4.32 weiß dargestellt. Der Durchschnitt derjenigen Teile, die p enthalten, ergibt gerade *vis(p)*.

Wie hilfreich diese Definitionen sind, zeigt folgende Übungsaufgabe.

Übungsaufgabe 4.17 Sei π ein Weg in einem einfachen Polygon P, von dem aus jeder Punkt auf dem Rand von P sichtbar ist (das heißt, zu jedem $r \in \partial P$ gibt es einen Punkt $p \in \pi$, der r sehen kann). Ist dann auch jeder innere Punkt des Polygons von einem Punkt von π aus sichtbar?

Das Sichtbarkeitspolygon *vis*(p) eines Punktes p in einem einfachen Polygon P mit n Kanten kann man in optimaler Zeit $\Theta(n)$ und in linearem Speicherplatz konstruieren. Dazu bestimmt man zunächst einen Startpunkt auf dem Rand, der von p aus sichtbar ist. Das geht in Zeit $O(n)$, wie in der folgenden Übungsaufgabe gezeigt wird. Dann durchläuft man ∂P gegen den Uhrzeigersinn und unterhält einen Stapel, der Stücke des schon besuchten Teils von ∂P enthält, die *möglicherweise* von p aus sichtbar sind, wenn sie nicht von Teilen des Randes, die erst später besucht werden, verdeckt werden.

Dabei kann der Rand hinter einer Ecke in einer Höhle verschwinden, und man muss den richtigen Zeitpunkt bestimmen, zu dem er wieder zum Vorschein kommt.

Übungsaufgabe 4.18 Wie bestimmt man in Zeit $O(n)$ einen Punkt auf dem Rand eines Polygons mit n Kanten, der von einem vorgegebenen Punkt im Innern sichtbar ist?

Der lineare Algorithmus wurde von Lee [25] und Joe und Simpson [22, 21] entwickelt. Auch in den früheren Auflagen dieses Buchs findet sich eine vollständige Darstellung des Verfahrens.

4.4.1 Verschiedene Sichten im Inneren eines Polygons

Für Anwendungen in der Robotik möchte man gerne wissen, wie das Sichtbarkeitspolygon *vis*(p) sich ändert, wenn der Punkt p sich im Polygon P bewegt. Wenn p sich nur wenig bewegt, wird im allgemeinen von einigen Kanten des Polygons mehr, von anderen weniger zu sehen sein, aber die Menge der *sichtbaren Ecken* ändert sich zunächst einmal nicht. Das geschieht erst, wenn p die Verlängerung einer Tangente von einer Ecke e an eine spitze Ecke (d. h. eine solche, deren Innenwinkel größer als π ist) überschreitet; siehe Abbildung 4.33. Das kritische Tangentenstück ist gestrichelt eingezeichnet; wir nennen es ein *Sichtsegment*.

Sicht eines beweglichen Punktes

Sichtsegment

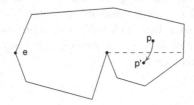

Abb. 4.33 Auf dem Weg von p zu p' wird der Eckpunkt e unsichtbar.

Man nennt zwei Punkte p, p' in P *äquivalent*, wenn von p aus genau dieselben Ecken des Polygons sichtbar sind wie von p'. Abbildung 4.34 zeigt ein Beispiel für die Aufteilung eines Polygons

Sichtregion

in Regionen äquivalenter Punkte. Wir nennen diese Äquivalenzklassen die *Sichtregionen* von P.

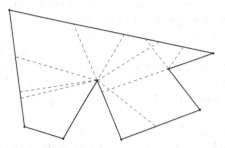

Abb. 4.34 Die Zerlegung eines Polygons in Regionen von Punkten mit
ähnlicher Sicht.

Übungsaufgabe 4.19   Man zeige, dass zwei äquivalente Punkte
einander sehen können.

Eine interessante Frage lautet, wie viele wesentlich verschiedene Sichten, d. h. wie viele Sichtregionen es in einem Polygon mit n
Ecken geben kann.

Anzahl der
Sichtregionen

Theorem 4.28   *Ein einfaches Polygon mit n Ecken kann in*
$\Theta(n^3)$ *Sichtregionen zerfallen.*

Beweis. Jeder der n Eckpunkte kann mit jeder der $O(n)$ vielen
spitzen Ecken höchstens ein Sichtsegment bilden. Also gibt es insgesamt nur $O(n^2)$ viele Sichtsegmente.

Halten wir nun einen Eckpunkt e fest und betrachten alle $O(n)$
zu e gehörigen Sichtsegmente, bei denen die spitze Ecke von e aus
gesehen rechts sitzt, wie in Abbildung 4.35 gezeigt. Kein Punkt
im Inneren eines dieser Sichtsegmente kann einen Punkt im Inneren eines anderen sehen. Folglich kann jedes der $O(n^2)$ insgesamt
vorhandenen anderen Sichtsegmente *höchstens eines* der hier eingezeichneten kreuzen! Dem Eckpunkt e sind auf diese Weise $O(n^2)$
Kreuzungen von Sichtsegmenten zugeordnet; insgesamt ergibt das
$O(n^3)$ viele Kreuzungen.

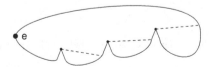

Abb. 4.35 Jede Ecke e erzeugt nur $O(n)$ „rechte" Sichtsegmente. Sie
sind zueinander unsichtbar.

Die Zerlegung von P in Sichtregionen kann als kreuzungsfreier, schlichter geometrischer Graph in der Ebene aufgefasst werden, dessen Knoten entweder Kreuzungen von zwei Sichtsegmenten sind und deshalb den Grad ≥ 4 haben oder Endpunkte von Sichtsegmenten auf dem Polygonrand vom Grad ≥ 3 sind.[26] Nach Übungsaufgabe 1.7 (ii) auf Seite 18 hat solch ein Graph höchstens doppelt so viele Flächen wie Knoten. Demnach ist die Anzahl der Sichtregionen durch $O(n^3)$ begrenzt.

Dass die Anzahl der Sichtregionen tatsächlich kubisch sein kann, zeigt Abbildung 4.36. □

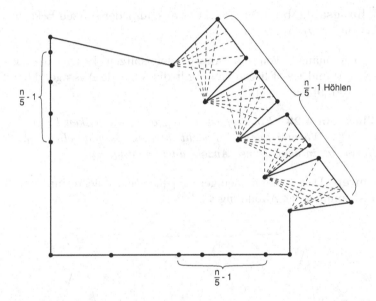

Abb. 4.36 Ein Polygon mit n Ecken kann $\Omega(n^3)$ Sichtbarkeitsregionen besitzen.

4.4.2 Das Kunstgalerie-Problem

Eine ganz andere Frage ist unter dem Namen *Kunstgalerie-Problem* (engl. *art gallery problem*) bekannt geworden. Gegeben ist ein Raum mit einem einfachen Polygon P als Grundriss. Es sollen sich Wächterinnen so im Raum aufstellen, dass jeder Punkt des Raums bewacht ist. Die Wächterinnen sollen nicht umhergehen, können aber von ihren Standorten in alle Richtungen schauen. Wie viele Wächterinnen werden benötigt, und wo sollen sie sich aufstellen?

art gallery problem

---

[26] Eine Folge konvexer Kanten von P fassen wir bei dieser Betrachtung zu einer Kante zusammen.

Formal ist die kleinste Zahl k gesucht, für die Punkte $p_1, \ldots, p_k$ in P existieren mit

$$P = \bigcup_{i=1}^{k} vis(p_i).$$

Interessanterweise ist die Bestimmung der minimalen Wächterzahl NP-hart; das Problem lässt sich auf 3SAT reduzieren. Ein Beweis findet sich in der Monographie über Kunstgalerie-Probleme von O'Rourke [30]. Man muss sich also mit Lösungen begnügen, die mehr Wächterinnen verwenden als vielleicht nötig wäre.

Übungsaufgabe 4.20   Reicht es aus, an jeder spitzen Ecke eine Wächterin zu postieren?

Unabhängig von der Anzahl der spitzen Ecken, die zwischen 0 und $n - 3$ liegen kann, gilt die folgende Aussage, die auf Chvátal [9] zurückgeht:

Theorem 4.29   *Ein einfaches Polygon mit n Ecken kann stets von $\lfloor \frac{n}{3} \rfloor$ Wächterinnen überwacht werden. Es gibt beliebig große Beispiele, in denen diese Anzahl auch benötigt wird.*

Beweis. Dass man mit weniger als $\lfloor \frac{n}{3} \rfloor$ vielen Wächterinnen nicht auskommt, zeigt Abbildung 4.37.

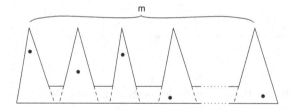

Abb. 4.37 Ein Polygon mit $3m$ Ecken, zu dessen Bewachung m Wächterinnen erforderlich sind.

Triangulation

3-färbbar

Zum Nachweis der oberen Schranke betrachten wir eine beliebige *Triangulation* des Polygons; siehe Abbildung 4.38. Wir wollen uns zunächst klarmachen, dass der resultierende kreuzungsfreie geometrische Graph *3-färbbar* ist, d. h. dass man jedem der n Eckpunkte eine von drei Farben $\{1, 2, 3\}$ so zuordnen kann, dass keine zwei Ecken, die über eine Polygonkante oder eine Diagonale der Triangulation miteinander verbunden sind, dieselbe Farbe bekommen.

Der Beweis ist induktiv: Ist P selbst ein Dreieck, stimmt die Behauptung. Andernfalls lässt sich nach Theorem 4.15 ein Ohr in der Triangulation finden wie etwa das in Abbildung 4.38 grau

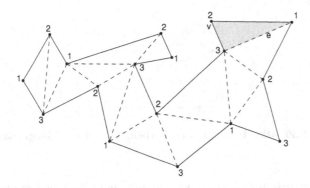

Abb. 4.38 Eine 3-Färbung der Triangulation eines Polygons.

schraffierte Dreieck, das mit den übrigen nur eine einzelne Kante e gemeinsam hat. Per Induktion kann man den Rest 3-färben,
und wenn wir das entfernte Dreieck wieder einfügen, färben wir
die neue Ecke v mit der Farbe, die noch nicht für die Ecken der
Kante e verbraucht sind.

Die drei Ecken eines jeden Dreiecks haben nach erfolgter 3-
Färbung natürlich unterschiedliche Farben; es kommen deshalb
bei jedem Dreieck alle drei Farben vor. Wenn wir also eine Farbe i
auswählen und an jeder mit i gefärbten Ecke von P eine Wächterin
postieren, sind alle Dreiecke — und damit das gesamte Polygon
— bewacht.

Unter den drei Farben muss es mindestens eine geben, mit der
$\leq \frac{n}{3}$ viele Knoten gefärbt sind; weil diese Knotenzahl ganzzahlig
ist, muß sie dann sogar $\leq \lfloor \frac{n}{3} \rfloor$ sein. Dort postieren wir die Wachen.
□

Der Beweis hat auch gezeigt: Wenn man wirklich $\lfloor \frac{n}{3} \rfloor$ Wächterinnen einsetzen will, kann man sie sogar an Ecken von P statio-
nieren.

Während jede Triangulation eines einfachen Polygons 3-färb-
bar ist, wie wir oben gesehen haben, gilt das für Triangulationen
beliebiger Punktmengen nicht, wie das Beispiel in Abbildung 4.39
zeigt. Dass man aber stets mit vier Farben auskommt, folgt durch
Dualisierung aus dem berühmten *Vierfarbensatz*, nach dem man   Vierfarbensatz
die Flächen eines geometrischen Graphen stets mit vier Farben so
färben kann, dass sich keine gleich gefärbten Flächen eine Kante
teilen. Der Satz wurde zuerst von Appel und Haken [4] bewiesen;
dabei wurden knapp zweitausend Fälle mit Computerhilfe getestet. Robertson et al. [32] gaben später einen kürzeren Beweis an,
der inzwischen mit Computerhilfe verifiziert wurde.

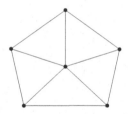

Abb. 4.39 Man benötigt vier Farben, um diese Triangulation zu färben.

Übungsaufgabe 4.21 Angenommen, man hat eine Gruppe von Wächterinnen so am Rand des Polygons stationiert, dass sie den gesamten Rand bewachen können. Können die Wächterinnen dann auch schon das Innere von P bewachen?

Wenn als Positionen für die Wächterinnen nur Polygonecken in Frage kommen, ist das Kunstgalerie-Problem nicht nur NP-hart — es liegt auch selbst in NP, denn für eine feste Anzahl k von Positionen gibt es ja nur $\binom{n}{k}$ viele Möglichkeiten, die Wächterinnen aufzustellen. Ganz anders verhält es sich bei beliebiger Aufstellung: Selbst wenn alle Ecken des Polygons P rationale Koordinaten haben, kann es bei einer optimalen Lösung notwendig sein, algebraische Zahl   dass eine Wächterin an einem Punkt mit irrationalen Koordinate steht — sogar beliebige algebraische Zahlen können vorkommen! Diese überraschende Tatsache wurde von Abrahamsen, Adamaszek und Miltzow [2] bewiesen. Dort wird auch gezeigt, dass die allgemeine Form des Kunstgalerie-Problems vollständig für die ETR   Problemklasse *ETR* ist, die vermutlich oberhalb von NP liegt.[27]

Statt eine Kunstgalerie durch Wächterinnen zu bewachen, möchte man vielleicht WLAN-Router so platzieren, dass an jedem Punkt guter Empfang garantiert ist. Das Signal solcher Router ist oft stark genug, um mehrere Wände zu durchdringen. Man hat deshalb den Begriff der Sichtbarkeit folgendermaßen verallgemei-
k-sichtbar   nert: Zwei Punkte p und q in P heißen *k-sichtbar*, wenn die Strecke pq den Rand von P höchstens k mal schneidet. Ein interessanter Algorithmus zur Berechnung von k-Sichtbarkeitspolygonen findet sich in Y. Bahoo et al. [5].

4.4.3   Die VC-Dimension einer Kunstgalerie*

Die Besucherin einer Kunstgalerie oder eines Museums hat womöglich bestimmte Exponate, die sie besonders gern betrach-

---

[27]Bei den Problemen der Klasse ETR (existential theory of the reals) geht es um die Existenz von reellen Lösungen für boolesche Kombinationen von polynomiellen Gleichungen und Ungleichungen mehrerer Variablen.

tet, während der Anblick anderer Objekte dabei stört. Kann man einen Punkt finden, von dem aus nur die bevorzugten Kunstwerke sichtbar sind? Die Antwort hängt zunächst einmal vom Grundriss und von der Aufstellung der Objekte ab.

Im Beispiel von Abbildung 4.40 kann man tatsächlich für jede Teilmenge A von $\{a, b, c, d\}$ einen Punkt in P finden, der genau die Elemente von A sieht. Denn durch Verschieben des Punkts p im unteren Bereich von P kann man jede Teilmenge $\emptyset, \{a\}, \{b\}, \{c\}, \{d\}, \{ab\}, \{bc\}, \{cd\}, \{abc\}, \{bcd\}$ und $\{abcd\}$ getrennt von den anderen Punkten sehen. Und q kann sich im linken Bereich von P so positionieren, dass jeweils genau die Elemente der noch fehlenden Teilmengen $\{ac\}, \{ad\}, \{bd\}, \{abd\}$ oder $\{acd\}$ sichtbar sind.

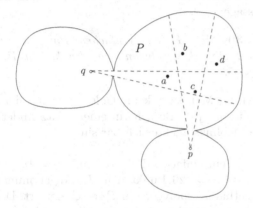

Abb. 4.40 Vom Punkt p aus sind genau b und c sichtbar, von q aus genau a und c.

Dieser Sachverhalt lässt sich ganz allgemein definieren. Sei X eine Menge und V eine Menge von Teilmengen von X. Dann nennen wir (X, V) ein *Mengensystem*.

Wir sagen, dass eine Menge $A \subseteq X$ von V *zerschmettert* wird, wenn es für jede Teilmenge B von A eine Menge $F \in V$ gibt mit $B = A \cap F$. Die maximale Mächtigkeit einer von V zerschmetterten Teilmenge A von X heisst die *Vapnik-Chervonenkis-Dimension* (oder kurz: *VC-Dimension*) $d_{\mathrm{VC}}(X, V)$ des Mengensystems (X, V).

Das Konzept der VC-Dimension stammt aus der statistischen Lerntheorie; es hat sich auch in der Algorithmischen Geometrie als sehr nützlich erwiesen.

Mengensystem

zerschmettert

VC-Dimension

Übungsaufgabe 4.22 Wie groß ist die VC-Dimension der abgeschlossenen Halbebenen über $X = \mathbb{R}^2$?

In unserem Beispiel ist $X = P$, und V ist die Menge aller Sichtbarkeitspolygone der Punkte in P. Die Menge $\{a, b, c, d\}$ wird von V zerschmettert, und deshalb ist $d_{\mathrm{VC}}(P, V) \geq 4$.

Dass die VC-Dimension eines Mengensystems unendlich sein kann, sieht man am Beispiel der Menge V aller konvexen Teilmengen von $\mathbb{R}^2$ über $X = \mathbb{R}^2$. Denn für eine beliebig große Zahl n sei A_n eine Menge von n Punkten auf dem Einheitskreis. Dann gilt für jede Teilmenge $B \subseteq A_n$ die Gleichheit $B = A_n \cap ch(B)$. Also wird A_n von V zerschmettert.

 Übungsaufgabe 4.23 Ein Arrangement von M Geraden in der Ebene hat höchstens $\binom{M+1}{2} + 1$ viele Zellen.

Für die Sichtbarkeit in Kunstgalerien gilt folgende überraschende Aussage:

Theorem 4.30 *Sei P ein einfaches Polygon und V die Menge aller Sichtbarkeitspolygone der Punkte in P. Dann ist $d_{VC}(P, V) \leq 25$.*

Das bedeutet: Man kann keine Galerie für 26 oder mehr Objekte bauen, in der jede Besucherin einen Platz findet, von dem aus nur ihre Lieblingsobjekte sichtbar sind.

Beweis. Sei P ein einfaches Polygon und $A = \{a_1, a_2, \ldots, a_m\}$ eine Menge von $m \geq 26$ Punkten in P. Angenommen, A wird durch die Sichtbarkeitspolygone in P zerschmettert. Dann gibt es insbesondere einen Punkt s in P, der alle a_i sehen kann. Wenn man sich von s aus längs der Strecke sa_i auf a_i zubewegt, kann es sein, dass die Sicht auf einen anderen Punkt a_j unterwegs abreißt. Der Punkt auf sa_i, in dem das geschieht, wird mit $a_{i,j}$ bezeichnet; siehe Abbildung 4.41.

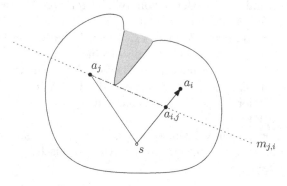

Abb. 4.41 Ab dem Punkt $a_{i,j}$ ist a_j nicht mehr sichtbar.

Wir konstruieren nun folgende Geraden für $1 \leq i \neq j \leq m$:

- die Geraden k_i durch s und a_i,

- die Geraden $l_{i,j}$ durch a_i und a_j und

- die Geraden $m_{j,i}$ durch a_j und $a_{i,j}$.

Insgesamt sind das höchstens

$$M := m + \binom{m}{2} + (m-1)m = \frac{1}{2}(3m^2 - m)$$

viele verschiedene Geraden. In die Ebene gezeichnet, bilden sie einen unbeschränkten Graphen, der als *Arrangement* von Geraden bezeichnet wird. Die Flächen dieses Graphen werden *Zellen* genannt; sie sind offen und konvex.

      Arrangement

      Zellen

Unsere Geraden sind so gewählt, dass alle Punkte derselben Zelle ähnliche Sichtbarkeitseigenschaften haben, wie wir jetzt zeigen werden. Betrachten wir dazu eine fest gewählte Zelle Z und darin zwei Punkte z_1 und z_2. Wir stellen uns zunächst vor, dass das Polygon P aus der Ebene entfernt wurde; dann können z_1 und z_2 alle Punkte $a_1, \ldots, a_m$ sehen. Dabei muss die *zyklische Reihenfolge* der a_i, von beiden Punkten aus gegen den Uhrzeigersinn gesehen, dieselbe sein. Denn wenn z_1 und z_2 zwei Punkte a_i und a_j gegen den Uhrzeiger jeweils in einem Winkel kleiner als $180°$, aber in umgekehrter Reihenfolge sähen, müsste man auf dem Weg $z_1 z_2$ von z_1 nach z_2 die Gerade $l_{i,j}$ überqueren, weil sich nur dort die Reihenfolge ändern kann. Aber das ist unmöglich, denn $z_1 z_2$ ist ganz in der Zelle Z enthalten, und die Gerade $l_{i,j}$ kann Z nicht schneiden, weil sie ja zur Definition des Arrangements verwendet wurde!

      zyklische
      Reihenfolge

Wir können nun aus der zyklischen Reihenfolge der Punkte a_i eine *lineare Reihenfolge* machen, indem wir einen ersten Punkt festlegen. Dazu blicken wir vom Punkt s aus durch z_1 ins Unendliche und drehen uns gegen den Uhrzeigersinn. Die Punkte a_i werden nun neu nummeriert in der Reihenfolge, in der wir sie dabei sehen, wie in Abbildung 4.42 gezeigt.

      lineare Reihenfolge

Würde man hierbei statt z_1 einen Punkt $z_2 \in Z$ verwenden, ergäbe sich dieselbe Ordnung. Das liegt an den Geraden k_i, die ja auch zur Konstruktion des Arrangements verwendet wurden.

Denn für einen beliebigen Punkt a_i kann auch die Gerade k_i durch s und a_i die Zelle Z nicht schneiden. Deshalb liegen z_1 und z_2 auf derselben Seite von k_i. Daher liegt a_i auf derselben Seite der beiden orientierten Geraden von s durch z_1 und durch z_2. Auch die Nummerierung bezüglich z_2 beginnt deshalb mit a_1, und so fort, und hängt damit nur von der Zelle Z ab.

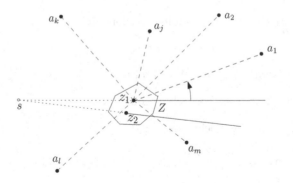

Abb. 4.42 Nummerierung der Punkte a_i für Zelle Z.

Wenn wir jetzt das Polygon P wieder hinzunehmen, kann sich die Reihenfolge sichtbarer Punkte nicht ändern, aber es könnte sein, dass manche Punkte a_i nun von manchen Punkten z der Zelle Z aus nicht mehr sichtbar sind, weil sie vom Rand von P verdeckt werden. Das folgende Lemma stellt eine ganz wesentliche strukturelle Eigenschaft für mögliche Sichtbehinderungen auf.

strukturelle
Eigenschaft

Lemma 4.31 *Angenommen, a_j, a_k, a_l kommen in dieser Reihenfolge in der Nummerierung für Zelle Z vor. Seien z_1, z_2 zwei Punkte in Z. Wenn dann z_1 die Punkte a_j und a_l sehen kann und z_2 den Punkt a_k, so sieht auch z_1 den Punkt a_k.*

Wir werden Lemma 4.31 umgehend beweisen. Zunächst wollen wir aber unter Annahme dieses Lemmas den Beweis von Theorem 4.30 vervollständigen.

Aus Lemma 4.31 folgt, dass sich die linearen Ordnungen der von zwei Punkten $z_1, z_2 \in Z$ aus sichtbaren Punkte a_i höchstens in ihren Anfangs- oder Endstücken unterscheiden können, aber nicht durch unterschiedliche Lücken im Inneren. Das hilft uns, die Anzahl möglicher Ordnungen für Punkte z derselben Zelle zu beschränken!

Weil die Menge A der m Punkte a_i nach Annahme durch Sichtbarkeitspolygone zerschmettert wird, gibt es insbesondere für jede Teilmenge $Q \subset A$ mit $\lfloor \frac{m}{2} \rfloor + 1$ vielen Elementen einen Punkt z_Q in P, der genau die Punkte in Q sehen kann. Schon diese Punkte z_Q werden uns für die Herleitung eines Widerspruchs genügen.

Angenommen, zwei solcher Punkte, z_Q und $z_{Q'}$, liegen in der Zelle Z. Wenn ihre linearen Ordnungen mit demselben Punkt a_i beginnen, so muss nach Lemma 4.31 schon $Q = Q'$ gelten, denn die Endstücke der Ordnungen müssen ebenfalls übereinstimmen, weil Q und Q' gleichmächtig sind.

Anders gesagt: In zwei verschiedenen Teilmengen Q, Q' mit $z_Q, z_{Q'} \in Z$ müssen die kleinsten vorkommenden Indizes der a_i verschieden sein. Dafür gibt es aber höchstens $\lceil \frac{m}{2} \rceil$ viele Kandidaten; denn wäre der kleinste Index größer, läge der größte oberhalb von m. Also kann jede Zelle höchstens $\lceil \frac{m}{2} \rceil$ viele Punkte z_Q enthalten.

Die maximale Anzahl der Zellen des Arrangements ergibt sich aus Übungsaufgabe 4.23. Also gibt es insgesamt höchstens

$$\left(\binom{M+1}{2} + 1 \right) \cdot \left\lceil \frac{m}{2} \right\rceil = \left(\binom{\frac{1}{2}(3m^2 - m) + 1}{2} + 1 \right) \cdot \left\lceil \frac{m}{2} \right\rceil$$

viele verschiedene Punkte z_Q. Dieser Ausdruck liegt in $\Theta(m^5)$. Es muss aber $\binom{m}{\lfloor \frac{m}{2} \rfloor + 1}$ solcher Punkte geben, und dieser Binomialkoeffizient wächst exponentiell in m. Ab $m \geq 26$ ergibt sich ein Widerspruch![28] $\qquad\qquad\qquad\qquad\qquad\qquad\qquad\qquad\qquad\qquad$ □

Beweis von Lemma 4.31. Wir drehen die Ebene so, dass die Gerade von s durch z_1 waagerecht von links nach rechts verläuft, wie in Abbildung 4.43 gezeigt. Keiner der Punkte a_i und s kann in der Zelle Z liegen, weil sie von den Geraden k_i nicht geschnitten wird. Angenommen, z_1 sieht den Punkt a_k nicht. Wir nehmen an, dass a_k und damit auch a_j oberhalb der Geraden von s durch z_1 liegt (andernfalls liegen a_k und a_l beide unterhalb, und die Situation ist symmetrisch). Ob a_l oberhalb oder unterhalb dieser Geraden liegt, ist im folgenden nicht wichtig.

In Abbildung 4.43 sind alle Strecken durchgezogen, von denen wir wissen, dass ihre Endpunkte einander sehen können; sie können vom Rand von P nicht gekreuzt werden.

Die Strecke $z_1 a_k$ ist dagegen gestrichelt, weil sie keine Sichtverbindung darstellt. Sie wird also irgendwo von ∂P durchbrochen. Deswegen kann $z_1 a_k$ nicht vollständig von dem Zyklus der Sichtverbindungen $z_1 a_j$, $a_j s$, $s a_l$ und $a_l z_1$ eingeschlossen sein, denn sonst wäre $z_1 a_k$ vor ∂P geschützt. In unserer linearen Reihenfolge verläuft die Strecke $z_1 a_k$ von z_1 aus zwischen $z_1 a_j$ und $z_1 a_l$, kann also allenfalls die Sichtsegmente $s a_j$ oder $s a_l$ kreuzen; der letzte Fall ist aber unmöglich, weil a_j und a_k oberhalb der Geraden von s durch z_1 liegen und wegen der zyklischen Reihenfolge a_j, a_k, a_l um z_1. Folglich kreuzt $z_1 a_k$ die Strecke $s a_j$ in einem Punkt h, wie in Abbildung 4.43 dargestellt.

Wegen der Sichtverbindungen $a_k s$ und $s h$ muss ∂P die Strecke $a_k h$ von der anderen Seite, also von rechts, durchbrechen, aber vor

---

[28]Davon kann man sich mithilfe einer Software wie zum Beispiel GeoGebra überzeugen, indem man die Ausdrücke als Funktionen in m plottet. Dabei kann man die Fakultäten in den Binomialkoeffizienten durch die Gamma-Funktion $\Gamma(n + 1) = n!$ ausdrücken.

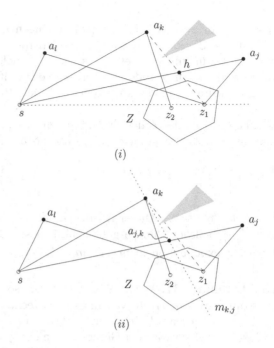

(i)

(ii)

Abb. 4.43 Illustrationen zum Beweis von Lemma 4.31.

$a_k z_2$ haltmachen. Dann ist aber auch a_j von a_k aus nicht sichtbar, und die Gerade $m_{k,j}$ separiert die Punkte z_1 und z_2 in Z, wie in Abbildung 4.43 gezeigt. Das ist unmöglich, weil auch $m_{k,j}$ im Arrangement vorkommt.   □

Der Beweis von Theorem 4.30 geht auf Valtr [37] zurück. Dort wird auch ein Beispiel einer Kunstgalerie mit VC-Dimension mindestens 6 angegeben. Die obere Schranke wurde später von Gilbers und Klein [15] auf 14 verkleinert. Die größtmögliche VC-Dimension einer Kunstgalerie ist aber immer noch unbekannt.

In Mengensystemen (X, V) endlicher VC-Dimension überlappen sich die Teilmengen F in V so sehr, dass man nur wenige Elemente aus X benötigt, um aus jeder nicht zu kleinen Menge $F \in V$ mindestens ein Element zu bekommen. Dieser Sachverhalt wird durch das folgende ε-Netz-Theorem präzisiert.

ε-Netz

Theorem 4.32 *Sei $d_{VC}(X, V) = d$, sei μ ein Maß für die Größe der Mengen in V und sei $\varepsilon > 0$. Dann gibt es eine Teilmenge N von X mit folgenden Eigenschaften:*

$$|N| \quad \in \quad O(d \cdot \frac{1}{\varepsilon} \log \frac{1}{\varepsilon})$$
$$N \cap F \quad \neq \quad \emptyset \quad \text{für alle } F \in V \text{ mit } \mu(F) > \varepsilon.$$

Der Beweis für dieses auf Haussler und Welzl [18] zurückgehende Resultat ist sehr interessant, würde aber den Rahmen dieses Buches sprengen. Interessierte Leserinnen seien verwiesen auf Har-Peled [17] und Matoušek [27]. Aus dem ε-Netz-Theorem ergibt sich eine überraschende Folgerung für das Kunstgalerie-Problem:

Theorem 4.33 *Angenommen, ein Polygon P ist so beschaffen, dass von jedem Punkt in P mindestens ein r-ter Teil der Gesamtfläche von P sichtbar ist. Dann genügen $O(r \log r)$ viele Wächter, um P zu bewachen.*

Beweis. Nach Theorem 4.30 hat für jedes einfache Polygon P das Mengensystem (P, V) aller Sichtbarkeitspolygone eine VC-Dimension $d \le 25$. Wenn wir nun nach Theorem 4.32 für $\varepsilon := \frac{1}{r}$ ein ε-Netz N wählen, hat N mit jedem Sichtbarkeitspolygon vis(p) einen Punkt v gemeinsam. Weil v den Punkt p sehen kann, genügt es, in den $O(r \log r)$ vielen Punkten von N Wächterinnen aufzustellen. $\qquad\square$

An Theorem 4.33 ist zweierlei bemerkenswert: Die Anzahl der Wächter hängt nicht von der Anzahl der Ecken des Polygons ab, und die naive Vermutung „Wenn jeder Punkt einen r-ten Teil der Gesamtfläche sieht, sollten r Wächterinnen genügen" ist damit zwar nicht bewiesen, aber doch bis auf einen Faktor von $O(\log r)$.

4.5 Der Kern eines einfachen Polygons

Am Ende von Abschnitt 4.4 hatten wir diskutiert, wie viele Wächterinnen man aufstellen muss, um einen Raum mit polygonalem Grundriss zu überwachen. Wir interessieren uns jetzt für solche Polygone, bei denen bereits *eine* Wächterin ausreicht. Ein einfaches Polygon P heißt *sternförmig*, wenn es einen Punkt p in P gibt mit   sternförmig

$$vis(p) = P.$$

Die Gesamtheit aller dieser Punkte nennen wir den *Kern* von P,   Kern
d. h.

$$ker(P) = \{p \in P; vis(p) = P\}.$$

Genau dann ist P sternförmig, wenn $ker(P) \neq \emptyset$ gilt. Beispiel (ii) in Abbildung 4.44 zeigt, dass es sternförmige Polygone gibt, deren Form nicht sofort an einen Stern erinnert.

Natürlich ist jedes konvexe Polygon auch sternförmig; aus Übungsaufgabe 1.9 auf Seite 23 folgt

$$P \text{ ist konvex} \iff ker(P) = P.$$

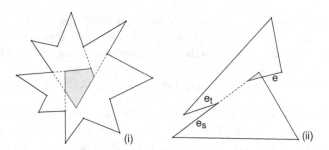

Abb. 4.44 Zwei sternförmige Polygone und ihre Kerne.

Trivialerweise ist jedes Sichtbarkeitspolygon $vis(p)$ sternförmig und enthält p in seinem Kern.

Übungsaufgabe 4.24   Man zeige, dass für jeden Punkt p in einem einfachen Polygon P die folgende Aussage gilt:

$$ker(P) \subseteq ker(vis(p)).$$

Ziel: Berechnung von $ker(P)$

In diesem Abschnitt geht es uns darum, zu gegebenem Polygon P schnell seinen Kern zu berechnen oder festzustellen, dass $ker(P)$ leer ist.

4.5.1   Die Struktur des Problems

Wir beginnen mit einer Charakterisierung des Kerns als Durchschnitt von Halbebenen. Der Rand von P sei wieder gegen den Uhrzeigersinn orientiert. Für eine Kante e von P bezeichne $H^+(e)$ die abgeschlossene Halbebene zur Linken von e und $H^-(e)$ die offene Halbebene zur Rechten. In der Nähe der Kante e ist also das Innere von P in $H^+(e)$ enthalten; siehe Abbildung 4.45.

Lemma 4.34

$$ker(P) = \bigcap_{e \text{ Kante von } P} H^+(e)$$

Beweis. Dass der Kern in jeder Halbebene $H^+(e)$ enthalten ist, wird durch Abbildung 4.45 verdeutlicht: Wenn ein Punkt $p \in H^-(e)$ überhaupt zu P gehört, kann er die Kante e gewiss nicht sehen. Umgekehrt sei p in jeder Halbebene $H^+(e)$ enthalten. Dann liegt p zumindest im Polygon P, denn andernfalls könnte p mindestens eine Kante e „von außen" sehen und läge deshalb in $H^-(e)$. Läge p nicht im Kern von P, wäre $vis(p)$ eine echte Teilmenge von P, und es gäbe eine spitze Ecke v von P, von deren

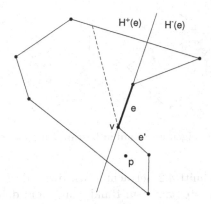

Abb. 4.45 Der Punkt p kann die Kante e nicht sehen, weil er in $H^-(e)$ liegt.

beiden Kanten e, e' der Punkt p nur e' sehen kann, e aber nicht. Dann wäre $p \in H^-(e)$, im Widerspruch zur Annahme. □

Da nach Lemma 4.34 der Kern von P Durchschnitt von n bekannten Halbebenen ist, lässt er sich nach Übungsaufgabe 4.3 auf Seite 193 in Zeit $O(n \log n)$ berechnen. — Kern in Zeit $O(n \log n)$

Das genügt uns aber nicht! Wir wollen die Tatsache ausnutzen, dass die n Halbebenen nicht beliebig sind, sondern von den Kanten eines einfachen Polygons herrühren, um zu einer noch effizienteren Lösung zu gelangen.

Bei Betrachtung von Abbildung 4.44 fällt auf, dass manche Kanten e gar nicht zum Kern von P beitragen, weil ihre Halbebenen $H^+(e)$ ihn im Inneren enthalten. Solche Kanten heißen *unwesentlich*. Im Gegensatz dazu nennen wir eine Kante *wesentlich*, wenn sie oder ihre Verlängerung zum Rand des Kerns beiträgt. — wesentliche und unwesentliche Kanten

Übungsaufgabe 4.25 Sind alle Kanten unwesentlich, die nicht an einer spitzen Ecke von P sitzen?

Was lässt sich über die wesentlichen Kanten sagen? Abbildung 4.46 zeigt ein Beispiel, in dem der Kern im Innern von P liegt, zur Linken aller Kantenverlängerungen. Von den wesentlichen Kanten gibt es zwei Typen: solche, die von $ker(P)$ nach ∂P orientiert sind, und solche mit umgekehrter Orientierung. Offenbar gilt für beide Kantentypen, dass ihre Drehwinkel entsprechend ihrer zyklische Reihenfolge auf ∂P wachsen! Der Algorithmus wird daher wachsende Drehwinkel verwenden, um Randkanten auszuwählen, die alle für $ker(P)$ wesentlichen Kanten enthalten.

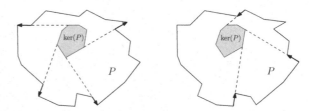

Abb. 4.46 Zwei Folgen von Kanten bestimmen hier den Kern von P.

Drehwinkel   Wie in Abschnitt 4.2 betrachten wir dazu die *Drehwinkel* $\alpha_{i,j}$ zwischen den Kanten auf dem Rand von P und definieren

$$\alpha_{\max} := \max_{i \neq j} \alpha_{i,j} = \alpha_{s,t}$$

als den maximalen Drehwinkel zwischen zwei verschiedenen Kanten; er werde auf dem Weg von e_s nach e_t angenommen. Abbildung 4.47 zeigt ein Beispiel. Wir bezeichnen mit a den Startpunkt von e_s und mit b den Endpunkt von e_t.

Im folgenden bezeichne allgemein $\alpha(e, f)$ den Drehwinkel, den der Rand von P auf dem Weg von Kante e zur Kante f beschreibt; es ist also $\alpha(e_i, e_k) = \alpha_{i,k}$.

Zunächst machen wir uns klar, dass der Kern von P sicher leer ist, wenn $\alpha_{\max}$ zu groß ist.

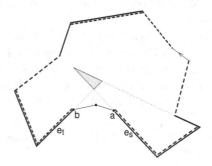

Abb. 4.47 Der größtmögliche Drehwinkel beträgt hier $\frac{5}{2}\pi$; er wird auf dem Weg von e_s nach e_t angenommen.

leerer Kern bei   **Lemma 4.35** *Ist der maximale Drehwinkel* $\alpha_{\max}$ *eines einfachen*
Drehwinkel $\geq 3\pi$ *Polygons* P *größer gleich* 3π, *so hat* P *einen leeren Kern.*

Beweis. Wenn sich der Polygonrand auf dem Weg von e_s nach e_t um mehr als 3π linksherum dreht, so muss er sich beim Weiterlaufen von e_t nach e_s um mindestens π rechtsherum drehen, denn nach Lemma 4.17 beträgt bei einer vollständigen Umkreisung der

Drehwinkel genau 2π. Es gibt also auf dem Rand von P eine Kantenfolge $e_i, \ldots, e_j$ mit

$$\alpha(e_i, e_j) \leq -\pi,$$

und wir betrachten eine solche mit minimaler Länge. Dann ist jede Kante e in dieser Folge gegenüber e_i rechtsherum verdreht. Wäre nämlich e gegenüber e_i linksherum verdreht, hätten wir $\alpha(e_i, e) \geq 0$. Dann hätte die Teilfolge ab e erst recht einen Drehwinkel von

$$\alpha(e, e_j) = \alpha(e_i, e_j) - \alpha(e_i, e) \leq \alpha(e_i, e_j) \leq -\pi,$$

im Widerspruch zur Minimalität von $e_i, \ldots, e_j$.

Aus der Minimalität folgt auch, dass e_j die erste Kante hinter e_i mit Drehwinkel $\leq \pi$ ist. Insgesamt sind also alle Kanten zwischen e_i und e_j in Bezug auf e_i rechtsherum gedreht, aber höchstens um eine halbe Drehung. Wie Abbildung 4.48 verdeutlicht, kann deshalb keine dieser Kanten die innere Halbebene $H^+(e_i)$ betreten. Der gemeinsame Eckpunkt von e_{j-1} und e_j besitzt eine zu e_i parallele Tangente. Sie trennt die innere Halbebene $H^+(e_i)$ vom Durchschnitt

$$H^+(e_{j-1}) \cap H^+(e_j).$$

Da schon diese drei inneren Halbebenen einen leeren Durchschnitt haben, ist erst recht der Kern von P leer.   □

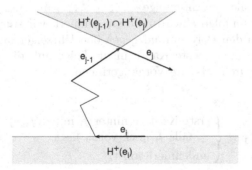

Abb. 4.48 Solange die Kanten gegenüber e_i nur rechtsherum verdreht sind, aber höchstens um eine halbe Drehung, können sie die Halbebene $H^+(e_i)$ nicht betreten.

Ab jetzt nehmen wir an, dass der maximale Drehwinkel von P ab jetzt $\alpha_{\max} < 3\pi$
kleiner als 3π ist. Daraus folgt:

Korollar 4.36   *Sei der maximale Drehwinkel von P kleiner als 3π. Dann gilt für je zwei Kanten e_i, e_k die Abschätzung $-\pi < \alpha_{i,k}$.*

Beweis. Wegen Lemma 4.17 ist

$$\alpha_{i,k} = 2\pi - \alpha_{k,i} \geq 2\pi - \alpha_{\max} > -\pi. \qquad \square$$

Abbildung 4.49 zeigt schematisch, wie solch ein Polygon aussieht.

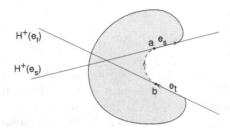

Abb. 4.49 Schematischer Verlauf eines Polygons mit maximalem Drehwinkel $< 3\pi$ zwischen e_s und e_t.

Nun definieren wir eine Teilmenge von Kanten, die, wie wir sehen werden, alle für den Kern wesentlichen Kanten enthält. Sie besteht aus zwei *Teilfolgen*

$$\begin{aligned}
F &= (f_0 = e_s, f_1, f_2, \ldots, f_k = e_t) \\
B &= (b_0 = e_t, b_1, b_2, \ldots, b_l = e_s)
\end{aligned}$$

der „maximalen" Kantenfolge $e_s, e_{s+1}, \ldots, e_t$ mit $\alpha_{\max} = \alpha_{s,t}$.[29]

Kantenfolge F   Die Kantenfolge F wird rekursiv definiert; wir starten mit e_s, durchlaufen den Polygonrand gegen den Uhrzeigersinn und nehmen jeweils die nächste Kante in die Folge auf, die sich weiter linksherum dreht als ihre Vorgängerinnen:

$$f_0 := e_s$$

$$f_{i+1} := \begin{cases} \text{erste Kante } e \text{ hinter } f_i \text{ mit } \alpha(f_i, e) > 0, \\ \qquad \text{falls } f_i \text{ noch vor } e_t \text{ liegt,} \\ \text{undefiniert sonst.} \end{cases}$$

In Abbildung 4.47 sind die zu F gehörenden Kanten mit durchgezogenen dicken Linien dargestellt. Wegen $\alpha(e_s, e_t) = \alpha_{\max}$ ist die Kante e_t auf jeden Fall dabei und stellt das letzte Element der Folge F dar.

---

[29]Sollte es mehrere Kantenfolgen geben, deren Drehwinkel $\alpha_{\max}$ beträgt, wählen wir eine kürzeste von ihnen aus.

Ganz symmetrisch wird eine zweite Kantenfolge B definiert; man startet mit e_t, durchläuft den Rand von P im Uhrzeigersinn und nimmt jede Kante in die Folge B auf, die sich weiter rechtsherum dreht als ihre Vorgängerinnen. In Bezug auf die Standardorientierung von ∂P gegen den Uhrzeigersinn bedeutet das:

Kantenfolge B

$$b_0 := e_t$$

$$b_{i+1} := \begin{cases} \text{letzte Kante } e \text{ vor } b_i \text{ mit } \alpha(e, b_i) > 0, \\ \quad \text{falls } b_i \text{ noch hinter } e_s \text{ liegt}, \\ \text{undefiniert sonst.} \end{cases}$$

Die Kanten aus B sind in Abbildung 4.47 gestrichelt dargestellt; das letzte Folgenglied ist e_s. Die Definitionen von F und B hängen eng zusammen: Wenn P^* das Spiegelbild von P bedeutet, ist $B(P)$ das Spiegelbild von $F(P^*)$.

Abbildung 4.47 zeigt, dass manche Kanten von P sowohl zu F als auch zu B gehören, andere dagegen zu keiner von beiden Folgen. Die nächste Aussage ist von entscheidender Bedeutung:

Theorem 4.37 *Sei P ein einfaches Polygon mit maximalem Drehwinkel $< 3\pi$. Dann gehört jede für den Kern wesentliche Kante von P zur Folge F oder zur Folge B.*

$F \cup B$ enthält alle
wesentlichen
Kanten

Beweis. Sei e_0 eine Kante, die weder zu F noch zu B gehört. Wir unterscheiden zwei Fälle. Im ersten Fall liegt e_0 auf dem Randstück von e_s nach e_t. Sei f_i die letzte Kante aus F vor e_0. Weil erst f_{i+1} wieder gegenüber f_i linksherum gedreht ist, gilt $\alpha(f_i, e) \leq 0$ für jede Kante e ab f_i bis e_0 einschließlich. Wegen Korollar 4.36 ist außerdem $-\pi < \alpha(f_i, e)$; jedes e bis e_0 einschließlich ist also gegenüber f_i rechtsherum gedreht, aber höchstens um eine halbe Umdrehung. Wie schon beim Beweis von Lemma 4.35 bemerkt, muss dieses Randstück ganz in der Halbebene $H^-(f_i)$ enthalten sein, und jedem e bis e_0 einschließlich ist nur der in Abbildung 4.50 (i) eingezeichnete Winkelbereich erlaubt.

e_0 zwischen
e_s und e_t

Nun betrachten wir die erste Kante b_j aus B hinter e_0. Ganz analog gilt

$$-\pi < \alpha(e_0, b_j) \leq 0$$

und unter nochmaliger Anwendung von Korollar 4.36 auch

$$-\pi < \alpha(f_i, b_j) = \alpha(f_i, e_0) + \alpha(e_0, b_j) \leq 0.$$

Deshalb liegen f_i und b_j so zueinander, wie in Abbildung 4.50 (ii) eingezeichnet. Außerdem gelten dieselben Überlegungen für b_j wie vorher für f_i. Daher ist die Kante e_0 *im Durchschnitt* von $H^-(b_j)$ mit $H^-(f_i)$ enthalten, und ihre Steigung liegt in dem in Abbildung (ii) dargestellten Winkelbereich.

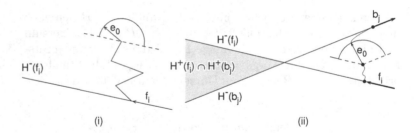

Abb. 4.50 Wenn f_i die letzte Kante aus F vor e_0 und b_j die erste Kante aus B hinter e_0 sind, muss e_0 in $H^-(f_i) \cap H^-(b_j)$ und dem in (ii) dargestellten Winkelbereich enthalten sein.

Dann kann aber die Gerade durch e_0 den Keil $H^+(f_i) \cap H^+(b_j)$ nicht schneiden! Weil der Kern von P in diesem Keil enthalten ist, kann e_0 nur unwesentlich sein.

e_0 zwischen e_t und e_s — Im zweiten Fall liegt e_0 auf dem Randstück von e_t nach e_s, das in Abbildung 4.49 gestrichelt eingezeichnet ist. Hier gelten wegen der Maximalität von $\alpha_{\max} = \alpha_{s,t}$ und Korollar 4.36 für jede solche Kante e die Abschätzungen

$$-\pi < \alpha(e_t, e) \le 0$$
$$-\pi < \alpha(e, e_s) \le 0,$$

und wir können die Argumentation von oben auf e_t, e_s statt auf f_i, b_j anwenden; wieder ist e_0 unwesentlich. $\qquad\square$

4.5.2 Ein optimaler Algorithmus

Was ist nun mit Theorem 4.37 gewonnen? Wir stehen doch immer noch vor dem Problem, den Durchschnitt von $O(n)$ Halbebenen zu berechnen!

Im Unterschied zu früher sind die Geraden durch die Kanten aus F und B, die die Halbebenen definieren, jetzt aber *nach Winkeln geordnet*. Wir können deshalb Korollar 4.12 auf Seite 196 anwenden und die Durchschnitte

geordnet geht es schneller!

$$\bigcap_{e\in F} H^+(e) \quad \text{und} \quad \bigcap_{e\in B} H^+(e)$$

jeweils in Zeit $O(n)$ berechnen (durch Reduktion auf die Berechnung der konvexen Hüllen sortierter Punktmengen). Als Ergebnis entstehen dabei zwei konvexe Mengen[30] mit $O(n)$ vielen Kanten.

---

[30]Eine oder beide können leer sein.

Deren Durchschnitt lässt sich nach Theorem 2.19 auf Seite 103 in Zeit $O(n)$ konstruieren, zum Beispiel per *sweep*.

Zunächst muss aber der maximale Drehwinkel α_{max} bestimmt werden. Dieses Problem ist ein alter Bekannter aus Kapitel 2: die Bestimmung einer maximalen Teilsumme! Nur stehen die Zahlen jetzt nicht in einem Array, sondern in einer zyklisch verketteten Liste. Den Algorithmus vor Theorem 2.2 auf Seite 66 kann man aber leicht an diese Situation anpassen. Das erlaubt uns, sowohl α_{max} als auch ein Randstück $e_s, e_{s+1}, \ldots, e_t$, bei dem α_{max} angenommen wird, in Zeit $O(n)$ zu bestimmen. Die Folgen F und B lassen sich dann ebenfalls in linearer Zeit gewinnen, durch je einen Durchlauf von e_s nach e_t und zurück.

fertig!

Damit haben wir folgenden Satz:

Theorem 4.38 *Der Kern eines einfachen Polygons mit n Ecken lässt sich in Zeit $O(n)$ und linearem Speicherplatz berechnen, und das ist optimal.*

Der hier vorgestellte Ansatz zur Berechnung des Kerns geht im wesentlichen auf die Arbeit von Cole und Goodrich [11] zurück. Der hier dargestellte Beweis von Lemma 4.35 wurde von Schulz [33] angegeben.

Ein direkterer, aber technisch etwas komplizierterer Algorithmus zur Berechnung des Kerns stammt von Lee und Preparata [26]; er findet sich auch im Buch von Preparata und Shamos [31].

Viele der in diesem Kapitel behandelten Probleme beruhten auf der *Sichtbarkeitsrelation* zwischen Punkten. Man kann diesen Begriff aber auch auf ganz andere Weise definieren; siehe Munro et al. [29]. Zu den Sichtbarkeitsproblemen gehören auch die Fragen, welcher Punkt einer Szene von einem Strahl als erster getroffen wird — wie in Abschnitt 3.3.1 betrachtet — und welche Teile einer komplexen dreidimensionalen Umgebung von einem Beobachterstandpunkt aus sichtbar sind. Diese Probleme sind als *ray shooting* sowie *hidden line elimination* bzw. *hidden surface removal* bekannt; siehe zum Beispiel de Berg [12]. Auch Fragen der gegenseitigen Sichtbarkeit von Agentinnen wurden schon untersucht, wie etwa in Icking und Klein [20] oder Ahn et al. [3].

Sichtbarkeits-relation

ray shooting

Lösungen der Übungsaufgaben

Übungsaufgabe 4.1 Seien $p_1, \ldots, p_n$ die Größen der Muscheln in der Reihenfolge, in der wir ihnen am Strand begegnen. Eine Aktualisierung findet für p_i statt, wenn $p_i > p_j$ für alle $j < i$. Im schlimmsten Fall könnte das in jedem Schritt $i > 1$ passieren, nämlich wenn die Muscheln ihrer Größe nach aufsteigend sortiert am Strand liegen. Wir wollen hier den Erwartungswert unter der Annahme, dass jede Muschel-Reihenfolge mit gleicher Wahrscheinlichkeit auftritt, betrachten.

Wir behaupten, dass die Wahrscheinlichkeit, dass $p_i > p_j$ für alle $j < i$ ist, höchstens $\frac{1}{i}$ ist. Dies lässt sich wie folgt analysieren. Der Einfachheit halber nehmen wir zunächst an, dass die Werte p_i paarweise verschieden sind, also dass keine zwei Muscheln gleich groß sind. Desweiteren machen wir zunächst die Annahme, dass die ersten i Werte feststehen, aber nicht deren Reihenfolge. Sei also S die Menge der ersten i Muschelgrößen. Das Maximum der Menge S ist eindeutig, da wir angenommen haben, dass alle Werte paarweise verschieden sind. Die Wahrscheinlichkeit, dass dieses maximale Element an der letzten Stelle in der Folge der ersten i auftaucht, ist $\frac{1}{i}$, da alle Reihenfolgen der ersten i gleich wahrscheinlich sind. Desweiteren ist die Wahrscheinlichkeit, dass das maximale Element an der letzten Stelle steht, unverändert über alle Teilmengen S der Größe i der Eingabemenge. Daher gilt die Tatsache, dass diese Wahrscheinlichkeit $\frac{1}{i}$ ist, auch im allgemeinen Fall (über alle Muschelreihenfolgen).

Als letztes machen wir uns von der Annahme frei, dass die Werte paarweise verschieden sind. Im Allgemeinen kann es passieren, dass das Maximum der ersten i Werte nicht eindeutig ist. In diesem Fall ist die Wahrscheinlichkeit, dass im i-ten Schritt eine Aktualisierung erfolgt, gleich null. Wir können also für den allgemeinen Fall noch stets eine obere Schranke von $\frac{1}{i}$ für die Wahrscheinlichkeit festhalten und der weiteren Argumentation wie oben folgen.

Sei X die Gesamtzahl von Aktualisierungen, die vom Algorithmus vollzogen werden, dann ergibt sich aus den obigen Betrachtungen

$$E[X] \leq \sum_{i=2}^{n} \frac{1}{i} \leq \int_{1}^{n} \frac{1}{x}\, dx = \ln n \in O(\log n),$$

das heißt, dass die erwartete Anzahl von Aktualisierungen in $O(\log n)$ liegt.

Übungsaufgabe 4.2 Seien $p_1, \ldots, p_n$ die nach ihren X-Koordinaten aufsteigend sortierten Punkte. Wir nehmen zunächst an, dass alle X-Koordinaten paarweise verschieden sind. Nun wird für $i = 3, \ldots, n$ inkrementell die konvexe Hülle $ch(S_i)$ für $S_i = \{p_1, \ldots, p_i\}$ gebaut. Offenbar ist $ch(S_3) = tria(p_1, p_2, p_3)$. In $ch(S_{i-1})$ ist p_{i-1} der am weitesten rechts gelegene Punkt, der Sortierung wegen. Die Senkrechte L durch p_{i-1} enthält deshalb $ch(S_{i-1})$ im Abschluss ihrer linken Halbebene und den nächsten Punkt p_i in der rechten. Folglich ist p_{i-1} von p_i aus sichtbar, und wir können von p_{i-1} ausgehend den Rand von $ch(S_{i-1})$ nach den Tangentenpunkten a, b von p_i absuchen und die Tangenten von p_i nach a und b einfügen, wie in Abbildung 4.7 gezeigt. Alle vergeblich besuchten Punkte werden entfernt und kommen nie wieder vor.

Sollten mehrere Punkte $p_{i-m}, \ldots, p_{i-1}$ dieselbe X-Koordinate haben, konstruieren wir vom obersten die Tangente an a und vom untersten die Tangente an b. Auch hier ist die Laufzeit in $O(n)$.

Übungsaufgabe 4.3 Wir zerlegen die Menge der Halbebenen in zwei gleich große Teilmengen und berechnen rekursiv deren Durchschnitte. Als Ergebnis erhalten wir zwei konvexe Mengen, die durch polygonale Ketten mit höchstens n Kanten berandet sind. Deren Durchschnitt lässt sich mit einem *sweep* in Zeit $O(n)$ berechnen, wie wir uns beim Beweis von Theorem 2.19 für konvexe Polygone als Spezialfall überlegt hatten. Insgesamt ergibt sich eine Laufzeit in $O(n \log n)$.

Übungsaufgabe 4.4 Nein! Ihre Geraden sind nicht senkrecht und schneiden deshalb die Y-Achse. Das Stück der Y-Achse unterhalb des tiefsten Schnittpunkts gehört zum Durchschnitt der unteren Halbebenen. Man kann sich auch auf Theorem 4.10 berufen; schließlich muss jede konvexe Hülle mindestens eine untere Kante besitzen.

Übungsaufgabe 4.5 Wenn die Strecke $s = \overline{v_1 v_2}$ keine Diagonale ist, kann s auch keine Kante von P sein, denn sonst wäre P ein Dreieck. Also muss ∂P das Dreieck $D = tria(v_1, v, v_2)$ über s betreten und wieder verlassen. Deshalb muss D weitere Ecken von P enthalten. Wenn w eine Ecke in D mit maximalem Abstand zur Geraden durch s ist, kann die Strecke $\overline{vw}$ von ∂P nicht durchbrochen werden und bildet deshalb eine Diagonale.

Übungsaufgabe 4.6 Nein; in einem Dreieck hat keine Ecke eine Diagonale. Ein nicht ganz so triviales Gegenbeispiel ist in Abbildung 4.51 gezeigt.

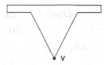

Abb. 4.51 Dieses Polygon hat keine Diagonale mit Endpunkt v.

Übungsaufgabe 4.7 Beweis durch Induktion über die Anzahl n der Ecken von P. Für Dreiecke stimmen beide Behauptungen. Sei also $n \geq 4$. Dann wählen wir aus der in Rede stehenden Triangulation eine Diagonale aus und betrachten die beiden Teilpolygone. Weil keines von ihnen mehr als $n - 1$ Ecken hat, läßt sich die Induktionsvoraussetzung anwenden, und direktes Nachrechnen liefert die Behauptung.

Übungsaufgabe 4.8 Nein; siehe Abbildung 4.52.

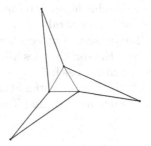

Abb. 4.52 Die einzig mögliche Triangulation dieses Polygons enthält ein Dreieck mit drei Nachbarn.

Übungsaufgabe 4.9 Ja. Für die in Abbildung 4.53 gezeigte Kurve ergibt sich beim Durchlauf gegen den Uhrzeigersinn eine Gesamtdrehung von $(1 + a - b)2\pi$, und a, b können beliebig ≥ 0 gewählt werden.

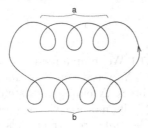

Abb. 4.53 Für $a = b \geq 1$ erhält man eine Kurve, die nicht einfach ist und trotzdem eine Gesamtdrehung von 2π aufweist.

Übungsaufgabe 4.10 Für Dreiecke sind beide Aussagen klar. Den allgemeinen Fall beweist man induktiv durch Abschneiden eines Ohrs einer Triangulation von P.

Übungsaufgabe 4.11 Für den Drehwinkel $\alpha_{j-1,j}$ und den gegen den Uhrzeigersinn gemessenen Innenwinkel γ einer Ecke gilt die Beziehung $\alpha_{j-1,j} + \gamma = \pi$. Beim Dreieck hatten wir diese Eigenschaft beim Beweis von Lemma 4.17 schon verwendet.

Übungsaufgabe 4.12 Spitze Ecken mit Innenwinkel $> 180°$ können auf dem Rand einer Fläche nicht auftreten, denn von dort müsste ein senkrechter Strahl ausgehen, der die Fläche teilt. Also sind alle Flächen innerhalb des Rechtecks konvex. Läuft man am oberen Rand einer Fläche entlang, trifft man unterwegs keinen Knoten an, der zu verschiedenen Strecken gehört, denn auch von dort müsste ein senkrechter Strahl nach unten starten. Diese Kanten sind also alle Teil derselben Strecke und bilden zusammen die Oberseite der Fläche. Entsprechendes gilt für die Unterseite. Oberseite und Unterseite können sich links oder rechts direkt treffen oder durch ein Stück eines senkrechten Strahls verbunden sein. Auf diese Weise können nur Dreiecke und Trapeze entstehen.

Übungsaufgabe 4.13 Abbildung 4.54 zeigt die verschiedenen Positionen für einen Anfragepunkt $x = (d, b)$ auf dem Rand von Trapez A und einen Punkt $\bar{x}$, der gegenüber x in (i) und (ii) ein wenig nach rechts verschoben ist, in (iii) nach unten und in (iv) nach rechts unten in das unterste Trapez E rechts vom Knoten x. Bei allen Tests bezüglich p_i und s_i fährt die Suche in $D(S)$ für x und $\bar{x}$ beim rechten Nachfolger fort. Alle übrigen Tests liefern ohnehin dasselbe Ergebnis. Also wird x jeweils im grauen Trapez lokalisiert.

Übungsaufgabe 4.14 Wenn man für $1 \leq i \leq 2^m - 1$ die Strecken $s_i = [i, i+1]$ auf der X-Achse von links nach rechts in ein hinreichend großes Rechteck Δ einfügt, entsteht eine Suchstruktur linearer Höhe 2^m. Wählt man aber — wie beim binären Suchen — rekursiv immer die mittlere Strecke als nächste aus, liefert unser Algorithmus für $m \geq 2$ eine Suchstruktur logarithmischer Höhe $2m$.

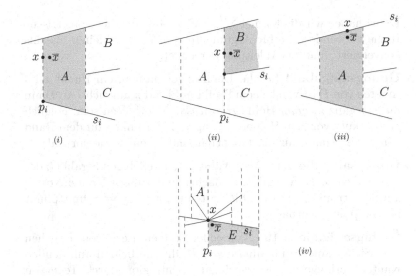

Abb. 4.54 Die Suche nach $x \in \partial A$ endet in den grauen Trapezen.

Übungsaufgabe 4.15 Nach den Faulhaber'schen Formeln für Potenzsummen gilt

$$
\begin{aligned}
E(X) &= \frac{1}{10}(1 + 2 + \ldots + 10) = 5,5 \\
E(Y) &= \frac{1}{10}(1^2 + 2^2 + \ldots + 10^2) = 38,5 \\
E(XY) &= \frac{1}{10}(1^3 + 2^3 + \ldots + 10^3) = 302,5
\end{aligned}
$$

Folglich ist $E(X)\,E(Y) = 211,75$ kleiner als $E(XY)$.

Übungsaufgabe 4.16 Die Vermutung liegt nahe, dass $\frac{1}{p}$ viele Versuche ausreichen. Zum Beweis betrachten wir Folgen unabhängiger Münzwürfe und die Zufallsvariable Z, die einer solchen Folge die Nummer des ersten erfolgreichen Versuchs zuordnet. Dann ist Z binomial verteilt, das heißt, wir haben

$$
P(Z = i) = q^{i-1}p,
$$

mit $q := 1 - p$, denn es gab ja $i - 1$ erfolglose Versuche und einen erfolgreichen. Daraus ergibt sich der Erwartungswert von Z zu

$$
\begin{aligned}
E(Z) &= \sum_{i=1}^{\infty} i \cdot q^{i-1}p = p\left(\frac{1}{1-X}\right)'|_{X=q} \\
&= p\left(\frac{1}{(1-X)^2}\right)|_{X=q} = p\,\frac{1}{(1-q)^2} = \frac{1}{p}.
\end{aligned}
$$

Dabei haben wir die Formel $\sum_{i=1}^{\infty} X^i = \frac{1}{1-X}$ für die geometrische Reihe verwendet, die für Argumente vom Betrag kleiner als eins konvergiert, und die Ableitung berechnet.

Übungsaufgabe 4.17 Ja. Denn angenommen, ein Punkt z im Inneren von P ist von keinem Punkt auf Pfad π aus sichtbar. Dann muss π ganz in *einer* Höhle H von $vis(z)$ enthalten sein. Folglich gibt es kurz vor dem Höhleneingang von H Punkte auf dem Rand von P, die von π aus nicht sichtbar sind — ein Widerspruch!

Übungsaufgabe 4.18 Man wähle einen beliebigen Strahl C, der von p nach ∞ läuft, und teste nacheinander die n Kanten von P auf Schnitt mit C. Der am dichtesten bei p gelegene Schnittpunkt ist von p aus sichtbar.

Übungsaufgabe 4.19 Von jeder spitzen Ecke von P gehen zwei Sichtsegmente ins Innere von P, die die beiden anliegenden Kanten verlängern. Also wird jede Sichtregion durch Teile von Sichtsegmenten und durch konvexe Kantenfolgen von P berandet. Folglich sind diese Regionen konvex, und zwei Punkte in derselben Region können sich sehen.

Übungsaufgabe 4.20 Wenn das Polygon überhaupt spitze Ecken hat, ist von jedem Punkt p aus eine spitze Ecke sichtbar. (Sähe p nur konvexe Ecken, also solche mit Innenwinkel $\leq \pi$, wäre der gesamte Rand von p aus sichtbar, weil sich Teile des Randes nur hinter spitzen Ecken verstecken können; dann wäre aber das Polygon konvex!) Also genügt es, an jeder spitzen Ecke eine Wächterin aufzustellen. Ist das Polygon jedoch konvex, wird *eine* Wächterin benötigt, die sich an beliebiger Position aufhalten darf.

Übungsaufgabe 4.21 Nein! Abbildung 4.55 zeigt ein Gegenbeispiel.

Übungsaufgabe 4.22 Wenn drei Punkte ein Dreieck bilden, kann man jede Teilmenge als Schnitt mit einer Halbebene darstellen. Bei vier Punkten geht das nicht. Die konvexe Hülle von vier paarweise verschiedenen Punkten kann zwei, drei oder vier Ecken haben. In jedem Fall lassen sich die in Abbildung 4.56 hervorgehobenen Teilmengen mit einer Halbebene nicht isolieren. Also ist die VC-Dimension gleich drei.

Übungsaufgabe 4.23 Man kann das Arrangement konstruieren, indem man die Geraden eine nach der anderen in die anfangs leere Ebene einfügt. Zu Beginn hat man also nur eine Zelle: die ganze Ebene. Wenn man die i-te Gerade einfügt, und sie durch das bisherige Arrangement verfolgt, kann sie nur $i-1$ mal eine Gerade (oder gleich mehrere) schneiden und somit in eine andere

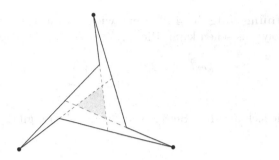

Abb. 4.55 Die drei Wächterinnen in den äußeren Ecken bewachen zwar den gesamten Rand des Polygons, aber nicht den grauen Bereich im Inneren.

Abb. 4.56 Keine der hervorgehobenen Teilmengen ist Durchschnitt mit einer Halbebene.

Zelle eintreten. Sie kann also insgesamt nur i Zellen des bisherigen Arrangements durchschneiden, die somit in zwei Teile geschnitten werden. Das Einfügen der i-ten Gerade erhöht somit die Anzahl von Zellen im Arrangement höchstens um i. Insgesamt bekommen wir höchstens $1 + \sum_{i=1}^{M} i = \frac{M(M+1)}{2} + 1 = \binom{M+1}{2} + 1$ Zellen.

Übungsaufgabe 4.24 Es liegt nahe, so zu argumentieren: „Jeder Punkt q, der ganz P sieht, kann erst recht $vis(p)$ sehen, denn $vis(p)$ ist ja in P enthalten!" Dieses Argument übersieht, dass das Polygon $vis(p)$ Kanten besitzt, die in P nicht vorkommen und im Prinzip die Sicht von q einschränken könnten.

Sei also $q \in ker(P)$. Dann sieht q insbesondere p, ist also selbst in $vis(p)$ enthalten. Sei x ein beliebiger Punkt aus $vis(p)$; weil q im Kern von P liegt, wird die Strecke qx jedenfalls nicht von einer Kante von P geschnitten. Nun hat $vis(p)$ außerdem noch künstliche Kanten, die durch spitze Ecken entstehen. Würde eine solche Kante das Segment qx schneiden, wäre entweder q oder x von p aus „hinter der Ecke" und darum nicht sichtbar. Beides ist unmöglich: q sieht auch p, und x liegt nach Voraussetzung in $vis(p)$!

Weil das Segment qx von keiner Kante von $vis(p)$ geschnitten wird, ist es in $vis(p)$ enthalten. Da also q jeden Punkt x in $vis(p)$ sehen kann, folgt $q \in ker(vis(p))$.

Übungsaufgabe 4.25 Nein, wie man am Beispiel eines konvexen Polygons sehen kann. Richtig ist aber die Gleichung

$$ker(P) = P \cap \bigcap_{\substack{e \text{ Kante einer spitzen} \\ \text{Ecke von } P}} H^+(e),$$

die sich aus dem Beweis von Lemma 4.34 ergibt.

Literatur

[1] H. Abelson, A. A. diSessa. *Turtle Geometry*. MIT Press, Cambridge, 1980.

[2] M. Abrahamsen, A. Adamaszek, T. Miltzow. The art gallery problem is $\exists$ $\mathbb{R}$-complete. In *Proc. 50th Annu. Sympos. Theory Comput.*, S. 65–73, 2018.

[3] H.-K. Ahn, E. Oh, L. Schlipf, F. Stehn, D. Strash. On Romeo and Juliet problems: minimizing distance-to-sight. *Comput. Geom.*, 84:12–21, 2019.

[4] K. Appel, W. Haken. Every planar map is four colourable, part I: discharging. *Illinois J. Math.*, 21:429–490, 1977.

[5] Y. Bahoo, B. Banyassady, P. Bose, S. Durocher, W. Mulzer. Time-space trade-off for finding the k-visibility region of a point in a polygon. *Theor. Comput. Sci.*, 789:13–21, 2019.

[6] T. M. Chan. Optimal output-sensitive convex hull algorithms in two and three dimensions. *Discrete Comput. Geom.*, 16:361–368, 1996.

[7] B. Chazelle. An optimal convex hull algorithm and new results on cuttings. In *Proc. 32nd Annu. IEEE Sympos. Found. Comput. Sci.*, S. 29–38, 1991.

[8] B. Chazelle. Triangulating a simple polygon in linear time. *Discrete Comput. Geom.*, 6(5):485–524, 1991.

[9] V. Chvátal. A greedy heuristic for the set-covering problem. *Math. Oper. Res.*, 4:233–235, 1979.

[10] K. L. Clarkson, K. Mehlhorn, R. Seidel. Four results on randomized incremental constructions. *Comput. Geom. Theory Appl.*, 3(4):185–212, 1993.

[11] R. Cole, M. T. Goodrich. Optimal parallel algorithms for polygon and point-set problems. *Algorithmica*, 7:3–23, 1992.

[12] M. de Berg. *Efficient algorithms for ray shooting and hidden surface removal*. Dissertation, Dept. Comput. Sci., Utrecht Univ., Niederlande, 1992.

[13] M. de Berg, O. Cheong, M. van Kreveld, M. Overmars. *Computational Geometry: Algorithms and Applications*. Springer-Verlag, 3. Ausgabe, 2008.

[14] A. Fournier, D. Y. Montuno. Triangulating simple polygons and equivalent problems. *ACM Trans. Graph.*, 3(2):153–174, 1984.

[15] A. Gilbers, R. Klein. A new upper bound for the VC-dimension of visibility regions. *Comput. Geom.*, 47(1):61–74, 2014.

[16] R. L. Graham. An efficient algorithm for determining the convex hull of a finite planar set. *Information Processing Letters*, 1:132–133, 1972.

[17] S. Har-Peled. *Geometric Approximation Algorithms*, Band 173 von *Mathematical Surveys and Monographs*. American Mathematical Society, 2011.

[18] D. Haussler, E. Welzl. Epsilon-nets and simplex range queries. *Discrete Comput. Geom.*, 2:127–151, 1987.

[19] H. Haverkort. Finding the vertices of the convex hull, even unordered, takes $\Omega(n \log n)$ time — a proof by reduction from ε-closeness. *CoRR (arXiv.org)*, abs/1812.01332, 2018.

[20] C. Icking, R. Klein. The two guards problem. *Internat. J. Comput. Geom. Appl.*, 2(3):257–285, 1992.

[21] B. Joe. On the correctness of a linear-time visibility polygon algorithm. *Internat. J. Comput. Math.*, 32:155–172, 1990.

[22] B. Joe, R. B. Simpson. Correction to Lee's visibility polygon algorithm. *BIT*, 27:458–473, 1987.

[23] D. G. Kirkpatrick, R. Seidel. The ultimate planar convex hull algorithm? *SIAM J. Comput.*, 15:287–299, 1986.

[24] B. Korte, J. Vygen. *Combinatorial Optimization.* Springer-Verlag, 2000.

[25] D. T. Lee. Visibility of a simple polygon. *Comput. Vision Graph. Image Process.*, 22:207–221, 1983.

[26] D. T. Lee, F. P. Preparata. An optimal algorithm for finding the kernel of a polygon. *J. ACM*, 26(3):415–421, Juli 1979.

[27] J. Matoušek. *Lectures on Discrete Geometry*, Band 212 von *Graduate Texts in Mathematics.* Springer-Verlag, 2002.

[28] K. Mulmuley. *Computational Geometry: An Introduction Through Randomized Algorithms.* Prentice Hall, Englewood Cliffs, NJ, 1993.

[29] J. I. Munro, M. H. Overmars, D. Wood. Variations on visibility. In *Proc. 3rd Annu. ACM Sympos. Comput. Geom.*, S. 291–299, 1987.

[30] J. O'Rourke. *Art Gallery Theorems and Algorithms.* The International Series of Monographs on Computer Science. Oxford University Press, New York, NY, 1987.

[31] F. P. Preparata, M. I. Shamos. *Computational Geometry: An Introduction.* Springer-Verlag, New York, NY, 1985.

[32] N. Robertson, D. Sanders, P. Seymour, R. Thomas. A new proof of the four-color theorem. *Electron. Res. Announc. Amer. Math. Soc.*, 2:17–25, 1996.

[33] F. Schulz. Zur Berechnung des Kerns von einfachen Polygonen. Diplomarbeit, Fern-Universität Hagen, Fachbereich Informatik, 1996.

[34] R. Seidel. A simple and fast incremental randomized algorithm for computing trapezoidal decompositions and for triangulating polygons. *Comput. Geom. Theory Appl.*, 1(1):51–64, 1991.

[35] R. Seidel. Small-dimensional linear programming and convex hulls made easy. *Discrete Comput. Geom.*, 6:423–434, 1991.

[36] R. Seidel. Backwards analysis of randomized geometric algorithms. In J. Pach, Hrsg., *New Trends in Discrete and Computational Geometry*, Band 10 von *Algorithms and Combinatorics*, S. 37–68. Springer-Verlag, 1993.

[37] P. Valtr. Guarding galleries where no point sees a small area. *Israel J. Math.*, 104:1–16, 1998.

[38] J. J. Verkuil. Idual: Visualizing duality transformations. Technischer Bericht, Dept. Comput. Sci., Univ. Utrecht, Niederlande, 1992.

5

Voronoi-Diagramme

5.1 Einführung

Der Gegenstand dieses und des folgenden Kapitels unterscheidet
sich von den übrigen Teilen dieses Buchs und generell von einem
Großteil der Informatik dadurch, dass seine Geschichte mindestens
bis ins 17. Jahrhundert zurückreicht.

In seinem Buch [17] über die Prinzipien der Philosophie äußert
Descartes[1] 1644 die Vermutung, das Sonnensystem bestehe aus
Materie, die um die Fixsterne herumwirbelt. Er illustriert sein
Modell mit Abbildung 5.1. Sie zeigt eine Zerlegung des Raums in
konvexe Regionen. Im Zentrum einer jeden Region befindet sich
ein Fixstern; die Materiewirbel sind durch gepunktete Linien von
verschiedenen Seiten dargestellt.

Descartes' Modell

Mag diese Theorie auch unzutreffend sein, so enthält sie doch
den Keim der folgenden wichtigen Vorstellung: Gegeben ist ein
Raum (hier der $\mathbb{R}^3$) und in ihm eine Menge S von Objekten (die
Fixsterne), die auf ihre Umgebung irgendeine Art von Einfluss
ausüben (z. B. Anziehung). Dann kann man die folgende *Zerlegung
des Raums in Regionen* betrachten: Zu jedem Objekt p in S bildet
man die Region $VR(p, S)$ derjenigen Punkte des Raums, für die
der von p ausgeübte Einfluss am stärksten ist (bei Descartes sind
das die Wirbel).

Zerlegung des
Raums in Regionen

Die Bedeutung dieses Ansatzes liegt in seiner Allgemeinheit:
Die Begriffe *Raum*, *Objekt* und *Einfluss* sind ja zunächst variabel!
Es ist daher nicht erstaunlich, dass dieser Ansatz unter verschiedenen Namen in vielen Wissenschaften außerhalb von Mathematik
und Informatik wiederentdeckt wurde, zum Beispiel in der Biolo-
gie, Chemie, Kristallographie, Meteorologie und Physiologie.

---

[1]Nach ihm wurde später das kartesische Koordinatensystem benannt.

© Springer Fachmedien Wiesbaden GmbH, ein Teil von Springer Nature 2022
R. Klein et al., *Algorithmische Geometrie*,
https://doi.org/10.1007/978-3-658-37711-3_5

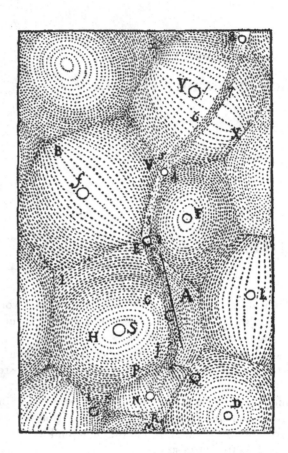

Abb. 5.1 Die Zerlegung des Sonnensystems in Wirbel nach Descartes.

In der Mathematik haben erst Dirichlet und dann Voronoi bei ihren Arbeiten über quadratische Formen diesen Ansatz systematisch untersucht. Ihre Objekte waren regelmäßig angeordnete Punkte im $\mathbb{R}^d$, und der Einfluss, den p auf einen Punkt x des $\mathbb{R}^d$ ausübt, ist umgekehrt proportional zum *Abstand* $|px|$. Die entstehenden Zerlegungen wurden *Dirichlet-Zerlegungen* und *Voronoi-Diagramme* genannt; die letzte Bezeichnung hat sich in der Algorithmischen Geometrie durchgesetzt und wird auch im folgenden verwendet.

Dirichlet-Zerlegungen

Voronoi-Diagramme

In der Algorithmischen Geometrie wurde das Voronoi-Diagramm zuerst von Shamos und Hoey [32] betrachtet.

Wer sich für die Geschichte des Voronoi-Diagramms und seine vielfältigen Anwendungen innerhalb und außerhalb der Informatik interessiert, sei auf die Bücher von Okabe et al. [28] und Aurenhammer, Klein und Lee [10] hingewiesen.

Wir beschäftigen uns in diesem Kapitel mit den strukturellen Eigenschaften des Voronoi-Diagramms und mit seiner herausragenden Rolle bei der Lösung geometrischer Distanzprobleme. In Kapitel 6 geht es dann um schnelle Algorithmen zur Konstruktion des Voronoi-Diagramms von n Punkten in der Ebene. Erstaunlicherweise eignen sich dazu die meisten der uns inzwischen bekannten algorithmischen Paradigmen: randomisierte inkrementelle Konstruktion, geometrische Transformation, *sweep* und *divide-and-conquer* lassen sich zum Aufbau des Voronoi-Diagramms verwenden. Soviel sei schon verraten: Sie alle führen zu optimalen Algorithmen mit Laufzeit $O(n \log n)$ und linearem Platzbedarf.

Ausblick

Hierbei wird fast ausschließlich die *euklidische Metrik* zugrunde gelegt. Allgemeinere Distanzbegriffe werden in Abschnitt 7.1 vorgestellt. Sie führen zu Voronoi-Diagrammen, die sich zum Teil erheblich voneinander und vom euklidischen Diagramm unterscheiden. Deshalb beschreiben wir in Abschnitt 7.2 *Abstrakte Voronoi-Diagramme*, einen einheitlichen Ansatz zur Behandlung einer großen Klasse von Einzelfällen.

euklidische Metrik

Abstrakte Voronoi-Diagramme

5.2   Definition und Struktur des Voronoi-Diagramms

In diesem Abschnitt ist der in der Einführung erwähnte *Raum* der $\mathbb{R}^2$, und die *Objekte* sind die Elemente einer n-elementigen Menge $S = \{p, q, r, \ldots\}$ von Punkten im $\mathbb{R}^2$. Als Maß für den *Einfluss*, den ein Punkt $p = (p_1, p_2)$ aus S auf einen Punkt $x = (x_1, x_2)$ ausübt, verwenden wir den *euklidischen Abstand*[2]

euklidischer Abstand

$$|px| = \sqrt{|p_1 - x_1|^2 + |p_2 - x_2|^2}.$$

Zunächst erinnern wir an den *Bisektor* von zwei Punkten $p, q \in S$, wie er schon in Kapitel 1 auf Seite 26 eingeführt wurde; es handelt sich um die Menge

Bisektor

$$B(p, q) = \{x \in \mathbb{R}^2; |px| = |qx|\}$$

aller Punkte des $\mathbb{R}^2$, die zu p und q denselben Abstand haben.

Der Bisektor $B(p, q)$ besteht aus genau den Punkten x auf der Mittelsenkrechten der Strecke pq. Diese Mittelsenkrechte zerlegt $\mathbb{R}^2$ in zwei offene Halbebenen; eine von ihnen ist

$$D(p, q) = \{x \in \mathbb{R}^2; |px| < |qx|\},$$

die andere

$$D(q, p) = \{x \in \mathbb{R}^2; |px| > |qx|\}.$$

---

[2]Im folgenden Sinn: je kleiner der Abstand, desto größer der Einfluß.

Offenbar ist p in $D(p, q)$ und q in $D(q, p)$ enthalten. Wir nennen

$$VR(p, S) = \bigcap_{q \in S \setminus \{p\}} D(p, q)$$

Voronoi-Region   die *Voronoi-Region* von p bezüglich S.[3] Als Durchschnitt von $n-1$ offenen Halbebenen ist die Voronoi-Region von p offen und konvex, aber nicht notwendig beschränkt.

Übungsaufgabe 5.1 Kann es vorkommen, dass die Voronoi-Region $VR(p, S)$ nur aus dem Punkt p besteht?

Zwei verschiedene Punkte $p, q \in S$ haben disjunkte Voronoi-Regionen, denn kein x kann gleichzeitig zu $D(p, q)$ und $D(q, p)$ gehören.

Die Voronoi-Region $VR(p, S)$ von p besteht aus allen Punkten der Ebene, denen p näher ist als irgendein anderer Punkt aus S. Denkt man sich sämtliche Voronoi-Regionen aus der Ebene entfernt, bleiben daher genau diejenigen Punkte des $\mathbb{R}^2$ übrig, die keinen eindeutigen, sondern zwei oder mehr nächste Nach-

Voronoi-   barn in S besitzen. Wir nennen diese Punktmenge das *Voronoi-*
Diagramm $V(S)$ *Diagramm $V(S)$* von S.

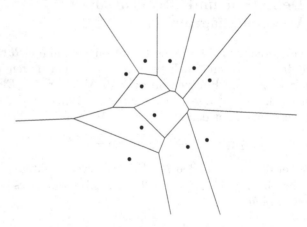

Abb. 5.2 Ein Voronoi-Diagramm von elf Punkten.

Abbildung 5.2 zeigt ein Voronoi-Diagramm von elf Punkten. Es zerlegt die Ebene in elf konvexe Gebiete: zu jedem Punkt aus S seine Voronoi-Region. Ein Punkt x auf dem gemeinsamen Rand von zwei Voronoi-Regionen $VR(p, S)$ und $VR(q, S)$ muss zum Bisektor $B(p, q)$ von p und q gehören, denn es ist

$$\overline{VR(p, S)} \cap \overline{VR(q, S)} \subseteq \overline{D(p, q)} \cap \overline{D(q, p)} = B(p, q).$$

---

[3]Besteht S nur aus den beiden Punkten p und q, gilt daher $D(p, q) = VR(p, S)$.

Weil die Voronoi-Regionen konvex sind, kann für je zwei Punkte p und q aus S höchstens *ein einziges* Stück des Bisektors $B(p,q)$ zum gemeinsamen Rand gehören. Solch ein gemeinsames Randstück nennen wir eine *Voronoi-Kante*, wenn es aus mehr als einem Punkt besteht. Endpunkte von Voronoi-Kanten heißen *Voronoi-Knoten*.

Voronoi-Kante

Voronoi-Knoten

Es gibt einen einfachen Weg, um die Rolle eines jeden Punktes x der Ebene im Voronoi-Diagramm $V(S)$ zu bestimmen: Wir beobachten, wie sich ein Kreis $C(x)$ mit Mittelpunkt x langsam vergrößert. Zu irgendeinem Zeitpunkt wird der Rand von $C(x)$ zum ersten Mal auf einen oder mehrere Punkte aus S treffen; dies sind gerade die nächsten Nachbarn von x in S. Nun kommt es auf die Anzahl der getroffenen Punkte an; siehe Abbildung 5.3.

Lemma 5.1 *Sei x ein Punkt in der Ebene, und sei $C(x)$ der sich von x ausbreitende Kreis. Dann gilt:*

wozu gehört
Punkt x?

$C(x)$ *trifft zuerst nur auf p* $\Longleftrightarrow$ *x liegt in der Voronoi-Region von p,*

$C(x)$ *trifft zuerst nur auf p,q* $\Longleftrightarrow$ *x liegt auf der Voronoi-Kante zwischen den Regionen von p und q,*

$C(x)$ *trifft zuerst genau auf $p_1,\ldots,p_k$ mit $k \geq 3$* $\Longleftrightarrow$ *x ist ein Voronoi-Knoten, an den die Regionen von $p_1,\ldots,p_k$ angrenzen.*

Im letzten Fall entspricht die Ordnung der Punkte $p_1,\ldots,p_k$ auf dem Rand von $C(x)$ der Ordnung ihrer Voronoi-Regionen um x.

Beweis. Die erste Aussage besagt, dass die Voronoi-Region eines Punktes p aus genau denjenigen Punkten x besteht, die p als einzigen nächsten Nachbarn haben. Das hatten wir schon nach der Definition der Voronoi-Regionen festgestellt. Wir brauchen deshalb das Lemma nur noch für alle Punkte x mit zwei oder mehr nächsten Nachbarn in S zu beweisen.[4]

ein nächster
Nachbar

Angenommen, p und q sind die einzigen nächsten Nachbarn von x. Dann hat x zu p und q den gleichen Abstand und liegt deshalb auf dem Bisektor $B(p,q)$. Für $r \neq p,q$ kann x nicht in $D(r,p)$ liegen, denn dann wäre p kein nächster Nachbar, und auch nicht auf $B(r,p)$, denn dann wäre r ein weiterer nächster Nachbar von x. Folglich liegt x in $D(p,r)$ und mit demselben Argument in $D(q,r)$. Dann gibt es eine ganze Umgebung $U = U_\varepsilon(x)$ von x, die in allen offenen Halbebenen $D(p,r)$ und $D(q,r)$ enthalten ist, für

zwei nächste
Nachbarn

---

[4]D. h. für alle Punkte von $V(S)$.

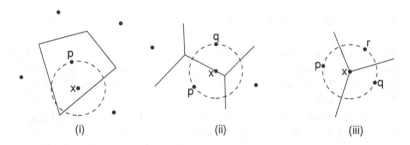

(i)   (ii)   (iii)

Abb. 5.3 In (i) gehört x zur Region von p, in (ii) liegt x auf einer Kante des Voronoi-Diagramms, und in (iii) ist x ein Voronoi-Knoten.

alle $r \neq p, q$ in S. Diese Umgebung U wird von $B(p, q)$ in zwei Hälften zerlegt; die eine ist Teil von $D(p, q)$ und gehört deshalb zu

$$\bigcap_{s \neq p} D(p, s) = VR(p, S),$$

und ebenso gehört die andere Hälfte zu $VR(q, S)$. Somit ist das Stück von $B(p, q)$ innerhalb von U ein Teil der Voronoi-Kante zwischen den Regionen von p und q in $V(S)$ und enthält den Punkt x.

drei oder mehr
nächste Nachbarn

Schließlich nehmen wir an, dass x drei oder mehr nächste Nachbarn $p_1, p_2, \ldots, p_k$ in S besitzt, die in dieser Reihenfolge auf dem Rand von $C(x)$ liegen; siehe Abbildung 5.4. Wie oben folgt, dass alle Bisektoren $B(p_i, p_j)$ durch x laufen und dass es eine Umgebung $U = U_\varepsilon(x)$ gibt, die im Durchschnitt aller Halbebenen

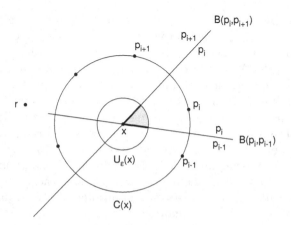

Abb. 5.4 Die Umgebung eines Punktes x im dritten Fall von Lemma 5.1.

$D(p_i, r)$ liegt, für $r \in S \setminus \{p_1, p_2, \ldots, p_k\}$. Den „Kuchen" U teilen sich also die Punkte $p_1, p_2, \ldots, p_k$. Der Punkt p_i bekommt das
in Abbildung 5.4 grau dargestellte Stück davon davon ab. Denn
für Punkte p_j, die — gegen den Uhrzeiger — auf $\partial C(x)$ hinter p_{i+1}
liegen, wird auch der Bisektor $B(p_i, p_j)$ erst hinter $B(p_i, p_{i+1})$ von
$D(p_i, p_j)$ aus erreicht.

    Damit ist Lemma 5.1 bewiesen.   □

Kuchen

Wir können also an der Zahl der nächsten Nachbarn eindeutig
feststellen, ob ein Punkt x im Innern einer Region enthalten ist,
ob er im Innern einer Voronoi-Kante liegt oder ob er ein Voronoi-
Knoten ist.

    Oben haben wir das Voronoi-Diagramm als die Menge aller
Punkte x mit zwei oder mehr nächsten Nachbarn in S definiert.
Eine andere, recht anschauliche Definition greift auf die eingangs
skizzierte Vorstellung zurück, dass die Punkte in S auf ihre Umgebung *Einfluss* ausüben.

Einfluss

    Wir stellen uns vor, dass sich von jedem $p \in S$ aus ein Kreis
mit gleicher Geschwindigkeit ausbreitet. Wir legen fest, dass ein
Punkt x der Ebene zu dem $p \in S$ gehört, dessen Kreis zuerst bei
x ankommt.

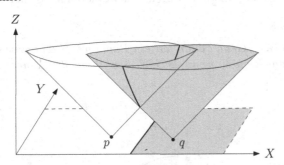

Abb. 5.5 Ausbreitung konzentrischer Kreise mit der Z-Koordinate in
Zeit Z.

    Abbildung 5.5 zeigt die Ausbreitung der Kreise mit Zentren
in den Punkten p und q. Dabei stellt die Z-Achse die Zeit dar.
Es entstehen *Kegel* mit senkrechter Mittelachse und Spitzen in p
und q. Angenommen, die Kegel wären undurchsichtig. Wenn eine
Person in der XY-Ebene senkrecht nach oben schaut, sieht sie die
Farbe des Kegels, zu dem sie gehört.

Kegel

    Mit anderen Worten:

Korollar 5.2 *Sei K ein Arrangement senkrechter Kegel mit gleichen Öffnungswinkeln und Spitzen in den Punkten von S in der
XY-Ebene. Dann ist die Projektion der unteren Kontur von K in
die XY-Ebene das Voronoi-Diagramm $V(S)$.*

untere Kontur

Knotengrad 3

globale
Eigenschaften von
$V(S)$

unbeschränkte
Voronoi-Regionen

konvexe Hülle

Dabei haben wir den Begriff der unteren Kontur von Funktionsgraphen aus Abschnitt 2.3.3 auf die zweidimensionalen Kegelflächen übertragen. Korollar 5.2 bietet eine elegante Möglichkeit, Voronoi-Diagramme mit einem Grafiksystem zu visualisieren — sie wirklich zu berechnen, erfordert aber mehr, zum Beispiel die Ausgabe der Koordinaten der Voronoi-Knoten. Darauf kommen wir in Kapitel 6 zurück.[5]

Lemma 5.1 stellt sicher, dass alle Voronoi-Knoten den Grad 3 haben, wenn nie mehr als drei Punkte in S auf einem gemeinsamen Kreisrand liegen. Für Punkte in allgemeiner Lage, etwa nach einer Perturbation, ist diese Eigenschaft gegeben, denn durch drei nichtkollineare Punkte in der Ebene kann man stets einen Kreis legen, aber für vier beliebige Punkte geht das nicht.

Nachdem wir die lokalen Eigenschaften des Voronoi-Diagramms in der Nähe eines Punktes x untersucht haben, wenden wir uns nun den *globalen Eigenschaften* des Voronoi-Diagramms zu. Bei einem Blick auf Abbildung 5.2 fällt auf, dass manche Punkte *unbeschränkte Voronoi-Regionen* besitzen. Hier gilt eine interessante Beziehung, die man durch Ausprobieren selbst herausfinden kann:

Lemma 5.3 *Genau dann hat ein Punkt $p \in S$ eine unbeschränkte Voronoi-Region, wenn er auf dem Rand der konvexen Hülle von S liegt.*

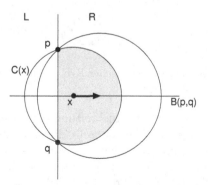

Abb. 5.6 Wenn der Punkt x sich auf dem Bisektor $B(p,q)$ nach rechts bewegt, schrumpft der Durchschnitt des Kreises $C(x)$ mit der linken Halbebene L, während $C(x) \cap R$ wächst.

---

[5]Bei der Kreisausbreitung könnte man fragen, was passiert, wenn die Kreise zu unterschiedlichen Zeiten oder mit unterschiedlichen Geschwindigkeiten starten. In Abschnitt 7.1 gehen wir darauf ein.

Beweis. Angenommen, $VR(p, S)$ ist unbeschränkt. Dann existiert ein anderer Punkt q in S, so dass $V(S)$ ein unbeschränktes Stück des Bisektors $B(p, q)$ als Kante enthält. Wir betrachten einen Punkt x auf dieser Kante und den Kreis $C(x)$ durch p und q mit Mittelpunkt x; siehe Abbildung 5.6. Wenn wir mit x auf dieser Kante nach rechts gegen ∞ wandern, wird der in der Halbebene R enthaltene Teil von $C(x)$ ständig größer und erreicht irgendwann jeden Punkt in R. Läge also ein Punkt $r \in S$ in der Halbebene R, würde der Rand von $C(x)$ irgendwann auf r stoßen. Nach Lemma 5.1 wäre dieser Punkt x dann ein Endpunkt der Voronoi-Kante aus $B(p, q)$; diese war aber als nach rechts unbeschränkt vorausgesetzt! Also müssen alle Punkte aus $S \setminus \{p, q\}$ in der *linken* Halbebene L liegen. Dann gehört die Strecke pq zum Rand der konvexen Hülle $ch(S)$.

Umgekehrt: Sind p und q zwei benachbarte Ecken von $ch(S)$ und liegt S links von der Senkrechten durch p und q, kann $R \cap C(x)$ für kein $x \in B(p, q)$ einen Punkt aus S enthalten. Aber auch $L \cap C(x)$ enthält keine Punkte aus S, wenn x nur weit genug rechts liegt. Folglich bildet ein unbeschränktes Stück von $B(p, q)$ eine Voronoi-Kante, und auch $VR(p, S)$ und $VR(q, S)$ sind unbeschränkt. □

Übungsaufgabe 5.2 Man zeige, dass das Voronoi-Diagramm $V(S)$ immer zusammenhängend ist, wenn die Punkte aus S nicht auf einer gemeinsamen Geraden liegen.

Man kann das technische Problem eines nicht zusammenhängenden Voronoi-Diagramms vermeiden, indem man sich vorstellt, der „interessante" Teil von $V(S)$ sei von einem einfachen geschlossenen Weg Γ umschlossen, der so weit außen verläuft, dass er nur unbeschränkte Voronoi-Kanten kreuzt, die dort abgeschnitten werden; siehe Abbildung 5.7. Wir sprechen dann vom *beschränkten* Voronoi-Diagramm $V_0(S)$.

beschränktes Diagramm $V_0(S)$

Hier haben wir nun einen kreuzungsfreien geometrischen Graphen vor uns, wie er in Kapitel 1 auf Seite 13 eingeführt wurde. $V_0(S)$ hat $n + 1$ Flächen, nämlich eine Voronoi-Region für jeden Punkt $p \in S$ und das Äußere von Γ. Jeder Knoten hat mindestens den Grad 3; für die echten Voronoi-Knoten im Innern von Γ ergibt sich das aus Lemma 5.1, und die Knoten auf Γ, die durch Abschneiden einer nach ∞ führenden Voronoi-Kante entstehen, haben trivialerweise den Grad 3. Also folgt aus Korollar 1.2 auf Seite 15 zunächst für $V_0(S)$, aber damit auch für $V(S)$:

Theorem 5.4 *Das Voronoi-Diagramm von n Punkten in der Ebene hat $O(n)$ viele Knoten und Kanten. Der Rand einer Voronoi-Region besteht im Mittel aus höchstens sechs Kanten.*

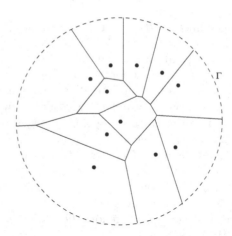

Abb. 5.7 Ein beschränktes Voronoi-Diagramm $V_0(S)$.

Zur Speicherung des beschränkten Voronoi-Diagramms eignen sich die in Abschnitt 1.2.2 auf Seite 19 eingeführten Datenstrukturen. Dabei braucht der gedachte Weg Γ natürlich nicht explizit dargestellt zu werden; wir behandeln jedes Stück von Γ wie eine gewöhnliche Kante, lassen aber die Koordinaten der Endpunkte fort.

Bei dieser Darstellung kann man bequem im Uhrzeigersinn um den geschlossenen Weg Γ herumwandern und alle unbeschränkten Voronoi-Regionen besuchen; nach Lemma 5.3 gehören sie gerade zu denjenigen Punkten aus S, die auf dem Rand der konvexen Hülle liegen. Damit haben wir die erste nützliche Anwendung des Voronoi-Diagramms erkannt:

Anwendung: konvexe Hülle

Theorem 5.5 *Aus dem Voronoi-Diagramm $V(S)$ einer n-elementigen Punktmenge S läßt sich in Zeit $O(n)$ die konvexe Hülle von S ableiten.*

Obwohl wir uns erst in Kapitel 6 mit der Konstruktion des Voronoi-Diagramms befassen wollen, halten wir schon einmal fest, was sich hieraus und aus Lemma 4.2 auf Seite 179 als untere Schranke ergibt.

Korollar 5.6 *Das Voronoi-Diagramm von n Punkten in der Ebene zu konstruieren hat die Zeitkomplexität $\Omega(n \log n)$.*

5.3 Anwendungen

Jetzt wollen wir ein paar konkrete Distanzprobleme betrachten, die sich mit Hilfe des Voronoi-Diagramms effizient lösen lassen.

5.3.1 Das Problem des nächsten Postamts

Gegeben seien n Postämter, dargestellt als Punkte p_i in der Ebene. Für einen beliebigen Anfragepunkt x soll schnell festgestellt werden, welches der Postämter am nächsten zu x liegt.

Es gibt in der Algorithmischen Geometrie ein allgemeines Verfahren, um Anfrageprobleme wie dieses zu lösen: Man bereitet sich auf die Anfrage vor, indem man diejenigen möglichen Anfrageobjekte zu Klassen zusammenfasst, für die die Antwort dieselbe ist.[6] Wenn dann eine konkrete Anfrage x beantwortet werden muss, genügt es festzustellen, zu welcher Klasse x gehört. Die Antwort kann dann direkt der Beschreibung der Klasse entnommen werden.

Dieses Vorgehen nennt man den *Ortsansatz* (im Englischen: *locus approach*). Ein Beispiel hatten wir in Kapitel 4 auf Seite 226 bei der Diskussion der Sichtregionen gesehen. Auch die Zellzerlegung im Beweis von Theorem 4.30 folgte dieser Idee.

Ortsansatz

In unserem Postamtproblem bestehen die Klassen gerade aus denjenigen Punkten x, für die dasselbe Postamt das nächstgelegene ist, also aus den Voronoi-Regionen $VR(p_i, S)$! Nur die Punkte x, die auf dem Voronoi-Diagramm $V(S)$ liegen, haben mehrere nächste Postämter; wir könnten sie zum Beispiel stets dem Postamt p_i zuordnen, das den kleinsten Index i hat.

Damit bleibt das *Lokalisierungsproblem*, zu gegebenem Voronoi-Diagramm $V(S)$ und einem beliebigen Anfragepunkt x schnell die Voronoi-Region zu bestimmen, in der x enthalten ist.

Lokalisierungsproblem

Wendet man die in Abbildung 4.20 dargestellte *Streifenmethode* an, lässt sich die x enthaltende Voronoi-Region in Zeit $O(\log n)$ bestimmen, aber Speicherplatzbedarf und Aufbaukosten können in $\Theta(n^2)$ liegen. Bei Verwendung der *Trapezzerlegung* mit zugehöriger Suchstruktur kommt man im Mittel mit linearem Platz, Aufbaukosten in $O(n \log n)$ und $O(\log n)$ Zeit für eine Lokalisierung aus; siehe Theorem 4.19. Es gibt aber auch deterministische Verfahren, die diese Schranken im *worst case* einhalten, siehe Edelsbrunner [19].

Streifenmethode

Trapezzerlegung

5.3.2 Die Bestimmung aller nächsten Nachbarn

Erinnern wir uns an das am Anfang von Kapitel 1 auf Seite 2 vorgestellte Problem, zu jedem Punkt einer ebenen Punktmenge S seinen nächsten Nachbarn in S zu bestimmen! Das Voronoi-Diagramm verhilft uns nun zu einer effizienten Lösung. Sie beruht auf folgendem Sachverhalt:

alle nächsten Nachbarn

---

[6]Natürlich ist dies eine *Äquivalenzrelation*.

Lemma 5.7 *Sei $S = P \cup Q$ eine Zerlegung der endlichen Punkt-menge S in zwei disjunkte, nicht-leere Teilmengen P und Q. Seien $p_0 \in P$ und $q_0 \in Q$ so gewählt, dass*

$$|p_0 q_0| = \min_{p \in P,\, q \in Q} |pq|$$

gilt. Dann haben die Regionen von p_0 und q_0 im Voronoi-Diagramm $V(S)$ eine gemeinsame Kante, und diese wird von der Strecke $p_0 q_0$ geschnitten.

Beweis. Andernfalls enthielte die Strecke $\overline{p_0 q_0}$ einen Punkt z aus dem Abschluss $\overline{VR(r, S)}$ der Voronoi-Region eines Punktes $r \neq p_0, q_0$. Angenommen, r gehört zu Q; der Fall $r \in P$ ist symmetrisch.

Da z im Abschluss der Region von r liegt, ist $|rz| \leq |q_0 z|$. Folglich gilt

$$
\begin{aligned}
|p_0 r| &\leq |p_0 z| + |zr| && \text{(Dreiecksungleichung)} \\
&\leq |p_0 z| + |z q_0| = |p_0 q_0| \leq |p_0 r| && \text{(Minimalität von } |p_0 q_0|).
\end{aligned}
$$

Also muss überall die Gleichheit gelten, und es folgt $|p_0 r| = |p_0 q_0|$ und $|zr| = |z q_0|$. Wenn aber p_0 tatsächlich auf dem Bisektor $B(q_0, r)$ liegt, ist das Innere der Strecke $q_0 p_0$ und damit auch der Punkt z ganz in $D(q_0, r)$ enthalten, so dass $|z q_0| < |zr|$ gelten muss. Widerspruch! □

Wenden wir für einen beliebigen Punkt $p \in S$ das Lemma 5.7 auf $P = \{p\}$ und $Q = S \setminus \{p\}$ an, ergibt sich folgende Aussage:

Korollar 5.8 *Jeder nächste Nachbar von p in S sitzt im Voronoi-Diagramm in einer Nachbarzelle, d. h. in einer Voronoi-Region, die mit $VR(p, S)$ eine gemeinsame Kante besitzt.*

Übungsaufgabe 5.3 Man gebe einen direkten Beweis für Korollar 5.8, der ohne Benutzung von Lemma 5.7 auskommt.

Also können wir die Bestimmung der nächsten Nachbarn sehr effizient anhand des Voronoi-Diagramms vornehmen.

Theorem 5.9 *Ist das Voronoi-Diagramm $V(S)$ vorhanden, lässt sich in Zeit $O(n)$ für alle $p \in S$ ihr nächster Nachbar[7] in S bestimmen.*

Beweis. Nach Korollar 5.8 genügt es, für jeden Punkt $p \in S$ alle Punkte q in den Nachbarregionen von $VR(p, S)$ aufzusuchen und

---

[7]Sollte es in S Punkte mit mehreren nächsten Nachbarn geben, können wir sie alle in Zeit $O(n)$ ausgeben.

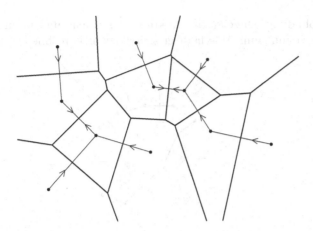

Abb. 5.8 Die nächsten Nachbarn befinden sich in benachbarten Voronoi-Regionen.

unter diesen den Punkt (oder alle Punkte) mit minimalem Abstand zu p zu berichten. Dabei muss man insgesamt zweimal über jede Voronoi-Kante $\subseteq B(p, q)$ schauen: einmal bei der Bestimmung des nächsten Nachbarn von p und das zweite Mal, wenn der nächste Nachbar von q ermittelt wird. Weil es nach Theorem 5.4 nur $O(n)$ viele Kanten in $V(S)$ gibt, folgt die Behauptung. □

In Abbildung 5.8 sind noch einmal die 11 Punkte aus Abbildung 1.1 auf Seite 2 zu sehen, ihre nächsten Nachbarn und das Voronoi-Diagramm der Punkte.

Hat man für jeden Punkt aus S einen nächsten Nachbarn in S bestimmt, kann man daraus in linearer Zeit den minimale Abstand und ein *dichtestes Punktepaar* ermitteln. Damit ergibt sich eine Alternative zu dem in Abschnitt 2.3.1 vorgestellten Sweep-Verfahren, wenn man das Voronoi-Diagramm schon hat.

dichtestes Punktepaar

Korollar 5.10 *Ein dichtestes Paar von n Punkten in der Ebene lässt sich aus ihrem Voronoi-Diagramm in Zeit $O(n)$ bestimmen.*

5.3.3 Der minimale Spannbaum

Angenommen, ein Netzbetreiber möchte n Orte miteinander verkabeln, die als Punktmenge S in der Ebene dargestellt werden. Dabei soll (ohne Berücksichtigung der Leistung des Netzes) die Gesamtlänge der verlegten Kabelstrecken minimiert werden.

Ein möglicher Ansatz besteht darin, die Kabel längs eines *minimalen Spannbaums* (engl.: *minimum spanning tree*) von S zu verlegen, also eines Graphen mit Knotenmenge S, bei dem die Summe der Längen aller Kanten minimal ist.

minimaler Spannbaum

Abbildung 5.9 zeigt elf Punkte in der Ebene und ihren minimalen Spannbaum. Wie lässt er sich effizient berechnen?

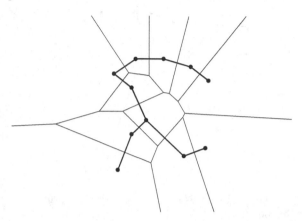

Abb. 5.9 Elf Punkte in der Ebene, ihr Voronoi-Diagramm und ihr minimaler Spannbaum.

Algorithmus von Kruskal

In den meisten Büchern über Algorithmen und Datenstrukturen wird der *Algorithmus von Kruskal* vorgestellt, der für einen beliebigen Graphen $G = (E, V)$ mit gewichteten Kanten in Zeit $O(|E| \log |E|)$ einen spannenden Baum über den Knoten V von G berechnet, bei dem die Summe aller Kantengewichte minimal ist.

Man verwaltet dabei einen Wald von Bäumen über disjunkten Teilmengen der Knotenmenge V; am Anfang enthält jede Teilmenge nur einen einzigen Knoten. Nun werden die Kanten nach aufsteigenden Gewichten sortiert zur Hand genommen. Wenn eine Kante zwei Teilbäume miteinander verbindet, wird sie eingefügt, und die Teilbäume werden verschmolzen. Andernfalls wird sie verworfen.

Kruskal auf allen Segmenten braucht $O(n^2 \log n)$ Zeit

Wir können dieses Verfahren direkt auf unser Problem anwenden, wenn wir als G den vollständigen Graphen zugrunde legen, bei dem die Knoten die n Punkte aus S sind und die Kanten alle $n(n-1)/2$ vielen Strecken zwischen den Punkten. Damit ergäbe sich eine Laufzeit von $O(n^2 \log n)$.

Geht es vielleicht besser? Betrachten wir noch einmal Abbildung 5.9, in der ja auch das Voronoi-Diagramm der elf Punkte eingezeichnet ist. Es fällt auf, dass alle Kanten des minimalen Spannbaums zwischen solchen Punkten verlaufen, deren Voronoi-Regionen sich eine Kante teilen. Ein Zufall? Nein! Denn der Algorithmus von Kruskal fügt nur solche Strecken ein, die eine kürzeste Verbindung zwischen zwei disjunkten Teilmengen von S schaffen;[8]

---

[8]Alle kürzeren Segmente sind ja schon vorher eingefügt worden, ohne dass die Teilmengen zusammengewachsen sind.

Lemma 5.7 garantiert aber, dass die Endpunkte solcher Strecken benachbarte Voronoi-Regionen haben.

Statt Kruskals Verfahren also auf alle $\Theta(n^2)$ vielen Strecken mit Endpunkten in S anzuwenden, genügt es, die $O(n)$ vielen Strecken zwischen den Voronoi-Nachbarn als Kantenmenge E zu definieren und das Verfahren auf den Graphen $G = (V, E)$ anzuwenden.

Kruskal auf $V(S)$
in $O(n \log n)$ Zeit

Theorem 5.11 *Ist das Voronoi-Diagramm einer Menge S von n Punkten in der Ebene gegeben, lässt sich daraus in Zeit $O(n \log n)$ ein minimaler Spannbaum für S ableiten.*

Cheriton und Tarjan [13] haben gezeigt, wie man diese Zeitschranke zu $O(n)$ verbessern kann; siehe auch Preparata und Shamos [30].

Übungsaufgabe 5.4 Sei S eine endliche Punktmenge in der Ebene. Angenommen, die Abstände aller Punktepaare in S sind paarweise verschieden.

(i) Man beweise: Ist q der nächste Nachbar von p in S, so ist pq eine Kante des minimalen Spannbaums von S.

(ii) Man zeige, dass der minimale Spannbaum von S eindeutig bestimmt ist.

Der minimale Spannbaum hat eine sehr nützliche Anwendung auf das *Problem der Handlungsreisenden* (*traveling salesperson problem*). Dieses lautet wie folgt: Gegeben sind n Punkte in der Ebene, gesucht ist der kürzeste Rundweg, der alle Punkte einmal besucht. Man kann zeigen, dass eine optimale Lösung dieses Problems NP-hart ist, also vermutlich nicht in polynomialer Zeit gefunden werden kann. Dieses und zahlreiche andere Probleme finden sich in den Büchern von von Garey und Johnson [21] sowie Korte und Vygen [25].

Problem der
Handlungs-
reisenden

Angenommen, die Handlungsreisende berechnet einen minimalen Spannbaum der zu besuchenden Punkte und bewegt sich um den Baum herum, wie in Abbildung 5.10 dargestellt. Damit fährt sie gar nicht so schlecht!

Theorem 5.12 *Der Rundweg um einen minimalen Spannbaum ist weniger als doppelt so lang wie ein optimaler Rundweg.*

Beweis. Sei t die Länge des minimalen Spannbaums und W ein optimaler Rundweg[9] mit Länge W_{opt}. Lassen wir aus W eine Kante e zwischen zwei Punkten aus S fort, entsteht ein Spannbaum

---

[9]Der optimale Rundweg ist polygonal: Verliefe er zwischen zwei Punkten nicht geradlinig, könnte man ihn dort verkürzen.

Abb. 5.10 Ein möglicher Rundweg für die Handlungsreisende.

von S mit Länge kleiner als W_{opt}. Er kann aber nicht kürzer sein als der minimale Spannbaum.
Folglich gilt

$$t \leq \text{Länge von } W \text{ ohne } e < W_{opt}.$$

Weil der Rundweg um den Spannbaum die Länge $2t$ besitzt, folgt die Behauptung.   □

An diesem Ergebnis ist folgendes bemerkenswert: Ein Problem, dessen optimale Lösung in der Praxis unmöglich oder extrem aufwendig ist, kann trotzdem einfache Lösungen besitzen, die zwar nicht optimal sind, deren Güte sich vom Optimum aber höchstens *Approximations-* um einen konstanten Faktor unterscheiden. Solche *Approxima-* *lösungen* *tionslösungen* sind für die Praxis besonders interessant.

Kommen wir noch einmal auf das eingangs formulierte Problem zurück, bei einem Netzwerk zwischen vorgegebenen Orten die Gesamtlänge des Kabels zu minimieren. Erstaunlicherweise ist der minimale Spannbaum der Orte gar nicht immer die optimale Lösung! Oft lässt sich durch *Einführung künstlicher Knoten* die Gesamtlänge verringern; siehe Abbildung 5.11. Solche zusätzlichen *Steinerpunkte* Knoten heißen *Steinerpunkte*, den entstehenden Baum nennt man einen *Steinerbaum* von S. Man kann zeigen, dass ein minimaler Spannbaum höchstens 3/2-mal so lang ist wie ein minimaler Steinerbaum. Leider ist aber die Berechnung minimaler Steinerbäume NP-hart; siehe Garey und Johnson [20]. Eine Fülle von Informationen über spannende Bäume und Netzwerke findet sich in Narasimhan und Smid [26].

5.3.4   Der größte leere Kreis

Angenommen, jemand möchte seinen Wohnsitz in einem bestimmten Gebiet A wählen, möglichst weit entfernt von gewissen Störquellen (Flugplätze, Kraftwerke etc.).

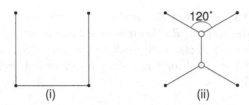

Abb. 5.11 Für die vier Ecken des Einheitsquadrats hat der minimale Spannbaum die Länge 3. Durch Einführung von zwei Steinerpunkten ergibt sich in (ii) die Länge $1 + \sqrt{3} \approx 2.732$.

Wenn wir das Gebiet A als ein konvexes Polygon mit m Ecken modellieren und die Störquellen als Elemente einer Punktmenge $S = \{p_1, \ldots, p_n\}$, besteht das Problem offenbar darin, unter allen Kreisen mit Mittelpunkt in A einen solchen mit größtem Radius zu finden, der keinen Punkt aus S im Innern enthält. Anders gesagt: Gesucht wird ein *maximaler leerer Kreis* mit Mittelpunkt in A. Drei Beispiele sind in Abbildung 5.12 gezeigt — und Lemma 5.13 zeigt, dass es keine anderen gibt.

maximaler leerer Kreis

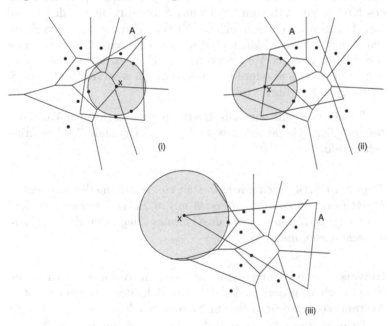

Abb. 5.12 Die drei Arten maximaler leerer Kreise mit Mittelpunkten im konvexen Polygon A.

Lemma 5.13 *Sei $C(x)$ der größte Kreis mit im Polygon A liegendem Mittelpunkt x, der keinen Punkt aus S in seinem Innern enthält. Dann ist x ein Voronoi-Knoten von $V(S)$, ein Schnittpunkt einer Voronoi-Kante mit dem Rand von A oder ein Eckpunkt von A.*

Beweis. Sei $x \in A$ beliebig und $C(x)$ ein Kreis um x, der kein $p \in S$ enthält. Wir zeigen, dass wir $C(x)$ vergrößern und dabei gegebenenfalls verschieben können, bis eine der drei genannten Eigenschaften auf den Mittelpunkt x zutrifft. Daraus folgt dann, dass der größte leere Kreis selbst auch eine dieser Eigenschaften hat.

wachsender Kreis

Zunächst wird $C(x)$ bei festem x so lange vergrößert, bis der Rand mindestens einen Punkt aus S berührt. Liegen nun gleich drei Punkte auf $\partial C(x)$, ist x ein Voronoi-Knoten; siehe Lemma 5.1. Sind es nur zwei, etwa p und q, liegt x auf einer Voronoi-Kante von $V(S)$, die Teil vom Bisektor $B(p,q)$ ist. In diesem Fall schieben wir x entlang $B(p,q)$ fort vom Schnittpunkt mit pq und halten gleichzeitig den Kontakt von $\partial C(x)$ mit p, q aufrecht, bis der Rand des Kreises einen dritten Punkt aus S berührt oder x den Rand von A erreicht. Wenn schließlich $\partial C(x)$ zu Anfang nur einen einzigen Punkt aus S enthält, halten wir diesen Kontakt aufrecht und verschieben x unter Vergrößerung von $C(x)$ so lange, bis x eine Ecke von A erreicht oder bis mindestens ein weiterer Punkt aus S durch $\partial C(x)$ berührt wird. □

Damit wird eine effiziente Bestimmung des „idealen Wohnsitzes" möglich, wie sie zuerst von Chew und Drysdale [14] beschrieben wurde.

Theorem 5.14 *Den am weitesten von n Störquellen entfernten Punkt in einem konvexen Bereich mit m Ecken kann man in Zeit $O(m + n)$ bestimmen, wenn das Voronoi-Diagramm der Störquellen schon vorhanden ist.*

Beweis. Die Kandidaten für den idealen Wohnsitz werden der Reihe nach inspiziert und der beste, d.h. der mit dem größten Abstand zu den Störquellen in S, ausgewählt.

Dazu bestimmen wir zunächst die Schnittpunkte des Randes von A mit den Voronoi-Kanten. Nebenbei stellen wir für jeden Eckpunkt von A die Voronoi-Region $VR(p, S)$ fest, in der er enthalten ist, und bestimmen den Abstand zu p. Schließlich inspizieren wir die $O(n)$ vielen Voronoi-Knoten in A, indem wir vom Rand von A aus längs der Kanten von $V(S)$ nach innen wandern.

Wir werden zeigen, dass ein Zeitaufwand in $O(n + m)$ hierfür ausreicht. Bis auf den Beweis dieser Schranke, den wir in Lemma 5.15 nachholen werden, ist damit Theorem 5.14 bewiesen.

$\square$

Vorher bleibt aber noch ein Teilproblem zu lösen: die Bestimmung der Schnittpunkte, die der Rand eines konvexen Polygons A mit m Ecken mit einem Voronoi-Diagramm von n Punkten hat. Weil jede Kante von $V(S)$ von dem konvexen Rand von A höchstens zweimal geschnitten werden kann, gibt es höchstens $O(n)$ viele Schnittpunkte — aber wie finden wir sie schnell?

Schnittpunkte von konvexem Polygon A mit $V(S)$

Das andere Teilproblem, nämlich die Voronoi-Region der Eckpunkte von A zu bestimmen, lässt sich dabei miterledigen.

Sei $a_1, a_2, \ldots, a_m$ eine Nummerierung der Ecken von A gegen den Uhrzeigersinn. Zu Beginn bestimmen wir den ersten Punkt h, den der Strahl von a_1 in Richtung von a_2 im Voronoi-Diagramm $V(S)$ trifft; hierzu testen wir alle $O(n)$ viele Voronoi-Kanten. Damit ist auch die Voronoi-Region bekannt, die den Eckpunkt a_1 enthält.

Zwei Fälle sind möglich, je nachdem ob der Strahl von a_1 zuerst den Punkt h oder zuerst a_2 erreicht; siehe Abbildung 5.13 (i) und (ii).[10]

In (i) wechselt die aktuelle Kante des Polygons A am Punkt $h = w_{i,1}$ in eine neue Voronoi-Region, und der Punkt $w_{i,1}$ ist als Schnittpunkt mit $V(S)$ zu berichten. Wie es dann weitergeht, zeigen (iii) und (iv): Man bestimmt den Punkt h auf dem Rand der neuen Region, der von dem Strahl von a_i getroffen wird. Dazu durchläuft man den Rand der Voronoi-Region vom Eintrittspunkt $w_{i,j}$ aus gegen den Uhrzeigersinn und testet jede Kante auf Schnitt mit dem Strahl, bis h gefunden ist. Liegt h von a_i aus vor a_{i+1}, wie in (iii), ist $h = w_{i,j+1}$ ein weiterer Schnittpunkt von $V(S)$ mit der aktuellen Kante von A, die hier wiederum in eine neue Region wechselt. Kommt dagegen a_{i+1} zuerst, wie in (iv), endet die aktuelle Kante von A in der aktuellen Voronoi-Region. Wir müssen dann den Strahl betrachten, der von a_{i+1} in Richtung von a_{i+2} läuft, und seinen Treffpunkt auf dem Rand suchen.

Das bringt uns in eine der in (i) und (ii) gezeigten Situationen. Vom Punkt z_{i-1} aus, in dem die Verlängerung der Vorgängerkante auf den Rand der Voronoi-Region traf, suchen wir gegen den Uhrzeigersinn weiter, bis wir den Treffpunkt h des aktuellen Strahls finden. Er kann vor oder hinter a_{i+1} liegen, und entsprechend fahren wir fort.

Verfolgung des Randes

So wird der Rand des Polygons A vollständig umlaufen; dabei werden auch die Regionen der Eckpunkte bestimmt.

---

[10]Am Anfang muss man $i = 1$ setzen und den Punkt z_{i-1} ignorieren.

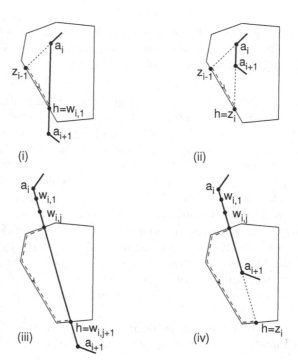

Abb. 5.13 Die vier möglichen Situationen bei der Verfolgung einer konvexen polygonalen Kette durch eine konvexe Region.

Wie viel Arbeit hat uns die Verfolgung des Randes von A durch das Voronoi-Diagramm gemacht?

Lemma 5.15 *Sei A ein konvexes Polygon mit m Ecken und S eine Menge von n Punkten. Dann kann man die Schnittpunkte von ∂A mit dem Voronoi-Diagramm $V(S)$ und die Voronoi-Regionen der Eckpunkte von A in Zeit $O(m + n)$ bestimmen.*

Beweis. Am Anfang wird $O(n)$ viel Zeit auf die Bestimmung des ersten Trefferpunktes h verwendet. Danach werden nur noch die in Abbildung 5.13 gezeigten vier Schritte ausgeführt. In jedem Schritt ist ein Teil des Randes einer Voronoi-Region abzusuchen; diese Stücke sind gestrichelt eingezeichnet.

Den Suchaufwand in den Schritten (iii) und (iv) können wir durch die Anzahl der durchlaufenen Voronoi-Knoten abschätzen; man beachte, dass die durchlaufenen Randstücke stets mindestens einen Voronoi-Knoten enthalten.

Anders in (i) und (ii): Hier können viele Punkte z_i auf derselben Voronoi-Kante liegen! Doch zu jedem z_i gehört ein eindeutiger Eckpunkt des Polygons A, so dass wir bei diesen Schritten den Suchaufwand insgesamt durch die Anzahl der durchlaufenen Voronoi-Knoten plus $O(m)$ abschätzen können.

Wegen der Konvexität von A wird jedes Randstück einer Region von $V(S)$, also auch jeder darin enthaltene Voronoi-Knoten, insgesamt höchstens einmal durchlaufen. Also liegt der Gesamtaufwand in $O(m + n)$, wie behauptet. □

Dieses Prinzip der Verfolgung eines Polygonrandes durch ein Voronoi-Diagramm und die soeben angewandte Abrechnungsmethode werden uns in Kapitel 6 wiederbegegnen, wenn wir die *divide-and-conquer*-Technik auf die Konstruktion des Voronoi-Diagramms anwenden.

Beim Beweis von Lemma 5.15 haben wir übrigens keinen Gebrauch davon gemacht, dass es sich bei $V(S)$ um ein Voronoi-Diagramm handelt; der Ansatz funktioniert ebenso gut für eine beliebige Zerlegung der Ebene, solange die Regionen konvex sind.

Neben der in Theorem 5.14 behandelten Aufgabe gibt es zahlreiche andere *Standortprobleme*, zu deren Lösung zum Teil ganz andere Methoden benötigt werden; siehe z. B. Hamacher [23].   Standortprobleme

Wir konnten hier nur wenige Anwendungen des Voronoi-Diagramms aufführen. Es eignet sich z. B. auch dazu, in einer Menge von Objekten die jeweils nah zusammen liegenden in einer Gruppe, einem sogenannten *Cluster*, zusammenzufassen; siehe   Cluster
Dehne und Noltemeier [16].

5.4 Die Delaunay-Triangulation

Bereits in Abschnitt 5.3.2 war des öfteren von Paaren von Punkten aus S die Rede, deren Voronoi-Regionen in $V(S)$ an eine gemeinsame Kante angrenzen. Nach unserer Definition des dualen Graphen in Abschnitt 1.2.2 definiert jedes solche Punktepaar eine Kante in $V(S)^*$, dem Dualen des Voronoi-Diagramms[11] von S.

Dieser zu $V(S)$ duale Graph hat selbst einige überraschende und nützliche Eigenschaften, die in den folgenden Abschnitten vorgestellt werden.

5.4.1 Definition und elementare Eigenschaften

Sei also S wieder eine Menge von n Punkten in der Ebene, und sei $V(S)$ ihr Voronoi-Diagramm.

---

[11]Auch $V(S)$ kann als kreuzungsfreier geometrischer Graph aufgefasst werden; wir nehmen hier einfach an, die unbeschränkten Kanten endeten in einem gemeinsamen Knoten ∞.

Zwei Punkte $p, q \in S$ werden durch die Strecke pq miteinander verbunden, wenn ihre Voronoi-Regionen $VR(p, S)$ und $VR(q, S)$ an eine gemeinsame Voronoi-Kante in $V(S)$ angrenzen. Die durch diese Festsetzung entstehende Menge von Liniensegmenten heißt die *Delaunay-Zerlegung* $DT(S)$ der Punktmenge S. Ein Beispiel ist in Abbildung 5.14 gezeigt. Die Strecke pq heißt eine *Delaunay-Kante*.

Delaunay-Zerlegung

Delaunay-Kante

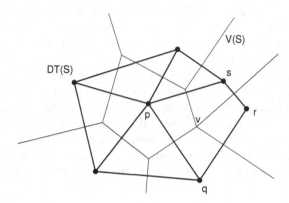

Abb. 5.14 Sieben Punkte in der Ebene, ihr Voronoi-Diagramm und ihre Delaunay-Zerlegung.

Übungsaufgabe 5.5

(i) Man zeige, dass zwei Punkte $p, q \in S$ genau dann durch eine Delaunay-Kante miteinander verbunden sind, wenn es einen Kreis gibt, der nur p und q auf seinem Rand enthält und keinen Punkt aus S in seinem Innern.

(ii) Kann eine Delaunay-Kante pq auch andere Voronoi-Regionen durchqueren als die von p oder q?

Insbesondere ist jede Kante der konvexen Hülle von S eine Delaunay-Kante; auch der gesamte minimale Spannbaum von S ist ein Teilgraph von $DT(S)$, wie wir in Abschnitt 5.3.3 gesehen haben.

Weil zwei Voronoi-Regionen ihrer Konvexität wegen an höchstens *eine* gemeinsame Kante angrenzen können, enthält der duale Graph $V(S)^*$ des Voronoi-Diagramms höchstens eine Kante zwischen je zwei Punkten $p, q \in S$. Außerdem können sich wegen Übungsaufgabe 5.5 (i) zwei Delaunay-Kanten nicht kreuzen, denn die dort erwähnten Kreise weisen höchstens zwei echte Schnittpunkte auf. Das bedeutet:

Lemma 5.16 *Die Delaunay-Zerlegung ist eine kreuzungsfreie geometrische Realisierung des dualen Graphen des Voronoi-Diagramms.*

$DT(S) = V(S)^*$

Hieraus folgt insbesondere, dass sich die Delaunay-Zerlegung in linearer Zeit aus dem Voronoi-Diagramm berechnen lässt und umgekehrt.

von $V(S)$ nach $DT(S)$ und zurück in $O(n)$ Zeit

Auch $DT(S)$ ist eine wichtige Struktur mit interessanten Eigenschaften.

Zunächst einmal folgt aus der Definition des dualen Graphen, dass jede beschränkte Fläche von $DT(S)$ genau so viele Kanten hat, wie bei ihrem zugehörigen Knoten in $V(S)$ zusammenlaufen. Ist die Punktmenge S also so beschaffen, dass keine vier Punkte auf einem Kreisrand liegen, so sind die beschränkten Flächen von $DT(S)$ allesamt Dreiecke!

keine vier Punkte auf einem Kreis

Aus diesem Grund heißt $DT(S)$ auch die *Delaunay-Triangulation* der Punktmenge S. Auch wir wollen im folgenden diese weit verbreitete Bezeichnung verwenden, auch dann, wenn S die genannte Bedingung nicht erfüllt und $DT(S)$ deswegen Flächen mit mehr als drei Kanten enthält. Hierbei kann es sich nur um konvexe Polygone handeln, deren Ecken auf einem Kreis liegen und die sich leicht „nachtriangulieren" lassen; siehe etwa die Fläche des Voronoi-Knotens v in Abbildung 5.14.

Delaunay-Triangulation

Allgemein versteht man unter einer *Triangulation einer Punktmenge* S eine Zerlegung ihrer konvexen Hülle $ch(S)$ in Dreiecke durch Strecken mit Endpunkten in S, die höchstens Endpunkte gemeinsam haben.

Triangulation einer Punktmenge

Das in Abschnitt 4.2 erwähnte Problem, ein einfaches Polygon P mit Eckpunktmenge S zu triangulieren, kann als Spezialfall einer Triangulierung von S angesehen werden, bei der alle Kanten von P verwendet werden müssen und ansonsten nur solche Strecken mit Endpunkten in S verwendet werden dürfen, die Diagonalen von P sind.

Triangulation eines Polygons

Abbildung 5.15 zeigt ein Beispiel von zwei ganz verschiedenen Triangulationen derselben Punktmenge.

Aichholzer et al. [2] bewiesen, dass es für n Punkte, von denen keine drei auf einer Geraden liegen, immer $\Omega(2.631^n)$ viele Triangulationen gibt. Eine obere Schranke ist 43^n. Alvarez und Seidel [8] gaben einen Algorithmus an, mit dem sich die Anzahl der Triangulationen einer gegebenen Menge von n Punkten in Zeit $O(n^2 2^n)$ bestimmen lässt — schneller, als die Anzahl groß ist!

Übungsaufgabe 5.6 Sei S eine Menge von n Punkten in der Ebene, von denen keine drei auf einer Geraden liegen. Angenommen, die konvexe Hülle $ch(S)$ hat r Ecken. Man zeige, dass jede Triangulation von S genau $2(n-1) - r$ viele Dreiecke enthält.

Abb. 5.15 Zwei Triangulationen derselben Punktmenge.

5.4.2   Die Maximalität der kleinsten Winkel

einschränkende
Annahmen

In diesem Abschnitt sei S eine Menge von n Punkten in der Ebene, von denen keine vier auf einem gemeinsamen Kreisrand und keine drei auf einer Geraden liegen.

Bei der Betrachtung von Abbildung 5.15 fällt auf, dass in der rechten Triangulation zahlreiche spitze Dreiecke mit kleinen Winkeln auftreten, während die linke Triangulation in dieser Hinsicht ausgeglichener wirkt.

Es gibt zahlreiche Anwendungen für Triangulationen, bei denen kleine Winkel in den Dreiecken unerwünscht sind, zum Beispiel aus numerischen Gründen. Hier ist die Delaunay-Triangulation optimal, wie wir jetzt zeigen werden.

Für eine Triangulation T einer Punktmenge S bezeichne

$$w(T) = (\alpha_1, \alpha_2, \ldots, \alpha_{3d})$$

lexikographischer
Winkelvergleich

die aufsteigend sortierte Folge der Innenwinkel aller d Dreiecke in T. Ist T' eine andere Triangulation von S, kann man die Winkelfolgen $w(T)$ und $w(T')$ bezüglich der lexikographischen Ordnung miteinander vergleichen; es gilt immer dann

$$w(T) < w(T'),$$

wenn der kleinste Winkel in T kleiner ist als der kleinste Winkel in T', aber auch, wenn für eine Zahl j mit $1 \leq j \leq 3d - 1$ die j kleinsten Winkel in beiden Triangulationen gleich sind und erst der $(j+1)$-kleinste Winkel von T kleiner als sein Gegenstück in T' ist.

größte Winkelfolge

Theorem 5.17 *Sei S eine Menge von n Punkten in der Ebene, von denen keine vier auf einem gemeinsamen Kreisrand liegen. Dann hat die Delaunay-Triangulation unter allen Triangulationen von S die größte Winkelfolge; hierdurch ist $DT(S)$ eindeutig bestimmt.*

Hierfür benötigen wir die folgende Charakterisierung von $DT(S)$, deren Beweis analog zur Lösung von Übungsaufgabe 5.5 ist:

Lemma 5.18 *Drei Punkte p, q, r aus S definieren genau dann ein Dreieck von $DT(S)$, wenn der eindeutig bestimmte Kreis durch p, q, r — wir nennen ihn im folgenden den Umkreis des Dreiecks $tria(p, q, r)$ — keinen Punkt aus S im Innern enthält.*

Charakterisierung der Delaunay-Dreiecke

Beweis (von Theorem 5.17). Sei T eine Triangulation von S. Wenn kein Umkreis eines Dreiecks von T einen anderen Punkt aus S im Innern enthält, kommen wegen Lemma 5.18 alle Dreiecke von T auch in der Delaunay-Triangulation vor. Dann folgt sofort $T = DT(S)$, weil ja nach Übungsaufgabe 5.6 alle Triangulationen von S dieselbe Anzahl von Dreiecken enthalten.

Andernfalls gibt es mindestens ein Dreieck D in T, dessen Umkreis einen Punkt t aus S im Innern enthält. Solch ein Punkt kann natürlich nicht im Dreieck selbst liegen, sonst wäre T keine Triangulation; er liegt also zwischen dem Kreisrand und einer der Dreieckskanten.

Wir wählen unter allen solchen Paaren (D, t) eines aus, bei dem der Winkel α, unter dem t die Endpunkte „seiner" Dreieckskante sieht, maximal ist. In Abbildung 5.16 ist $D = tria(p, q, r)$, und pr ist die dem Punkt t zugewandte Kante von D.

Wahl eines maximalen Kandidaten

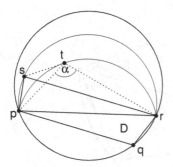 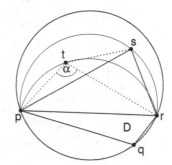

Abb. 5.16 Der Winkel zwischen ts und tr bzw. zwischen tp und ts ist größer als α.

Wir behaupten, dass auch $tria(p, r, t)$ zu T gehört! Zunächst einmal ist wegen der Lage von t und q klar, dass pr keine Kante der konvexen Hülle von S ist. Sollte also der Punkt t mit pr kein Dreieck von T bilden, müsste ein anderer Punkt s das tun, der auf derselben Seite von pr liegt wie t.

Der Punkt s kann nur außerhalb des Kreises durch p, r und t liegen, weil er sonst auch im Umkreis von D läge und die Punkte

p, r in einem größeren Winkel als α sähe.[12] Also liegt t im Umkreis, aber nicht im Inneren, von $tria(p, r, s)$. Dann sieht t aber die Endpunkte der ihm zugewandten Dreieckskante — entweder sr oder ps — in einem Winkel $> \alpha$, was ebenfalls der Maximalität von α widerspricht.

Damit haben wir gezeigt, dass doch $tria(p, r, t)$ das zu D benachbarte Dreieck in der Triangulation T ist.

Nun behaupten wir: Wenn man in T die Kante pr durch qt ersetzt,[13] entsteht eine Triangulation T' von S mit

$$w(T) < w(T').$$

Damit wäre dann alles bewiesen: Für jede von $DT(S)$ verschiedene Triangulation T lässt sich $w(T)$ noch vergrößern. Weil es nur endlich viele Triangulationen von S gibt, muss der Vergrößerungsprozess mit $DT(S)$ enden.

Es bleibt also noch der Beweis der obigen Behauptung. Dass T' wieder eine Triangulation von S ist, liegt auf der Hand. Betrachten wir also die in Abbildung 5.17 eingezeichneten Winkel.

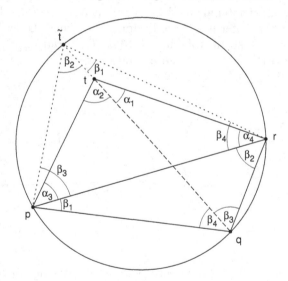

Abb. 5.17 Über der Sehne qr sind die Winkel β_1 in den Punkten $\tilde{t}$ und p gleich; das gilt entsprechend auch für die anderen Winkel $\beta_2, \beta_3, \beta_4$.

Wenn man die Strecke qt bis zu einem Punkt $\tilde{t}$ auf dem Rand des Umkreises von $tria(p, q, r)$ fortsetzt, kann man viermal den

---

[12] Das folgt aus dem Satz des Thales auf Seite 25.
[13] Im Englischen nennt man diesen Vorgang einen *edge flip*.

Satz des Thales anwenden, und zwar auf $\beta_1, \beta_2, \beta_3, \beta_4$; verglei-
che Abbildung 1.18 auf Seite 25. Danach sind zum Beispiel in
Abbildung 5.17 in den Dreiecken $tria(p, q, \tilde{t})$ und $tria(p, q, r)$ die
Winkel β_2 an den Punkten $\tilde{t}$ und r identisch.

Außerdem gilt

$$\alpha_1 > \beta_1 \quad \text{und} \quad \alpha_2 > \beta_2$$
$$\alpha_3 < \beta_3 \quad \text{und} \quad \alpha_4 < \beta_4.$$

Mit der Originalkante pr entstehen in $tria(p, q, r)$ und
$tria(r, t, p)$ in unsortierter Reihenfolge die Innenwinkel

$$\beta_1, \beta_2, \alpha_3, \alpha_4, \alpha_1 + \alpha_2, \beta_3 + \beta_4.$$

Ersetzt man pr durch die Kante qt, haben $tria(p, q, t)$ und
$tria(q, r, t)$ die Innenwinkel

$$\alpha_1, \alpha_2, \beta_3, \beta_4, \beta_1 + \alpha_3, \beta_2 + \alpha_4.$$

Jeder von ihnen ist echt größer als ein Winkel aus der oberen Liste;
zum Beispiel ist $\beta_3 > \alpha_3$ und $\beta_2 + \alpha_4 > \beta_2$; alle übrigen Winkel
bleiben beim Übergang von T zur Triangulation T' unverändert.
Insbesondere wird also der kleinste Winkel der oberen Liste durch
einen größeren Winkel ersetzt. Daraus folgt $w(T) < w(T')$.   □

Wegen der in Theorem 5.17 beschriebenen Eigenschaft der Maximalität der kleinsten Winkel wird die Delaunay-Triangulation
zum Beispiel bei der Approximation von räumlichen Flächen
durch Dreiecksnetzwerke verwendet. Mehr Information zu diesem
Thema findet sich in den Büchern von Abramowski und Müller [1]
und Cheng et al. [12].

Eine andere Anwendung von Theorem 5.17 ist Gegenstand der
folgenden Übungsaufgabe 5.7.

Übungsaufgabe 5.7 Sei S eine Menge von n Punkten in der
Ebene und T eine Triangulation von S. Für zwei Punkte p und q
in S oder auf den Kanten von T sei $\pi(p, q)$ ein Weg minimaler
Länge $|\pi(p, q)|$ von p nach q in T. Wir vergleichen sie mit dem
Luftlinienabstand $|pq|$ von p nach q. Dann ist

$$\delta(T) := \max_{p, q \in T} \frac{|\pi(p, q)|}{|pq|}$$

ein Maß für die Qualität von T als Straßennetz, genannt die geometrische *Dilation* von T. Man zeige, dass $\delta(T)$ von der Delaunay-   Dilation
Triangulation von S minimiert wird.

5.5 Zwei Variationen

Bisher haben wir nur das Voronoi-Diagramm von Punkten im $\mathbb{R}^2$ unter der euklidischen Metrik betrachtet. In Anbetracht seiner zahlreichen nützlichen Anwendungen ist es nicht erstaunlich, dass dieser Ansatz auf verschiedene Weisen verallgemeinert wurde. Zwei solche Verallgemeinerungen werden im folgenden vorgestellt. Weitere Beispiele folgen in Abschnitt 7.1.

5.5.1 Die Manhattan-Metrik L_1

In Abschnitt 5.3.1 hatten wir auf Seite 267 bei der Bestimmung des nächstgelegenen Postamts angenommen, dass die Entfernung vom Anfrageort x zu einem Postamt p_i durch die Luftlinienentfernung, d. h. durch den euklidischen Abstand $|p_i x|$, adäquat beschrieben wird.

Luftlinienabstand nicht immer geeignet

In einer realen Umgebung ist diese Annahme nicht immer erfüllt. Die Einwohner von Manhattan können sich zum Beispiel nur in einem orthogonalen Straßengitter bewegen; siehe Abbildung 5.18. Für sie beträgt die Entfernung zwischen zwei Punkten

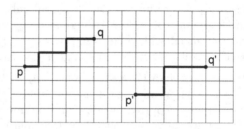

Abb. 5.18 Entfernungen in der Manhattan-Metrik.

$p = (p_1, p_2)$ und $q = (q_1, q_2)$ daher

$$L_1(p, q) = |p_1 - q_1| + |p_2 - q_2|.$$

Manhattan-Metrik

Man nennt L_1 deshalb auch die *Manhattan-Metrik*. Abbildung 5.19 zeigt am Beispiel von vier Punkten den Unterschied zwischen Voronoi-Diagrammen in L_1 und L_2. Es fällt auf, dass in L_2 die Regionen von p und q benachbart sind, in L_1 dagegen nicht.

Die L_1-Metrik ist ein Mitglied der Familie der *Minkowski-Metriken*

$$L_i(p, q) = \sqrt[i]{|p_1 - q_1|^i + |p_2 - q_2|^i}, \quad 1 \le i < \infty,$$

sowie

$$L_\infty(p, q) = \max(|p_1 - q_1|, |p_2 - q_2|).$$

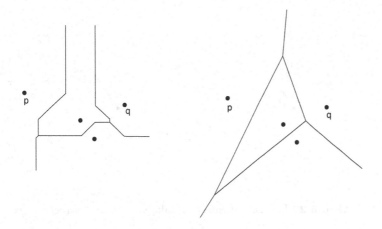

Abb. 5.19 Ein Voronoi-Diagramm in L_1 und L_2.

Offenbar ergibt sich für $i = 2$ gerade die euklidische Metrik. Diese Definitionen lassen sich für beliebiges $d > 2$ auf den $\mathbb{R}^d$ verallgemeinern. In Abschnitt 7.1 werden wir uns ausführlicher mit den L_i und verwandten Abstandsmaßen beschäftigen; siehe auch Aurenhammer et al. [10].

5.5.2 Das Voronoi-Diagramm von Strecken

Die Definition von Voronoi-Diagrammen lässt sich auch auf andere geometrische Objekte ausdehnen. In diesem Abschnitt betrachten wir das Voronoi-Diagramm einer Menge S von n Strecken unter der euklidischen Metrik. Dazu müssen wir zunächst unseren Abstandsbegriff auf Punkte x und Strecken l fortsetzen. Wir definieren

$$|xl| = \min_{y \in l} |xy|.$$

Das Minimum wird in dem zu x nächsten Punkt $y_x \in l$ angenommen; Abbildung 5.20 zeigt die beiden Möglichkeiten.

Der Abstand zwischen einem Punkt und einer Geraden wird genauso definiert; offenbar kann hierbei nur Fall (i) aus Abbildung 5.20 auftreten.

Zuerst bestimmen wir die Gestalt der Bisektoren

$$B(l_1, l_2) = \{x \in \mathbb{R}^2; \ |xl_1| = |xl_2|\}$$

von zwei Strecken. Dazu dient folgende Vorübung:

Übungsaufgabe 5.8 Sei g eine Gerade und p ein Punkt. Wie sieht der Bisektor von g und p aus?

Abstand
Punkt-Strecke

Bisektor von
Punkt und Gerade

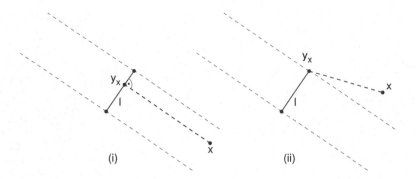

Abb. 5.20 Der zu x dichteste Punkt y_x auf einer Strecke l.

Unser nächster Schritt besteht in der Konstruktion des Bisektors $B(l,p)$ für eine Strecke $l = ab$ und einen Punkt $p \notin l$. Dazu **Bisektor von** betrachten wir den zur Geraden g durch ab senkrechten Streifen, **Punkt und Strecke** dessen Ränder durch a und b laufen; siehe Abbildung 5.21. Auf jeder Seite des Streifens liegt eine Halbebene.

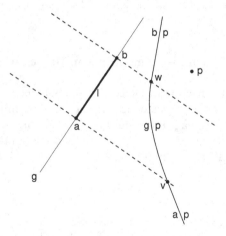

Abb. 5.21 Der Bisektor $B(l,p)$ eines Punktes p und einer Strecke l besteht aus drei Segmenten: einem Parabelstück und zwei Halbgeraden.

Liegt p auf der Geraden g, ist $B(l,p)$ der Bisektor von p und dem zu p benachbarten Endpunkt von l. Andernfalls schneiden $B(a,p)$ und $B(b,p)$ jeweils den Streifenrand durch a bzw. durch b. Für die Schnittpunkte v und w gilt

$$|vp| = |va| = |vl|$$
$$\text{und} \quad |wp| = |wb| = |wl|;$$

folglich liegen v, w auf $B(l, p)$. Zwischen ihnen erstreckt sich ein Teil der Parabel $B(g, p)$ (siehe Übungsaufgabe 5.8), der in den Halbebenen durch Halbgeraden aus $B(a, p)$ und $B(b, p)$ fortgesetzt wird.

Nun können wir schon ein wenig mehr über die Bisektoren von Strecken sagen.

Lemma 5.19 *Der Bisektor von zwei disjunkten Strecken ist eine Kurve, die aus Parabelsegmenten, Strecken und zwei Halbgeraden besteht.*

Bisektor von zwei Strecken

Beweis. Seien l_1 und l_2 zwei disjunkte Strecken. Wir nehmen an, ihre senkrechten Streifen schneiden sich; andernfalls sind die Strecken parallel, und die Betrachtung wird einfacher.

Wenn ein Teil von $B(l_1, l_2)$ im Durchschnitt der beiden Streifen verläuft, hat jeder Bisektorpunkt dort je einen inneren Punkt auf l_1 und auf l_2 zum nächsten Nachbarn, entsprechend Abbildung 5.20 (i). Hier stimmt deshalb $B(l_1, l_2)$ lokal mit einer *Winkelhalbierenden* von l_1 und l_2 überein. In Abbildung 5.22 gibt es zwei solche Stücke; sie sind dort mit $l_2|l_1$ beschriftet.

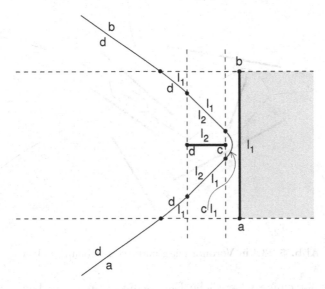

Abb. 5.22 Hier besteht der Bisektor der beiden Strecken aus sieben Stücken.

Während der Bisektor innerhalb des Streifens von l_i und außerhalb des Streifens von l_j verläuft, stimmt er mit der Parabel $B(l_i, e)$ überein, wobei e der näher gelegene Endpunkt von l_j ist. In Abbildung 5.22 trifft dies für die mit $d|l_1, c|l_1, d|l_1$ beschrifteten Bisektorstücke zu.

Außerhalb von beiden Streifen ist $B(l_1, l_2)$ Teil des Bisektors
von zwei Endpunkten; siehe die mit $d|a$ und $d|b$ beschrifteten Halb-
geraden in Abbildung 5.22.

Wenn man mit irgendeinem Stück von $B(l_1, l_2)$ startet, kann
man den Bisektor von da aus in beide Richtungen eindeutig bis
ins Unendliche weiterverfolgen: Wann immer man den Rand eines
Streifens erreicht, hat man stetig Anschluss an das nächste Stück.
Bei den unbeschränkten Endstücken kann es sich nur um Halbge-
raden handeln, denn die Parabelstücke stoßen irgendwann an ihre
Streifenränder, und der im Durchschnitt der Streifen enthaltene
Teil von $B(l_1, l_2)$ ist beschränkt.   □

Damit wissen wir, dass die Bisektoren von Strecken Kurven sind und aus welchen Segmenten sie bestehen. Jetzt können
wir problemlos das Voronoi-Diagramm $V(S)$ einer Menge von n
Strecken definieren, analog zu Abschnitt 5.2 ab Seite 259. Abbildung 5.23 zeigt ein Voronoi-Diagramm von sieben Strecken.

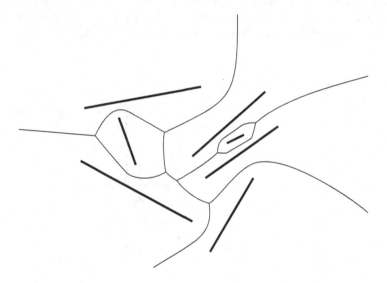

Abb. 5.23 Ein Voronoi-Diagramm von sieben Strecken.

Es hat einige wesentliche Eigenschaften mit dem Diagramm
von Punkten gemeinsam. Die Voronoi-Region $VR(p, S)$ eines
Punkts ist ja wegen ihrer Konvexität insbesondere von p aus
sternförmig.

verallgemeinerte   Obwohl die Voronoi-Regionen von Strecken im allgemeinen
Sternförmigkeit   nicht konvex sind, sind sie zumindest sternförmig — in einem verallgemeinerten Sinn.

Lemma 5.20 *Sei S eine Menge von Strecken und $l \in S$. Dann enthält die Voronoi-Region $VR(l, S)$ mit jedem Punkt x auch die Verbindungsstrecke xy_x von x zum nächsten Punkt y_x auf l.*

Beweis. Angenommen, ein Punkt $z \in xy_x$ gehört zum Abschluss einer Region einer anderen Strecke l'. Dann wäre $|lz| \geq |l'z|$, und für den zu z nächsten Punkt y_z' auf l' würde folgen

$$
\begin{aligned}
|lx| = |y_x x| &= |y_x z| + |zx| \\
&= |lz| + |zx| \\
&\geq |l'z| + |zx| \\
&= |y_z' z| + |zx| \geq |y_z' x| \geq |l'x|,
\end{aligned}
$$

im Widerspruch zur Annahme $x \in VR(l, S)$. $\qquad \square$

Daraus folgt sofort:

Korollar 5.21 *Die Voronoi-Regionen von Strecken sind zusammenhängende Mengen.*

In der *globalen Struktur* gibt es aber einen fundamentalen Unterschied zwischen dem Voronoi-Diagramm von Punkten und dem von Strecken: Zwei Regionen können mehr als eine gemeinsame Randkante besitzen. Abbildung 5.23 enthält ein Beispiel.

Zum Abschluss wollen wir noch bestimmen, aus *wie vielen* Stücken der Bisektor von zwei Strecken bestehen kann; dass es sich dabei nur um Segmente von Parabeln und Geraden handeln kann, hatten wir schon in Lemma 5.19 festgestellt.

Lemma 5.22 *Seien $l_1 = ab$ und $l_2 = cd$ zwei disjunkte Strecken in der Ebene. Dann besteht ihr Bisektor $B(l_1, l_2)$ aus maximal sieben Stücken.*

Anzahl der Bisektorstücke

Beweis. Wir verwenden die Bezeichnungen aus Abbildung 5.22. Jeder der beiden Streifen wird durch seine Strecke in zwei Halbstreifen zerlegt. Aus Lemma 5.20 folgt, dass $B(l_1, l_2)$ jeden Halbstreifen von l_i höchstens einmal betreten und wieder verlassen kann: Die Verbindungsstrecken zwischen den Bisektorpunkten und ihren nächsten Nachbarn auf l_i dürfen $B(l_1, l_2)$ ja nicht kreuzen!

Nun betrachten wir die konvexe Hülle der vier Endpunkte $\{a, b, c, d\}$ der beiden Strecken. Weil l_1 und l_2 disjunkt sind, muss mindestens eine von ihnen eine Kante von $ch(\{a, b, c, d\})$ sein.

In Abbildung 5.22 liegt nur l_1 auf dem Rand der konvexen Hülle. Jeder Punkt im Halbstreifen rechts von l_1 liegt näher an l_1 als an irgendeinem Punkt von l_2; folglich kann der Bisektor $B(l_1, l_2)$ den rechten Halbstreifen von l_1 nicht betreten. Er

kann jeden der drei anderen Halbstreifen betreten und wieder verlassen und dabei sechs Streifenränder überqueren. Also besteht
$B(l_1, l_2)$ in diesem Fall aus maximal sieben Stücken.

Liegen sogar beide Strecken auf dem Rand von $ch(\{a, b, c, d\})$
wie in Abbildung 5.24, sind zwei Halbstreifen für $B(l_1, l_2)$ verboten, und es kann nur vier Überquerungen von Streifenrändern
geben, also nur fünf Bisektorstücke.   □

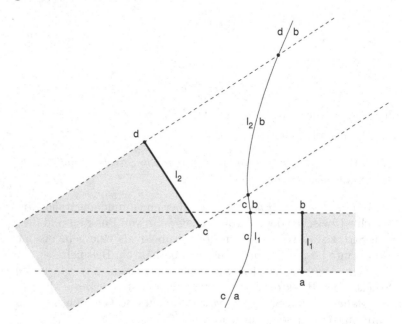

Abb. 5.24 Wenn die konvexe Hülle von $\{a, b, c, d\}$ jeden der vier Punkte enthält, kann der Bisektor $B(l_1, l_2)$ aus höchstens fünf Stücken bestehen.

Übungsaufgabe 5.9 Kann der Bisektor von zwei Strecken aus
sieben Stücken bestehen, von denen keines im Durchschnitt der
beiden Streifen verläuft?

Lemma 5.22 sagt uns, dass eine Voronoi-Kante aus maximal
sieben Stücken bestehen kann; die Punkte, an denen solche Stücke
zusammenstoßen, betrachten wir nicht als Voronoi-Knoten.

In Analogie zu Theorem 5.4 folgt hieraus und aus Korollar 5.21:

Theorem 5.23 *Das Voronoi-Diagramm von n paarweise disjunkten Strecken in der Ebene hat $O(n)$ viele Knoten und Kanten. Jede Kante besteht aus $O(1)$ vielen Stücken. Der Rand einer
Voronoi-Region enthält im Mittel höchstens sechs Kanten.*

Eine weitreichende Verallgemeinerung der hier betrachteten Situation, nämlich das Voronoi-Diagramm beliebiger gekrümmter Kurvenstücke, wurde von Alt et al. [4] untersucht.

5.5.3 Planung kollisionsfreier Bahnen für Roboter

Das Voronoi-Diagramm von Strecken hat eine interessante Anwendung bei der Bewegungsplanung von Robotern.

Gegeben sei ein *kreisförmiger Roboter*, der von einem Startpunkt s zu einem Zielpunkt t bewegt werden soll.[14] Dabei sind Kollisionen mit n Hindernissen zu vermeiden, die durch Strecken dargestellt werden, d. h. zu keinem Zeitpunkt darf das Innere des Kreises eine der Strecken schneiden. Wir nehmen an, dass die Hindernisse paarweise disjunkt sind oder an den Enden zusammenstoßen.[15] Die Szene wird von vier Strecken eingeschlossen; siehe Abbildung 5.25.

kreisförmiger Roboter

kollisionsfreie Bewegung

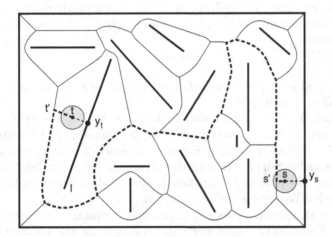

Abb. 5.25 Ein kreisförmiger Roboter soll von s nach t bewegt werden, ohne dass er zwischendurch mit einem der Hindernisse kollidiert.

Auf den ersten Blick könnte man meinen, zur Lösung dieser Aufgabe seien unendlich viele Wege von s nach t zu inspizieren und für jeden Weg festzustellen, ob er zu einer Kollision führt. Doch das Voronoi-Diagramm $V(S)$ der Strecken hilft uns, hieraus ein *endliches Problem* zu machen, das sehr effizient gelöst werden kann.

---

[14]Die Positionsangaben beziehen sich immer auf den Kreismittelpunkt.

[15]Unsere Ergebnisse aus Abschnitt 5.5.2 gelten auch dafür. Dabei definieren wir den Bisektor von zwei Strecken mit gemeinsamem Endpunkt p als die Winkelhalbierende der Strecken durch p.

Die Idee ist recht einfach: Während der Roboter sich durch eine Lücke zwischen zwei Strecken l_1 und l_2 hindurchbewegt, sollte er in jeder Position x seine Sicherheitsabstände

$$|xl_i| = \min_{y \in l_i} |xy|, \; i = 1, 2$$

$V(S)$ maximiert Sicherheitsabstand

maximieren. Dieses Ziel wird erreicht, wenn der Roboter stets *denselben Abstand* zu l_1 und zu l_2 hat! Das heißt: Er sollte dem Bisektor $B(l_1, l_2)$ folgen, zumindest so lange, bis sein Abstand zu einem anderen Hindernis l_3 kleiner wird als $|xl_i|$. Der Roboter sollte sich also im wesentlichen längs der Kanten des Voronoi-Diagramms $V(S)$ der Strecken bewegen.

Wegen der vier umschließenden Strecken ist $V(S)$ zusammenhängend.

Start und Ziel auf $V(S)$

Wenn Start- und Zielpunkt beide auf $V(S)$ liegen, lässt sich das Bahnplanungsproblem folgendermaßen lösen: Wir teilen die Voronoi-Kanten, die s und t enthalten, und machen s und t dadurch zu Knoten des Graphen $V(S)$. Dann bestimmen wir für jede Kante e, die Teil eines Bisektors $B(l_1, l_2)$ ist, den kleinsten Abstand

$$d_e = \min_{b \in e} |bl_i|, \; i = 1, 2$$

zu l_1 und l_2; der Wert von d_e gibt an, wie weit die engste Stelle zwischen l_1 und l_2 ist.

Bottleneck entfernen

Der Teil der Kante e wird entfernt, in dem d_e kleiner als der Roboterradius r ist, denn dort passt der Roboter nicht hindurch.

Breitendurchlauf

Nun führen wir vom Knoten s aus einen *Breitendurchlauf*[16] im verkleinerten Graphen durch und stellen dabei fest, ob t von s aus noch erreichbar ist. Ist dies der Fall, haben wir einen kollisionsfreien Weg von s nach t gefunden.

Start und Ziel außerhalb von $V(S)$

Im allgemeinen brauchen Start- und Zielpunkt aber nicht auf dem Voronoi-Diagramm der Hindernisse zu liegen. Dann gehen wir folgendermaßen vor:

Wir bestimmen das Hindernis l, dessen Voronoi-Region den Zielpunkt t enthält, und darauf den zu t nächsten Punkt y_t; vergleiche Abbildung 5.25. Nun verfolgen wir den Strahl von y_t durch t, er muss das Voronoi-Diagramm in einem Punkt t' treffen.

Wenn wir es schaffen, den Roboter ohne Kollision zum Punkt t' zu bewegen, kann uns auch das gerade Stück von t' nach t keine Schwierigkeiten bereiten, vorausgesetzt, es gilt

$$|ty_t| \geq r.$$

---

[16]Breitendurchlauf und Tiefendurchlauf in Graphen werden in nahezu jedem Buch über Algorithmen erklärt. Sie können beide in Zeit proportional zur Anzahl der Kanten — hier also $O(n)$ — ausgeführt werden.

Sollte diese Bedingung verletzt sein, ist am Zielpunkt t nicht genug Platz für den Roboter, und die gestellte Aufgabe ist unlösbar. Ist die Bedingung erfüllt, gilt für jeden Punkt $x \in t't$

$$|xl| = |xy_t| \geq |ty_t| \geq r,$$

so dass auch hier keine Kollision entsteht.

Mit dem Startpunkt s verfahren wir ebenso und konstruieren einen Punkt $s' \in V(S)$. Nun gilt folgender Satz:

Theorem 5.24 *Genau dann kann sich der Roboter kollisionsfrei von s nach t bewegen, wenn sein Radius r die Abstände $|sy_s|$ und $|ty_t|$ nicht übersteigt und wenn es eine kollisionsfreie Bewegung von s' nach t' längs der Kanten des Voronoi-Diagramms $V(S)$ gibt.*

Beweis. Dass die genannten Bedingungen hinreichend für die Existenz eines kollisionsfreien Weges sind, ist nach den vorausgegangenen Überlegungen klar. Sie sind aber auch notwendig, d. h. wenn wir auf diese Weise keinen Weg finden, dann gibt es keinen!

Sei nämlich π ein kollisionsfreier Weg von s nach t; er muss in dem von den äußeren vier Strecken umschlossenen Bereich verlaufen, braucht aber durchaus nicht dem Voronoi-Diagramm zu folgen. Die oben betrachtete Zuordnung

$$\rho : t \longmapsto t'$$

lässt sich nicht nur auf den Startpunkt s verallgemeinern, sondern auf *jeden* Punkt x der Szene, der nicht auf einer der Strecken liegt: Wir bestimmen den zu x nächsten Punkt y_x auf der nächstgelegenen Strecke und definieren als $x' = \rho(x)$ den ersten Punkt auf $V(S)$, der von dem Strahl getroffen wird, welcher von y_x aus durch x läuft. Offenbar gilt

$$\rho(x) = x \Longleftrightarrow x \in V(S);$$

für einen Punkt x aus $V(S)$ spielt es dabei keine Rolle, *welche* nächstgelegene Strecke wir bei unserer Definition von ρ verwenden.

Entscheidend ist nun, dass die Abbildung

$$\rho : I \setminus \bigcup_{i=1}^{n} l_i \longrightarrow V(S)$$

stetig ist; hierbei bezeichnet I das von dem äußeren Rechteck umschlossene Gebiet. Wir wollen keinen formalen Beweis führen, sondern auf den wesentlichen Grund hinweisen: Wenn man auf einer

$x \longmapsto x'$ ist stetig

Strecke l steht und den Rand der Voronoi-Region $VR(l, S)$ betrachtet, kann eine kleine Änderung des Standpunkts nicht zu großen Sprüngen des zugehörigen Randpunkts führen. Eine Situation, wie sie in Abbildung 5.26 dargestellt ist, widerspräche Lemma 5.20 auf Seite 288!

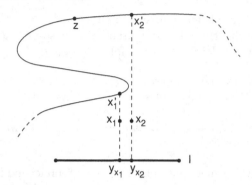

Abb. 5.26 Hätte der Rand von $VR(l, S)$ diese Gestalt, könnte die Verbindungsstrecke von z zum nächsten Punkt auf l nicht ganz in der Region von l enthalten sein.

Weil ρ stetig ist, stellt $\rho(\pi)$ einen *zusammenhängenden Weg* von $s' = \rho(s)$ nach $t' = \rho(t)$ dar, der ganz in $V(S)$ verläuft. Mit π ist auch dieser Weg kollisionsfrei: Ist nämlich der Abstand eines Punktes $x \in \pi$ zu seinem nächsten Hindernis l schon $\geq r$, gilt das erst recht für $x' = \rho(x)$, denn x' kann von l höchstens weiter entfernt sein als x, ist aber noch keinem anderen Hindernis näher als $|x'l|$. $\square$

Theorem 5.24 liefert nicht nur eine Existenzaussage, sondern auch ein Lösungsverfahren:

Theorem 5.25 *Ist das Voronoi-Diagramm der n Strecken vorhanden, lässt sich für einen beliebigen Roboterradius r und beliebige Punkte s und t in Zeit $O(n)$ ein kollisionsfreier Weg von s nach t bestimmen oder aber feststellen, dass es keinen gibt.*

Beweis. Zuerst lokalisieren wir in linearer Zeit die Punkte s und t in $V(S)$, berechnen s' und t' und fügen sie als Knoten ein. Dann entfernen wir in Zeit $O(n)$ alle Kantenstücke aus $V(S)$, deren zugehörige Strecken für den gegebenen Roboterradius zu eng beieinander stehen.

Schließlich suchen wir mit Breitensuche in Zeit $O(n)$ einen Weg von s' nach t' in dem verbliebenen Graphen. $\square$

Dieses Ergebnis geht auf Ó'Dúnlaing und Yap [27] zurück.

Wie sollen wir vorgehen, wenn der Roboter nicht kreisförmig ist? Solange wir auf Drehbewegungen um einen Referenzpunkt im Innern des Roboters verzichten und nur Translationen betrachten, können wir die Form des Roboters durch eine beliebige konvexe Menge C beschreiben. Statt der euklidischen Metrik müssen wir dann die konvexe Distanzfunktion d_D für das Voronoi-Diagramm der Strecken zugrunde legen, wobei D die Spiegelung von C am Referenzpunkt ist; konvexe Distanzfunktionen besprechen wir in Abschnitt 7.1.

nicht kreisförmiger Roboter

Weitere Ansätze zur Bahnplanung findet man zum Beispiel bei Alt und Yap [6, 7] oder bei Schwartz und Yap [31]. Wesentliche Fortschritte zur Komplexität des Bahnplanungsproblems finden sich auch in Canny [11].

Will man nicht nur kollisionsfreie, sondern auch kostenoptimale Bahnen planen, steht man vor sehr schwierigen Problemen. Schon die Aufgabe, eine Leiter so zu transportieren, dass die Träger an beiden Enden zusammen einen möglichst geringen Weg zurücklegen, erweist sich als überraschend komplex; siehe Icking et al. [24].

Wir konnten in diesem Abschnitt nur einen sehr kleinen Teil der möglichen Verallgemeinerungen betrachten, die das Voronoi-Diagramm erfahren hat, nachdem es 1975 zur Begründung der Algorithmischen Geometrie geführt hat. Nicht erwähnt haben wir zum Beispiel das *Voronoi-Diagramm der entferntesten Nachbarn*, bei dem diejenigen Punkte der Ebene zu einer Region zusammengefasst werden, die denselben *entferntesten* Nachbarn in der Punktmenge S besitzen. Mit seiner Hilfe kann man in Analogie zu Lemma 5.13 den kleinsten Kreis bestimmen, der die Punktmenge S umschließt.

weitere Verallgemeinerungen

kleinster Kreis um S

Bei anderen interessanten Varianten werden den Punkten unterschiedliche Gewichte oder, noch allgemeiner, individuelle Abstandsmaße zugeordnet.

Für kompliziertere Objekte kann man den Hausdorff-Abstand definieren wie in Alt et al. [3] oder Papadopoulou und Lee [29]. Auch der Fréchet-Abstand ist ein wichtiges Maß für die Ähnlichkeit geometrischer Objekte; siehe Alt und Godau [5] oder Driemel et al. [18]. Wir kommen in Abschnitt 7.5 darauf zurück.

Ein paar ausgewählte Distanzen und ihre Voronoi-Diagramme behandeln wir in Abschnitt 7.1. Wer mehr über Eigenschaften und Anwendungen von Voronoi-Diagrammen wissen möchte, sei auf Aurenhammer [9], Okabe et al. [28] und Aurenhammer, Klein und Lee [10] verwiesen.

Wenn wir die verschiedenen Arten von Voronoi-Diagrammen, die in den letzten Abschnitten betrachtet wurden, noch einmal Revue passieren lassen, stellt sich die Frage, worin ihre Gemeinsamkeiten bestehen und ob diese gemeinsamen strukturellen Merkmale für eine einheitliche Behandlung ausreichen. Diese Frage hat zur

Abstrakte Voronoi-Diagramme

Einführung der *Abstrakten Voronoi-Diagramme* geführt. Sie beruhen nicht auf Objekten und einem Abstandsbegriff, sondern auf Bisektorkurven, die gewisse Eigenschaften haben müssen. Dieses Konzept stellen wir in Abschnitt 7.2 vor.

höherdimensionale Voronoi-Diagramme

Die Theorie der Voronoi-Diagramme ist in höheren Dimensionen noch nicht so weit entwickelt wie in der Ebene. So weiß man zwar, dass das Diagramm von n Punkten im $\mathbb{R}^3$ die Komplexität $\Theta(n^2)$ besitzt. Aber die strukturelle Komplexität des Diagramms von n Geraden in der euklidischen Metrik ist noch nicht bekannt. Resultate gibt es für einfache konvexe Distanzfunktionen; siehe Chew et al. [15].

Ebenso wie das Voronoi-Diagramm lässt sich auch die Delaunay-Triangulation auf verschiedene Arten verallgemeinern; siehe z. B. Gudmundsson et al. [22].

Lösungen der Übungsaufgaben

Übungsaufgabe 5.1 Nein. Der Punkt p ist innerer Punkt von jeder offenen Halbebene $D(p,q)$, $q \in S \setminus \{p\}$, und daher auch innerer Punkt des Durchschnitts $VR(p,S)$ von $n-1$ Halbebenen. Also ist eine ganze ε-Umgebung von p in der Voronoi-Region von p enthalten.

Übungsaufgabe 5.2 Ist $V(S)$ nicht zusammenhängend, gibt es eine Region $VR(p,S)$, die Teile von $V(S)$ voneinander trennt. Der Rand von $VR(p,S)$ enthält daher zwei unbeschränkte, disjunkte polygonale Ketten. Weil sie sich nicht treffen, die Region $VR(p,S)$ aber andererseits konvex ist, kann es sich nur um zwei parallele Geraden handeln.

Seien q und r die Punkte aus S, deren Regionen zu beiden Seiten an den Streifen $VR(p,S)$ angrenzen; siehe Abbildung 5.27. Dann liegen p, q, r auf derselben Geraden l. Gäbe es irgendein $s \in S$, das nicht auf l liegt, würde der Bisektor $B(s,p)$ den Streifen kreuzen und die Region von p somit abschneiden.

Für n Punkte auf einer gemeinsamen Geraden besteht das Voronoi-Diagramm tatsächlich aus $n-1$ parallelen Bisektoren.

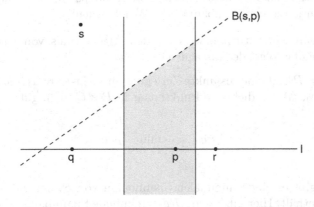

Abb. 5.27 Die Region von p kann sich nicht über den Bisektor $B(s,p)$ hinaus erstrecken.

Übungsaufgabe 5.3 Wir entfernen den Punkt p aus der Menge S und betrachten das Voronoi-Diagramm der Punkte aus $S' = S \setminus \{p\}$. Liegt p in der Region von q in $V(S')$, so ist q nächster Nachbar von p. Weil die Strecke qp — eventuell ohne Endpunkt p — in $V(S')$ ganz zur Region von q gehört, kann in $V(S)$ nur die Region von p ein Stück davon abbekommen. Folglich haben die Regionen von q und p in $V(S)$ eine gemeinsame Voronoi-Kante.

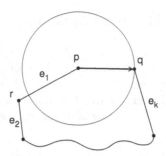

Abb. 5.28 Wenn q nächster Nachbar von p ist, muss die Kante e_1 länger sein als pq.

Übungsaufgabe 5.4

(i) Sei q der nächste Nachbar von p in S und T ein minimaler Spannbaum von S. Wenn die Kante pq nicht in T enthalten wäre, müsste es in T eine Kantenfolge $e_1, e_2, \ldots, e_k$ mit $k > 1$ von p nach q geben; siehe Abbildung 5.28. Weil nach Voraussetzung für den Endpunkt r von e_1 die Abschätzung $|rp| \neq |qp|$ gilt, kann r nur weiter von p entfernt sein als q. Wenn wir also aus T die Kante e_1 entfernten und statt dessen die kürzere Kante pq einfügten, ergäbe sich ein kürzerer Spannbaum[17] — Widerspruch!

(ii) Beim Korrektheitsbeweis für den Algorithmus von Kruskal wird häufig folgende Aussage verwendet:

Ist $S = P \cup Q$ eine disjunkte Zerlegung in nicht-leere Teilmengen und (p_0, q_0) das dichteste Punktepaar in $P \times Q$, d. h. gilt

$$|p_0 q_0| = \min_{p \in P,\, q \in Q} |pq|,$$

dann gibt es einen minimalen Spannbaum von S, der die Kante $p_0 q_0$ enthält. Hier gilt sogar: *Jeder* minimale Spannbaum T muss diese Kante enthalten! Sonst müsste nämlich die Kantenfolge von p_0 nach q_0 in T mindestens eine andere Kante e enthalten, die — wie $p_0 q_0$ — einen Punkt in P mit einem Punkt in Q verbindet und deshalb echt länger ist als $p_0 q_0$. Durch Austausch von e mit $p_0 q_0$ entstünde ein kürzerer Spannbaum, was unmöglich ist.

---

[17]Wenn man in einem Baum zwei Knoten mit einer zusätzlichen Kante verbindet, entsteht ein Zyklus. Entfernt man irgendeine Kante aus dem Zyklus, entsteht wieder ein Baum über derselben Knotenmenge.

Sei nun $|S| = n$ und $p_0 \in S$. Wir betrachten[18] für $i = 1, 2, \ldots, n-1$ die dichtesten Punktepaare

$$(q_1, p_1) \quad \text{in} \quad \{p_0\} \times S \setminus \{p_0\}$$
$$(q_2, p_2) \quad \text{in} \quad \{p_0, p_1\} \times S \setminus \{p_0, p_1\}$$
$$\vdots$$
$$(q_{n-1}, p_{n-1}) \quad \text{in} \quad \{p_0, p_1, \ldots, p_{n-2}\} \times S \setminus \{p_0, p_1, \ldots, p_{n-2}\}.$$

Weil die rechten Endpunkte p_i paarweise verschieden sind, handelt es sich um $n - 1$ paarweise verschiedene Kanten, die in jedem minimalen Spannbaum von S enthalten sein müssen, wie wir oben gezeigt haben.

Ein Baum mit n Knoten besitzt aber nur $n - 1$ Kanten![19] Also ist der minimale Spannbaum eindeutig bestimmt.

Übungsaufgabe 5.5

(i) Nach Definition ist genau dann pq eine Delaunay-Kante, wenn es im Voronoi-Diagramm $V(S)$ eine Kante e gibt, die zum Rand der Region $VR(p, S)$ und $VR(q, S)$ gehört. Für jeden Punkt x im Innern von e sind p und q die beiden einzigen nächsten Nachbarn in S; folglich enthält der Kreis durch p und q mit Mittelpunkt x keinen Punkt aus $S \setminus \{p, q\}$ im Innern oder auf dem Rand. Umgekehrt hat nach Lemma 5.1 jeder solche Kreis einen inneren Punkt einer Voronoi-Kante zum Mittelpunkt, an die $VR(p, S)$ und $VR(q, S)$ angrenzen.

(ii) Ja, wie Abbildung 5.29 belegt. In diesem Fall kann allerdings weder p ein nächster Nachbar von q sein noch umgekehrt, wie der Beweis von Lemma 5.7 zeigt.

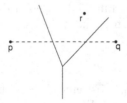

Abb. 5.29 Die Delaunay-Kante pq kreuzt die Region von r.

---

[18] Dieses Vorgehen ist auch als *Algorithmus von Prim* bekannt.
[19] Das kann man direkt der Eulerschen Formel entnehmen; siehe Theorem 1.1.

Übungsaufgabe 5.6 Wenn man über alle d Dreiecke einer Triangulation von S die Anzahl der Kanten (also jeweils drei) aufsummiert, hat man alle Kanten doppelt gezählt außer den r äußeren Dreieckskanten auf dem Rand von $ch(S)$. Also ist $2e = 3d + r$. Andererseits besagt die Eulersche Formel nach Theorem 1.1 auf Seite 14

$$n - e + (d + 1) = 2.$$

Die Behauptung folgt unmittelbar durch Einsetzen.

Übungsaufgabe 5.7 Sei T eine Triangulation von S, und gelte $\delta(T) = \frac{|\pi(p,q)|}{|pq|}$ für zwei Punkte p, q auf T mit minimalem Abstand. Wenn p und q nicht auf dem Rand desselben Dreiecks lägen, müsste die Strecke pq einen Kantenpunkt t von T im Innern enthalten, und wir hätten

$$\delta(T) = \frac{|\pi(p,q)|}{|pq|} \quad \leq \quad \frac{|\pi(p,t)| + |\pi(t,q)|}{|pt| + |tq|}$$

$$\leq \quad \max\left(\frac{|\pi(p,t)|}{|pt|}, \frac{|\pi(t,q)|}{|tq|}\right) \leq \delta(T).$$

Demnach würde $\delta(T)$ schon von einem der dichteren Paare p, t oder t, q angenommen — ein Widerspruch. Also liegen p und q auf dem Rand desselben Dreiecks D von T. Der größtmögliche Wert $\frac{|\pi(p,q)|}{|pq|}$ entsteht, wenn p und q denselben Abstand ε zur Ecke von D mit dem kleinsten Winkel α haben. Nach dem Kosinussatz folgt also

$$\delta(T) = \delta(D) = \frac{2\varepsilon}{\sqrt{2\varepsilon^2 - 2\varepsilon^2 \cos \alpha}} = \frac{\sqrt{2}}{1 - \cos \alpha}.$$

Weil die Delaunay-Triangulierung von S nach Theorem 5.17 den kleinstmöglichen Winkel α maximiert, hat sie minimale Dilation.

Übungsaufgabe 5.8 Zunächst sei g die X-Achse und $p = (0, a)$ mit $a \neq 0$, siehe Abbildung 5.30. Genau dann gehört ein Punkt (x, y) zum Bisektor von p und g, wenn $y = \sqrt{x^2 + (y - a)^2}$ gilt, also

$$y = \frac{x^2}{2a} + \frac{a}{2}.$$

Durch diese Gleichung wird eine *Parabel* beschrieben. Auch für beliebige p, g mit $p \notin g$ ist $B(p, g)$ eine Parabel; denn wir können das Koordinatensystem so drehen und verschieben, dass g mit der X-Achse zusammenfällt und p auf der Y-Achse liegt; dabei dreht $B(p, g)$ sich mit.

Liegt der Punkt p *auf* der Geraden g, ist nach Definition $B(p, g)$ diejenige Gerade, welche g am Punkt p im rechten Winkel kreuzt.

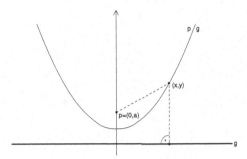

Abb. 5.30 Der Bisektor $B(p,g)$ von $p = (0,a)$ und $g=\{Y=0\}$ ist die Parabel $\{Y = \frac{X^2}{2a} + \frac{a}{2}\}$.

Übungsaufgabe 5.9   Das kommt tatsächlich vor; siehe Abbildung 5.31.

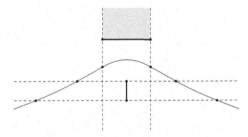

Abb. 5.31 Ein Bisektor mit sieben Stücken, von denen keines im Durchschnitt der beiden Streifen liegt.

Literatur

[1] S. Abramowski, H. Müller. *Geometrisches Modellieren.* BI-Wissenschaftsverlag, Mannheim, 1991.

[2] O. Aichholzer, V. Alvarez, T. Hackl, A. Pilz, B. Speckmann, B. Vogtenhuber. An improved lower bound on the minimum number of triangulations. In *Proc. 32nd International Sympos. on Comput. Geom.*, Band 51 von *LIPIcs*, S. 7:1–7:16, 2016.

[3] H. Alt, P. Braß, M. Godau, C. Knauer, C. Wenk. Computing the Hausdorff distance of geometric patterns and shapes. *Discrete Comput. Geom.*, 25:65–76, 2003.

[4] H. Alt, O. Cheong, A. Vigneron. The Voronoi diagram of curved objects. *Discrete Comput. Geom.*, 34(3):439–453, 2005.

[5] H. Alt, M. Godau. Computing the Fréchet distance between two polygonal curves. *Internat. J. Comput. Geom. Appl.*, 5:75–91, 1995.

[6] H. Alt, C. Yap. Algorithmic aspects of motion planning: a tutorial, part 1. *Algorithms Rev.*, 1(1):43–60, 1990.

[7] H. Alt, C. Yap. Algorithmic aspects of motion planning: a tutorial, part 2. *Algorithms Rev.*, 1(2):61–77, 1990.

[8] V. Alvarez, R. Seidel. A simple aggregative algorithm for counting triangulations of planar point sets and related problems. In *Proc. 29th International Sympos. on Comput. Geom.*, S. 1–8, 2013.

[9] F. Aurenhammer. Voronoi diagrams: A survey of a fundamental geometric data structure. *ACM Comput. Surv.*, 23(3):345–405, 1991.

[10] F. Aurenhammer, R. Klein, D.-T. Lee. *Voronoi Diagrams and Delaunay Triangulations.* World Scientific, 2013.

[11] J. F. Canny. *The Complexity of Robot Motion Planning.* MIT Press, 1988.

[12] S.-W. Cheng, T. K. Dey, J. R. Shewchuk. *Delaunay Mesh Generation.* CRC Press, 2013.

[13] D. Cheriton, R. E. Tarjan. Finding minimum spanning trees. *SIAM J. Comput.*, 5:724–742, 1976.

[14] L. P. Chew, R. L. Drysdale, III. Finding largest empty circles with location constraints. Technical Report PCS-TR86-130, Dartmouth College, 1986.

[15] L. P. Chew, K. Kedem, M. Sharir, B. Tagansky, E. Welzl. Voronoi diagrams of lines in 3-space under polyhedral convex distance functions. In *Proc. 6th ACM-SIAM Sympos. Discrete Algorithms*, S. 197–204, 1995.

[16] F. Dehne, H. Noltemeier. Clustering methods for geometric objects and applications to design problems. *Visual Comput.*, 2(1):31–38, Jan. 1986.

[17] R. Descartes. *Principia Philosophiae.* Ludovicus Elzevirius, Amsterdam, 1644.

[18] A. Driemel, A. Nusser, J. M. Phillips, I. Psarros. The VC dimension of metric balls under Fréchet and Hausdorff distances. *Discret. Comput. Geom.*, 66(4):1351–1381, 2021.

[19] H. Edelsbrunner. *Algorithms in Combinatorial Geometry*, Band 10 von *EATCS Monographs on Theoretical Computer Science.* Springer-Verlag, Heidelberg, 1987.

[20] M. R. Garey, D. S. Johnson. *Computers and Intractability: A Guide to the Theory of NP-Completeness.* W. H. Freeman, New York, NY, 1979.

[21] M. R. Garey, D. S. Johnson. Crossing number is NP-complete. *SIAM J. Algebraic Discrete Methods*, 4(3):312–316, 1983.

[22] J. Gudmundsson, H. J. Haverkort, M. van Kreveld. Constrained higher order Delaunay triangulations. *Comput. Geom.*, 30(3):271–277, 2005.

[23] H. W. Hamacher. *Mathematische Lösungsverfahren für planare Standortprobleme*. Verlag Vieweg, Wiesbaden, 1995.

[24] C. Icking, G. Rote, E. Welzl, C. Yap. Shortest paths for line segments. *Algorithmica*, 10:182–200, 1993.

[25] B. Korte, J. Vygen. *Combinatorial Optimization*. Springer-Verlag, 2000.

[26] G. Narasimhan, M. Smid. *Geometric Spanner Networks*. Cambridge University Press, 2007.

[27] C. Ó'Dúnlaing, C. K. Yap. A "retraction" method for planning the motion of a disk. *J. Algorithms*, 6:104–111, 1985.

[28] A. Okabe, B. Boots, K. Sugihara, S. N. Chiu. *Spatial Tessellations: Concepts and Applications of Voronoi Diagrams*. John Wiley & Sons, 2000.

[29] E. Papadopoulou, D.-T. Lee. The Hausdorff Voronoi diagram: a divide and conquer approach. *Intern. J. Comput. Geom. & Appl.*, 14(06):421–452, 2004.

[30] F. P. Preparata, M. I. Shamos. *Computational Geometry: An Introduction*. Springer-Verlag, New York, NY, 1985.

[31] J. T. Schwartz, C.-K. Yap, Hrsg. *Algorithmic and Geometric Aspects of Robotics*, Band 1 von *Advances in Robotics*. Lawrence Erlbaum Associates, Hillsdale, New Jersey, 1987.

[32] M. I. Shamos, D. Hoey. Closest-point problems. In *Proc. 16th Annu. IEEE Sympos. Found. Comput. Sci.*, S. 151–162, 1975.

6

Berechnung des Voronoi-Diagramms

In Kapitel 5 haben wir gesehen, wie nützlich das *Voronoi-Diagramm* $V(S)$ und die dazu duale *Delaunay-Triangulation* $DT(S)$ bei der Lösung von Distanzproblemen sind. Jetzt geht es uns darum, diese Strukturen für eine gegebene Menge S von n Punkten in der Ebene effizient zu berechnen.

Dabei genügt es, wenn wir $V(S)$ *oder* $DT(S)$ schnell konstruieren können; die jeweils duale Struktur lässt sich dann in Zeit $O(n)$ daraus ableiten.

Wir beschränken uns auf den Fall, dass S eine Menge von n Punkten ist, und legen die euklidische Metrik als Abstandsbegriff zugrunde. Zur Vereinfachung der Darstellung nehmen wir an, dass keine drei Punkte aus S auf einer gemeinsamen Geraden und keine vier auf einem gemeinsamen Kreisrand liegen. Als Folge davon ist das Voronoi-Diagramm zusammenhängend und enthält nur Voronoi-Knoten vom Grad drei; entsprechend ist $DT(S)$ wirklich eine Triangulation von S.

einschränkende Annahmen

In den folgenden Abschnitten stellen wir vier optimale Algorithmen vor, mit denen sich das Voronoi-Diagramm $V(S)$ in Zeit $O(n \log n)$ und Speicherplatz $O(n)$ berechnen lässt. Dabei kommen alle wichtigen algorithmischen Paradigmen zur Anwendung, die uns schon von anderen Beispielen bekannt sind: die randomisierte inkrementelle Konstruktion, das *sweep*-Verfahren, *divide and conquer* und die Technik der geometrischen Transformation.

viele Paradigmen anwendbar

Hinter jedem der vier Verfahren stecken originelle Ideen. Keines von ihnen kann als „naheliegend" bezeichnet werden. In der Tat ist die Konstruktion des Voronoi-Diagramms eine schwierigere Aufgabe als etwa die Berechnung einer zweidimensionalen konvexen Hülle. Diese Tatsache wird im folgenden Abschnitt präzisiert.

© Springer Fachmedien Wiesbaden GmbH, ein Teil von Springer Nature 2022
R. Klein et al., *Algorithmische Geometrie*,
https://doi.org/10.1007/978-3-658-37711-3_6

6.1   Die untere Schranke

In Korollar 5.6 auf Seite 266 hatten wir schon festgestellt, dass die Berechnung des Voronoi-Diagramms einer n-elementigen Punktmenge S mindestens die Zeit $\Omega(n \log n)$ erfordert. Denn mit seiner Hilfe lässt sich ja die konvexe Hülle von S in linearer Zeit bestimmen. Die Konstruktion der konvexen Hülle benötigt aber selbst schon $\Omega(n \log n)$ viel Zeit, wie aus Lemma 4.2 folgt.

In Kapitel 5 haben wir gesehen, dass das Voronoi-Diagramm $V(S)$ viel mehr Information über die Punktmenge S enthält als nur ihre konvexe Hülle. Es ist deshalb nicht verwunderlich, dass seine Berechnung komplizierter ist. Der Unterschied zeigt sich folgendermaßen:

Wenn man die n gegebenen Punkte zum Beispiel nach einer Koordinate sortiert, kann man die konvexe Hülle anschließend in linearer Zeit konstruieren; siehe Übungsaufgabe 4.2. Eine zweidimensionale konvexe Hülle zu berechnen ist also nicht schwieriger als Sortieren. Das trifft auf das Voronoi-Diagramm nicht zu!

auch nach Sortieren nach einer Koordinate: $\Omega(n \log n)$

Theorem 6.1 *Angenommen, die n Punkte in S sind bereits nach aufsteigenden X-Koordinaten sortiert. Dann erfordert die Konstruktion des Voronoi-Diagramms immer noch $\Omega(n \log n)$ viel Zeit.*

Beweis. Wir zeigen, dass jeder Algorithmus, der das Voronoi-Diagramm von n sortierten Punkten berechnet, mit zusätzlichem linearem Zeitaufwand eine Lösung des Problems *ε-closeness* liefern kann; hierfür hatten wir in Korollar 1.6 auf Seite 44 die untere Schranke $\Omega(n \log n)$ bewiesen.

Seien also n positive[1] reelle Zahlen $y_1, \ldots, y_n$ und ein $\varepsilon > 0$ gegeben; wir müssen feststellen, ob es zwei Indizes $i \neq j$ mit $|y_i - y_j| < \varepsilon$ gibt.

Dazu bilden wir die nach X-Koordinaten sortierte Punktfolge

$$p_i = \left(\frac{i\varepsilon}{n}, y_i \right), \quad 1 \leq i \leq n$$

und konstruieren das Voronoi-Diagramm $V(S)$ von $S = \{p_1, p_2, \ldots, p_n\}$; siehe Abbildung 6.1.

Die Y-Achse wird durch das Voronoi-Diagramm $V(S)$ in zwei Halbgeraden und maximal $n - 2$ Segmente zerlegt. Wir können diese Zerlegung in Zeit $O(n)$ bestimmen, indem wir die Y-Achse mit der in Kapitel 5 auf Seite 275 vorgestellten Technik durch $V(S)$ verfolgen.

Nun laufen wir auf der Y-Achse entlang; für jeden Abschnitt, der zu einer Voronoi-Region $VR(p_i, S)$ gehört, testen wir, ob er

---

[1] Diese Annahme stellt keine Einschränkung dar.

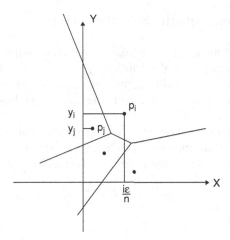

Abb. 6.1 Die Projektion von p_i auf die Y-Achse liegt nicht in der Voronoi-Region von p_i.

die Projektion $(0, y_i)$ des Punktes p_i auf die Y-Achse im Innern oder als Endpunkt enthält.

Zwei Fälle sind möglich. Im ersten Fall besucht die Y-Achse *jede* der n Voronoi-Regionen, und für *jedes* i gilt $(0, y_i) \in \overline{VR(p_i, S)}$. Dann kennen wir nun die sortierte Reihenfolge der y_i auf der Y-Achse! Wir können deshalb in Zeit $O(n)$ ein dichtestes Paar bestimmen und nachsehen, ob sein Abstand kleiner als ε ist.

Im zweiten Fall gibt es mindestens einen Punkt p_i, dessen Projektion $(0, y_i)$ auf die Y-Achse *nicht* zum Abschluss von $VR(p_i, S)$ gehört, sondern in einer anderen Region $VR(p_j, S)$ liegt. Dieser Fall ist in Abbildung 6.1 dargestellt. Dann gilt

$$|y_i - y_j| \leq |(0, y_i)\, p_j| < |(0, y_i)\, p_i| = \frac{i\varepsilon}{n} \leq \varepsilon,$$

d. h. wir wissen jetzt, dass es tatsächlich zwei Eingabezahlen gibt, deren Abstand kleiner als ε ist. □

Dieser schöne Beweis stammt von Djidjev und Lingas [8]. Dieselben Autoren zeigten in [9], dass für Punkte, die nach X- *und* Y-Koordinaten sortiert sind, lineare Zeit für die Konstruktion von $V(S)$ genügt.

Bevor wir nun mit der Diskussion zeitoptimaler Konstruktionsverfahren für das Voronoi-Diagramm beginnen, überlegen wir kurz, was sich mit naiven Verfahren erreichen ließe.   naiv: $O(n^2 \log n)$

Übungsaufgabe 6.1 Man zeige, dass sich das Voronoi-Diagramm von n Punkten in Zeit $O(n^3)$ bzw. in Zeit $O(n^2 \log n)$ konstruieren lässt.

6.2   Inkrementelle Konstruktion

Das Voronoi-Diagramm oder die Delaunay-Triangulation durch sukzessive Hinzunahme der Punkte $p_1, \ldots, p_n$ *inkrementell* zu berechnen, ist eine sehr naheliegende Idee, auf der die ältesten Konstruktionsverfahren beruhen. Mit diesem Ansatz beschäftigt sich dieser Abschnitt.

Wir werden die inkrementelle Konstruktion für die Delaunay-Triangulation durchführen und uns zuerst überlegen, was eigentlich zu tun ist, um aus der Delaunay-Triangulation

$$DT_{i-1} = DT(S_{i-1})$$

der Punktmenge

$$S_{i-1} = \{p_1, p_2, \ldots, p_{i-1}\}$$

durch Hinzunahme von p_i die Triangulation DT_i von $S_i = \{p_1, \ldots, p_{i-1}, p_i\}$ zu gewinnen.

6.2.1   Aktualisierung der Delaunay-Triangulation

Erinnern wir uns an Lemma 5.18 auf Seite 281: Drei Punkte $q, r, t \in S_{i-1}$ bilden genau dann ein Delaunay-Dreieck in DT_{i-1}, wenn der Umkreis von $tria(q, r, t)$ keinen anderen Punkt aus S_{i-1} enthält.

Wenn jetzt der Punkt p_i zu S_{i-1} hinzukommt, kann er im Umkreis von mehreren Dreiecken von DT_{i-1} enthalten sein; wir sagen für ein Dreieck T in DT_{i-1}:

Konflikt zwischen Dreieck und Punkt

T ist mit p_i in Konflikt $\Longleftrightarrow$ der Umkreis von T enthält p_i.

Beim Einfügen von p_i sind also zwei Aufgaben zu erledigen: Einerseits müssen neue Delaunay-Kanten eingefügt werden, die p_i mit anderen Punkten verbinden, andererseits müssen alle Dreiecke, die mit p_i in Konflikt stehen, umgebaut werden.

1. Fall:
$p_i \in ch(S_{i-1})$

Der neue Punkt p_i kann entweder innerhalb der konvexen Hülle von S_{i-1} liegen oder außerhalb. Wir nehmen zunächst an, dass p_i *innerhalb* von $ch(S_{i-1})$ liegt. Dann gibt es ein Delaunay-Dreieck $tria(q, r, s)$, das den Punkt p_i enthält; siehe Abbildung 6.2 (i). Natürlich steht dieses Dreieck mit p_i in Konflikt.

einzufügende Kanten

Das folgende Lemma 6.2 erlaubt uns sofort, $p_i q, p_i r$ und $p_i s$ als neue Delaunay-Kanten einzufügen.

Lemma 6.2   *Sei p_i im Umkreis eines Delaunay-Dreiecks $tria(q, s, r)$ von DT_{i-1} enthalten. Dann ist jede der Strecken $p_i q$, $p_i r$ und $p_i s$ eine Delaunay-Kante in DT_i.*

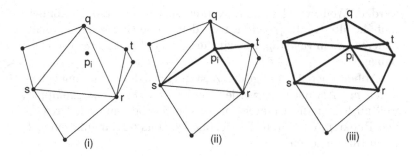

Abb. 6.2 Aktualisierung von DT_{i-1} nach Einfügen von p_i. In (ii) wurden neue Delaunay-Kanten zwischen p_i und q, r, s eingefügt, und die Kante qr wurde durch $p_i t$ ersetzt. Zwei weitere solche *edge flips* sind erforderlich, bevor DT_i in (iii) fertig ist.

Beweis. Sei C der Umkreis von q, s, r; siehe Abbildung 6.3. Außer p_i liegt kein Punkt von S_i in seinem Inneren. Wir bewegen den Mittelpunkt von C geradlinig auf q zu und erhalten dabei den Kontakt des Kreisrands mit q aufrecht. Sobald der Kreismittelpunkt den Bisektor $B(p_i, q)$ erreicht, haben wir einen Kreis C' gefunden, der nur p_i und q enthält. Nach Übungsaufgabe 5.5 ist $p_i q$ eine Delaunay-Kante von DT_i. Dasselbe Argument gilt für r und s. □

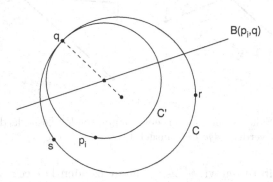

Abb. 6.3 Nur im Punkt q berührt der Kreis C' den Rand von C.

Damit haben wir bereits eine Triangulation von S_i erhalten. Ob es sich hierbei schon um die neue Delaunay-Triangulation DT_i handelt, hängt davon ab, ob es außer $tria(q, s, r)$ noch andere Dreiecke gibt, die mit p_i in Konflikt stehen. Wir inspizieren zunächst die unmittelbar angrenzenden Dreiecke.

In Abbildung 6.2 hat $tria(q, r, t)$ einen Konflikt mit p_i. Nach Lemma 6.2 muß die Kante $p_i t$ als neue Delaunay-Kante eingefügt werden. Weil zwei Delaunay-Kanten sich nicht kreuzen können, muß die alte Kante qr entfernt werden. Diese Ersetzung ist nichts anderes als ein *edge flip*, wie wir ihn schon auf Seite 282 betrachtet haben.

Abbildung 6.2 (ii) zeigt den Zustand nach der Ersetzung von qr durch p_it. Als nächstes werden die Kanten rt und qs „geflippt", weil auch hier die Umkreise ihrer von p_i abgewandten Dreiecke den Punkt p_i enthalten. Die fertige Delaunay-Triangulation DT_i ist in (iii) zu sehen.

Allgemein haben wir während dieses Ersetzungsvorgangs mit einer Menge von Dreiecken in Form eines Sterns zu tun, die p_i als gemeinsamen Eckpunkt haben; siehe Abbildung 6.4. Wir nennen

Stern von p_i sie den *Stern von* p_i.

Von jeder Kante zwischen p_i und einer Ecke des Sterns wissen wir, dass sie zu DT_i gehört. Von den äußeren Kanten des Sterns wissen wir es zunächst nicht.

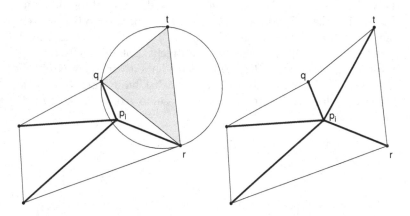

Abb. 6.4 Solange der Umkreis eines angrenzenden Dreiecks den Punkt p_i enthält, werden *edge flips* ausgeführt.

Deshalb testen wir jedes der angrenzenden Dreiecke auf Konflikt mit p_i; liegt ein Konflikt vor, wie beim Dreieck $tria(q, r, t)$ in Abbildung 6.4, wird ein *edge flip* ausgeführt. Dabei vergrößert sich der Stern, und p_i bekommt eine neue Kante, die zu DT_i gehören muß. Auch das neue angrenzende Dreieck ist zu testen, und so fort.

Übungsaufgabe 6.2 Man zeige, dass der Stern eines Punktes p_i stets von p_i aus sternförmig ist.

Wenn keine *edge flips* mehr ausführbar sind, stellt sich die Frage, ob es in der nun entstandenen Triangulation von S_i noch irgendwelche anderen Konflikte zwischen Punkten und Dreiecken gibt.

Zum Glück nicht, wie folgende Übungsaufgabe zeigt!

Übungsaufgabe 6.3 Wenn keines der an den Stern von p_i angrenzenden Dreiecke mit p_i in Konflikt steht, gibt es auch keine anderen Konflikte mehr.

Mit dem letzten *edge flip* haben wir also DT_i korrekt konstruiert.

Im zweiten Fall liegt der neue Punkt p_i *außerhalb* der konvexen Hülle von S_{i-1}; siehe Abbildung 6.5. Man sieht leicht, dass jeder von p_i sichtbare Eckpunkt q von $ch(S_{i-1})$ eine Delaunay-Kante qp_i von DT_i definiert. Denn das Zentrum des in Abbildung 6.5 gezeigten Kreises durch p_i und q lässt sich so verschieben, dass die Kreistangente in q eine Stützgerade von $ch(S_{i-1})$ ist und der Kreis deshalb keine Punkte aus (S_{i-1}) enthält.

2. Fall:
$p_i \notin ch(S_{i-1})$

Die Kanten von $ch(S_{i-1})$ zwischen diesen Eckpunkten brauchen nicht zu DT_i zu gehören; aber auch hier lässt sich mit *edge flips* die neue Delaunay-Triangulation DT_i konstruieren.

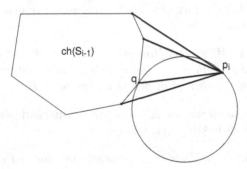

Abb. 6.5 Für jeden Eckpunkt q von $ch(S_{i-1})$, der von p_i aus sichtbar ist, bildet qp_i eine Delaunay-Kante in DT_i.

Man kann die beiden Fälle $p_i \in ch(S_{i-1})$ und $p_i \notin ch(S_{i-1})$ elegant zusammenfassen, wenn man *unendliche Delaunay-Dreiecke* einführt. Zu je zwei benachbarten Eckpunkten q_1, q_2 von $ch(S_{i-1})$ definiert man dazu

unendliche
Delaunay-Dreiecke

$$tria(q_1, q_2, \infty) = H(q_1, q_2)$$

als die äußere Halbebene der Geraden durch q_1 und q_2. Den Umkreis von $tria(q_1, q_2, \infty)$ definieren wir ebenfalls als $H(q_1, q_2)$! Diese Festsetzung ist nicht so abwegig, denn die äußere Halbebene ist in der Tat der Grenzwert aller Kreise durch q_1 und q_2, deren Mittelpunkt gegen ∞ wandert. Offenbar kann p_i in mehreren unbeschränkten Dreiecken enthalten sein.

Als wichtiges Zwischenergebnis halten wir folgendes fest:

Anzahl der
Konfliktdreiecke
$k_i \approx d_i$

Lemma 6.3 *Sei k_i die Anzahl der Dreiecke von DT_{i-1}, die mit dem Punkt p_i in Konflikt stehen, und sei d_i der Grad von p_i in der Delaunay-Triangulation DT_i. Dann gilt*

$$k_i + 1 \leq d_i \leq k_i + 2$$

Beweis. Wenn p_i in einem beschränkten Dreieck von DT_{i-1} liegt, so steht dieses mit p_i in Konflikt, und p_i erhält zunächst drei Kanten. Bei jedem nachfolgenden *edge flip* wird ein weiteres Konfliktdreieck beseitigt, und der Grad von p erhöht sich um eins, bis keine Konfliktdreiecke mehr übrig sind. In diesem Fall ist also $d_i = k_i + 2$.

Wenn der neue Punkt p_i außerhalb von $ch(S_{i-1})$ liegt und $c+1$ Ecken der konvexen Hülle sehen kann, so bekommt er zunächst $c + 1$ Kanten und ist in c unbeschränkten Konfliktdreiecken von DT_{i-1} enthalten. Danach erhöht sich der Grad für jedes weitere Konfliktdreieck um eins. Also ist $d_i = k_i + 1$. □

Hieraus folgt sofort eine obere Schranke für den Aktualisierungsaufwand.

Lemma 6.4 *Wenn das Dreieck von DT_{i-1} bekannt ist, das den neuen Punkt p_i enthält, so lässt sich DT_i in Zeit $O(d_i)$ aus DT_{i-1} konstruieren. Hierbei ist d_i der Grad von p_i in DT_i.*

Damit können wir die Aussage von Übungsaufgabe 6.1 schon einmal um den Faktor $\log n$ verbessern.

besser: $O(n^2)$

Korollar 6.5 *Die Delaunay-Triangulation von n Punkten kann man in Zeit $O(n^2)$ und linearem Speicherplatz konstruieren.*

Beweis. Für jedes $i \geq 4$ reicht $O(i)$ Zeit aus, um das Dreieck in DT_{i-1} zu bestimmen, welches den Punkt p_i enthält; man könnte etwa jedes einzelne Dreieck testen. Dann kann wegen Lemma 6.4 in Zeit $d_i \in O(i)$ die Delaunay-Triangulation DT_i aus DT_{i-1} konstruiert werden. Insgesamt ergibt das einen Zeitaufwand in der Größenordnung von

$$\sum_{i=4}^{n} i < \frac{n(n+1)}{2} \in O(n^2).$$ □

Aber auch diese obere Schranke lässt noch eine Lücke zur unteren Schranke von $\Omega(n \log n)$. Wo kann man Rechenzeit einsparen?

6.2.2 Lokalisierung mit dem Delaunay-DAG

Die im Beweis von Korollar 6.5 angewandte Methode, zum Lokalisieren des neuen Punktes p_i jedes Dreieck von DT_{i-1} zu inspizieren, ist recht zeitaufwendig. Wir wollen jetzt einen effizienteren Ansatz vorstellen.

Er beruht auf einer interessanten Hilfsstruktur, dem sogenannten *Delaunay-DAG*; hierbei steht *DAG* wieder für *directed acyclic graph*, bezeichnet also einen gerichteten Graphen, in dem es keinen geschlossenen Weg mit identisch orientierten Kanten gibt. Diese Struktur wurde zuerst von Boissonnat und Teillaud [2] eingeführt. Sie speichert in geeigneter Form alle Dreiecke, die bei der sukzessiven Konstruktion der Triangulationen $DT_3, DT_4, \ldots$ auftreten, und ihre Entwicklungsgeschichte.

Delaunay-DAG

Zur Motivation betrachten wir Abbildung 6.6. In DT_i rechts kommt ein neues Dreieck T mit Eckpunkt p_i vor. Nur eine seiner Kanten – nämlich sr – ist bereits in DT_{i-1} enthalten; dort berandet sie die beiden Dreiecke V und SV. Man nennt V und SV die *Eltern* von T.

Das Dreieck V liegt auf derselben Seite von sr wie T und kommt in DT_i nicht mehr vor. Dagegen liegt SV auf der entgegengesetzten Seite von sr wie T und bleibt in DT_i erhalten. Offenbar hat jedes Elternpaar genau ein Kind.

Elternteil V verschwindet, SV bleibt

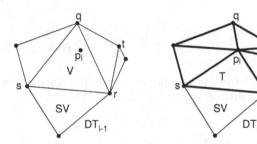

Abb. 6.6 In DT_i rechts wurde das Dreieck V aus DT_{i-1} durch sein Kind T ersetzt, während Dreieck SV noch existiert.

Für die Dreiecke V, SV und T gilt eine interessante Beziehung.

Lemma 6.6 *Jeder Punkt $p \notin S_i$, der mit dem Dreieck $T = tria(p_i, r, s)$ von DT_i in Konflikt steht, hat in DT_{i-1} einen Konflikt mit einem der Elternteile V oder SV von T.*

Beweis. Siehe Abbildung 6.7.   □

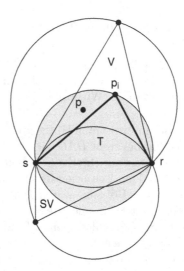

Abb. 6.7 Der Umkreis von T ist in der Vereinigung der Umkreise von V und SV enthalten.

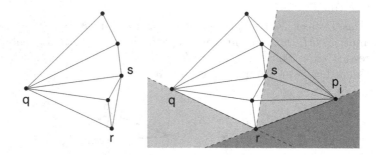

Abb. 6.8 Die Halbebene $H(r, p_i)$ ist in der Vereinigung von $H(q, r)$ und $H(r, s)$ enthalten; $H(q, r)$ überlebt, $H(r, s)$ nicht.

Die Definition der Eltern lässt sich auf unbeschränkte Dreiecke ausdehnen; siehe Abbildung 6.8.

Nun können wir den Delaunay-DAG der Folge $(p_1, p_2, \ldots, p_{i-1})$ definieren: Für jedes Dreieck, das in der Folge von Triangulationen $DT_3, DT_4, \ldots, DT_{i-1}$ vorkommt, existiert in DAG_{i-1} *ein* Knoten.[2] Gerichtete Kanten verlaufen von jedem Elternknoten zu seinen Kindern. Die vier Dreiecke in DT_3 sind Kinder eines gemeinsamen Wurzelknotens. Hierdurch wird die Entwicklungsgeschichte von DT_{i-1} dargestellt.

DAG speichert die Geschichte

---

[2]Auch für solche Dreiecke, die in mehreren Triangulationen vorkommen, wird nur ein Knoten angelegt.

Abbildung 6.9 zeigt ein Beispiel für sechs Punkte. Zur Platzersparnis haben wir die Punkte nur durch ihre Indizes bezeichnet und statt $tria(p_h, p_j, p_k)$ bzw. $H(p_h, p_j)$ nur (h, j, k) bzw. (h, j) geschrieben.

Wir stellen uns vor, dass die Knoten von DAG_{i-1} in horizontale *Schichten* aufgeteilt sind. In der $(j-2)$-ten Schicht unterhalb der Wurzel stehen genau diejenigen Dreiecke, die in DT_j vorkommen, aber noch nicht in DT_{j-1}; sie alle haben p_j zum Eckpunkt, falls $j \geq 4$ ist. Die Dreiecke der aktuellen Triangulation DT_{i-1} brauchen nicht alle auf der untersten Schicht von DAG_{i-1} zu stehen, denn einige von ihnen können ja schon älter sein.

Übungsaufgabe 6.4

(i) Wenn man nur diejenigen Kanten betrachtet, die Eltern V mit ihren Kindern verbinden, so ist der Delaunay-DAG ein Baum.

(ii) Wie viele Kinder kann ein Elternteil V haben?

(iii) Kann es Dreiecke geben, die keine Kinder besitzen und trotzdem nicht mehr in der aktuellen Triangulation vorkommen?

Das Lokalisieren des neuen Punktes p_i wird nun durch den Delaunay-DAG wesentlich erleichtert. Die entscheidende Aussage folgt direkt aus Lemma 6.6:

Suche nach einem p_i enthaltenden Dreieck

Korollar 6.7 *Sei T ein Delaunay-Dreieck in $DT_3, \ldots, DT_{i-1}$, das mit p_i in Konflikt steht. Dann gibt es im Graphen DAG_{i-1} einen gerichteten Weg von der Wurzel nach T, der nur solche Dreiecke besucht, die selbst in Konflikt mit p_i sind.*

Wir starten deshalb in DAG_{i-1} von der Wurzel aus eine Tiefenerkundung und kehren jedes mal sofort um, wenn wir auf ein Dreieck stoßen, das mit p_i *keinen* Konflikt hat. Korollar 6.7 stellt sicher, dass bei dieser Erkundung *alle* Konfliktdreiecke gefunden werden, darunter eines aus der aktuellen Triangulation DT_{i-1}, das p_i enthält.

Sei m_i die Anzahl der Dreiecke in DAG_{i-1}, für die ein Elternteil mit p_i in Konflikt steht. Dann lässt sich die oben beschriebene Erkundung in Zeit $O(m_i)$ ausführen, denn außer der Wurzel und ihren vier Kindern werden ja nur solche Dreiecke besucht.

Besuch aller Konfliktdreiecke in Zeit $O(m_i)$

Die Aktualisierung von DT_{i-1} erfolgt durch *edge flips*, wie bisher. Nach Lemma 6.3 und Lemma 6.4 werden dazu $O(k_i)$ viele Schritte benötigt, wobei k_i die Anzahl der Konfliktdreiecke in DT_{i-1} bedeutet. Nach Lemma 6.6 ist $k_i \leq m_i$.

Aktualisierung von DT_{i-1} in Zeit $O(m_i)$

Nun muss noch die Hilfsstruktur DAG_{i-1} aktualisiert werden. Für jedes Dreieck in DT_i, das noch nicht in DT_{i-1} vorkommt,

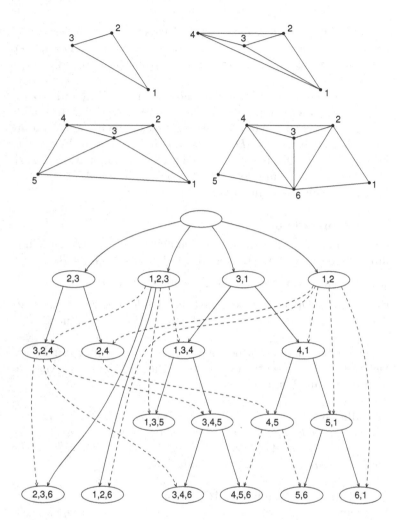

Abb. 6.9 Die Entstehung einer Delaunay-Triangulation durch sukzessives Einfügen und der zugehörige Delaunay-DAG. Die durchgezogenen Kanten verweisen jeweils vom verschwindenden Elternteil V zum Kind, die gestrichelten weisen vom überlebenden Dreieck SV auf das Kind.

wird ein neuer Knoten erzeugt; diese Knoten werden als unterste Schicht an DAG_{i-1} angehängt.

Jetzt fehlen den neuen Knoten noch die Verbindungskanten von den Eltern weiter oben in DAG_{i-1}.

Aktualisierung von DAG_{i-1} in $O(m_i)$ Wann immer ein neues Dreieck durch *edge flip* erzeugt wird, steht fest, wer seine Eltern sind. Wenn wir also die Dreiecke von DT_{i-1} mit ihren Knoten in DAG_{i-1} verzeigern, können wir die Dreiecke V und SV in Zeit $O(1)$ in DAG_{i-1} lokalisieren und die fehlenden Kanten zu den neuen Knoten in der untersten Schicht einfügen. Damit ist der Aufbau von DAG_i beendet. Weil es $d_i \leq k_i + 2 \leq m_i + 2$ neue Dreiecke in DT_i gibt, genügt hierfür ebenfalls $O(m_i)$ viel Zeit.

Zusammengefasst ergibt sich damit folgender Algorithmus für das Einfügen eines neuen Punktes p_i: Algorithmus

> besuche alle Konfliktdreiecke in DAG_{i-1},
>   bis Dreieck T in DT_{i-1} mit $p_i \in T$ gefunden;
>
> (* Delaunay-Triangulation aktualisieren *)
>
> füge Delaunay-Kanten zwischen p_i und den Ecken von T ein;
>
> **while** es gibt $tria(q, u, p_i)$, dessen Nachbardreieck $tria(q, s, u)$
>   mit p_i in Konflikt steht **do**
>
>   ersetze qu durch $p_i s$;   (* edge flip *)
>   Elterndreieck V von $tria(s, u, p_i) := tria(s, u, q)$;
>   Elterndreieck V von $tria(q, s, p_i) := tria(s, u, q)$;
>   Elterndreieck SV von $tria(s, u, p_i) := tria(s, t, u)$;
>   Elternfeieck SV von $tria(q, s, p_i) := tria(q, r, s)$;
>
> (* Delaunay-DAG aktualisieren *)
>
> **for** jedes Dreieck T in DT_i mit Eckpunkt p_i **do**
>   erzeuge neuen Knoten K;   (* für neue Dreiecke *)
>   verzeigere K mit T;
>   erzeuge Kanten von den Knoten der Eltern von T nach K

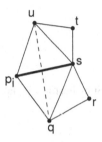

Man beachte, dass die Zuweisungen von Elterndreiecken nur vorläufig sind, solange noch *edge flips* ausgeführt werden. Dreiecke, die durch *edge flips* verschwinden, werden sofort gelöscht. War ein Dreieck zu irgendeinem Zeitpunkt ein Dreieck V, kann es nicht mehr zu DT_i gehören. Für unbeschränkte Dreiecke verfährt man entsprechend.

Damit haben wir folgendes Zwischenergebnis:

Lemma 6.8 *Die Verwendung eines Delaunay-DAG macht es möglich, einen neuen Punkt p_i in Zeit $O(m_i)$ in die Delaunay-Triangulation DT_{i-1} einzufügen. Dabei bezeichnet m_i die Anzahl der Dreiecke, die in $DT_4, \ldots, DT_{i-1}$ vorkommen und bei denen ein Elternteil mit p_i in Konflikt steht.*

Obwohl bei diesem Einfügeverfahren immerhin ein Graph als Konfliktstruktur unterhalten wird, ist es konzeptuell doch recht einfach. Wie effizient es arbeitet, werden wir im nächsten Abschnitt untersuchen.

6.2.3   Randomisierung

Wir wollen jetzt den *mittleren Zeitaufwand* abschätzen, der bei
der inkrementellen Konstruktion von DT_n nach diesem Verfahren entsteht, wenn jede der $n!$ möglichen Einfügereihenfolgen der
mittlerer
Zeitaufwand Punkte $p_1, \ldots, p_n$ gleich wahrscheinlich ist. Diese Art der Mittel-
bildung hatten wir bereits in Abschnitt 4.1.2 kennengelernt.

Wir können nicht nur den Gesamtaufwand abschätzen, sondern sogar die mittleren Kosten jeder einzelnen Einfügeoperation:

Theorem 6.9   *Bei Verwendung eines Delaunay-DAG kann*
man in mittlerer Zeit $O(\log i)$ den Punkt p_i in die Delaunay-
Triangulation von $i-1$ Punkten einfügen, falls jede Reihenfolge
von $p_1, \ldots, p_i$ gleich wahrscheinlich ist. Der Speicherbedarf ist im
Mittel linear.

Speicherplatzbedarf **Beweis.** Wir beginnen mit dem zu erwartenden *Speicherplatz-*
bedarf. Er wird durch die Größe von DAG_i bestimmt, weil
während des sukzessiven Einfügens von $p_4, p_5, \ldots, p_i$ niemals Knoten aus dem aktuellen DAG entfernt werden. Der Graph DAG_i
enthält außer der Wurzel genau einen Knoten für jedes Dreieck
in $DT_3, \ldots, DT_i$ und für jeden Knoten höchstens zwei eingehende
Kanten; für den Platzbedarf ist daher die Knotenzahl maßgeblich.

Wir ordnen jedes Dreieck T der ersten Triangulation DT_j zu,
in der es auftritt, und setzen

$$
\begin{aligned}
b_j &= \text{Anzahl der Dreiecke in } DT_j \setminus DT_{j-1} \\
&= \text{Anzahl der Dreiecke in } DT_j \text{ mit Eckpunkt } p_j \\
&\leq \text{grad}(p_j) + 1.
\end{aligned}
$$

$\text{grad}(p_j)$ Hierbei ist $\text{grad}(p_j)$ der Knotengrad von p_j; die Schranke
$\text{grad}(p_j) + 1$ wird durch die beiden unendlichen Dreiecke erreicht,
wenn p_j auf der konvexen Hülle liegt. Wenn wir $DT_2 = \emptyset$ definieren, gilt damit für die Knotenzahl

$$
|DAG_i| = \sum_{j=3}^{i} b_j.
$$

Um die zu erwartenden Werte der Zahlen b_j bequem
abschätzen zu können, stellen wir uns vor, die Zeit liefe *rückwärts*
Rückwärtsanalyse ab: Zuerst wird p_i zufällig in der Menge S_i ausgewählt, dann p_{i-1}
in der Restmenge und so fort. Stets erhält jeder Punkt dieselbe
Chance.

Folglich ist p_j ein zufällig gewählter Knoten in der Triangulation DT_j der zu diesem Zeitpunkt noch vorhandenen j-elementigen

Restmenge. Nach Theorem 5.4 auf Seite 265 hat daher p_j im Mittel einen Grad kleiner als sechs, d. h. für den Erwartungswert gilt:

$$E(b_j) \leq E(\mathrm{grad}(p_j)) + 1 < 7.$$

Durch Summation folgt sofort, dass der zu erwartende Speicherplatzbedarf in $O(i)$ liegt.

Kommen wir nun zum *Zeitaufwand*. Die mittlere Anzahl von   Zeitaufwand
edge flips pro Einfügung ist nach Lemma 6.4 konstant, weil der
mittlere Knotengrad kleiner als sechs ist. Aber wir müssen den
DAG benutzen, um p_i zu lokalisieren. Wegen Lemma 6.8 müssen
wir zeigen:

$$E(m_i) \in O(\log i),$$

wobei m_i die Anzahl aller bisher konstruierten Dreiecke bezeichnet, bei denen ein Elternteil mit p_i in Konflikt steht.

Sei T ein solches Dreieck; es trete zum ersten Mal in DT_j auf.
Dann gehören die Eltern von T zu DT_{j-1} und teilen sich — wenn
sie beide endlich sind — eine Kante; vergleiche Abbildung 6.6.
Wegen der Ähnlichkeit mit einem Fahrradrahmen nennt man die
Kombination der Eltern V und SV auch ein *Fahrrad*. Es steht   Fahrrad
mit p_i in Konflikt, weil eines seiner beiden Dreiecke V, SV einen
Konflikt mit p_i hat.

Wir haben also für jedes der m_i Dreiecke ein Fahrrad gefunden,
das mit p_i in Konflikt steht. Bei dieser Zuordnung kommt jedes
Fahrrad höchstens dreimal an die Reihe, denn nur eines seiner
beiden Dreiecke kann ein Dreieck V sein,[3] und solch ein Dreieck
hat nach Übungsaufgabe 6.4 höchstens drei Kinder.

Bezeichnet also f_i die Anzahl aller in $DT_3, \ldots, DT_{i-1}$ vorkommenden Fahrräder, die mit p_i in Konflikt stehen, so folgt

$$m_i \leq 3f_i.$$

Setzen wir weiterhin

$$f_{j,i} \quad = \quad \text{Anzahl der Fahrräder in } DT_j \setminus DT_{j-1},$$
$$\text{die mit } p_i \text{ in Konflikt stehen,}$$

so gilt

$$m_i \leq 3f_i = 3\sum_{j=3}^{i-1} f_{j,i}.$$

Jetzt beweisen wir, dass jede Zahl $f_{j,i}$ im Mittel einen Wert
$< \frac{72}{j}$ besitzt. Durch Summation ergibt sich dann die logarithmische Schranke für den Mittelwert von m_i; vergleiche den Schluss
des Beweises von Theorem 4.6 auf Seite 187.

---

[3] Zur Erinnerung: Wird das Kind eingefügt, stirbt V und steht für weitere
Elternschaft nicht zur Verfügung, während SV überlebt.

Der Erwartungswert von $f_{j,i}$ hängt nicht davon ab, welchen speziellen Index $i > j$ wir betrachten.[4] Der Einfachheit halber diskutieren wir den Fall $i = j + 1$.

Rückwärtsanalyse   Jeder Punkt p in S_{j+1} hat dieselbe Chance, als p_{j+1} gewählt zu werden.

Fällt die Wahl von p_{j+1} auf p, so gibt es nach Lemma 6.3 in DT_j weniger als $\mathrm{grad}(p)$ viele Dreiecke, die mit p in Konflikt stehen. Weil ein Dreieck zu höchstens drei Fahrrädern gehören kann, gibt es demnach weniger als $3 \cdot \mathrm{grad}(p)$ Konfliktfahrräder in DT_j.

Von ihnen tragen nur diejenigen zu $f_{j,j+1}$ bei, die den jetzt zu wählenden Punkt p_j zum Eckpunkt haben und deshalb noch nicht in DT_{j-1} vorgekommen sind.

Für jeden Kandidaten q in $S_j = S_{j+1} \setminus \{p\}$ bezeichne $f_{q,p}$ die Anzahl der Fahrräder in DT_j mit Eckpunkt q und Konflikt mit p. Der gesuchte Mittelwert ergibt sich, indem wir alle Möglichkeiten für die Wahlen von p_{j+1} und p_j in Betracht ziehen:

$$
\begin{aligned}
E(f_{j,j+1}) &= \frac{1}{j+1} \sum_{p \in S_{j+1}} \frac{1}{j} \cdot \sum_{q \in S_{j+1} \setminus \{p\}} f_{q,p} \\
&< \frac{1}{j+1} \sum_{p \in S_{j+1}} \frac{1}{j} \cdot 4 \cdot 3 \cdot \mathrm{grad}(p) \\
&= \frac{12}{j} \cdot \frac{1}{j+1} \sum_{p \in S_{j+1}} \mathrm{grad}(p) \\
&< \frac{72}{j}.
\end{aligned}
$$

Bei der ersten Ungleichung ist zu beachten, dass die innere Summe über die Zahlen $f_{q,p}$ jedes Konfliktfahrrad von DT_j so oft aufzählt, wie es Eckpunkte besitzt, also höchstens viermal. Bei der letzten Abschätzung haben wir wieder Theorem 5.4 verwendet, wonach der mittlere Grad eines Delaunay-Knotens kleiner als sechs ist.

Damit ist Theorem 6.9 bewiesen.   □

randomized incremental construction   Ein randomisiertes inkrementelles Verfahren zur Konstruktion des Voronoi-Diagramms in erwarteter Zeit $O(n \log n)$ wurde zuerst von Clarkson und Shor [6] angegeben; es hat aber einige Zeit gedauert, bis man eine einfache Darstellung fand. Ein wesentlicher Schritt zur Vereinfachung besteht in der von Seidel [16] eingeführten Rückwärtsanalyse. Auf dieser Technik beruhen auch unsere Mittelwertabschätzungen.

---

[4]Der Übergang von i zu einem anderen Index $i' > j$ stellt nur eine Umbenennung dar, die nichts an der Fairness einer Zufallspermutation ändert.

Devillers et al. [7] haben gezeigt, wie der Delaunay-DAG auch für das *Entfernen von Punkten* verwendet werden kann. Es ist übrigens gar nicht nötig, die Strukturen DAG_i und DT_i beide zu verwalten; die Information über die Nachbarschaftsbeziehungen der aktuellen Delaunay-Dreiecke kann man zusätzlich im DAG speichern und beim Einfügen eines Punktes aktualisieren.

Der *worst case* eines jeden randomisierten Verfahrens zur Konstruktion der Delaunay-Triangulation lässt sich auf $O(n^2)$ beschränken: Man braucht es ja nur mit dem in Korollar 6.5 beschriebenen $O(n^2)$-Verfahren um die Wette laufen zu lassen; sobald der erste Algorithmus terminiert, wird auch der andere angehalten.

Dass jedes inkrementelle Konstruktionsverfahren im *worst case* mindestens $\Omega(n^2)$ viele Schritte benötigt, zeigt das folgende von Meiser [14] stammende Beispiel in Abbildung 6.10. Es ist in der Sprache der Voronoi-Diagramme formuliert.

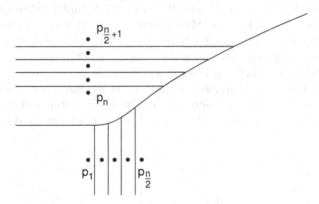

Abb. 6.10 Beim sukzessiven Einfügen von $p_1, \ldots, p_n$ sind $\Omega(n^2)$ viele Schritte nötig.

Auf der X- und Y-Achse liegen je $n/2$ Punkte; die Punkte auf der X-Achse seien bereits eingefügt. Wenn nun die Punkte auf der Y-Achse von oben nach unten eingefügt werden, hat die Voronoi-Region des jeweils letzten Punktes p_{i-1} mit jeder Voronoi-Region $VR(p_1, S), \ldots, VR(p_{\frac{n}{2}}, S)$ eine gemeinsame Kante.[5] Alle diese $n/2$ vielen Voronoi-Kanten müssen beim Einfügen von p_i wieder entfernt und durch neue Kanten ersetzt werden. Das macht insgesamt $\Omega(n^2)$ viel Arbeit!

worst case $\Omega(n^2)$ unvermeidbar

Übungsaufgabe 6.5 Man zeige, dass bei einer günstigeren Einfügereihenfolge das Voronoi-Diagramm in Abbildung 6.10 mit Aktualisierungsaufwand $O(n)$ konstruiert werden kann.

---

[5]In Abbildung 6.10 ist das für den Punkt p_n gut zu erkennen.

In diesem Abschnitt haben wir ein recht einfaches Verfahren zur Konstruktion der Delaunay-Triangulation vorgestellt, das im Mittel eine Laufzeit von $O(n \log n)$ erzielt. In den folgenden Abschnitten werden Algorithmen betrachtet, die diese Schranke auch im *worst case* einhalten.

6.3   Sweep

In Kapitel 2 hatten wir uns mit dem *sweep*-Verfahren beschäftigt und gesehen, dass sich damit eine ganze Reihe von geometrischen Problemen in der Ebene effizient lösen lassen. Die Frage drängt sich förmlich auf, ob man mit dieser Methode auch das Voronoi-Diagramm schnell konstruieren kann!

sweep beim
Voronoi-
Diagramm?

Auf den ersten Blick hat unser Problem große Ähnlichkeit mit der Aufgabe aus Abschnitt 2.3.2, alle Schnittpunkte von n Strecken zu bestimmen: Man möchte auch hier eine senkrechte *sweep line* von links nach rechts über die Ebene laufen lassen und die jeweils geschnittenen Voronoi-Kanten nach ihren Y-Koordinaten sortiert speichern, wie Abbildung 6.11 zeigt. Jeder Schnittpunkt zwischen zwei benachbarten Voronoi-Kanten würde ein *Schnittereignis* definieren; bei seinem Eintreten müsste die Sweep-Status-Struktur *SSS* entsprechend aktualisiert werden.

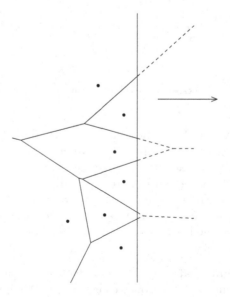

Abb. 6.11 Lässt sich so das Voronoi-Diagramm konstruieren?

Übungsaufgabe 6.6 Man begründe, warum dieser Ansatz nicht funktioniert.

Diese Hinderungsgründe wirkten so abschreckend, dass nach Veröffentlichung des *sweep*-Verfahrens für Strecken [1] acht Jahre vergingen, bevor Fortune [12] zeigte, dass man *doch* Voronoi-Diagramme mittels *sweep* berechnen kann.

6.3.1   Die Wellenfront

Wir beschreiben hier eine vereinfachte Variante, die auf Seidel [15] zurückgeht. Die Idee ist ganz natürlich: Man speichert beim Sweepen nur diejenigen Teile des Voronoi-Diagramms links von   die Idee
der *sweep line*, die sich nicht mehr ändern können, unabhängig davon, welche Punkte aus S die *sweep line* künftig noch antreffen wird.

Abbildung 6.12 zeigt einen Punkt p links von der *sweep line* L und seinen Bisektor $B(p, L)$ — eine Parabel, wie wir in Übungsaufgabe 5.8 auf Seite 285 gesehen haben.

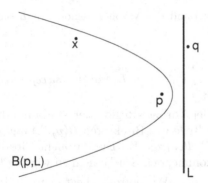

Abb. 6.12 Kein Punkt rechts von L kann das Gebiet zur Linken von $B(p, L)$ beeinflussen.

Sei x ein Punkt zur Linken von $B(p, L)$; dann liegt x näher an p als an irgendeinem Punkt q *auf* und erst recht *rechts von* der Geraden L. Also kann x nicht zur Voronoi-Region von q gehören! Mit anderen Worten: Das Gebiet links von $B(p, L)$ ist vor allen Punkten sicher, die rechts von der *sweep line* liegen; deren Regionen und Bisektoren können es nicht betreten.

Diese Tatsache nutzen wir für unseren Algorithmus aus. Sei $S = \{p_1, p_2, \ldots, p_n\}$ in der Reihenfolge aufsteigender X-Koordinaten. Angenommen, die *sweep line* L befindet sich gerade zwischen p_i und p_{i+1}. Wir betrachten das Voronoi-Diagramm der

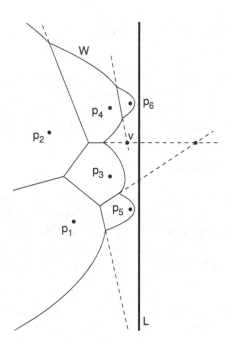

Abb. 6.13 Der Rand der Voronoi-Region von L bildet die *Wellenfront W*.

Punkte $p_1, \ldots, p_i$ links von L *und der sweep-line L selbst*; siehe Abbildung 6.13.

Der Rand der Voronoi-Region der *sweep line* besteht aus Parabelbögen, die Teile von Bisektoren $B(p_j, L)$ mit $j \leq i$ sind. Man nennt ihn die *Wellenfront W*. Die Parabeln selbst heißen *Wellen*, ihre in W vorkommenden Stücke nennen wir *Wellenstücke*.

Wellenfront

Links von der Wellenfront liegt ein Teil des Voronoi-Diagramms der Punkte $p_1, \ldots, p_i$, der zugleich ein Teil von $V(S)$ ist; denn die schon vorhandenen Voronoi-Kanten zwischen den Regionen von zwei Punkten aus S_i können sich nicht mehr ändern, wenn die *sweep line* auf neue Punkte stößt.

Während die *sweep line L* weiter nach rechts wandert, folgen ihr mit halber Geschwindigkeit alle Parabeln $B(p_j, L)$ mit $j \leq i$ und damit die gesamte Wellenfront W nach; wie die Wellen sich vorwärtsbewegen, kann man in Abbildung 6.14 gut erkennen.

Wo zwei in W benachbarte Wellenstücke, z. B. Teile von $B(r, L)$ und von $B(q, L)$ sich schneiden, rückt ihr Schnittpunkt längs des geraden Bisektors $B(r, q)$ vor. Die Verlängerungen dieser Bisektoren über die Wellenfront hinaus werden *Spikes* genannt; sie sind in Abbildung 6.13 gestrichelt eingezeichnet.

Spikes

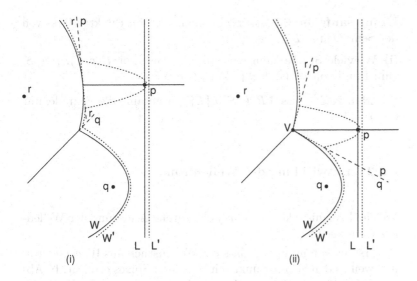

Abb. 6.14 Wenn die *sweep line* auf einen neuen Punkt trifft, entsteht eine neue Welle.

Dadurch, dass die Wellenstücke längs der Spikes vorrücken, vergrößert sich das Teilstück von $V(S)$ links von W.

Als Sweep-Status-Struktur SSS speichern wir nun nicht die von der *sweep line* geschnittenen Voronoi-Kanten, sondern die aktuelle Wellenfront W, also den Rand von $VR(L, S_i \cup \{L\})$. Ihre Gestalt ist recht einfach.

Lemma 6.10 *Die Wellenfront W ist zusammenhängend und Y-monoton.*

Struktur der
Wellenfront

Beweis. Weil je zwei solche Bisektorparabeln sich schneiden, ist W zusammenhängend. Die Monotonie kann direkt aus der Form der Parabeln geschlossen werden oder aus der Verallgemeinerung von Lemma 5.20 auf Geraden: Danach liegt zu jedem Punkt x aus der Voronoi-Region von L auch das Liniensegment xy_x zum nächsten Punkt y_x auf L ganz in der Region von L. □

Die Wellenstücke in W sind also nach Y-Koordinaten geordnet. In Abbildung 6.13 tragen von unten nach oben die Punkte p_1, p_5, p_3, p_4, p_6, p_4, p_2 ein Stück zur Wellenfront bei. Mit den Bezeichnungen auf Seite 74 sind dies die *aktiven* Punkte von S. Die Voronoi-Regionen der *toten* Punkte berühren die Wellenfront nicht mehr, die *schlafenden* Punkte müssen von der *sweep line* erst noch entdeckt werden. Offenbar kann *eine* Welle wie $B(p_4, L)$ *mehrere* Stücke zur Wellenfront beitragen! Sollte hier ein Problem lauern?

Komplexität der
Wellenfront

Übungsaufgabe 6.7   Sei S eine Menge von n Punkten links von der Senkrechten L.

(i) Wieviele Stücke kann ein einzelner Bisektor $B(p, L)$, $p \in S$, zum Rand von $VR(L, S \cup \{L\})$ beitragen?

(ii) Man zeige, dass $VR(L, S \cup \{L\})$ insgesamt die Komplexität $O(n)$ hat.

6.3.2   Entwicklung der Wellenfront

Welche Ereignisse können eine strukturelle Änderung der Wellenfront auslösen?

Erstens kommt es vor, dass ein Wellenstück aus W *verschwindet*, weil es den Schnittpunkt seiner beiden Spikes erreicht. In Abbildung 6.13 zum Beispiel sind Wellenstücke von p_3, p_4, p_6 in W enthalten, und die zu $B(p_3, p_4)$ und $B(p_4, p_6)$ gehörigen Spikes schneiden sich im Punkt v. Beim weiteren Vorrücken von L wird das Wellenstück von p_4 immer kleiner, bis es schließlich ganz verschwindet. Der Punkt v liegt jetzt auf dem Rand der Regionen von p_3, p_4, p_6 und L, ist also insbesondere ein *Voronoi-Knoten* im Diagramm der Punkte links von L. In v vereinigen sich die benachbarten Wellenstücke von p_3 und p_6. Die neuen Nachbarn erzeugen einen neuen Spike, der Teil von $B(p_3, p_6)$ ist.

Zweitens können neue Wellenstücke in W *erscheinen*. Das passiert immer dann, wenn die *sweep line* L auf einen neuen Punkt p trifft. In diesem Moment besteht der Bisektor $B(p, L)$ aus der waagerechten Geraden durch p; siehe Abbildung 6.14 (i). Sobald L sich weiterbewegt, verschwindet die rechte Halbgerade von $B(p, L)$, und die linke öffnet sich zu einer Parabel.

Wenn die linke Halbgerade von $B(p, L)$ ins Innere eines Wellenstücks von r in W trifft, wird dieses durch die neue Welle von p in zwei Teile gespalten.

Zwischen den Schnittpunkten der sich öffnenden Parabel von p mit dem Wellenstück von r entsteht eine Voronoi-Kante, die Teil von $B(p, r)$ ist. Ihre Verlängerungen über die Schnittpunkte hinaus bilden zwei neue Spikes; vergleiche die Spikes von p_6 in Abbildung 6.13.

Es ist ebenso möglich, dass die linke Halbgerade von $B(p, L)$ auf einen Punkt v in W stößt, bei dem sich zwei Wellenstücke, etwa von q und r, treffen; siehe Abbildung 6.14 (ii). In diesem Fall ist v ein Voronoi-Knoten, und die Parabel von p läuft zwei Spikes entlang, die zu $B(r, p)$ und $B(p, q)$ gehören.

Wellenstück
verschwindet

neues Wellenstück
erscheint

Damit haben wir zwei Ereignistypen identifiziert, die zu einer   zwei Ereignistypen
Veränderung der *SSS* führen:

- *Spike-Ereignis*: ein Wellenstück trifft auf den Schnittpunkt   Spike-Ereignis
  seiner beiden Spikes und verschwindet;

- *Punkt-Ereignis*: die *sweep line* trifft auf einen neuen Punkt,   Punkt-Ereignis
  und ein neues Wellenstück erscheint in der Wellenfront.

Andere Ereignisse können nicht eintreten: Solange die Spikes
sich nicht schneiden und keine neuen Punkte entdeckt werden,
laufen die Wellenstücke ungestört weiter.

Jetzt können wir den Sweep-Algorithmus in Angriff nehmen.

6.3.3   Der Sweep-Algorithmus für $V(S)$

Unsere Wellenstücke sind vom Typ

> **type** tWellenStück = **record**
> *Pkt*: tPunkt;
> *VorPkt*, *NachPkt*: tPunkt;

Dabei bezeichnet *Pkt* den Punkt, aus dessen Welle das Wellenstück stammt. Weil die Wellenfront mehrere solche Stücke enthalten kann, geben wir zusätzlich die Punkte *VorPkt* und *NachPkt*
an, zu denen der untere und der obere Nachbar dieses Wellenstücks in *W* gehören.

Damit ist das Wellenstück eindeutig beschrieben, weil zwei
Wellen, etwa die von q und p, in *W* nicht in der Reihenfolge $...q...p...q...p$ vorkommen können; vgl. die Lösung von
Übungsaufgabe 6.7. Die Punkte *VorPkt* und *NachPkt* nehmen bei
den beiden äußersten Stücken der Wellenfront den Wert ∞ an.

Ähnlich wie in Abschnitt 2.3.2 verwenden wir neben der
Sweep-Status-Struktur *SSS* eine *Ereignis-Struktur ES*. Die in *ES*   Ereignis-Struktur
gespeicherten Ereignisse sind vom Typ

> **type** tEreignis = **record**
> *Zeit*: real;
> **case** *Typ*: (SpikeEreig, PunktEreig) **of**
>   SpikeEreig:
>   *AltWStück*: tWellenStück;
>   *SchnittPkt*: tPunkt;
>   PunktEreig:
>   *NeuPkt*: tPunkt;

Bei einem Spike-Ereignis verschwindet *AltWStück*, weil seine
Spikes sich im *SchnittPkt* treffen. Ein Punkt-Ereignis tritt ein,
wenn die *sweep line* auf *NeuPkt* stößt.

Zeit   Die Zeit messen wir, wie üblich, durch die X-Koordinate der *sweep line*.

Übungsaufgabe 6.8 Welche Werte muss das Feld *Zeit* bei den verschiedenen Ereignistypen erhalten?

Die Sweep-Status-Struktur SSS muss (außer ihrer Initialisierung) folgende Operationen erlauben:

$UWStück(SSS, y, x)$:   bestimmt das Wellenstück unterhalb von $\{Y = y\}$ zum Zeitpunkt x.

$OWStück(SSS, y, x)$:   bestimmt das Wellenstück oberhalb von $\{Y = y\}$ zum Zeitpunkt x.

Meistens wird die Gerade $\{Y = y\}$ das Innere eines Wellenstücks von W treffen, so dass beide Funktionen dasselbe Ergebnis liefern. Außerdem brauchen wir

$FügeEin(SSS, WStück, x)$:   fügt Wellenstück $WStück$ in die Ordnung zur Zeit x ein.

$Entferne(SSS, WStück, x)$:   entfernt Wellenstück $WStück$ zur Zeit x.

Damit lässt sich der Sweep-Algorithmus zur Berechnung des Voronoi-Diagramms folgendermaßen beschreiben; man beachte die Ähnlichkeit zur Lösung des Strecken-Schnittproblems auf Seite 82. Zur Illustration der Bezeichnungen siehe Abbildung 6.15.

(* Initialisierung *)
initialisiere die Strukturen SSS und ES;
sortiere die n Punkte nach aufsteigenden X-Koordinaten;
erzeuge daraus Punkt-Ereignisse;
füge diese Ereignisse in die ES ein;

(* *sweep* *)
while $ES \neq \emptyset$ **do**
    $Ereignis := NächstesEreignis(ES)$;
    with *Ereignis* **do**
        case *Typ* **of**
        SpikeEreig:
            $Entferne(SSS, AltWStück, Zeit)$;
            $U := UWStück(SSS, SchnittPkt.Y, Zeit)$;
            $O := OWStück(SSS, SchnittPkt.Y, Zeit)$;
            $TesteSchnittErzeugeEreignis(U.VorPkt, U.Pkt,$
                                  $O.Pkt, Zeit)$;
            $TesteSchnittErzeugeEreignis(U.Pkt, O.Pkt,$
                                  $O.NachPkt, Zeit)$;

PunktEreig:
$\quad U := UWStück(SSS, NeuPkt.Y, Zeit);$
$\quad O := OWStück(SSS, NeuPkt.Y, Zeit);$
$\quad$**with** *NeuWStück* **do**
$\quad\quad Pkt := NeuPkt;$
$\quad\quad VorPkt = U.Pkt;$
$\quad\quad NachPkt = O.Pkt;$
$\quad FügeEin(SSS, NeuWStück, Zeit);$
$\quad TesteSchnittErzeugeEreignis(U.VorPkt, U.Pkt,$
$\quad\quad\quad\quad\quad\quad\quad\quad\quad\quad NeuPkt, Zeit);$
$\quad TesteSchnittErzeugeEreignis(NeuPkt, O.Pkt,$
$\quad\quad\quad\quad\quad\quad\quad\quad\quad\quad O.NachPkt, Zeit)$

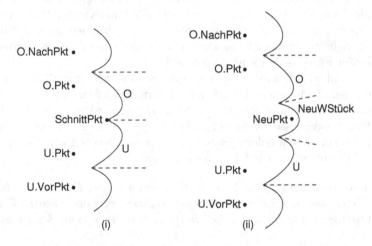

Abb. 6.15 Die Bearbeitung von Spike- und Punkt-Ereignissen.

Bei einem Aufruf $TesteSchnittErzeugeEreignis(p, q, r, x)$ zur Zeit x muss die Wellenfront konsekutive Stücke der Wellen von p, q, r enthalten. Es wird getestet, ob die zu $B(p, q)$ und $B(q, r)$ gehörenden Spikes sich rechts von der Wellenfront schneiden. Falls ja, wird ein entsprechendes Spike-Ereignis erzeugt und in ES eingefügt.

In Abbildung 6.15 (i) wird ein Spike-Ereignis bearbeitet. Das alte Wellenstück *AltWStück* ist bereits entfernt. Nun muss noch der neue Spike von $U.Pkt$ und $O.Pkt$ mit seinen beiden Nachbarn auf Schnitt getestet werden. In (ii) wurde bei Bearbeitung eines Punktereignisses soeben das Wellenstück *NeuWStück* eingefügt; in der Abbildung ist es symbolisch vergrößert. Jeder seiner beiden Spikes muss mit seinem anderen Nachbarn auf Schnitt getestet werden.

wo bleibt $V(S)$?

Unser Algorithmus berechnet korrekt alle strukturellen Veränderungen, die die Wellenfront während des *sweep* erfährt. Aber wo bleibt das Voronoi-Diagramm?

Nun, die Wellenfront zeichnet es sozusagen in den Sand,[6] und wir können den schon konstruierten Teil von $V(S)$ leicht von Ereignis zu Ereignis erweitern. Wenn am Ende kein Ereignis mehr zu bearbeiten ist, entfernen wir die *sweep line* und nehmen alle dann noch vorhandenen Spikes als unbeschränkte Voronoi-Kanten hinzu.

Effizienz

Kommen wir nun zur Effizienz dieses Verfahrens. Die Strukturen *SSS* und *ES* können so implementiert werden, dass sich jeder Zugriff in logarithmischer Zeit ausführen lässt. Die Größe der *SSS* bleibt in $O(n)$, wie Übungsaufgabe 6.7 (ii) gezeigt hat.

Um die Größe von *ES* ebenfalls in $O(n)$ zu halten, kann man die Idee anwenden, die wir auf Seite 84 in Kapitel 2 für die Schnittpunktbestimmung von Strecken beschrieben haben: Nur die Schnittereignisse zwischen direkt benachbarten Spikes werden in der Ereignis-Struktur gespeichert.

Und wie oft wird insgesamt auf *SSS* und *ES* zugegriffen? Nur $O(1)$-mal für jeden Aufruf der Funktion *NächstesEreignis*, wie ein Blick auf den Algorithmus zeigt. Dabei werden genau n viele Punkt-Ereignisse bearbeitet und $O(n)$ viele Spike-Ereignisse, denn jedes von diesen liefert genau einen Voronoi-Knoten von $V(S)$!

Damit haben wir folgendes Ergebnis:

$O(n \log n)$ Zeit, $O(n)$ Platz

Theorem 6.11 *Das Voronoi-Diagramm von n Punkten in der Ebene lässt sich mit dem Sweep-Verfahren im* worst case *in Zeit $O(n \log n)$ und linearem Speicherplatz berechnen, und das ist optimal.*

Die Optimalität ergibt sich aus Korollar 5.6 auf Seite 266.

6.4   Divide-and-Conquer

Im letzten Abschnitt haben wir gesehen, wie sich das Voronoi-Diagramm optimal mit dem Sweep-Verfahren konstruieren lässt. Historisch älter und ebenfalls optimal ist der *divide-and-conquer*-Algorithmus von Shamos und Hoey [17], der nun vorgestellt werden soll. Seine Entdeckung hat die Entwicklung des Faches Algorithmische Geometrie ausgelöst.

Wie bei jeder Anwendung des *divide-and-conquer*-Prinzips wird auch hier das Problem in zwei möglichst gleich große Teile

---

[6]Die Punkte, an denen die Wellenstücke sich berühren, beschreiben die Voronoi-Kanten von $V(S)$.

zerlegt, die dann rekursiv gelöst werden. Die Hauptaufgabe besteht darin, die Lösungen der Teilprobleme zu einer Lösung des Gesamtproblems zusammenzusetzen.

Zur Zerlegung der n-elementigen Punktmenge S verwenden wir eine senkrechte oder waagerechte *Splitgerade*. Nach Übungsaufgabe 3.3 (i) kann man damit immer erreichen, dass der kleinere Teil von S zumindest etwa ein Viertel aller Punkte enthält.

Splitgerade

Um eine geeignete Splitgerade für S und später für die rekursiv entstehenden Teilmengen schnell bestimmen zu können, werden am Anfang einmal alle Punkte nach ihren X- und Y-Koordinaten sortiert und in zwei Verzeichnissen gespeichert. Anhand dieser beiden Verzeichnisse kann in linearer Zeit eine günstige Splitgerade bestimmt werden. Nach Aufteilung der Punktmenge längs dieser Splitgeraden können auch die Verzeichnisse in linearer Zeit auf die beiden Teilmengen aufgeteilt werden, so dass sie dort für den nächsten Rekursionsschritt zur Verfügung stehen. Halten wir fest:

Lemma 6.12 *Nach $O(n \log n)$ Vorbereitungszeit kann man die Punktmenge S rekursiv durch achsenparallele Splitgeraden so zerlegen, dass jeder Zerlegungsschritt einer Teilmenge T in Zeit $O(|T|)$ ausgeführt werden kann und zwei Teilmengen mit Mindestgröße $\frac{1}{4}(|T| - 1)$ liefert.*

Aufwand für Initialisierung und *divide*

Entscheidend ist nun die Frage, wie schnell sich zwei Voronoi-Diagramme $V(L)$ und $V(R)$ zum Diagramm $V(L \cup R)$ zusammensetzen lassen, wenn L und R durch eine Splitgerade voneinander getrennt sind. Dieser Frage gehen wir im folgenden nach. Danach werden wir den Zeitbedarf dieses Verfahrens besprechen.

6.4.1 Mischen von zwei Voronoi-Diagrammen

Seien also L und R zwei Teilmengen von S, die von einer senkrechten Splitgeraden separiert werden. Angenommen, die Voronoi-Diagramme $V(L)$ und $V(R)$ sind schon vorhanden. Wie lässt sich daraus $V(S)$ berechnen?

Abbildung 6.16 zeigt, was dieser sogenannte *merge-Schritt* leisten soll; oben sind $V(L)$ und $V(R)$ dargestellt, zusammen mit den Punkten auf der jeweils anderen Seite der Splitgeraden, und unten das Diagramm $V(S)$.

merge-Schritt

In $V(S)$ gibt es zwei Arten von Voronoi-Kanten: Solche, bei denen die Punkte der beiden angrenzenden Regionen zu derselben Teilmenge L oder R von S gehören, und solche, die zwischen einer L-Region und einer R-Region verlaufen.

Die folgende Übungsaufgabe zeigt, dass alle Kanten der ersten Art schon in $V(L)$ oder $V(R)$ vorkommen, dort aber möglicherweise länger sind als in $V(S)$.

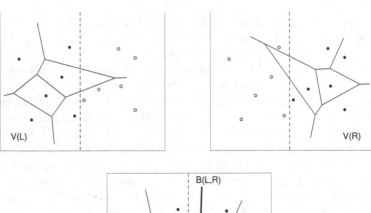

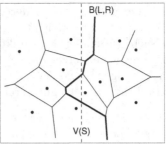

Abb. 6.16 Die Voronoi-Diagramme $V(L)$ und $V(R)$ werden zu $V(S)$ zusammengesetzt.

 Übungsaufgabe 6.9 Sei e eine Voronoi-Kante in $V(S)$, die zwischen zwei Regionen von Punkten aus $L \subset S$ verläuft. Man zeige, dass es in $V(L)$ eine Kante e' gibt, die e enthält.

Neu zu berechnen sind aber alle Kanten der zweiten Art, die zwischen den Regionen von zwei Punkten $p \in L$ und $q \in R$ verlaufen. Zusammen bilden sie gerade die Menge

$$B(L,R) = \{x \in \mathbb{R}^2; \min_{p \in L} |px| = \min_{q \in R} |qx|\}$$

Bisektor von L
und R

aller Punkte, die einen nächsten Nachbarn in L und in R besitzen. Man nennt $B(L,R)$ auch den *Bisektor von L und R*.

In Abbildung 6.16 bildet $B(L,R)$ eine polygonale Kette. Das ist kein Zufall.

Lemma 6.13 *Sind L und R durch eine senkrechte Gerade separiert, so ist ihr Bisektor $B(L,R)$ eine einzelne, Y-monotone polygonale Kette.*

Beweis. Sei e eine Kante aus $B(L,R)$, die zwischen den Regionen von $p \in L$ und $q \in R$ verläuft. Weil p eine kleinere X-Koordinate als q hat, kann e — als Teil von $B(p, q)$ — nicht waagerecht sein; außerdem muss die Region von p zur Linken von e liegen und die von q auf der rechten Seite. Weil dies für *alle* Kanten in $B(L, R)$ gilt, sind alle Ketten, in die $B(L, R)$ möglicherweise zerfällt, monoton in Y und daher unbeschränkt. Es kann aber nur *eine* monotone Kette geben, denn eine waagerechte Gerade wechselt, von links nach rechts betrachtet, an jedem Schnittpunkt mit einer Kette von einer L-Region in eine R-Region. Eine Folge von Schnitten $L|R, L|R$ ist aber unmöglich, weil zwischendurch kein Übergang $R|L$ stattfinden kann. □

Wir hatten oben festgestellt, dass alle Kanten von $V(S)$ zwischen den Regionen von Punkten aus *derselben* Teilmenge schon in $V(L)$ und $V(R)$ vertreten sind, aber möglicherweise für $V(S)$ zu lang sind. Wenn eine Kante e', die in $V(L)$ von v nach w' läuft, in $V(S)$ bereits an einem Punkt w endet, dann nur deshalb, weil sie in w auf eine Region $VR(r, S)$ trifft mit $r \in R$. Dann liegt der Punkt w aber auf $B(L, R)$! Das bedeutet: Wir können $V(S)$ aus $V(L)$ und $V(R)$ zusammensetzen, indem wir

- den Bisektor $B(L, R)$ von L und R konstruieren,

- die Diagramme $V(L)$ und $V(R)$ längs $B(L, R)$ aufschneiden[7] und

- den linken Teil von $V(L)$ mit $B(L, R)$ und mit dem rechten Teil von $V(R)$ zu $V(S)$ zusammensetzen.

Anders gesagt: $V(L)$ und $V(R)$ werden mit dem Faden $B(L, R)$ zusammengenäht, und die überstehenden Stücke werden abgeschnitten.

Die schwierigste Teilaufgabe besteht dabei in der Konstruktion des Bisektors von L und R; hiermit beschäftigt sich der folgende Abschnitt. Ist $B(L, R)$ erst vorhanden, lassen sich die beiden übrigen Schritte leicht in Zeit $O(n)$ bewerkstelligen. Man kann sie sogar schon während der Berechnung von $B(L, R)$ ausführen.

Hauptaufgabe: $B(L, R)$ konstruieren

6.4.2 Konstruktion von $B(L, R)$

Die Berechnung des Bisektors $B(L, R)$ erfolgt in zwei Phasen: Zuerst sucht man sich eines der beiden unbeschränkten Endstücke von $B(L, R)$; dann verfolgt man den Bisektor durch die Diagramme $V(L)$ und $V(R)$, bis man beim anderen Endstück ankommt.

Endstück von $B(L, R)$ suchen

Die Endstücke von $B(L, R)$ sind Halbgeraden, die ins Unendliche laufen. Dort werden wir nach ihnen suchen, einer Idee

---

[7]Und nicht etwa längs der Splitgeraden!

von Chew und Drysdale [4] folgend. Wir denken uns dazu $V(L)$ und $V(R)$ wie in Abbildung 6.17 übereinandergelegt. Der Durchschnitt von zwei unbeschränkten Regionen $VR(p, L)$ und $VR(q, R)$ kann leer, beschränkt oder unbeschränkt sein. Die unbeschränkten Durchschnitte bilden einen zusammenhängenden Ring im Unendlichen; wir haben sie in Abbildung 6.17 durchnumeriert.

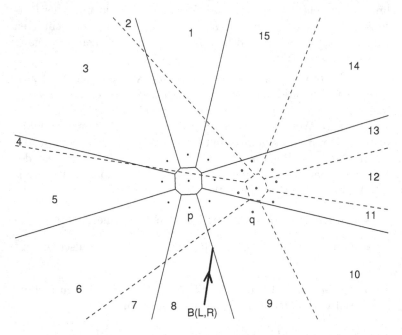

Abb. 6.17 Ein unbeschränktes Stück von $B(p, q)$ ist Endstück des Bisektors $B(L, R)$ von L und R.

Wir werden nun die unbeschränkten Durchschnitte der Reihe nach besuchen. Wenn wir in $VR(p, L) \cap VR(q, R)$ sind, testen wir, ob ein unbeschränktes Stück von $B(p, q)$ darin enthalten ist; solch ein Test kann in $O(1)$ Zeit ausgeführt werden, weil es dabei nur auf die unbeschränkten Voronoi-Kanten ankommt.

Sobald wir fündig werden — und das müssen wir, denn es *gibt* ja zwei unbeschränkte Endstücke von $B(L, R)$ — haben wir ein Endstück von $B(L, R)$ gefunden, wie folgende Übungsaufgabe zeigt:

Übungsaufgabe 6.10   Wenn ein unbeschränktes Stück von $B(p, q)$ in $VR(p, L) \cap VR(q, R)$ enthalten ist, so gehört es zu $B(L, R)$.

In Abbildung 6.17 enthält Durchschnitt Nr. 8 ein unbeschränktes Stück von $B(L, R)$.

Wir wollen kurz darauf eingehen, *wie* man die unbeschränkten Durchschnitte von Regionen aus $V(L)$ und $V(R)$ findet. Wir nehmen an, dass die beiden Voronoi-Diagramme in einer *QEDS* gespeichert sind, die es ermöglicht, die unbeschränkten Regionen *eines jeden Diagramms für sich* bequem zu durchlaufen; siehe Seite 19. Dabei besucht man die unbeschränkten Voronoi-Kanten zwischen ihnen nach Winkeln sortiert.

Wir wählen nun eine unbeschränkte Kante e von $V(L)$ aus und suchen nach der Region von $V(R)$, die ein unbeschränktes Stück von e enthält; dazu brauchen wir nur die Winkel von e und den unbeschränkten Kanten von $V(R)$ zu betrachten. Sobald wir e zwischen den unbeschränkten Kanten von $V(R)$ lokalisiert haben, umlaufen wir $V(L)$ und $V(R)$ simultan, zum Beispiel gegen den Uhrzeiger, und überqueren als nächstes stets die unbeschränkte Voronoi-Kante mit nächstgrößerer Steigung. Zwischen zwei benachbarten Kanten liegt jeweils ein unbeschränkter Durchschnitt von zwei Voronoi-Regionen.

Damit ist die erste Phase erfolgreich beendet; wir halten fest:

Lemma 6.14 *Sind $V(L)$ und $V(R)$ vorhanden, so läßt sich ein Endstück von $B(L, R)$ in Zeit $O(n)$ finden.*

In der zweiten Phase geht es darum, den Bisektor $B(L, R)$ durch die Diagramme $V(L)$, $V(R)$ weiterzuverfolgen. Wir nehmen an, dass wir in der ersten Phase das untere Endstück von $B(L, R)$ bestimmt haben und uns nun von dort hocharbeiten müssen. Dabei liegen die Regionen von L stets auf der linken Seite, die von R zur Rechten.

Orientierung

Angenommen, der Bisektor $B(L, R)$ betritt in einem Punkt v_1 die Region von $VR(p_1, L)$, während er gleichzeitig in $VR(q_1, R)$ verläuft; siehe Abbildung 6.18. Dann wird $B(L, R)$ in der Region von p_1 zunächst durch ein Stück von $B(p_1, q_1)$ fortgesetzt.

Dieses Stück endet, sobald es auf den Rand von $VR(p_1, L)$ oder auf den Rand von $VR(q_1, R)$ trifft. Wir müssen also feststellen, welcher der beiden Ränder zuerst erreicht wird. Dazu berechnen wir für das Stück von $B(p_1, q_1)$ ab v_1 die (wegen der Konvexität der Voronoi-Region eindeutig bestimmten) Schnittpunkte v_2 und w_2 mit $\partial VR(p_1, L)$ und $\partial VR(q_1, R)$ und testen, welcher von beiden näher an v_1 liegt. Dort endet das zu $B(L, R)$ gehörende Stück von $B(p_1, q_1)$.

$B(L, R)$ verfolgen

In Abbildung 6.18 wird zuerst der Punkt w_2 erreicht; hier wechselt $B(L, R)$ in die Region von q_2 über und wird deshalb[8] durch ein Teilstück von $B(p_1, q_2)$ fortgesetzt. Nun gilt es zu prüfen, ob das neue Teilstück zuerst den Schnittpunkt v_3 mit dem Rand der Region von p_1 erreicht oder den Schnittpunkt w_3 mit $\partial VR(q_2, R)$.

Zu diesem Zweck müssen die beiden Schnittpunkte w_3 und v_3 auf ihren Rändern aufgesucht werden. Hierbei wenden wir die in Abschnitt 5.3.4 ab Seite 275 eingeführte Verfolgungstechnik gleichzeitig in $V(L)$ und $V(R)$ an. Wir beschränken uns im folgenden auf die Beschreibung der in $V(L)$ auszuführenden Schritte.

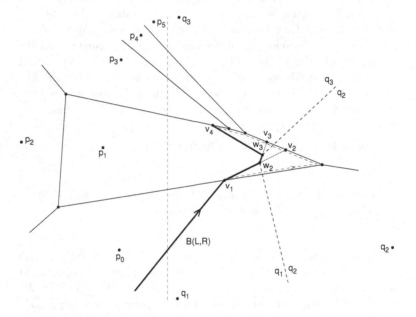

Abb. 6.18 Die Verfolgung des Bisektors $B(L, R)$.

Nach dem Betreten der Region $VR(p_1, L)$ im Punkt v_1 haben wir ihren Rand gegen den Uhrzeiger zunächst nach dem Schnittpunkt v_2 mit der Verlängerung von $B(p_1, q_1)$ abgesucht. Wenn wir nun anschließend nach v_3 suchen, dem Schnittpunkt des Randes mit $B(p_1, q_2)$, brauchen wir nur von v_2 aus weiterzulaufen: Auf dem Stück von v_1 nach[9] v_2 kann v_3 nicht liegen, weil $B(L, R)$ in w_2 links abgebogen ist und weil $VR(p_1, L)$ konvex ist. Ebenso

---

[8]Die formale Begründung dafür, dass ein Stück von $B(p_1, q_2)$, das im Durchschnitt der Regionen von p_1 und q_2 liegt, automatisch zu $B(L, R)$ gehört, ist dieselbe wie in Übungsaufgabe 6.10.

[9]Der Rand von $VR(p_1, L)$ sei gegen den Uhrzeiger orientiert.

können wir von v_3 aus gegen den Uhrzeiger weiterlaufen, bis v_4 erreicht ist.

Wie groß ist der Aufwand, den wir in $V(L)$ treiben müssen, um den Bisektor $B(L,R)$ während solch eines Besuchs einer Region $VR(p_1,L)$ zu verfolgen? Er ist offenbar linear in der Anzahl der Kanten von $\partial VR(p_1,L)$, die vom Eintrittspunkt zum Austrittspunkt führen, plus der Anzahl der „Knickstellen" von $B(L,R)$ innerhalb und auf dem Rand der Region. Jede solche Knickstelle ist ein Voronoi-Knoten in $V(S)$, und davon gibt es insgesamt nur $O(n)$ viele. Auch die Ränder aller Regionen in $V(L)$ haben insgesamt nur $O(n)$ viele Kanten; aber Vorsicht! Könnte es nicht sein, dass der Bisektor $B(L,R)$ eine Region $VR(p,L)$ mehrfach besucht und unser Verfahren dabei dasselbe Stück des Randes mehrfach durchläuft?

Abschätzung des Aufwands

mehrfache Besuche

Wie die folgende Übungsaufgabe zeigt, sind mehrfache Besuche einer Region durchaus möglich.

Übungsaufgabe 6.11 Man gebe ein Beispiel an, bei dem der Bisektor $B(L,R)$ eine Region $VR(p,L)$ von $V(L)$ mehrfach besucht.

Aber auch bei mehrfachen Besuchen derselben Region wird kein Stück des Randes mehrfach durchlaufen. Denn wenn $B(L,R)$ die Region $VR(p,L)$ besucht, suchen wir den Rand dieser Region vom Eintrittspunkt e_i aus gegen den Uhrzeiger nach dem Austrittspunkt a_i ab. Randstücke könnten nur dann mehrfach besucht werden, wenn es auf $\partial VR(p,L)$ eine geschachtelte Folge $e_i\ldots e_j\ldots a_j\ldots a_i$ von Ein- und Austrittspunkten gäbe, gegen den Uhrzeiger nummeriert.

Abbildung 6.19 zeigt an einem Beispiel mit zwei Besuchen, warum das unmöglich ist: Entlang des unteren Stücks von $B(L,R)$ zwischen e_1 und a_1 müssten auf der p zugewandten Seite Punkte von $VR(p,L\cup R)$ liegen, ebenso wie in dem ebenfalls grau gezeichneten Bereich, der p enthält. Aber Voronoi-Regionen sind zusammenhängend![10]

Deshalb dürfen wir die Gesamtkosten für das Absuchen der Regionenränder von $V(L)$ nach den Austrittsstellen von $B(L,R)$ durch die Kantenzahl von $V(L)$, also durch $O(n)$, abschätzen. Damit haben wir auch die zweite Phase erledigt und können folgendes Zwischenergebnis notieren:

Lemma 6.15 *Ist ein Endstück des Bisektors $B(L,R)$ bekannt, so lässt sich der Rest von $B(L,R)$ durch simultane Verfolgung in $V(L)$ und $V(R)$ in Zeit $O(n)$ bestimmen.*

---

[10]Auch bei verallgemeinerten Voronoi-Diagrammen, deren Regionen nicht konvex sind, ist ihr Zusammenhang oft ein guter Ersatz; siehe Abschnitt 7.2

6.4.3   Das Verfahren divide-and-conquer für $V(S)$

Zusammenfassend können wir unseren Algorithmus folgendermaßen skizzieren:

> sortiere S nach X- und Y-Koordinaten;
> bilde sortierte Verzeichnisse *XListe*, *YListe*;
> $VS := BaueVoro(XListeS, YListeS)$;

Dabei wird die Hauptarbeit durch folgende rekursive Funktion erledigt:

> **function** *BaueVoro(XListeS, YListeS*: tListe): tQEDS;
>
> **if** $|S| \le 2$
> **then**
>> konstruiere direkt die *QEDS* von $V(S)$
> **else** (* Zerlegen des Problems *)
>> bestimme senkrechte oder waagerechte
>>> Splitgerade G für S;
>
>> **if** G ist senkrecht
>> **then**
>>> zerlege S in Teilmengen L, R links und
>>>> rechts von G;
>>> zerlege *XListeS* in *XListeL* und *XListeR*;
>>> zerlege *YListeS* in *YListeL* und *YListeR*;
>
>>> (* Rekursion *)
>>> $VL := BaueVoro(XListeL, YListeL)$;
>>> $VR := BaueVoro(XListeR, YListeR)$;
>
>>> (* Zusammensetzen der Lösungen *)
>>> $E := BisektorEndstück(VL, VR)$;
>>> $B := Bisektor(E, VL, VR)$;
>
>>> $VLB :=$ der Teil von VL links von B;
>>> $VRB :=$ der Teil von VR rechts von B;
>
>>> $BaueVoro := QEDS$ von $VLB \cup B \cup VRB$;
>
>> **if** G ist waagerecht (* entsprechend *)

Aufgrund unserer Vorarbeiten können wir Laufzeit und Speicherplatzbedarf dieses Algorithmus schnell abschätzen:

Theorem 6.16 *Mit dem Verfahren divide-and-conquer lässt sich das Voronoi-Diagramm von n Punkten in der Ebene in Zeit $O(n \log n)$ und linearem Speicherplatz konstruieren.*

Beweis. Lemma 6.12 besagt, dass beim rekursiven Aufruf von *BaueVoro* für die Punkte einer Menge $T \subseteq S$ der Teilungsschritt

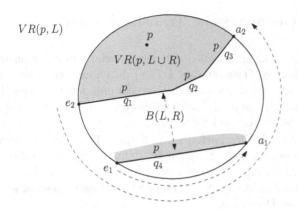

Abb. 6.19 Bei solchen Besuchen von Bisektor $B(L,R)$ in $VR(p,L)$ wäre die grau gezeichnete Voronoi-Region $VR(p, L \cup R)$ nicht zusammenhängend.

in Zeit $O(|T|)$ ausgeführt wird und zwei Teilmengen liefert, von denen jede mindestens $\frac{1}{5}|T|$ viele Elemente enthält.

Beim Zusammensetzen brauchen wir nach Lemma 6.14 für die Bestimmung eines Endstücks des Bisektors $O(|T|)$ viel Zeit. Der Rest von $B(L,R)$ kann dann nach Lemma 6.15 ebenfalls in Zeit $O(|T|)$ konstruiert werden. Auch das anschließende „Vernähen" von VL und VR kann in linearer Zeit geschehen.

Im Binärbaum der Rekursionsaufrufe ist für alle Knoten mit gleicher Tiefe insgesamt $O(n)$ viel Zeit für die anfallenden Arbeiten beim Zerlegen und Zusammensetzen nötig. Der Gesamtaufwand hängt also von der *Höhe* des Rekursionsbaums ab.

Die maximale Höhe würde erreicht, wenn jeweils nur ein Fünftel der vorhandenen Punkte abgespalten wird, so dass vier Fünftel im größeren Teil verbleiben. Weil für $j \geq \log_{\frac{5}{4}} n$

$$\left(\frac{4}{5}\right)^j n \leq 1$$

wird, ist die Höhe durch $\log_{\frac{5}{4}} n \in O(\log n)$ beschränkt, so dass der Zeitaufwand insgesamt in $O(n \log n)$ liegt. □

Zum Schluss stellen wir fest, dass wir unter den Annahmen von Seite 305 mit der *QEDS* des Voronoi-Diagramms von S auch direkt die Delaunay-Triangulation von S berechnet haben: Die QEDS repräsentiert ja gleichzeitig den Graphen $V(S)$ und seinen Dualen!

6.5   Geometrische Transformation

Reduktion von
$DT(S)$ auf $ch(S')$
im $\mathbb{R}^3$

Als letzte Variante wollen wir zeigen, wie man die Konstruktion der Delaunay-Triangulation $DT(S)$ durch eine geschickte geometrische Transformation auf die Berechnung der konvexen Hülle einer Punktmenge im $\mathbb{R}^3$ zurückführen kann. Die Idee geht zurück auf Edelsbrunner und Seidel [11].

Konvexe Hüllen hatten wir in Kapitel 1 auf Seite 23 für Punktmengen in beliebigen Räumen $\mathbb{R}^d$ definiert. Im $\mathbb{R}^3$ ist die konvexe Hülle $ch(S')$ einer Punktmenge S' ein konvexes Polyeder. Wenn keine vier Punkte aus S' auf einer Ebene liegen, besteht sein Rand aus lauter Dreiecken.

Die konvexe Hülle von n Punkten im $\mathbb{R}^3$ kann man in Zeit $O(n \log n)$ berechnen; siehe zum Beispiel Chan [3].

Wir betrachten nun das Paraboloid

$$P = \{(x, y, z) \in \mathbb{R}^3; x^2 + y^2 = z\}$$

im $\mathbb{R}^3$, das durch Rotation der Parabel $\{Y^2 = Z\}$ um die Z-Achse entsteht.

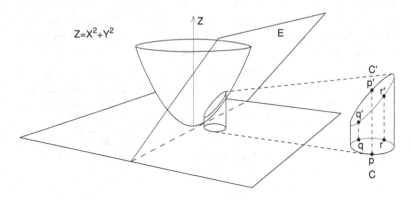

Abb. 6.20 Das Bild von Kreisen auf dem Paraboloid P.

Für jeden Punkt $p = (x, y)$ der XY-Ebene sei $p' = (x, y, x^2 + y^2)$ der Punkt auf dem Paraboloid oberhalb von p; vergleiche Abbildung 6.20. Die Transformation $p \longmapsto p'$ lässt sich auf Punktmengen fortsetzen. Sie hat eine bemerkenswerte Eigenschaft:

Lemma 6.17 *Sei K der Rand eines Kreises in der XY-Ebene. Dann ist die geschlossene Kurve K' auf dem Paraboloid P in einer Ebene des $\mathbb{R}^3$ enthalten.*

Beweis. Angenommen, der Kreisrand wird durch

$$K = \{(x,y) \in \mathbb{R}^2 ; (x-c)^2 + (y-d)^2 = r^2\}$$

beschrieben, mit Konstanten c, d und r. Durch Ausmultiplizieren der Quadrate und Ersetzen von $x^2 + y^2$ durch z erhält man

$$K' = \{(x,y,z) \in \mathbb{R}^3 ; (x-c)^2 + (y-d)^2 = r^2 \text{ und } x^2 + y^2 = z\}$$
$$= \{(x,y,z) \in \mathbb{R}^3 ; z - 2cx - 2dy + c^2 + d^2 = r^2\} \cap P;$$

dies ist offenbar der Durchschnitt einer Ebene des $\mathbb{R}^3$ mit dem Paraboloid P. $\qquad\square$

Die ebenso überraschende wie nützliche Konsequenz aus Lemma 6.17 lautet:

Theorem 6.18 *Sei S eine endliche Punktmenge in der XY-Ebene. Dann ist die Delaunay-Triangulation von S gleich der Projektion der unteren*[11] *konvexen Hülle von S' auf die XY-Ebene.*

Delaunay-Triangulation und konvexe Hülle

Beweis. Seien p, q, r drei Punkte aus S; nach Lemma 5.18 auf Seite 281 bilden sie genau dann ein Delaunay-Dreieck, wenn ihr Umkreis keinen anderen Punkt aus S enthält.

Sei K der Rand des Umkreises von $tria(p,q,r)$; nach Lemma 6.17 ist $K' = E \cap P$ für eine Ebene E im $\mathbb{R}^3$. Offenbar entsprechen die Punkte der XY-Ebene innerhalb von K gerade den Punkten auf dem Paraboloid P unterhalb der Ebene E; siehe Abbildung 6.20. Also sind folgende Aussagen äquivalent:

(1) Kein Punkt aus S liegt im inneren Gebiet von K.

(2) Kein Punkt aus S' liegt unterhalb von E.

Die letzte Eigenschaft besagt aber gerade, dass p', q', r' ein Dreieck auf dem Rand der konvexen Hülle von S' bilden. Damit ist die Behauptung bewiesen. $\qquad\square$

Auch Theorem 6.18 eröffnet eine Möglichkeit zur Berechnung der Delaunay-Triangulation in Zeit $O(n \log n)$. Dieser Ansatz kann auf beliebige Dimensionen verallgemeinert werden; siehe z. B. Edelsbrunner [10].

Es gibt noch eine zweite Möglichkeit, das Voronoi-Diagramm von Punkten im $\mathbb{R}^2$ mit Hilfe des Paraboloids P zu bestimmen. Dazu betrachten wir für einen Punkt $p = (x,y)$ in der XY-Ebene im $\mathbb{R}^3$ wieder den Punkt p' auf P oberhalb von p und die Ebene

$$T(p') = \{(r,s,t) \in \mathbb{R}^3 ; 2\,x\,r + 2\,y\,s - (x^2 + y^2) = t\}.$$

---

[11]Damit ist der von der XY-Ebene aus sichtbare Teil von $ch(S')$ gemeint.

gerichteter
vertikaler Abstand

Durch Einsetzen sieht man sofort, dass $p' \in T(p')$ gilt. Der gerichtete vertikale Abstand — also die Entfernung in Richtung der positiven Z-Achse — von einem beliebigen Punkt $u = (v, w)$ zu P ist $v^2 + w^2$, während die Entfernung zu $T(p')$ gerade $2\,x\,v + 2\,y\,w - (x^2 + y^2)$ beträgt. Als Differenz ergibt sich

$$
\begin{aligned}
d(p, u) &= v^2 + w^2 - 2\,v\,x - 2\,w\,y + x^2 + y^2 \\
&= (v - x)^2 + (w - y)^2.
\end{aligned}
$$

Tangentialebene

Daraus folgt sofort, dass $T(p')$ die *Tangentialebene* am Punkt p' von P ist, denn oberhalb aller von p verschiedenen Punkte besteht zwischen $T(p')$ und P ein positiver Abstand. Außerdem gelangen wir zu einer neuen Einsicht:

Voronoi-
Diagramm und
obere Kontur

Theorem 6.19 *Sei S eine Menge von Punkten in der XY-Ebene, und für jedes p in S sei $T(p')$ die Tangentialebene an P im Punkt p' oberhalb von p. Dann ergibt sich das Voronoi-Diagramm $V(S)$ durch Projektion der oberen Kontur der Ebenen $T(p')$ in die XY-Ebene.*

Beweis. Die obige Gleichung besagt, dass am Ort u der gerichtete vertikale Abstand zwischen $T(p')$ und P gerade $d(p, u) = |pu|^2$ beträgt. Also gehört u zur Voronoi-Region desjenigen Punkts $p \in S$, dessen Tangentialebene oberhalb von u am weitesten oben verläuft. □

Dualität

Wenn man die *Dualität* zwischen Punkten und Geraden im $\mathbb{R}^2$ auf den $\mathbb{R}^3$ überträgt, entspricht der oberen konvexen Hülle einer Menge von Punkten die obere Kontur der dualen Halbebenen, in Analogie zu Theorem 4.10. Damit ist die Konstruktion des zweidimensionalen Voronoi-Diagramms wiederum auf die Berechnung einer konvexen Hülle im $\mathbb{R}^3$ zurückgeführt, die in Zeit $O(n \log n)$ möglich ist [3].

randomisierte
inkrementelle
Konstruktion

Von den in diesem Kapitel vorgestellten Algorithmen kann man das inkrementelle Verfahren aus Abschnitt 6.2 wohl am leichtesten implementieren. Die Laufzeitschranke von $O(n \log n)$ gilt zwar nur im Mittel, aber dafür lässt sich die Methode der randomisierten inkrementellen Konstruktion gut verallgemeinern. Dabei kommt es jeweils auf eine geeignete Definition und Speicherung von Konflikten an; siehe zum Beispiel Clarkson et al. [5].

sweep

Aber auch das Sweep-Verfahren aus Abschnitt 6.3 kann man verallgemeinern, zum Beispiel zur Konstruktion des Voronoi-Diagramms von Strecken, wie schon Fortune [12] gezeigt hat.

Das *divide-and-conquer*-Verfahren aus Abschnitt 6.4 eignet sich zum Beispiel auch für die Berechnung des Voronoi-Diagramms in der L_1-Metrik. Wenn aber der Bisektor $B(L,R)$ in mehrere Ketten zerfällt, von denen einige möglicherweise geschlossen sind, muss man sicherstellen, von jeder Kette ein Anfangsstück zu finden; siehe [13].

divide-and-conquer

Die Idee der geometrischen Transformation macht starken Gebrauch von den Eigenschaften der euklidischen Metrik. Es gibt aber einen verwandten Ansatz, der auf Edelsbrunner und Seidel [11] zurückgeht und nicht auf die euklidische Metrik beschränkt ist. Er greift die Idee der *Kreisausbreitung* von den Punkten in S auf, die wir in Abschnitt 5.2 vorgestellt und in Abbildung 5.5 illustriert hatten.

geometrische Transformation

Kreisausbreitung

Angenommen, zu jedem Punkt $p \in S$ ist eine Abstandsfunktion

$$f_p : \mathbb{R}^2 \longrightarrow \mathbb{R}_{\geq 0}$$

definiert, die jedem Punkt $x = (x_1, x_2)$ der Ebene den Wert $f_p(x)$ als „Abstand zu p" zuordnet. Für zwei Punkte p, q kann man dann

$$D(p,q) = \{x \in \mathbb{R}^2; f_p(x) < f_q(x)\}$$

setzen und, davon ausgehend, ein Voronoi-Diagramm $V(S)$ definieren.

Für stetige Funktionen f_p ist der Graph

$V(S)$ als untere Kontur

$$G_p = \{(x_1, x_2, f_p(x_1, x_2)) \, ; (x_1, x_2) \in \mathbb{R}^2\}$$

eine Fläche im $\mathbb{R}^3$. Das Voronoi-Diagramm von S bezüglich der Funktion $(f_p)_{p \in S}$ ist dann nichts anderes als *die Projektion der unteren Kontur* der Flächen $(G_p)_{p \in S}$ auf die XY-Ebene!

Verallgemeinerungen des Voronoi-Diagramms werden wir in Abschnitt 7.1 und Abschnitt 7.2 kennenlernen.

Lösungen der Übungsaufgaben

Übungsaufgabe 6.1 Nach Definition ist jede der n Voronoi-Regionen $VR(p, S)$ der Durchschnitt von $n - 1$ Halbebenen $D(p, q), q \in S \setminus \{p\}$. Jeder solche Durchschnitt lässt sich naiv in Zeit $O(n^2)$ berechnen, aber auch in Zeit $O(n \log n)$, wie in Abschnitt 4.1.4 gezeigt worden ist.

Übungsaufgabe 6.2 Nachdem p_i frisch eingefügt ist, besteht sein Stern aus drei Dreiecken, von denen zwei unbeschränkt sein können; hierfür stimmt die Behauptung. Bei jedem nachfolgenden *edge flip* bilden die beiden betroffenen Dreiecke zusammen ein konvexes Viereck, weil p_i im Umkreis des Konfliktdreiecks enthalten ist. Der Stern wird also um einen Strahl zu einer Ecke erweitert, der zwischen zwei vorhandenen Strahlen verläuft. Also ist auch die neue Ecke von p_i aus sichtbar; siehe Abbildung 6.4.

Übungsaufgabe 6.3 Gäbe es ein von p_i weiter entfernt liegendes Dreieck $tria(t, v, w)$, dessen Umkreis p_i enthält, so wäre zum Beispiel $p_i t$ nach Lemma 6.2 eine Delaunay-Kante in DT_i. Sie müsste eine Außenkante des Sterns von p_i kreuzen, die selbst zu DT_i gehört, weil ihr angrenzendes Dreieck konfliktfrei ist. Zwei Kanten einer Triangulation können sich aber nicht kreuzen! Ebenso wenig kann eines der neu entstandenen Dreiecke T mit Eckpunkt p_i mit einem Punkt p_h, $h < i$, in Konflikt stehen; denn alle drei Kanten von T gehören zu DT_i.

Übungsaufgabe 6.4

(i) Jedes Delaunay-Dreieck ist Kind von genau einem Elterndreieck V; folglich ist der DAG ein Baum, wenn man nur die Kanten zwischen diesen Dreiecken und ihren Kindern zulässt.

(ii) Wenn ein endliches Dreieck zum Elternteil V wird, teilt es sich mit jedem Kind eine andere Kante. Folglich kann es maximal drei Kinder haben, die übrigens derselben Schicht im Delaunay-DAG angehören. Abbildung 6.21 zeigt, dass ein endlicher Elternteil V eines, zwei oder drei Kinder haben kann; der neu hinzukommende Punkt ist jeweils mit p bezeichnet. Ein unendliches Dreieck kann höchstens ein endliches und zwei unendliche Kinder haben, siehe Abbildung 6.22.

(iii) Ja, siehe etwa $tria(p_1, p_3, p_5)$ in Abbildung 6.9.

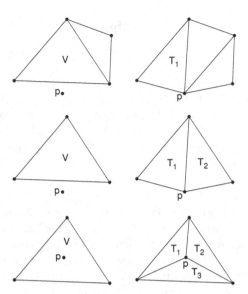

Abb. 6.21 Ein Elterndreieck V kann ein, zwei oder drei Kinder T_i haben.

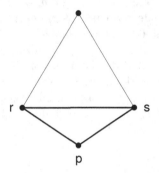

Abb. 6.22 Das unendliche Dreieck $H(r,s)$ hat die Kinder $tria(r,p,s)$, $H(r,p)$ und $H(p,s)$.

Übungsaufgabe 6.5 Die Punkte $p_1, \ldots, p_{\frac{n}{2}}$ werden — wie bisher — von links nach rechts eingefügt; dabei ist jeweils nur $O(1)$ viel Umbauarbeit am Voronoi-Diagramm zu leisten. Jetzt fügt man die Punkte auf der Y-Ache *von unten nach oben* ein, also in der Reihenfolge $p_n, p_{n-1}, \ldots, p_{\frac{n}{2}+1}$! Ab p_{n-1} muss dabei jedesmal nur die Voronoi-Kante des Vorgängers mit $p_{\frac{n}{2}}$ gekürzt werden,[12] was $O(1)$ Zeit erfordert. Insgesamt ist der Aktualisierungsaufwand in $O(n)$.

---

[12]In Abbildung 6.10 ist das die unbeschränkte Kante nach rechts oben.

Übungsaufgabe 6.6 Zunächst einmal ist nicht klar, was geschehen soll, wenn die *sweep line* auf einen neuen Punkt p aus S trifft. Die Voronoi-Region p kann sich ja weit nach links hinter die *sweep line* erstrecken und bereits konstruierte Teile des Voronoi-Diagramms zerstören. Bei näherem Hinsehen zeichnet sich hier ein hartes Problem ab: Wie soll man wissen, dass die *sweep line* gerade die Voronoi-Kante zwischen den Regionen von s und r schneidet, wenn die Punkte noch gar nicht entdeckt worden sind? Siehe Abbildung 6.23.

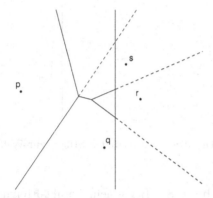

Abb. 6.23 Zu diesem Zeitpunkt „kennt" die *sweep line* nur die Punkte p und q und deren Bisektor. Woher soll sie von der Existenz der übrigen Voronoi-Kanten wissen?

Übungsaufgabe 6.7

(i) Ein einzelner Bisektor $B(p, L)$ kann n Stücke zum Rand der Region von L beitragen, wie Abbildung 6.24 zeigt. Das ist maximal.

Würde nämlich die Welle von p durch andere Bisektoren in mehr als n Stücke zerlegt, müsste es einen anderen Punkt $q \in S$ geben, dessen Welle mindestens zweimal in W vertreten ist, derart dass in W die Reihenfolge $\ldots p \ldots q \ldots p \ldots q \ldots$ vorkommt. Das aber ist unmöglich, denn die Wellenfront W ist die *rechte Kontur* der n Parabeln $B(p, L), p \in S$, und je zwei von ihnen können sich nur zweimal schneiden.[13]

(ii) Die Folge der Beschriftungen der Wellenstücke mit den Namen ihrer zugehörigen Punkte bildet eine *Davenport-Schinzel-Sequenz* der Ordnung 2 über n Buchstaben und kann nach Übungsaufgabe 2.12 auf Seite 96 höchstens die Länge $2n - 1$ besitzen.

---

[13]Die Schnittpunkte von $B(p, L)$ und $B(q, L)$ liegen auf der Geraden $B(p, q)$; eine Parabel wird von einer Geraden in höchstens zwei Punkten geschnitten.

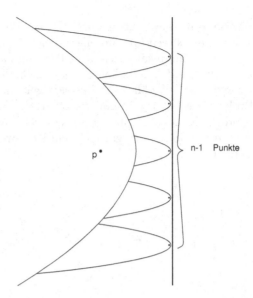

n-1   Punkte

Abb. 6.24 Die Welle von p trägt n Stücke zur Wellenfront bei.

Übungsaufgabe 6.8   Bei einem Punkt-Ereignis ist *Zeit* = *NeuPkt.X*. Ein Spike-Ereignis für das Wellenstück *AltWStück* findet zu dem Zeitpunkt statt, in dem die *sweep line* vom *SchnittPkt* der beiden Spikes genauso weit entfernt ist wie der Punkt, zu dessen Welle das alte Wellenstück gehört. Also muss in diesem Fall gelten

$$Zeit = SchnittPkt.X + |AltWStück.Pkt\ SchnittPkt|.$$

Übungsaufgabe 6.9   Auch hier greift das schon mehrfach verwendete Argument: Wenn man zu einer Teilmenge L von S übergeht, kann für jedes $p \in L$ die Region $VR(p, L)$ höchstens größer werden als $VR(p, S)$, weil sich weniger Konkurrenten um die Ebene streiten. Wenn also in $V(S)$ eine Kante e zwischen den Regionen von $p_1, p_2, \in L$ verläuft, muss es auch in $V(L)$ eine solche Kante in mindestens derselben Länge geben.

Übungsaufgabe 6.10   Jeder Punkt $x \in B(p,q) \cap VR(p,L) \cap VR(q,R)$ hat p als nächsten Nachbarn in L und q als nächsten Nachbarn in R. Außerdem ist er von beiden gleich weit entfernt. Folglich gehört x zu $B(L,R)$.

Übungsaufgabe 6.11   In Abbildung 6.25 besucht $B(L, R)$ die Voronoi-Region von p_2 zweimal.

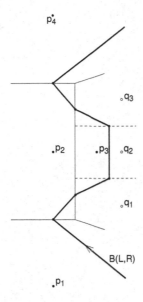

Abb. 6.25 Der Bisektor $B(L, R)$ besucht die Region von p_2 in $V(L)$ zweimal.

Literatur

[1] J. L. Bentley, T. A. Ottmann. Algorithms for reporting and counting geometric intersections. *IEEE Trans. Comput.*, C-28(9):643–647, 1979.

[2] J.-D. Boissonnat, M. Teillaud. On the randomized construction of the Delaunay tree. *Theoret. Comput. Sci.*, 112:339–354, 1993.

[3] T. M. Chan. Optimal output-sensitive convex hull algorithms in two and three dimensions. *Discrete Comput. Geom.*, 16:361–368, 1996.

[4] L. P. Chew, R. L. Drysdale, III. Voronoi diagrams based on convex distance functions. In *Proc. 1st Annu. ACM Sympos. Comput. Geom.*, S. 235–244, 1985.

[5] K. L. Clarkson, K. Mehlhorn, R. Seidel. Four results on randomized incremental constructions. *Comput. Geom. Theory Appl.*, 3(4):185–212, 1993.

[6] K. L. Clarkson, P. W. Shor. Applications of random sampling in computational geometry, II. *Discrete Comput. Geom.*, 4:387–421, 1989.

[7] O. Devillers, S. Meiser, M. Teillaud. Fully dynamic Delaunay triangulation in logarithmic expectedtime per operation. *Comput. Geom. Theory Appl.*, 2(2):55–80, 1992.

[8] H. Djidjev, A. Lingas. On computing the Voronoi diagram for restricted planar figures. In *Proc. 2nd Workshop Algorithms Data Struct.*, Band 519 von *Lecture Notes Comput. Sci.*, S. 54–64. Springer-Verlag, 1991.

[9] H. Djidjev, A. Lingas. On computing Voronoi diagrams for sorted point sets. *Intern. J. Comput. Geom. & Appl.*, 05(03):327–337, 1995.

[10] H. Edelsbrunner. *Algorithms in Combinatorial Geometry*, Band 10 von *EATCS Monographs on Theoretical Computer Science*. Springer-Verlag, Heidelberg, 1987.

[11] H. Edelsbrunner, R. Seidel. Voronoi diagrams and arrangements. *Discrete Comput. Geom.*, 1:25–44, 1986.

[12] S. J. Fortune. A sweepline algorithm for Voronoi diagrams. *Algorithmica*, 2:153–174, 1987.

[13] R. Klein. *Concrete and Abstract Voronoi Diagrams*, Band 400 von *Lecture Notes Comput. Sci.* Springer-Verlag, 1989.

[14] S. Meiser. *Zur Konstruktion abstrakter Voronoidiagramme*. Dissertation, Fachbereich Informatik, Univ. des Saarlandes, Saarbrücken, 1993.

[15] R. Seidel. Constrained Delaunay triangulations and Voronoi diagrams with obstacles. Technical Report 260, IIG-TU Graz, Austria, 1988.

[16] R. Seidel. Backwards analysis of randomized geometric algorithms. In J. Pach, Hrsg., *New Trends in Discrete and Computational Geometry*, Band 10 von *Algorithms and Combinatorics*, S. 37–68. Springer-Verlag, 1993.

[17] M. I. Shamos, D. Hoey. Closest-point problems. In *Proc. 16th Annu. IEEE Sympos. Found. Comput. Sci.*, S. 151–162, 1975.

7
_____

Weiterführende Ergebnisse

In diesem Kapitel möchten wir ein paar Ergebnisse der algorithmischen und diskreten Geometrie vorstellen, die ein wenig über die Grundlagen hinausgehen und zum Teil aktuelle Forschungsfragen berühren.

7.1 Nichteuklidische Abstandsmaße für Punkte

Hier greifen wir das Thema von Kapitel 5 noch einmal auf und betrachten nichteuklidische Abstandsmaße für Punkte im $\mathbb{R}^2$ und die zugehörigen Voronoi-Diagramme.

Dabei soll nicht das Beweisen technischer Details im Vordergrund stehen; vielmehr geht es darum, eine Vorstellung davon zu bekommen, worin sich verschiedene Typen von Voronoi-Diagrammen unterscheiden und welche Eigenschaften sie möglicherweise gemeinsam haben.

Grundsätzlich bestehen Voronoi-Diagramme aus Stücken von _Bisektoren_, also aus Kurven, deren Punkte von zwei Objekten denselben Abstand haben. Bisektoren wiederum entstehen meistens als Schnitt von _Kreisen_, die sich von den Objekten ausbreiten und mit deren Hilfe der Abstand definiert ist. Abbildung 7.1 zeigt, wie der Bisektor von zwei Punkten in der euklidischen Ebene entsteht. Der Radius eines Kreises um p durch einen Punkt auf $B(p,q)$ entspricht dessen L_2-Entfernung von p.

Bisektor

© Springer Fachmedien Wiesbaden GmbH, ein Teil von Springer Nature 2022
R. Klein et al., _Algorithmische Geometrie_,
https://doi.org/10.1007/978-3-658-37711-3_7

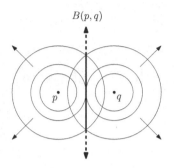

Abb. 7.1 Entstehung von Bisektoren in L_2.

7.1.1   Konvexe Distanzfunktionen

In Abschnitt 5.5.1 hatten wir die Abstandsmaße

$$
\begin{aligned}
L_1(p,q) &= |p_1 - q_1| + |p_2 - q_2| \\
L_i(p,q) &= \sqrt[i]{|p_1 - q_1|^i + |p_2 - q_2|^i}, \quad 2 \le i < \infty, \\
L_\infty(p,q) &= \max(|p_1 - q_1|, |p_2 - q_2|)
\end{aligned}
$$

Definition von
Abständen eingeführt. Dabei war L_1 zunächst durch die Länge *kürzester Pfade* in Manhattan definiert worden, während wir für die anderen L_i direkt die *Formel* angegeben hatten. Hätte man zur Definition auch *Kreise* verwenden können?

Natürlich! Abbildung 7.2 zeigt die Einheitskreise von L_1 und L_∞, und in Abbildung 7.3 ist dargestellt, wie die sich ausbreitenden L_1-Kreise einen Bisektor beschreiben.[1]

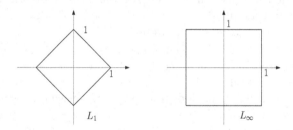

Abb. 7.2 Einheitskreise in L_1 und L_∞.

Für L_∞ können wir uns diese Konstruktion ersparen, denn offensichtlich geht der Einheitskreis von L_∞ aus dem von L_1 durch eine Drehung um $45°$ (und eine zentrische Streckung um den Faktor $\sqrt{2}$) hervor. Um einen Bisektor in L_∞ zu bekommen, können

---

[1]In Abbildung 5.19 sind solche Bisektoren bereits vorgekommen.

$B(p,q)$

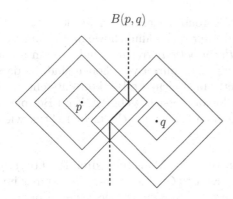

Abb. 7.3 Entstehung eines Bisektors in L_1.

wir die Ebene mit den Punkten um 45° drehen, den L_1-Bisektor konstruieren, und dann die Ebene zurückdrehen. Das funktioniert nicht nur für einzelne Bisektoren, sondern auch für ganze Voronoi-Diagramme!

Die Betrachtung der L_1-Kreise bringt leider auch eine weniger erfreuliche Tatsache ans Licht: Wenn die Punkte p und q auf diagonalen Eckpunkten eines Quadrats liegen, enthält ihr Bisek-   flächiger Bisektor
tor zwei Viertelebenen, die von sich überlappenden Randstücken der Kreise ausgeschrieben werden; siehe Abbildung 7.4.[2] Zur Kon-

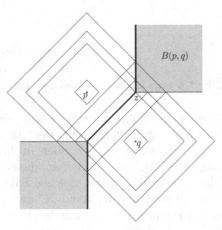

$B(p,q)$

Abb. 7.4 Ein L_1-Bisektor für Punkte auf den diagonalen Ecken eines Quadrats.

---

[2]Das kann man auch mit Hilfe kürzester Manhattan-Pfade einsehen: die geraden Strecken von p und q zum Punkt z sind gleich lang, und von dort können sie gemeinsam laufen und jeden Punkt in der grauen Viertelebene erreichen.

struktion von Voronoi-Diagrammen werden aber Bisektor*kurven*
benötigt. Die kann man — ähnlich wie in Abschnitt 3.2.2 — durch
symbolische Perturbation erreichen, indem man annimmt, dass p
und q ein wenig nach außen verschoben sind, so dass der in Abbildung 7.4 fett eingezeichnete Bisektor entsteht.

symbolische
Perturbation

Trotzdem bleibt Vorsicht geboten: Zum Beispiel ist die dritte
Aussage in Lemma 5.1 jetzt nicht mehr richtig, wie die folgende
Übungsaufgabe zeigt!

Übungsaufgabe 7.1   Man gebe drei Punkte p, q, r auf dem
Rand eines L_1-Kreises $C(x)$ an, dessen Zentrum x im L_1-Voronoi-
Diagramm von p, q, r *keinen* Voronoi-Knoten bildet.

In Abschnitt 5.3.4 hatten wir Störquellen als Punkte in der
Ebene dargestellt, von denen man möglichst großen Abstand halten möchte. Wenn das Ausmaß der Störungen von der Windrich-
tung abhängt, ist L_2 möglicherweise zu ungenau, denn bei vorherr-
schendem Nordwestwind wirkt eine Störquelle p in Südostrichtung
am stärksten. Diese Situation lässt sich besser durch eine konvexe

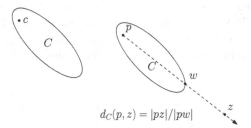

$$d_C(p, z) = |pz|/|pw|$$

Abb. 7.5 Eine konvexe Distanzfunktion d_C.

Menge C beschreiben, die in ihrem Inneren einen Zentrumspunkt c
enthält, wie in Abbildung 7.5 dargestellt. Den Abstand von p zu
einem Punkt z messen wir genau wie oben in L_1, L_2 und L_∞:
Erst wird C (ohne Drehung!) so verschoben, dass c mit p zusammenfällt, und dann ermitteln wir, um welchen Faktor man C von
$p = c$ aus strecken muss, damit der Rand ∂C durch z verläuft.

Dazu schicken wir einen Strahl von p durch z, der wegen der
Konvexität von C den Rand von C in genau einem Punkt w
schneiden muss, und definieren

$$d_C(p, z) = \frac{|pz|}{|pw|}.$$

Nach dieser Definition ist C gerade der Einheitskreis von d_C um
das Zentrum c. Die Punkte z südöstlich von p sind bezüglich d_C

näher an p als nordwestlich gelegene, also stärker beeinflusst, auch
wenn sie denselben euklidischen Abstand $|pz|$ haben.

In der Algorithmischen Geometrie wird ein Abstandsmaß wie
d_C als *konvexe Distanzfunktion* (engl. *convex distance function*) **konvexe**
bezeichnet, in der Standortplanung der Wirtschaftswissenschaften **Distanzfunktion**
auch als *Gauge*. **Gauge**

Konvexe Distanzfunktionen erfüllen die *Dreiecksungleichung*,
und zwei verschiedene Punkte haben stets einen positiven Abstand. Sie brauchen aber nicht symmetrisch zu sein.[3] Außerdem
sind sie ihrer Definition nach *translationsinvariant*, das heißt, es
gilt stets $d_C(p+r, q+r) = d_C(p,q)$. Wenn die Menge C symmetrisch zu ihrem Zentrum c ist, gilt auch die Symmetrieeigenschaft
$d_C(p,q) = d_C(q,p)$ für alle $p, q \in \mathbb{R}^2$. In dem Fall ist d_C eine
Metrik, wie wir sie in Abschnitt 1.2.1 definiert haben, und sie hat **Metrik**
folgende spezielle Eigenschaft:

In der Mathematik nennt man eine Abbildung

$$N : \mathbb{R}^2 \longrightarrow \mathbb{R}_{\geq 0}$$

eine *Norm* auf dem Vektorraum $\mathbb{R}^2$, wenn für alle $p, q \in \mathbb{R}^2$ und **Norm**
$\lambda \in \mathbb{R}$ gilt:

$$
\begin{aligned}
N(p) &= 0 \iff p = 0 \\
N(p+q) &\leq N(p) + N(q) \quad \text{(Dreiecksungleichung)} \\
N(\lambda p) &= |\lambda|\, N(p).
\end{aligned}
$$

Jede Norm N induziert eine *Metrik* d_N, indem man einfach **Metrik**
$d_N(p,q) := N(p-q)$ setzt. Man kann zeigen, dass genau die
„symmetrischen" konvexen Distanzfunktionen d_C auf diese Weise
entstehen.[4]

Man nennt eine konvexe Menge C und ihre Distanzfunktion d_C
streng konvex, wenn ∂C keine Strecken, also keine abgeplatteten **streng konvex**
Stellen enthält. Alle L_i außer L_1 und L_∞ sind streng konvex .

In den Bisektoren streng konvexer Distanzfunktionen können
Flächenstücke wie in Abbildung 7.4 nicht auftreten, es handelt
sich also stets um Kurven. Die resultierenden Voronoi-Diagramme
unterscheiden sich vom L_2-Diagramm im wesentlichen nur dadurch, dass ihre Voronoi-Kanten gekrümmt und ihre Voronoi-
Regionen deshalb nicht konvex sind. Sie sind aber sternförmig,
mit demselben Beweis wie für Lemma 5.20, und deshalb zusammenhängend. Zwei Regionen können sich nur längs *einer* Voronoi-
Kante berühren.

---

[3]Solche Distanzmaße werden als *Quasimetrik* bezeichnet.

[4]Der Einheitskreis $C(N) = \{p \in \mathbb{R}^2; N(p) = 1\}$ einer Norm N ist konvex
und symmetrisch zum Nullpunkt; wenn man ihn dazu verwendet, eine konvexe
Distanzfunktion $d_{C(N)}$ zu definieren, ergibt sich $d_{C(N)}(p,q) = N(p-q) = d_N(p,q)$ für alle p und q.

Es macht übrigens nicht viel aus, das Zentrum c im Inneren von C zu verschieben: Die Graphstruktur der Voronoi-Diagramme in d_C ändert sich dadurch nicht, lediglich die Form der Kanten; siehe Ma [89]. Dort findet sich eine genaue Analyse konvexer Distanzfunktionen im $\mathbb{R}^2$ und $\mathbb{R}^3$.

Die Komplexität von d_C-Diagrammen liegt in $O(n)$, und man kann sie mit *divide-and-conquer* in Zeit $O(n \log n)$ berechnen, wie zuerst Chew und Drysdale [36] gezeigt haben.

7.1.2   Metriken ohne Translationsinvarianz

In realen Szenen kann man kaum erwarten, dass sich der Abstand zwischen zwei Punkten nicht ändert, wenn man beide Punkte um denselben Vektor verschiebt.

Wer etwa in der Stadt Karlsruhe lebt, findet ein Straßennetz vor, das im wesentlichen aus geraden Stücken besteht, die wie Strahlen zum zentral gelegenen Schloss führen, und aus (Teilen von) Kreisbögen um das Schloss herum.Die Entfernung zwischen zwei Punkten p und q ist hier *nicht* invariant unter einer simultanen Verschiebung von p und q und kann deshalb nicht durch eine konvexe Distanzfunktion dargestellt werden; siehe Abbildung 7.6.

Karlsruhe-Metrik

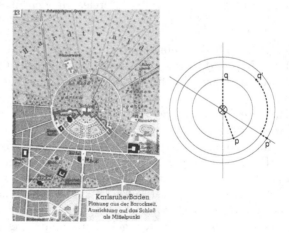

Abb. 7.6 Links ist der Stadtplan von Karlsruhe [46] zu sehen;[6] rechts sind die verschobenen Punkte p' und q' weiter voneinander entfernt als p von q.

Metrik

Zur Modellierung solcher Szenen muss man *Metriken* verwenden, die allgemeiner sind als konvexe Distanzfunktionen. Abbil-

---

[6]Für die Genehmigung zum Abdruck des Bildes danken wir dem Westermann Schulbuch Verlag GmbH.

dung 7.7 zeigt ein Voronoi-Diagramm in der Karlsruhe-Metrik d_K. Man kann nachrechnen, dass die Bisektoren Kegelschnitte in Polarkoordinaten sind [81].

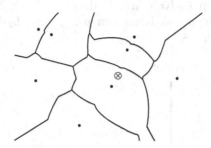

Abb. 7.7 Das Voronoi-Diagramm von acht Punkten in der Karlsruhe-Metrik.

Die Karlsruhe-Metrik besitzt eine schöne Eigenschaft, die sie mit vielen, aber leider nicht allen, Metriken teilt:

Lemma 7.1 *Sei z ein Punkt der Karlsruhe-Region $VR_K(p,S)$. Dann liegt jeder kürzeste Karlsruhe-Pfad π von p nach z ganz in $VR_K(p,S)$.*

Beweis. Angenommen, $w \in \pi$ läge im Abschluss der Region eines Punktes $q \neq p$. Weil sich die Karlsruhe-Abstände längs π aufaddieren (d.h., die Dreiecksungleichung wird dort zur Gleichung), hätten wir dann den Widerspruch

$$d_K(p,z) = d_K(p,w) + d_K(w,z)$$
$$\geq d_K(q,w) + d_K(w,z) \geq d_K(q,z) > d_K(p,z).$$

$\square$

Wegen dieser verallgemeinerten *Sternförmigkeit* sind die d_K-Regionen zusammenhängend, und die Voronoi-Diagramme in Karlsruhe haben lineare Größe. Man kann sie in Zeit $O(n\log n)$ berechnen [80, 81].
     Sternförmigkeit

Leider sind nicht für alle Metriken die Voronoi-Regionen zusammenhängend, wie das folgende Beispiel zeigt. Zwischen zwei Bahnhöfen a und b beträgt die Reisedauer in beide Richtungen f Zeiteinheiten, mit $0 < f < |ab|$. Per E-Bike entspricht die Geschwindigkeit zwischen zwei Orten ihrem euklidischen Abstand. Die Reisezeit bei schnellstmöglicher Verbindung wird dann durch die *Reisemetrik* d_t gegeben:
     Reisemetrik

$$d_t(p,q) = \min\{|pq|, |pa| + f + |bq|, |pb| + f + |aq|\}.$$

Sei p ein Punkt auf der Strecke ab, wie in Abbildung 7.8 gezeigt. Uns interessiert das Voronoi-Diagramm $V_t(\{a,p\})$ in d_t.

Wenn $f < |pb|$ ist, kann a den Punkt b (per Bahn) schneller erreichen als p es kann. Für Radien $r > f$ besteht deshalb der d_t-Kreis um a aus zwei Komponenten: einem L_2-Kreis mit Radius r um a und einem L_2-Kreis mit Radius $r - f$ mit Mittelpunkt b. Dagegen stimmt der d_t-Kreis von p mit dem L_2-Kreis überein; siehe Abbildung 7.8.

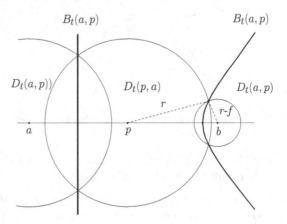

Abb. 7.8 In der Reisemetrik d_r kann es unzusammenhängende Voronoi-Regionen geben.

Metrik mit unzusammenhängenden Voronoi-Regionen

Lässt man den Radius r wachsen, bilden die Schnittpunkte der beiden Kreise um a und p den gewöhnlichen L_2-Bisektor $B(a, p)$, während die Kreise um p und b bei konstanter Radiendifferenz f eine Hyperbel bilden; der Grund dafür wird gleich erläutert. Die Voronoi-Region $D_t(a, p)$ von a in der Metrik d_t besteht also aus zwei Zusammenhangskomponenten.

7.1.3 Additive und multiplikative Gewichte

individuelle Gewichte

Eine andere Möglichkeit, mit Voronoi-Diagrammen realistischere Modelle zu erzeugen, besteht darin, den Punkten *individuelle Gewichte* zu geben. Metriken entstehen dabei im Allgemeinen nicht, aber interessante Voronoi-Diagramme.

Erinnern wir uns an die Kegel in Abbildung 5.5. Sie stellten die Ausbreitung konzentrischer Kreise von zwei Zentren p und q in der XY-Ebene dar, mit Z als Zeitachse. Was passiert, wenn die Zentren *zu verschiedenen Zeiten* mit der Ausbreitung beginnen?[7]

In Abbildung 7.9 beträgt der gerichtete vertikale Abstand von einem Punkt z der XY-Ebene zum Kegel mit Spitze über p_i gerade

---

[7]Das war bei der Reisemetrik d_t der Fall!

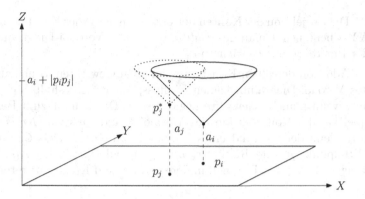

Abb. 7.9 Kreisausbreitung zu unterschiedlichen Startzeiten.

$|p_i z| + a_i = d_i(z)$. Ebenso stellt der Kegel mit Spitze über p_j den Graphen der Abstandsfunktion $d_j(z) = |p_j z| + a_j$ dar. Wie immer gehört z zu demjenigen Punkt, dessen Abstandsfunktion den kleineren Wert liefert, und für jeden Punk b auf dem Bisektor $B(p_i, p_j)$ gilt

additive Gewichte

$$|p_i b| - |p_j b| = a_j - a_i.$$

Damit diese Abstandsdifferenz konstant bleibt, muss die Bisektor-kurve sich p_i und p_j stets gleich schnell nähern. An jedem Bisektorpunkt b verläuft $B(p_i, p_j)$ deshalb in Richtung der Winkelhalbierenden von b zu p_i und p_j. Hierdurch ist eine Hyperbel definiert, die sich zum Punkt mit dem größeren Gewicht hin krümmt; siehe Abbildung 7.10.

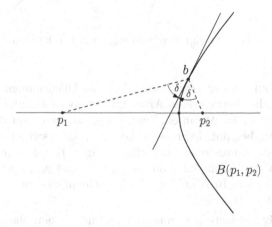

Abb. 7.10 Eine Hyperbel als Bisektor von Punkten p_1, p_2 mit additiven Gewichten $a_1 = 2$ und $a_2 = 10$. An jedem Punkt $b \in B(p_1, p_2)$ ist die Differenz der Abstände zu p_1 und p_2 gleich acht.

Die Projektion der Kanten der unteren Kontur der Kegel in die
XY-Ebene nennt man das *additiv gewichtete* Voronoi-Diagramm
der Punkte p_i mit Gewichten a_i.

Addition derselben Konstanten zu allen Gewichten a_i hat auf
das Voronoi-Diagramm keinen Einfluss; es macht deshalb nichts
aus, wenn manche Gewichte negativ sind. Das kommt zum Beispiel bei der Konstruktion des Voronoi-Diagramms von *Kreisen*
vor, denn der Abstand eines Punkts z von einem Kreis C_i mit
Mittelpunkt p_i und Radius r_i beträgt gerade $|p_i z| - r_i$. Abbil-
dung 7.11 zeigt ein Beispiel, in dem Punkte und Kreise auftreten.

Voronoi-
Diagramm von
Kreisen

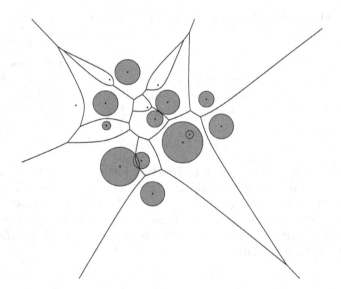

Abb. 7.11 Ein Voronoi-Diagramm von Kreisen.

Zwischen additiv gewichteten Voronoi-Diagrammen und den
übrigen bisher betrachteten Arten gibt es aber folgenden strukturellen Unterschied: Wenn ein Zentrum p_i "zu spät" mit der Kreisausbreitung beginnt, kann es vorkommen, dass seine Kegelspitze
oberhalb der unteren Kontur aller übrigen Kegel liegt. In dem
Fall bleibt die Voronoi-Region von p_i leer, und p_i gehört zu einer
fremden Region. In Abbildung 7.11 geschieht das im größten der
dargestellten Kreise.

Additiv gewichtete Voronoi-Diagramme haben eine Größe in
$O(n)$ und lassen sich in Zeit $O(n \log n)$ berechnen, zum Beispiel
mit Sweep wie in Fortune [53]. In folgendem Beispiel treten sie
recht überraschend auf.

Bei der Planung einer Bahntrasse T, die die Bahnhöfe $p_1, p_2, \ldots p_n$ in dieser Reihenfolge mit Strecken verbindet, soll überprüft werden, ob die Umwege zwischen je zwei Bahnhöfen unterhalb einer Zumutbarkeitsschranke ζ liegen, ob also

$$\frac{|T_i^j|}{|p_i p_j|} \leq \zeta \quad \text{für alle } 1 \leq i < j \leq n$$

erfüllt ist; dabei steht $|T_i^j|$ für die Länge der Teilstrecke von p_i nach p_j.[8]

Was wie ein Problem von (mindestens) quadratischer Komplexität aussieht, lässt sich folgendermaßen umformen:

$$\zeta \geq \frac{|T_i^j|}{|p_i p_j|} = \frac{|T_1^j| - |T_1^i|}{|p_i p_j|}$$
$$\Longleftrightarrow \quad |p_i p_j| + a_i \geq a_j$$

mit $a_m = |T_1^m|/\zeta$. Man sieht in Abbildung 7.9, dass dies genau dann der Fall ist, wenn der Punkt p_j^* *unterhalb* des Kegels von p_i liegt, der dort die Höhe $a_i + |p_i p_j|$ hat. Bei festem j muss die Bedingung für alle $i < j$ erfüllt sein; für $i \geq j$ gilt sie sowieso, weil dann $a_i \geq a_j$ ist. Die Verbindungen zwischen p_j und den anderen Bahnhöfen haben also genau dann zumutbare Umwege, wenn p_j^* *auf der unteren Kontur der Kegel erscheint!* Das kann man in Zeit $O(n \log n)$ für alle j überprüfen, indem man das Voronoi-Diagramm der p_m mit additiven Gewichten a_m konstruiert und testet, ob alle Punkte nicht-leere Regionen haben; siehe Agarwal et al. [3].

Übungsaufgabe 7.2 Im $\mathbb{R}^2$ gibt es k Blumenläden f_m. Wer in p wohnt und eine Bewohnerin $q \neq p$ der Ebene besuchen will, kauft vorher Blumen in einem Laden, der den Umweg minimiert. Wir definieren die *Blumenladen-Metrik* d_F durch

Blumenladen-Metrik

$$d_F(p, q) = \begin{cases} 0, & \text{falls } p = q \text{ gilt,} \\ \min_{1 \leq m \leq k} |p f_m| + |f_m q|, & \text{sonst.} \end{cases}$$

Man gebe einen Algorithmus zur Berechnung des Voronoi-Diagramms von n Punkten p_i in der Blumenladen-Metrik d_F an. Sollten mehrere p_i denselben Abstand zu einem f_m haben, gewinnt der Punkt p_j mit den lexikographisch kleinsten Koordinaten.

---

[8]In Übungsaufgabe 5.7 hatten wir ein ähnliches Problem untersucht und dabei *alle* Punkte auf einer Triangulation betrachtet. Hier zählen nur die Eckpunkte p_i.

Als nächstes betrachten wir Kreissysteme, die sich mit *unterschiedlichen Geschwindigkeiten* ausbreiten. Dazu ordnen wir jedem Zentrum p_i eine Distanzfunktion

$$d_i(z) = \frac{|p_i z|}{w_i}$$

multiplikative Gewichte mit *multiplikativen Gewichten* $w_i > 0$ zu. Ihre Graphen sind senkrechte Kegel mit Steigung $1/w_i$ und Spitze in p_i; siehe Abbildung 7.12.[9]

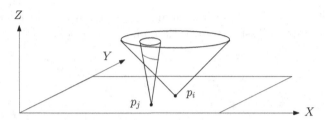

Abb. 7.12 Kreisausbreitung mit unterschiedlichen Geschwindigkeiten zu Distanzfunktionen $d_i(z) = \frac{|p_i z|}{1}$ und $d_j(z) = \frac{|p_j z|}{0{,}16}$

Abbildung 7.12 zeigt, wie ein Kegel mit größerer Steigung den mit kleinerer Steigung durchdringt. Der Bisektor — die Projektion des Schnitts der beiden Kegel — muss daher eine geschlossene Kurve sein, die den Punkt mit kleinerem Gewicht umschließt. Dabei handelt es sich um einen *Apolloniuskreis*, den Ort aller Punkte b des $\mathbb{R}^2$, für die

geschlossene Bisektoren

Apolloniuskreis

$$\frac{|p_i z|}{|p_j z|} = \frac{w_i}{w_j} = \rho$$

konstant ist; siehe Abbildung 7.13 und Aurenhammer et al. [15] für die Herleitung der Formeln.

Die Anwendungen für multiplikativ gewichtete Punkte sind zahlreich; man denke nur an die Attraktivität von Supermärkten oder die Feldstärke von Sendern. Leider hat aber das *multiplikativ gewichtete* Voronoi-Diagramm eine Komplexität in $\Theta(n^2)$. Als Beispiel kann man $n/2$ viele Punkte mit gleich hohem Gewicht auf einer Senkrechten platzieren. Ihr Voronoi-Diagramm besteht aus waagerechten Streifen, die von $n/2$ vielen Regionen von Punkten mit niedrigem Gewicht unterbrochen werden, die auf einer Waagerechten mittlerer Höhe liegen. Multiplikativ gewichtete Voronoi-Diagramme kann man in Zeit $O(n^2)$ berechnen, wie Aurenhammer und Edelsbrunner gezeigt haben [14].

multiplikativ gewichtetes Voronoi-Diagramm

---

[9]Ein großes Gewicht w_i bedeutet also eine kleine Steigung des Kegels, somit schnelle Ausbreitung der Kreise und großen Einfluss.

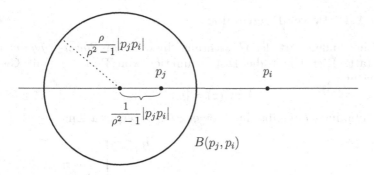

Abb. 7.13 Ein Bisektor von Punkten p_i, p_j mit multiplikativen Gewichten $w_i/w_j = \rho > 1$

Bei der Kreisausbreitung sind auch andere Varianten vorstellbar, zum Beispiel *nicht-konstante* und unterschiedliche Geschwindigkeiten. In Abbildung 7.14 breiten sich die Kreise abwechselnd um die Zentren p und q aus, beginnend mit p, während der andere Kreis stillsteht. Der Bisektor und die Region von p sind nicht zusammenhängend, die Region von q ist nicht einfach-zusammenhängend. Über die Berechnung solcher Voronoi-Diagramme ist noch nicht viel bekannt.

variable Geschwindigkeiten

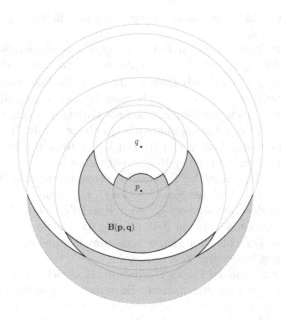

Abb. 7.14 Die Kreise um p und q breiten sich abwechselnd aus.

7.1.4   Power-Diagramme

Power-Diagramm Eine andere Art der Gewichtung findet beim *Power-Diagramm* statt. Hier lautet die Distanzfunktion von Punkt p_i mit Gewicht w_i

$$\text{pow}_i(z) = |p_i z|^2 - w_i.$$

Abbildung 7.15 gibt eine geometrische Interpretation:

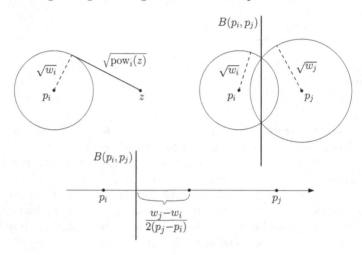

Abb. 7.15 Bisektoren in der Power-Distanz für $0 < w_i < w_j$.

Für $w_i > 0$ und einen Punkt z außerhalb des Kreises um p_i vom Radius $\sqrt{w_i}$ hat die Tangente von z an den Kreis gerade die Länge $\sqrt{\text{pow}_i(z)}$. Abbildung 7.16 zeigt ein Power-Diagramm von 10 Punkten p_i mit den zugehörigen Kreisen vom Radius $\sqrt{w_i}$; man könnte auch mit den Kreisen als Objekten starten und die Gewichte w_i ihrer Mittelpunkte als Quadrate der Radien definieren. Es fällt auf, dass es Punkte mit leerer Region gibt und dass nicht jeder Punkt in seiner Region enthalten ist.

strukturelle Power-Diagramme haben eine interessante *strukturelle Eigen-*
Eigenschaft *schaft*: Der Durchschnitt eines Kreises C_i mit seiner Power-Region ist gerade der Beitrag von C_i zum Rand der Vereinigung aller Kreise. Wenn man also in Zeit $O(n \log n)$ das Power-Diagramm der Kreise berechnet hat, kann man zum Beispiel die Fläche der Vereinigung in linearer Zeit ermitteln.

Die Definition der Power-Diagramme lässt sich direkt auf höhere Dimensionen verallgemeinern. Dort sind sie von Interesse, weil man andere Diagramm-Typen einbetten kann, zum Beispiel die additiv und multiplikativ gewichteten Voronoi-Diagramme, die wir oben betrachtet haben; zu Einzelheiten und weiterführender Literatur sei auf [15] verwiesen.

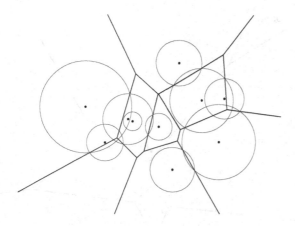

Abb. 7.16 Ein Power-Diagramm von 10 Punkten. Die Durchmesser der Kreise entsprechen den Wurzeln der Gewichte.

7.1.5 Diagramme höherer Ordnung

Bisher hatten wir — in Bezug auf unterschiedliche Distanzfunktionen — alle Punkte des $\mathbb{R}^2$ zu einer Voronoi-Region zusammengefasst, die *denselben nächsten* Nachbarn in der gegebenen Menge S von n Objekten haben. Eine andere naheliegende Verallgemeinerung besteht darin, Regionen aus denjenigen Punkten zu bilden, die *dieselben k nächsten Nachbarn* in S besitzen, also für eine Teilmenge H von S mit $|H| = k$ die Voronoi-Region der Ordnung k

$$\mathrm{VR}_k(H, S) = \bigcap_{p \in H, q \in S \setminus H} D(p, q)$$

zu betrachten; dabei bezeichnet $D(p, q)$ wieder die offene Halbebene aller Punkte im $\mathbb{R}^2$, die näher an p als an q liegen.

Als Durchschnitte von endlich vielen Halbebenen sind auch diese Regionen konvexe Polygone, möglicherweise unbeschränkt. Die Vereinigung ihrer Ränder bildet das *Voronoi-Diagramm $V_k(S)$ der Ordnung k*. Für $k = 1$ erhält man das gewöhnliche Voronoi-Diagramm zurück. *(Voronoi-Diagramm höherer Ordnung)*

Abbildung 7.17 zeigt ein Voronoi-Diagramm zweiter Ordnung von fünf Punkten. Folgende Struktureigenschaften fallen auf: Die Regionen der Zweiermengen $\{p_1, p_3\}$ und $\{p_2, p_5\}$ sind leer. Die Region von $\{p_2, p_4\}$ enthält weder p_2 noch p_4. Verschiedene Bisektoren tragen jeweils 2 Kanten zum Diagramm bei.

Allgemein sind von den $\binom{n}{k}$ vielen möglichen Regionen der Ordnung k viele leer, denn $V_k(S)$ hat die Komplexität $O(k(n - k))$, wie Lee [85] gezeigt hat. Weil die Konstruktion von $V_k(S)$ mindestens $\Omega(n \log n)$ viel Zeit erfordert, wäre die *(optimaler Algorithmus?)*

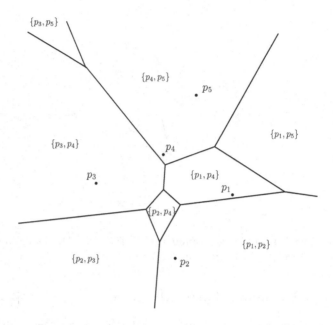

Abb. 7.17 Ein Voronoi-Diagramm der Ordnung $k = 2$.

bestmögliche Laufzeit zum Aufbau von $V_k(S)$ in $O(k(n - k) + n \log n)$. Bis heute ist kein Algorithmus bekannt, der diese Schranke einhält.

Viele Algorithmen verwenden die geometrische Transformation, die wir in Theorem 6.19 eingeführt haben. Wenn man jedem Punkt p in S die Tangentialebene $T(p')$ am Paraboloid $X^2 + Y^2 = Z$ zuordnet, schneidet der senkrechte Strahl durch einen Punkt u der XY-Ebene nach oben diese Tangentialebenen $T(p_i)$ in der Reihenfolge abnehmender Entfernungen $|p_i u|$. Die obersten k Ebenen gehören daher zu den k nächsten Nachbarn von u in S.

Arrangement

Zellen

Wenn man also im *Arrangement* der Ebenen $T(p')$ diejenigen *Zellen* bestimmt, die genau k Ebenen über sich haben,[10] ergibt deren Projektion in die XY-Ebene gerade $V_k(S)$.

Die effiziente Bestimmung des k-ten Levels in einem Arrangement von Hyperebenen des $\mathbb{R}^d$ ist ein gut untersuchtes Problem. Das randomisierte Verfahren von Chan [34] für $d = 3$ hat eine mittlere Laufzeit in $O(nk \log k + n \log n)$.

Bei den Voronoi-Diagrammen höherer Ordnung ist der Fall $k = n-1$ besonders interessant. Wenn nämlich p der einzige Punkt in S ist, der nicht in der Teilmenge H liegt, besteht $VR_{n-1}(H, S)$

---

[10]Man sagt, dass diese Zellen auf *Level k* liegen.

genau aus den Punkten des $\mathbb{R}^2$, für die p der *fernste* Punkt in S ist.
Man nennt $V_{n-1}(S) = V_{-1}(S)$ das *inverse* oder das *farthest-point*
Voronoi diagram von S; siehe Abbildung 7.18. Zwei strukturelle

inverses Voronoi-
Diagramm

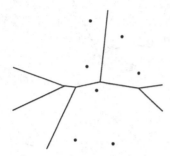

Abb. 7.18 Ein inverses Voronoi-Diagramm.

Eigenschaften werden in der folgenden Aufgabe untersucht.

Übungsaufgabe 7.3   (i) Welche Punkte haben im inversen
Voronoi-Diagramm eine nicht-leere Region? (ii) Warum ist das
inverse Voronoi-Diagramm ein Baum?

Inverse Voronoi-Diagramme haben lineare Größe, und man kann
sie in Zcit $O(n \log n)$ berechnen.

7.1.6 Die Drehdistanz

Zahlreiche weitere Varianten von Voronoi-Diagrammen werden etwa in Okabe et al. [94] und in [15] beschrieben. In der Enzy-
klopädie von Deza und Deza [44] findet man viele Distanzbegriffe,
deren Voronoi-Diagramme noch nicht erforscht sind.
    Man kann bei der Definition von Voronoi-Diagrammen auch
verschiedene Möglichkeiten der Verallgemeinerung miteinander
kombinieren. So untersuchen zum Beispiel Papadopoulou und
Zavershynskyi [96] Voronoi-Diagramme höherer Ordnung für
Strecken in L_p-Normen.
    Hier wollen wir als letztes Beispiel ein interessantes Distanz-
maß vorstellen, das kürzlich in Alegría et al. [5] vorgestellt wurde.
    Gegeben sei eine Menge S von n Punkten im $\mathbb{R}^2$. Jeder Punkt p
hat eine individuelle Blickrichtung $\phi(p)$. Die *Drehdistanz* von p zu
einem Punkt $z \neq p$ in der Ebene ist definiert als der Winkel, um
den p sich vom Strahl σ_p mit Richtung $\phi(p)$ aus *linksherum* drehen
muss, um z zu sehen, und für $z = p$ als null. Alle Punkte auf einer
Halbgeraden mit Endpunkt p haben denselben Abstand von p, für
σ_p ist er gleich null.

Drehdistanz

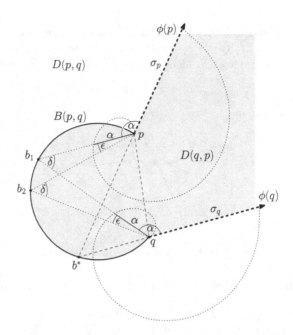

Abb. 7.19 Ein Bisektor in der Drehdistanz.

Abbildung 7.19 zeigt einen Bisektor von zwei Punkten p und q. Um die Punkte p und q sind Archimedische Spiralen mit der Gleichung (α, α) in Polarkoordinaten eingezeichnet, die den Drehwinkel anschaulich als Länge darstellen.

Für den Punkt b_1 auf dem Bisektor haben wir identische Drehwinkel α bei p und q. Bewegt man b_1 entlang $B(p,q)$ nach unten, müssen beide Winkel um den gleichen Betrag zunehmen. Im Dreieck $\mathrm{tria}(p, b_1, q)$ bleibt also die Summe der Innenwinkel bei p und q konstant, und deshalb auch der Winkel δ gegenüber pq. Nach dem Satz des Thales beschreibt $B(p,q)$ daher einen Kreisbogen durch p, q und den Schnittpunkt b^* der rückwärtigen Verlängerungen der Strahlen σ_p und σ_q, denn bei b^* betragen beide Drehwinkel gerade π.

Punkte unmittelbar links vom Strahl σ_p haben von p einen Abstand nahe null, rechts von σ_p beträgt der Abstand etwa π. Wegen dieser Unstetigkeit separiert σ_p die Regionen $D(p,q)$ und $D(q,p)$, ohne selbst zum Bisektor zu gehören — denn die Punkte auf σ_p haben zu p den Abstand null, aber positiven Abstand zu q! Beim Strahl σ_q sieht es ähnlich aus.

Die Unstetigkeit an den Strahlen tritt nicht auf, wenn man Drehungen in beide Richtungen erlaubt; siehe De Berg et al. [40] und Haverkort und Klein [67].

7.2 Abstrakte Voronoi-Diagramme*

Voronoi-Diagramme bestehen aus Segmenten von Bisektoren, und deshalb haben wir bei den Beispielen in Abschnitt 7.1 immer zuerst untersucht, wie die Bisektoren beschaffen sind. In diesem Abschnitt stellen wir *Abstrakte Voronoi-Diagramme* (AVDs) vor. Sie sind nur durch Bisektoren definiert und kommen ohne Punkte oder Strecken als Objekte, ohne Distanzmaße und Kreise aus. Die Bisektoren müssen lediglich zwei Axiome erfüllen, die nur für Diagramme der Größe drei überprüft zu werden brauchen.

Abstrakte Voronoi-Diagramme

Hat man dann ein konkretes Voronoi-Diagramm, dessen Bisektoren die Axiome erfüllen, liefert die AVD-Theorie „umsonst" eine Strukturaussage (Theorem 7.9) und einen effizienten Algorithmus (Theorem 7.10). Das macht abstrakte Voronoi-Diagramme zu einem universellen Werkzeug.

7.2.1 Definitionen und Axiome

Als Bisektoren betrachten wir Kurven in der Ebene, die keine Selbstschnitte haben und an beiden Enden ins Unendliche laufen. Genauer gesagt starten wir mit einer geschlossenen Jordan-Kurve auf der Kugel, die durch den Nordpol verläuft, und projizieren sie in die Ebene, wie Abbildung 7.20 zeigt.

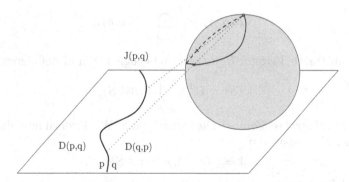

Abb. 7.20 Ein Bisektor eines abstrakten Voronoi-Diagramms.

Anstelle von Punkten oder Strecken oder anderen Objekten verwenden wir eine Menge S von n *Indizes* $p, q, r, \ldots$. Jeder Bisektorkurve J sind zwei verschiedene Indizes $p, q \in S$ zugeordnet. Sie zerlegt den $\mathbb{R}^2$ in zwei offene Gebiete, $D(p, q)$ und $D(q, p)$.[11]

Indizes

---

[11]Wer mag, darf sich vorstellen, dass wie vorher $D(p, q)$ aus allen Punkten der Ebene besteht, die näher an p als an q liegen — aber eigentlich haben wir hier weder Punkte noch Abstände!

In unseren Abbildungen markieren wir die $D(p,q)$ zugewandte Seite von J mit einem p, die andere mit q. Die Kurve J mit
den zugeordneten Indizes p,q wird dann mit $J(p,q) = J(q,p)$
bezeichnet.

Unsere Bisektorkurven erben eine nützliche Eigenschaft von
den Jordan-Kurven auf der Kugel: Sie sind von beiden Seiten aus
erreichbar. Das heißt, wenn z ein Punkt auf $J(p,r)$ ist, gibt es
für jeden Punkt $w \in D(r,p)$ einen Weg α von w nach z, der bis
Erreichbarkeit   auf seinen Endpunkt z ganz in $D(r,p)$ verläuft. Insbesondere finden wir daher in jeder Umgebung U von z Punkte z_0 aus $D(r,p)$,
und dasselbe gilt auf der anderen Seite von $J(p,r)$; siehe Abbildung 7.21. Diese Eigenschaft kann man aus dem Theorem von

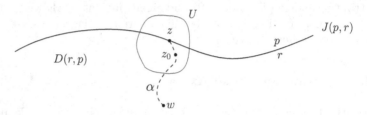

Abb. 7.21 Erreichbarkeit von Bisektorpunkten.

Jordan-Schönflies folgern; siehe zum Beispiel Rinow [100].

Wie in Abschnitt 5.2 nennen wir

$$VR(p, S) = \bigcap_{q \in S \setminus \{p\}} D(p,q)$$

die abstrakte *Voronoi-Region* von p bezüglich S und definieren

$$V(S) = \mathbb{R}^2 \setminus \bigcup_{p \in S} VR(p, S)$$

als das abstrakte *Voronoi-Diagramm* von S. Wir fordern nun, dass
unser Kurvensystem

$$\mathsf{J} = \{J(p,q); p \neq q \in S\}$$

zwei Eigenschaften garantiert:

AVD-Axiome

Für jede Teilmenge T von *drei* Elementen aus S gilt:

1. Für jedes $t \in T$ ist $VR(t, T)$ zusammenhängend

2. $\mathbb{R}^2 = \bigcup_{t \in T} \overline{VR(t, T)}$

Von konkreten Voronoi-Diagrammen sind uns diese Eigenschaften wohlbekannt. Erstaunlicherweise reichen sie als Grundlage für

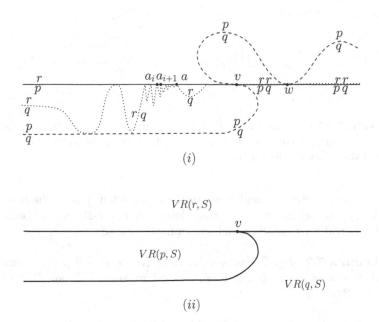

Abb. 7.22 Ein abstraktes Voronoi-Diagramm von drei Indizes p, q, r.

eine allgemeine Theorie aus, obwohl sie recht ungewöhnliche Situationen erlauben. Betrachten wir ein Beispiel.

Die in Abbildung 7.22 gezeigten Bisektorkurven von drei Indizes p, q, r erfüllen die beiden Axiome, denn ihre drei Voronoi-Regionen in (ii) sind zusammenhängend und füllen, zusammen mit ihren Rändern, die ganze Ebene aus. Aber die Bisektorkurven in (i) haben ungewohnte Eigenschaften: Die Punkte a_i liegen im Durchschnitt von zwei Kurven, aber nicht auf der dritten. Sie haben einen Häufungspunkt a, der es verbietet, vom "ersten Punkt von $J(q, r)$ links von $a \in J(p, r)$" zu sprechen. Der Punkt w liegt auf allen drei Kurven, ist aber kein Voronoi-Knoten.

Die Kurven in Abbildung 7.23 entsprechen dagegen nicht den Axiomen: Weil die Bisektorkurven gegen Unendlich streben, kann die Voronoi-Region von p in (i) nicht zusammenhängend sein, und in (ii) liegt die graue Zelle im Niemandsland.

7.2.2 V(S) als Punktmenge

Was immer wir über abstrakte Voronoi-Diagramme behaupten, muss formal aus den Definitionen und Axiomen hergeleitet werden, auch wenn es für konkrete Distanzbegriffe selbstverständlich wäre.

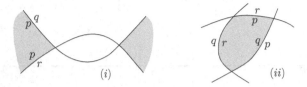

Abb. 7.23 Zwei unzulässige Bisektorsysteme: In (i) ist die Region von p nicht zusammenhängend, und in (ii) gehört die graue Zelle zu keiner der drei Voronoi-Regionen.

Nach Definition sind Voronoi-Regionen offen, und deshalb ist $V(S)$ abgeschlossen. Außerdem haben Voronoi-Regionen keine Löcher, d.h., sie sind einfach-zusammenhängend:

Lemma 7.2 *Sei C eine geschlossene Kurve in $\overline{VR(p,S)}$. Dann liegt jede beschränkte Zusammenhangskomponente Z von $\mathbb{R}^2 \setminus C$ in $VR(p,S)$.*

Beweis. Sei $z \in Z$, wie in Abbildung 7.24 dargestellt. Läge z nicht in $VR(p,S)$, gäbe es ein $q \in S$ mit $z \in \overline{D(q,p)}$. Wir dürfen sogar $z \in D(q,p)$ annehmen; denn läge z auf $J(p,q)$, fänden wir ganz in der Nähe einen Punkt $z' \in Z \cap D(q,p)$, der Erreichbarkeit wegen. Weil $D(q,p)$ unbeschränkt ist, muss ein Punkt u der unbeschränkten Zusammenhangskomponente Z_∞ von $\mathbb{R}^2 \setminus C$ darin enthalten sein. Und weil $D(q,p)$ zusammenhängend ist, gibt es darin einen Weg π von u nach z. Der muss aber C schneiden, um nach Z zu gelangen, im Widerspruch zu $C \subset \overline{VR(p,S)}$. $\square$

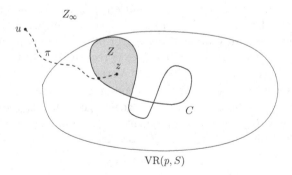

Abb. 7.24 Eine Schlinge von C kann kein Loch in $VR(p,S)$ umschließen.

Die nächste Eigenschaft ist für konkrete Distanzfunktionen trivial; wir müssen sie hier formal beweisen.

Lemma 7.3 *Für alle $p, q, r \in S$ gilt*

$$D(p, q) \cap D(q, r) \subseteq D(p, r).$$

Beweis. Sei $z \in D(p, q) \cap D(q, r)$, und sei $T = \{p, q, r\}$. Dann liegt z in keiner der abgeschlossenen Voronoi-Regionen

$$\overline{VR(q, T)} \subseteq \overline{D(q, p)} = D(q, p) \cup J(q, p)$$
$$\overline{VR(r, T)} \subseteq \overline{D(r, q)} = D(r, q) \cup J(r, q).$$

Wegen Axiom (2) bleibt daher nur die Möglichkeit

$$z \in \overline{VR(p, T)} \subseteq \overline{D(p, r)} = D(p, r) \cup J(p, r).$$

Gilt $z \in D(p, r)$, so sind wir fertig. Dass z auf $J(p, r)$ liegen könnte, lässt sich schnell widerlegen: Weil z dann von $D(r, p)$ aus erreichbar wäre, könnten wir dicht bei z einen Punkt z_0 finden, der wie z in $D(p, q) \cap D(q, r)$ liegt, aber außerdem in $D(r, p)$. Das aber kann nicht sein, wie wir gerade bewiesen haben. □

Lemma 7.3 hat eine bemerkenswerten Konsequenz: Ist x ein Punkt der Ebene, der auf keiner unserer Bisektorkurven $J(p, q)$ liegt, wird durch

$$p <_x q \; :\Longleftrightarrow \; x \in D(p, q)$$

eine *Ordnungsrelation* auf S definiert, denn für je zwei Indizes p, q gilt entweder $p <_x q$ oder $q <_x p$, wir haben nie $p <_x p$, und die Relation ist transitiv. Auch im Abstrakten können wir daher an jedem x außerhalb der Bisektorkurven die Indizes in S "der Entfernung nach" ordnen!

In Abschnitt 7.2.1 hatten wir die Axiome (1) und (2) nur für Dreiermengen von Indizes gefordert. Wir wollen jetzt zeigen, dass sie dann von selbst auch für größere Teilmengen von S erfüllt sind.

Lemma 7.4 *Für jede Teilmenge $R \subseteq S$ mit mindestens zwei Indizes ist*

$$\mathbb{R}^2 = \bigcup_{s \in R} \overline{VR(s, R)}.$$

Beweis. Sei $z \in \mathbb{R}^2$ und $\varepsilon > 0$. Wir starten mit einer Umgebung $U = U_\varepsilon(z)$ und iterieren folgende Prozedur: Solange es noch eine Menge $D = D(p, q)$ gibt mit $U \cap D \neq \emptyset$ aber $U \not\subseteq D$, ersetzen wir U durch $U \cap D$. Nach spätestens $\binom{n}{2}$ Schritten haben wir eine offene Menge U, die von keiner Bisektorkurve $J(p, q)$ geschnitten wird; sie braucht aber z nicht mehr zu enthalten.

Ordnungsrelation

kein Niemandsland

Wie vorhin für x definieren wir jetzt für U eine vollständige Ordnung auf R durch

$$p <_U q \ :\Longleftrightarrow\ U \subset D(p,q).$$

Sei p_ε das minimale Element von R bezüglich $<_U$. Dann gilt $U \subset D(p_\varepsilon, q)$ für jedes $q \neq p_\varepsilon$ in R, also $U \subset \mathrm{VR}(p_\varepsilon, R)$. Das bedeutet: $\mathrm{VR}(p_\varepsilon, R)$ enthält Elemente der Ausgangsumgebung $U_\varepsilon(z)$.

Wenn jetzt ε gegen null geht, kann sich der Index p_ε zwar ändern, aber weil es in R ja maximal n Indizes gibt, muss einer von ihnen — sagen wir: s — unendlich oft als p_ε vorkommen. Folglich ist

$$z \in \overline{VR(s,R)}.$$

$\square$

Jetzt verallgemeinern wir die Aussage von Axiom (1).

Lemma 7.5 *Für jede Teilmenge $R \subseteq S$ mit mindestens zwei Indizes und für jeden Index $p \in R$ ist $VR(p,R)$ zusammenhängend.*

Beweis. Wir führen Induktion über $m = |R|$. Für $m = 2$ ist jede Menge $D(p,q)$ zusammenhängend, und für $m = 3$ haben wir den Zusammenhang in Axiom (1) verlangt. Sei also $m \geq 4$, und seien $x, y \in VR(p,R)$. Wir müssen zeigen, dass es in $VR(p,R)$ einen Weg gibt, der x mit y verbindet.

Wenn wir in R zwei weitere Indizes t_1 und t_2 auswählen, gibt es per Induktion Wege

$$
\begin{aligned}
\pi_1 &\subset\ VR(p, R \setminus \{t_1\}) \\
\pi_2 &\subset\ VR(p, R \setminus \{t_2\})
\end{aligned}
$$

von x nach y. Liegt π_1 sogar in $VR(p,R)$, so sind wir fertig. Ist $z \in \pi_1$ nicht in $VR(p,R)$ enthalten, laufen wir von z aus in beide Richtungen den Weg π_1 entlang, bis wir auf die ersten Punkte f und g von π_2 treffen, was spätestens in x und y der Fall ist; siehe Abbildung 7.25. Die Wegstücke von π_1, π_2 zwischen f und g

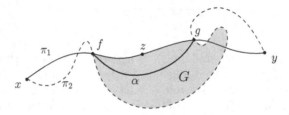

Abb. 7.25 Konstruktion eines Wegs von x nach y.

beranden ein Gebiet G. Wir behaupten, dass in G ein Weg α von f nach g existiert, der in $VR(p, R)$ enthalten ist. Durch α können wir dann das Wegstück von π_1 zwischen f und g ersetzen, und durch höchstens abzählbar unendlich viele derartige Operationen entsteht der gesuchte Weg von x nach y in $VR(p, R)$.

Weil der Rand von G eine geschlossene Kurve in $VR(p, R \setminus \{t_1, t_2\})$ bildet und diese Region nach Lemma 7.2 einfachzusammenhängend ist, gehört ganz G dazu. Eine Verbindung zwischen f und g durch G kann daher nur durch die Regionen $VR(t_1, R \setminus \{t_2\})$ und $VR(t_2, R \setminus \{t_1\})$ blockiert werden; dabei kann die erste Region aber nicht $\pi_2 \subset VR(p, R \setminus \{t_2\}$ schneiden, und die zweite nicht den Weg π_1; siehe Abbildung 7.26.

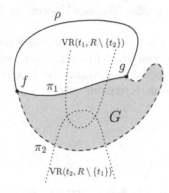

Abb. 7.26 Kann der Weg in G von f nach g blockiert sein?

Sei nun $T = \{p, t_1, t_2\}$. Die Punkte f und g liegen im Schnitt von π_1 und π_2, also in $VR(p, R) \subset VR(p, T)$. Nach Axiom (1) gibt es daher in $VR(p, T)$ einen Weg ρ von f nach g. Er kann weder $D(t_1, p)$ noch $D(t_2, p)$ kreuzen und kann daher die blockierenden Regionen $VR(t_1, R \setminus \{t_2\})$ und $VR(t_2, R \setminus \{t_1\})$ in G nicht betreten. Verläuft ρ, wie in Abbildung 7.26 gezeigt, oberhalb, bildet er zusammen mit π_2 eine geschlossene Kurve in $D(p, t_1)$, die Punkte von $D(t_1, p)$ einschließt, was unmöglich ist, da $D(p, t_1)$ einfachzusammenhängend ist. Mit symmetrischer Begründung kann ρ ebensowenig unterhalb verlaufen.[12] $\square$

Es gibt äquivalente Definitionen für abstrakte Voronoi-Diagramme, die hin und wieder nützlich sind:

---

[12]Die anschaulichen Bezeichnungen „ober-" und „unterhalb" lassen sich so präzisieren: Im ersten Fall kann ρ in der Ebene stetig zu π_1 deformiert werden, ohne die blockierenden Regionen in G zu durchqueren, aber nicht zu π_2, und im zweiten Fall ist es umgekehrt; man vergleiche Abbildung 1.8.

Übungsaufgabe 7.4 Man zeige, dass für das Voronoi-Diagramm folgende äquivalente Darstellungen gelten:

$$V(S) = \bigcup_{p,q \in S,\ p \neq q} \overline{VR(p, S)} \cap J(p, q)$$

$$= \bigcup_{p,q \in S,\ p \neq q} \overline{VR(p, S)} \cap \overline{VR(q, S)}.$$

7.2.3 V(S) als Graph

Graphstruktur von
V(S)

In Abschnitt 7.2.2 hatten wir Eigenschaften des abstrakten Voronoi-Diagramms als Punktmenge betrachtet. Mit Blick auf die Konstruktion von Voronoi-Diagrammen müssen wir die *Graphstruktur von V(S)* definieren, also Voronoi-Knoten und Kanten identifizieren.

Es mag naheliegend scheinen, Voronoi-Knoten als Kreuzungen von Bisektorkurven zu definieren, aber im Beispiel von Abbildung 7.27 ist v ein Voronoi-Knoten im Diagramm von $\{p, q, r\}$, bei dem es keine lokale Kreuzung gibt.

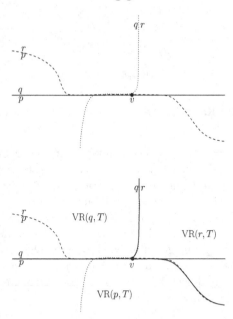

Abb. 7.27 Ein Voronoi-Knoten im Diagramm von $T = \{p, q, r\}$ ohne lokale Kreuzung beim Knoten v.

abstrakte
Voronoi-Knoten

Deswegen definieren wir Voronoi-Knoten in abstrakten Voronoi-Diagrammen als diejenigen Punkte von $V(S)$, welche im Abschluss von mindestens drei Voronoi-Regionen liegen.

Wieviele Knoten kann es geben? Zunächst ist nicht einmal klar, dass es nur endlich viele sein können. An dieser Stelle kommt **wieviele gibt es?** Axiom (1) über den Zusammenhang der Voronoi-Regionen ins Spiel, das wir bislang noch nicht verwendet haben. Es verhindert nämlich, dass zwei Bisektoren mit demselben Index sich beliebig kompliziert schneiden, wie Lemma 7.6 zeigt.

Lemma 7.6 *Auf einer Bisektorkurve $J(p,r)$ gibt es keine vier Punkte, die abwechselnd zu $D(q,p)$ und $D(p,q)$ gehören.*

Beweis. Andernfalls seien a_1, a_2, a_3, a_4 Punkte, die von $J(p,r)$ in dieser Reihenfolge besucht werden, mit $a_1, a_3 \in D(q,p)$ und $a_2, a_4 \in D(p,q)$; siehe Abbildung 7.28. Wir werden jetzt Wege zwischen diesen Punkten konstruieren, die bis auf ihre Endpunkte jeweils ganz in einer Voronoi-Region von $V(T)$ verlaufen, für $T = \{p, q, r\}$. Einen Weg π ohne seine Endpunkte bezeichnen wir mit π°.

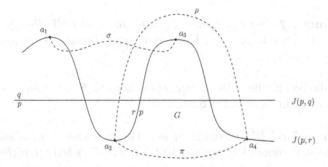

Abb. 7.28 Das Gebiet G enthält a_3, aber nicht a_1. Folglich muss der Weg σ entweder ρ oder π schneiden, was beides unmöglich ist.

Der Punkt a_2 ist von $D(p,r)$ durch einen kurzen Weg α_2 erreichbar, der ganz in $D(p,q)$ liegt; α_2° liegt also in $\mathrm{VR}(p,T)$. Ebenso gibt es einen kurzen Weg α_4° in $\mathrm{VR}(p,T)$, der in a_4 endet. Weil diese Voronoi-Region nach Axiom (1) zusammenhängend ist, lassen sich α_2° und α_4° darin zu einem Weg π von a_2 nach a_4 ausbauen mit $\pi^\circ \subset \mathrm{VR}(p,T)$.

Der Punkt a_2 ist auch durch einen kurzen Weg in $D(r,p)$ erreichbar, der ganz in $D(p,q)$ liegt, nach Lemma 7.3 also auch in $D(r,q)$ und damit — bis auf Endpunkt a_2 — in $\mathrm{VR}(r,T)$. Dasselbe gilt für a_4. Also existiert auch ein Weg ρ von a_2 nach a_4 mit $\rho^\circ \subset \mathrm{VR}(r,T)$.

Schließlich finden wir mit denselben Argumenten einen Weg σ von a_1 nach a_3 mit $\sigma^\circ \subset \mathrm{VR}(q,T)$.

Zusammen beranden π und ρ ein Gebiet G. Weil sie bis auf a_2 und a_4 zu den Regionen von p und r gehören, muss es in G

ein Stück von $J = J(p, r)$ geben, das die beiden Wege voneinander trennt. Bisektorkurve J kann weder π° noch ρ° schneiden und — als einfache Kurve — a_2 und a_4 nur jeweils einmal besuchen. Folglich ist das Stück von J zwischen a_2 und a_4 ganz in G enthalten, und das Komplement, die unbeschränkten Stücke von J, verlaufen außerhalb. Wegen der Reihenfolge der a_i auf J bedeutet das: Punkt a_3 liegt in G, aber a_1 liegt außerhalb. Dann muss aber der verbindende Weg σ innere Punkte mit ρ oder π gemeinsam haben, was unmöglich ist. $\square$

Zusammenhang schränkt Seitenwechsel ein

Lemma 7.6 verbietet nicht, dass zwei Bisektorkurven mit gleichem Index unendlich viele Schnittpunkte haben wie in Abbildung 7.22 (i). Aber „die Seite wechseln" können sie höchstens zwei Mal. Diese Einschränkung erlaubt es, die Verhältnisse auf dem Rand einer Voronoi-Region zu analysieren und die Erreichbarkeit von Bisektorpunkten auf Ränder von Voronoi-Regionen von drei Indizes zu verallgemeinern.

Lemma 7.7 *Sei $T \subset S$ mit $|T| = 3$. Dann sind alle Randpunkte einer Voronoi-Region von $V(T)$ von jedem Punkt der Region aus erreichbar.*

Für die technischen Details verweisen wir auf [82]. Lemma 7.7 hat eine sehr nützliche Konsequenz:

Lemma 7.8 *Die Gesamtzahl der Voronoi-Knoten in allen abstrakten Voronoi-Diagrammen $V(S')$ mit $S' \subseteq S$ beträgt höchstens $2\binom{n}{3}$.*

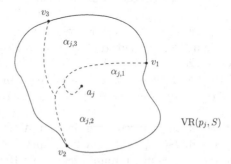

Abb. 7.29 Kann ein abstraktes Voronoi-Diagramm von drei Indizes drei Voronoi-Knoten haben?

Beweis. Sei zunächst $S = \{p_1, p_2, p_3\}$. Wenn eine der drei Regionen leer ist, besteht das Voronoi-Diagramm nur aus einer Bisektorkurve und hat keine Knoten.

Andernfalls wenden wir folgendes elegante Argument von Thomassen [106] an: In jeder Voronoi-Region $\mathrm{VR}(p_j, S)$ wird ein Punkt a_j gewählt. Angenommen, $V(S)$ hätte drei Voronoi-Knoten v_1, v_2, v_3. Nach Definition von Knoten liegt jeder auf dem Rand aller drei Regionen. Lemma 7.7 garantiert, dass es von jedem a_j einen Weg $\alpha_{j,i}$ zu v_i gibt, der bis auf v_i ganz in $\mathrm{VR}(p_j, S)$ enthalten ist. Wir dürfen annehmen, dass die Wege $\alpha_{j,i}$ in $\mathrm{VR}(p_j, S)$ einen planaren Baum T_j mit Wurzel a_j bilden, wie Abbildung 7.29 zeigt.[13] Weil die drei Voronoi-Regionen paarweise disjunkt sind, bilden diese Bäume T_1, T_2, T_3 eine planare Einbettung des bipartiten Graphen $K_{3,3}$, was nach Übungsaufgabe 1.5 unmöglich ist! Also kann ein abstraktes Voronoi-Diagramm von drei Indizes höchstens zwei Voronoi-Knoten haben.

$K_{3,3}$ ist nicht planar!

Jetzt sei $|S| \geq 4$, und sei v ein Voronoi-Knoten in $V(S')$ für eine Teilmenge $S' \subseteq S$. Nach Definition muss v auf dem Rand von drei Voronoi-Regionen $\mathrm{VR}(p_j, S')$ liegen. Dann ist v ebenfalls ein Knoten im Diagramm von $V(T)$ für $T = \{p_1, p_2, p_3\}$. Davon gibt es höchstens zwei, wie wir gerade gezeigt haben. Weil es nur $\binom{n}{3}$ viele dreielementige Teilmengen T von S gibt, folgt nun die Behauptung. □

Nach Übungsaufgabe 7.4 enthält $V(S)$ außer Voronoi-Knoten nur Punkte auf dem gemeinsamen Rand von genau zwei Regionen, die auf Bisektorkurven liegen. Sie bilden die Kanten des Graphen $V(S)$.

abstrakte Voronoi-Kanten

Ein Stück von $J(p, q)$ in $\overline{\mathrm{VR}(p, S)} \cap \overline{\mathrm{VR}(q, S)}$ kann in $V(S)$ bis ∞ laufen oder an einem Punkt v des $\mathbb{R}^2$ enden. Das kann nur geschehen, wenn v auch im Abschluss einer dritten Voronoi-Region liegt, also ein Knoten ist.

Damit haben wir folgendes Ergebnis:

Theorem 7.9 *Das abstrakte Voronoi-Diagramm $V(S)$ einer Menge S von n Indizes ist ein planarer Graph mit $O(n)$ vielen Knoten und Kanten und maximal n Flächen.*

Durch Theorem 7.9 öffnet sich auch der Blick auf hinreichend kleine Umgebungen von Voronoi-Knoten: Wie in Abbildung 5.4 teilen sich die Voronoi-Regionen einen Kuchen, nur sind die Stücke von Kurven begrenzt.

---

[13] Das lässt sich folgendermaßen erreichen: Erst wählen wir $\alpha_{j,1}$, dann folgen wir $\alpha_{j,2}$ von v_2 rückwärts und beenden den Weg, sobald wir auf $\alpha_{j,1}$ treffen, und schließlich verfolgen wir $\alpha_{j,3}$ von v_3 rückwärts und beenden diesen Weg beim ersten Punkt auf dem schon konstruierten partiellen Baum.

7.2.4 Konstruktion von V(S)

Theorem 7.9 macht den Weg frei, um Algorithmen zur Konstruktion abstrakter Voronoi-Diagramme zu entwickeln. In [83, 84] wurde folgendes Resultat bewiesen:

Theorem 7.10 *Das abstrakte Voronoi-Diagramm $V(S)$ einer Menge S von n Indizes lässt sich in mittlerer Zeit $O(n \log n)$ berechnen.*

Dabei werden elementare Operationen auf Bisektorkurven wie etwa die Berechnung eines Schnittpunkts mit Laufzeit $O(1)$ veranschlagt.

randomisierte
inkrementelle
Konstruktion

Der Algorithmus verwendet *randomisierte inkrementelle Konstruktion*, wie wir sie schon bei der konvexen Hülle in Abschnitt 4.1.2, der Trapezzerlegung in Abschnitt 4.3 und bei der Delaunay-Triangulation in Abschnitt 6.2.3 kennengelernt haben. Wir wollen uns deshalb hier darauf beschränken, einige wesentliche Merkmale dieses Algorithmus vorzustellen.

Wie immer gehen wir davon aus, dass das abstrakte Voronoi-Diagramm $V(R)$ für eine Teilmenge $R \subset S$ schon vorliegt und nun ein neuer Index $s \in S \setminus R$ eingefügt werden soll. Hierdurch entsteht eine neue Region $\mathrm{VR}(s, R \cup \{s\})$. Sie kann nicht ganz in einer alten Voronoi-Region $\mathrm{VR}(r, R)$ von $V(R)$ enthalten sein, denn dann wäre $\mathrm{VR}(r, R \cup \{s\})$ nicht einfach-zusammenhängend, entgegen Lemma 7.2.

Index schneidet
Kante

$\mathrm{VR}(s, R \cup \{s\})$ muss also Kanten von $V(R)$ schneiden! Wir sagen, dass solche *Kanten von $V(R)$ von dem neuen Index s geschnitten werden.*

Wie testet man diese Eigenschaft effizient? Abbildung 7.30 zeigt eine Kante e von $V(R)$, die durch sechs Indizes bestimmt ist: die Indizes p und q der von e separierten Regionen, und an jedem Endpunkt von e die Indizes r_q, r_p bzw. t_q, t_p der Nachbarregionen von p und q. Man nennt

$$D(e) = ((r_q, q, p, r_p), (t_p, p, q, t_q))$$

Kantenbeschreibung die *Beschreibung* der Kante e.

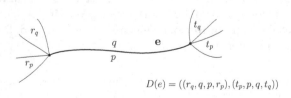

$$D(e) = ((r_q, q, p, r_p), (t_p, p, q, t_q))$$

Abb. 7.30 Eine Kante e von $V(R)$ mit Beschreibung $D(e)$.

Ob e von s geschnitten wird, kann man statt in $V(R \cup \{s\})$ auch für $Q = \{r_q, q, p, r_p, t_p, t_q\}$ in $V(Q \cup \{s\})$ testen. Das geht in Zeit $O(1)$!

Übungsaufgabe 7.5 Kann es in $V(R)$ zwei Kanten mit gleicher Beschreibung geben?

Doch wie findet man diese Kanten schnell in $V(R)$? Dazu dient der *Geschichtsgraph* $H(R)$. Er enthält einen Knoten $k(e)$ für jede Voronoi-Kante e, die während der Konstruktion von $V(R)$ jemals erzeugt worden ist, und speichert darin ihre Beschreibung $D(e)$. Dabei stehen die Kanten von $V(R)$ in Blättern von $H(R)$.

Geschichtsgraph
$H(R)$

Der Geschichtsgraph ist ein *DAG*, der folgende *Invariante für* $H(R)$ erfüllt: Wenn $s \in S \setminus R$ die Kante e in $V(R)$ schneidet, gibt es in $H(R)$ einen Weg von der Wurzel zum Blatt $k(e)$, der ausschließlich aus Knoten $k(e')$ besteht, bei denen e' ebenfalls von s geschnitten wird.

Invariante für
$H(R)$

Man kann also alle von s geschnittenen Kanten von $V(R)$ in $H(R)$ finden, indem man mit der Suche bei der Wurzel beginnt und umkehrt, sobald man auf einen Knoten mit nicht geschnittener Kante trifft.

Bei der Aktualisierung von $H(R)$ zu $H(R \cup \{s\})$ soll die Invariante natürlich erhalten bleiben. Wenn e durch Einfügen von s verkürzt wird oder wenn $D(e)$ sich ändert, wird für die modifizierte Kante ein neuer Knoten in $H(R \cup \{s\})$ angelegt und beim Blatt $k(e)$ angehängt.

Interessanter sind neue Kanten e_s auf dem Rand der Region von s. Hier wird der neue Knoten $k(e_s)$ Nachkomme aller Knoten $k(e_i)$, deren Kanten bei der Konstruktion von e_s traversiert wurden. Zur Erklärung betrachten wir Abbildung 7.31. Der Algorithmus sucht zuerst nach einer Kante von $V(R)$, die durch Einfügen von s verkürzt wird, und verfolgt dann den Rand von $\mathrm{VR}(s, R \cup \{s\})$ durch $V(R)$, wie in Abbildung 7.31 (i) dargestellt. Zur Konstruktion von e_s wird dabei der Kantenzug η von e_1 bis e_4 durchlaufen, der in $V(R)$ die Region von einem Index r berandet hat.

Angenommen, die neue Kante e_s wird später von einem Index $t \in S \setminus (R \cup \{s\})$ geschnitten. Bliebe dabei der Kantenzug η unversehrt, wie in Bild (ii) gezeigt, so wäre η in $\mathrm{VR}(r, R \cup \{t\})$ enthalten. In jeder Umgebung der Endpunkte x, y von η liegen noch Punkte der alten Voronoi-Region $\mathrm{VR}(r, R)$, die jetzt zu $\mathrm{VR}(r, R \cup \{s, t\})$ gehören; nach Lemma 7.7 gibt es daher einen Weg π von x nach y in $\overline{\mathrm{VR}(r, R \cup \{s, t\})}$. Zusammen bilden π und η eine geschlossene Kurve in $\overline{\mathrm{VR}(r, R \cup \{s, t\})}$, die Teile der Region von t umschließt, im Widerspruch zu Lemma 7.2.

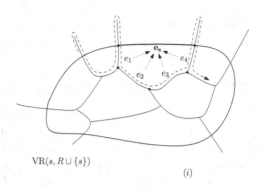

$$\text{VR}(s, R \cup \{s\})$$

(i)

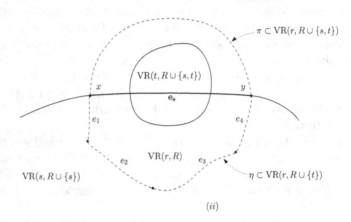

(ii)

Abb. 7.31 (i) In $H(R \cup \{s\})$ ist der Knoten von e_s Nachkomme von $k(e_1), \ldots k(e_4)$. (ii) Ein Widerspruch, falls t zwar e_s schneidet, aber keines der e_i.

Invariante für
$H(R \cup \{s\})$!

Folglich muss Index t auch eine der Kanten e_i in η schneiden — und damit gilt die Invariante auch für $H(R \cup \{s\})$!

Die Laufzeitanalyse besteht im wesentlichen aus dem Nachweis, dass es in $H(R)$ im Mittel nur $O(\log |R|)$ viele Knoten gibt, deren Kanten von einem neuen Index s geschnitten werden. Die vergeblichen Besuche nicht geschnittener Kinder in $H(R)$ schaden nicht, weil jeder Knoten höchstens fünf Kinder hat. Für die Details sei nochmals auf [83] verwiesen.

7.2.5 Anwendungen und Variationen

Theorem 7.10 liefert optimale Algorithmen für zahlreiche Voronoi-Diagramme, die wir in Abschnitt 5.5.2 und in Abschnitt 7.1 vorgestellt haben, zum Beispiel für paarweise disjunkte Strecken,

Punkte mit konvexen Distanzfunktionen, Punkte mit additiven Gewichten und für die Karlsruhe-Metrik, die stellvertretend
für eine ganze Klasse von Metriken mit zusammmenhängenden
Voronoi-Regionen steht. Wo flächige Bisektoren auftreten können,
muss man allerdings geeignete Bisektorkurven auswählen, wie
in Abbildung 7.4 gezeigt, oder die Objekte perturbieren.

Weitere Beispiele für Anwendungen abstrakter Voronoi-
Diagramme findet man in [82]. Einen Durchbruch bei der Berechnung des Durchmessers planarer Graphen erzielte Cabello [33]
mit Hilfe abstrakter Voronoi-Diagramme.

Inzwischen gibt es mehrere Varianten von AVDs. Mehlhorn
et al. [91] führten *inverse* abstrakte Voronoi-Diagramme ein und
stellten einen optimalen $O(n \log n)$ Algorithmus vor. Bohler et   **Varianten**
al. [21, 22] gaben Strukturanalysen und Algorithmen für abstrakte   **abstrakter**
Voronoi-Diagramme höherer Ordnung k an.   **Voronoi-**

Auch aus geschlossenen Bisektorkurven kann man abstrakte   **Diagramme**
Voronoi-Diagramme konstruieren, wie in [20] gezeigt wurde. Für
das Diagramm multiplikativ gewichteter Punkte in L_2 ergibt sich
eine mittlere Laufzeit in $O(n^2 \log n)$; der zusätzliche Faktor $\log n$
gegenüber dem optimalen Algorithmus [14] wird durch größere
Allgemeinheit wettgemacht, denn man kann damit Diagramme
für beliebige Familien von *Pseudo-Keisen* berechnen, von denen   **Pseudo-Kreise**
sich je zwei in höchstens zwei Punkten schneiden.

Schließlich kann man in speziellen Situationen abstrakte
Voronoi-Diagramme sogar schneller als in Zeit $O(n \log n)$ konstruieren, wie etwa in Junginger und Papadopoulou [77] und Bohler
et al. [19] bewiesen wurde.

7.3   Approximative Suche mit dem LKD–Baum*

Oft wollen wir eine Punktmenge D in der Ebene so speichern,
dass wir danach Anfragen der folgenden Art beantworten können:
Gegeben ein Anfragepunkt q und eine Zahl k, welches sind die k
Punkte von D, die q am nächsten sind? Solche Anfragen sind auch
als *k-Nächste-Nachbarn-Anfragen* (kNN-Anfragen) bekannt.   **Nächste-**

In Abschnitt 5.3.1 haben wir schon ein Beispiel für den Fall   **Nachbarn-**
$k = 1$ gesehen. Wir könnten zu diesem Zweck eine Punktlokalisie-   **Anfragen**
rungsstruktur für das Voronoi-Diagramm von D benutzen — siehe
die Abschnitte 4.3 und 5.2. Dieser Ansatz lässt sich mit den Methoden von Abschnitt 3.3 aber nicht effizient dynamisieren, weil
das Entfernen eines Punkts zu großen Änderungen im Voronoi-
Diagramm führen kann. Das gilt erst recht für die in Abschnitt 7.1
vorgestellten Voronoi-Diagramme der Ordnung $k > 1$.

In diesem Abschnitt werden wir eine andere Lösung kennenlernen, die auf einer Variante des KD–Baums beruht. Diese Variante
trade-off   erlaubt uns, nach Belieben die Genauigkeit der Antworten gegen
Schnelligkeit zu tauschen.

7.3.1   Die Baumstruktur

Bevor wir kNN-Anfragen weiter besprechen, richten wir unsere
Aufmerksamkeit zuerst auf Anfragen mit achsenparalellen Quadraten. Beim KD–Baum, wie in Abschnitt 3.2.1 beschrieben, wurde die Splitkoordinate immer nach der Tiefe im Baum gewählt:
Auf Tiefe i nehmen wir Koordinate $(i \bmod 2) + 1$ als Splitkoordinate. Das führte dazu, dass für Anfragen mit Rechtecken eine
Antwort in $O(\sqrt{n} + k)$ Zeit gewährleistet ist, was für eine Datenstruktur dieser Größe optimal ist. Leider können sogar Anfragen
mit relativ kleinen Rechtecken diese Zeit auch tatsächlich in Anspruch nehmen.

Übungsaufgabe 7.6 Man beschreibe, wie man n Punkte in der
Ebene so platzieren kann, dass folgendes gilt: Erstens, jedes Punktepaar hat Abstand mindestens 1 voneinander, und zweitens, der
KD–Baum für diese Punkte nimmt für Anfragen mit bestimm-
ten Quadraten mit Seitenlänge 1 eine Laufzeit von $\Theta(\sqrt{n})$ in Anspruch.

Lieber hätten wir eine polylogarithmische Anfragezeit!
Wer Übungsaufgabe 7.6 gelöst hat, hat wahrscheinlich festgestellt, worin das Problem liegt: Beim KD–Baum werden unter
Umständen lange, dünne Regionen in viele lange, dünne Regionen
zerlegt.

Um das zu vermeiden, ändern wir die Konstruktion des KD–
Baums in zweierlei Hinsicht:

Erstens wählen wir die Splitkoordinate nicht mehr nach der
Tiefe im Baum, sondern nach der Orientierung der zu zerlegen-
Split in größter   den Teilmenge der Punkte: Die Splitkoordinate ist jetzt diejeni-
Ausdehnung   ge Koordinate, für welche die Minimum- und Maximumwerte in
der Punktmenge am weitesten auseinanderliegen. So bekommen
wir einen sogenannten *Längste-Kante-Zuerst*-KD–Baum (LKD–
LKD–Baum   Baum) [45]; siehe Abbildung 7.32 für ein Beispiel.

Zweitens übernehmen wir einen Trick vom Prioritätssuchbaum
aus Abschnitt 3.2.4: Wir speichern in jedem internen Knoten des
Extrempunkte   Baums direkt vier extreme Punkte, die am weitesten links, rechts,
nach oben   unten und oben liegen[14]. Diese vier *priorisierten Punkte* werden
dann nicht unter den Kindern verteilt.

---

[14]Wenn ein Punkt in zwei Richtungen gleichzeitig der Extrempunkt ist,
können wir für eine dieser Richtungen den zweitweitesten Punkt nehmen.

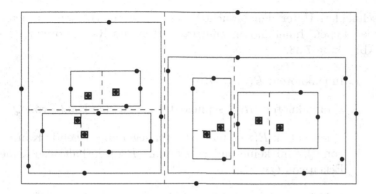

Abb. 7.32 Ein Beispiel der Knotenregionen und Splitgeraden eines
LKD–Baums.

Der Suchalgorithmus wird angepasst, um die priorisierten
Punkte zu nutzen: Wir definieren die Region $R(v)$ eines Knotens v
jetzt als das kleinste achsenparallele Rechteck, das die priorisierten (und somit alle) Punkte vom Teilbaum $T(v)$ mit Wurzel v $R(v)$ neu definiert
enthält. Der Suchalgorithmus beginnt mit der Wurzel des LKD–
Baums und überprüft rekursiv die priorisierten Punkte und die
Kinder jedes Knotens v, dessen Region $R(v)$ das Anfragerechteck
schneidet.

7.3.2 Bereichsanfragen mit Rechtecken und Quadraten

Der LKD–Baum ist genauso ausgeglichen wie ein herkömmlicher
KD–Baum; er ist nur, wegen der priorisierten Punkte, ein wenig
flacher und hat Höhe $O(\log n)$. Eine Schranke in $O(\sqrt{n} + k)$ für
die Laufzeit von Bereichsanfragen mit beliebigen achsenparallelen
Rechtecken lässt sich für den LKD–Baum aber nicht mehr beweisen:

Übungsaufgabe 7.7 Man beschreibe, wie man n Punkte so in
der Ebene platzieren kann, dass Anfragen mit bestimmten Rechtecken in dem LKD–Baum dieser Punkte eine Laufzeit von $\Theta(n)$
in Anspruch nehmen, ohne eine Antwort zurückzugeben.

Dafür bietet der LKD–Baum aber bessere Schranken für An-
fragen mit achsenparallelen *Quadraten*, und sogar gewisse Schran-   quadratische
ken für Anfragen mit beliebigen konvexen Bereichen. Wir analy-   Anfragebereiche
sieren zuerst, wie viele Knoten des Baums besucht werden, wenn
wir nach den Punkten in einem achsenparallelen Quadrat Q fragen und dabei k Punkte als Antwort bekommen. Dabei zählen
wir einen Knoten v erst als *besucht*, wenn $R(v)$ das Quadrat Q

schneidet. Unter den besuchten Knoten unterscheiden wir jetzt vier Typen: Innenknoten und drei Arten von Randknoten, siehe Abbildung 7.33.

1. Innenknoten: $R(v) \subseteq Q$;

2. Kantenknoten: $R(v)$ schneidet[15] genau eine Kante von Q;

3. Querknoten: $R(v)$ schneidet zwei gegenüberliegende Kanten von Q, und keine andere Kanten ($R(v)$ enthält also keine Ecken von Q);

4. Eckknoten: $R(v)$ enthält mindestens eine Ecke von Q.

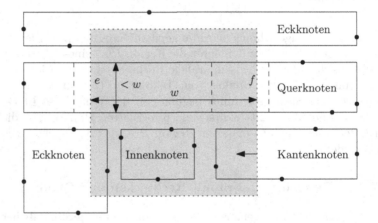

Abb. 7.33 Die Knotentypen eines LKD–Baums in Bezug auf einen quadratischen Anfragebereich Q (grau). Die schwarzen Punkte stellen priorisierte Punkte dar. Die gestrichelten Strecken repräsentieren verschiedene mögliche Splitgeraden für den Querknoten.

Jetzt analysieren wir die Anzahl der besuchten Knoten. Sei k die Größe der Antwort, also die Anzahl von Punkten in $D \cap Q$, wobei D die gespeicherte Punktmenge ist. Die Analyse der *Innenknoten* ist ähnlich wie beim eindimensionalen Baum von Abschnitt 1.2.5 und beim KD–Baum von Abschnitt 3.2.1: Weil nur in k Blättern auszugebende Punkte stecken, gibt es höchstens $2k - 1$ Innenknoten[16].

---

[15]Spätestens hier stellt sich die Frage, wie die Definitionen der Knotentypen in Grenzfällen gelesen werden sollen. Wir betrachten dann $R(v)$ als abgeschlossen und beurteilen die Durchschneidung mit dem Rand von Q, als wäre Q in allen Richtungen ein ganz kleines bisschen größer.

[16]Sogar noch weniger, weil Innenknoten mit weniger als fünf Punkten keine Kinder haben.

Wenn wir einen *Kantenknoten* besuchen, finden wir mindestens einen seiner priorisierten Punkte als Antwort auf unsere Anfrage, nämlich den extremen Punkt in Richtung der nach innen gerichteten Normale der geschnittenen Kante (siehe Abbildung 7.33). Es gibt also auch nur $O(k)$ Kantenknoten.

Für die Analyse der *Querknoten* brauchen wir das folgende Lemma:

Lemma 7.11 *Bei einer Bereichsanfrage mit einem Quadrat kann ein Querknoten v höchstens einen Querknoten als Kind haben.*

Beweis. Sei w die Höhe und Breite des Anfragebereichs, und seien e und f die Kanten von Q, die von $R(v)$ geschnitten werden — siehe Abbildung 7.33. In der Richtung orthogonal zu e und f hat $R(v)$ eine Länge von mindestens w, weil e und f genau so weit auseinander liegen. In der Richtung parallel zu e und f ist die Länge von $R(v)$ aber kleiner als w, denn sonst würde $R(v)$ auch mindestens zwei Ecken von q enthalten und v wäre kein Querknoten. Der Querknoten v wird also beim nächsten Split parallel zu e und f durchgeschnitten. Dieser Schnitt trennt mindestens eines seiner beiden Kinder von mindestens einer der Kanten e und f; somit ist mindestens ein Kind von v kein Querknoten. □

Lemma 7.12 *Die Anzahl der Eck- und Querknoten beträgt höchstens $2E \cdot h^2$, wobei E die Anzahl der Ecken und h die Höhe des Baums ist.*

Beweis. Jeder *Eckknoten* enthält mindestens eine der Ecken von Q. Weil die Regionen $R(v)$ von Knoten gleicher Tiefe disjunkt sind, ist die Gesamtzahl der Eckknoten also höchstens E mal die Höhe des Baums, also $E \cdot h$ (wobei $E = 4$).

Die Kinder von Innenknoten sind immer Innenknoten. Die Kinder von Kantenknoten sind immer Innenknoten oder Kantenknoten, es sei denn, sie liegen außerhalb des Anfragequadrats und werden gar nicht besucht. Nur Eckknoten und Querknoten können Querknoten als Kinder haben. Als *Urquerknoten* bezeichnen wir jetzt einen Querknoten, der keinen Querknoten als Elternknoten hat. Jeder Urquerknoten ist also ein Kind eines Eckknotens (wenn es nicht die Wurzel des Baums ist): Es gibt also höchstens $2E \cdot h$ Urquerknoten. Alle Querknoten befinden sich auf einem Pfad im Baum, der mit einem Urquerknoten anfängt. Aus Lemma 7.11 folgt, dass es pro Urquerknoten nur einen solchen Pfad gibt. Insgesamt gibt es also $2E \cdot h$ solche Pfade, jeweils mit Länge höchstens h. Die Gesamtzahl der Querknoten ist also höchstens $2E \cdot h^2$. □

Weil h in $O(\log n)$ ist, ist die Gesamtzahl der Eck- und Querknoten also $O((\log n)^2)$.

Jetzt analysieren wir die Bearbeitungszeit der Anfrage. Wenn wir die Schranken für die vier Knotentypen addieren, stellen wir fest, dass wir insgesamt $O((\log n)^2 + k)$ Knoten besuchen. Die Gesamtzahl der überhaupt involvierten Knoten ist höchstens drei mal so hoch: die besuchten Knoten und ihre Kinder. Somit haben wir folgendes bewiesen:

Theorem 7.13 *Ein LKD–Baum für n Punkte in der Ebene lässt sich in Zeit $O(n \log n)$ konstruieren. Er belegt $O(n)$ viel Speicherplatz. Eine Bereichsanfrage mit einem achsenparallelem Quadrat kann man in Zeit $O((\log n)^2 + k)$ beantworten; hierbei bezeichnet k die Größe der Antwort.*

7.3.3 Approximative Bereichsanfragen mit Kreisen

Interessanterweise können wir auch sinnvolle Schranken für Bereichsanfragen mit, zum Beispiel, Kreisen beweisen. Die Schranken hängen aber nicht nur von n und k ab, sondern auch von einem Parameter ε. Dabei können wir ε frei wählen: Der Wert wird bei der Konstruktion der Datenstruktur und bei der Beantwortung von Anfragen nicht benutzt; er muss nur strikt größer als 0 sein.

Jetzt beweisen wir folgende Aussage:

Theorem 7.14 *Eine Bereichsanfrage mit einem Kreis Q mit Radius r lässt sich mit einem LKD–Baum in Zeit $O(\frac{1}{\varepsilon}(\log n)^2 + k_\varepsilon)$ beantworten; hierbei bezeichnet k_ε die Anzahl der gespeicherten Punkte, die innerhalb des Abstands εr von Q liegen.*

Beweis. Sei Q' der Kreis mit Radius $(1 + \varepsilon)r$ konzentrisch zu Q. Wir überdecken Q' mit einem regelmäßigen Gitter G aus achsenparallelen Quadraten mit Durchmesser εr. Sei A die Vereinigung von Gitterzellen, die das Innere von Q schneiden — siehe Abbildung 7.34. Wir können A als eine orthogonale Approximation von Q betrachten und stellen fest, dass A ganz innerhalb Q' liegt. Die Gitterpunkte am Rand von A bezeichnen wir als *Ecken*; dazwischen liegen die *Kanten*, die alle die Länge $\varepsilon r / \sqrt{2}$ haben. Es lässt sich einfach nachvollziehen, dass A nur $O(1/\varepsilon)$ Ecken hat. Außerdem ist der Abstand zwischen zwei gegenüberliegenden Kanten am Rand von A, die von einer waage- oder senkrechten Gerade geschnitten werden, immer mindestens so groß wie eine Kantenlänge $\varepsilon r / \sqrt{2}$.

Für die *Beantwortung* der Bereichsanfrage nach den Punkten in Q verwenden wir Q bei der Suche im LKD–Baum. Aber für die

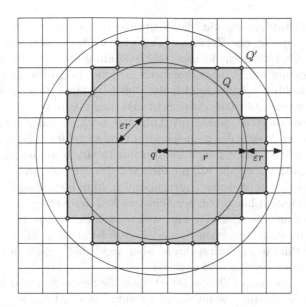

Abb. 7.34 Ein Anfragekreis Q mit seiner orthogonalen Approximation A (grau). Die Ecken sind markiert; die Kanten sind fett gezeichnet.

Analyse der Laufzeit verwenden wir A. Die verschiedenen Knotentypen (Innenknoten, Kantenknoten, Querknoten und Eckknoten) sind also jetzt nicht in Bezug auf Q definiert, sondern in Bezug auf die orthogonale Approximation A.

Suche mit Q, Analyse mit A

Um Knoten, deren Regionen außerhalb von A liegen, brauchen wir uns nicht zu kümmern, denn sie liegen auch ganz außerhalb von Q und werden deshalb nicht besucht.

Für die Analyse sei nun k_ε die Anzahl der Punkte von D innerhalb des äußeren Kreises Q'; dann ist k_ε erst recht eine obere Schranke für die Anzahl der Punkte innerhalb von A.

Jetzt können wir die Beweistechnik von Theorem 7.13 anwenden. Die Anzahl der *Innen- und Kantenknoten* wird mit der Argumentation von Theorem 7.13 auf $O(k_\varepsilon)$ begrenzt. Die Anzahl der *Quer- und Eckknoten* beträgt $O(\frac{1}{\varepsilon}(\log n)^2)$, weil wir jetzt $O(1/\varepsilon)$ Ecken haben. Somit ist die Gesamtlaufzeit einer Anfrage in $O(\frac{1}{\varepsilon}(\log n)^2 + k_\varepsilon)$, und Theorem 7.14 ist bewiesen.   □

Ähnliche Schranken können sogar für Anfragen mit beliebig geformten konvexen Bereichen von konstanter algebraischen Komplexität[17] bewiesen werden. Was sagt die Schranke aber genau aus?

---

[17]Konstante algebraische Komplexität haben Mengen der Form $\{x \in \mathbb{R}^2 \mid p(x) \leq 0\}$, wobei p ein Polynom vom Grad $O(1)$ ist.

trade-off

Zunächst einmal gilt die Schranke für jedes $\varepsilon > 0$, wobei ein kleineres ε den Term $O(\frac{1}{\varepsilon}(\log n)^2)$ größer macht aber den Term $O(k_\varepsilon)$ vielleicht kleiner, während ein größeres ε den ersten Term kleiner macht, aber den zweiten vielleicht größer. Die beste Schranke für die Anfragezeit lautet daher $O(\min_\varepsilon(\frac{1}{\varepsilon}(\log n)^2 + k_\varepsilon))$.

Laufzeit abhängig von Schwierigkeit

Man beachte, dass diese Schranke nicht von k, der Anzahl der gespeicherten Punkte im Anfragebereich, abhängt, sondern von k_ε, der Anzahl der gespeicherten Punkte *in der Nähe* des Anfragebereichs; damit hängt sie also nur in einem approximativen Sinn von der Ausgabe ab, nämlich von der Ausgabegröße bei einem $(1+\varepsilon)$ mal breiteren Anfragebereich. Man könnte auch sagen, die Anfragezeit hängt von der *Schwierigkeit* der Anfrage ab, wobei eine Anfrage als *schwierig* gilt, wenn, auch bei relativ kleinem ε, der Unterschied zwischen k_ε und k groß ist: Das heißt, es liegen wenige Punkte im Anfragekreis, aber viele sind ganz nah daran, was exaktes Treffen erschwert.

Approximative Bereichsanfrage

Eine alternative Sichtweise ist, dass die Schranke von der Ausgabegröße abhängt, wenn wir alle Punkte in den besuchten Knoten tatsächlich ausgeben würden, die im äußeren Kreis Q' liegen. Dann hätten wir die Laufzeit einer *ε-approximativen Bereichsanfrage*, bei der wir Punkte im inneren Kreis ausgeben *müssen*, Punkte zwischen dem inneren und dem äußeren Kreis ausgeben *dürfen*, und Punkte außerhalb des äußeren Kreises *keinesfalls* ausgeben. Diese Sichtweise ist in der Literatur üblich, und man findet zahlreiche Publikationen über „Approximate Range Searching". Dabei wird ε manchmal nur in der Analyse benutzt (wie bei Theorem 7.14), manchmal mit der Anfrage spezifiziert und vom Anfrage-Algorithmus benutzt (wie gerade eben) und manchmal schon während der Konstruktion der Datenstruktur festgelegt.

Übungsaufgabe 7.8   Kann man für die KD–Bäume von Abschnitt 3.2.1 auch Schranken für approximative Kreisanfragen beweisen, die besser als $O(n)$ sind?

7.3.4   Nächste-Nachbarn-Suche

kNN

Jetzt wollen wir den LKD–Baum dazu verwenden, um k-nächste-Nachbarn-Anfragen zu beantworten. Gegeben sei also ein Anfragepunkt q. Sei $d(p)$ der Abstand von p zu q. Wir wollen k Punkte $S = \{s_1, ..., s_k\}$ in D finden, so dass gilt:

$$d(p) \geq \max_{s \in S} d(s) \qquad \text{für alle } p \in D \setminus S.$$

Dazu modifizieren wir den gewöhnlichen Algorithmus für die Suche nach einem Punkt im KD–Baum folgendermaßen:

Wir initialisieren eine Warteschlange, in der Knoten und Punkte gespeichert werden können. Dabei ist der Schlüssel eines Punktes p sein Abstand $d(p)$ zu q, und der Schlüssel eines Knotens v ist der Abstand von seiner Region $R(v)$ zu q. Genauer definieren wir

$$d(v) = \begin{cases} 0, \text{ falls } q \in R(v) \\ \min_{z \in \partial R(v)} d(z), \text{ sonst.} \end{cases}$$

Wenn $R(v)$ den Anfragepunkt q nicht enthält, ist $d(v)$ also der Abstand von q zum nächsten Punkt auf dem Rand von $R(v)$.

Zunächst fügen wir nur die Wurzel des LKD–Baums in die Warteschlange ein. Dann wiederholen wir den folgenden Vorgang, bis k Punkte ausgegeben wurden:

Wir entnehmen der Warteschlange ein Objekt mit kleinstem Schlüssel. Ist dieses Objekt ein Punkt, so geben wir ihn aus. Sonst ist das Objekt ein Knoten v, und wir fügen die priorisierten Punkte und die Kinder von v in die Warteschlange ein. | **Algorithmus**

Offensichtlich kommen die Punkte in Reihenfolge aufsteigenden Abstands zu q aus der Warteschlange, und es werden nur k Punkte ausgegeben. Dabei wird keiner der k nächsten Nachbarn s_i von q übergangen: Wenn nämlich ein Punkt s mit $d(s_i) < d(s)$ in der Warteschlange steht, s_i aber noch nicht, so gibt es einen Knoten v mit $s_i \in R(v)$ in der Warteschlange, und wegen

$$d(v) \le d(s_i) < d(s)$$

kommt v vor s an die Reihe.

Wie effizient ist dieser Algorithmus? Wir haben gerade gesehen, dass wir korrekt die Menge S der k nächsten Nachbarn von q in D ausgeben. Dabei werden genau die Knoten im LKD–Baum besucht, die man bei einer Bereichsanfrage mit dem Kreis um q vom Radius $d(s_k)$ auch besuchen würde!

Nach Theorem 7.14 gibt es $O(\frac{1}{\varepsilon}(\log n)^2 + k_\varepsilon)$ solche Knoten. Für jeden dieser Knoten v werden höchstens sieben Operationen auf der Warteschlange ausgeführt: die Entnahme von v und das Einfügen seiner sechs priorisierten Punkte und Kinder. Die Warteschlange lässt sich mit einem einfachen binären Suchbaum so implementieren, dass jede dieser Operationen in $O(\log n)$ Zeit ausgeführt wird[18]. Daraus folgt:

Theorem 7.15 *Mit einem LKD–Baum lässt sich eine kNN-Anfrage in Zeit $O(\frac{1}{\varepsilon}(\log n)^3 + k_\varepsilon \log n)$ beantworten; hierbei bezeichnet k_ε die Anzahl der gespeicherten Punkte, die innerhalb des Abstands $(1 + \varepsilon) \cdot d(e_k)$ von q liegen, wobei e_k der k-nächste gespeicherte Punkt zu q ist.*

---

[18]In $O\big(\log(\frac{1}{\varepsilon}(\log n)^2 + k_\varepsilon)\big)$ Zeit sogar.

Approximative
Nächste-
Nachbarn-Suche

Wenn man sich mit einer approximativen Antwort zufrieden gibt, kann man die Schranke sogar noch verbessern. Dazu wählen wir eine Approximationsqualität $\varepsilon > 0$ und lockern die Anforderungen an die Ausgabe S wie folgt:

$$(1 + \varepsilon) \cdot d(p) \geq \max_{s \in S} d(s) \qquad \text{für alle } p \in D \setminus S. \qquad \text{(A)}$$

Der Punkt in der Ausgabe, der am weitesten von q liegt, darf also um einen Faktor $1 + \varepsilon$ weiter von q liegen, als der Punkt, der *nicht* ausgegeben wurde und am nächsten zu q liegt.

Übungsaufgabe 7.9   Seien $p_1, ..., p_n$ die Punkte in D, aufsteigend nach Abstand zu q sortiert; der Punkt p_i ist also ein echter i-nächster Nachbar zu q. Sei $S = s_1, ..., s_k$ eine Teilfolge von k Punkten von D, auch aufsteigend nach Abstand zu q sortiert. Eine Alternative zu der gelockerten Bedingung (A) könnte diese sein:

$$d(s_i) \leq (1 + \varepsilon) \cdot d(p_i) \qquad \text{für alle } i \in \{1, ..., k\}. \qquad \text{(B)}$$

(i) Man zeige, dass, wenn D und S die Bedingung (A) erfüllen, sie auch (B) erfüllen.

(ii) Man zeige, dass es Folgen D und S und Parameter ε gibt, so dass (B) erfüllt wird, aber nicht (A).

Um die Lockerung (A) auszunutzen, ändern wir den Algorithmus in zwei Hinsichten.

Erstens definieren wir die Schlüssel der Knoten in der Warteschlange neu. Für einen Knoten v sei $d'(v)$ jetzt der *größte* Abstand von q zum Rand von $R(v)$, also $d'(v) = \max_{z \in \partial R(v)} d(z)$.

Der Einfachheit halber werden wir einen einzelnen Punkt p in der Warteschlange auch als einen Knoten v betrachten, dessen Teilbaum $T(v)$ nur p enthält, wobei $R(v) = p$ und $d(v) = d(v') = d(p)$. Als Schlüssel eines jeden Knotens v nehmen wir

neue Schlüssel

jetzt $\min\left(d(v), \frac{1}{1+\varepsilon} d'(v)\right)$. Jeder Punkt p hat somit den Schlüssel $\frac{1}{1+\varepsilon} d(p)$.

Zweitens erweitern wir den Algorithmus um einen *Direktausgabevorgang*: Wenn wir einen Knoten v mit $d'(v) \leq (1 + \varepsilon) \cdot d(v)$

Direktausgabe

aus der Warteschlange nehmen, geben wir direkt alle Punkte in $T(v)$ als Antwort aus (wobei wir den Algorithmus terminieren, sobald insgesamt k Punkte ausgegeben wurden); erst wenn $T(v)$ erschöpft ist, nehmen wir wieder einen weiteren Knoten aus der Warteschlange. Insbesondere erfolgt immer eine Direktausgabe, wenn wir einen einzelnen Punkt aus der Warteschlange ziehen.

Ansonsten ist der Algorithmus ungeändert: Wir fügen zunächst die Wurzel des LKD–Baums in die Warteschlange ein, und dann nehmen wir immer wieder einen Knoten v mit kleinstem Schlüssel aus der Warteschlange; folgt dabei keine Direktausgabe, so fügen wir die priorisierten Punkte und die Kinder von v in die Warteschlange ein.

Wir werden jetzt sehen, dass mit diesem Algorithmus die Antwort aus k von den vorher betrachteten k_ε Punkten besteht, ohne dass die, möglicherweise große, Zahl k_ε in die Laufzeit einfließt. Wir schauen uns die k_ε Punkte nicht an, sondern geben k akzeptable Antwortkandidaten aus, sobald sie als solche erkennbar sind.

Theorem 7.16 *Mit einem LKD–Baum lässt sich eine* $(1 + \varepsilon)$-*approximative kNN-Anfrage mit* $\varepsilon < 1$ *in Zeit* $O(\frac{1}{\varepsilon}(\log n)^3 + k \log n)$ *beantworten.*

Beweis. *Korrektheit des Algorithmus:* Sei s ein Punkt, der ausgegeben wird, und sei v der Knoten, in dessen Direktausgabevorgang dies geschieht. Dann hat v einen Schlüssel $d'(v)/(1 + \varepsilon) \geq d(s)/(1 + \varepsilon)$; folglich haben zum Zeitpunkt der Ausgabe von s alle Knoten in der Warteschlange Schlüssel von mindestens $d(s)/(1 + \varepsilon)$. Für jeden Knoten v in der Warteschlange ist sein Schlüssel eine untere Schranke für den Abstand von q zu den Punkten in $T(v)$. Somit gilt für alle Punkte p, die noch nicht ausgegeben wurden: $d(p) \geq d(s)/(1 + \varepsilon)$. Daraus folgt:

$$(1 + \varepsilon) \cdot d(p) \geq d(s) \text{ für alle nicht ausgegebene Punkte } p. \quad (*)$$

Mit der Ausgabe weiterer Punkte kann sich dieser Sachverhalt nicht mehr ändern. Wenn der Algorithmus terminiert, wird $(*)$ für alle ausgegebenen Punkte s instand gesetzt sein. Daraus folgt, dass die Bedingung (A) erfüllt wird.

Laufzeit: Wir betrachten den Kreis Q mit Mittelpunkt q und Radius r, wobei r der Abstand zu q vom k-nächsten Punkt in D ist. Sei G ein regelmäßiges Gitter von achsenparallelen Quadraten mit Durchmesser $\varepsilon r/3$, das wir so positionieren, dass keine Kante einer Knotenregion mit einer Gitterlinie kollinear ist. Wir unterscheiden jetzt einen *Innenbereich* (alle Gitterzellen, die ganz im Inneren von Q liegen; einen *Randbereich A* (alle Gitterzellen, die den Rand von Q schneiden); und einen *Außenbereich* (alle Gitterzellen, die ganz außerhalb Q liegen) — siehe Abbildung 7.35. Wir betrachten die Gitterpunkte am Rand von A als Ecken; dazwischen liegen die Kanten in zwei Polygonzügen, die A von innen und von außen begrenzen. Alle Kanten haben die Länge $(\varepsilon r)/(3\sqrt{2})$.

Für die Laufzeitanalyse zählen wir jetzt die Knoten, die aus der Warteschlange gezogen werden. Dabei unterscheiden wir vier Kategorien.

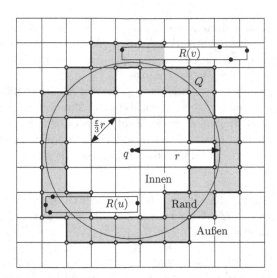

Abb. 7.35 Ein Anfragekreis Q mit seinem Innenbereich, Randbereich und Außenbereich, und Beispiele für zwei Knotentypen. Die Ecken sind markiert. Die Kanten sind fett gezeichnet.

(i) *Quer- und Eckknoten:* Als Eckknoten bezeichnen wir die Knoten, deren Regionen mindestens eine Ecke vom Randbereich enthalten; als Querknoten betrachten wir die sonstigen Knoten, deren Regionen zwei parallele Kanten zwischen dem Innen- und dem Randbereich schneiden, und solche, deren Regionen zwei parallele Kanten zwischen dem Außen- und dem Randbereich schneiden. Die bisherige Analyse der Querknoten ist direkt übertragbar. Nach wie vor besuchen wir höchstens $O(\frac{1}{\varepsilon}(\log n)^2)$ Quer- und Eckknoten.

(ii) *Sonstige Knoten, deren Regionen ganz oder teilweise im Inneren des Innenbereichs liegen:* Ein solcher Knoten, wie zum Beispiel der Knoten u in Abbildung 7.35, enthält mindestens einen priorisierten Punkt im Inneren von Q. Dieser Punkt gehört nach Definition von r zu den $k-1$ nächsten Nachbarn von q. Folglich gibt es höchstens $k-1$ Knoten in dieser Kategorie.

(iii) *Sonstige Knoten, deren Regionen ganz oder teilweise im Randbereich liegen:* Wenn ein solcher Knoten v (siehe Abbildung 7.35) aus der Warteschlange gezogen wird, führt das zu einer Direktausgabe, entweder sofort oder im nächsten Schritt. Denn wenn nicht sofort eine Direktausgabe stattfindet, hat v ja den Schlüssel $d(v)$, und nach Lage von $R(v)$ gilt

$$d(v) \geq (1 - \varepsilon/3)r > \frac{1 + \varepsilon/3}{1 + \varepsilon}r,$$

entsprechend der Definition von $d(v)$. Andererseits enthält $R(v)$ auch einen priorisierten Punkt p im Randbereich mit Schlüssel

$$\frac{d(p)}{1+\varepsilon} \leq \frac{1+\varepsilon/3}{1+\varepsilon} r.$$

Der priorisierte Punkt p hat also einen kleineren Schlüssel als v selbst. Sobald v aus der Warteschlange gezogen wird, werden p, die anderen priorisierten Punkte von v und die Kinder von v in die Warteschlange eingefügt. Im nächsten Schritt des Algorithmus wird dann p, einer der anderen Punkte, oder ein Kind mit Schlüssel kleiner als $d(v)$ sofort wieder aus der Warteschlange gezogen und eine Direktausgabe auslösen. Weil eine Direktausgabe höchstens k mal passiert, können wir insgesamt höchstens k solche Knoten v treffen.

(iv) *Sonstige Knoten:* Ihre Regionen liegen ganz im Außenbereich. Weil eine Direktausgabe höchstens k mal stattfindet, können wir höchstens k mal solch einen Knoten treffen, der eine Direktausgabe auslöst. Jeder andere Knoten v im Außenbereich hat Schlüssel $d(v) > r$, während die korrekten k nächsten Nachbarn zu q, und alle ihre Vorfahren im Baum, Schlüssel höchstens r haben — der Suchalgorithmus würde also terminieren, bevor v an die Reihe käme.

Insgesamt entfernen wir also $O(\frac{1}{\varepsilon}(\log n)^2 + k)$ Punkte und Knoten aus der Warteschlange, in $O(\log n)$ Zeit per Punkt oder Knoten. Dazu kommt noch $O(k)$ Zeit für die Direktausgabevorgänge. $\square$

7.3.5 Dynamisierung

Um das Einfügen und Entfernen von Punkten in einem LKD–Baum zu ermöglichen, kann man die logarithmische Methode von Abschnitt 3.3.2 anwenden. Die Einfüge-Operation bekommen wir von der logarithmischen Methode geschenkt; man braucht nur die Entferne-Operation auszuarbeiten.

Dabei gilt es, die Eigenschaft instand zu halten, dass jeder Knoten v die vier extremen Punkte von $T(v)$ als priorisierte Punkte speichert — sonst verliert die Analyse der Kantenknoten ihre Gültigkeit. Wenn wir einen priorisierten Punkt aus einem internen Knoten v entfernen, müssen wir ihn also durch den entsprechenden priorisierten Punkt eines der Kinder von v ersetzen, je nachdem, welcher von beiden am weitesten in der jeweiligen Richtung liegt. Dieser Ersatzpunkt wird aus dem Kindknoten entfernt und muss selbst auch wieder aus den Enkeln ersetzt werden, und so weiter, bis wir unten im Baum ankommen[19], siehe Abbildung 7.36. Die Laufzeit der Entferne-Operation bleibt dennoch in $O(\log n)$.

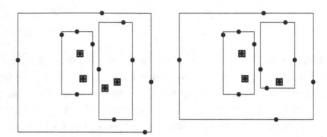

Abb. 7.36 Links die Regionen in einem LKD–Baum, und rechts die Regionen nach dem Entfernen des unteren priorisierten Punkts.

Durch das Entfernen von priorisierten Punkten aus einem Knoten v ändert sich $R(v)$. Dadurch ist die Schnittrichtung von $R(v)$ möglicherweise nicht mehr orthogonal zu den längsten Kanten und die Analyse der Querknoten verliert ihre Gültigkeit. Das schadet aber nicht, denn durch das Entfernen von Punkten können die Regionen $R(v)$ nur kleiner werden. Die Anzahl der besuchten Eck- und Querknoten in einem Zimmer des logarithmischen Hotels übersteigt also nie die Anzahl, die wir im frisch gebauten LKD–Baum besucht hätten, und bleibt somit in $O((\log n)^2)$ beziehungsweise in $O(\frac{1}{\varepsilon}(\log n)^2)$.

Die Herleitung der genauen Schranken für alle Operationen anhand der Methode von Abschnitt 3.3.2 überlassen wir den Lesenden.

7.3.6   Alternativen zum LKD–Baum

In diesem Abschnitt haben wir Beispiele gesehen, wie wir in geometrischen Datenstrukturen Genauigkeit gegen Schnelligkeit tauschen können. Wenn es nicht gleichzeitig schnell *und* exakt geht, können wir auf diese Weise doch eine praktikable Lösung mit Garantien für Genauigkeit und Laufzeiten bekommen. In der Literatur findet man viele ähnlichen Datenstrukturen, die sich unterscheiden in den Exponenten der logarithmischen Faktoren, der Abhängigkeit von ε oder Eigenschaften der Daten, Möglichkeiten in höheren Dimensionen, und Möglichkeiten für Dynamisierung.

Quadtree   Insbesondere *Quadtrees* und *Compressed Quadtrees* sind wegen ihrer einfachen Struktur sehr beliebt (siehe Haverkort und

---

[19]Bei der Dynamisierung von Prioritäts-Suchbäumen müsste man auf ähnliche Weise vorgehen.

Toma für einen kurzen Überblick [69]). Bei ihnen sind alle Regionen Quadrate, die stets in vier kleinere Quadrate zerlegt werden; Knoten, die nur ein Kind haben, werden gegebenenfalls weggelassen. Quadtrees sind aber nicht unbedingt ausgewogen. Die günstigen Eigenschaften von LKD–Bäumen wurden von Dickerson, Duncan und Goodrich [45] analysiert. Auch Strukturen wie die *Bounded-Box-Decomposition Trees* von Arya und Mount [12] und die *Bounded-Aspect-Ratio Trees* von Duncan, Goodrich und Kobourov [49] kombinieren viele der guten Eigenschaften von Quadtrees und KD–Bäumen. Approximative Nächste-Nachbarn-Suche bleibt aber, besonders in höheren Dimensionen, ein schwieriges Problem, das noch immer intensiv erforscht wird. Außerdem ist es bei approximativer Suche oft unerwünscht, dass man vielleicht immer die gleichen akzeptablen Antworten bekommt, während andere Punkte nie gefunden werden. Einige neue Ansätze mit Literaturverweisen findet man zum Beispiel bei Aumüller et al. [13] und Chan, Har-Peled und Jones [35].

7.4 Flächenfüllende Kurven*

7.4.1 Hüllkörperhierarchien

In Abschnitt 3.2.1 und Abschnitt 7.3 haben wir KD–Bäume kennengelernt. Sie sind Baumstrukturen, in denen jeder Datenpunkt nur einmal gespeichert wird und in denen jeder Knoten v eine Region $R(v)$ hat, die mindestens die Datenpunkte im Teilbaum $T(v)$ mit Wurzel v enthält. Solche Strukturen heißen auch *Hüllkörperhierarchien*. Eine Bereichsanfrage wird beantwortet, indem man alle Knoten v besucht, deren Regionen $R(v)$ den Anfragebereich schneiden.

Hüllkörperhierarchien

Die Top-Down-Algorithmen zur Konstruktion von KD–Bäumen in Abschnitt 3.2.1 und Abschnitt 7.3 sind, nach Anzahl der elementaren Operationen in O-Notation gemessen, optimal: Sie laufen in $O(n \log n)$ Zeit. Wenn man aber eine Hüllkörperhierarchie für sehr viele Punkte bauen muss, kann sich herausstellen, dass die Algorithmen trotzdem relativ langsam sind. Das Problem liegt in der Hardware: Bei diesen Algorithmen lässt die Reihenfolge der Speicherzugriffe keine optimale Nutzung von schnellen Zwischenspeichern zu.

Lieber hätte man einen Bottom-Up-Algorithmus, der mittels eines effizienten Vergleichsoperators zuerst alle Punkte in der Reihenfolge sortiert, in der sie in den Blättern abgelegt werden sollen. Anschließend kann dann auf den Blättern von unten nach oben ein ausgeglichener Baum aufgebaut werden. Zusätzliche Vorteile eines solchen Algorithmus wären, dass man für den ersten Schritt eine standardisierte, durch und durch optimierte Implementierung eines Sortieralgorithmus benutzen kann und für die Instandhaltung unter Einfüge- und Entferne-Operationen eine standardisierte, durch und durch optimierte Implementierung eines ausgeglichenen Suchbaums.

Man braucht dafür nur einen effizienten Vergleichsoperator. Es gibt aber keinen, der die Punkte in der gleichen Reihenfolge wie in einem herkömmlichen KD–Baum oder LKD–Baum ordnet; siehe Abbildung 3.1. An dieser Stelle kommen sogenannte *flächenfüllende* Kurven zum Einsatz.

7.4.2   Pólyas dreieckfüllende Kurve

Flächenfüllende Kurven sind Kurven, die sich so stark winden, dass sie eine ganze Fläche in der Ebene füllen. Um diese Kurven zu verstehen, hält man sich am besten an die mathematische Definition und betrachtet sie als Abbildungen f vom Einheitsintervall $[0,1]$ auf eine Fläche mit Größe 1.

Pólyas Kurve [99] bildet das Einheitsintervall auf ein rechtwinkliges Dreieck F mit Hypotenuse 2 ab — siehe Abbildung 7.37(a). Wie genau diese Abbildung aussieht, ergibt sich aus dem folgenden rekursiven Verfahren. Wir zerlegen das Einheitsintervall in zwei Hälften $[0, \frac{1}{2}]$ und $[\frac{1}{2}, 1]$, und gleichzeitig zerlegen wir das Einheitsdreieck in zwei Hälften, die zum ursprünglichen Dreieck gleichförmig sind — siehe Abbildung 7.37(b). Dabei vereinbaren wir, dass die erste Hälfte des Einheitsintervalls auf die linke Hälfte des Dreiecks abgebildet wird und die zweite Hälfte auf die rechte. Zum Schluss legen wir fest, wie sich die Abbildung innerhalb jeder Hälfte durch eine geometrische Transformation aus der Abbildung als ganzes herleitet.

In der linken Hälfte spiegeln wir dazu F an der X-Achse, skalieren mit dem Faktor $1/\sqrt{2}$ und rotieren um 45 Grad gegen den Uhrzeigersinn, wobei die linke Ecke fest bleibt; gleichzeitig wird das Urbild $[0, 1]$ auf $[0, \frac{1}{2}]$ abgebildet. In der rechten Hälfte verfahren wir ähnlich, rotieren aber im Uhrzeigersinn, halten die rechte Ecke fest, und bilden $[0, 1]$ auf $[\frac{1}{2}, 1]$ ab. In Abbildung 7.37(b) sind diese Transformationen mit dem Buchstaben F veranschaulicht.

Mit dieser Methode können wir die beiden Hälften weiter aufteilen und somit für die Intervalle $[0, \frac{1}{4}]$, $[\frac{1}{4}, \frac{1}{2}]$, $[\frac{1}{2}, \frac{3}{4}]$ und $[\frac{3}{4}, 1]$ bestimmen, auf welche Teildreiecke sie abgebildet werden (Abbildung 7.37(c)). Wenn wir dieses Verfahren rekursiv weiterführen, werden immer kleinere Dreiecke immer kleineren Intervallen zugeordnet. In Abbildung 7.37(c–f) ist mit einer Kurve durch die

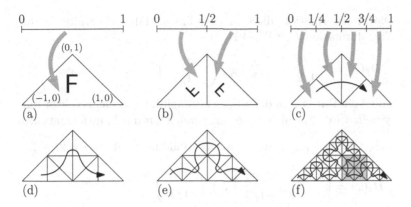

Abb. 7.37 Pólyas flächenfüllende Kurve. In Abbildung (f) ist das Quadrat $[0, \frac{1}{2}] \times [0, \frac{1}{2}]$ grau markiert.

Dreiecke skizziert, in welcher Reihenfolge ihre Urbilder im Einheitsintervall liegen. Wenn man sich das rekursive Verfahren bis ins Unendliche fortgesetzt denkt, werden die Teilintervalle und Teildreiecke unendlich klein.

Schließlich kann man für jeden einzelnen Punkt $t \in [0,1]$ bestimmen, auf welchen Punkt $f(t) \in \mathsf{F}$ er abgebildet wird. Für jeden Punkt $t \in [0,1]$ gibt es eine unendliche Reihe von ineinander geschachtelten Intervallen, die gegen t konvergiert und mit einer unendlichen Folge von ineinander geschachtelten Dreiecken korrespondiert, die gegen einen Punkt $x \in \mathsf{F}$ konvergiert. Wenn t an der Grenze zwischen zwei Teilintervallen liegt, gibt es sogar zwei solche Folgen, die sich dem Punkt t von beiden Seiten nähern. Die Abbildung ist aber so geschickt konstruiert, dass wir in beiden Fällen den gleichen Punkt x bekommen, den wir dann als $f(t)$ definieren.

Umgekehrt gilt auch: Weil wir das Dreieck immer lückenlos aufgeteilt und Intervallen zugeordnet haben, ist die Abbildung *surjektiv*: Für jeden Punkt $x \in \mathsf{F}$ gibt es mindestens eine Folge von ineinander geschachtelten Dreiecken, die x enthält und mit einer Intervallschachtelung korrespondiert, die gegen einen Punkt t mit $f(t) = x$ konvergiert. Wenn x aber auf dem Rand von mehreren benachbarten Teildreiecken liegt, kann es für x mehrere solche Urbilder t geben.

In Formeln lässt sich diese Abbildung wie folgt darstellen. Die Transformation, die das Einheitsintervall $[0,1]$ in seine linke Hälfte überführt, ist die Transformation $A_1 : \mathbb{R} \to \mathbb{R}$ mit

$$A_1(t) = t/2 \quad \text{und inverser Abbildung} \quad A_1^{-1}(t) = 2t.$$

Die Transformation, die F in seine linken Hälfte überführt, ist die Transformation $B_1 : \mathbb{R}^2 \to \mathbb{R}^2$ mit

$$B_1(x) = \begin{bmatrix} 1/2 & 1/2 \\ 1/2 & -1/2 \end{bmatrix} x + \begin{pmatrix} -1/2 \\ 1/2 \end{pmatrix},$$

wobei ein Punkt x in der Ebene als zweidimensionaler Vektor dargestellt wird. Für die rechte Seite finden wir die Transformationen

$$A_2(t) = 1/2 + t/2 \quad \text{mit Umkehrabbildung} \quad A_2^{-1}(t) = 2t - 1;$$

$$B_2(x) = \begin{bmatrix} 1/2 & -1/2 \\ -1/2 & -1/2 \end{bmatrix} x + \begin{pmatrix} 1/2 \\ 1/2 \end{pmatrix}.$$

Selbstähnlichkeit   Die Ähnlichkeit zwischen den Abbildungen im ganzen Dreieck und in den beiden Hälften lässt sich jetzt wie folgt beschreiben: Wenn $f(t)$, für $t \in [0, \frac{1}{2}]$, ein Punkt der Abbildung ist, muss jetzt auch gelten: $f(A_1^{-1}(t)) = B_1^{-1}(f(t))$; wenn $f(t)$, für $t \in [\frac{1}{2}, 1]$, ein Punkt der Abbildung ist, gilt $f(A_2^{-1}(t)) = B_2^{-1}(f(t))$. Das lässt sich umschreiben als:

$$f(t) = B_1(f(A_1^{-1}(t))) \quad \text{für } t \in [0, \tfrac{1}{2}];$$
$$f(t) = B_2(f(A_2^{-1}(t))) \quad \text{für } t \in [\tfrac{1}{2}, 1].$$

Ausgeschrieben bedeutet das:

$$f(t) = \begin{bmatrix} 1/2 & 1/2 \\ 1/2 & -1/2 \end{bmatrix} f(2t) + \begin{pmatrix} -1/2 \\ 1/2 \end{pmatrix} \qquad \text{für } t \in [0, \tfrac{1}{2}]$$

$$f(t) = \begin{bmatrix} 1/2 & -1/2 \\ -1/2 & -1/2 \end{bmatrix} f(2t - 1) + \begin{pmatrix} 1/2 \\ 1/2 \end{pmatrix} \quad \text{für } t \in [\tfrac{1}{2}, 1].$$

Durch diese Formeln ist die Abbildung f eindeutig bestimmt. Man kann das Gleichungssytem für $t = 0$ und $t = 1$ lösen und feststellen, dass $f(0)$ und $f(1)$ tatsächlich die linke und rechte Ecke von F sind. Daraus folgt dann auch, dass $f(\frac{1}{2})$ eindeutig definiert ist: Die Gleichungen für $t \in [0, \frac{1}{2}]$ und für $t \in [\frac{1}{2}, 1]$ ergeben für $t = \frac{1}{2}$ denselben Punkt. Die Abbildung f gilt als Kurve, weil sie stetig ist.

maßerhaltende   Außerdem hat die Abbildung f noch einige wichtige praktische
Abbildung   Eigenschaften. Erstens ist sie *maßerhaltend*: Ein Intervall $[t, u]$ mit Länge $u - t$ wird immer auf eine Region in der Ebene mit Fläche $u - t$ abgebildet. Das gilt nicht nur für Intervalle, die in der rekursiven Zerlegung des Einheitsintervalls vorkommen, sondern ganz allgemein, wenn $[t, u]$ aus mehreren, vielleicht unendlich vielen solchen Intervallen besteht.

Zweitens können wir wegen der Surjektivität von f zu jedem Punkt $x \in$ F ein $t \in [0, 1]$ mit $f(t) = x$ finden. Es kann sogar mehrere solche Urbilder geben; ein Beispiel ist der Punkt $(0,0)$, der einmal als $f(\frac{1}{4})$ als Ecke des linken Teildreiecks vorkommt und einmal als $f(\frac{3}{4})$ als Ecke des rechten Teildreiecks.

Trotzdem können wir eine *Inverse* $f^{-1} : \mathsf{F} \to [0,1]$ von f definieren, indem wir $f^{-1}(x)$ als das kleinste t mit $f(t) = x$ festlegen. Dieses t nennen wir die *Kurvenkoordinate* von x. Ei- | Kurvenkoordinate
ne Menge von Punkten x_i *in ihrer Reihenfolge entlang der Kurve* zu sortieren, bedeutet die Sortierung nach ihren Kurvenkoordinaten $t_i = f^{-1}(x_i)$; es zählt also immer der Zeitpunkt, zu dem die Kurve einen Punkt zum ersten Mal besucht.

Drittens können wir anhand dieser Definition einen *Vergleichsoperator* implementieren. Für zwei gegebene Punkte $p, q \in \mathsf{F}$ soll der Operator entscheiden, welcher von beiden Punkten entlang der Kurve zuerst kommt, also welcher Punkt die kleinere Kurvenkoordinate hat.

Dazu schauen wir zuerst, ob p und q in unterschiedlichen Hälften von F liegen: wenn ja, dann kommt der Punkt in der linken Hälfte zuerst.

Wenn p und q beide in der linken Hälfte liegen, benutzen wir die Ähnlichkeit zwischen der Abbildung in die linke Hälfte und der Abbildung auf das ganze Dreieck: p kommt genau dann vor q, wenn $B_1^{-1}(p)$ vor $B_1^{-1}(q)$ kommt. Wir rufen darum den Vergleichsoperator rekursiv mit $B_1^{-1}(p)$ und $B_1^{-1}(q)$ auf.

Wenn p und q aber beide in der rechten Hälfte liegen, rufen wir den Vergleichsoperator rekursiv mit $B_2^{-1}(p)$ und $B_2^{-1}(q)$ auf.

Weil sich der Abstand zwischen den beiden Punkten mit jedem rekursiven Aufruf um den Faktor $\sqrt{2}$ vergrößert, werden die Punkte früher oder später nicht mehr in der gleichen Hälfte liegen, so dass der Operator eine Antwort zurückgeben kann.

In der Praxis ist die Anzahl der benötigten rekursiven Aufrufe dadurch begrenzt, dass die Koordinaten der Punkte in der Regel mit einer begrenzten Stellenzahl gespeichert werden, so dass zwei verschiedene Punkte einen gewissen Mindestabstand voneinander haben.

Der Vergleichsoperator ermöglicht es uns, eine Menge von Punkten in F effizient in ihrer Reihenfolge entlang der Kurve zu sortieren — und das ist genau, was wir für die schnelle Konstruktion unserer Hüllkörperhierarchie brauchen!

Wir skalieren die Punkte, die zu speichern sind, so, dass sie alle im Einheitsquadrat $U = [0,1] \times [0,1]$ liegen. Wir erstellen eine flächenfüllende Kurve für U, indem wir f mit einem Faktor 2 skalieren, so dass der Kurvenabschnitt von $f(\frac{5}{8})$ bis $f(\frac{7}{8})$ (siehe Abbildung 7.37(f)) genau U abdeckt.

Dann sortieren wir die Punkte entlang der Kurve und legen sie in dieser Reihenfolge in den Blättern der Hüllkörperhierarchie ab — siehe Abbildung 7.38. Zum Schluss errichten wir auf den Blättern einen ausgeglichen binären Baum, in dem jeder Knoten v als Region $R(v)$ das minimale umgebende achsenparallele Rechteck der Punkte in $T(v)$ bekommt. Anders als beim KD–Baum können sich Regionen von Knoten der gleichen Tiefe also überlappen. Wir werden diese Struktur jetzt Pólya-Hüllkörperbaum oder *PH-Baum* nennen.

PH-Baum

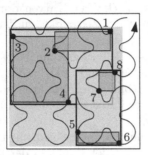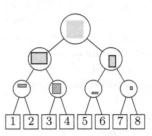

Abb. 7.38 Ein PH-Baum. Die gespeicherten Punkte sind nach ihrer Reihenfolge entlang der Kurve nummeriert. Bei den internen Knoten sind ihre Regionen $R(v)$ eingezeichnet.

Können wir jetzt aber auch etwas über die Effizienz von Bereichsanfragen im PH-Baum aussagen? Dazu müssen wir eine weitere Eigenschaft der Kurve betrachten.

7.4.3   Dehnungskonstante

Die flächenfüllende Kurve hat die Eigenschaft, dass Punkte, die nah beieinander auf der Kurve liegen, auch nah zueinander in der Ebene liegen. Diese Eigenschaft wird die Effizienz von Anfragen in unserer Hüllkörperhierarchie bestimmen. Wir werden sie nun analysieren.

Mit $f(a, b)$ bezeichnen wir die Punkte in der Ebene von $f(a)$ bis $f(b)$, also

$$f(a, b) := f([a, b]) = \bigcup_{t \in [a,b]} \{f(t)\}.$$

Der Durchmesser einer kompakten Punktmenge X ist der Abstand zwischen zwei Punkten von X, die am weitesten voneinander entfernt sind:

$$\text{Durchmesser}(X) := \max_{p,q \in X} |p - q|.$$

Jetzt können wir die euklidische *Dehnungskonstante* C_f einer   Dehnungskonstante
maßerhaltenden Kurve f definieren als[20]

$$C_f := \max_{0 \leq a < b \leq 1} \frac{\text{Durchmesser}(f(a,b))^2}{b-a}.$$

Theorem 7.17 *Für die Pólya-Kurve f ist $C_f \leq 32$.*

Beweis. Seien $f(a)$ und $f(b)$ zwei Punkte entlang der Kurve mit
$a < b$, und sei d der Durchmesser von $f(a,b)$; siehe Abbildung 7.39.
Weil f maßerhaltend ist, hat $f(a,b)$ die Fläche $b-a$. Wir betrachten jetzt in der rekursiven Beschreibung der Abbildung f dasjenige
Gitter von Dreiecken, für deren Hypotenusenlänge h

$$\frac{d}{2\sqrt{2}} \leq h < \frac{d}{2}$$

gilt; sie haben also eine Fläche von mindestens $d^2/32$. Der Kurvenabschnitt $f(a,b)$ muss mindestens drei von diesen Dreiecken
besuchen, um seinen Durchmesser d zu realisieren. Mindestens
eines dieser Dreiecke (das mittlere) wird dabei vollständig durchlaufen. Die gesamte durchlaufene Fläche beträgt also mindestens
$d^2/32$. Also ist

$$b - a = \text{Fläche}(f(a,b)) \geq \frac{d^2}{32} = \frac{\text{Durchmesser}(f(a,b))^2}{32},$$

und Theorem 7.17 ist bewiesen. $\square$

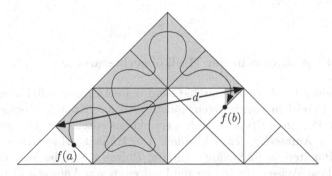

Abb. 7.39 Ein Kurvenabschnitt $f(a,b)$ (grau) mit Endpunkten $f(a)$
und $f(b)$ und Durchmesser d. Mindestens ein Dreieck des Gitters wird
durch $f(a,b)$ vollständig abgedeckt — in diesem Fall sind es sogar acht.

---

[20]Die Dehnungskonstante, die *Dilation* in Übungsaufgabe 5.7 und die Zumutbarkeitsschranke für Umwege auf Seite 363 haben gewisse Ähnlichkeiten,
sind aber doch verschieden.

Mit Blick auf unsere Hüllkörperhierarchie interessieren wir uns besonders für das minimale umgebende achsenparallele Rechteck $\square(a,b)$ eines Kurvenabschnitts $f(a,b)$. Für die Fläche von $\square(a,b)$ ist das Quadrat des Durchmessers von $f(a,b)$ eine obere Schranke, während die Randlänge von $\square(a,b)$ das Vierfache des Durchmessers nicht übersteigt. Aus Theorem 7.17 folgt also:

Korollar 7.18

$$\max_{0 \leq a < b \leq 1} \frac{\text{Fläche}(\square(a,b))}{b-a} \leq C_f$$

$$\max_{0 \leq a < b \leq 1} \frac{\text{Randlänge}(\square(a,b))}{\sqrt{b-a}} \leq 4\sqrt{C_f}$$

Die Schranken in Theorem 7.17 und Korollar 7.18 sind nicht scharf. Es ist zum Beispiel bekannt [70], dass mit einer genaueren Analyse der Pólya-Kurve $C_f = 4$ festgestellt werden kann, und die Fläche von $\square(a,b)$ beträgt sogar höchstens $3(b-a)$.

Übungsaufgabe 7.10 Sei g eine maßerhaltende flächenfüllende Kurve mit Dehnungskonstante C_g. Seien $a,b \in [0,1]$ zwei Punkte, für die Durchmesser$(g(a,b))^2 = C_g(b-a)$ gilt. Man zeige:

(i) Durchmesser$(g(a,b)) = |g(a) - g(b)|$;

(ii) $g(a,b)$ enthält keine Punkte außerhalb des kleinsten Kreises mit $g(a)$ und $g(b)$ auf dem Rand;

(iii) $C_g \geq 4/\pi$;

(iv) $C_g > 4/\pi$.

7.4.4   Anfragen in der Hüllkörperhierarchie

Mit einer Hüllkörperhierarchie kann man Anfragen mit Punkten oder Bereichen beantworten, indem man alle Knoten v besucht, deren Regionen $R(v)$ den Anfragepunkt enthalten, beziehungsweise den Anfragebereich schneiden. Die Hüllkörperhierarchie, die auf Punkten in Reihenfolge entlang Pólyas Kurve basiert, kann auf diese Weise nicht immer die Laufzeiten von Anfragen in KD–Bäumen gewährleisten. Aber unter bestimmten Annahmen funktioniert sie im Durchschnitt doch gut.

Theorem 7.19 *Sei D eine Menge von n Punkten im Einheitsquadrat U. Der PH-Baum für D beantwortet*
(i) Punktanfragen in mittlerer Zeit $O(\log n)$, wenn die Anfragepunkte in U gleichverteilt sind;

(ii) Bereichsanfragen mit Dreiecken im Mittel in $O(\sqrt{n} + k)$ Zeit, wenn die Orientierungen und die Lagen der Anfragebereiche gleichverteilt sind. Dabei ist k die Größe der Antwort.

Beweis. (i) Bei gleichverteilten *Anfragepunkten* ist die Wahrscheinlichkeit, dass ein Knoten v mit Region $R(v)$ besucht wird, genau so groß wie die Fläche von $R(v)$. Es gilt jetzt zu beweisen, dass alle Knotenregionen zusammen Fläche $O(\log n)$ haben.

Dazu betrachten wir zuerst alle Knoten $v_1, ..., v_m$ auf einer Tiefe h im Baum, in der Reihenfolge von links nach rechts. Sei t_0 die Kurvenkoordinate des ersten Punkts von D, und für $i \in \{1, .., m\}$ sei $t_i \in [0, 1]$ die Kurvenkoordinate des letzten Punkts von D in $T(v_i)$. Für $i \in \{1, ..., m\}$ gilt dann, dass die Blätter von $T(v_i)$ nur Punkte aus $f(t_{i-1}, t_i)$ speichern. Nach Korollar 7.18 hat $R(v)$ eine Fläche von höchstens $C_f \cdot (t_i - t_{i-1})$. Insgesamt haben die Regionen auf Tiefe h im Baum also an Fläche höchstens $\sum_{i=1}^{m} C_f \cdot (t_i - t_{i-1}) = C_f \cdot (t_m - t_0) \leq C_f$.

Weil der Baum eine Höhe in $O(\log n)$ hat und die Konstante C_f unabhängig von den Daten D ist, folgt jetzt, dass alle Knotenregionen im gesamten Baum zusammen eine Fläche in $O(\log n)$ haben.

(ii) Bei *Bereichsanfragen* mit Dreiecken unterscheiden wir, wie im Abschnitt 3.2.1, Innenknoten, von denen es bei jeder Anfrage $O(k)$ viele gibt, und Randknoten. Die Stützgerade einer Strecke in der Ebene ist die Gerade, die die Strecke enthält. Die Anzahl der besuchten Randknoten können wir jetzt begrenzen, indem wir beweisen, dass jede Stützgerade einer Kante des Anfragebereichs im Durchschnitt von $O(\sqrt{n})$ Regionen geschnitten wird.

Dazu nehmen wir an, dass die Richtung ϕ des Normalvektors einer jeden Stützgeraden gleichverteilt in $[0, 2\pi)$ ist und der Abstand zur Mitte von U gleichverteilt in $[-\sqrt{1/2}, \sqrt{1/2}]$; dann schneidet die Stützgerade das Quadrat U auf jeden Fall.[21]

Mit $w(R(v), \phi)$ bezeichnen wir die Breite der Region $R(v)$ in der Projektion auf eine Gerade mit Richtung ϕ; siehe Abbildung 7.40(a). Die Wahrscheinlichkeit, dass eine Stützgerade mit Normalvektor ϕ die Region $R(v)$ schneidet, beträgt jetzt, wegen der Gleichverteilung des Abstands zur Mitte, $w(R(v), \phi)/\sqrt{2}$. Die Wahrscheinlichkeit, dass eine Stützgerade mit gleich verteiltem Normalvektor $R(v)$ schneidet, ist also:

$$\frac{1}{2\pi} \int_0^{2\pi} \frac{w(R(v), \phi)}{\sqrt{2}} d\phi = \frac{1}{2\pi\sqrt{2}} \int_0^{2\pi} w(R(v), \phi) d\phi.$$

---

[21] Man könnte sich auch andere Bereiche vorstellen; dann müsste der Beweis leicht angepasst werden.

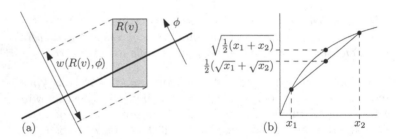

Abb. 7.40 (a) Eine Stützgerade (fett) mit Normalrichtung ϕ. Die Region $R(v)$ hat Breite $w(R(v),\phi)$ in der Projektion auf eine Gerade mit Richtung ϕ. (b) Es gilt $2\sqrt{\frac{1}{2}\sum x_i} > \sum\sqrt{x_i}$.

Die in Abschnitt 1.2.1 vorgestellte Cauchy-Crofton Formel [39] impliziert, dass die Randlänge von $R(v)$ gleich $\frac{1}{2}\int_0^{2\pi} w(R(v),\phi)\,d\phi$ ist. Die Wahrscheinlichkeit, dass die Region $R(v)$ geschnitten wird, entspricht also ihrer Randlänge, bis auf den konstanten Faktor $1/(\pi\sqrt{2})$. Es gilt jetzt also, die gesamte Randlänge der Regionen zu analysieren.

Wir betrachten wieder eine Tiefe h im Baum und Koordinaten $t_0,...,t_m$ wie oben, wobei $m \le 2^h$. Nach Korollar 7.18 hat $R(v)$ Randlänge höchstens $4\sqrt{C_f} \cdot \sqrt{t_i - t_{i-1}}$. Insgesamt haben die Regionen auf Tiefe h im Baum also Randlänge höchstens $4\sqrt{C_f} \cdot \sum_{i=1}^m \sqrt{t_i - t_{i-1}}$. Wie können wir diese Summe beschränken?

Die Wurzelfunktion $\sqrt{x}$ ist konkav: Sie biegt sich nach unten. Darum ist, bei gleichbleibender Summe $\sum_{i=1}^m x_i$, der gesamte Funktionswert $\sum_{i=1}^m \sqrt{x_i}$ von m Punkten $x_1,...,x_m$ maximal, wenn alle x_i gleich groß sind; Abbildung 7.40(b) zeigt dies für den Fall $m = 2$. In unserem Fall heißt das: Die Summe der Wurzeln ist maximal, wenn $t_i - t_{i-1}$ immer gleich $(t_m - t_0)/m$ ist. Daher gilt:

$$4\sqrt{C_f} \cdot \sum_{i=1}^m \sqrt{t_i - t_{i-1}} \;\le\; 4\sqrt{C_f} \cdot m \cdot \sqrt{(t_m - t_0)/m}$$
$$\le\; 4\sqrt{C_f}\sqrt{m} \;\le\; 4\sqrt{C_f}\sqrt{2^h}.$$

Die gesamte Randlänge der Regionen in Tiefe h beträgt also höchstens $4\sqrt{C_f}\sqrt{2^h}$. Daraus folgt, dass die gesamte Randlänge aller Regionen im ganzen Baum höchstens $4\sqrt{C_f} \cdot \sum_{h=0}^{\lceil \log n \rceil} \sqrt{2^h} = O(\sqrt{n})$ ist. Damit ist bewiesen, dass eine Bereichsanfrage im Durchschnitt $O(\sqrt{n} + k)$ Zeit in Anspruch nimmt.   □

Übungsaufgabe 7.11 Man beweise, dass die Schranke $O(\sqrt{n} + k)$ auch gilt, wenn die Anfragebereiche achsenparallele Rechtecke sind, deren Ecken gleichverteilt in U liegen.

7.4.5 Approximation der kürzesten Rundreise

In Abschnitt 5.3.3 haben wir schon das Problem der Handlungsreisenden gesehen. Wir betrachten hier die euklidische Variante
in der Ebene: Gegeben eine Menge von Punkten D in der Ebene,
finde einen kürzesten Rundweg, der alle Punkte von D besucht.

Auch hier stellt es sich heraus, dass wir eine Approximation
mit Qualitätsgarantie bekommen, wenn wir die Punkte von D einfach in ihrer Reihenfolge entlang der Pólya-Kurve besuchen, so wie
in Abbildung 7.41 (links). Die Qualitätsgarantie ist zwar nicht so
gut wie im Abschnitt 5.3.3; dafür bekommen wir aber eine Lösung,
die sich nicht nur sehr einfach berechnen lässt, sondern es auch
zulässt, auf einfache Weise Punkte einzufügen oder zu entfernen
und dabei die Qualitätsgarantie zu behalten. Die Analyse stammt
im Wesentlichen von Platzman und Bartholdi [98].

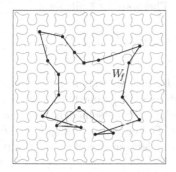 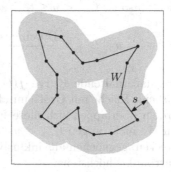

Abb. 7.41 Links ein Rundweg W_f, der eine Punktmenge in ihrer Reihenfolge entlang Pólya's Kurve besucht. Rechts die Zone innerhalb des
Abstands s vom optimalen Rundweg W.

Theorem 7.20 *Sei D eine Menge von n Punkten in der Ebene, und sei f eine flächenfüllende Kurve mit Dehnungskonstante
C_f. Der Rundweg, der die Punkte von D in ihrer Reihenfolge entlang f besucht, ist höchstens $O(\log n)$ mal länger als der kürzeste
Rundweg.*

Beweis. Sei W ein optimaler Rundweg, und seien $w_0, ..., w_n$ die
Punkte von D in der Reihenfolge, in der W sie besucht, wobei
$w_0 = w_n$. Sei $L = \sum_{i=1}^{n} |w_i - w_{i-1}|$ die Länge von W. Seien
$t_0, ..., t_{n-1}$ die Kurvenkoordinaten der Punkte in D, aufsteigend
sortiert, und sei W_f der Rundweg mit Länge L_f, der die Punkte in
dieser Reihenfolge besucht; wir definieren $t_n := t_0$. Für eine reelle
Zahl s sei $H(s)$ die Anzahl der Strecken von W_f, die eine Länge
von mindestens s haben:

$$H(s) := \left| \left\{ \, i \in \{1, ..., n\} \, ; \, |f(t_i) - f(t_{i-1})| \geq s \, \right\} \right|.$$

Wir wollen jetzt analysieren, wie groß $H(s)$ sein kann. Dazu schauen wir uns zuerst $Z(s)$ an, die Punktmenge, die vom optimalen Rundweg W einen Abstand $\leq s$ hat — siehe Abbildung 7.41 (rechts). Man kann einfach nachvollziehen, dass $Z(s)$ eine Fläche von höchstens $2s \cdot L + \pi s^2$ hat.

Jetzt betrachten wir die Strecken von W_f, die Länge mindestens s haben (mit Ausnahme der letzten Strecke zurück zum Startpunkt). Jede solche Strecke fängt an einem Punkt $f(t_{i-1})$ von D an, also an einem Punkt von W. Sei $f(u)$ der erste Punkt hinter $f(t_{i-1})$ mit

$$\text{Durchmesser}(f(t_{i-1}, u)) \geq s.$$

Weil die Strecke von $f(t_{i-1})$ nach $f(t_i)$ eine Länge von mindestens s hat, wird ein solcher Punkt $f(u)$ spätestens bei $f(t_i)$ erreicht; also ist $t_{i-1} < u \leq t_i$. Nach Theorem 7.17 gilt jetzt

$$u - t_{i-1} > \frac{\text{Durchmesser}(f(t_{i-1}, u))^2}{C_f} \geq \frac{s^2}{C_f}.$$

Die maßerhaltende Kurve $f(t)$ füllt also zwischen $f(t_{i-1})$ und $f(u)$ eine Fläche mit Größe mindestens s^2/C_f innerhalb $Z(s)$. Außerdem überlappen sich diese Flächen für verschiedene Strecken von W_f nicht wegen $t_{i-1} < u \leq t_i$. Daher ist die Anzahl solcher Strecken, gegebenenfalls inklusive der letzten Strecke zurück zum Startpunkt, höchstens:

$$\frac{\text{Fläche}(Z(s))}{s^2/C_f} + 1 \leq C_f \left(\frac{2L}{s} + \pi \right) + 1. \qquad (*)$$

Eine Strecke mit Länge s stellen wir uns als einen Balken mit Höhe 1 und Länge s vor. Die Balken aller Strecken werden der Größe nach aufgestapelt, links an der Y-Achse beginnend — siehe Abbildung 7.42. In dem Balkendiagramm können wir $H(s)$ einfach ablesen: $H(s)$ ist jetzt die Höhe des Schnitts des Stapels mit der Senkrechten $X = s$.

Die Länge L_f von W_f ist die gesamte Länge aller Balken, und weil jeder Balken Höhe 1 hat, gleicht L_f also auch der gesamten Fläche der Balken. Wegen Ungleichung $(*)$ liegen alle Balken unterhalb der Kurve $y = C_f(2L/x + \pi) + 1$. Außerdem gibt es genau n Balken, und keiner ist länger als $L/2$, denn L muss mindestens zweimal der Durchmesser von der Punktmenge D sein, die es zu besuchen gilt. Alle Balken liegen also im grauen Bereich im Diagramm in Abbildung 7.42. Mit ein wenig Rechenarbeit kann man feststellen, dass die Fläche des grauen Bereichs höchstens $O(\log n)$ mal L ist.

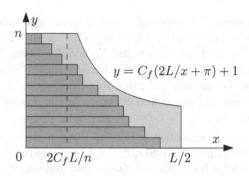

Abb. 7.42 Das Streckenlängendiagramm eines Rundwegs. Seine Gesamtlänge ist höchstens die Fläche des grauen Bereichs.

Die Länge des Rundwegs entlang der flächenfüllenden Kurve ist also nur um einen Faktor $O(\log n)$ länger als der kürzeste Rundweg! □

7.4.6 Weitere Kurven und Anwendungen

Die Resultate in diesem Abschnitt können auch mit anderen flächenfüllenden Kurven erzielt werden. Flächenfüllende Kurven mit Dehnungskonstante besser als der von Pólyas Kurve sind aber leider nicht bekannt. Mit manchen Kurven, die auf einer Zerlegung in Quadrate statt in Dreiecke basieren, bekommt man dennoch bessere umgebende Rechtecke. Haverkort und Van Walderveen [70] geben Konstanten und untere Schranken für verschiedene Arten von Kurven an.

Berühmt und viel benutzt sind die flächenfüllenden Kurven von Peano [97] und Hilbert [73]; oft wird der Begriff „Peano-Kurve" auch für flächenfüllende Kurven im Allgemeinen benutzt. Pólyas Kurve wird auch oft nach Sierpinski [104] benannt. Auch die Z-Order- oder Morton-Kurve [93] wird viel verwendet. Sie ist in Wahrheit nicht stetig und somit keine Kurve; dennoch besteht das Bild jedes Intervalls aus höchstens zwei Zusammenhangskomponenten in der Ebene (eine Analyse findet man bei Burstedde, Holke und Isaac [31]). Außerdem hat Z-Order eine Inverse, die sehr schnell berechnet werden kann. Für höher-dimensionale Daten gibt es *raumfüllende Kurven*; einen Überblick bietet Haverkort [65]. Eine Besprechung der grundlegenden mathematischen Eigenschaften von flächen- und raumfüllenden Kurven findet man bei Sagan [102].

raumfüllende Kurven

Die Idee von Hüllkörperhierarchien auf Basis einer flächenfüllenden Kurve geht auf Kamel und Faloutsos zurück [78]; sie benutzten zu diesem Zweck die Hilbert-Kurve. Die Idee kann auch für Datenobjekte, die größer als Punkte sind, angewandt werden: siehe Böhm, Klump und Kriegel [32], Haverkort, McGranaghan und Toma [68], und Haverkort und Van Walderveen [71] für verschiedene Lösungen. Eine ähnliche Datenstruktur ist der *lineare Quadtree* von Gargantini [57], der von De Berg et al. zum Speichern von Triangulationen und Strecken in der Ebene weiterentwickelt wurde [41].

Flächen- und raumfüllende Kurven werden auch benutzt, um Gittermodelle für physische Simulationen auf mehrere Prozessoren zu verteilen (siehe die Werke von Bader [16] und von Weinzierl und Mehl [107]) und um schnelle approximative Nächste-Nachbarn-Suche zu ermöglichen (neue Ergebnisse und Literaturverweise findet man bei Chan, Har-Peled und Jones [35]).

Bei der Konstruktion von geometrischen Strukturen können flächenfüllende Kurven dafür sorgen, dass die Daten, die kurz nacheinander verarbeitet werden, sich oft auf die gleiche Region in der Ebene beziehen. Das ermöglicht es, Geschwindigkeit zu gewinnen, zum Beispiel durch bessere Benutzung von Zwischenspeichern, oder dadurch, dass weniger komplizierte unterstützende Datenstrukturen (zum Beispiel für Punktlokalisierung) benötigt sind. Beispiele sind die Algorithmen von De Berg et al. [41] für die Überlagerung von zwei Landkarten; von Buchin [27] für die Delaunay-Triangulation; von Haverkort und Janssen [66] für Oberflächenwasser-Flussmodelle, und von Arge et al. [10] für die Instandhaltung von R-Bäumen (einer Klasse von Hüllkörperhierarchien).

7.5   Ähnlichkeitsberechnung von polygonalen Kurven in der Ebene

In vielen Anwendungsgebieten müssen Kurven ihrer Ähnlichkeit nach verglichen werden. Um diesen Vergleich automatisiert durchzuführen, bedarf es einer mathematischen Definition von Ähnlichkeit. Dafür wird eine Funktion definiert, welche jedem Paar von Kurven einen Ähnlichkeitswert zuweist. Wir können grundsätzlich zwischen Abstandsmaßen und Ähnlichkeitsmaßen unterscheiden. Bei letzteren ist die Ähnlichkeit größer, je höher der Funktionswert ist, bei ersteren ist es umgekehrt.

Wir erinnern uns, dass folgende Eigenschaften bestimmen, ob ein Abstandsmaß $d : M \times M \to \mathbb{R}^+$ eine Metrik auf einer Menge M definiert (siehe Abschnitt 1.2.1). Für alle p, q, r aus M muss gelten:

Metrik

(A1) $d(p,q) = 0 \Longleftrightarrow p = q$ (Identität des Ununterscheidbaren)

(A2) $d(p,q) = d(q,p)$ (Symmetrie)

(A3) $d(p,q) \leq d(p,r) + d(r,q)$ (Dreiecksungleichung)

Übungsaufgabe 7.12 Zeigen Sie, dass die euklidische Metrik für Punkte in der Ebene die Dreiecksungleichung erfüllt.

7.5.1 Definitionen von Ähnlichkeit

Im folgenden betrachten wir zwei grundlegende Metriken, die oft für Kurven benutzt werden. Der erste ist für kompakte Mengen definiert und geht zurück auf Felix Hausdorff. Wir betrachten hier der Einfachheit halber Mengen von Punkten in der Ebene. Die Definition lässt sich aber leicht verallgemeinern. Seien U und V kompakte Mengen von Punkten in der Ebene; dann ist der *gerichtete Hausdorff-Abstand* von U zu V wie folgt definiert:

$$d_{\overrightarrow{\mathcal{H}}}(U,V) = \max_{p \in U} \min_{q \in V} |p - q|$$

Der (ungerichtete) *Hausdorff-Abstand* kann dann definiert werden als das Maximum über beide Richtungen,

Hausdorff-Abstand

$$d_{\mathcal{H}}(U,V) = \max(d_{\overrightarrow{\mathcal{H}}}(U,V), d_{\overrightarrow{\mathcal{H}}}(V,U))$$

Dass der Hausdorff-Abstand die oben benannten Eigenschaften (A1) und (A2) besitzt, folgt direkt aus der Definition. Die Eigenschaft (A3) wird in folgender Übungsaufgabe untersucht.

Übungsaufgabe 7.13 Zeigen Sie, dass der Hausdorff-Abstand, definiert auf Punktmengen in der Ebene, die Dreiecksungleichung erfüllt.

Eine weitere Abstandsfunktion, die wir betrachten wollen, ist benannt nach Maurice Fréchet. Der *Fréchet-Abstand* ist dem Hausdorff-Abstand sehr ähnlich. Ein wichtiger Unterschied ist, dass beim Fréchet-Abstand die Richtung und der Verlauf der Kurve den Ähnlichkeitswert beeinflussen können. Daher bietet sich der Abstand zum Vergleich von solchen Kurven an, bei denen die Information über den zeitliche Verlauf mit in die Bewertung der

Fréchet-Abstand

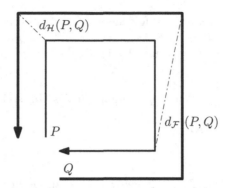

Abb. 7.43 Kurven P und Q, deren Hausdorff-Abstand und Fréchet-Abstand verschieden sind. Wir werden dieses Beispiel in Abschnitt 7.5.2 noch genauer analysieren.

Ähnlichkeit einfließen soll, wie zum Beispiel bei der Handschrifterkennung oder bei Pfaden, die mit Hilfe von Positionsbestimmungssystemen aufgenommen wurden.

Seien $P : [0,1] \to \mathbb{R}^2$ und $Q : [0,1] \to \mathbb{R}^2$ zwei polygonale Kurven in der Ebene. Ihr Fréchet-Abstand ist definiert als

$$d_{\mathcal{F}}(P,Q) = \min_{f,g:[0,1]\to[0,1]} \; \max_{t\in[0,1]} |P(f(t)) - Q(g(t))|,$$

wobei wir von den Funktionen f und g verlangen, dass sie stetig und monoton aufsteigend sind und dass $f(0) = g(0) = 0$ und $f(1) = g(1) = 1$ gilt.[22]

Das Maximum über alle Werte $t \in [0,1]$, welches für feste Funktionen f und g gebildet wird, ist wohldefiniert, wenn wir annehmen, dass die Kurven beschränkt sind. Wir werden uns später vergewissern, dass auch das Minimum, welches im Fréchet-Abstand über eine unendliche Funktionsmenge gebildet wird, wohldefiniert ist. Insbesondere werden wir einen Algorithmus kennenlernen, der für gegebene polygonale Kurven P und Q Funktionen f und g konstruiert, bei denen der Fréchet-Abstand als Maximum angenommen wird.

Hundespaziergang

Man kann sich die Definition des Fréchet-Abstands mit folgender Metapher sehr gut vor Augen führen. Angenommen, eine Hundehalterin geht mit ihrem Hund spazieren, mit der Einschränkung, dass sie nur auf der Kurve P gehen darf und dass der Hund nur auf der Kurve Q gehen darf. Beide dürfen ihre Geschwindigkeit variieren, sogar stehen bleiben, aber nicht entlang der Kurve rückwärts

---

[22]Die hier gegebene Definition ist von Alt und Godau [8]. Die ursprüngliche Definition von Maurice Fréchet verlangt, dass die Funktionen f und g stetig und *streng* monoton aufsteigend sind, und dass $f(0) = g(0) = 0$ sowie $f(1) = g(1) = 1$ gilt. Man kann zeigen, dass die Definitionen äquivalent sind.

laufen. Was ist die kürzeste Hundeleine, die einen Spaziergang erlaubt, der beide Kurven vom Anfang bis zum Ende abläuft? Die Länge dieser Hundeleine ist der Fréchet-Abstand der beiden Kurven.

Man könnte vermuten, dass der Fréchet-Abstand immer als Abstand zwischen zwei Ecken der Kurven angenommen wird. Das ist nicht immer der Fall. Die folgende Abbildung zeigt ein Beispiel. Der Hausdorff-Abstand ist gegeben durch den Abstand von $Q(t_3)$ zu $P(s')$. Aber der Fréchet-Abstand ist gegeben durch den Abstand $Q(t_3)$ zu $P(s'')$, der mit dem Abstand von $Q(t_2)$ zu $P(s'')$ übereinstimmt. Fréchet- und Hausdorff-Abstand zwischen P und Q müssen also nicht zwischen zwei Ecken der Kurven angenommen werden.

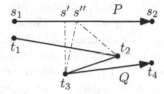

Abb. 7.44 Zwei Kurven, deren Hausdorff- und Fréchet-Abstände nicht zwischen zwei Ecken angenommen werden.

Der Fréchet-Abstand ist eine Metrik. Die Symmetrie (A2) folgt direkt aus der Definition. Um die Identität des Ununterscheidbaren (A1) herbeizuführen, ist es üblich, eine Kurve zusammen mit allen Parametrisierungen dieser Kurve zu betrachten. Die Metrik wird dann direkt auf den Äquivalenzklassen definiert. Die Dreiecksungleichung (A3) untersuchen wir in der folgenden Übungsaufgabe.

Übungsaufgabe 7.14   Zeigen Sie, dass der Fréchet-Abstand, definiert auf polygonalen Kurven in der Ebene, die Dreiecksungleichung erfüllt. Sie dürfen dafür annehmen, dass der Fréchet-Abstand als das Infimum über Funktionen f und g definiert ist, die stetig und *streng* monoton aufsteigend sind und für die $f(0) = g(0) = 0$ und $f(1) = g(1) = 1$ gilt.

Eine interessante Variante des Fréchet-Abstands ist der sogenannte *schwache Fréchet-Abstand*. Er ist dadurch definiert, dass man von f und g nur verlangt, dass sie stetig sind und dass $f(0) = g(0) = 0$ sowie $f(1) = g(1) = 1$ gilt. In der Metapher des Spaziergangs bedeutet dies, dass Hund und Hundehalterin auch rückwärts entlang der Kurve gehen dürfen.

schwacher
Fréchet-Abstand

Übungsaufgabe 7.15 Finden Sie ein Beispiel von zwei Kurven deren schwacher Fréchet-Abstand und deren Hausdorff-Abstand verschieden sind.

Pseudometrik

Bergsteigerproblem

Der schwache Fréchet-Abstand ist eine sogenannte *Pseudometrik*. Er erfüllt die Bedingungen (A2) und (A3), aber nur eine abgeschwächte Bedingung (A1): Für jede Kurve gilt, dass der schwache Fréchet-Abstand zu sich selbst null ist. Die Dreiecksungleichung (A3) kann mit Hilfe eines Theorems von Goodman, Pach und Yap gezeigt werden. Es bezieht sich auf das sogenannte Bergsteigerproblem, das wie folgt beschrieben werden kann. Gegeben sind zwei Funktionen $f, g : [0, 1] \to [0, 1]$, die stetig und stückweise linear, aber nicht notwendigerweise monoton, sind und $f(0) = g(0) = 0$ sowie $f(1) = g(1) = 1$ erfüllen. Wir wollen zwei Funktionen $f', g' : [0, 1] \to [0, 1]$ mit denselben Eigenschaften finden, sodass $f(f'(t)) = g(g'(t))$ gilt.[23] Goodman, Pach und Yap zeigen, dass dieses Problem immer eine Lösung hat [59].

Der Name des Problems stammt von der folgenden Metapher. Die zwei Funktionen f und g beschreiben zwei Seiten einer Silhouette eines Berges, wobei 0 dem Meeresspiegel und 1 der Spitze des Berges entspricht. Zwei Bergsteiger wollen gemeinsam entlang der Silhouette den Berg besteigen, jeder auf einer Seite, und dabei zu jedem Zeitpunkt auf derselben Höhe sein. Dabei kann es passieren, dass sie zwischendurch wieder entlang der Silhouette zurückklettern müssen, wenn der Berg nicht monoton ansteigt. Die Funktionen f' und g' geben an, welchen Pfad sie nehmen müssen, um auf derselben Höhe zu bleiben.

Übungsaufgabe 7.16 Zeigen Sie, dass der schwache Fréchet-Abstand, definiert auf polygonalen Kurven in der Ebene, die Dreiecksungleichung erfüllt. Sie dürfen dafür annehmen, dass das Problem des Bergsteigers immer eine Lösung hat.

7.5.2   Fréchet-Abstand — das Entscheidungsproblem

Ein Algorithmus zur Berechnung des Fréchet-Abstands von polygonalen Kurven wurde zuerst von Alt und Godau beschrieben [8]. Der Algorithmus beruht auf der Idee, den Hunde-Spaziergang als einen Pfad in einem Konfigurationsraum darzustellen. Betrachten wir zunächst das Entscheidungsproblem: Gegeben zwei polygonale Kurven P und Q und eine reelle Zahl δ, ist $d_{\mathcal{F}}(P, Q) \leq \delta$? Dazu müssen wir die Frage beantworten, ob ein Spaziergang mit einer Hundeleine der Länge δ möglich ist.

Entscheidungsproblem

---

[23]Der Strich bei f' und g' bedeutet hier nicht die Ableitung.

Sei Π die Menge von Funktionen, über die in der Definition des Fréchet-Abstands minimiert wird. Ein festes Paar von Funktionen $(f, g) \in \Pi \times \Pi$ definiert einen Pfad $\pi : [0, 1] \to [0, 1]^2$ mit $\pi(t) = (f(t), g(t))$, der den Punkt $(0, 0)$ mit dem Punkt $(1, 1)$ verbindet und in beiden Koordinaten monoton ist. In diesem Kontext nennen wir das kartesische Produkt der beiden Parametrisierungsintervalle, in dem sich dieser Pfad befindet, den *Konfigurationsraum*. Wir nennen einen Punkt $(s, t) \in [0, 1]^2$ δ-zulässig, genau dann wenn $|P(s) - Q(t)| \leq \delta$. Um das Entscheidungsproblem zu lösen, müssen wir einen Pfad finden, der durch zwei Funktionen aus Π definiert ist und der nur zulässige Konfigurationen durchläuft. Der δ-zulässige Bereich des Konfigurationsraums wird auch δ-Free-Space genannt und die Darstellung der zulässigen und nicht-zulässigen Bereiche für ein festes δ nennen wir *Free-Space-Diagramm*.

zulässiger Pfad im Konfigurationsraum

Free-Space-Diagramm

Abbildung 7.45 zeigt ein Beispiel mit einem zulässigen Pfad.[24]

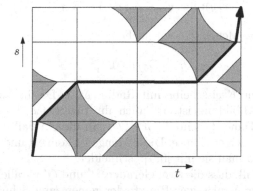

Abb. 7.45 Free-Space-Diagramm für die Kurven P und Q aus Abbildung 7.43 mit einem zulässigen Pfad. Der zulässige Bereich ist in weiß dargestellt, die Bereiche, die nicht zulässig sind, in grau. Die waagrechten und senkrechten Linien entsprechen den einzelnen Ecken der Kurven.

Übungsaufgabe 7.17   Zeigen Sie, dass sich der schwache Fréchet-Abstand für die Kurven in Abbildung 7.43 vom Fréchet-Abstand unterscheidet.

Das Free-Space-Diagramm setzt sich zusammen aus einzelnen Zellen, die durch je zwei Kanten der polygonalen Kurven gebildet werden. Eine wichtige Beobachtung ist, dass innerhalb jeder Zelle der zulässige Bereich konvex ist, wenn wir die Parametrisierung der Kurven geschickt wählen.

Konvexität innerhalb einer Zelle

---

[24]Das Diagramm wurde mit einem Ipelet von Günter Rote erstellt, siehe http://www.mi.fu-berlin.de/inf/groups/ag-ti/software/ipelets.html

Lemma 7.21 *Für zwei Kurven $P : [0,1] \to \mathbb{R}^2$ und $Q : [0,1] \to \mathbb{R}^2$ gegeben durch Punkte $p_1, p_2, q_1, q_2 \in \mathbb{R}^2$ mit $P(t) = (1-t)p_1 + tp_2$ und $Q(t) = (1-t)q_1 + tq_2$ ist, für jedes $\delta > 0$, die Menge der δ-zulässigen Punkte in $[0,1]^2$ eine konvexe Menge.*

Beweis. Wir erweitern die Strecken P und Q auf ihre zugrundeliegenden Geraden P' und Q', indem wir definieren $P'(t) = (1-t)p_1 + tp_2$ und $Q'(t) = (1-t)q_1 + tq_2$ für alle $t \in \mathbb{R}$. Wir betrachten jetzt die Funktion $h : \mathbb{R}^2 \to \mathbb{R}^2$ mit $h(s,t) = P'(s) - Q'(t)$. Wir nehmen zunächst an, dass die zwei Geraden nicht parallel zueinander liegen. In diesem Fall ist h eine affine Abbildung mit einer Inversen h^{-1}. Die Menge der δ-zulässigen Punkte ist beschrieben durch

$$\{(s,t); |h(s,t)| \leq \delta, (s,t) \in \mathbb{R}^2\} \cap [0,1]^2.$$

Diese Menge wiederum können wir wie folgt umschreiben:

$$\{h^{-1}(x,y); |(x,y)| \leq \delta, (x,y) \in \mathbb{R}^2\} \cap [0,1]^2.$$

Das heißt, die Menge, die wir suchen, ist

$$h^{-1}(D_\delta) \cap [0,1]^2,$$

wobei D_δ eine Kreisscheibe mit Radius δ ist. Da die Funktion h eine affine Abbildung ist, ist auch ihr Inverses h^{-1} eine affine Abbildung. Daher beschreibt $h^{-1}(D_\delta)$ in diesem Fall das Innere und den Rand einer Ellipse. Diese Menge ist konvex, und sie bleibt konvex, wenn man sie mit $[0,1]^2$ schneidet.

In dem Fall, dass die zwei Geraden P' und Q' parallel sind, ist die Menge der δ-zulässigen Punkte der gemeinsame Schnitt zweier paralleler Halbebenen mit $[0,1]^2$. $\qquad\square$

Lemma 7.21 erlaubt es uns, für die Suche nach einem zulässigen Pfad nur die zulässigen Intervalle auf dem Rand der Zellen zu betrachten. Die Idee ist nun, dass der Algorithmus für jede Zelle die Punkte auf dem Rand berechnet, die durch einen zulässigen Pfad erreichbar sind, der in $(0,0)$ beginnt und in beiden Koordinaten monoton ist. Der Rand einer Zelle wird durch vier Kanten gebildet. Auf jeder Kante bildet die Menge der erreichbaren Punkte ein Intervall, ein sogenanntes Erreichbarkeitsintervall.

Um die erreichbaren Punkte auf der rechten und oberen Kante einer Zelle zu berechnen, benötigen wir nur die Information, welche Punkte auf der linken und unteren Kante erreichbar sind, zusammen mit der Information, welche Randpunkte zulässig sind. Um diese Intervalle möglichst effizient zu berechnen, speichern wir sie als Zwischenergebnisse in einem Array, geordnet nach dem Index der Zelle. Der Algorithmus wird initialisiert mit dem Punkt

Erreichbarkeits-
intervalle

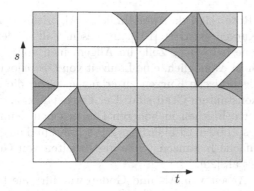

Abb. 7.46 Weiß: Bereich des Free-Space-Diagramms, der durch einen zulässigen monotonen Pfad vom Punkt $(0,0)$ erreichbar ist. Hellgrau: Bereich, der zulässig aber nicht erreichbar ist. Dunkelgrau: der nichtzulässige Bereich. Der Entscheidungsalgorithmus muss nur die Punkte auf dem Rand des Gitters betrachten.

$(0,0)$, welcher die Erreichbarkeitsintervalle der linken und unteren Kante der ersten Zelle darstellt. Alle anderen Erreichbarkeitsintervalle, die auf dem Rand des Konfigurationsraumes liegen, sind per Definition leer. Im weiteren Verlauf bearbeitet der Algorithmus die Zellen in jeder Zeile von links nach rechts, und Zeile für Zeile von unten nach oben. Durch diese Reihenfolge der Abarbeitung der Zellen ist gesichert, dass die Erreichbarkeitsintervalle der linken und unteren Kante der jeweils aktuellen Zelle schon berechnet wurden. Man spricht auch von einer *Propagation* der Erreichbarkeitsinformation. Der Mechanismus funktioniert ähnlich wie bei dem Algorithmus von Dijkstra für kürzeste Wege in Graphen. Zum Schluss müssen wir nur noch überprüfen, ob der Punkt $(1,1)$ erreichbar ist. Wir haben damit folgendes Resultat zum Entscheidungsproblem hergeleitet:

Propagation der Erreichbarkeitsintervalle

Theorem 7.22 *Gegeben seien polygonale Kurven P und Q mit n beziehungsweise m Kanten und eine reelle Zahl δ. Es existiert ein Algorithmus, der in $O(nm)$ Zeit und Speicherplatz feststellt, ob der Fréchet-Abstand von P und Q höchstens δ ist.*

Nun können wir auch erleichtert feststellen, dass das Minimum in der Definition des Fréchet-Abstands wohldefiniert ist. Dies folgt daraus, dass die Erreichbarkeitsintervalle abgeschlossen sind. Somit kann das Minimum über alle Funktionen f und g angenommen werden.

das Minimum ist wohldefiniert

Der oben beschriebene Entscheidungsalgorithmus funktioniert unverändert für polygonale Kurven in $\mathbb{R}^d$ mit gleicher asymptotischer Laufzeit und gleichem Speicherverbrauch, sofern d eine Kon-

nicht-polygonale
Kurven

triangulierte
Flächen

quadratische
untere Schranke

praktische Laufzeit

stante ist.[25] Rote zeigt, dass ein ähnlicher Algorithmus für nicht-polygonale Kurven existiert [101]. In diesem Fall ist der zulässige Bereich innerhalb einer Zelle im Allgemeinen aber nicht konvex. Dennoch ist es möglich, eine Laufzeit von $O(mn \log(mn))$ für stückweise algebraische Kurven zu erlangen, wenn die einzelnen Stücke von konstantem Grad sind. Der Fréchet-Abstand ist auch für triangulierte Flächen in höheren Dimensionen definiert. Das Entscheidungsproblem ist allerdings NP-schwer, und das schon für scheinbar einfache Instanzen, siehe die Arbeiten von Godau [58] und Buchin et al. [29].

Nach der Arbeit von Alt und Godau war für eine lange Zeit offen, ob die Laufzeit von $O(n^2)$ für zwei polygonale Kurven mit je n Kanten verbessert werden kann. Einen Durchbruch erreichten Buchin, Buchin, Meulemans und Mulzer [28] auf Basis einer Arbeit von Agarwal, Avraham, Kaplan und Sharir [2]. Sie zeigen, dass das Entscheidungsproblem in $o(n^2)$ Zeit lösbar ist. Konkret erhielten sie eine Laufzeit von $O\left(n^2 (\log \log n)^{3/2} / \sqrt{\log n}\right)$.

Etwa zeitgleich wurde von Bringmann [25] bewiesen, dass die Existenz eines Algorithmus mit Laufzeit in $O(n^{2-\varepsilon})$ für ein $\varepsilon > 0$ gegen wichtige komplexitätstheoretische Annahmen verstoßen würde und somit eher unwahrscheinlich ist. Diese beiden Aussagen widersprechen sich nicht, da die obige Laufzeit nicht die Form $O(n^{2-\varepsilon})$ für ein $\varepsilon > 0$ hat. Allerdings hat die Suche nach einem schnelleren Algorithmus mit dem Ergebnis von Bringmann vorerst ein Ende genommen.

Das hindert uns natürlich nicht daran, zu versuchen, die praktische Laufzeit des Entscheidungsalgorithmus zu verbessern. Eine schnelle Implementierung mit einer Analyse der praktischen Laufzeit findet sich bei Bringmann, Künnemann und Nusser [26].

Für den schwachen Fréchet-Abstand von polygonalen Kurven in der Ebene wurde nach der Arbeit von Bringmann [25] eine ähnliche quadratische untere Schranke von Buchin, Ophelders und Speckmann gezeigt [30].

Übungsaufgabe 7.18 Beschreiben Sie einen Algorithmus, der das Entscheidungsproblem für den schwachen Fréchet-Abstand löst.

7.5.3   Fréchet-Abstand — das Optimierungsproblem*

Optimierungs-
problem

Als nächstes wollen wir uns mit dem Optimierungsproblem befassen, also damit, wie man den Fréchet-Abstand berechnen kann. Der Einfachheit halber nehmen wir ab jetzt an, dass gilt: $m \leq n$.

---

[25]Har-Peled und Raichel zeigen, dass der δ-zulässige Bereich in einer Zelle noch immer konvex ist [64].

Wir betrachten zunächst den schwachen Fréchet-Abstand. Hier lässt sich das Problem auf eine Kürzeste-Wege-Suche in einem gewichteten Graphen G reduzieren. Dabei ist die Länge eines Weges als das *maximale* Gewicht einer auf dem Weg besuchten Kante definiert. Diese Variante wird im Englischen auch als *bottleneck-shortest path* bezeichnet.

bottleneck-shortest path

Der Graph G ist wie folgt definiert. Für jede Zelle des Konfigurationsraums gibt es einen Knoten in G. Je zwei benachbarte Zellen sind verbunden mit einer Kante in G. Jede Kante im Graphen G hat also ein zugehöriges Ecke-Kante-Paar (p, e) in den Kurven, wobei p eine Ecke der einen Kurve ist und e eine Kante von der anderen Kurve. Das Gewicht der Kante von G ist definiert als der Abstand zwischen der Ecke p und der Kante e und entspricht dem Schwellwert, ab dem ein zulässiger Pfad im Konfigurationsraum den gemeinsamen Rand der Zellen kreuzen darf. Zusätzlich fügen wir zwei Knoten s und t und zwei Kanten zu G hinzu: Wir verbinden s mit der Zelle, die den Punkt $(0, 0)$ enthält, und t mit der letzten Zelle, die den Punkt $(1, 1)$ enthält, jeweils mittels einer Kante. Als Kantengewicht wird der Abstand der entsprechenden Endpunkte der Kurven zugewiesen.

Der Graph G hat $O(n^2)$ Knoten und Kanten und kann in $O(n^2)$ Zeit berechnet werden. Mit Hilfe des Algorithmus von Dijkstra können wir einen kürzesten Weg zwischen s und t nun einfach in $O(n^2 \log n)$ Zeit finden.

Da der Graph ungerichtet ist und wir die Länge eines Weges als das maximale Gewicht definiert haben, geht es sogar in $O(n^2)$ Zeit, also linear in der Anzahl der Knoten und Kanten.

Dies funktioniert mittels eines rekursiven Algorithmus, der wie folgt beschrieben werden kann. Der Algorithmus bestimmt in Zeit $O(n^2)$ die Kante mit dem Median-Gewicht[26] w und berechnet den Graphen $G_{\leq w}$, der nur die Kanten mit Gewicht höchstens w enthält. Wenn s und t in derselben Zusammenhangskomponente von $G_{\leq w}$ sind, dann ist die Länge des (bottleneck)-kürzesten Weges kleiner oder gleich w. In diesem Fall wird der Algorithmus rekursiv auf $G_{\leq w}$ aufgerufen. Falls s und t in verschiedenen Komponenten sind, ist die Länge des kürzesten Weges größer als w. In diesem Fall kontrahieren wir jede Komponente in $G_{\leq w}$ in G zu einem einzelnen Knoten und erstellen so einen Graphen $G_{>w}$, auf dem wir den Algorithmus rekursiv aufrufen; dabei entfernen wir auch isolierte Knoten. In jedem Schritt wird die Anzahl der Kanten halbiert, und jeder Schritt lässt sich in einer Lauf-

Kürzeste-Wege-Suche in linearer Zeit

---

[26] Der Median von m Objekten aus einer vollständig geordneten Menge ist dasjenige Objekt, welches nach aufsteigender Sortierung in der Mitte an Position $\lceil \frac{m}{2} \rceil$ stünde. Er lässt sich aber auch ohne Sortieren in Zeit $O(m)$ bestimmen; siehe Mehlhorn [90].

zeit ausführen, die linear in der Größe des aktuellen Graphen ist. Die Laufzeit lässt sich mit einer geometrischen Reihe abschätzen und ist insgesamt linear in der Größe von G, also in $O(n^2)$. Der Algorithmus und die Analyse sind zu finden bei Har-Peled und Raichel [64].

Theorem 7.23 *Der schwache Fréchet-Abstand von zwei polygonalen Kurven mit n Kanten kann in $O(n^2)$ Zeit und Speicherplatz berechnet werden.*

Wir haben gesehen, dass der schwache Fréchet-Abstand entweder durch den Abstand der Endpunkte oder durch den Abstand von einer Ecke zu einer Kante angenommen werden kann. Der Fréchet-Abstand hingegen muss nicht durch einen dieser Werte angenommen werden, wie das Beispiel in Abbildung 7.44 zeigt. Hier wird der Fréchet-Abstand durch den Abstand von zwei Ecken einer Kurve zu dem Schnittpunkt ihres Bisektors mit einer Kante der anderen Kurve angenommen.

Tatsächlich können wir genau charakterisieren, wie die Struktur einer Lösung des Optimierungsproblems aussieht. Wir behaupten, der Fréchet-Abstand wird durch einen der folgenden *Analyse der* Abstände angenommen:
kritischen Werte

(A) der gemeinsame Abstand zweier Ecken zu dem Schnittpunkt ihres Bisektors mit einer Kante,

(B) der Abstand zwischen einer Ecke und einer Kante,

(C) der Abstand zwischen zwei Endpunkten der Kurven.

Wir nennen diese Abstände die *kritischen Werte*. Sie ergeben sich durch eine genaue Analyse des Entscheidungsalgorithmus. Wir stellen uns vor, dass wir den Parameter δ von 0 kontinuierlich erhöhen, und interessieren uns für die δ-Werte, bei denen ein δ-zulässiger monotoner Pfad im Free-Space-Diagramm entstehen kann. Ein kritischer Wert vom Typ A entspricht dem Schwellwert, ab dem ein Erreichbarkeitsintervall sich öffnen könnte. Ein Beispiel ist in Abbildung 7.47 illustriert.

Wenn wir die Metapher des Hundespaziergangs heranziehen, können wir uns vorstellen, dass die Hundehalterin am Punkt s stehen bleiben muss, während der Hund den Kurvenabschnitt zwischen p und q passieren kann. Der Abstand zwischen p und s (bzw. q und s) ist ein Schwellwert, bei dem unter Umständen ein zulässiger monotoner Pfad im Free-Space-Diagramm entsteht, siehe Abbildung 7.48.

Ein kritischer Wert vom Typ B entspricht dem Schwellwert, ab dem ein zulässiger Pfad die zugehörige Kante des Gitters des

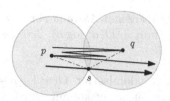

Abb. 7.47 Der Radius der beiden Kreise ist der kritische Wert, der durch die Ecken p und q und der Kante der anderen Kurve bestimmt ist. Der Punkt s ist der Schnittpunkt des Bisektors von p und q mit der anderen Kurve.

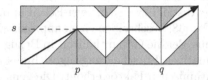

Abb. 7.48 Free-Space-Diagramm der Kurven aus Abbildung 7.47.

Free-Space-Diagramms kreuzen kann, also ein δ-zulässiges Intervall sich öffnet. Von den kritischen Werten vom Typ C gibt es nur zwei, der Abstand zwischen $P(0)$ und $Q(0)$ und der Abstand zwischen $P(1)$ und $Q(1)$. Diese Werte entsprechen den Bedingungen, die am Anfang und am Ende des Algorithmus getestet werden. Da der zulässige Bereich innerhalb einer Zelle konvex ist, ist die oben beschriebene Menge an kritischen Werten vollständig, das heißt, der Fréchet-Abstand wird immer durch einen dieser Werte angenommen.

Um die kritischen Werte zu berechnen, betrachten wir alle möglichen Kombinationen von Ecken und Kanten der beiden Kurven, die einen kritischen Wert vom Typ A, B oder C erzeugen können. Wir nennen eine solche Kombination eine *Konfiguration*. Für zwei Kurven mit insgesamt n Kanten gibt es $O(n^3)$ Konfigurationen vom Typ A, $O(n^2)$ Konfigurationen vom Typ B, und genau zwei Konfigurationen vom Typ C. Für jede Konfiguration lässt sich der kritische Wert in konstanter Zeit berechnen. Anschließend können wir die $O(n^3)$ kritischen Werte in $O(n^3 \log n)$ Zeit sortieren. Mit einer binären Suche über alle kritischen Werte erhalten wir unter Hinzunahme des Entscheidungsalgorithmus von Theorem 7.22 einen einfachen Algorithmus, der mit $O(n^3 \log n)$ Laufzeit und $O(n^3)$ Speicherplatz auskommt.

Es geht aber noch schneller! Alt und Godau zeigen, wie das Problem mit Hilfe einer speziellen Form der parallelen Suche, der sogenannten parametrisierten Suche, in $O(n^2 \log n)$ Zeit und $O(n^2)$ Speicherplatz gelöst werden kann.

Konfiguration

parametrisierte Suche

Theorem 7.24 *Der Fréchet-Abstand von zwei polygonalen Kurven mit n Kanten kann in $O(n^2 \log n)$ Zeit und $O(n^2)$ Speicherplatz berechnet werden.*

binäre Suche:
einfach und schnell

Ein einfacherer randomiserter $O(n^2 \log n)$-Algorithmus, der ohne parametrisierte Suche auskommt, wird von Har-Peled und Raichel beschrieben [64]. Ein weiterer Algorithmus, der ohne parametrisierte Suche auskommt, ist der deterministische Approximationsalgorithmus von Driemel, Har-Peled und Wenk [47]. Der Algorithmus basiert auf der Beobachtung, dass jeder kritische Wert vom Typ A entweder durch einen kritischen Wert vom Typ B oder durch den Abstand zwischen zwei Ecken approximiert wird. Colombe und Fox [38] beschreiben einen approximativen Optimierungsalgorithmus, der die Gesamtlaufzeit in Bezug auf einen gegebenen approximativen Entscheidungsalgorithmus um nicht mehr als einen logarithmischen Faktor erhöht. Die genannten Algorithmen basieren auf einer binären Suche über eine geschickt gewählte Untermenge von kritischen Werten.

Im Folgenden skizzieren wir den exakten Algorithmus von Har-Peled und Raichel [64], der die Laufzeitschranke aus Theorem 7.24 mit hoher Wahrscheinlichkeit nicht überschreitet und dabei mit der binären Suche auskommt.[27]

Der Algorithmus arbeitet in zwei Phasen. In der ersten Phase wählen wir zunächst $O(n^2)$ kritische Werte zufällig aus, indem wir aus den Konfigurationen der Ecken und Kanten gleichverteilt zufällig wählen und für jede ausgewählte Konfiguration den zugehörigen kritischen Wert in konstanter Zeit bestimmen. Sei U die Menge der auf dieser Weise bestimmten kritischen Werte. Dann führen wir eine binäre Suche mithilfe des Entscheidungsalgorithmus von Theorem 7.22 auf der Menge U durch und finden ein Intervall $[\alpha, \beta]$, das den Fréchet-Abstand und keinen weiteren Wert

zufällig gewählte
Konfigurationen

aus U enthält. Die Laufzeit der ersten Phase ist durch $O(n^2 \log n)$ beschränkt, da die binäre Suche nur $O(\log |U|)$ Aufrufe des Entscheidungsalgorithmus benötigt.

In der zweiten Phase berechnen wir alle kritischen Werte, die im Intervall $\mathcal{I} = [\alpha, \beta]$ liegen. Dafür verwenden wir einen output-sensitiven Algorithmus mit Laufzeit $O((n^2 + k) \log n)$, wobei k die Anzahl der kritischen Werte im Intervall $\mathcal{I}$ ist. Die Anzahl der kritischen Werte vom Typ B und C ist insgesamt durch $O(n^2)$ beschränkt und kann durch Analyse der Konfigurationen in $O(n^2)$ Zeit bestimmt werden. Schwierig sind nur die kritischen Werte vom Typ A, da es von ihnen $\Omega(n^3)$ viele in dem Intervall $\mathcal{I}$ geben kann. Hier verwenden wir einen speziellen Sweep-Algorithmus, der

---

[27]Als hohe Wahrscheinlichkeit wird in diesem Falle eine Wahrscheinlichkeit von mindestens $1 - 1/n$ bezeichnet.

für jede Kante e einzeln aufgerufen wird und nur kritische Werte betrachtet, an deren erzeugender Konfiguration diese Kante e beteiligt ist. Die Sweepline ist in diesem Falle keine vertikale Gerade die entlang der x Achse verschoben wird, sondern es ist eine Menge sich ausbreitender Kreise, die auf den Ecken der Eingabekurven zentriert sind. Die Status-Struktur speichert die Schnittpunkte der Kreise mit der festen Kante e.

Die folgende Übungsaufgabe zeigt, dass dies tatsächlich mit der avisierten Laufzeit möglich ist.

Übungsaufgabe 7.19 Sei e eine Strecke und sei P eine Menge von n Punkten in der Ebene. Sei s der Schnittpunkt des Bisektors $B(p,q)$ mit der Kante e, sofern s existiert, und sei $\mu_{p,q} = |p - s|$ der dazugehörige kritische Wert. Entwerfen Sie einen Algorithmus, der die Menge der kritischen Werte $M = \{\mu_{p,q} \mid p, q \in P\} \cap \mathcal{I}$ für ein gegebenes Intervall $\mathcal{I}$ in $O((n + |M|)\log n)$ Zeit berechnet.

Eine zweite binäre Suche über die kritischen Werte im Intervall $\mathcal{I}$ ergibt dann den Fréchet-Abstand. Es lässt sich einfach zeigen, dass die Anzahl der kritischen Werte k, die im Intervall $\mathcal{I}$ liegen, mit hoher Wahrscheinlichkeit in $O(n^2)$ liegt. Insbesondere können wir die Wahrscheinlichkeit betrachten, dass die Menge der größten n^2 kritischen Werte, die kleiner als der Fréchet-Abstand sind (sofern diese Menge überhaupt diese Größe hat), keinen Wert aus U enthält und feststellen, dass diese Wahrscheinlichkeit sehr klein ist. Auf ähnliche Weise können wir dann auch die n^2 kleinsten kritischen Werte, die größer als der Fréchet-Abstand sind, betrachten. Daraus folgt eine Gesamtlaufzeit von $O(n^2 \log n)$, die mit hoher Wahrscheinlichkeit nicht überschritten wird.

7.5.4 Hausdorff-Abstand*

Ein $O(n \log n)$-Algorithmus zur Berechnung des gerichteten Hausdorff-Abstands zwischen einfachen polygonalen Kurven findet sich bei Alt, Behrends und Blömer [6]. Der Algorithmus nutzt verschiedene Konzepte, die wir im Laufe des Buches schon kennengelernt haben: Voronoi-Diagramme von Strecken, Datenstrukturen zur Punktlokalisierung, und Sweep-Algorithmen.

Da der Hausdorff-Abstand die Reihenfolge und Richtung der Kanten ignoriert, sprechen wir im folgenden nur von den Mengen der Kanten der Eingabekurven. Wir nehmen an, dass keine zwei Kanten einer Kurve einen echten Schnittpunkt haben. Schnittpunkte zwischen Kanten beider Kurven lassen wir aber zu.

Wir lassen auch zu, dass zwei Kanten einer Kurve den gleichen Endpunkt haben. Dabei definieren wir den Bisektor zwischen zwei

solchen Kanten so, als wären beide Kanten am gemeinsamen Endpunkt um ein kleines ε verkürzt. Genauer gesagt, definieren wir
den Bisektor der ursprünglichen Kanten als die Kurve, gegen die
der Bisektor der gekürzten Kanten konvergiert, wenn ε gegen null
geht. Somit folgt der Bisektor lokal der Winkelhalbierenden der
beiden Kanten — wie in Abbildung 7.49.

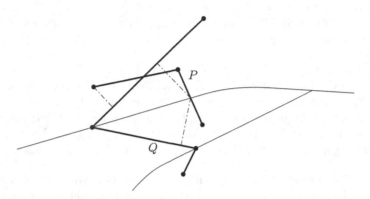

Abb. 7.49 Zwei Mengen von Strecken P und Q mit dem Voronoi-
Diagramm von Q. Gestrichelte Linien zeigen den Abstand von Q zu
einem Schnittpunkt einer Strecke von P mit einer Voronoi-Kante von Q,
und den Abstand zu einem Endpunkt einer Kante von P.

Analyse der kritischen Werte

Wir beginnen mit einer wichtigen Beobachtung zur kombinatorischen Struktur der optimalen Lösung des Optimierungsproblems, ähnlich zu der Analyse der kritischen Werte aus Abschnitt 7.5.3, nur dass wir in diesem Fall keinen Entscheidungsalgorithmus definiert haben.

Lemma 7.25 *Der gerichtete Hausdorff-Abstand $d_{\overrightarrow{\mathcal{H}}}(P, Q)$ von
zwei Mengen von Strecken P und Q in der Ebene ist entweder
der minimale Abstand von Q zu einem Endpunkt einer Strecke
von P, oder zu einem Schnittpunkt einer Strecke von P mit einer
Voronoi-Kante des Voronoi-Diagrams von Q.*

Beweis. Das Lemma folgt aus einer einfachen Beobachtung. Betrachten wir für eine Strecke a von P innerhalb einer Voronoi-
Region von Q den Abstand zu der zugehörigen Strecke b in Q
entlang der Strecke a. Sei p der Punkt auf der Strecke a, der den
kleinsten Abstand zu b hat. Wenn wir von p entlang der Strecke a
in eine Richtung laufen, dann wächst der Abstand monoton. Das
Maximum wird entweder an einem Endpunkt von a angenommen
oder, wenn die Strecke die Voronoi-Region von b verlässt, also an
einem Schnittpunkt mit der Voronoi-Kante. □

Lemma 7.25 erleichtert unsere Aufgabe ungemein. Denn nun können wir uns bei der Berechnung des gerichteten Hausdorff-Abstands auf eine endliche Menge von Abständen beschränken.

Zur Berechnung des Voronoi-Diagramms der Menge von Strecken Q benutzen wir Theorem 7.10. Dies ist zulässig, denn unsere Analyse aus Abschnitt 5.5.2 zeigt, dass das Voronoi-Diagramm von paarweise disjunkten Strecken in der Ebene die AVD-Axiome aus Abschnitt 7.2.1 erfüllt, und diese Analyse lässt sich leicht übertragen anhand unserer Definition für Bisektoren von Strecken mit gemeinsamen Endpunkten.

Voronoi-Diagramm von Strecken

Für die Regionen des Voronoi-Diagrams bauen wir eine Datenstruktur zur Punktlokalisierung. Dafür benutzen wir eine Trapezzerlegung, wie wir sie in Abschnitt 4.3 kennengelernt haben, auf den Voronoi-Kanten. Allerdings funktioniert das nur für x-monotone Kurven. Da jede Voronoi-Kante aber durch eine konstante Anzahl von Kurvenstücken beschrieben ist, die jeweils konstanten Grad haben, können wir jede Voronoi-Kante in konstant viele $x-$monotone Stücke aufteilen, um diese Eigenschaft zu garantieren. Mit Hilfe dieser Datenstruktur finden wir in erwarteter Zeit $O(\log n)$ für jeden Endpunkt einer Strecke aus P die Voronoi-Region, die den Endpunkt enthält, und berechnen den Abstand zu der zugehörigen Strecke aus Q. Sei $d_{\max}$ das Maximum der bis hier berechneten Abstände.

Punktlokalisierung

Als nächstes wollen wir die Schnittpunkte der Voronoi-Kanten mit den Strecken von P untersuchen. Dafür können wir den Sweep-Algorithmus aus Abschnitt 2.3.2 benutzen. Dazu benutzen wir wieder die $O(n)$ x-monotonen Stücke der Voronoi-Kanten. Allerdings könnte es quadratisch viele Schnittpunkte zwischen Voronoi-Kanten und Strecken von P geben.

Sweep über Voronoi-Kanten

Es geht schneller, wenn wir nur eine geschickt gewählte Untermenge von Schnittpunkten evaluieren, die tatsächlich zum Hausdorff-Abstand beitragen können; wir sind ja nur an dem *maximalen* Abstand eines Schnittpunkts zu seinen beiden zugehörigen Strecken in Q interessiert.

Dessen Abstand zu den Strecken in Q entlang des Bisektors ist zuerst monoton fallend und dann monoton steigend. Für die Bestimmung des Maximums müssen wir also nur den ersten und letzten Schnittpunkt entlang jeder Voronoi-Kante betrachten. Um unnötige Schnittpunktberechnungen zu sparen, entfernt der Algorithmus deswegen die Voronoi-Kante aus der Status-Struktur, sobald die Sweepline den ersten Schnittpunkt auf dieser Voronoi-Kante erreicht hat. Wir rufen den Algorithmus dann zweimal auf — einmal von links nach rechts und einmal gespiegelt von rechts nach links; somit finden wir die ersten und letzten Schnittpunkte auf jeder Voronoi-Kante in $O(n \log n)$ Zeit. Auf diese Weise erhalten wir $O(n)$ Schnittpunkte, für die wir in jeweils konstanter Zeit den Abstand evaluieren können. Sei g_{max} der maximale Abstand eines berechneten Schnittpunkts zu den beiden zugehörigen Strecken aus Q.

Wir können nun den gerichteten Hausdorff-Abstand zwischen P und Q als Maximum von d_{max} und g_{max} berechnen. Um den ungerichteten Hausdorff-Abstand zu erhalten, müssen wir den Algorithmus nur noch ein zweites Mal mit vertauschten Rollen von P und Q aufrufen. Das Maximum über beide Richtungen ergibt dann den Hausdorff-Abstand. Damit erhalten wir das folgende Ergebnis für Mengen von Strecken ohne Selbstschnitte:

Theorem 7.26 *Gegeben seien zwei einfache polygonale Kurven P und Q mit insgesamt n Kanten. Wir können in zu erwartender Zeit $O(n \log n)$ und $O(n)$ Speicherplatz den Hausdorff-Abstand $d_{\mathcal{H}}(P, Q)$ berechnen.*

Selbstschnitte erhöhen die Laufzeit

Der Algorithmus lässt sich leicht abwandeln, um allgemeine Streckenmengen in der Ebene mit Selbstschnitten zu erlauben. Wir müssen die Strecken nur an den echten Schnittpunkten teilen, da Schnittpunkte an den Endpunkten zulässig sind. Dadurch erhöht sich die Eingabegröße n um die Anzahl der echten Schnittpunkte.

nicht-polygonale Kurven

Alt und Scharf zeigen, wie sich der Ansatz auf nicht-polygonale Kurven in der Ebene erweitern lässt [9]. Da die Berechnung des Voronoi-Diagramms in diesem Fall schwieriger ist, stellen sie dar, wie dieser Schritt umgangen werden kann. Anstelle von Voronoi-Diagrammen werden, ähnlich wie beim Fréchet-Abstand, geometrische Konfigurationen betrachtet, welche die kritischen Werte erzeugen können. In höheren Dimensionen stellt sich die natürliche Frage, wie man den Hausdorff-Abstand zwischen *Simplizialkomplexen*[28] berechnen kann. Dazu findet sich ein Algorithmus bei Alt et al. [7].

höherdimensionale Objekte

7.6   Bewegungsplanung bei unvollständiger Information

Bis jetzt haben wir uns überwiegend mit Problemen beschäftigt, bei denen die zur Lösung erforderliche Information von Anfang an vollständig vorhanden ist, meist in Form der Eingabedaten.

---

[28]Ein geometrischer *Simplizialkomplex* ist eine Menge $K \subset \mathbb{R}^d$ von Simplexen mit folgenden Eigenschaften: Mit jedem Simplex σ gehören auch alle Facetten von σ zu K, und der Durchschnitt von zwei Simplexen aus K ist entweder leer oder eine gemeinsame Facette von beiden.

Im realen Leben ist diese Annahme nicht immer gerechtfertigt. Für eine Person, die sich im Innern eines Labyrinths befindet, bedeutet es einen gewaltigen Unterschied, ob sie das Labyrinth kennt oder nicht: Kennt sie das Labyrinth, kann sie den kürzesten Weg ins Freie *berechnen*, bevor sie aufbricht. Ist das Labyrinth jedoch unbekannt, muss sie sich aufmachen und nach einem Ausweg *suchen*!

Ausweg aus dem Labyrinth

Die Berechnung des kürzesten Weges ließe sich wie in Abschnitt 5.5.3 auf ein Graphenproblem reduzieren: Man betrachtet den *Sichtbarkeitsgraphen*, der den Startpunkt und alle Hindernisecken als Knoten enthält. Zwei Knoten werden mit einer Kante verbunden, wenn sie einander sehen können. Nun wendet man den Algorithmus von Dijkstra zur Bestimmung aller vom Startpunkt ausgehenden kürzesten Wege in diesem Graphen an; vgl. Güting [63].

Sichtbarkeitsgraph

Offenbar sind hier ganz *unterschiedliche Effizienzmaße* anzulegen, je nachdem, ob der Ausweg berechnet oder gesucht wird: Im ersten Fall kommt es auf die *Rechenzeit* an, die für die Planung des kürzesten Auswegs benötigt wird. Im zweiten Fall ist dagegen die *Länge des Weges* entscheidend, den man insgesamt zurücklegt, um ins Freie zu gelangen. Dieser Weg kommt durch Versuch und Irrtum zustande und kann sehr viel länger sein als der kürzeste Ausweg.

unterschiedliche Effizienzmaße

Außerdem ist gar nicht klar, ob überhaupt eine Suchstrategie existiert, mit deren Hilfe man immer einen Ausweg findet, wenn es einen gibt. Mit dieser Frage beschäftigen wir uns im folgenden Abschnitt. Dass man sich für derartige Probleme interessiert, hat ganz praktische Gründe, zum Beispiel beim Einsatz autonomer Roboter.

Anwendung: autonome Roboter

Wir stellen uns einen Roboter als Punkt vor, und darin liegt keine wesentliche Einschränkung. Das Planungsproblem eines kreisförmigen Roboters mit Radius r lässt sich nämlich auf dieses Modell reduzieren — durch Vergrößerung der Hindernisse.

punktförmig: keine Einschränkung

Dazu fährt man mit dem Mittelpunkt eines Kreises vom Radius r an den Rändern der Hindernisse entlang.[29] Wo sich vergrößerte Hindernisse überlappen, fasst man sie zusammen. Ein Beispiel ist in Abbildung 7.50 (ii) gezeigt. Im Originallabyrinth gibt es genau dann einen Ausweg für den kreisförmigen Roboter mit Mittelpunkt in Startposition s, wenn es im Labyrinth der

---

[29]Nimmt man an, dass der Mittelpunkt des Roboters R im Nullpunkt liegt, so entstehen allgemein die vergrößerten Hindernisse $\hat{H}_i$ als *Minkowski-Summen* $\hat{H}_i = H_i \ominus R = \{ h - r \; ; \; h \in H_i \text{ und } r \in R \}$. Ihre Ränder sind streng genommen keine polygonalen Ketten mehr, weil an den äußeren Ecken Kreisbogenstücke entstehen.

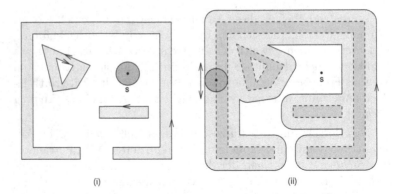

(i) (ii)

Abb. 7.50 Genau dann lässt sich links der kreisförmige Roboter von Startposition s nach außen bewegen, wenn das rechts für einen Punkt möglich ist.

vergrößerten Hindernisse einen Ausweg für einen Punkt mit Startposition s gibt.

Diese schöne Idee geht auf Lozano-Pérez [88] zurück und lässt sich auch auf nicht-kreisförmige Roboter anwenden, solange nur Translationen, aber keine Rotationen erlaubt sind.

Sensoren   Wichtig ist, mit welchen *Sensoren* ein Roboter seine Umwelt wahrnehmen kann, ob es ihm möglich ist, seine Umgebung zu markieren und diese Marken später zu lesen, und wieviel Information er speichern kann.

7.6.1   Ausweg aus einem Labyrinth

In diesem Abschnitt betrachten wir ein Problem, das schon in der Antike bekannt war. In unserer Terminologie können wir es folgendermaßen formulieren:

Gegeben sei ein punktförmiger Roboter, der nur über einen Tastsensor und einen Winkelzähler verfügt.[30]

Dieser Zähler kann auf 0 zurückgesetzt werden und gibt danach zu jedem Zeitpunkt die Summe der Winkel der insgesamt ausgeführten Drehbewegungen an. Dabei werden Linksdrehungen po-
Problemstellung   sitiv gezählt und Rechtsdrehungen negativ. Gesucht ist eine Strategie, mit deren Hilfe solch ein Roboter aus jedem unbekannten Labyrinth herausfindet, aus dem es überhaupt einen Ausweg gibt.

Dabei verstehen wir unter *herausfinden*, dass der Roboter den Rand der konvexen Hülle der Hindernisse erreicht oder gleich im

---

[30]Das bedeutet für die antike Heldin: Sie wacht im Innern des Labyrinths auf und hat weder Ariadnefaden noch Kreide zur Verfügung. Außerdem ist es so dunkel, dass sie sich allein auf ihren Tastsinn verlassen muss.

Startpunkt stehenbleibt, wenn dieser schon außerhalb der konvexen Hülle liegt. Wir nehmen an, dass zu diesem Zeitpunkt eine Statusvariable *Entkommen* gesetzt wird und die Schleifen in den folgenden Programmen verlassen werden.[31]

Abbruchbedingung

Wenn der Roboter auf ein Hindernis trifft, muss er sich entscheiden, in welcher Richtung er der Wand folgen will. Wir legen fest, dass der Roboter sich rechtsherum dreht und dann so an der Wand entlangläuft, dass das Mauerwerk sich links von ihm befindet. In Abbildung 7.50 (i) sind die Umlaufrichtungen der Wände eingezeichnet, die sich durch diese Festlegung ergeben.

linke Hand an der Wand

Ein erster Ansatz für die gesuchte Strategie könnte nun folgendermaßen aussehen:

1. Versuch: an der Wand entlang

> wähle *Richtung* beliebig;
> **repeat**
> > folge *Richtung*
> **until** *Wandkontakt*;
> **repeat**
> > folge der Wand
> **until** *Entkommen*

Hierbei bezeichnet die Variable *Richtung* die momentane Orientierung des Roboters, also die Richtung seiner Nase.

In Abbildung 7.51 (i) ist ein höhlenartiges Labyrinth zu sehen, aus dem diese Strategie den eingezeichneten Ausweg findet. Wenn aber das Höhleninnere nicht einfach-zusammenhängend ist, kann es zu Endlosschleifen kommen, wie das Beispiel (ii) zeigt.

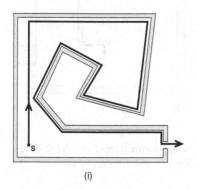
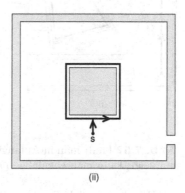

(i)　　　　　　　　　　　　(ii)

Abb. 7.51 Durch Verfolgen der Wand findet der Roboter aus dem linken Labyrinth heraus, während er rechts in eine Endlosschleife gerät.

---

[31]Ohne ein Signal von außen kann der Roboter nicht wissen, wann er aus dem Labyrinth entkommen ist.

Es ist also offenbar wichtig, sich von unterwegs angetroffenen Hindernissen auch wieder zu lösen! Dies versucht unser zweiter Ansatz. Der Roboter wählt eine Anfangsrichtung aus und folgt ihr. Trifft er auf ein Hindernis, folgt er der Wand nur so lange, bis seine Nase wieder in die Anfangsrichtung zeigt. Dort löst er sich vom Hindernis und iteriert das Verfahren.

```
wähle Richtung beliebig;
Winkelzähler := 0;
repeat

    repeat
        folge Richtung
    until Wandkontakt;

    repeat
        folge der Wand
    until Winkelzähler mod 2π = 0

until Entkommen
```

Abbildung 7.52 zeigt, wie sich diese Strategie in den beiden Beispiellabyrinthen verhält: In (ii) löst sich der Roboter schön von dem freistehenden Hindernis und findet den Ausgang, aber nun gerät er in (i) in eine Endlosschleife.

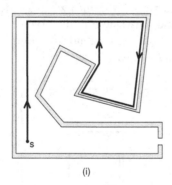
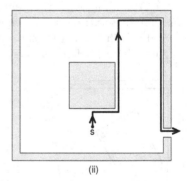

(i)   (ii)

Abb. 7.52 Läuft man in Anfangsrichtung, wann immer die Nase dorthin zeigt, kann man ebenfalls in eine Endlosschleife geraten.

Wie lassen sich Endlosschleifen erkennen und unterbrechen? Intuitiv dreht sich der Roboter bei jedem Umlauf einmal um seine Achse. Das kann er mit Hilfe des Winkelzählers feststellen! Dann reicht es aber nicht aus, nur die momentane Richtung zu beachten, also den Wert des Winkelzählers modulo 2π. Wir benötigen nun tatsächlich den Gesamtdrehwinkel.

Unser dritter Versuch unterscheidet sich nur in diesem Detail vom zweiten.

wähle *Richtung* beliebig;
Winkelzähler := 0;
repeat

   repeat
      folge *Richtung*
   until *Wandkontakt*;

   repeat
      folge der Wand
   until *Winkelzähler* = 0

until *Entkommen*

Dieses Verfahren wird *Pledge-Algorithmus* genannt, nach einem Jungen namens John Pledge, der es [1] zufolge im Alter von zwölf Jahren erfunden hat.

Man beachte, dass auch hier der eingeschlagene Weg aus zwei Sorten von Segmenten besteht: Während der Winkelzähler einen von null verschiedenen Wert hat, führt der Weg an einer Hinderniswand entlang. Ist der Wert des Winkelzählers gleich null, bewegt sich der Roboter frei[32] in die anfangs gewählte Richtung.

Man sieht sofort, dass diese Strategie in beiden Beispielen das Richtige tut: sie läuft die Wege in Abbildung 7.51 (i) und 7.52 (ii). Sie findet also in beiden Fällen ins Freie. Das ist kein Zufall! Es gilt nämlich folgender Satz:

Theorem 7.27 *Der Pledge-Algorithmus findet in jedem Labyrinth von jeder Startposition aus einen Weg ins Freie, von der überhaupt ein Ausweg existiert.*

Beweis. Sei L ein Labyrinth und s eine Startposition in L. Zunächst beweisen wir folgende Aussage über die möglichen Werte des Winkelzählers:

Lemma 7.28 *Der Winkelzähler nimmt niemals einen positiven Wert an.*

Beweis. Am Anfang wird der Zähler auf null gesetzt, und sein Wert ist auch später immer gleich null, wenn der Roboter „freie" Wegstücke in Anfangsrichtung zurücklegt.

Wenn der Roboter auf eine Hinderniswand trifft, führt er zunächst eine Rechtsdrehung aus, um der Wand folgen zu können,

---

[32]Wir nennen auch solche Wegstücke „frei", die einer in der Anfangsrichtung orientierten Hinderniskante folgen, vorausgesetzt, der Winkelzähler hat den Wert null.

siehe Abbildung 7.53. Dadurch erhält der Zähler einen negativen
Wert. Wenn der Wert des Winkelzählers jemals null wird, löst
sich der Roboter wieder vom Hindernis. Aus Stetigkeitsgründen
können deshalb keine positiven Werte auftreten.   □

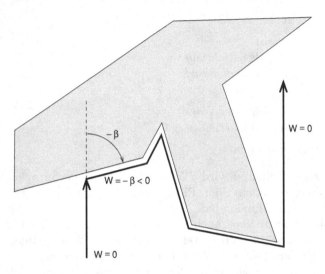

Abb. 7.53 Bis der Roboter das Hindernis wieder verlässt, hat sein
Winkelzähler immer einen negativen Wert.

Angenommen, der Roboter findet vom Startpunkt s aus nicht
ins Freie. Wir müssen zeigen, dass dann auch kein Entkommen
möglich ist, weil s in einem Innenhof liegt. Zunächst betrachten
wir die Struktur des unendlichen Weges, den der Roboter in diesem Fall zurücklegt.

Endlosschleife

Lemma 7.29 *Angenommen, der Roboter findet nicht aus dem
Labyrinth heraus. Dann besteht sein Weg bis auf ein endliches
Anfangsstück aus einem geschlossenen Weg, der immer wieder
durchlaufen wird.*

Beweis. Der Weg des Roboters ist eine polygonale Kette, deren
Eckpunkte aus einer endlichen Menge stammen: Neben dem Startpunkt kommen nur Ecken von Wänden im Labyrinth in Frage und
von jeder Wandecke aus der in Ausgangsrichtung erste Punkt auf
dem nächsten Hindernis.

Falls der Roboter einen solchen Eckpunkt zweimal mit demselben Zählerstand besucht, wiederholt er den Weg dazwischen
zyklisch immer wieder, weil sein Verhalten determiniert ist, und
es folgt die Behauptung des Lemmas.

Wenn aber jeder Eckpunkt höchstens einmal mit demselben
Zählerstand besucht wird, erreicht der Roboter nur endlich oft

Eckpunkte mit Zählerstand null. Sobald diese Besuche erfolgt sind, kann der Roboter nie wieder eine freie Bewegung ausführen; er folgt also danach nur noch einer einzigen Wand, und sein Weg wird auch in diesem Fall zyklisch.   □

Sei P der geschlossene Weg, den der Roboter bei seinem vergeblichen Versuch, aus dem Labyrinth zu entkommen, laut Lemma 7.29 immer wieder durchläuft. Wir müssen zeigen, dass kein Ausweg existiert.

Lemma 7.30 *Der Weg P kann sich nicht selbst kreuzen.*

endloser Weg ist einfach

Beweis. Andernfalls müsste es ein Segment B von P geben, das in einem Punkt z auf ein anderes Segment A auftrifft. Eines der beiden Segmente — sagen wir B — muss frei sein, weil die Wände sich nicht schneiden; siehe Abbildung 7.54.

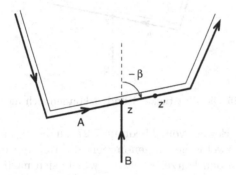

Abb. 7.54 Im Punkt z trifft Segment B auf Segment A.

Seien $W_A(z')$ und $W_B(z')$ die Zählerstände an einem Punkt z' kurz hinter dem Punkt z bei Anreise über A bzw. über B. Dann ist

$$W_B(z') = -\beta \qquad\quad \text{mit} \quad 0 \le \beta < \pi$$
$$W_A(z') = -\beta + k2\pi \quad\ \text{mit} \quad k \in \mathbb{Z},$$

denn hinter z zeigt die Nase des Roboters stets in dieselbe Richtung.[33] Wäre $k \ge 1$, ergäbe sich

$$W_A(z') = -\beta + k2\pi > -\pi + 2\pi = \pi$$

im Widerspruch zu Lemma 7.28. Also ist $k \le 0$.

Aus $k = 0$ würde $W_A(z') = W_B(z')$ folgen. In diesem Fall würden sich die Wegstücke über A und B hinter z niemals wieder trennen. Wenn also nach z' als nächstes etwa das Segment B besucht würde, käme das Segment A niemals wieder an die Reihe.

---

[33]Der Fall $\beta = 0$ tritt nur ein, wenn z ein Eckpunkt ist, ab dem der Weg in Anfangsrichtung weiterläuft.

Das steht im Widerspruch zu der Tatsache, dass sowohl A als auch B Teile von P sind und P unendlich oft durchlaufen wird!

Also bleibt nur der Fall $k \leq -1$ übrig. Dann ist $W_A(t) < W_B(t)$ für alle Punkte t ab z' bis zu dem Punkt v, an dem sich die Wege wieder trennen; dort muss dann $W_B(v) = 0$ sein.

Deshalb sieht die Fortsetzung der Wegstücke im Prinzip so aus, wie Abbildung 7.55 zeigt. Es liegt daher keine echte Kreuzung vor, sondern nur eine Berührung.   □

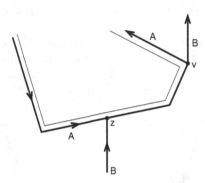

Abb. 7.55 Die Wegstücke A und B können sich nicht kreuzen.

Um den Beweis von Theorem 7.27 zu Ende zu führen, betrachten wir zwei Fälle: Angenommen, der Roboter durchliefe den Weg P *gegen* den Uhrzeiger. Dann würde sich nach Lemma 4.17 der Winkelzähler bei jedem Durchlauf um 2π *erhöhen*, denn P ist zwar kein einfacher Weg, lässt sich aber leicht zu einem einfachen Weg deformieren, ohne die Winkel zu ändern. Während eines jeden Durchlaufs führt der Zählerstand dieselben Auf- und Abwärtsschwankungen aus; wenn der Wert aber insgesamt bei jeder Runde um 2π zunähme, müsste er irgendwann positiv werden, was wegen Lemma 7.28 unmöglich ist.

Also durchläuft der Roboter den Weg P *im* Uhrzeigersinn, und der Wert des Winkelzählers nimmt dabei jedes Mal um 2π *ab*. Dann können irgendwann nur noch echt negative Werte angenommen werden. Deshalb kann der Weg P keine freien Segmente enthalten, er folgt also einer Hinderniswand. Wegen der Umlaufrichtung im Uhrzeigersinn kann es sich dabei nur um die Wand eines Innenhofs handeln, in dem der Roboter gefangen ist; siehe Abbildung 7.56.

Damit ist Theorem 7.27 bewiesen.   □

Dieser Beweis geht auf Abelson und diSessa [1] zurück. Der Pledge-Algorithmus wurde davon unabhängig auch von Asser entdeckt und verifiziert; siehe Hemmerling [72].

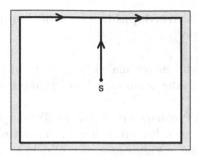

Abb. 7.56 Von dieser Startposition aus gibt es kein Entrinnen!

Werfen wir zum Schluss noch einen Blick auf die *Effizienz* des   Effizienz
Pledge-Verfahrens. Wie das Beispiel in Abbildung 7.57 zeigt, kann
der von dieser Strategie gefundene Ausweg aus dem Labyrinth sehr
viel länger sein als der kürzeste Weg ins Freie. Es kommt sogar
vor, dass Segmente mehrfach besucht werden.

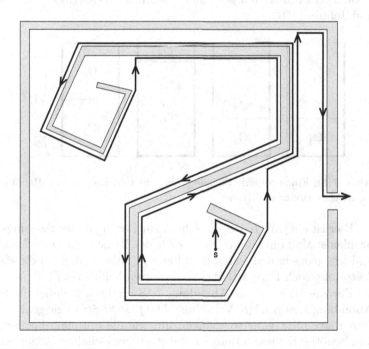

Abb. 7.57 Der Pledge-Algorithmus findet immer einen Ausweg, aber
nicht unbedingt den kürzesten.

7.6.2   Suchtiefenverdopplung — eine kompetitive Strategie

Meistens lässt sich eine optimale Lösung nur mit vollständiger Information finden. Aber kann man dem Optimum nicht wenigstens nahekommen?

bin packing   Bei manchen Problemen ist das in der Tat möglich. Betrachten wir als Beispiel einen Klassiker, das Problem *bin packing*. Gegeben ist eine Folge zweidimensionaler Objekte Q_k, $1 \leq k \leq n$. Alle Objekte haben dieselbe Breite, aber individuelle Höhen h_k. Außerdem stehen n leere Behälter (engl. *bins*) zur Verfügung, die so breit wie die Objekte sind und die Höhe H besitzen, wobei H mindestens so groß ist wie die Höhen h_k der Objekte. Das Problem besteht darin, die Objekte in möglichst wenige Behälter zu verpacken.[34]

Abbildung 7.58 zeigt ein Beispiel, bei dem acht Objekte mit optimaler Platzausnutzung in vier Behälter gepackt wurden. Wenn alle Objekte schon zu Beginn bekannt sind, lassen sich solche optimalen Packungen prinzipiell berechnen — allerdings nicht effizient. Das Problem *bin packing* ist nämlich NP-hart; siehe Garey und Johnson [56].

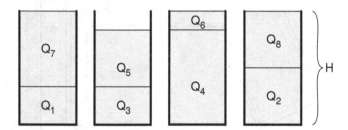

Abb. 7.58 Eine optimale Packung von acht Objekten in vier Behälter identischer Breite und Höhe.

Hier ist ein ganz naives Verfahren zur Lösung dieses Packungsproblems: Man nimmt die Objekte Q_k der Reihe nach in die Hand und legt jedes in den ersten Behälter von links, in dem zu diesem *first-fit*-Strategie   Zeitpunkt noch Platz ist. Dieses Verfahren heißt *first fit*.

Für die Objekte aus Abbildung 7.58 ergibt sich dabei die in Abbildung 7.59 gezeigte Verteilung. Die *first-fit*-Strategie geht mit dem Platz nicht ganz so sparsam um wie die optimale Packung und benötigt in diesem Beispiel fünf statt vier Behälter. Allgemein gilt folgende Abschätzung; ihr Beweis ist überraschend einfach.

---

[34]Eine viel kompliziertere Variante dieses Problems tritt beim Verpacken von Umzugsgut in Kisten auf.

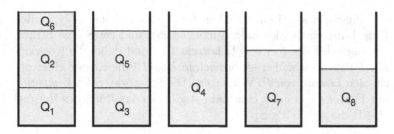

Abb. 7.59 Die mit der *first-fit*-Strategie erzielte Packung benötigt fünf anstelle von vier Behältern.

Theorem 7.31 *Die first-fit-Strategie benötigt höchstens doppelt so viele Behälter wie eine optimale Packung der Objekte.*

Beweis. Angenommen, das *first-fit*-Verfahren benötigt m Behälter für die Verpackung der n Objekte. Alle Behälter bis auf höchstens einen müssen mehr als zur Hälfte gefüllt sein. Wären nämlich für $i < j$ die Behälter mit den Nummern i und j nur halb voll, so hätte *first fit* die Objekte aus dem j-ten Behälter schon im i-ten Behälter unterbringen können! Folglich ist

$$(m - 1) \cdot \frac{H}{2} < \sum_{k=1}^{n} h_k,$$

also

$$m - 1 < \frac{2}{H} \sum_{k=1}^{n} h_k \leq 2 \left\lceil \frac{\sum_{k=1}^{n} h_k}{H} \right\rceil.$$

Ganz rechts in der Klammer steht der reine Platzbedarf der n Objekte in Behältereinheiten. Die für eine optimale Packung benötigte Anzahl m_{opt} von Behältern kann höchstens größer oder gleich sein. Folglich ist $m \leq 2m_{opt} + 1$. □

Dass es selbst für NP-harte Probleme zuweilen recht effiziente approximative Lösungen geben kann, hatten wir schon am Beispiel der Handlungsreisenden (*traveling salesperson*) in Abschnitt 5.3.3 auf Seite 271 gesehen. Die *first-fit*-Strategie für das Verpackungsproblem hat aber noch eine weitere bemerkenswerte Eigenschaft: Sie eignet sich auch als *on-line*-Verfahren, also für Situationen, in denen die Objekte erst während des Verpackens nach und nach eintreffen. Auch dies ist ein typisches Beispiel für eine vom Mangel an Information geprägte Situation.

first fit ist ein *on-line*-Verfahren

Die *first-fit*-Strategie erweist sich in dieser Situation als wettbewerbsfähig: Sie kann es mit der optimalen Lösung aufnehmen und verursacht höchstens doppelt so hohe Kosten wie diese!

Allgemein sei Π ein Problem (etwa das, in einer polygonalen Umgebung einen Zielpunkt aufzusuchen), und sei S eine Strategie, die jedes Beispiel $P \in \Pi$ korrekt löst und dabei die Kosten[35] $K_S(P)$ verursacht. Ferner bezeichne $K_{opt}(P)$ die Kosten einer optimalen Lösung von P. Wir sagen: Die Strategie S ist *kompetitiv* mit Faktor C, wenn es eine Zahl A gibt, so dass für jedes Beispiel $P \in \Pi$ die Abschätzung

$$K_S(P) \leq C \cdot K_{opt}(P) + A$$

gilt. Dabei ist $C \geq 1$ ein sogenannter *kompetitiver Faktor*. Beide Zahlen C und A können reell sein. Sie dürfen aber nur von Π und S abhängen und nicht von P.

In dieser Terminologie ist für das *bin-packing*-Problem die Strategie *first fit* kompetitiv mit Faktor 2 und daher erst recht mit jedem Faktor größer als 2. Man kann zeigen, dass *first fit* sogar kompetitiv mit Faktor 1,7 ist, aber für keinen kleineren Faktor.

Auch für zahlreiche Bahnplanungsprobleme lassen sich kompetitive Strategien angeben, die Lösungen beweisbarer Güte liefern. Wir werden nun ein sehr elementares Problem untersuchen, dessen Lösung häufig als Baustein bei komplizierteren Strategien verwendet wird.

Suche nach einer Tür in einer Wand

Angenommen, ein Roboter mit Tastsensor steht vor einer sehr langen Wand.[36] Er weiß, dass es irgendwo eine Tür in der Wand gibt, und möchte auf die andere Seite gelangen. Er weiß aber nicht, ob sich die Tür links oder rechts von seiner aktuellen Position befindet und wie weit sie entfernt ist. Wie soll der Roboter vorgehen?

Er könnte sich eine Richtung — links oder rechts — aussuchen und dann für immer in dieser Richtung an der Wand entlanglaufen. Rät er zufällig die richtige Richtung, löst er sein Problem optimal. Rät er die falsche, löst er es gar nicht. Wenn wir an Strategien interessiert sind, die in *jedem Fall* funktionieren, kommt dieses Vorgehen nicht in Betracht.

Der Roboter muss also seine Bewegungsrichtung immer wieder ändern und abwechselnd den linken und den rechten Teil der Wand nach der Tür absuchen.

Dabei könnte er folgendermaßen vorgehen: Vom Startpunkt s aus geht er zunächst einen Meter nach rechts und kehrt nach s zurück. Dann geht er zwei Meter nach links und nach s zurück,

kompetitive Strategie

kompetitiver Faktor

Suchrichtung abwechseln

Suchtiefe inkrementell erhöhen?

---

[35]Im Unterschied zu Abschnitt 1.2.4 sind hier die Kosten nicht notwendig durch Rechenzeit und Speicherplatzbedarf bestimmt. Es kann sich ebenso gut um die Länge eines erzeugten Weges oder die Anzahl von benötigten Behältern handeln, wie wir gesehen haben.

[36]Wir stellen uns vor, die Wand habe unendliche Länge.

anschließend drei Meter nach rechts und so fort. Abbildung 7.60 zeigt, welcher Weg sich ergibt, wenn der Roboter seine Suchtiefe jeweils um einen Meter vergrößert.

Abb. 7.60 Hier wird die Suchtiefe nach jeder Richtungsänderung um denselben Betrag vergrößert.

Offenbar wird der Roboter bei Verfolgung dieser Strategie die Tür irgendwann erreichen. Angenommen, sie befindet sich $d = l+\varepsilon$ Meter rechts von seinem Startpunkt s, wobei l eine ganze Zahl ist und $\varepsilon > 0$ sehr klein. Wenn der Roboter das rechte Wandstück mit Tiefe l erkundet, wird er die Tür daher gerade eben verfehlen und umkehren. Erst beim nächsten Versuch erreicht er sie dann nach $l + \varepsilon$ Metern von s aus.

Insgesamt hat der Roboter eine Wegstrecke der Länge

$$1 + 1 + 2 + 2 + \cdots + l + l + (l + 1) + (l + 1) + l + \varepsilon$$

$$= 2\sum_{i=1}^{l+1} i + l + \varepsilon$$
$$= (l + 1)(l + 2) + l + \varepsilon$$
$$\in \Theta(d^2)$$

zurückgelegt, während der kürzeste Weg zur Tür nur die Länge d hat. Also ist diese Strategie nicht kompetitiv! Sie würde z. B. einen Weg von über 10 Kilometer Länge zurücklegen, um eine Tür zu finden, die 100 Meter entfernt ist.

nicht kompetitiv!

Zum Glück gibt es einen effizienteren Ansatz. Anstatt die Suchtiefe nach jedem Richtungswechsel nur um einen Meter zu vergrößern, *verdoppeln* wir sie jedesmal. Abbildung 7.61 zeigt, welcher Weg sich bei Anwendung dieser Strategie ergibt. Zur rechten Seite betragen die Suchtiefen $2^0, 2^2, 2^4, \ldots$, während zur linken Seite die ungeraden Zweierpotenzen $2^1, 2^3, 2^5, \ldots$ auftreten.

Verdopplung der Suchtiefe

Auch hier tritt der schlimmste Fall ein, wenn der Roboter die Tür knapp verfehlt und erst bei der nächsten Erkundung findet. Betrachten wir zuerst den Fall, dass die Tür rechts vom Startpunkt liegt. Sei also der Türabstand d zum Startpunkt ein bisschen größer als eine gerade Zweierpotenz, also $d = 2^{2j} + \varepsilon$. Dann legt der Roboter insgesamt einen Weg der folgenden Länge zurück:

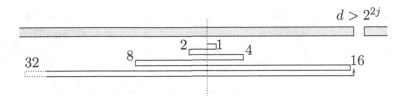

Abb. 7.61 Hier wird die Suchtiefe nach jedem Richtungswechsel verdoppelt.

$$2^0 + 2^0 + 2^1 + 2^1 + \cdots + 2^{2j} + 2^{2j} + 2^{2j+1} + 2^{2j+1} + 2^{2j} + \varepsilon$$

$$= 2\sum_{i=0}^{2j+1} 2^i + 2^{2j} + \varepsilon$$

$$= 2(2^{2j+2} - 1) + 2^{2j} + \varepsilon$$

$$= 9 \cdot 2^{2j} - 2 + \varepsilon$$

$$< 9d.$$

Dieselbe Abschätzung gilt, wenn die Tür im Abstand $d = 2^{2j+1} + \varepsilon$ links vom Startpunkt liegt. Beträgt ihr Abstand dann nur $d = \varepsilon \leq 2^1$, schätzen wir den Weg des Roboters folgendermaßen ab:

$$1 + 1 + \varepsilon < 9\varepsilon + 2 = 9d + 2.$$

Damit haben wir folgendes Resultat bewiesen:

kompetitiv mit   **Theorem 7.32** *Die Strategie der abwechselnden Verdopplung*
Faktor 9   *der Suchtiefe ist kompetitiv mit dem Faktor 9.*

Mit der Verdopplungsstrategie muss man also schlimmstenfalls 900 Meter zurücklegen, um eine 100 Meter weit entfernte Tür zu finden. Man könnte sich fragen, ob es noch besser geht. Das ist nicht der Fall, wie wir jetzt sehen werden.

7.6.3   Optimalität*

Beck und Newman [18] und später Baeza-Yates et al. [17] haben gezeigt, dass die Verdopplungsstrategie optimal ist.

Theorem 7.33 *Jede kompetitive Strategie zum Auffinden eines Punkts auf einer Geraden hat einen Faktor ≥ 9.*

lineare Rekursion   Der folgende Beweis zeigt uns auch, wie man allgemein *lineare Rekursionen* mit elementaren Methoden der Linearen Algebra lösen kann.

Beweis. Sei S eine kompetitive Strategie mit Faktor C, mit der sich ein Punkt auf einer Geraden finden lässt. Wir können die Strategie S durch die Folge $(f_1, f_2, f_3, \ldots)$ der Erkundungsweiten eindeutig beschreiben, wobei wir ohne Einschränkung annehmen dürfen, dass die beiden Wandhälften alternierend erkundet werden und die Erkundungstiefen f_i positiv sind und links wie rechts monoton wachsen. Der Roboter geht also vom Startpunkt s aus f_1 Meter nach rechts und kehrt zurück; dann geht er f_2 Meter nach links und kehrt zurück und so fort.

Weil S nach Voraussetzung kompetitiv mit Faktor C ist, gibt es eine Konstante A, so dass für alle $n \geq 1$ die Abschätzung

$$2 \sum_{i=1}^{n+1} f_i + f_n + \varepsilon \leq C(f_n + \varepsilon) + A$$

gilt. Links steht die Länge des Weges, der sich ergibt, wenn beim n-ten Erkundungsgang der gesuchte Punkt gerade um ε verfehlt wird.

Diese Aussage gilt für alle $\varepsilon > 0$; also dürfen wir auch $\varepsilon = 0$ setzen. Außerdem nehmen wir zunächst an, dass die additive Konstante A den Wert null hat. Wenn wir die f_n auf die rechte Seite bringen und durch 2 dividieren, ergibt sich

$$\sum_{i=1}^{n-1} f_i + f_{n+1} \leq H f_n \quad \text{mit} \quad H = \frac{C-3}{2}$$

oder

$$f_{n+1} \leq H f_n - \sum_{i=1}^{n-1} f_i. \qquad (*)$$

Beweisen müssen wir, dass $C \geq 9$ ist, also die Aussage $H \geq 3$. Setzt man in $(*)$ die ebenfalls gültige Abschätzung

$$f_n \leq H f_{n-1} - \sum_{i=1}^{n-2} f_i$$

ein, so erhält man

$$\begin{aligned} f_{n+1} &\leq H^2 f_{n-1} - H \sum_{i=1}^{n-2} f_i - \sum_{i=1}^{n-1} f_i \\ &= (H^2 - 1) f_{n-1} - (H+1) \sum_{i=1}^{n-2} f_i. \end{aligned}$$

Dieser Ersetzungsvorgang lässt sich iterieren und liefert folgende Aussage:

Übungsaufgabe 7.20   Es seien $(a_i)_i$ und $(b_i)_i$ die durch

$$a_0 = H, \qquad a_{i+1} := a_i H - b_i$$
$$b_0 = 1, \qquad b_{i+1} := a_i + b_i$$

rekursiv definierten Zahlenfolgen. Man zeige, dass

$$f_{n+1} \le a_m f_{n-m} - b_m \sum_{i=1}^{n-1-m} f_i$$

gilt für alle $n \ge 1$ und alle $0 \le m \le n - 1$.

Zunächst halten wir folgende Eigenschaft der Zahlen a_i fest:

Lemma 7.34   *Die Zahlen a_i in Übungsaufgabe 7.20 sind positiv.*

Beweis. Sei $i \ge 0$ beliebig. Angenommen, es wäre $a_i \le 0$. Dann folgte für $m = i$ und $n = i + 1$ aus der Formel in Übungsaufgabe 7.20 die Aussage

$$f_{i+2} \le a_i f_1 - b_i 0 \le 0$$

im Widerspruch zu der Voraussetzung, dass alle Erkundungstiefen f_j positiv sind.   □

Jetzt geben wir eine geschlossene Darstellung für die rekursiv definierten Zahlen a_i, b_i an.

Lemma 7.35   *Sei $H \ne 3$. Dann gilt für die Zahlen a_i, b_i aus Übungsaufgabe 7.20 für alle $i \ge 0$ die Darstellung*

$$a_i = v z^i + \overline{v}\,\overline{z}^i$$
$$b_i = v(\overline{z} - 1)z^i + \overline{v}(z - 1)\overline{z}^i$$

mit

$$v = \frac{Hz - H - 1}{z - \overline{z}}, \qquad \overline{v} = \frac{H\overline{z} - H - 1}{\overline{z} - z};$$

dabei ist

$$z = \frac{1}{2}\left(H + 1 + \sqrt{(H+1)(H-3)}\right)$$

eine Lösung der quadratischen Gleichung

$$t^2 - (H + 1)t + H + 1.$$

Hier bedeutet der Querstrich[37] die Umkehrung des Vorzeichens des Wurzelterms; zum Beispiel ist

$$\overline{z} = \frac{1}{2}\left(H + 1 - \sqrt{(H+1)(H-3)}\right)$$

die zweite Lösung der quadratischen Gleichung. Nach Übungsaufgabe 7.20 ist $H = a_0 > 0$, und nach Annahme ist $H \neq 3$. Also hat die Wurzel nicht den Wert 0, und es ist $\overline{z} \neq z$.

Beweis. Man kann die Formel für a_i und b_i ziemlich leicht durch Induktion über i verifizieren, wenn man dabei die Identitäten

$$z\overline{z} = H + 1 = z + \overline{z} \quad \text{und} \quad z - \overline{z} = \sqrt{(H+1)(H-3)}$$

geschickt ausnutzt. Wir wollen statt dessen einen anderen Beweis skizzieren, aus dem auch hervorgeht, wie man überhaupt auf die geschlossene Darstellung für die a_i und b_i kommt.

Der Trick besteht darin, die Rekursion als iterierte *Matrixmultiplikation* hinzuschreiben. In der Tat: Es gilt

lineare Rekursion = Matrixmultiplikation

$$\begin{pmatrix} a_{i+1} \\ b_{i+1} \end{pmatrix} = \begin{pmatrix} H & -1 \\ 1 & 1 \end{pmatrix}\begin{pmatrix} a_i \\ b_i \end{pmatrix} = \cdots = \begin{pmatrix} H & -1 \\ 1 & 1 \end{pmatrix}^{i+1}\begin{pmatrix} a_0 \\ b_0 \end{pmatrix}.$$

Jetzt stellen wir den Vektor der Anfangswerte a_0, b_0 als Linearkombination von zwei *Eigenvektoren*[38] V_1, V_2 der Multiplikationsmatrix

$$M = \begin{pmatrix} H & -1 \\ 1 & 1 \end{pmatrix}$$

dar. Dann sind wir sofort fertig! Ist nämlich

$$\begin{pmatrix} a_0 \\ b_0 \end{pmatrix} = v_1 V_1 + v_2 V_2,$$

und sind z_1, z_2 die *Eigenwerte* der Eigenvektoren V_1, V_2 von M, gilt also $MV_j = z_j V_j$ und dann auch $M^i V_j = z_j^i V_j$ für $j = 1,2$, so folgt

Eigenwert

$$\begin{aligned} \begin{pmatrix} a_i \\ b_i \end{pmatrix} = M^i \begin{pmatrix} a_0 \\ b_0 \end{pmatrix} &= M^i(v_1 V_1 + v_2 V_2) \\ &= v_1 M^i V_1 + v_2 M^i V_2 \\ &= v_1 z_1^i V_1 + v_2 z_2^i V_2, \end{aligned}$$

und die geschlossene Darstellung ergibt sich durch Vergleich der Vektorkoordinaten.

---

[37]Wenn $\alpha = \sqrt{(H+1)(H-3)}$ keine rationale Zahl ist, wird durch die Umkehrung des Vorzeichens von α der Konjugationsautomorphismus $z \mapsto \overline{z}$ im quadratischen Zahlkörper $\mathbb{Q}(\alpha)$ über $\mathbb{Q}$ definiert, in dem auch die Zahl z liegt; siehe Lorenz [87].

[38]Vergleiche z. B. Lorenz [86].

Unsere Matrix M hat das *charakteristische Polynom*

$$\det(tE - M) = \begin{vmatrix} t - H & 1 \\ -1 & t - 1 \end{vmatrix}$$

$$= t^2 - (H + 1)t + H + 1,$$

wobei det die Determinante bezeichnet und E für die 2×2-Einheitsmatrix steht. Die Eigenwerte sind die Nullstellen, also

$$z, \overline{z} = \frac{1}{2}\left(H + 1 \pm \sqrt{(H+1)(H-3)}\right).$$

Durch Lösung eines linearen Gleichungssystems ergeben sich die zugehörigen Eigenvektoren

$$V = \begin{pmatrix} 1 \\ \overline{z} - 1 \end{pmatrix} \quad \text{und} \quad \overline{V} = \begin{pmatrix} 1 \\ z - 1 \end{pmatrix}$$

für z und $\overline{z}$. Ebenso lässt sich leicht die lineare Darstellung

$$\begin{pmatrix} a_0 \\ b_0 \end{pmatrix} = \begin{pmatrix} H \\ 1 \end{pmatrix}$$

$$= \frac{Hz - H - 1}{z - \overline{z}}\begin{pmatrix} 1 \\ \overline{z} - 1 \end{pmatrix} + \frac{H\overline{z} - H - 1}{\overline{z} - z}\begin{pmatrix} 1 \\ z - 1 \end{pmatrix}$$

$$= vV + \overline{v}\,\overline{V}$$

ermitteln. Jetzt folgt die Behauptung von Lemma 7.35 durch Einsetzen sofort. $\square$

Den Beweis von Theorem 7.33 können wir nun folgendermaßen zu Ende führen. Angenommen, der kompetitive Faktor C der Strategie S wäre kleiner als 9. Dann ist $H < 3$. Folglich ist die Zahl z in Lemma 7.35 komplex und nicht reell, und der Querstrich bedeutet die Konjugation der komplexen Zahlen.

Die Darstellung der Zahl a_n lautet dann

$$a_n = vz^n + \overline{v}\,\overline{z}^n = 2Re(vz^n), \qquad\qquad (**)$$

wobei für eine komplexe Zahl $w = c + di$ mit $Re(w)$ der *Realteil* c von w gemeint ist.

Stellt man sich jede komplexe Zahl $w = c + di$ als Ortsvektor
$0w$ des Punktes $w = (c, d)$ im $\mathbb{R}^2$ vor, so kann man die Multiplikation von zwei komplexen Zahlen folgendermaßen geometrisch interpretieren: Ihre Winkel zur positiven X-Achse addieren sich, die Längen werden multipliziert.

Am leichtesten sieht man das an der Darstellung in Polarkoordinaten; für

$$v = r\cos\phi + ir\sin\phi$$
$$z = s\cos\psi + is\sin\psi$$

mit $0 < r, s$ folgt aus den Additionstheoremen der Winkelfunktio-   Additionstheoreme
nen

$$vz = rs(\cos\phi\cos\psi - \sin\phi\sin\psi) + irs(\cos\phi\sin\psi + \sin\phi\cos\psi)$$
$$= rs\cos(\phi+\psi) + irs\sin(\phi+\psi).$$

Die Zahl z in Formel (**) hat einen Winkel $\psi > 0$, weil sie nicht
reell ist. Bei jeder Multiplikation mit z wird der Winkel von vz^n
um ψ größer. Dann muss irgendwann der Punkt vz^n in der linken
Halbebene $\{X \leq 0\}$ enthalten sein; für $\psi \leq \pi$ ist das unmittelbar klar, wie Abbildung 7.62 zeigt. Einer Linksdrehung um einen
Winkel $\psi > \pi$ entspricht eine Rechtsdrehung um $2\pi - \psi < \pi$, die
auch irgendwann die linke Halbebene erreicht. Für einen solchen
Punkt ist dann

$$a_n = 2Re(vz^n) \leq 0,$$

im Widerspruch zu Lemma 7.34, wonach alle a_i positiv sind. Also
war die Annahme $C < 9$ falsch!

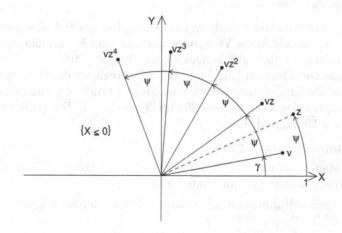

Abb. 7.62 Ist der Winkel ψ von z ungleich null, so muss der Punkt
vz^n für geeignetes n in der linken Halbebene liegen.

Wir müssen uns nun noch von der Einschränkung befreien,
dass die additive Konstante A unserer fiktiven Strategie $S =
(f_1, f_2, \dots)$ den Wert null hat.   allgemein: $A \neq 0$

Sei also $A > 0$, und sei $\mu > 0$ beliebig. Weil die Erkundungs-tiefen gegen ∞ streben, können wir einen Index n_0 finden, so dass für alle $n \geq n_0$ gilt

$$Cf_n + A \leq (C + \mu)f_n.$$

Die erste Abschätzung dieses Beweises können wir dann für $\varepsilon = 0$ durch

$$2 \sum_{i=n_0}^{n+1} f_i + f_n \leq Cf_n + A \leq (C + \mu)f_n$$

ersetzen und den Beweis ganz analog weiterführen. Es ergibt sich, dass $C + \mu \geq 9$ sein muss, und weil μ beliebig war, folgt die Behauptung $C \geq 9$. Theorem 7.33 ist damit bewiesen: Keine kompetitive Strategie kann bei der Suche nach einer Tür in einer langen Wand einen kleineren Faktor als 9 garantieren!   □

Der Ansatz der Matrixmultiplikation eignet sich übrigens auch für andere Typen linearer Rekursion als den, der in Lemma 7.35 auftrat. Hierzu ein Beispiel.

Übungsaufgabe 7.21   Man bestimme eine geschlossene Darstellung für die rekursiv durch

$$f_0 := 1, \quad f_1 := 1$$
$$f_{n+2} := f_{n+1} + f_n$$

Fibonacci-Zahlen   definierten *Fibonacci-Zahlen*.

Ein alternatives Verfahren zur Lösung linearer Rekursionsgleichungen besteht in der Verwendung erzeugender Funktionen; siehe Graham et al. [60] oder Sedgewick und Flajolet [103].

Die von Theorem 7.32 vorgestellte Strategie für die Suche nach einem Punkt auf einer Geraden ist übrigens nicht die einzige, die den optimalen kompetitiven Faktor 9 erzielt, wie Teil (i) der folgenden Übungsaufgabe zeigt.

Übungsaufgabe 7.22

(i) Man zeige, dass die Strategie $(f_1, f_2, \dots)$ mit $f_j = (j+1)2^j$ ebenfalls kompetitiv mit Faktor 9 ist.

(ii) Man bestimme den kompetitiven Faktor der Strategie $(2^0, 2^0, 2^1, 2^1, \dots, 2^i, 2^i, \dots)$.

7.6.4   Suchen in einfachen Polygonen

In Abschnitt 7.6.2 haben wir auf zwei Halbgeraden, die von einem gemeinsamen Startpunkt s ausgehen, nach einem Zielpunkt gesucht. Erfreulicherweise lässt sich die Strategie aus Theorem 7.32

m Halbgeraden   auf m Halbgeraden verallgemeinern.

Dazu legen wir unter den Halbgeraden eine Reihenfolge fest und durchsuchen sie zyklisch mit den Suchtiefen

$$f_j = \left(\frac{m}{m-1} \right)^j.$$

Theorem 7.36 *Diese Suchstrategie für m Halbgeraden ist kompetitiv mit dem Faktor*

$$2 \frac{m^m}{(m-1)^{m-1}} + 1 \leq 2em + 1;$$

dabei ist $e = 2,718\ldots$ *die Eulersche Zahl.*

Beweis. Auch hier tritt der schlimmste Fall ein, wenn der j-te Suchvorgang den Zielpunkt knapp verfehlt, weil seine Entfernung zum Startpunkt $f_j + \varepsilon$ beträgt. Dann wird eine ganze Runde vergeblichen Suchens mit den Tiefen $f_{j+1}, \ldots, f_{j+m-1}$ ausgeführt, bevor die richtige Halbgerade wieder an die Reihe kommt.

Die Gesamtlänge des bis zum Zielpunkt zurückgelegten Weges beträgt daher

$$
\begin{aligned}
2 \sum_{i=1}^{j+m-1} f_i + f_j + \varepsilon &= 2 \sum_{i=1}^{j+m-1} \left(\frac{m}{m-1} \right)^i + f_j + \varepsilon \\
&< 2 \frac{(\frac{m}{m-1})^{j+m} - 1}{\frac{m}{m-1} - 1} + f_j + \varepsilon \\
&< 2(m-1) \left(\frac{m}{m-1} \right)^{j+m} + f_j + \varepsilon.
\end{aligned}
$$

Also ist der kompetitive Faktor nicht größer als

$$
\begin{aligned}
\frac{2(m-1) \left(\frac{m}{m-1} \right)^{j+m} + f_j + \varepsilon}{f_j + \varepsilon} &\leq 2(m-1) \left(\frac{m}{m-1} \right)^m + 1 \\
&= 2m \left(1 + \frac{1}{m-1} \right)^{m-1} + 1 \\
&\leq 2me + 1.
\end{aligned}
$$

Dabei haben wir ausgenutzt, dass die Folge $(1 + \frac{1}{m})^m$ monoton gegen die Zahl e wächst. $\qquad\square$

Beim Suchen eines Punktes auf m Halbgeraden hängt der kompetitive Faktor also von m ab. Man kann übrigens auch hier zeigen, dass für jedes m der obige Faktor $2 \frac{m^m}{(m-1)^{m-1}} + 1$ optimal ist; siehe Gal [54] and Baeza-Yates et al. [17]. Für $m = 2$ ergibt sich der aus Theorem 7.32 bekannte Faktor 9.

Auch beim Suchen auf $m > 2$ Halbgeraden kann man alternative Strategien erwägen. Teil (ii) der folgenden Übungsaufgabe verallgemeinert die entsprechende Aussage von Übungsaufgabe 7.22.

Übungsaufgabe 7.23

(i) Welcher Faktor wird beim Suchen auf m Halbgeraden erreicht, wenn man die Suchtiefe bei jedem Halbgeradenbesuch verdoppelt?

(ii) Welcher Faktor ergibt sich, wenn die Suchtiefe nur zu Beginn einer neuen Runde verdoppelt wird, während der Halbgeradenbesuche einer Runde aber jeweils konstant bleibt?

Anwendung

Suche nach
Zielpunkt in
Polygon

Im Rest dieses Abschnitts betrachten wir eine sehr nützliche geometrische Anwendung der Verallgemeinerung auf $m > 2$.

Angenommen, ein Roboter befindet sich an einem Startpunkt s in einem einfachen Polygon P. Seine Aufgabe besteht darin, auf möglichst kurzem Weg zu einem Zielpunkt t zu gelangen.

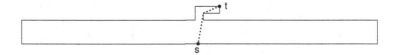

Abb. 7.63 In diesem Polygon ist der kürzeste Weg von s nach t sehr viel kürzer als die beiden Randstücke, die s mit t verbinden.

Lägen s und t beide auf dem Rand von P, könnte der Roboter eine Richtung wählen und dem Polygonrand in dieser Richtung so lange folgen, bis er t erreicht hat. Dieses Verfahren ist aber nicht kompetitiv, wie Abbildung 7.63 zeigt. Daran ändert sich auch nichts, wenn der Roboter den Rand von P abwechselnd links- und rechtsherum absucht und die Erkundungstiefe verdoppelt.

Sichtsystem

partielle Karte

Wenn wir wollen, dass der Roboter sich von der Wand lösen und den Zielpunkt direkt ansteuern kann, müssen wir ihn zunächst mit einem Sichtsystem ausstatten, das ihm an jeder aktuellen Position p in P das *Sichtbarkeitspolygon vis(p)* für seine Bahnplanung zur Verfügung stellt; vergleiche Abschnitt 4.4. Wir können dann annehmen, dass der Zielpunkt t optisch markiert ist und vom Roboter erkannt wird, sobald er ihn sieht. Mit Hilfe dieses Sichtsystems kann der Roboter, während er sich umherbewegt, eine *partielle Karte* unterhalten, auf der alle Teile von P eingezeichnet sind, die zu irgendeinem Zeitpunkt schon einmal sichtbar waren. Ein Beispiel ist in Abbildung 7.64 zu sehen. Die partielle Karte ist zu jedem Zeitpunkt ein Teilpolygon von P. Hat sich

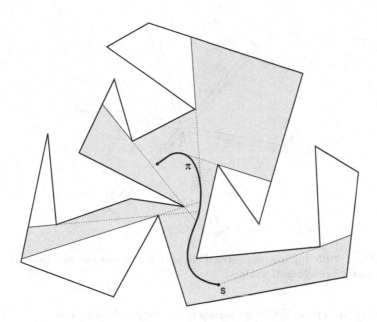

Abb. 7.64 Die partielle Karte des Roboters, nachdem er den Weg π zurückgelegt hat.

der Roboter längs eines Weges π von s fortbewegt, enthält die partielle Karte genau die Punkte

$$\bigcup_{p \in \pi} vis(p).$$

Mit welchen Algorithmen man die vom Sichtsystem gelieferte Information am schnellsten für die Aktualisierung der partiellen Karte verwenden kann, ist eine interessante Frage. Wir gehen ihr hier nicht weiter nach, weil wir die Weglänge als das entscheidende Kostenmaß ansehen.

Leider gibt es auch für einen Roboter mit Sichtsystem keine Strategie, mit der er in einem *beliebigen* einfachen Polygon mit beschränktem relativem Umweg einen Zielpunkt finden kann!

Lemma 7.37 *Keine Strategie für die Suche nach einem Zielpunkt kann in beliebigen Polygonen mit n Ecken stets einen kleineren Faktor als $\frac{n}{2} - 1$ für das Weglängenverhältnis garantieren.*

Beweis.
Abbildung 7.65 zeigt ein Polygon mit n Ecken, das aus $\frac{n}{4}$ vielen Korridoren besteht, die beim Startpunkt s zusammenlaufen und an ihren Ecken abgeknickt sind. Dem Roboter bleibt nichts anderes übrig, als einen Korridor nach dem anderen zu inspizieren

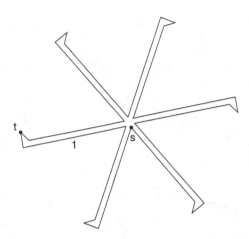

Abb. 7.65 Im ungünstigsten Fall liegt der Zielpunkt am Ende des zuletzt besuchten Korridors.

und hinter die Ecken zu schauen. Im ungünstigsten Fall liegt der Zielpunkt t am Ende des zuletzt besuchten Korridors. Wenn die Korridore die Länge 1 besitzen und ihre Weiten sowie die Längen der abgeknickten Enden vernachlässigbar klein sind, ergibt sich ein Gesamtweg der Länge

$$(\frac{n}{4} - 1)2 + 1 = \frac{n}{2} - 1$$

gegenüber der Länge 1 des kürzesten Weges von s nach t.   □

Weglängenver-
hältnis in $\Omega(n)$

Wenn wir also überhaupt eine Strategie angeben können, bei der das Verhältnis der Länge des zurückgelegten Weges zur Länge des kürzesten Weges stets beschränkt ist, kann diese Schranke keine Konstante sein. Im schlimmsten Fall kann der zurückgelegte Weg linear von der Anzahl n der Polygonecken abhängen.

Auf solche Polygone, die nur aus mehreren am Startpunkt zusammenlaufenden Korridoren bestehen, können wir die Strategie der exponentiellen Vergrößerung der Suchtiefe aus Theorem 7.36 anwenden, denn die Korridore lassen sich genau wie Halbgeraden behandeln, auch wenn sie mehrere Knickstellen aufweisen. Damit könnten wir immerhin ein Weglängenverhältnis in $O(n)$ garantieren.

Aber wie verfahren wir mit Polygonen, die nicht nur aus Korridoren bestehen?

Hier kommt uns folgende Struktur zu Hilfe: Wir betrachten die Gesamtheit aller kürzesten Wege im Polygon P, die vom Startpunkt s zu den Eckpunkten von P führen. Wie die folgende Übungsaufgabe zeigt, bilden diese kürzesten Wege einen Baum.

Er wird der *Baum der kürzesten Wege* von s in P genannt (engl.:   Baum der
shortest path tree) und mit *SPT* bezeichnet.   kürzesten Wege

Ein Beispiel ist in Abbildung 7.66 zu sehen. Die kürzesten
Wege verlaufen wie gespannte Gummibänder, die nur an spitzen
Ecken von P abknicken können.

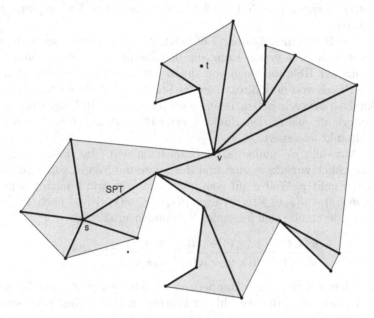

Abb. 7.66 Der Baum *SPT* der kürzesten Wege vom Startpunkt s zu
allen Eckpunkten des Polygons P.

Übungsaufgabe 7.24

(i) Seien s und t zwei Punkte in einem einfachen Polygon P. Man
zeige, dass der kürzeste Weg von s nach t, der ganz in P verläuft,
eindeutig bestimmt ist und dass es sich dabei um eine polygonale
Kette handelt, die nur an spitzen Ecken von P Knickstellen haben
kann.

(ii) Sei s ein Punkt in P. Man zeige, dass die kürzesten Wege
von s zu den Eckpunkten von P einen Baum bilden.

Bei einem Polygon P mit n Ecken und einem Startpunkt s im
Innern von P hat der Baum *SPT* genau $n + 1$ Knoten, darunter
$m \leq n$ viele Blätter.

Der Roboter könnte die m Wege, die in *SPT* von der Wurzel zu
den Blättern führen, wie m disjunkte Halbgeraden behandeln und
sie in zyklischer Reihenfolge mit exponentiell wachsender Suchtiefe

nach einem Punkt v absuchen, von dem aus der Zielpunkt t sichtbar ist.[39]

Warum gibt es im Baum SPT solche Punkte? Sei v der letzte Knickpunkt auf dem kürzesten Weg π von s nach t; siehe Abbildung 7.66. Dann ist v insbesondere ein Eckpunkt von P und damit ein Knoten von SPT. Außerdem ist von v aus der Zielpunkt t sichtbar.

Ein Blick auf Abbildung 7.66 zeigt, dass es außer v noch andere Knoten in SPT geben kann, die den Zielpunkt t sehen können. Wenn der Roboter einen von ihnen vor v erreicht, würde er in der Praxis von dort direkt zum Ziel laufen. Um die nachfolgende Analyse zu vereinfachen, nehmen wir an, dass der Roboter so lange weiterläuft, bis er den Punkt v erreicht, und erst von dort den Zielpunkt ansteuert.

Mit $w(s,p)$ und $d(s,p)$ bezeichnen wir die Längen des tatsächlich zurückgelegten und des kürzesten Weges von s zu einem Punkt p. Weil v auf dem kürzesten Weg von s nach t liegt, ist $d(s,t) = d(s,v) + |vt|$. Wegen $d(s,v) \leq w(s,v)$ und nach Theorem 7.36 ergäbe sich folgendes Weglängenverhältnis:

$$\frac{w(s,t)}{d(s,t)} = \frac{w(s,v) + |vt|}{d(s,v) + |vt|} \leq \frac{w(s,v)}{d(s,v)} \leq 2em + 1.$$

Wir können also einen kompetitiven Faktor erreichen, der linear von m abhängt, der Anzahl der Blätter im Baum aller kürzesten Wege von s.

Dieser Ansatz stößt aber auf folgende Schwierigkeit: Der Roboter kennt weder den Baum SPT noch die Anzahl m seiner Blätter. Wie soll er den Vergrößerungsfaktor $\frac{m}{m-1}$ für die Suchtiefe bilden?

Hier ist Übungsaufgabe 7.23 (ii) von Nutzen: Statt die Suchtiefe jeweils vor dem Besuch des nächsten Weges mit $\frac{m}{m-1}$ zu multiplizieren, verdoppeln wir sie vor jeder neuen Runde. Dabei bleibt das Weglängenverhältnis unterhalb von $8m$.

Tiefenverdopplung vor jeder Runde

Dass der Roboter nicht den gesamten Baum SPT kennt, stellt kein ernsthaftes Problem dar. Er kennt nämlich zu jedem Zeitpunkt den Verlauf von SPT, soweit er sehen kann, und das genügt für die Planung des nächsten Schritts! Genauer gilt folgende Aussage:

Übungsaufgabe 7.25 Für jeden Punkt $p \in P$, den der Roboter bereits gesehen hat, kennt er den kürzesten Weg von s nach p.

Der Roboter kann die kürzesten Wege zu allen Eckpunkten von P, die schon einmal sichtbar waren, in einer zyklischen Liste L

zyklische Wegliste L

---

[39]Ist t schon von s aus sichtbar, geht der Roboter direkt zum Ziel; diesen trivialen Fall betrachten wir im folgenden nicht mehr.

speichern. Er begeht diese Wege rundenweise nacheinander, etwa im Uhrzeigersinn.

Abbildung 7.67 zeigt ein Beispiel. Der Roboter ist gerade auf dem Weg von s über v_1 nach v_2. Dort angekommen, entdeckt er die Eckpunkte v_5, v_6, v_7. Er weiß, dass der kürzeste Weg von s zu jedem von ihnen über v_2 führt, und ersetzt deshalb in L den Weg (s, v_1, v_2) durch die drei benachbarten Wege (s, v_1, v_2, v_5), (s, v_1, v_2, v_6) und (s, v_1, v_2, v_7). Wenn der Roboter die für die ak- **Aktualisierung** tuelle Runde zur Verfügung stehende Suchtiefe in v_2 noch nicht **von L** voll ausgeschöpft hat, fährt er mit der Erkundung von (v_2, v_5) fort. Anschließend kommt dann der Weg (s, v_1, v_2, v_6) an die Reihe.

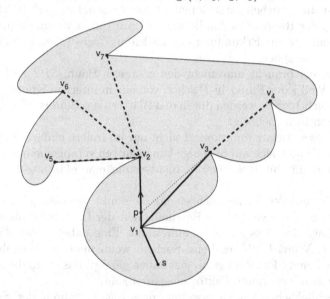

Abb. 7.67 Wenn der Roboter den Punkt v_2 erreicht, entdeckt er die Eckpunkte v_5, v_6, v_7 und weiß, dass ihre kürzesten Wege zu s über v_2 führen.

Während der Roboter noch auf v_2 zugeht, sieht er im Punkt p den Eckpunkt v_4. Er weiß, dass der kürzeste Weg von s zu v_4 über v_3 führt, und könnte in der Liste L den Weg (s, v_1, v_3) bereits jetzt um das Stück (v_3, v_4) verlängern. Ebenso gut kann er diese Aktualisierung zurückstellen, bis der Weg (s, v_1, v_3) an der Reihe ist und der Roboter bei seiner Ankunft in v_3 den Punkt v_4 „wiederentdeckt".

Damit haben wir folgendes Ergebnis:

Theorem 7.38 *Für Roboter mit Sichtsystem gibt es eine kompetitive Strategie für die Suche nach einem Zielpunkt, die in jedem einfachen Polygon mit n Ecken den Faktor $8n$ garantiert.*

Nach Lemma 7.37 ist ein kompetitiver Faktor in $O(n)$ das Beste, was wir erwarten können. Der konstante Faktor 8 lässt sich aber noch verkleinern.

praktische Verbesserungen

Außerdem kann man an der hier beschriebenen Strategie verschiedene praktische Verbesserungen vornehmen, die zwar im *worst case* nicht zu einer weiteren Verkleinerung des kompetitiven Faktors führen, aber in vielen Fällen Weglänge einsparen. So ist es zum Beispiel beim Erkunden der Wege im Baum SPT nicht erforderlich, jedes Mal bis zur Wurzel s zurückzukehren, bevor der nächste Weg an die Reihe kommt. Der Roboter braucht nur zu dem Eckpunkt zurückzugehen, bei dem sich die beiden Wege teilen. In manchen Situationen ist nicht einmal das erforderlich: Wenn der Roboter in Abbildung 7.67 am Punkt v_7 angekommen ist, kann er zur Erkundung des nächsten Weges (s, v_1, v_3, v_4) direkt zu v_4 gehen.

Ferner braucht man nicht den gesamten Baum SPT zu begehen: Weil jeder Punkt in P schon von einem internen Knoten von SPT sichtbar ist, werden die zu den Blättern des Baums führenden Kanten nicht benötigt.

Dieser Ansatz funktioniert nicht nur im Innern einfacher Polygone. Er lässt sich auf beliebige Umgebungen verallgemeinern und stellt damit für Roboter mit Sichtsystem eine effiziente Lösung dar.

Bei unserer Suche nach einem Zielpunkt in einem einfachen Polygon waren sowohl die Beschaffenheit der Umgebung als auch die Lage des Ziels zunächst unbekannt. Eine naheliegende Frage lautet: Wieviel hilft es beim Suchen, wenn man die Umgebung schon kennt? Fleischer et al. [52] haben gezeigt, dass man dadurch nur einen konstanten Faktor einsparen kann.

Schließlich sei noch erwähnt, dass das Verfahren der Suchtiefenverdopplung nicht nur auf eindimensionale Suchräume anwendbar ist.

Übungsaufgabe 7.26 Man gebe eine kompetitive Strategie an, um in der Ebene von einem Startpunkt aus eine Halbgerade zu finden.

andere Kostenmaße

Die in realen Anwendungen entstehenden Kosten hängen natürlich nicht nur von der Länge des Weges ab, den der Roboter zurücklegen muss. Demaine et al. [42] haben deshalb beim Suchen auf m Halbgeraden auch für jede Kehrtwendung des Roboters Kosten veranschlagt.

Manche Roboter müssen anhalten, um ihre Umgebung mit dem Lasersystem abzutasten. Fekete et al. [50] haben deshalb neben der Weglänge auch die Anzahl der Scans betrachtet, die der Roboter unterwegs ausführt.

Damit beenden wir unsere Beschäftigung mit kompetitiven Strategien für die Bewegungsplanung von Robotern. Von dem hier behandelten Problem, in einer unbekannten Umgebung ein Ziel zu finden, gibt es zahlreiche Varianten. So lassen sich zum Beispiel für spezielle Polygone, die *Straßen* genannt werden, Strategien mit konstantem kompetitiven Faktor angeben; siehe etwa Icking et. al. [76].

Außerdem ist das *Erkunden* einer nicht bekannten Umgebung wichtig. Hierfür werden bei Deng et al. [43] und Hoffmann et al. [74] Strategien vorgestellt. Ebenso interessant ist das Problem der *Lokalisierung*, bei dem es darum geht, anhand der lokalen Sichtinformation in bekannter Umgebung den eigenen Standort zu bestimmen. Hierzu findet sich Näheres in Guibas et al. [62] und Dudek et al. [48]; vergleiche auch [75]. Weitere interessante Probleme ergeben sich, wenn mehrere Roboter eine Aufgabe gemeinsam lösen sollen; siehe z. B. Cieliebak et al. [37] und Aronov et al. [11].

Erkunden einer Umgebung

Lokalisierung

Über die Berechnung kürzester Wege in bekannten Umgebungen existiert eine Fülle an Ergebnissen, zum Beispiel der Übersichtsartikel [92] von Mitchell oder das einführende Buch von Gritzmann [61].

Auch außerhalb der Algorithmischen Geometrie gibt es zahlreiche Anwendungen für kompetitive Strategien, zum Beispiel bei der Bevorratung physischer Speicherseiten im Hauptspeicher eines Rechners (Paging), bei der Verteilung von Jobs in Multiprozessorsystemen (Scheduling) oder beim Aufbau von Verbindungen in Kommunikationsnetzwerken (Routing). Hier lässt sich ebenfalls das Phänomen beobachten, dass die verwendeten Strategien selbst meistens sehr einfach sind, während ihre Analyse manchmal harte Probleme aufgibt.

Wer sich für dieses Gebiet interessiert, findet bei Borodin und El-Yaniv [23], Fiat und Woeginger [51] oder Ottmann et al. [95] einen Überblick über kompetitive Strategien innerhalb und außerhalb der Algorithmischen Geometrie.

7.7 Inzidenzen

In diesem Abschnitt wollen wir vier Ergebnisse mit kombinatorischem Charakter betrachten, bei denen es darum geht, abzuzählen, wie oft bestimmte Strukturen oder Situationen auftreten können.

7.7.1   Kreuzungszahl und Satz von Szemerédi-Trotter

Ein Beispiel für ein kombinatorisches Resultat kennen wir schon: die Eulersche Formel für planare Graphen aus Theorem 1.1. Sie implizierte unter anderem, dass ein schlichter, kreuzungsfreier geometrischer Graph in der Ebene höchstens dreimal so viele Kanten wie Knoten haben kann; siehe Übungsaufgabe 1.7. Wenn die Kantenzahl eines Graphen also mehr als das Dreifache der Knotenzahl beträgt, muss jede geometrische Darstellung in der Ebene Kreuzungen aufweisen. Wie viele?

Wir betrachten schlichte Graphen mit e Kanten und v Knoten und lassen nur solche geometrischen Darstellungen zu, bei denen sich höchstens zwei Kanten in einem Punkt kreuzen. Sind dann k Kreuzungen vorhanden, können wir aus jeder Kreuzung eine Kante entfernen und erhalten einen *kreuzungsfreien* schlichten Graphen mit mindestens $e - k$ vielen Kanten (es können mehr sein, wenn eine Kante an mehreren Kreuzungen beteiligt war).

Nach Übungsaufgabe 1.7 gilt also jetzt $e - k \leq \#Kanten \leq 3\,v$, und wir erhalten die untere Schranke

$$k \geq e - 3\,v$$

für die Kreuzungszahl des Ausgangsgraphen.

Erstaunlicherweise kann man aus dieser einfachen Aussage eine interessantere untere Schranke gewinnen, die als *Crossing Lemma* bekannt ist.

Crossing Lemma   **Theorem 7.39**   *Sei G ein schlichter Graph mit e Kanten und v Knoten, und gelte $e > 4v$. Dann enthält jede geometrische Darstellung von G in der Ebene mindestens*

$$k \geq \frac{1}{64}\frac{e^3}{v^2}$$

viele Kreuzungen.

Beweis. Sei eine geometrische Darstellung von G gegeben. Sollte es darin Kreuzungen geben, an denen weniger als vier Knoten beteiligt sind, können wir sie durch lokales Aufschneiden beseitigen, wie Abbildung 7.68 an zwei Beispielen illustriert.

Konstruiert man nun einen zufälligen Teilgraphen H von G, indem man jeden Knoten von G unabhängig von den anderen mit derselben Wahrscheinlichkeit p auswählt und alle Kanten hinzufügt, deren Knoten gewählt wurden, gilt nach der Vorbetrachtung $k_H \geq e_H - 3v_H$. Weil der Erwartungswert monoton und linear ist, folgt

$$E(k_H) \geq E(e_H) - E(3v_H), \quad \text{also}$$
$$p^4 k \geq p^2 e - 3pv,$$

Abb. 7.68 Nach Beseitigung von Selbstschnitten und Kreuzungen von zwei Kanten mit gemeinsamem Endpunkt sind an jeder Kreuzung vier Knoten beteiligt.

denn eine Kreuzung gehört genau dann zu H, wenn alle vier Knoten ausgewählt werden, und eine Kante genau dann, wenn man ihre beiden Endpunkte wählt. Wenn wir nun $p := \frac{4v}{e}$ setzen, ist nach Voraussetzung $p < 1$, und durch Einsetzen folgt

$$k \geq \frac{e}{p^2} - \frac{3v}{p^3} = \frac{e^3}{4^2 v^2} - \frac{3e^3}{4^3 v^2} = \frac{e^3}{64 v^2}.$$

$\square$

Die Idee zu diesem überraschenden Beweis geht auf Chazelle, Sharir und Welzl zurück, wie Aigner und Ziegler [4] berichten.

Mit Hilfe von Theorem 7.39 kann man schnell und elegant andere Aussagen der kombinatorischen Geometrie herleiten; siehe zum Beispiel Székely [105]. In der folgenden Übungsaufgabe 7.27 soll das Theorem von Szemerédi-Trotter bewiesen werden. Dabei geht es um die Anzahl von *Inzidenzen* zwischen Punkten und Geraden in der Ebene. Als Inzidenz gilt dabei jedes Paar (p, l), bei dem ein Punkt p auf einer Geraden l liegt. Abbildung 7.69 zeigt ein Beispiel, in dem m Punkte mit $2\sqrt{m}$ Geraden $2m$ Inzidenzen haben.

Theorem von
Szemerédi-Trotter

Inzidenzen

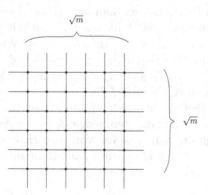

Abb. 7.69 Ein Beispiel mit m Punkten, $n = 2\sqrt{m}$ Geraden und $2m = 2^{1/3}(mn)^{2/3}$ vielen Inzidenzen.

Übungsaufgabe 7.27

(i) Man zeige, dass es zwischen m Punkten und n Geraden in der Ebene höchstens $4\,((mn)^{2/3} + m + n)$ viele Inzidenzen geben kann. *Hinweis:* Man betrachte den Graphen, bei dem jeder Punkt ein Knoten ist und zwei Punkte genau dann mit einer Strecke als Kante verbunden sind, wenn sie konsekutiv auf einer der Geraden liegen.

(ii) Ist es überraschend, dass diese Schranke in m und n symmetrisch ist?

7.7.2   Satz von Sylvester

Auch die nächsten beiden Ergebnisse handeln von Inzidenzen. Das erste wurde von Sylvester vermutet und zuerst von Gallai [55] bewiesen.

Theorem 7.40 *Gegeben sei eine endliche Menge M von Punkten in der Ebene mit folgender Eigenschaft: Wenn zwei Punkte aus M auf einer Geraden G liegen, so enthält G auch einen dritten Punkt aus M. Dann liegen alle Punkte aus M auf einer gemeinsamen Geraden.*

Beweis. Wir beweisen die logisch äquivalente Formulierung, in der das Theorem auch meistens zitiert wird: Wenn nicht alle Punkte aus M auf einer Geraden liegen, so gibt es eine Gerade, die genau zwei Punkte aus M enthält.

Als Kandidaten betrachten wir alle endlich vielen Paare (G, s), in denen G eine Gerade ist, die mindestens zwei Punkte aus M enthält, und $s \in M$ ein Punkt außerhalb von G. Unter ihnen wählen wir ein Paar aus, bei dem der Abstand von s zu G minimal ist. Wenn G nur zwei Punkte aus M enthält, sind wir fertig. Andernfalls seien $p, q, r \in M$ auf G gelegen. Wenn g den zu s nächsten Punkt auf G bezeichnet, müssen zwei dieser Punkte auf derselben Seite von g liegen, sagen wir, q und r. Von denen sei q näher zu g, wie in Abbildung 7.70 gezeigt.

Sei nun H die Gerade durch s und r. Dann ist das Paar (H, q) ebenfalls in unserer Kandidatenmenge. Aber der Abstand von q zu H ist kleiner gleich dem Abstand von g zu H, und der wiederum kleiner als $|gs|$ — im Widerspruch zur Minimalität von (G, s)! $\square$

7.7.3   Verbindungen von Geraden im Raum*

Das dritte Problem hat ebenfalls mit Punkten auf Geraden zu tun, geht aber von einer anderen Fragestellung aus.

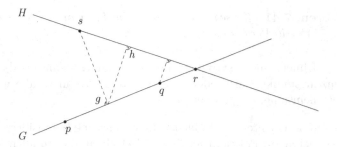

Abb. 7.70 Punkt q liegt näher an H als s an G.

Gegeben seien endlich viele Geraden im dreidimensionalen Raum. Eine *Verbindung* (englisch: *joint*) ist ein Punkt im Raum, an dem sich mindestens drei Geraden kreuzen, die nicht in einer Ebene liegen. Wie viele Verbindungen kann es geben?

Verbindung

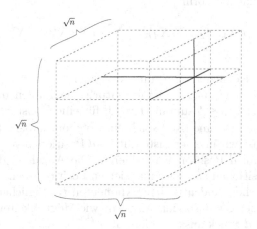

Abb. 7.71 Ein Beispiel mit $3n^{\frac{3}{2}}$ vielen Verbindungen zwischen $3n$ vielen Geraden.

Abbildung 7.71 zeigt ein Beispiel, in dem $3n$ Geraden so auf einem Gitter angeordnet sind, dass jeweils $\sqrt{n} \times \sqrt{n}$ viele Geraden parallel zu einer der drei Koordinatenachsen sind. Auf jeder Geraden gibt es $\sqrt{n}$ viele Verbindungen, insgesamt also $3n^{\frac{3}{2}}$ viele. Lange Zeit hat man vermutet, dass es auch nicht mehr Verbindungen geben kann. Aber es brauchte ungewöhnliche algebraische Methoden, um diese Vermutung zu beweisen. Kaplan et al. [79] zeigten sogar eine allgemeinere Aussage:

Theorem 7.41 *Zwischen n Geraden im $\mathbb{R}^d$ kann es höchstens $O(n^{\frac{d}{d-1}})$ viele Verbindungen geben.*

In Dimension d ist dabei eine Verbindung definiert als ein Kreuzungspunkt von d oder mehr Geraden, die nicht alle in einer gemeinsamen Hyperebene liegen.

Beweis. Betrachten wir zunächst die wesentliche Beweisidee. Wir konstruieren ein Polynom $p \neq 0$ in d Variablen, das an allen Verbindungen Nullstellen hat. Wenn dann auf jeder Geraden mehr Nullstellen liegen als der Grad des Polygons angibt, muss das Polynom auf jeder Geraden identisch null sein. Und weil die Geraden an den Verbindungen einen d-dimensionalen Raum aufspannen, folgt schließlich $p = 0$, ein Widerspruch.

Betrachten wir also ein Arrangement von n Geraden mit insgesamt m Verbindungen. Wir konstruieren ein Polynom $p(X_1, X_2, \ldots, X_d) \neq 0$ mit d Variablen, das an allen m Verbindungen eine Nullstelle hat. Ein allgemeines Polynom in d Variablen hat die Form

$$p(X_1, X_2, \ldots, X_d) = \sum_i a_i X_1^{i_1} X_2^{i_2} \ldots X_d^{i_d}$$

mit reellen Koeffizienten a_i und Monomen $X_1^{i_1} X_2^{i_2} \ldots X_d^{i_d}$, wobei über alle $i = (i_1, i_2, \ldots i_d)$ mit natürlichen Zahlen $0 \leq i_j$ und $i_1 + i_2 + \ldots + i_d \leq b$ summiert wird, für eine Konstante b.[40]

Wieviele Monome kann solch ein Polynom haben? Stellen wir uns vor, dass wir in einer Liste mit $b + d$ Positionen von links nach rechts genau d Positionen markieren. Die Anzahlen der unmarkierten Positionen vor jeder markierten Position seien i_1, i_2 bis i_d; sie entsprechen eindeutig den Exponenten i_j möglicher Monome. Es gibt daher genau so viele Monome wie Möglichkeiten, aus $b + d$ Positionen d Stück auszuwählen, also $\binom{b+d}{d}$ viele.

Wir wollen das Polynom p so wählen, dass es auf allen m Verbindungspunkten $v_k = (v_{k_1}, v_{k_2}, \ldots v_{k_d})$ verschwindet, das heißt, dass

$$p(v_{k_1}, v_{k_2}, \ldots v_{k_d}) = \sum_i a_i v_{k_1}^{i_1} v_{k_2}^{i_2} \ldots v_{k_d}^{i_d} = 0$$

gilt für $1 \leq k \leq m$. Das ist ein homogenes lineares Gleichungssystem mit Variablen a_i und Koeffizienten $v_{k_1}^{i_1} v_{k_2}^{i_2} \ldots v_{k_d}^{i_d}$. Es hat immer eine Lösung, in der nicht alle a_i gleich null sind, wenn m,

---

[40]Solch ein b heißt *Grad* des Polynoms p, wenn es ein Monom $X_1^{i_1} X_2^{i_2} \ldots X_d^{i_d}$ mit $i_1 + i_2 + \ldots + i_d = b$ gibt, dessen Koeffizient a_i von null verschieden ist.

die Zahl der Gleichungen, kleiner ist als die Zahl der Variablen, $\binom{b+d}{d}$. Diese Bedingung können wir garantieren, indem wir

$$b := \left\lfloor (d!(m+1))^{\frac{1}{d}} \right\rfloor$$

setzen, denn dann ist $(b+1)(b+2)\ldots(b+d) \geq d!(m+1)$, also $\binom{b+d}{d} \geq m+1$. An dieser Stelle treffen wir folgende

Voraussetzung: Auf jeder der m Geraden liegen mindestens $\alpha \frac{m}{n}$ viele Verbindungen, mit einem $\alpha \in (0,1]$.

Jetzt definieren wir die Konstante $A := ((\frac{2}{\alpha})^d d!)^{\frac{1}{d-1}}$ und nehmen an, dass die Abschätzung $m > A n^{\frac{d}{d-1}}$ gilt. Dann folgt durch Umformung

$$m^{d-1} > \left(\frac{2}{\alpha}\right)^d d!\, n^d$$

$$m^d > \left(\frac{2}{\alpha}\right)^d d!\, n^d\, m$$

$$m > \frac{2}{\alpha} n\, (d!m)^{\frac{1}{d}}$$

$$\alpha \frac{m}{n} > 2\,(d!m)^{\frac{1}{d}} \geq (d!(m+1))^{\frac{1}{d}} \geq b$$

nach Definition von b.

Die letzte Ungleichung hat folgende Konsequenz: Wenn $v = (v_1, v_2, \ldots, v_d)$ eine Verbindung auf der Geraden $L = v + t\vec{w}$ mit reellem Parameter t ist, durchquert L nach unserer Voraussetzung mindestens $\alpha \frac{m}{n}$ viele Verbindungspunkte. An jedem verschwindet das Polynom p. Das bedeutet: Die Abbildung

$$g_L(t) := p(v + t\vec{w})$$

hat mindestens $\alpha \frac{m}{n}$ reelle Nullstellen t. Aber $g_L(t)$ ist ein Polynom einer Variablen t vom Grad $\leq b$, weil ja die höchste auftretende Potenz von t der maximalen Summe der Grade i_j der X_j in den Monomen in p entspricht, und die ist $\leq b$.

Ein Polynom $\neq 0$ einer Variablen vom Grad $\leq b$ kann aber maximal b Nullstellen haben.[41] Also ist $g_L(t)$ das Nullpolynom,

---

[41] Bei einem reellen Polynom einer Variablen kann man jede reelle Nullstelle ausklammern, und dadurch sinkt der Grad des verbleibenden Polynoms.

und nach der Kettenregel, angewendet auf die zusammengesetzte
Abbildung $p(v + t\vec{w})$, gilt erst recht

$$0 = g_L'(0) = \nabla p(v) \cdot (w_1, \ldots, w_d)$$

mit $\vec{w} = (w_1, \ldots, w_d))$ und dem Gradienten

$$\nabla p(v) = \begin{pmatrix} \frac{\partial p}{\partial X_1}(v) \\ \ldots \\ \frac{\partial p}{\partial X_d}(v) \end{pmatrix}$$

Aber nicht nur das Skalarprodukt von $\nabla p(v)$ mit dem Vektor $\vec{w}$
ist null — es gibt ja insgesamt d solcher Geraden durch die Verbindung v, für die dasselbe gilt, und ihre Vektoren $\vec{w}^j$ spannen
einen d-dimensionalen Raum auf. Der Gradient $\nabla p(v)$ kann dann
nicht auf allen $\vec{w}^j$ senkrecht stehen — es sei denn, er ist selbst
gleich null![42]

Die ersten partiellen Ableitungen $\frac{\partial p}{\partial X_j}$, mit $1 \leq j \leq d$, von
Polynom p verschwinden also am Punkt v, und mit derselben Be-
gründung auch an jeder anderen Verbindung. Weil die Grade der
Monome dieser Ableitungen durch $b-1$ beschränkt sind, kann man
nun die gesamte Argumentation auf die ersten partiellen Ableitungen von p anwenden, und so fort. Schließlich folgt, dass sämtliche
partiellen Ableitungen beliebiger Ordnung von p auf allen Verbindungen verschwinden. Aber das ist unmöglich wegen $p \neq 0$;
siehe Übungsaufgabe 7.28.

Dieser Widerspruch zeigt, dass unsere Annahme $m > A\,n^{\frac{d}{d-1}}$
falsch war; stattdessen gilt

$$m \leq \left(\left(\frac{2}{\alpha}\right)^d d!\right)^{\frac{1}{d-1}} n^{\frac{d}{d-1}}. \qquad (*)$$

Wir müssen nun noch dafür sorgen, dass die Voraussetzung
über die Mindestzahl von Verbindungen auf jeder Gerade erfüllt
ist.

Dazu entfernen wir sukzessive alle Geraden, auf denen weniger
als $\frac{m}{2n}$ Verbindungen liegen, zusammen mit allen Verbindungen,
an denen sie beteiligt sind; die Schranke $\frac{m}{2n}$ bleibt dabei fest. Insgesamt fallen so höchstens $n \cdot \frac{m}{2n} = \frac{m}{2}$ viele Verbindungen fort.
Es bleiben also noch $m_1 \geq m/2$ Verbindungen und eine Anzahl

---

[42] Denn jeder von v ausgehende Vektor $\vec{u}$ lässt sich als Linearkombination
$\vec{u} = \sum_{j=1}^d a_j \vec{w}^j$ schreiben, woraus $\nabla p(v) \cdot u = \sum_{j=1}^d a_j (\nabla p(v) \cdot \vec{w}^j) = 0$ folgt.
Wäre $\nabla p(v)$ nicht der Nullvektor, gäbe es aber gewiss einen Vektor $\vec{u}$, auf dem
$\nabla p(v)$ nicht senkrecht steht.

$n_1 \leq n$ von Geraden übrig, und in dem verkleinerten Arrangement liegen auf jeder Geraden mindestens $\frac{m}{2n}$ Verbindungen.

Mit

$$\alpha := \frac{m}{2m_1} \frac{n_1}{n} \leq 1$$

gilt $\frac{m}{2n} = \alpha \frac{m_1}{n_1}$, und wir können den oben angegebenen Beweis ebenso für n_1, m_1 und α führen. Formel (*) ergibt dann

$$
\begin{aligned}
m_1 &\leq \left(\left(\frac{2}{\alpha}\right)^d d! \right)^{\frac{1}{d-1}} n_1^{\frac{d}{d-1}} \\
&\leq 2^{\frac{d}{d-1}} d!^{\frac{1}{d-1}} \left(\frac{2m_1 n}{mn_1}\right)^{\frac{d}{d-1}} n_1^{\frac{d}{d-1}} \\
&\leq 2^{\frac{2d}{d-1}} d!^{\frac{1}{d-1}} n^{\frac{d}{d-1}} \in O(n^{\frac{d}{d-1}}).
\end{aligned}
$$

Mit $m \leq 2m_1$ ist Theorem 7.41 damit bewiesen.

$\square$

Übungsaufgabe 7.28 Man zeige, dass jedes reelle Polynom $p(X_1, \ldots, X_d) \neq 0$ eine (eventuell höhere) partielle Ableitung besitzt, die konstant und ungleich null ist.

Wer Gefallen an kombinatorischen geometrischen Problemen gefunden hat, findet im Buch von Brass, Moser und Pach [24] eine reichhaltige Auswahl.

Lösungen der Übungsaufgaben

Übungsaufgabe 7.1 Abbildung 7.72 zeigt drei Punkte p, q, r und ihr Voronoi-Diagramm in der L_1-Metrik. Die Punkte p und q liegen auf den diagonalen Ecken eines Quadrats; ihr Bisektor wird definitionsgemäß aus den senkrechten Rändern der Viertelebenen und der diagonalen Verbindungsstrecke gebildet. Das

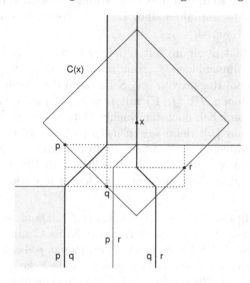

Abb. 7.72 Das Voronoi-Diagramm von {p,q,r} in der L_1-Metrik.

Voronoi-Diagramm besteht aus $B_C^*(p, q)$ und $B_C^*(q, r) = B_C(q, r)$ und enthält keinen Voronoi-Knoten, obwohl der Punkt x alle drei Punkte p, q, r als nächste L_1-Nachbarn hat. Dasselbe gilt für jeden Punkt auf der Halbgeraden $B_C(p, q) \cap B_C(q, r)$.

Übungsaufgabe 7.2 Sei $S = \{p_1, \ldots, p_n\}$ und $F = \{f_1, \ldots f_k\}$. Wenn $p_i \neq z$ nächster d_F-Nachbar in S eines Punktes $z \in \mathbb{R}^2$ ist mit Distanz $d_F(p_i, z) = |p_i f_m| + |f_m z|$, so muss p_i der[43] L_2-nächste Nachbar von f_m in S sein; denn läge p_r näher bei f_m als p_i, hätten wir den Widerspruch

$$d_F(p_r, z) \leq |p_r f_m| + |f_m z| < |p_i f_m| + |f_m z| = d_F(p_i, z).$$

Also können nur diejenigen Punkte in S, die nächste Nachbarn eines Blumenladens sind, eine Voronoi-Region mit positiver Fläche bekommen.

---

[43]Der nächste Nachbar $p_i \in S$ ist eindeutig, weil wir bei gleichem Abstand zu f_m die lexikographische Ordnung nach Koordinaten zur Unterscheidung verwenden. Andernfalls könnte ein Bisektor $B(p_i, p_i')$ mit $|pf_m| = |p'f_m|$ flächig sein.

Wir konstruieren zunächst in Zeit $O(n \log n)$ das Voronoi-Diagramm $V(S)$ und bestimmen für jeden Blumenladen f_m seinen nächsten Nachbarn p_{i_m} in S. Dazu können wir in mittlerer Zeit $O(n \log n)$ die Trapezzerlegung von $V(S)$ mit zugehörigem DAG errichten und in Zeit $O(k \log n)$ die Punkte aus F darin lokalisieren, nach Theorem 4.19. Alternativ können wir einen *sweep* über $V(S)$ ausführen, bei dem die Knoten von $V(S)$ und die Punkte in F Ereignisse sind, und dabei die Voronoi-Regionen bestimmen, in denen die f_m enthalten sind. Das geht sogar im *worst case* in Zeit $O((n + k) \log n)$.

Danach bilden wir in Zeit $O(k \log k)$ das Voronoi-Diagramm $V^a(F)$ der Blumenläden f_m mit additiven Gewichten $|p_{i_m} f_m|$. Die d_F-Voronoi-Region von $p \in S$ ist dann die Vereinigung aller Voronoi-Regionen $\mathrm{VR}^a(f_i, F)$ mit $p = p_{i_m}$. Ein Punkt p, der zu keinem Blumenladen nächster Nachbar ist, bekommt also nur die Voronoi-Region $\{p\}$, denn wegen $d_F(p, p) = 0$ ist er sein eigener nächster Nachbar in S. Er bildet dann ein Loch in der Voronoi-Region des Punktes, der ihn am schnellsten mit Blumen besuchen kann. Die Laufzeit liegt insgesamt in $O(n \log n + k \log k)$.

Übungsaufgabe 7.3 Sei $z \in \mathrm{VR}_{-1}(p, S)$. Dann ist p fernster Punkt von z in S, liegt also auf einem Kreis C um z, der ganz S enthält. Ist T die Tangente an C im Punkt p, liegt S auf derselben Seite von T wie C. Dann muss p eine Ecke der konvexen Hülle $\mathrm{ch}(S)$ sein. Umgekehrt: Sei T eine Tangente an $\mathrm{ch}(S)$, die nur die Ecke p berührt. Wir betrachten die Halbgerade, die p rechtwinklig zu T in Richtung S verlässt. Wenn wir ihr folgen, überqueren wir alle Bisektoren $B(p, q)$ mit $q \in S \setminus \{p\}$ von $D(p, q)$ nach $D(q, p)$. Dabei nimmt die Anzahl der q, die näher an unserem aktuellen Punkt liegen als p, um eins zu, bis schließlich p unser fernster Punkt in S ist und bleibt. Die inverse Region $\mathrm{VR}_{-1}(p, S)$ ist daher zusammenhängend und unbeschränkt. Damit sind (i) und (ii) bewiesen: Genau die Ecken der konvexen Hülle von S haben nicht-leere inverse Voronoi-Regionen, und die sind unbeschränkt und zusammenhängend. Das inverse Voronoi-Diagramm ist also ein Baum.

Übungsaufgabe 7.4 "$\subseteq$:" Für $z \in V(S)$ gibt es nach Axiom (2) und der Definition von $V(S)$ ein $p \in S$ mit $z \in \overline{\mathrm{VR}(p, S)} \setminus \mathrm{VR}(p, S)$, also auch ein $q \neq p$ mit $z \notin D(p, q)$.

Angenommen, es gilt $z \in D(q, p)$. Weil diese Menge offen ist, müsste sie eine ganze Umgebung von z enthalten. Aber das widerspricht $z \in \overline{\mathrm{VR}(p, S)} \subset \overline{D(p, q)}$. Also gilt $z \in J(p, q)$, was die obere Inklusion beweist. Die untere beweisen wir indirekt. Würde keine Menge $\overline{\text{VR}(q,S)}$ mit $q \neq p$ den Punkt z enthalten, hätten wir für eine Umgebung $U(z)$

$$U(z) \subseteq \bigcap_{q \neq p} \overline{\text{VR}(q,S)}^{\text{C}} = \left(\bigcup_{q \neq p} \overline{\text{VR}(q,S)} \right)^{\text{c}} \subseteq \overline{\text{VR}(p,S)},$$

denn der Durchschnitt endlich vieler offenen Mengen ist offen. Das widerspräche aber $z \notin \text{VR}(p,S)$.

"$\supseteq$:" Wegen

$$\overline{\text{VR}(p,S)} \cap \overline{\text{VR}(q,S)} \subseteq \overline{D(p,q)} \cap \overline{D(q,p)} \subset J(p,q)$$

brauchen wir nur die obere Inklusion zu beweisen. Angenommen, es gilt

$$z \in \overline{\text{VR}(p,S)} = J(p,q).$$

Wäre der Punkt z in einer Voronoi-Region $\text{VR}(r,S)$ enthalten, wäre er darin ein innerer Punkt. Wegen $z \in \overline{\text{VR}(p,S)}$ würde daraus $r = p$ folgen. Aber wenn z im Innern der Voronoi-Region $\text{VR}(p,S)$ enthalten ist, kann der Punkt nicht auf $J(p,q)$ liegen, im Gegensatz zu unserer Annahme. Also ist $z \in V(S)$.

Übungsaufgabe 7.5 Nein, es gibt nicht einmal zwei Knoten v_1, v_2, in deren Umgebung Regionen von drei Indizes p, q, r in derselben zyklischen Reihenfolge auftreten! Denn wegen des Zusammenhangs von Voronoi-Regionen müsste es dann zwei Pfade von v_1 nach v_2 geben, die bis auf ihre Endpunkte ganz in den Regionen von p bzw. q verlaufen. Sie würden eine geschlossene Kurve bilden, die Teile der Region von r im inneren und im äußeren Gebiet enthält, was nicht möglich ist, da auch die Region von r zusammenhängend ist.

Übungsaufgabe 7.6 Siehe Abbildung 7.73.

Abb. 7.73 Ein Beispiel mit 16 Punkten: eine Anfrage mit dem grauen Quadrat besucht $\Theta(\sqrt{n})$ Knoten im KD–Baum

Übungsaufgabe 7.7 Siehe Abbildung 7.74.

Übungsaufgabe 7.8 Ja. Wir definieren die Knotentypen wieder in Bezug auf die orthogonale Approximation des Kreises. Innenknoten gibt es $O(k_\varepsilon)$; die Rand-, Quer- und Eckknoten schneiden alle mindestens eine der $O(1/\varepsilon)$ waag- oder senkrechten Geraden, die die Kanten von A enthalten; nach der Analyse im Beweis von

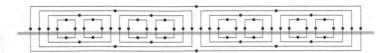

Abb. 7.74 Ein Beispiel mit 60 Punkten: eine Anfrage mit dem grauen Rechteck besucht $\Theta(n)$ Knoten im LKD–Baum

Lemma 3.1 gibt es also $O(\frac{1}{\varepsilon}\sqrt{n})$ solche Knoten. Somit läuft die Anfrage insgesamt in $O(\frac{1}{\varepsilon}\sqrt{n} + k_\varepsilon)$ Zeit.

Übungsaufgabe 7.9

(i) Nehmen wir an, (A) wird erfüllt, aber nicht (B). Dann sind die Mengen $\{p_1, ..., p_k\}$ und $S = \{s_1, ..., s_k\}$ verschieden. Sei j minimal mit $p_j \notin S$. Dan gilt für alle Punkte $i \in \{1, ..., j-1\}$ die Gleichung $d(s_i) = d(p_i)$, während für alle $i \in \{j, ..., k\}$ nach (A) gilt: $d(s_i) \leq (1+\varepsilon)d(p_j) \leq (1+\varepsilon)d(p_i)$. Somit wird (B) doch erfüllt.

(ii) Z.B. $d(p_1), d(p_2), d(p_3) = \{3, 4, 5\}$; $S = \{p_2, p_3\}$; $\varepsilon = \frac{1}{2}$.

Übungsaufgabe 7.10

(i) Seien a', b' zwei Punkte in $[a, b]$ mit Durchmesser$(g(a, b)) = |g(a') - g(b')|$. Nach der Definition von C_g und vom Durchmesser gilt:

$$b' - a' \geq \frac{\text{Durchmesser}(g(a', b'))^2}{C_g} \geq \frac{|g(a') - g(b')|^2}{C_g}.$$

Nach der Definition von (a', b') und von (a, b) gilt auch:

$$\frac{|g(a') - g(b')|^2}{C_g} = \frac{\text{Durchmesser}(g(a, b))^2}{C_g} = b - a.$$

Hieraus folgt $b' - a' \geq b - a$, während $[a', b'] \subseteq [a, b]$. Das ist nur möglich, wenn $a = a'$ und $b' = b$ gilt, und somit auch: Durchmesser$(g(a, b)) = |g(a') - g(b')| = |g(a) - g(b)|$.

(ii) Für jedes $t \in [a, b]$ gilt:

$$
\begin{aligned}
|g(a) - g(t)|^2 &+ |g(t) - g(b)|^2 &\leq \\
\text{Durchmesser}(g(a, t))^2 &+ \text{Durchmesser}(g(t, b))^2 &\leq \\
C_g(t - a) &+ C_g(b - t) &= \\
C_g(b - a) &= \text{Durchmesser}(g(a, b))^2.
\end{aligned}
$$

Mit (i) folgt: $|g(a) - g(t)|^2 + |g(t) - g(b)|^2 \leq |g(a) - g(b)|^2$. Daraus folgt mit dem Kosinussatz: $\angle g(a)g(t)g(b) \geq \pi/2$; mit dem Satz des Thales folgt, dass $g(t)$ nicht außerhalb von K liegt.

(iii) Weil $g(a,b)$ die Fläche $b - a$ hat und innerhalb von K liegt, gilt:

$$b - a \leq \text{Fläche}(K) = \frac{\pi}{4}|g(a) - g(b)|^2,$$

und somit: $C_g = |g(a) - g(b)|^2/(b - a) \geq 4/\pi$.

(iv) Angenommen, es ist doch $C_g = 4/\pi$. Dann gilt in den Abschätzungen im Beweis von (iii) die Gleichheit, und $g(a,b)$ füllt den ganzen Kreis K aus. Also gibt es ein $t \in (a,b)$, so dass $g(t)$ auf dem Rand von K liegt, wobei $g(t) \notin \{g(a), g(b)\}$. Auch im Beweis von (ii) gilt daher Gleichheit. Daraus folgt für die Paare (a,t) und (t,b) ebenfalls die $g(a,b) = K$ entsprechende Eigenschaft: $g(a,t)$ ist der kleinste Kreis mit $g(a)$ und $g(t)$ auf dem Rand, und $g(t,b)$ ist der kleinste Kreis mit $g(t)$ and $g(b)$ auf dem Rand. Das ist aber nicht möglich, weil die letzten beiden Kreise nicht ganz innerhalb von K liegen. Die Annahme $C_g = 4/\pi$ muss also falsch sein.

Übungsaufgabe 7.11   Wenn die Ecken des Anfragebereichs gleichverteilt in U liegen, bekommen wir als Stützgeraden für die Kanten des Anfragebereichs zwei Waagrechte, deren Y-Koordinaten gleich verteilt in $[0,1]$ liegen, und zwei Senkrechte, deren X-Koordinaten gleich verteilt in $[0,1]$ liegen. Die Wahrscheinlichkeit, dass eine Region $R(v)$ eine Waagrechte schneidet, ist die Höhe der Region. Die Wahrscheinlichkeit, dass eine Region eine Senkrechte schneidet, ist die Breite der Region. Insgesamt ist die Wahrscheinlichkeit, dass $R(v)$ eine der Stützgeraden der Kanten des Anfragebereichs schneidet also höchstens zwei mal die Höhe plus zwei mal die Breite von $R(v)$: genau die Randlänge von $R(v)$. Ab hier kann man den Beweis wie bei Theorem 7.19(ii) weiterführen.

Übungsaufgabe 7.12 Diese Aufgabe lässt sich auf verschiedene Weisen lösen. Ganz allgemein können wir die Dreiecksungleichung des Euklidischen Abstands aus der Cauchy-Schwartz Ungleichung herleiten. Diese besagt für zwei Vektoren $u, v \in \mathbb{R}^d$, dass das Skalarprodukt nie größer sein kann als das Produkt der beiden Normen:

Cauchy-Schwartz Ungleichung

$$\langle u, v \rangle \leq |u| \cdot |v|$$

In unserem Fall genügt aber auch ein einfacher geometrischer Beweis. Sei L die Gerade, die p und r enthält, und sei q' die Projektion von q auf L, also der Punkt auf L, der den kleinsten Abstand zu q hat. Wenn q' ausserhalb der Strecke pr liegt, dann ist entweder $q'r$ oder $q'p$ länger als pr und somit auch qr (bzw. qp), da die Projektion die Strecke nur verkürzen kann. Andernfalls liegt q' auf der Strecke pr, und somit gilt

$$|r - p| = |p - q'| + |q' - r|.$$

In beiden Fällen folgt direkt

$$|r - p| \le |p - q| + |q - r|.$$

Übungsaufgabe 7.13 Wir nutzen die Dreieckungsgleichung des Euklidischen Abstands (siehe auch Übungsaufgabe 7.12), mit dem der Hausdorff-Abstand gebildet wird. Konkret betrachten wir den gerichteten Hausdorff-Abstand und zeigen für beliebige U, V, W, dass gilt:

$$d_{\overrightarrow{\mathcal{H}}}(U, W) \le d_{\overrightarrow{\mathcal{H}}}(U, V) + d_{\overrightarrow{\mathcal{H}}}(V, W).$$

Für jeden Punkt $p \in U$ gibt es einen Punkt $q \in V$, der den Euklidischen Abstand zu p minimiert. Weiter gibt es einen Punkt $r \in W$, der den Euklidischen Abstand zu q minimiert. Wegen der Dreiecksungleichung des Euklidischen Abstands folgt

$$\min_{r' \in W} |r' - p| \le |r - p| \le |q - p| + |r - q| \le d_{\overrightarrow{\mathcal{H}}}(U, V) + d_{\overrightarrow{\mathcal{H}}}(V, W)$$

Da dies für jedes $p \in U$ gilt, so gilt es auch für jenes p, das die linke Seite maximiert. Das heißt, wir erhalten die Aussage über den gerichteten Hausdorff-Abstand, die wir zunächst zeigen wollten:

$$d_{\overrightarrow{\mathcal{H}}}(U, W) = \max_{p' \in U} \min_{r' \in W} |r' - p'| \le d_{\overrightarrow{\mathcal{H}}}(U, V) + d_{\overrightarrow{\mathcal{H}}}(V, W).$$

Nun wollen wir die Aussage auf den ungerichteten Hausdorff-Abstand erweitern. Aus dem obigen Beweis folgt direkt

$$d_{\overrightarrow{\mathcal{H}}}(U, W) \le d_{\mathcal{H}}(U, V) + d_{\mathcal{H}}(V, W),$$

da der Hausdorff-Abstand als das Maximum über beide Richtungen gebildet wird.

Indem wir die Rollen von U und W im obigen Argument vertauschen, erhalten wir die symmetrische Aussage:

$$d_{\overrightarrow{\mathcal{H}}}(W, U) \le d_{\mathcal{H}}(W, V) + d_{\mathcal{H}}(V, U).$$

Mithilfe der Symmetrie des Hausdorff-Abstands folgt daraus:

$$d_{\overrightarrow{\mathcal{H}}}(W, U) \le d_{\mathcal{H}}(V, W) + d_{\mathcal{H}}(U, V).$$

Nun folgt, dass für beliebige Mengen U, V und W gilt:

$$\max\big(d_{\overrightarrow{\mathcal{H}}}(U, W), d_{\overrightarrow{\mathcal{H}}}(W, U)\big) \le d_{\mathcal{H}}(U, V) + d_{\mathcal{H}}(V, W)$$

Das heißt, dass auch der ungerichtete Hausdorff-Abstand die Dreiecksungleichung erfüllt.

Übungsaufgabe 7.14 Wir nehmen an, dass der Fréchet-Abstand als Infimum über Funktionen f und g definiert ist, die stetig und *streng* monoton aufsteigend sind und für die $f(0) = g(0) = 0$ und $f(1) = g(1) = 1$ gilt. In diesem Fall ist garantiert, dass die Inversen f^{-1} und g^{-1} existieren.

Wir führen einen Beweis durch Widerspruch. Angenommen, es existieren polygonale Kurven P, Q und R so dass

$$d_{\mathcal{F}}(P,R) + d_{\mathcal{F}}(R,Q) < d_{\mathcal{F}}(P,Q)$$

gilt. Per Definition des Fréchet-Abstands existieren für jedes $\varepsilon > 0$ Funktionen $f_1, g_1, f_2, g_2 : [0,1] \to [0,1]$, die stetig und streng monoton aufsteigend sind, mit $f(0) = g(0) = 0$ und $f(1) = g(1) = 1$, sodass gilt

$$\delta_1 := \max_{t \in [0,1]} |P(f_1(t)) - R(g_1(t))| \;\leq\; d_{\mathcal{F}}(P,R) + \varepsilon$$

$$\delta_2 := \max_{t \in [0,1]} |R(f_2(t)) - Q(g_2(t))| \;\leq\; d_{\mathcal{F}}(R,Q) + \varepsilon$$

Wir führen dies zum Widerspruch, indem wir mit Hilfe der Dreiecksungleichung des Euklidischen Abstands zeigen

$$d_{\mathcal{F}}(P,Q) \leq \delta_1 + \delta_2$$

Dafür definieren wir die folgenden Funktion durch Verkettung: Sei $\phi_1 = f_1 \circ g_1^{-1}$ und sei $\phi_2 = g_2 \circ f_2^{-1}$, wobei g_1^{-1} und f_2^{-1} jeweils das Inverse der Funktion bezeichnen. Es folgt für δ_1

$$\begin{aligned}
\delta_1 &= \max_{t \in [0,1]} |P(f_1(g_1^{-1}(t))) - R(g_1(g_1^{-1}(t)))| \\
&= \max_{t \in [0,1]} |P(\phi_1(t)) - R(t)|
\end{aligned}$$

Analog folgt für δ_2

$$\begin{aligned}
\delta_2 &= \max_{t \in [0,1]} |R(f_2(f_2^{-1}(t))) - Q(g_2(f_2^{-1}(t)))| \\
&= \max_{t \in [0,1]} |R(t) - Q(\phi_2(t))|
\end{aligned}$$

Aus der Dreiecksungleichung des Euklidischen Abstands folgt jetzt für jedes $t \in [0,1]$:

$$|P(\phi_1(t)) - Q(\phi_2(t))| \leq |P(\phi_1(t)) - R(t)| + |R(t) - Q(\phi_2(t))|$$

Da der Fréchet-Abstand von P und Q als Infimum über eine Funktionsmenge gebildet wird, die ϕ_1 und ϕ_2 enthält, gilt auch

$$d_{\mathcal{F}}(P,Q) \leq |P(\phi_1(t)) - Q(\phi_2(t))|$$

Daraus folgt schlussendlich

$$d_{\mathcal{F}}(P,Q) \leq \delta_1 + \delta_2$$

Es ergibt sich also der Widerspruch, den wir herleiten wollten. Es folgt, dass der Fréchet-Abstand die Dreiecksungleichung erfüllt.

Übungsaufgabe 7.15 Wir können zum Beispiel den Abstand einer beliebige Strecke pq von derselben Strecke mit umgekehrter Orientierung qp betrachten. Der Hausdorff-Abstand ist 0, aber der schwache Fréchet-Abstand entspricht der Länge der Kante, da nach Definition $f(0) = g(0) = 0$ gelten muss und wir das Maximum über den gesamten Pfad bilden.

Übungsaufgabe 7.16 Seien P, Q, und R polygonale Kurven in der Ebene. Per Definition des schwachen Fréchet-Abstands existieren stetige Funktionen $f_1, g_1, f_2, g_2 : [0,1] \to [0,1]$ mit $f(0) = g(0) = 0$ und $f(1) = g(1) = 1$, so dass gilt

$$\delta_1 := \max_{t \in [0,1]} |P(f_1(t)) - R(g_1(t))| \;=\; d_{\mathcal{F}}(P,R)$$

$$\delta_2 := \max_{t \in [0,1]} |R(f_2(t)) - Q(g_2(t))| \;=\; d_{\mathcal{F}}(R,Q)$$

Wir wenden nun das Problem des Bergsteigers auf die Funktionen g_1 und f_2 an. Das zugehörige Theorem besagt, dass Funktionen g_1' und f_2' mit den genannten Eigenschaften existieren, so dass für jedes $t \in [0,1]$ gilt $g_1(g_1'(t)) = f_2(f_2'(t))$.

Für ein $t \in [0,1]$ definieren wir nun die Punkte

$$\begin{aligned}
p_t &:= P(f_1(g_1'(t))) \\
q_t &:= Q(g_2(f_2'(t))) \\
r_t &:= R(g_1(g_1'(t)))
\end{aligned}$$

Es gilt

$$r_t = R(g_1(g_1'(t))) = R(f_2(f_2'(t)))$$

Daher folgt aus der Dreiecksungleichung für p_t, q_t und r_t

$$|p_t - q_t| \leq |p_t - r_t| + |r_t - q_t| \leq \delta_1 + \delta_2$$

Da dies für alle $t \in [0,1]$ gilt, folgt für die Funktionen $\phi_1 = f_1 \circ g_1'$ und $\phi_2 = g_2 \circ f_2'$:

$$\max_{t \in [0,1]} |P(\phi_1(t)) - Q(\phi_2(t))| \leq \delta_1 + \delta_2$$

Da ϕ_1 und ϕ_2 in der Funktionsmenge erhalten sind, über die der schwache Fréchet-Abstand minimiert, folgt daraus, dass

$$d_{\mathcal{F}}(P,Q) \leq \delta_1 + \delta_2$$

Übungsaufgabe 7.17 Wir analysieren die Abstände in dem Beispiel in Abbildung 7.43, welches hier nochmals in Abbildung 7.75 wiedergegeben ist. Seien die Parameter der Knoten von P gegeben durch die Werte $s_1, \ldots, s_5$ und die Parameter der Knoten von Q gegeben durch die Werte $t_1, \ldots, t_5$. Dann sind die Kanten von P gegeben durch $a_i = P(t_i)P(t_{i+1})$ und die Kanten von Q gegeben durch $b_i = Q(t_i)Q(t_{i+1})$.

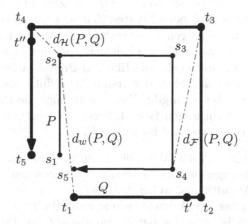

Abb. 7.75 Die zwei Kurven aus Abbildung 7.43 mit Knotenbezeichnungen. Der schwache Fréchet-Abstand ist notiert mit $d_w(P, Q)$.

Der Fréchet-Abstand muss die Punkte in ihrer Reihenfolge entlang der Kurve miteinander assoziieren. Ein möglicher Pfad im Parameterraum ist gegeben durch stückweise lineare Interpolation der Folge von Punkten

$$(s_1, t_1), (s_2, t_1), (s_3, t_2), (s_3, t_4), (s_4, t_5), (s_5, t_5).$$

Der maximale Abstand entlang des Pfades wird unter anderem zwischen den Punkten $P(s_4)$ und $Q(t_3)$ angenommen. Bei Betrachtung des Free-Space-Diagramms in Abbildung 7.45 wird klar, dass dies auch der kleinstmögliche Abstand ist, für den ein monotoner Pfad möglich ist.

Der schwache Fréchet-Abstand darf einen Pfad benutzen, der nicht monoton ist. Ein möglicher Pfad ergibt sich durch die Folge von Punkten

$$(s_1, t_1), (s_2, t_1), (s_3, t'), (s_4, t_2), (s_3, t_3), (s_2, t_4), (s_3, t''), (s_4, t_5), (s_5, t_5)$$

Der maximale Abstand entlang des Pfades wird hier unter anderem zwischen den Punkten $P(s_2)$ und $Q(t_1)$ angenommen. Der schwache Fréchet-Abstand in diesem Beispiel ist also strikt kleiner als der Fréchet-Abstand.

Übungsaufgabe 7.18 Wir können den Algorithmus für den Fréchet-Abstand aus Abschnitt 7.5.2 wie folgt abwandeln. Statt der Erreichbarkeit von $(1,1)$ mit einem monotonen δ-zulässigen Pfad von $(0,0)$ interessiert uns nunmehr, ob die Punkte $(0,0)$ und $(1,1)$ *überhaupt* mit einem δ-zulässigen Pfad verbunden werden können. Das heißt, uns interessiert nur, ob ein zulässiges Intervall auf dem Rand einer Zelle nicht-leer ist. Dafür bauen wir einen Graphen, der einen Knoten für jede Zelle enthält und eine Kante zwischen zwei benachbarten Zellen, wenn diese zwei Zellen mit einem zulässigen Pfad verbunden werden können. Den Graphen können wir in $O(nm)$ Zeit und Speicherplatz berechnen. Nun müssen wir nur noch mit Hilfe von Breitensuche feststellen, ob es einen Pfad zwischen der ersten Zelle links unten mit der letzten Zelle rechts oben gibt. Wenn dann auch die Punkte $(0,0)$ und $(1,1)$ im δ-zulässigen Bereich liegen, bedeutet das, dass der schwache Fréchet-Abstand höchstens δ ist.

Übungsaufgabe 7.19 Wir wollen den in Abschnitt 7.5.3 skizzierten Ansatz genauer beschreiben und untersuchen. Die Idee ist ein Sweep-Algorithmus, wobei der Sweep-Parameter nicht die x-Koordinate einer Vertikalen ist, sondern der Radius r einer Menge sich gleichmäßig ausbreitender Kreise, die auf den Punkten in P zentriert sind. Die Status-Struktur speichert die Schnittpunkte dieser Kreise mit der Kante e. Ein Schnittpunkt s ist eindeutig definiert durch einen Parameter $t \in [0,1]$ mit $s = (t-1)a + tb$, wobei a und b die Eckpunkte der Kante sind. Wir speichern s mit dem Schlüssel t in einem eindimensionalen Suchbaum. Wichtig für uns ist die Reihenfolge der Schnittpunkte entlang der Kante e und diese ist durch die Reihenfolge der Parameter t gegeben.

Abbildung 7.76 zeigt beispielhaft die Konfiguration der Schnittpunkte zu einem festen Zeitpunkt während des Sweep-Algorithmus. Wenn wir den Parameter $r \in \mathcal{I}$ kontinuierlich erhöhen, kann es drei Arten von Ereignissen geben:

(i) ein Kreis trifft zum ersten Mal auf die Kante e und ein oder zwei Schnittpunkte entstehen,

(ii) die Reihenfolge zweier Schnittpunkte von Kreisen mit der Kante e ändert sich,

(iii) ein Schnittpunkt eines Kreises mit der Kante e verschwindet.

Ziel ist es, die Menge von kritischen Werten $\dot{M}$ im Intervall $\mathcal{I}$ zu berechnen. Bei genauem Hinschauen wird klar, dass es sich dabei genau um die Radien der Ereignisse vom Typ (ii) handelt. Ereignisse vom Typ (ii) kann es insgesamt $O(n^2)$ viele geben. Wir

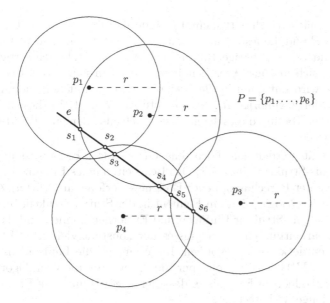

Abb. 7.76 Schnittpunkte $s_1, \ldots, s_6$ der Kante e mit den Kreisen auf den Punkten in P zu einem festen Zeitpunkt r während des Algorithmus.

wollen allerdings nur die Untermenge berechnen, die im Intervall $\mathcal{I}$ liegt, also die Menge M.

Um diese Menge zu berechnen, geht der Algorithmus wie folgt vor. Der Algorithmus berechnet zunächst alle Schnittpunkte von e mit den Kreisen um die Punkte von P, deren Radius die untere Schranke von $\mathcal{I}$ ist. Diese Schnittpunkte werden in der Status-Struktur gespeichert. Dann berechnet der Algorithmus alle $O(n)$ Ereignisse vom Typ (i) und (iii) und speichert diese in der Ereignis-Struktur, sofern die zugehörigen Radien im Intervall $\mathcal{I}$ liegen. Aus der Ereignis-Struktur können wir dann im Laufe des Algorithmus jeweils das Ereignis mit dem aktuell kleinsten Radius extrahieren.

Der Sweep-Algorithmus extrahiert in jedem Schritt das Ereignis mit dem kleinsten Radius, aktualisiert dann die Status-Struktur und berechnet gegebenenfalls neue Ereignisse, die dann in die Ereignis-Struktur eingefügt werden. Dies passiert, bis die Ereignis-Struktur leer ist und keine weiteren Ereignisse im Intervall $\mathcal{I}$ eintreten können.

Die Ereignisse vom Typ (ii) werden vom Algorithmus während des Sweeps berechnet, nämlich immer dann, wenn sich die Status-Struktur und damit die Menge oder die Reihenfolge der Schnittpunkte ändert. Der Algorithmus berechnet dann für zwei *neu* aufeinander folgende Schnittpunkte, ob und wann diese Schnittpunkte als nächstes ihre Reihenfolge ändern. Für zwei feste Punkte $p, q \in P$ und die feste Kante e gibt es höchstens ein solches Ereignis und der zugehörige Radius und entsprechende Schnittpunkt lassen sich in konstanter Zeit berechnen. Ein neu entdecktes Ereignis wird nur dann in die Ereignis-Struktur mit aufgenommen, wenn der zugehörige Radius im Intervall $\mathcal{I}$ liegt. In diesem Fall wird der Radius dieses Ereignisses auch als Element der Menge M ausgegeben.

Somit werden nur höchstens $O(n + |M|)$ Ereignisse in die Ereignis-Struktur eingefügt. Das Bearbeiten eines Ereignisses, inklusive der Berechnung neuer Ereignisse, erfolgt in $O(\log n)$ Zeit, da wir in $O(\log n)$ Zeit ein Element in der Status-Struktur und in der Ereignis-Struktur Einfügen und Entfernen können und da bei der Bearbeitung eines Ereignisses nur konstant viele neue Ereignisse entdeckt werden können. Insgesamt ist die Laufzeit also in $O((n+|M|)\log n)$. Es folgt per Induktion über die vom Algorithmus extrahierten Ereignisse, dass der Algorithmus alle Elemente der Menge M berechnet.

Übungsaufgabe 7.20 Der Beweis erfolgt für festes n durch Induktion über m. Für $m = 0$ entspricht die Behauptung der Formel $(*)$ auf Seite 443. Gelte also für $m < n - 1$

$$f_{n+1} \leq a_m f_{n-m} - b_m \sum_{i=1}^{n-1-m} f_i \,.$$

Wir setzen Abschätzung $(*)$ für f_{n-m} ein und erhalten

$$\begin{aligned} f_{n+1} &\leq a_m H f_{n-m-1} - a_m \sum_{i=1}^{n-m-2} f_i - b_m \sum_{i=1}^{n-1-m} f_i \\ &= (a_m H - b_m) f_{n-m-1} - (a_m + b_m) \sum_{i=1}^{n-2-m} f_i \\ &= a_{m+1} f_{n-(m+1)} - b_{m+1} \sum_{i=1}^{n-1-(m+1)} f_i. \end{aligned}$$

Übungsaufgabe 7.21 Offenbar ist

$$\begin{pmatrix} f_{n+1} \\ f_{n+2} \end{pmatrix} = \begin{pmatrix} 0 & 1 \\ 1 & 1 \end{pmatrix} \begin{pmatrix} f_n \\ f_{n+1} \end{pmatrix} = \cdots = \begin{pmatrix} 0 & 1 \\ 1 & 1 \end{pmatrix}^{n+1} \begin{pmatrix} 1 \\ 1 \end{pmatrix}.$$

Die hier auftretende Matrix hat das charakteristische Polynom

$$\begin{vmatrix} t & -1 \\ -1 & t-1 \end{vmatrix} = t^2 - t - 1$$

und die Eigenwerte, d. h. Nullstellen des Polynoms,

$$\frac{1 + \sqrt{5}}{2} \quad \text{und} \quad \frac{1 - \sqrt{5}}{2}$$

mit den Eigenvektoren

$$\begin{pmatrix} 1 \\ \frac{1+\sqrt{5}}{2} \end{pmatrix} \quad \text{und} \quad \begin{pmatrix} 1 \\ \frac{1-\sqrt{5}}{2} \end{pmatrix}.$$

Für den Vektor der Anfangswerte gilt die Darstellung

$$\begin{pmatrix} 1 \\ 1 \end{pmatrix} = \frac{1}{\sqrt{5}} \left(\frac{1+\sqrt{5}}{2} \begin{pmatrix} 1 \\ \frac{1+\sqrt{5}}{2} \end{pmatrix} - \frac{1-\sqrt{5}}{2} \begin{pmatrix} 1 \\ \frac{1-\sqrt{5}}{2} \end{pmatrix} \right),$$

und damit ergibt sich

$$\begin{pmatrix} f_{n+1} \\ f_{n+2} \end{pmatrix} =$$

$$\frac{1}{\sqrt{5}} \left(\left(\frac{1+\sqrt{5}}{2}\right)^{n+2} \begin{pmatrix} 1 \\ \frac{1+\sqrt{5}}{2} \end{pmatrix} - \left(\frac{1-\sqrt{5}}{2}\right)^{n+2} \begin{pmatrix} 1 \\ \frac{1-\sqrt{5}}{2} \end{pmatrix} \right),$$

also

$$f_{n+1} = \frac{1}{\sqrt{5}} \left(\left(\frac{1+\sqrt{5}}{2}\right)^{n+2} - \left(\frac{1-\sqrt{5}}{2}\right)^{n+2} \right).$$

Übungsaufgabe 7.22

(i) Der schlimmste Fall tritt ein, wenn der gesuchte Punkt den Abstand $f_j + \varepsilon$ vom Startpunkt hat. Dann hat der bei der Suche zurückgelegte Weg die Länge

$$2 \sum_{i=1}^{j+1} (i+1)2^i + (j+1)2^j + \varepsilon,$$

und als kompetitiven Faktor erhalten wir

$$\frac{2 \sum_{i=1}^{j+1} (i+1)2^i + (j+1)2^j + \varepsilon}{(j+1)2^j + \varepsilon} \leq \frac{2 \sum_{i=1}^{j+1} (i+1)2^i}{(j+1)2^j} + 1$$

$$= \frac{2(j+1)2^{j+2}}{(j+1)2^j} + 1$$

$$= 9.$$

Hierbei haben wir

$$\sum_{i=1}^{j+1}(i+1)2^i = (j+1)2^{j+2}$$

benutzt; diese Formel erhält man, indem man in der Gleichung

$$\sum_{i=0}^{j+2}X^i = \frac{X^{j+3}-1}{X-1}$$

auf beiden Seiten die Ableitung bildet und dann $X=2$ einsetzt.
Diese Strategie liefert also auch den optimalen Faktor 9 und
kommt dabei noch etwas schneller voran, weil die Erkundungstiefe statt 2^j jetzt $(j+1)2^j$ beträgt.

(ii) Hier ergibt sich im schlimmsten Fall der Faktor

$$\frac{4\sum_{i=0}^{j}2^i + 2\cdot 2^{j+1} + 2^j + \varepsilon}{2^j + \varepsilon} \quad \leq \quad \frac{4\sum_{i=0}^{j}2^i}{2^j} + 4 + 1$$

$$= \frac{4(2^{j+1}-1)}{2^j} + 5$$

$$\leq \quad 13.$$

Weil ε beliebig klein und j beliebig groß gewählt werden darf,
sind die Abschätzungen scharf. Also kann diese Strategie keinen
kleineren Faktor als 13 erreichen.

Übungsaufgabe 7.23

(i) Für $f_j = 2^j$ ergibt sich der kompetitive Faktor $2^{m+1}+1$,
indem man im Beweis von Theorem 7.36 den Term $\frac{m}{m-1}$ durch 2
ersetzt. Dieser Kompetitivitätsfaktor hängt nicht linear, sondern
sogar exponentiell von der Anzahl der Halbgeraden ab!

(ii) Im schlimmsten Fall verfehlt die Suche mit Tiefe 2^j den Zielpunkt um ein $\varepsilon > 0$, und unmittelbar danach beginnt eine neue
Runde mit der Suchtiefe 2^{j+1}. Dann beträgt das Weglängenverhältnis

$$\frac{2m\sum_{i=0}^{j}2^i + 2(m-1)2^{j+1} + 2^j + \varepsilon}{2^j + \varepsilon} \leq \frac{2m2^{j+1} + 2(m-1)2^{j+1}}{2^j} + 1$$

$$\leq 8m-3.$$

Hier bleibt also der Faktor linear in m! Für $m=2$ ergibt sich
übrigens der Wert 13, wie schon in Übungsaufgabe 7.22 (ii).

Übungsaufgabe 7.24

(i) Kann man den Punkt t schon von s aus sehen, so ist die Strecke st der kürzeste Weg von s nach t im Polygon P. Andernfalls liegt t in einer Höhle von $vis(s)$, also auf der von s nicht einsehbaren Seite einer künstlichen Kante e von $vis(s)$, die durch eine spitze Ecke s' von P verursacht wird; siehe Abbildung 7.77.

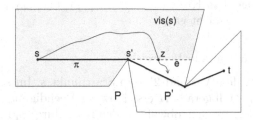

Abb. 7.77 Der kürzeste Weg von s nach t führt über s'.

Jeder Weg von s nach t muss die künstliche Kante e kreuzen. Sei z der erste Kreuzungspunkt; dann kann der Weg nur kürzer werden, wenn man sein Anfangsstück durch sz ersetzt. Also beginnt der kürzeste Weg π von s nach t mit einer Strecke, die von s zumindest bis s' führt. Daran muss sich ein kürzester Weg von s' nach t anschließen, der die Kante e nicht mehr kreuzen kann.

Jetzt betrachten wir das in Abbildung 7.77 weiß dargestellte Teilpolygon P' von P. Weil P' zumindest eine Ecke weniger besitzt als P, können wir per Induktion annehmen, dass die Behauptung (i) für den kürzesten Weg in P' von s' nach t bereits bewiesen ist, und sind fertig.

(ii) Seien p_1, p_2 zwei beliebige Punkte in P. Würden die kürzesten Wege π_i von s nach p_i sich erst trennen und dann in einem Punkt q wieder treffen, so hätten wir *zwei* kürzeste Wege von s nach q: die Anfangsstücke von π_1 und π_2. Das widerspräche Behauptung (i). Wenn von s ausgehende kürzeste Wege sich also einmal getrennt haben, können sie nie wieder zusammenkommen. Hieraus folgt ihre Baumgestalt.

Übungsaufgabe 7.25 Wenn der Punkt p schon einmal sichtbar war, gehört er — ebenso wie der Startpunkt s — zur aktuellen partiellen Karte P'. Dann enthält P' auch den kürzesten Weg π von s nach p in P. Würde nämlich π das Teilpolygon P' über eine Kante e, die nicht zum Rand von P gehört, verlassen und wieder betreten, könnte man diese Schlinge durch ein Stück von e ersetzen und dadurch π verkürzen. Also ist π auch der kürzeste Weg *in P'*, der s mit p verbindet, und als solcher dem Roboter bekannt.

Übungsaufgabe 7.26 Der Roboter geht vom Startpunkt s zunächst 1 Meter nach rechts zum Punkt p_0 und folgt dann dem Kreis um s durch p_0, bis er sich wieder in p_0 befindet. Ab $j = 0$ werden dann folgende Anweisungen ausgeführt:

repeat
> gehe von p_j um 2^j Meter nach rechts zu p_{j+1};
> folge dem Kreis von s durch p_{j+1}, bis p_{j+1} wieder
> erreicht ist;
> $j := j + 1$;

until Halbgerade H erreicht

Jedes p_i hat den Abstand 2^i zum Startpunkt s. Im schlimmsten Fall wird die Halbgerade H erst kurz vor Beendigung des Kreises durch p_{i+1} angetroffen, obwohl sie den Kreis durch p_i fast berührt; siehe Abbildung 7.78. Der kürzeste Weg von s nach H hat dann die Länge 2^i, während bei der Suche ein Weg der Länge

$$2^0 + 2\pi 2^0 + \sum_{j=0}^{i} \left(2^j + 2\pi 2^{j+1}\right) \ = \ 1 + 2\pi + (1 + 4\pi)(2^{i+1} - 1)$$
$$< \ (1 + 4\pi)2^{i+1}$$

entsteht. Damit ergibt sich ein kompetitiver Faktor von $(1 + 4\pi)2 = 27{,}13\ldots$

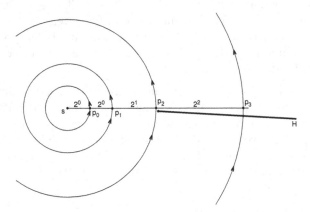

Abb. 7.78 Der Kreis durch p_i hat den Radius 2^i.

Übungsaufgabe 7.27

(i) Zu den gegebenen m Punkten und n Geraden im $\mathbb{R}^2$ definieren wir den Graphen G, der für jeden Punkt einen Knoten enthält und eine gerade Kante zwischen allen Knoten, die direkt nacheinander auf einer der Geraden liegen. Dann kann G höchstens $k \leq n^2$ viele Kreuzungen haben.

Auf jeder der Geraden übersteigt die Zahl der Punkte die der Kanten um eins. Folglich gilt für die Gesamtzahl i der Inzidenzen $i \leq e + n$, wobei e die Kantenzahl von G ist. Sollte $e \leq 4m$ sein, folgt daraus sofort $i \leq 4m + n$. Andernfalls ist die Voraussetzung von Theorem 7.39 erfüllt, und wir erhalten

$$n^2 \geq k \geq \frac{1}{64} \frac{e^3}{m^2} \geq \frac{1}{64} \frac{(i-n)^3}{m^2},$$

woraus $i \leq 4 \, (mn)^{\frac{2}{3}} + n$ folgt. In beiden Fällen gilt für die Anzahl der Inzidenzen

$$i \leq 4 \, ((mn)^{\frac{2}{3}} + m + n),$$

und damit ist das Theorem von Szemerédi-Trotter bewiesen!

(ii) Das ist nicht überraschend, weil die Dualität zwischen Punkten und Geraden nach Lemma 4.8 die Inzidenzen erhält.

Übungsaufgabe 7.28 Von den Monomen mit Koeffizienten $\neq 0$ von p sei $M = X_1^{i_1} X_2^{i_2} \ldots X_d^{i_d}$ eines von maximalem Grad $b = i_1 + \ldots + i_d$. Wenden wir nun die partielle Ableitung

$$D = \frac{\partial^b}{\partial^{i_1} X_1 \ldots \partial^{i_d} X_d}$$

an, so ist DM konstant, und für jedes andere Monom M' ist $DM' = 0$, weil es in M' eine Variable X_j geben muss, deren Exponent i_j' kleiner als i_j ist.

Literatur

[1] H. Abelson, A. A. diSessa. *Turtle Geometry*. MIT Press, Cambridge, 1980.

[2] P. K. Agarwal, R. B. Avraham, H. Kaplan, M. Sharir. Computing the discrete Fréchet distance in subquadratic time. *SIAM J. Comput.*, 43(2):429–449, 2014.

[3] P. K. Agarwal, R. Klein, C. Knauer, S. Langerman, P. Morin, M. Sharir, M. Soss. Computing the detour and spanning ratio of paths, trees and cycles in 2d and 3d. *Discrete Comput. Geom.*, 39(1):17–37, 2008.

[4] M. Aigner, G. Ziegler. *Proofs from THE BOOK*. Springer-Verlag, 2004.

[5] C. Alegría, I. Mantas, E. Papadopoulou, M. Savic, H. Schrezenmaier, C. Seara, M. Suderland. The Voronoi diagram of rotating rays with applications to floodlight illumination. In *Proc. European Sympos. on Algorithms*, Band 204 von *LIPIcs*, S. 5.1–5.16, 2021.

[6] H. Alt, B. Behrends, J. Blömer. Approximate matching of polygonal shapes. *Annals of Mathematics and Artificial Intelligence*, 13(3):251–265, 1995.

[7] H. Alt, P. Braß, M. Godau, C. Knauer, C. Wenk. Computing the Hausdorff distance of geometric patterns and shapes. *Discrete Comput. Geom.*, 25:65–76, 2003.

[8] H. Alt, M. Godau. Computing the Fréchet distance between two polygonal curves. *Internat. J. Comput. Geom. Appl.*, 5:75–91, 1995.

[9] H. Alt, L. Scharf. Computing the Hausdorff distance between curved objects. *Internat. J. Comput. Geom. Appl.*, 18(04):307–320, 2008.

[10] L. Arge, K. H. Hinrichs, J. Vahrenhold, J. S. Vitter. Efficient bulk operations on dynamic R-trees. *Algorithmica*, 33:104–128, 2002.

[11] B. Aronov, M. de Berg, A. F. van der Stappen, P. Švestka, J. Vleugels. Motion planning for multiple robots. *Discrete Comput. Geom.*, 22(4):505–525, 1999.

[12] A. Arya, D. Mount. Approximate range searching. *Computational Geometry*, 17:135–152, 2000.

[13] M. Aumüller, S. Har-Peled, S. Mahabadi, R. Pagh, F. Silvestri. Fair near neighbor search via sampling. *SIGMOD Rec.*, 50(1):42–49, 2021.

[14] F. Aurenhammer, H. Edelsbrunner. An optimal algorithm for constructing the weighted Voronoi diagram in the plane. *Pattern Recogn.*, 17:251–257, 1984.

[15] F. Aurenhammer, R. Klein, D.-T. Lee. *Voronoi Diagrams and Delaunay Triangulations*. World Scientific, 2013.

[16] M. Bader. *Space-filling curves: an introduction with applications in scientific computing*. Springer, 2013.

[17] R. Baeza-Yates, J. Culberson, G. Rawlins. Searching in the plane. *Inform. Comput.*, 106:234–252, 1993.

[18] A. Beck, D. J. Newman. Yet more on the linear search problem. *Israel Journal of Mathematics*, 8:419–429, 1970.

[19] C. Bohler, R. Klein, A. Lingas, C.-H. Liu. Forest-like abstract Voronoi diagrams in linear time. *Comput. Geom.*, 68:134–145, 2018.

[20] C. Bohler, R. Klein, C.-H. Liu. Abstract Voronoi diagrams from closed bisecting curves. *Int. J. Comput. Geom. Appl.*, 27(3):221–240, 2017.

[21] C. Bohler, R. Klein, C.-H. Liu. An efficient randomized algorithm for higher-order abstract Voronoi diagrams. *Algorithmica*, 81(6):2317–2345, 2019.

[22] C. Bohler, C.-H. Liu, E. Papadopoulou, M. Zavershynskyi. A randomized divide and conquer algorithm for higher-order abstract Voronoi diagrams. *Comput. Geom.*, 59:26–38, 2016.

[23] A. Borodin, R. El-Yaniv. *Online Computation and Competitive Analysis.* Cambridge University Press, Cambridge, UK, 1998.

[24] P. Brass, W. Moser, J. Pach. *Research Problems in Discrete Geometry.* Springer-Verlag, 2005.

[25] K. Bringmann. *Sampling from discrete distributions and computing Fréchet distances.* Dissertation, Universität des Saarlandes, 2015.

[26] K. Bringmann, M. Künnemann, A. Nusser. Walking the dog fast in practice: algorithm engineering of the Fréchet distance. In *Proc. 35th Annu. Sympos. on Comput. Geom.*, S. 17:1–17:21, 2019.

[27] K. Buchin. Constructing Delaunay triangulations along space-filling curves. In *17th Eur. Symp. on Algorithms (ESA)*, Band 5757 von *Lecture Notes in Computer Science (LNCS)*, S. 119–130, 2009.

[28] K. Buchin, M. Buchin, W. Meulemans, W. Mulzer. Four Soviets walk the dog: Improved bounds for computing the Fréchet distance. *Discrete Comput. Geom.*, 58(1):180–216, 2017.

[29] K. Buchin, M. Buchin, A. Schulz. Fréchet distance of surfaces: Some simple hard cases. In *European Symposium on Algorithms*, Band 6347 von *Lecture Notes in Computer Science*, S. 63–74, 2010.

[30] K. Buchin, T. Ophelders, B. Speckmann. SETH says: Weak Fréchet distance is faster, but only if it is continuous and in one dimension. In *Proc. 30th Annual ACM-SIAM Symp. Discrete Algorithms*, S. 2887–2901, 2019.

[31] C. Burstedde, J. Holke, T. Isaac. On the number of face-connected components of Morton-type space-filling curves. *Found. Comput. Math.*, 19(4):843–868, 2019.

[32] C. Böhm, G. Klump, H.-P. Kriegel. XZ-ordering: a space-filling curve for objects with spatial extension. In *6th Int. Symp. on Spatial Databases (SSD)*, Band 1651 von *Lecture Notes in Computer Science (LNCS)*, S. 75–90, 1999.

[33] S. Cabello. Subquadratic algorithms for the diameter and the sum of pairwise distances in planar graphs. *ACM Trans. Algorithms*, 15(2):21:1–21:38, 2019.

[34] T. Chan. Random sampling, halfspace range reporting, and construction of ($\leq k$)-levels in three dimensions. *SIAM J. Comput.*, 30(02):561–575, 2000.

[35] T. M. Chan, S. Har-Peled, M. Jones. On locality-sensitive orderings and their applications. *SIAM J. Computing*, 49(3):583–600, 2020.

[36] L. P. Chew, R. L. Drysdale, III. Voronoi diagrams based on convex distance functions. In *Proc. 1st Annu. ACM Sympos. Comput. Geom.*, S. 235–244, 1985.

[37] M. Cieliebak, P. Flocchini, G. Prencipe, N. Santoro, P. Widmayer. Solving the robots gathering problem. In *Proc. 30th Internat. Colloq. Automata Lang. Program.*, Band 2719 von *Lecture Notes Comput. Sci.*, S. 1181–1196, 2003.

[38] C. Colombe, K. Fox. Approximating the (continuous) Fréchet distance. In *37th International Symposium on Computational Geometry, SoCG 2021*, Band 189 von *LIPIcs*, S. 26:1–26:14, 2021.

[39] M. W. Crofton. On the theory of local probability, applied to straight lines drawn at random in a plane; [...]. *Transactions of the Royal Society*, 158:181–199, 1868.

[40] M. de Berg, J. Gudmundsson, H. Haverkort, M. Horton. Voronoi diagrams with rotational distance cost. In *Computational Geometry: Young Researchers Forum*, S. 10–11, 2017.

[41] M. de Berg, H. Haverkort, S. Thite, L. Toma. Star-quadtrees and guard-quadtrees: I/O-efficient indexes for fat triangulations and low-density planar subdivisions. *Computational Geometry*, 43(5):493–513, 2010.

[42] E. D. Demaine, S. P. Fekete, S. Gal. Online searching with turn cost. *Theor. Comput. Sci.*, 361(2-3):342–355, 2006.

[43] X. Deng, T. Kameda, C. H. Papadimitriou. How to learn an unknown environment I: the rectilinear case. Technischer Bericht CS-93-04, Department of Computer Science, York University, Canada, 1993.

[44] M. M. Deza, E. Deza. *Encyclopedia of Distances*. Springer, 2009.

[45] M. Dickerson, C. Duncan, M. Goodrich. K-D trees are better when cut on the longest side. In *8th Annu. European Sympos. Algorithms, volume 1879 of Lecture Notes Comput. Sci.*, S. 179–190, 2000.

[46] C. Dierke. *Weltatlas*. Georg Westermann Verlag, Braunschweig, 1957.

[47] A. Driemel, S. Har-Peled, C. Wenk. Approximating the Fréchet distance for realistic curves in near linear time. *Discret. Comput. Geom.*, 48(1):94–127, 2012.

[48] G. Dudek, K. Romanik, S. Whitesides. Localizing a robot with minimum travel. In *Proc. 6th ACM-SIAM Sympos. Discrete Algorithms*, S. 437–446, 1995.

[49] C. A. Duncan, M. T. Goodrich, S. G. Kobourov. Balanced Aspect Ratio trees: Combining the advantages of k-d trees and octrees. *J. Algorithms*, 38(1):303–333, 2001.

[50] S. Fekete, R. Klein, A. Nüchter. Online searching with an autonomous robot. In *Proc. 6th Workshop Algorithmic Found. Robot.*, S. 335–350, 2004.

[51] A. Fiat, G. Woeginger, Hrsg. *On-line Algorithms: The State of the Art*, Band 1442 von *Lecture Notes Comput. Sci.* Springer-Verlag, 1998.

[52] R. Fleischer, T. Kamphans, R. Klein, E. Langetepe, G. Trippen. Competitive online approximation of the optimal search ratio. *Siam J. Comput.*, 38(3):881–898, 2008.

[53] S. J. Fortune. A sweepline algorithm for Voronoi diagrams. *Algorithmica*, 2:153–174, 1987.

[54] S. Gal. Minimax solutions for linear search problems. *SIAM J. Appl. Math.*, 27:17–30, 1974.

[55] T. Gallai. Problem 4065. *American Mathematical Monthly*, 51:169–171, 1944.

[56] M. R. Garey, D. S. Johnson. *Computers and Intractability: A Guide to the Theory of NP-Completeness*. W. H. Freeman, New York, NY, 1979.

[57] I. Gargantini. An effective way to represent quadtrees. *Commun. ACM*, 25(12):905–910, 1982.

[58] M. Godau. *On the Complexity of Measuring the Similarity Between Geometric Objects in Higher Dimensions*. Dissertation, Freie Universität Berlin, 1999.

[59] J. E. Goodman, J. Pach, C. K. Yap. Mountain climbing, ladder moving, and the ring-width of a polygon. *The American Mathematical Monthly*, 96(6):494–510, 1989.

[60] R. L. Graham, D. E. Knuth, O. Patashnik. *Concrete Mathematics*. Addison-Wesley, Reading, MA, second Ausgabe, 1994.

[61] P. Gritzmann, R. Brandenberg. *Das Geheimnis des kürzesten Weges – Ein mathematisches Abenteuer*. Springer-Verlag, 3. Ausgabe, 2005.

[62] L. J. Guibas, R. Motwani, P. Raghavan. The robot localization problem in two dimensions. In *Proc. 3rd ACM-SIAM Sympos. Discrete Algorithms*, S. 259–268, 1992.

[63] R. H. Güting, S. Dieker. *Datenstrukturen und Algorithmen*. B. G. Teubner, Stuttgart, 2. Ausgabe, 2003.

[64] S. Har-Peled, B. Raichel. The Fréchet distance revisited and extended. *ACM Trans. Algorithms*, 10(1):3:1–3:22, 2014.

[65] H. Haverkort. Sixteen space-filling curves and traversals for d-dimensional cubes and simplices. *CoRR (arXiv.org)*, abs/1711.04473, 2017.

[66] H. Haverkort, J. Janssen. Simple I/O-efficient flow accumulation on grid terrains. *CoRR (arXiv.org)*, abs/1211.1857, 2012. First appeared in the abstract collection of the Workshop on Massive Data Algorithms, Aarhus, 2009.

[67] H. Haverkort, R. Klein. Hyperbolae are the locus of constant angle difference. *CoRR (arXiv.org)*, abs/2112.00454, 2021.

[68] H. Haverkort, M. McGranaghan, L. Toma. An edge quadtree for external memory. In *12th Int. Symp. Experimental Algorithms (SEA)*, Band 7933 von *Lecture Notes in Computer Science (LNCS)*, S. 115–126, 2013.

[69] H. Haverkort, L. Toma. Quadtrees and Morton indexing. In M.-Y. Kao, Hrsg., *Encyclopedia of Algorithms*, S. 1637–1642. Springer, 2016.

[70] H. Haverkort, F. van Walderveen. Locality and bounding-box quality of two-dimensional space-filling curves. *Computational Geometry*, 43(2):131–147, 2010.

[71] H. Haverkort, F. van Walderveen. Four-dimensional Hilbert curves for R-trees. *ACM J. Exp. Algorithmics*, 16, 2011.

[72] A. Hemmerling. *Labyrinth Problems: Labyrinth-Searching Abilities of Automata*. B. G. Teubner, Leipzig, 1989.

[73] D. Hilbert. Über die stetige Abbildung einer Linie auf ein Flächenstück. *Math. Ann.*, 38(3):459–460, 1891.

[74] F. Hoffmann, C. Icking, R. Klein, K. Kriegel. A competitive strategy for learning a polygon. In *Proc. 8th ACM-SIAM Sympos. Discrete Algorithms*, S. 166–174, 1997.

[75] C. Icking, R. Klein. Competitive strategies for autonomous systems. In H. Bunke, T. Kanade, H. Noltemeier, Hrsg., *Modelling and Planning for Sensor Based Intelligent Robot Systems*, S. 23–40. World Scientific, Singapore, 1995.

[76] C. Icking, R. Klein, E. Langetepe, S. Schuierer, I. Semrau. An optimal competitive strategy for walking in streets. *SIAM J. Comput.*, 33:462–486, 2004.

[77] K. Junginger, E. Papadopoulou. Deletion in abstract Voronoi diagrams in expected linear time. In *Proc. 34th Annu. Intern. Sympos. Comput. Geom.*, S. 50:1–50:14, 2018.

[78] I. Kamel, C. Faloutsos. On packing R-trees. In *2nd Conf. Information and Knowledge Management (CIKM)*, S. 490–499, 1993.

[79] H. Kaplan, M. Sharir, E. Shustin. On lines and joints. *Discrete Comput. Geom.*, 44:838–843, 2010.

[80] R. Klein. *Concrete and Abstract Voronoi Diagrams*, Band 400 von *Lecture Notes Comput. Sci.* Springer-Verlag, 1989.

[81] R. Klein. Voronoi diagrams in the Moscow metric. In *Proc. Graph-Theoretic Concepts in Comp. Sc.*, S. 434–441, 1989.

[82] R. Klein, E. Langetepe, Z. Nilforoushan. Abstract Voronoi diagrams revisited. *Computational Geometry*, 42(9):885–902, 2009.

[83] R. Klein, K. Mehlhorn, S. Meiser. Randomized incremental construction of abstract Voronoi diagrams. Technischer Bericht MPI-I-93-105, Max-Planck-Institut Inform., Saarbrücken, 1993.

[84] R. Klein, K. Mehlhorn, S. Meiser. Randomized incremental construction of abstract Voronoi diagrams. *Comput. Geom.*, 3(3):157–184, 1993.

[85] D. T. Lee. On k-nearest neighbor Voronoi diagrams in the plane. *IEEE Trans. Comput.*, C-31:478–487, 1982.

[86] F. Lorenz. *Lineare Algebra I*. BI-Wissenschaftsverlag, Mannheim, 1982.

[87] F. Lorenz. *Einführung in die Algebra, Band 1*. BI-Wissenschaftsverlag, Mannheim, 1987.

[88] T. Lozano-Pérez. Spatial planning: A configuration space approach. *IEEE Trans. Comput.*, C-32:108–120, 1983.

[89] L. Ma. *Bisectors and Voronoi Diagrams for Convex Distance Functions*. Dissertation, Fachbereich Informatik, FernUniversität Hagen, Technical Report 267, 2000.

[90] K. Mehlhorn. *Data Structures and Algorithms 1: Sorting and Searching*, Band 1 von *EATCS Monographs on Theoretical Computer Science*. Springer-Verlag, Heidelberg, 1984.

[91] K. Mehlhorn, S. Meiser, R. Rasch. Furthest site abstract Voronoi diagrams. Report MPI-I-92-135, Max-Planck-Institut Inform., Saarbrücken, Germany, 1992.

[92] J. S. B. Mitchell. Geometric shortest paths and network optimization. In J.-R. Sack, J. Urrutia, Hrsg., *Handbook of Computational Geometry*, S. 633–701. Elsevier Science Publishers B.V. North-Holland, Amsterdam, 2000.

[93] G. M. Morton. A computer oriented geodetic data base, and a new technique in file sequencing. Technischer Bericht, International Business Machines Co., Ottawa, Canada, 1966.

[94] A. Okabe, B. Boots, K. Sugihara, S. N. Chiu. *Spatial Tessellations: Concepts and Applications of Voronoi Diagrams*. John Wiley & Sons, 2000.

[95] T. Ottmann, S. Schuierer, C. A. Hipke. Kompetitive Analyse für Online-Algorithmen: Eine kommentierte Bibliographie. Technischer Bericht 61, Institut für Informatik, Universität Freiburg, 1994.

[96] E. Papadopoulou, M. Zavershynskyi. The higher-order Voronoi diagram of line segments. *Algorithmica*, 74(1):415–439, 2016.

[97] G. Peano. Sur une courbe, qui remplit toute une air plane. *Math. Ann.*, 36(1):157–160, 1890.

[98] L. K. Platzman, J. J. Bartholdi. Spacefilling curves and the planar travelling salesman problem. *J. of the ACM*, 36(4):719–737, 1989.

[99] G. Pólya. Über eine Peanosche Kurve. *Bull. Int. Acad. Sci. Cracovie, Ser. A*, S. 305–313, 1913.

[100] W. Rinow. *Topologie*. VEB Deutscher Verlag der Wissenschaften, 1975.

[101] G. Rote. Computing the Fréchet distance between piecewise smooth curves. *Computational Geometry*, 37(3):162–174, 2007.

[102] H. Sagan. *Space-filling curves*. Springer, 1994.

[103] R. Sedgewick, P. Flajolet. *An Introduction to the Analysis of Algorithms*. Addison-Wesley, 2013.

[104] W. Sierpiński. *Oeuvres choisies*, Band II, S. 52–66. Polish Scientific Publishers (PWN), 1975.

[105] L. A. Székely. Crossing numbers and hard Erdős problems in discrete geometry. *Combinatorics, Probability and Computing*, 6:353–358, 1997.

[106] C. Thomassen. The converse of the Jordan curve theorem and a characterization of planar maps. *Geometriae Dedicata*, 32:53–57, 1989.

[107] T. Weinzierl, M. Mehl. Peano—a traversal and storage scheme for octree-like adaptive Cartesian multiscale grids. *SIAM J. Scientific Computing*, 33(5):2732–2760, 2011.

Index

3-färbbar 228, 229
3SAT 228

A

$\alpha(m)$ 98
abgeschlossen 7
Abschluss 7
Abstand 6
Abstandsbegriff 284
Abstrakte Voronoi-Diagramme 259, 296, 371
abstrakte Voronoi-Kanten 381
abstrakte Voronoi-Knoten 378
abstrakter Datentyp 117
Ackermann-Funktion 97, 98
Additionstheorem 447
additive Gewichte 362
additive Konstante 447
affin-linear 42, 418
affiner Teilraum 24, 43
Akkumulator 29, 42
Aktienkurs 64
aktiver Punkt 325
aktives Objekt 74
Algebraische Geometrie 1, 46
algebraische Zahl 28, 230
algebraisches Modell 46
Algorithm Engineering 5

Algorithmische Geometrie 2, 5
algorithmische Komplexität 2
Algorithmische Topologie 4
Algorithmus 2, 4, 29
Algorithmus von Dijkstra 429
Algorithmus von Kruskal 270, 298
Algorithmus von Prim 299
all nearest neighbors 2, 46
allgemeine Lage 127, 264
amortisierte Kosten 160
Amortisierung 151, 152
Analyse 33
Anfragebereich 73
Anfrageobjekt 118
Antwort 36
Apolloniuskreis 364
Approximative Bereichsanfrage 392
approximative Lösung 272, 439
Approximative Nächste-Nachbarn-Suche 394
äquivalent 12, 13
Äquivalenzklasse 50, 226
Äquivalenzrelation 11, 12, 32, 267
`arXiv.org` 6
Ariadnefaden 430
Arrangement 87, 113, 194, 204, 233, 263, 368, 465
Arrangement 193

© Springer Fachmedien Wiesbaden GmbH, ein Teil von Springer Nature 2022
R. Klein et al., *Algorithmische Geometrie*,
https://doi.org/10.1007/978-3-658-37711-3

art gallery problem 227
Attribut 119
Aufbau 134
Aufbaukosten 214
Aufspießanfrage 37, 118, 138, 204
Aufzählungsproblem 75, 76, 81
ausgeglichener Binärbaum 124
AVD 371
AVD-Axiome 372
AVL-Baum 38, 117, 120

B

$B(L, R)$ 332
$B(p, q)$ 26, 259
B-Baum 120
backwards analysis 188, 213
Bahnplanungsstrategie 440
balancierter Binärbaum 38
balancierter Suchbaum 38, 72, 162, 184
Baum 13, 16, 52, 199, 270, 298
Baum der kürzesten Wege 453
Beobachterin 89, 99
Bereichsanfrage 36, 38, 105, 118, 123,
        125, 134, 135, 138, 139, 143,
        144, 170
Bereichsbaum 131, 135
Bergsteigerproblem 416
beschränkt 8
beschränktes Voronoidiagramm 265
beschränktes Wachstum 157
Besuchsreihenfolge 62
Bewegungsplanung 291
Bewegungsplanung bei unvollständiger
        Information 428
big data 3
bin packing 438
Binärbaum 41, 55
binäre Suche 183, 205, 250
binärer Suchbaum 36
Binärstruktur 148
binäre Suche 44
Binomialverteilung 251
Bisektor 26, 27, 259, 264, 274, 309, 326,
        347, 353
Bisektor $B(L, R)$ 332, 333, 335–337, 349
Bisektor von Strecken 287, 289, 301
Blatt 41, 43, 55
Blumenladen-Metrik 363

Bottleneck 292, 421
Breitendurchlauf 292
Buchhaltungsmethode 155

C

Cauchy-Crofton Formel 9, 408
Cauchy-Schwartz Ungleichung 471
CGAL 28
$ch(S)$ 23
$ch(S)$ 24, 177
charakteristisches Polynom 446, 479
closest pair 47, 63, 67, 168
Cluster 277
connected component 14
conquer 61
convex distance function 357
Crossing Lemma 458

D

$D(p, q)$ 259
∂A 7
DAG 208, 313, 314, 318, 321, 345, 383
Datenobjekt 118
Datenstruktur 4, 121
Davenport-Schinzel-Sequenz 94–96, 347
dblp 6
DCEL 19
deformieren 13, 22, 377
degeneriert 85
degenerierter Input 127
Dehnungskonstante 405
Delaunay-DAG 313–318, 321
Delaunay-Dreieck 281, 308, 311, 315, 341
Delaunay-Kante 278, 299, 308, 309, 311
Delaunay-Knoten 320
Delaunay-Triangulation 18, 277, 279,
        280, 305, 308–312, 316–318,
        321, 340, 341
Delaunay-Zerlegung 278
Descartes 1, 257, 258
Determinante 28, 446
deterministisch 35
Diagonale 109, 197, 228, 249
dichtestes Paar 47, 63, 67, 73, 107, 269
dictionary 117
Differentialgeometrie 1, 5
Dijkstra 419, 421, 429
Dilation 283, 300

Dimension 23, 121, 170
directed acyclic graph 208, 313
Dirichlet-Zerlegungen 258
Distanzproblem 259, 305
div 30
divide-and-conquer 61, 65, 74, 91, 92,
103, 110, 193, 330, 338, 343, 358
Donut 19
doubly connected edge list 19
Drehdistanz 369
Drehsinn 200
Drehwinkel 240
Dreieck 24
Dreiecksfläche 28
Dreiecksungleichung 6, 268, 357
dualer Graph 17, 20, 199, 277
dualer Punkt 195
Dualisierung 18, 229
Dualität 17, 193, 342
Durchmesser 8
Durchschnitt 1, 177
Durchschnitt konvexer Polygone 103, 248
Durchschnitt von Halbebenen 192, 196,
239, 244, 345
Durchschnitt von Polygonen 99, 103
Durchschnitt von Voronoi-Regionen 334
dynamisch 61, 81
dynamische Datenstruktur 120, 144
dynamische Ereignis-Struktur 81
dynamischer KD–Baum 159
dynamischer Prioritätssuchbaum 138
dynamisieren 120

E

ε-closeness 44–46, 75, 76, 306
Ebene 24
echter Schnittpunkt 74, 75, 78, 80, 83, 85
Ecke 21, 92, 102, 103
edge 14
edge flip 282, 309–311, 315–317, 345
Effizienz 26
Eigenvektor 445, 479
Eigenwert 445, 479
Einfügereihenfolge 318
einfach-zusammenhängend 11, 12, 374,
377, 382
einfacher Weg 11, 180
einfaches Polygon 21, 201, 243, 450

Einfluss 263
Einfügereihenfolge 187, 189, 196
Einheitskreis 357
Einheitsquadrat 7
element uniqueness 45, 46
Elementaroperation 26
Elementarschritt 30
Elementtest 42, 44
Eltern 313
Endlosschleife 431, 432, 434
entferntester Nachbar 295
Entscheidungsbaum 40, 41, 43, 45
Enzyklopädien 5
ε-Netz 236
Ereignis 68, 69, 74, 77, 81, 92, 101, 327
Ereignis-Struktur 81, 83, 327
Erkunden einer Umgebung 457
Erreichbarkeit 372
Erwartungswert 215, 319, 320
erzeugende Funktion 448
ES 81, 83, 327
ETR 230
Euklid 1
euklidische Metrik 6, 259, 284, 296, 305
euklidische Topologie 8
euklidischer Abstand 26, 259
euklidischer Raum 6
Eulersche Formel 14, 15, 50, 53, 299, 300
Eulersche Zahl 449
exakt 28
Existenzproblem 75, 76, 79
experimenteller Vergleich 33
exponentielle Suchtiefenvergrößerung
449, 452, 453
externe Datenstruktur 119

F

face 14
Faden 333
Fahrrad 319
farthest-point Voronoi diagram 369
Faulhaber Formel 251
Feder 9, 49
Fehlerintervall 28
Fibonacci-Zahl 448
first fit 438–440
Fixstern 257
Flächenfüllende Kurve 400

flächiger Bisektor 355
Fläche 13, 14
Formelsammlung 4
Fréchet-Abstand 295, 413
Free-Space-Diagramm 417
freie Wegstücke 433
Fundament 131

G

Γ 265
Gauge 357
Gebiet 10, 21, 22, 74, 272
Geometrische Topologie 1
geometrische Transformation 139, 143,
        340, 343
geometrischer Graph 12
Gerade 1, 24, 347
Geradengleichung 27
gerichteter Graph 12
gerichteter vertikaler Abstand 193, 342
Gesamtdrehung 200, 249
Gesamtdrehwinkel 432
Geschichtsgraph $H(R)$ 383
Geschlecht 16
geschlossene Bisektoren 364
geschlossener Weg 11, 434
Gewicht 161
Google Scholar 6
Grad 45, 462
Grad eines Knotens 15
Grahams Algorithmus 190
Graph 12, 21
Graphentheorie 4
Graphstruktur von V(S) 378
Größenordnung 32, 33
größte ganze Zahl $\leq x$ 31
größte Winkelfolge 280
größter leerer Kreis 272
Grundrechenart 29
Gummiband 178, 453
$gva(p, G)$ 193

H

Hüllkörperhierarchien 399
Halbebenentest 28
Halbebene 22
Halbebenentest 26, 27, 54
Halbgerade 449, 452

Halbraum 22
Halbstreifen 140, 289
Halbstreifen-Anfrage 138
Handlungsreisende 271, 409
Hardware 33
harmonische Zahl 188
Hausdorff-Abstand 295, 413
heap 135, 136
hidden line elimination 245
hidden surface removal 245
Hindernis 291, 429, 431
Höhe 339
Höhle 224
Höhleneingang 224
Homotopie 12
Hundeleine 415, 416
Hyperebene 42, 169

I

idealisierte Maschine 29
Idual 194
Implementierung 26
individuelle Gewichte 360
Indizes 371
Induktion 55, 111, 178, 198, 228, 249
Induktionsbeweis der Invariante 154
induzieren 8
Inklusionsanfrage 118
inkrementelle Konstruktion 182, 202,
        210, 308, 320, 342
Innenhof 434, 436
Innenknoten 38, 124
innerer Punkt 7
Inneres 7
Input 85
Integralformel 9
interne Datenstruktur 119
Intervall-Baum 138
Invariante 73
Invariante für $H(R)$ 383
Invarianz 71, 73
inverses Voronoi-Diagramm 369
Inzidenz 194, 459

J

joint 461
Jordanscher Kurvensatz 11, 180

K

$K_{3,3}$ 16, 381
k-sichtbar 230
Kante 14, 21, 92
Kantenbeschreibung 382
Kantengewicht 270
Karlsruhe-Metrik 358
KD–Baum 121, 125
Kegel 169, 263
$ker(P)$ 237
Kern 237, 238, 243, 245, 254
Klammerausdruck 100
kleinster Abstand 103
kleinster Kreis 295
kNN 385, 392
Knoten 14
Knotengrad 15, 265, 305, 320
kollisionsfreier Weg 291, 292, 294
kompakt 8, 404
kompetitiv 440–443, 448
kompetitive Strategie 438, 440, 442, 448,
         449, 455, 457
kompetitiver Faktor 440, 446, 448, 449,
         454, 456, 479, 480, 482
Komplement 101
komplexe Multiplikation 446
Komplexität 26, 34, 40
Komplexität von Algorithmen 29
Komplexität von Problemen 29
Konferenzen 5
Konfiguration 87, 423
Konfigurationsraum 417
Konflikt 185, 308, 313, 315, 317
Konfliktdreieck 312, 315, 345
konvex 22, 23, 43, 53, 260, 278
konvexe Distanzfunktion 357
konvexe Hülle 23, 177, 179, 184, 190,
         192, 196, 202, 248, 264, 266,
         278, 305, 308, 311, 340, 341
konvexes Polyeder 203
konvexes Polygon 178, 202, 237, 273
Koordinate 1
Korrektheit 74
Kosinussatz 24, 25, 300
Kosteneinheit 46
Kreis 1, 51, 52, 88, 261, 264
Kreisausbreitung 343
Kreisbogen 25, 429

kreisförmiger Roboter 291, 429
Kreisrand 341
kreuzungsfrei 13, 15, 18, 21, 208
kreuzungsfreier Graph 227, 265, 277
Kruskal 270, 271, 298
Kuchen 263, 381
Kugel 13, 22
Kunstgalerie-Problem 227
künstliche Kante 21, 54, 224, 253
Kuratowski 16
Kursschwankungen 64
Kurve 8, 402
Kurvenkoordinate 403
kürzester Weg 178, 452, 481

L

$\lambda_s(n)$ 92, 94, 95
$\ell(pq)$ 194
Labyrinth 429, 430, 433, 434
Länge eines Weges 8, 429, 440
Las Vegas 189
Laufzeit 35
LEDA 28
Level k 368
lexikographisch 69, 280
lexikographische Ordnung 87, 112, 120,
         130
L_i-Metrik 284
linear programming 193
Lineare Algebra 442
lineare Liste 117
lineare Rekursion 442, 448
linearer Ausdruck 42
lineares Gleichungssystem 446
lineares Modell 42–45
Lineares Programmieren 193
Literatur 57, 115, 175, 255, 303, 351, 485
LKD–Baum 386
locus approach 267
log 31, 55
log* 96, 202, 222
logarithmische Methode 148
Logarithmus 31
Lokalisieren 212
lokalisieren 315
Lokalisierung 313, 457
Lokalisierungsproblem 267
Lösungen der Übungsaufgaben 49, 107,
         169, 247, 297, 345, 467

lower envelope 89
L_p-Metrik 284

M

maßerhaltende Abbildung 402
Manhattan-Metrik 284
Mannigfaltigkeit 46
Markierung 430
Markov Ungleichung 214
Matrixmultiplikation 445, 448
Mauerwerk 431
maximale Teilsumme 64, 66, 245
maximaler Drehwinkel 240, 242, 245
Maximum 62, 63, 66
Median 421
mehrschichtiger Suchbaum 133
Mengensystem 231
merge-Schritt 331
Mergesort 61
Metrik 6, 357, 358, 413
Metrik mit unzusammenhängenden
        Voronoi-Regionen 360
metrischer Raum 6, 7
minimaler Abstand 73
minimaler Spannbaum 269, 271, 278
Minimum 89
minimum spanning tree 269
Minkowski-Summe 429
Minkowski-Metrik 284
Mittel 42, 56, 187, 196, 318
Mittelsenkrechte 26, 169
Mittelwert 35
mittlere Kosten 35
mod 30
monoton 90, 325, 332
monotoner Weg 91–93
monotones Polygon 202
Monte-Carlo 189
Multimenge 12
Multiplikationsmatrix 445
multiplikative Gewichte 364

N

Nächste-Nachbarn-Anfragen 385
Nachbarzelle 268
nächster Nachbar 2, 3, 16, 26, 46, 51, 52,
        260, 261, 267, 268, 348
nächstes Postamt 267

nicht kreisförmiger Roboter 295
Norm 357
NP 230
NP-hart 228, 230, 271, 272, 438, 439
NP-vollständig 16
Nullstelle 1, 28, 479
Nullstellenmenge 1
numerisches Problem 88

O

$O(f)$ 31
O-Notation 31, 33, 34, 73
$\Omega(f)$ 32, 39
Ω-Notation 32
$\Theta(f)$ 32
Θ-Notation 32
obere Schranke 31
Oberfläche 22
offen 7, 10, 260
Ohren 199, 228
Omega-Notation 32
on-line-Betrieb 66
on-line-Verfahren 439
optimaler Algorithmus 34
Orakel 42
Ordnung 77, 78, 86, 90
Ordnungsrelation 375
orthogonal 119
orthogonale Bereichsanfrage 119
Ortsansatz 267
Output-sensitiv 77, 91, 93, 140, 196

P

Pólyas Kurve 400
Paging 457
Parabel 1, 179, 288, 300, 324, 347
Paraboloid 1, 340
Paradigma 3, 61, 120, 189, 259, 305
Parameter 32
Parameterdarstellung 27
parametrisierte Darstellung 26
parametrisierte Suche 423
Parametrisierung 8, 45, 49
partielle Karte 450, 451
Permutation 40, 42, 44
permutieren 320
Perturbation 127, 264
Pfad 41

Pfadlänge 55
PH-Baum 404
planar 13
Planaritätstest 16
Pledge-Algorithmus 433, 436, 437
point location 204, 267
Polarkoordinaten 113
Polyeder 22, 196
Polygon 21, 35, 185
polygonale Kette 21, 332, 453
Polynom 45, 446, 479
polynomielles Wachstum 157, 166
positiv 25
Potenzial 156
Potenzreihe 28
Power-Diagramm 366
praktikabler Algorithmus 34
Prim 299
Prioritätssuchbaum 135, 137, 139–141, 171
priority search tree 135
Prisma 203
Problemgröße 33, 34
Produkt 7
Projektion 341, 343
Propagation 419
Prozessor 29
Pseudo-Kreise 385
Pseudometrik 416
Punkt 1, 21, 24
Punkt im Polygon 100, 182
Punkt in Region 275
Punkt-Ereignis 327
Punktlokalisierung 204, 208
Pythagoras 1, 24

Q

QEDS 20, 335, 338, 339
quad edge data structure 20
Quader 22, 104, 141
quadratische Gleichung 444, 445
quadratischer Zahlkörper 445
Quadtree 398
Quasimetrik 357
Quicksort 61

R

Rückwärtsanalyse 188, 216
RAM 30
Rand 7, 21
Randknoten 124
random access machine 29
randomisierte inkrementelle Konstruktion 189, 320, 342, 382
randomisierter Algorithmus 35, 189, 202, 318, 320
randomized incremental construction 189, 213, 320, 342
Randpunkt 7
range tree 131
rationalen Zahlen 28
raumfüllende Kurven 411
ray shooting 146, 245
real RAM 29, 33, 39, 42, 46
Realteil 446
Rechenschritt 42
Rechenzeit 29
rechte Kontur 347
Rechteck 72, 109, 122, 125
rechtwinkliges Dreieck 24
reelle Zahlen 42
reflexiv 11
Reisemetrik 359
rektifizierbar 9
Rekursion 61, 92, 125, 202, 242, 331, 338
Rekursionsbaum 93, 339
Rekursionstheorie 98
relatives Inneres 8
Relativtopologie 8
Roboter 21, 291, 292, 430, 440, 450, 455
Routing 457
Rückwärtsanalyse 213, 318, 320

S

Sündenbockbaum 168
$S_A(n)$ 30
Satz des Pythagoras 24
Satz des Thales 25, 282, 283
Scheduling 457
Scherung 84, 111
Schildkröte 199
Schlüssel 36
schlafender Punkt 325
schlafendes Objekt 74

schlicht 12, 15, 18
Schlinge 12, 181
Schnittanfrage 118
Schnittereignis 322
Schnittpunkt 86, 274
Schraubenfeder 9
Schraubenkurve 8
schwacher Fréchet-Abstand 415
Segment-Baum 138
Sehne 25
Sektor 183
Selbstähnlichkeit 402
selbstdual 17
senkrecht 25
Sensor 430
shortest path tree 453
Sicherheitsabstand 292
Sicht 225
sichtbar 21
Sichtbarkeit 177
Sichtbarkeitsgraph 429
Sichtbarkeitspolygon 21, 224, 225, 238, 450
Sichtbarkeitsrelation 245
Sichtregion 226, 252, 267
Sichtsegment 225
Sichtsystem 450, 451, 455
Simplex 24, 428
Simplizialkomplex 428
Sinuskurve 63, 107
Sinussatz 24, 25
Skalarprodukt 24, 26, 54
Skelett 136
Sonnensystem 257
Sortieren durch Vergleiche 39–42
Sortierproblem 33, 40, 41, 44–46, 179, 192, 306
Speicherplatz 29, 133
Speicherplatzbedarf 213
Speicherplatzkomplexität 32
Speicherzelle 29
spezielle Lage 127
Spiegelbild 243
Spike 324, 329, 348
Spike-Ereignis 327
spitze Ecke 21, 53, 198, 228, 252, 253, 453
Splitgerade 121, 331
Splithyperebene 126, 141

Splitkoordinate 121
Splitwert 36, 121
SPT 453, 454, 456
SSS 68, 71, 77, 80, 322, 325, 327, 328
Stützgerade 22
Standortprobleme 277
Stapel 225
statische Datenstruktur 144
statischer Prioritätssuchbaum 138
Steinerbaum 272
Steinerpunkt 272
Stern 310, 311, 345
sternförmig 237, 288
Sternförmigkeit 359
stetig 8
Störquelle 273
Straße 457
Strahl 204, 206
Strecke 8, 21, 22, 74, 75, 78, 80, 83, 85, 96, 204, 285
Streifen 67–70, 104, 140, 287
Streifenmethode 204, 267
streng konvex 357
strukturelle Eigenschaft 72, 73, 78, 234, 366
Stützebene 22
Stützgerade 23
Suche nach Zielpunkt 450, 451, 455
Suchstrategie 429
Suchtiefe 441
sweep 61–63, 72, 74, 77, 91, 100, 103, 245, 248, 269, 322, 330, 342
sweep circle 88
sweep line 67–70, 73, 74, 78, 90, 113, 323, 327
sweep plane 103
Sweep-Status-Struktur 68, 71, 73, 74, 77, 100, 104, 168, 322, 325, 327, 328
Sweep-Verfahren 61, 168
symbolische Perturbation 130, 356
symmetrisch 11
synchronisieren 335

T

$T_A(n)$ 30
$T_A(P)$ 30
Tagungen 5
Tangente 179, 224

Tangentenbestimmung 182
Tangentialebene 342
Tastsensor 430, 440
Tetraeder 22, 24, 203
Tetraeder-Zerlegung 203
Thales 25, 282, 283, 370
Theorem von Szemerédi-Trotter 459
Theta-Notation 32
Tiefe 36
Tiefendurchlauf 292
Topologie 4, 6–8
Torte 183
Torus 16, 51
toter Punkt 325
totes Objekt 74
transitiv 11
Translation 84, 111, 295
Translationsvektor 24
Trapez 202, 207
Trapezzerlegung 207, 267
traveling salesperson 271, 439
trennen 22, 23, 170
tria(p,q,r) 24
Triangulation einer Punktmenge 279,
        300, 309, 345
Triangulation eines Polygons 197–199,
        201, 228, 229, 249, 279
Trigonometrie 24
trunc 30, 46
Tür in der Wand 440
turtle geometry 200

U

Überlappungsanfrage 139
Übungsaufgaben 4
Umgebung 7
Umkreis 281, 308, 311, 314, 345
Umlauf 200
Umlaufrichtung 431
unabhängig 215
unbeschränkte Voronoi-Region 264
unendliche Delaunay-Dreiecke 311
Ungleichung 42, 56
unimonoton 202
unimonotone Polygone 219
union bound 218
untere Kante 347
untere Kontur 89–97, 264, 343, 362

untere Schranke 2, 39
unvollständige Information 428
unwesentliche Kanten 239

V

$V(S)$ 260
variable Geschwindigkeiten 365
Varianten abstrakter Voronoi-Diagramme
        385
VC-Dimension 231
Verbindung 461
verborgene Konstante 167
Verdopplung der Suchtiefe 441, 442, 454
Verfolgung einer Strecke 210
Verfolgung eines Polygonrandes 277
verpacken 438
vertex 14
Verzeichnis 117
Vierfarbensatz 229
vis(p) 21, 224
vollständige Ordnung 39
Voronoi-Diagramm 18, 258, 260, 265,
        266, 271, 274, 275, 277, 293,
        305, 306, 320, 322, 330, 338,
        346, 353
Voronoi-Diagramm höherer Ordnung 367
Voronoi-Diagramm von Kreisen 362
Voronoi-Diagramm von Strecken 285,
        289, 290, 294
Voronoi-Kante 261, 268, 269, 274, 299,
        326, 332, 348
Voronoi-Knoten 261, 274, 326, 356
Voronoi-Region 260, 265, 268, 275, 348,
        349, 372
$VR(p, S)$ 260

W

wachsender Kreis 261, 265, 309, 314
Wächterin 227, 228, 237, 252, 253
Wahrscheinlichkeit 187
Wald 270
Wand 440
Weg 8, 90
Weglänge 8
wegzusammenhängend 10
well-separated pair decomposition 168
Welle 324, 325, 347
Wellenfront 324, 325, 329

Wellenstück 324, 327, 330
wesentliche Kante 239
Winkel 25, 281
Winkelhalbierende 287
Winkelsumme 200
Winkelzähler 430, 432, 433
Wirbel 258
Wohnsitz 272
worst case 30, 33–35, 218, 267
Wörterbuch 117
Wortlänge 30
Wurzel 26, 41, 456

Y

Y-Liste 68

Z

Zählerstand 434, 436
Zeitpunkt 77
Zellen 233, 368
Zentrum 356
zerlegbare Anfrage 133, 145
Zerlegung des Raums 257
Zerlegung in Regionen 277
Zerlegung von Punktmengen 126
zerschmettert 231
Zielpunkt 291–293, 440, 449–452, 454,
              480
Zielpunkt in einem Polygon 450, 451, 455
Zufallsentscheidungen 35
Zufallsvariable 215
Zusammenhang 10
zusammenhängend 11, 13, 21, 43, 45,
              265, 289, 305, 325
zusammenhängender Weg 294
Zusammenhangskomponente 10, 13, 14,
              43, 44, 181
Zwischenwertsatz 45
Zyklus 199, 298
Zylinder 1

Printed in the United States
by Baker & Taylor Publisher Services